信号处理与通信中的凸优化：从基础到应用

Convex Optimization for Signal Processing and Communications: From Fundamentals to Applications

祁忠勇　李威锖　林家祥　著

陈　翔　沈　超　译

電子工業出版社
Publishing House of Electronics Industry
北京·BEIJING

内 容 简 介

本书旨在帮助需要学习“凸优化”或者“非线性优化”方法以解决信号处理与通信领域中相关优化问题的工程类专业研究生、学者和工程技术人员。本书构建起了从基础数学理论到实际应用之间的桥梁，并强调两者的平衡，一共包括10章和1个附录。第1章介绍了一些常用的数学基础与定义，第2章介绍了凸集，第3章介绍了凸函数，第4章介绍了凸优化问题和问题重构，以上4章构成了基本凸优化问题所需的数学基础。接下来介绍了一些典型的凸优化问题，包括第5章的几何规划，第6章的线性规划、二次规划和二次约束二次规划，第7章的二阶锥规划，第8章的半正定规划，第9章的“对偶”原理。在这些章节中，读者可以看到第2章到第4章介绍的基本知识将如何正确、有效地应用于通信和/或信号处理中的实际问题。最后在第10章介绍了广泛用于求解具体凸优化问题的内点法，以试图在数值上为求解线性规划或非线性凸优化问题提供更加有效的计算性能。

本书适合在信号处理、无线通信等相关领域开展研究的学术界、教育界、产业界等相关人员阅读，既可以作为高等院校相关专业的教科书、工具书，也可作为技术参考书。

Convex Optimization for Signal Processing and Communications: From Fundamentals to Applications / by Chong-Yung Chi, Wei-Chiang Li, Chia-Hsiang Lin / ISBN: 9781498776455

版权贸易合同登记号　图字：01-2018-8678

图书在版编目（CIP）数据

信号处理与通信中的凸优化：从基础到应用/祁忠勇，李威锖，林家祥著；陈翔，沈超译. —北京：电子工业出版社，2021.1

书名原文：Convex Optimization for Signal Processing and Communications: From Fundamentals to Applications

ISBN 978-7-121-39986-2

I. ①信…　II. ①祁…②李…③林…④陈…⑤沈…　III. ①通信系统-信号处理-凸分析　IV. ①TN911.72

中国版本图书馆 CIP 数据核字（2020）第 228062 号

责任编辑：刘海艳
印　　刷：北京捷迅佳彩印刷有限公司
装　　订：北京捷迅佳彩印刷有限公司
出版发行：电子工业出版社
　　　　　北京市海淀区万寿路 173 信箱　　邮编：100036
开　　本：787×1092　1/16　印张：24　字数：614.4 千字
版　　次：2021 年 1 月第 1 版
印　　次：2025 年 1 月第 5 次印刷
定　　价：128.00 元

凡所购买电子工业出版社图书有缺损问题，请向购买书店调换。若书店售缺，请与本社发行部联系，联系及邮购电话：（010）88254888，88258888。

质量投诉请发邮件至 zlts@phei.com.cn，盗版侵权举报请发邮件至 dbqq@phei.com.cn。

本书咨询联系方式：lhy@phei.com.cn。

推 荐 序

凸优化作为一类最优化的问题及其优化求解方法，已有数十年的历史。由于它往往能给出对问题的优美而直观的理解和认知，可以给出有效、快速的解法，并能保证其最优性，在很多情况下甚至可以给出最优解的解析表达，使得它具有非常广阔的科学与工程应用领域。

近 20 年来，信息领域科学与工程应用形成爆炸性全面发展，在众多应用领域呈现出大量的复杂优化问题，这一方面为以凸优化为代表的优化算法提供了大量的应用场景，另一方面也从侧面促进了凸优化理论与工程应用的结合，形成很多颇具特色的基础理论和方法。近些年，一些资深学者开始尝试将这些方法形成既有鲜明工程特色又有系统基础的论著。本书就是其中之一，作者在凸优化领域耕耘多年，在信号处理和无线通信领域技术迅速发展的过程中，利用凸优化工具形成了很多出色成果，并形成了从信号处理角度出发阐述凸优化的独特的视角。

作者祁忠勇教授是任职于台湾清华大学的国际知名教授，在信号处理领域颇有建树，尤其可贵的是祁教授非常重视教学，一直致力于将实际科研中取得的成果和研究心得进行系统化的整理。此书就是他多年科研与教学工作的成果结晶。本人有幸两次邀请到祁教授来北京清华大学电子工程系面向研究生开展暑期讲学。其课件就是本书的早期版本，对我系研究生的凸优化教学发挥了重要影响。我本人和好几位博士生也与祁老师开展了深入的合作，其中一部分也作为例子在本书中得以呈现。本书的译者之一陈翔博士就是当时我和祁老师的主要联系人，从祁老师处受益匪浅。

在本书中，面对有一定线性代数基础的读者，作者以精简的篇幅梳理了相关的数学基础知识，并对一般性的凸优化问题和方法进行了系统的、严谨的阐述，书中引入很多几何空间示例以便读者对相关概念形成形象的认识。为便于加深读者对相关凸优化概念、问题及解法的认识，该书以电子信息工程领域为主，采用了大量的工程问题实例，包括统计信号处理、信息论、图像信号、无线信号处理等。

本书可以作为工科特别是电子信息工程、信号处理、无线通信等领域学生系统性学习凸优化的教材，也可作为相关领域工程研究人员快速掌握凸优化方法的工具书。通过对本书的深入阅读，可以深刻理解优化与工程问题的结合，如何结合具体实际条件，建立和转换优化问题，并找到最优解及其条件。当然，读者最好是结合一定的具体问题，做进一步的研究实践，才能更快速地提升分析解决此类问题的能力。相信本书的翻译出版，可以为以中文教学为主的工科学生开展凸优化的系统性学习及实践，提供有效的教材支持。

周世东

2019 年 9 月于清华大学

译者简介

陈翔博士，2008 年毕业于清华大学电子工程系信息与通信工程专业，现为中山大学电子与信息工程学院副教授、电子与信息工程实验教学中心副主任、深圳清华大学研究院兼职主任研究员、深圳空天通信终端应用技术工程实验室副主任。2005 年 7 月至 8 月在日本 DoCoMo 公司 YRP 研究院实习研究，2006 年 9 月至 2007 年 4 月在台湾清华大学进行学术访问。陈翔博士的主要研究方向为 5G 移动通信与网络、卫星通信、软件无线电，至今已在国内外知名期刊和会议上发表论文 80 余篇，申请并获得授权发明专利 30 余项，曾获 2017 年度中国电子学会优秀科技工作者称号。

沈超博士，毕业于北京交通大学信号与信息处理专业，目前为北京交通大学轨道交通控制与安全国家重点实验室副教授、博士生导师。2014 年在马里兰大学帕克分校进行学术访问，2017 年在香港中文大学（深圳）进行学术访问。沈超博士长期致力于优化理论在 4G、5G 和 6G 无线通信系统中的应用，在 IEEE Transactions on Signal Processing、IEEE Transactions on Wireless Communications、Globecom/ICC 等国际期刊和会议发表论文，并承担和参与了国家自然基金、北京市自然基金、北京市科委、国家重点研发计划等多个项目。

译者序（一）

在 2020 年 2 月这样一个特殊的时期，在新冠病毒依然肆虐在中华大地之时，我坐在写字台前，面对着珠江的夜色，为 2 年多来终于完成的这本译著写下我自己的所思、所想、所感。也希望可以借这本迟到的译著，为本书的原著作者 —— 台湾清华大学祁忠勇教授刚刚当选 IEEE Fellow 献上一份薄礼，感谢他“为盲源分离凸分析和优化所做的贡献”(IEEE 的评语“for contributions to convex analysis and optimization for blind source separation”)，更感谢他为凸优化在通信与信号处理领域的教育和推广所做的贡献。

如果说从 1998 年起在北京清华园前后近 17 年的学习和生活，铸就了我今天所从事科研工作的根基和骨架，那么 2006—2007 年间在台湾清华大学访问的 8 个月，则可以说丰富了我的学术灵魂。至今我仍然记得 2003 年非典期间，我的学术导师周世东教授曾跟我解读他心目中的读博体验:“读博士，其实就是集中几年时间认认真真做好一件事情”，这种专注精神一直深深影响着我。而之后我在台湾访学师从祁忠勇教授后，他在学术道路上的孜孜不倦，更是给我树立了“数十年如一日、努力做好一件事”的典范。我清晰地记得祁老师实验室进门布告牌所贴的“IEEE 伦理规范”（IEEE Code of Ethics），时时刻刻提醒着做学问者的道德界限；在访学期间，祁老师更是曾为我修改 1 篇会议论文不下 30 次，直至坐在电脑前“手把手”教会我写好文中的每一个句子。而祁老师在盲源分离和凸优化方法的应用研究领域更是孜孜以求数十年，无论是他所撰写的每篇学术论文，还是他所讲授的每堂课，都事必躬亲、兢兢业业。因此，2019 年年底祁老师能最终当选 IEEE Fellow，达到他的人生学术理想的更高目标，应该说是天道酬勤、实至名归。能够成为祁老师的学生，是我学术生涯的幸运，而能够受邀成为祁老师的凸优化学术著作 *Convex Optimization for Signal Processing and Communications: From Fundamentals to Applications* 的译者，更是我的荣幸。

事实上，我与凸优化的缘分应该始于 2004 年时任明尼苏达大学的罗智泉教授来访清华大学应用数学系开展的一场优化方法在雷达波束成形和供应链定价的专题报告，第一次让我超越“线性规划”的约束见识了凸优化方法的先进。2005 年暑假在日本 NTT DoCoMo YRP 实验室访问时，与黄敏博士共同研究探讨多天线 MIMO 和 OFDM 系统诸多设计问题，第一次体会了凸优化工具在通信领域应用的精妙。从日本访学结束回国，恰逢祁老师来清华大学讲座，其演讲主题是盲信号分离与处理及在通信中的应用，刚好与我在日本访学时研究的语音信号分离契合，会后经过多次交流和线上沟通联系，也促成了 2006 年 9 月至 2007 年 4 月我在台湾清华大学 8 个月的访学经历。在这里，除了聆听了祁老师亲自教授的“统计信号处理”课程外，还幸运地旁听了马荣健教授（Wing-Kin（Ken）Ma，时任台湾清华大学通讯所教授，现任香港中文大学教授）亲自讲授的“通信之最优化方法（Optimization for Communications）”课程，第一次系统学习了凸优化方法在通信与信号处理中的应用。而就在当时，祁老师已年过 50 亦全程听课，并做详细笔记，这也成为了他后来亲自教授该课程并推广凸优化方法在工程领域中应用的新起点。而 2007 年我从台湾访学回京后，又先后有幸多次接受罗智泉教授在清华大学所授“鲁棒优化”（Robust Optimization）短期课程，以及祁老师两次在清华大学（2010 年、2012 年）、一次在广州中山大学（2015 年）“凸优化及其在通信和信号处理中的应用”（Convex Optimization for Signal Processing and Communications）等短期课程的教诲。可以说，我与凸优化始于 2004 年的缘分持续至今，并一直深深影响着我的学术研究。

自从 2007 年起被凸优化方法的魅力所吸引，我也开始尝试将其应用到当时的多个科研项目中，并在就读博士研究生的实验室（清华大学信息技术研究院无线与移动通信技术研究中心）师弟、师妹中推广该数学工具的学习和应用。后续几届实验室博士生王鹏、缪蔚、孙引、何飞、秦浩浩、张秀军，无不因此而受益，我们也合作了多篇相关的学术论文。但当时我们的凸优化理论学习基本上都依赖于 Stephen Boyd 教授的 *Convex Optimization* 这本“大部头”（近 800 页）级别的数学专著，推演到通信和信号处理领域的应用则大都仍依赖我们自身的探索和总结。直到 2014 年见到 Daniel Palomar 教授编著的 *Convex Optimization in Signal Processing and Communications: From Fundamentals to Applications* 一书，这算是通信与信号处理领域凸优化应用相关的一本专著，但其更像该领域的应用汇编，而仍未有对凸优化数学方法在该领域的应用做系统性归纳总结。在这期间，祁老师从 2008 年起即亲自开始教授“无线通信的优化设计”这一研究生课程，并在从 2010 年起至今的十年间先后十余次在各个高校讲授相应的短期课程，其在教学和科研实践中逐渐建立起了凸优化的基础理论和工程应用之间的有效桥梁，最终呈现给我们这本凝练了他十余年心血的专著。显然，这本书的诞生，为我们这些从事电子信息、信号处理、无线通信等工程领域的研究者带来了极大的便利，既能帮助我们缩短系统掌握凸优化基础理论的周期，亦能快速指引我们选择恰当的凸优化分析工具切入具体应用，可谓打通了我们的“任督二脉”。

而在 2015 年祁老师来访广州时，恰巧我刚从清华大学调动到中山大学，负责其在中山大学凸优化暑期短期课程的组织工作。祁老师让我协助他准备课程讲义时，主动提到正在整理他授课用的讲义，拟通过 CRC 出版社正式出版英文版著作，但国内诸多高校、尤其是参加过他所讲授短期课程的师生学者都希望能够看到他的著作中译版同期出版，这样更有利于这本书在大陆的推广。我当时一口应允，并在祁老师英文著作 2017 年正式出版的年底即与电子工业出版社签订了相应译著出版的合同。但当我和合译者沈超博士正式启动翻译工作后，我们才深深感受到工作起步的艰难和周期的漫长。事实上，我们从 2017 年暑假在香港中文大学深圳校区启动第一次翻译小组的协同工作开始，到完成第一个版本的译稿草稿时，已是 2018 年 10 月；再往后又经历了 3 次集中协同工作、4 次以上全本通篇修订审阅，才终于在 2019 年年底完成本版译著定稿。期间有各方面工作协调的困难，也有本人时间安排上的不妥，才导致译著比预期计划至少晚了一年半才付梓，实在心有惭愧。

在本译著的出版过程中，除我和沈超博士作为译者理应竭尽所能的本分外，还离不开诸多参与初稿和校对工作的学生们毫无保留的贡献，他们中有博士生葛颂阳、黄福春、张小舟、徐彦卿，硕士生林靖靖、王亮亮、田婷、陈万里、刘璐、张煜、宗佳颖、邝巧斌、陈嘉嘉、张子玥等。还要感谢祁老师不但提供本书英文版本的 LATEX 源文件，为翻译本书提供了极大的便利，而且对中文版给出了非常详细、全面的意见；感谢周世东教授为本书写“推荐序”，并对书稿的进一步校对完善提出了诸多宝贵意见。最后还应该特别提起的是，自 2015 年起我的夫人跟 2 个孩子陪我从北京搬迁到广州，5 年寒暑转瞬即逝，没有你们的陪伴和背后的支持，我是不可能克服如此多的困难，依然坚持着自己的热爱，包括完成此译著，谢谢你们!

为了与原版书保持变量和符号一致，便于读者阅读，本书未对某些变量和符号正斜体做标准化处理。

由于译者的水平所限，且全书篇幅较大，本译著难免存在一些错误和不妥之处，恳请各位读者批评指正。

译者：陈　翔

2020 年 2 月

译者序（二）

读博士是一种什么样的体验？恐怕只有过来人才可以真正体会。然而，每个过来人的体会又是诸般奇妙，以至于不说也罢。于我而言，最重要的是两点，即独立思维的能力、独立思维的勇气。为什么这么说呢？这就得回到从前。那一年，我对读博士还毫无感觉，尽管已经熬了两年多了。毫无感觉体现在很多方面，比如不知道如何切入一个前沿的研究领域，如何抓住一个具有理论价值的关键问题，如何洞察最新研究结果的核心贡献，如何把握未来研究的发展趋势。对一个博士生而言，时时刻刻且无孔不入的无力感往往是非常危险的。

那时，学术界都争相利用优化理论进行无线通信的系统级设计，比如针对多天线的波束赋形。但我理解不了大家到底是如何将优化与通信相结合的，也理解不了其中各种转化的动机与逻辑。我甚至还写信给一位 IEEE Fellow：“你文章中说那个问题可以很容易求解，我怎么推导不出来，是不是我太笨了还是你写错了？”作者竟然回信了！还说“如果可以把凸优化灵活地加以运用，你就可以知道我所说的话了”。灵活？那时的我一脸茫然。怎么办，如何走出一条路，是我当时最大的焦虑。

然而，我终究是个幸运的人。那时，我在清华科技园工作，所以经常去清华大学听报告，恰好听到了祁忠勇老师的报告，还恰好遇到了陈翔博士生，还恰好勇敢地坦白自己不懂优化但想学，还恰好陈翔博士生鼓励我勇敢地去祁老师实验室访问学习，还恰好祁老师热情地欢迎我去访问。而更幸运的是，当时祁老师已经准备了这本书的讲义版本！于是，这事就这么成了，我也开始享受起宝贵的博士生生涯了。

暑去寒来，陈翔和我也从博士生成为了博士，如今各在南北；英文讲义历经八年锤炼、十余次短期课程的考验，也终于出版了。回首过往，那时通过祁老师的讲义学习凸优化的基础知识，对优化工具灵活应用于实际研究经历了逐步了解、有所感悟、似是而非、迭代前行的不同阶段，期间各种状态交替起伏、妙不可言。藉由本书，我们不断训练自己的思维模式，不断地训练我们学生的思维模式，也不断鼓起万般勇气去探索未知的世界。如今，对优化理论虽远未融会贯通，但基于优化理论进行信号处理与无线通信的研究，我们也算是有了一点点的理解和积累。

陈翔说：“兄弟，我们应该把这本书翻译出来，让更多国内的同行受益，特别是给刚刚起步的研究生以一个相对容易的入口。这也是我们推动这个学科发展的一种努力和贡献。”这不正是祁老师多年来不断开设短期课程的初心吗！这不正是当年我困顿彷徨时最需要的帮助吗！于是，来来回回、几易其稿，这事就这么成了！我们衷心期待读者诸君可以藉由此书更容易地进入信号处理、无线通信的前沿研究领域，更有效地掌握凸优化理论与工程研究的有机结合，更方便地洞察这其中各种转化的实质与万变不离其宗的精髓。

需要声明的是，信号处理与无线通信的若干专业词汇实在难以找到合适的中文加以简洁有力地说明，优化理论中的数学词汇也可能做不到绝对精准，但译者始终保有着一种战战兢兢、一丝不苟的钻研精神和认真态度。译文中出现的错误和不足之处在所难免，恳请行家里手不吝赐教。

译者：沈 超

2018 年 10 月

前　言

凸优化已经成为解决诸多科学与工程问题的有效工具之一。近 20 年来，凸优化被成功且广泛地应用于解决信号处理、多输入多输出（MIMO）无线通信和网络中的各种问题，前者包括生物医学和高光谱图像分析中的盲源分离（BSS）问题，后者包括相干/非相干检测、发射/鲁棒/分布式的波束赋形设计、物理层安全通信等。尤其需要看到，当前 4G 系统已经大规模商用，诸如大规模 MIMO、毫米波通信、全双工 MIMO、注重能效的多小区协作波束赋形等 5G 相关技术也得到深入研究。从公开资料和文献中，我们可以看到此类研究广泛地使用凸优化工具。这都充分地显示了凸优化理论在 5G 研发以及各类跨学科的科学与工程应用中的关键作用。

从 2008 年春季开始，作者在台湾清华大学（NTHU）开始执教“无线通信的优化设计”这一研究生课程。与其他课程类似，作者也为此准备了相应的教学讲义。起初的教学讲义基本上是基于 *Convex Optimization*（Stephen Boyd 和 Lieven Vandenberghe 著，剑桥大学出版社，2004 年版）这一经典教材编写的，此外也融入了部分公开发表的研究成果，以及作者之前同事马荣健教授（目前为香港中文大学教授，于 2005 年 8 月至 2007 年 7 月在 NTHU 执教该课程）提供的部分材料。

作者根据多年的教学经验了解到，许多工科学生不能将数学理论与实际应用之间进行切实的联系，所以在抽象的数学理论面前往往会茫然无措。慢慢地，他们就失去了学习强大的数学理论和工具的动力，久而久之也使得他们不能利用所学的数学来研究、解决具体问题。为了帮助学生充分掌握凸优化这一强大的数学工具，作者试图通过该课程的讲义构建起从基础数学理论到实际应用的桥梁。在本书中，作者对这些讲义、材料结集出版，并真诚地希望读者，特别是学习该工具的学生可以通过本书而有所受益。

在过去的十年中，就“信号处理与通信的凸优化理论”这一课程，作者基于所编写的讲义在国内的一些主要大学进行了 10 多次的短期课程教学，如山东大学（2010 年 1 月）、清华大学（2010 年 8 月和 2012 年 8 月）、天津大学（2011 年 8 月）、北京交通大学（2013 年 7 月和 2015 年 7 月）、电子科技大学（2013 年 11 月、2014 年 9 月和 2015 年 9 月）、厦门大学（2013 年 12 月）和中山大学（2015 年 8 月）等。这些短期课程与学术会议、研讨会、座谈会等传统的短期课程截然不同，后者往往受限于时间而只能通过幻灯片对相关内容进行概要性的介绍，缺乏具体的细节。而本人教授的短期课程则是在连续两周的时间内，通过 32 学时的时间对凸优化理论中几乎所有的理论、证明、例子、算法设计与实现，以及最新的研究应用进行具体的介绍。这使得整个短期课程犹如一次完整的探索学习之旅，而不仅仅是学习一门纯粹的数学课程。在课程结束时，听众可以进一步通过期末课程设计来解决一个实际问题，从而获得亲身实践的经验。这些年的短期课程过程中，听众也给了作者很多积极、正面的反馈，目前他们中的很多人已然成为利用凸优化进行研究的专家，在多个领域迸发出了诸多的研究突破和成功应用。

本书介绍了凸优化的基础理论和实际应用，并强调两者的平衡。本书适合于需要学习“凸优化”或者“非线性优化”以解决优化问题，并更希望了解数学与应用之桥梁的一年级工程类专业研究生。当然，诸如线性代数、矩阵论、微积分等课程是阅读本书的数学基础。如果您计划利用本书进行一学期的课程教学，那么基于本人多年的教学经验，作者提供如下的建议。首先，在第 1 章～第 4 章的教学之后进行一次期中考试。其次，第 5 章～第 8 章中的应用可以选择性地进行介绍，然后布置一次课程设计作业，请学生以 1 ～ 2 人为一组研读一篇论文。这一作业的目的是让学生利用所学的知识解决实际的具体问题，从而掌握指定论文中涉及的所有理论、分析和仿真/实验结果。然后进行第 9 章～第 10 章的教学。最后安排一次期末考试，并请每组学生将其课程设计进行口头报告。经过这些年的多次教学实践，作者认为这种做法可以充分鼓舞学生，对学生比较有益。

本书包含 10 章和 1 个附录，基本上以因果顺序进行编写，即深入学习每章时都需要充分学习并掌握前面章节中介绍的知识。

第 1 章介绍了随后章节中需要使用的一些数学基础。第 2 章介绍凸集。第 3 章介绍的凸函数是随后第 4 章内容的基础。第 4 章介绍凸问题和问题重构。第 2~第 4 章内容都给出了许多具体的例子。

接下来介绍一些典型的凸优化问题（或简称为凸问题），包括第 5 章介绍的几何规划 (GP)，第 6 章介绍的线性规划（LP）、二次规划（QP）和二次约束二次规划（QCQP），第 7 章介绍的二阶锥规划（SOCP），第 8 章介绍的半定规划（SDP）。其中几何规划问题看似非凸，实则可以转化为一个凸问题。在这些章节中，读者可以看到第 2 章 ~ 第 4 章介绍的基本知识将如何正确、有效地应用于通信和/或信号处理中的实际问题。针对所考虑的问题，本书给出了其中的关键思想、理念和重要的转化步骤。同时为了让读者从直观上理解算法的精度和有效性，也选择性地给出了一些具有代表性的仿真结果，以及基于生物医学、高光谱图像实际数据的实验结果。当然，读者可以通过阅读具体的研究论文来进一步了解细节，从而完全地掌握如何将优化理论应用于具体的研究。由于 SDP 已广泛应用于无线通信和网络的优化设计，因此在第 8 章中特别介绍了一些更具挑战性的应用，其中各种复杂的 SDP 优化问题也正是当前 5G 研发中普遍存在和关注的核心问题。

第 9 章引入的“对偶”至关重要，与第 2 章～第 4 章介绍的内容互相补充。这是因为针对不同的凸优化问题，有些适合使用之前介绍的最优性条件进行求解，有些则更适合使用第 9 章介绍的 Karush-Kuhn-Tucker（KKT）条件进行有效的求解。此外，根据作者的经验，对具体优化问题所设计的算法进行解析的性能评估和复杂性分析，无论是对算法设计还是对未来研究的突破方面都具有重要的意义。这些分析可以定性和定量地证明和解释模拟和实验结果，从而为所设计算法的适用性提供一个坚实的基础，而这些分析往往非常依赖于微妙的对偶理论。另外，一旦将优化问题转化为了一个凸问题，就可以利用现成的凸优化工具包，如 CVX 和 SeDuMi 来求解。CVX 和 SeDuMi 工具包的使用在附录 A 中进行介绍。这些工具包在研究阶段可能足够我们的需求，但在实时处理或在线处理等实际应用场景下，工具包就不一定适合于实际的需求了。因此，第 10 章介绍了内点法。内点法实际上是试图在数值上解决第 9 章介绍的 KKT 条件。内点法已被广泛用于求解具体的凸优化问题，并可以提供更加有效的计算性能。

对整个教学讲义的整理不仅需要大量的精力，也需要大量的时间。本书得以结集出版，还要归功于作者许多学生的努力和投入，他们包括我以前的博士学生，如 ArulMurugan Ambikapathi 博士、王堃宇博士、李威锖博士、林家祥博士。我以前的硕士学生，如邱奕霖、沈郁瑄、Tung-Chi Ye 和 Yu-Ping Chang 等则帮助绘制了本书中很多的示意图。作者衷心感谢他们的奉献精神和辛勤工作。作者还需特别感谢以前的同事马荣健教授，博士生张纵辉博士、詹宗翰博士，访问学者 Fei Ma 博士，访问博士生陈翔博士、沈超博士、秦浩浩博士、何飞博士、徐桂贤、张凯、陆扬、Christian Weiss，来访的硕士生李磊和欧泽良，以及其他所有直接或间接提供帮助的研究生。

目　录

第1章 CHAPTER 1 数学背景

凸优化是一类重要的优化技术，被广泛应用于各种科学与工程领域。最小二乘（Least Squares，LS）问题和线性优化问题是凸优化问题的两个典型例子。如果可以将一个实际问题形式化为一个凸优化问题，如最小二乘和线性优化问题，那么我们事实上已经解决了该问题，即可以得到解析的或数值的最优解。本章将介绍必要的数学基础，包括向量空间、范数、集合、函数、矩阵和线性代数等，以便于介绍后续的凸优化理论及其应用，相信读者由此可以更容易理解和掌握凸优化理论。

1.1 数学基础

本节介绍后续章节所用到的符号、缩写和数学基础。本书采用的符号和缩写遵循信号处理与无线通信领域中普遍采用的符号体系，具体如下。

符号：

$\mathbb{R}, \mathbb{R}^n, \mathbb{R}^{m\times n}$	实数集、n 维实（列）向量集、$m\times n$ 实矩阵
$\mathbb{C}, \mathbb{C}^n, \mathbb{C}^{m\times n}$	复数集、n 维复（列）向量集、$m\times n$ 复矩阵
$\mathbb{R}_+, \mathbb{R}_+^n, \mathbb{R}_+^{m\times n}$	非负实数集、n 维非负实（列）向量、$m\times n$ 非负实矩阵
$\mathbb{R}_{++}, \mathbb{R}_{++}^n, \mathbb{R}_{++}^{m\times n}$	正实数集、n 维正实（列）向量集、$m\times n$ 正实矩阵集
$\mathbb{Z}, \mathbb{Z}_+, \mathbb{Z}_{++}$	整数集、非负整数集、正整数集
$\mathbb{S}^n, \mathbb{S}_+^n, \mathbb{S}_{++}^n$	$n\times n$ 实对称矩阵集、半正定矩阵集、正定矩阵集
$\mathbb{H}^n, \mathbb{H}_+^n, \mathbb{H}_{++}^n$	$n\times n$ Hermitian 矩阵集、半正定矩阵集、正定矩阵集
$\{x_i\}_{i=1}^N$	集合 $\{x_1,\ldots,x_N\}$
$\mathbf{x}=[x_1,\ldots,x_n]^{\mathrm{T}}$ $=(x_1,\ldots,x_n)$	n 维列向量 $\mathbf{x}$
$[\mathbf{x}]_i$	向量 $\mathbf{x}$ 的第 i 个元素
$[\mathbf{x}]_{i:j}$	由向量 $\mathbf{x}$ 部分元素组成的列向量，包含 $[\mathbf{x}]_i, [\mathbf{x}]_{i+1},\ldots,[\mathbf{x}]_j$
$\mathrm{card}(\mathbf{x})$	向量 $\mathbf{x}$ 的基数（非零元素个数）

$\mathbf{Diag}(\mathbf{x})$	对角元素为 $x_1, x_2, \ldots, x_n$ 的对角矩阵
$\mathbf{X} = \{x_{ij}\}_{M\times N} = \{[\mathbf{X}]_{ij}\}_{M\times N}$	$M \times N$ 矩阵 $\mathbf{X}$，其第 (i,j) 个元素 $[\mathbf{X}]_{ij} = x_{ij}$
$\mathbf{X}^*$	矩阵 $\mathbf{X}$ 的共轭
$\mathbf{X}^{\mathrm{T}}$	矩阵 $\mathbf{X}$ 的转置
$\mathbf{X}^{\mathrm{H}} = (\mathbf{X}^*)^{\mathrm{T}}$	矩阵 $\mathbf{X}$ 的 Hermitian 矩阵（即共轭转置）
$\mathrm{Re}\{\cdot\}$	元素的实部
$\mathrm{Im}\{\cdot\}$	元素的虚部
$\mathbf{X}^\dagger$	矩阵 $\mathbf{X}$ 的伪逆
$\mathrm{Tr}(\mathbf{X})$	矩阵 $\mathbf{X}$ 的迹
$\mathbf{vec}(\mathbf{X})$	矩阵 $\mathbf{X}$ 的向量化
$\mathbf{vecdiag}(\mathbf{X})$	矩阵 $\mathbf{X}$ 的对角线元素向量化
$\mathbf{DIAG}(\mathbf{X}_1, \ldots, \mathbf{X}_n)$	对角块为 $\mathbf{X}_1, \ldots, \mathbf{X}_n$ 的分块对角矩阵，其中 $\mathbf{X}_1, \ldots, \mathbf{X}_n$ 不一定是方阵
$\mathrm{rank}(\mathbf{X})$	矩阵 $\mathbf{X}$ 的秩
$\det(\mathbf{X})$	矩阵 $\mathbf{X}$ 的行列式
$\lambda_i(\mathbf{X})$	实对称（或 Hermitian）矩阵 $\mathbf{X}$ 的第 i 个特征值（若有特殊说明也特指主特征值）
$\mathcal{R}(\mathbf{X})$	矩阵 $\mathbf{X}$ 的值域空间
$\mathcal{N}(\mathbf{X})$	矩阵 $\mathbf{X}$ 的零空间
$\dim(V)$	子空间 V 的维度
$\lVert\cdot\rVert$	范数
$\mathrm{span}[\mathbf{v}_1, \ldots, \mathbf{v}_n]$	由 $\mathbf{v}_1, \ldots, \mathbf{v}_n$ 张成的子空间
$\mathbf{1}_n$	所有分量为 1 的 n 维列向量
$\mathbf{0}_m$	所有分量为 0 的 m 维列向量
$\mathbf{0}_{m\times n}$	所有分量为 0 的 $m \times n$ 矩阵
$\mathbf{I}_n$	$n \times n$ 单位矩阵
$\mathbf{e}_i$	第 i 个标准基向量
$\boldsymbol{f}$	$\boldsymbol{f}$ 是从集合 $\mathbf{dom}\,\boldsymbol{f} \subseteq \mathbb{R}^n$ 到集合 $\mathbb{R}^m$ 的函数
f	f 是从集合 $\mathbf{dom}\,f \subseteq \mathbb{R}^n$ 或 $\mathbf{dom}\,f \subseteq \mathbb{R}$ 到集合 $\mathbb{R}$ 的函数
$\mathbf{dom}\,f$	函数 f 的定义域
$\mathbf{epi}\,f$	函数 f 的上境图
$\lvert C\rvert$	有限集 C 的大小（即有限集 C 中元素的个数）
$\sup C$	集合 C 的上确界
$\inf C$	集合 C 的下确界
$\mathbf{int}\,C$	集合 C 的内部
$\mathbf{cl}\,C$	集合 C 的闭包
$\mathbf{bd}\,C$	集合 C 的边界

relint C	集合 C 的相对内部
relbd C	集合 C 的相对边界
aff C	集合 C 的仿射包
conv C	集合 C 的凸包
conic C	集合 C 的凸锥
affdim(C)	集合 C 的仿射维度
K	真锥
K^*	真锥 K 的对偶锥
$\succeq_K$	由真锥 K 定义的广义不等式
$\succeq$	向量之间的广义不等式（如真锥 $K=\mathbb{R}_+^n$），对称矩阵之间的广义不等式（如真锥 $K=\mathbb{S}_+^n$）
$\mathbb{E}\{\cdot\}$	期望
$\text{Prob}\{\cdot\}$	概率
$\mathcal{N}(\boldsymbol{\mu},\boldsymbol{\Sigma})$	均值为 $\boldsymbol{\mu}$、协方差（矩阵）为 $\boldsymbol{\Sigma}$ 的实高斯分布函数
$\mathcal{CN}(\boldsymbol{\mu},\boldsymbol{\Sigma})$	均值为 $\boldsymbol{\mu}$、协方差（矩阵）为 $\boldsymbol{\Sigma}$ 的复高斯分布函数
$\Leftrightarrow$	当且仅当（等价于）
$\Rightarrow$	表明（可推出）
$\nRightarrow$	不能推出
$\triangleq$	定义为
$:=$	赋值
$\equiv$	恒等于
$\log x$	x 的自然对数，即 $\ln x$
$\text{sgn}\, x$	x 的符号函数
$[x]^+$	x 与 0 两者间较大值
$\lceil x \rceil$	对 x 向下取整

缩写：

ADMM	Alternating Direction Method of Multipliers，交替方向乘子法
AWGN	Additive White Gaussian Noise，加性高斯白噪声
BQP	Boolean Quadratic Program，布尔二次规划
BS	Base Station，基站
BSS	Blind Source Separation，盲源分离
BSUM	Block Successive Upper bound Minimization，分块连续上界最小化
CDI	Channel Distribution Information，信道分布信息
CSI	Channel State Information，信道状态信息
DoF	Degree of Freedom，自由度
DR	Dimension Reduced，降维
EVD	EigenValue Decomposition，特征值分解

FBS	Femtocell Base Station，毫微微基站，又称家庭基站
FCLS	Fully Constrained Least Squares，完全约束最小二乘
FUE	Femtocell User Equipment，家庭用户终端
GP	Geometric Program，几何规划
HU	Hyperspectral Unmixing，高光谱分解
HyperCSI	Hyperplane-based Craig Simplex Identification，基于超平面的 Craig 单纯形辨识
IFC	InterFerence Channel，干扰信道
IPM	Interior-Point Method，内点法
LFSDR	Linear Fractional SDR，线性分式 SDR
LMI	Linear Matrix Inequality，线性矩阵不等式
LMMSE	Linear Minimum Mean-Squared Estimator，线性最小均方估计
LP	Linear Program，线性规划
LS	Least Squares，最小二乘
MBS	Macrocell Base Station，宏蜂窝基站
MCBF	MultiCell BeamForming，多小区波束成形
MIMO	Multiple-Input Multiple-Output，多输入多输出
MISO	Multiple-Input Single-Output，多输入单输出
ML	Maximum-Likelihood，最大似然
MMF	Max-Min Fairness，最大最小公平
MMSE	Minimum Mean-Squared Error，最小均方误差
MSE	Mean-Squared Error，均方误差
MUE	Macrocell User Equipment，宏蜂窝用户设备
MVES	Minimum-Volume Enclosing Simplex，最小体积的封闭单纯形
nBSS	nonnegative Blind Source Separation，非负盲源分离
OFDM	Othogonal Frequency Division Multiplexing，正交频分复用
OSTBC	Orthogonal Space-Time Block Code，正交空时分组码
PCA	Principal Component Analysis，主成分分析
PD	Positive Definite，正定
PSD	Positive SemiDefinite，半正定
QCQP	Quadratic Constrained Quadratic Program，二次约束二次规划
QP	Quadratic Program，二次规划
ROI	Regions Of Interest，感兴趣区域
SCA	Successive Convex Approximation，连续凸近似
SDP	SemiDefinite Program，半正定规划
SDR	SemiDefinite Relaxation，半正定松弛
SIMO	Single-Input Multiple-Output，单输入多输出

SINR　Signal-to-Interference-plus-Noise Ratio，信干噪比
SISO　Single-Input Single-Output，单输入单输出
SNR　Signal-to-Noise Ratio，信噪比
SOCP　Second-Order Cone Program，二阶锥规划
SPA　Successive Projection Algorithm，连续投影算法
SVD　Singular Value Decomposition，奇异值分解
TDMA　Time Division Multiple Access，时分多址
WSR　Weighted Sum Rate，加权和速率
w.r.t.　with respect to，相对于（关于）

注 1.1　以上列出的符号表示和缩略语将贯穿本书。虽然有些符号表示可能看起来很相似，但是它们其实代表不同的变量，比如 $\mathbf{x}$ 和 $\boldsymbol{x}$，$\mathbf{X}$ 和 $\boldsymbol{X}$，而 $(\mathbf{x},\mathbf{y})$ 和 $[\mathbf{x}^{\mathrm{T}},\mathbf{y}^{\mathrm{T}}]^{\mathrm{T}}$ 是相同的列向量。□

1.1.1　向量范数

在线性代数、泛函分析和其他数学领域中，范数作为一种函数，对向量空间中所有非零向量都定义了一个严格为正的长度或大小。定义了范数的向量空间称为**赋范向量空间**。一个简单的例子就是定义了欧氏范数，即 ℓ_2-范数的二维空间 $\mathbb{R}^2$。该向量空间中的元素通常画成类似笛卡儿坐标系中从原点 O_2 开始的箭头，而欧氏范数为每个向量定义了从向量始端（原点）到向量末端的长度，因此，欧氏范数通常被认为是向量的模。

假设在实（或复）子域 F 中给定了一个向量空间 V，范数就是对该向量空间 V 中任意向量的一种函数运算 $\|\cdot\|: V\to\mathbb{R}_+$。范数具有如下性质：对于所有的数 $a\in F$，以及向量 $\mathbf{u}$, $\mathbf{v}\in V$，都有

- $\|a\mathbf{v}\|=|a|\cdot\|\mathbf{v}\|$（正齐次性）。
- $\|\mathbf{u}+\mathbf{v}\|\leqslant\|\mathbf{u}\|+\|\mathbf{v}\|$（三角不等式或次可加性）。
- 当且仅当 $\mathbf{v}$ 为零向量时，$\|\mathbf{v}\|=0$（正定性）。

由上述前两个性质（正齐次性和三角不等式）可推导得到一个简单结论：$\|\mathbf{0}\|=0$，因此 $\|\mathbf{v}\|\geqslant 0$。

向量 $\mathbf{v}$ 的 ℓ_p-范数（或 p-范数）通常以 $\|\mathbf{v}\|_p$ 表示，定义为

$$\|\mathbf{v}\|_p=\left(\sum_{i=1}^{n}|v_i|^p\right)^{1/p} \tag{1.1}$$

其中，$p\geqslant 1$。当 $0<p<1$ 时，式 (1.1) 不满足三角不等式，所以不是 $\mathbf{v}$ 的范数。当 $p=1$ 和 $p=2$ 时，有

$$\|\mathbf{v}\|_1=\sum_{i=1}^{n}|v_i| \tag{1.2}$$

$$\|\mathbf{v}\|_2=\left(\sum_{i=1}^{n}|v_i|^2\right)^{1/2} \tag{1.3}$$

当 $p=\infty$ 时，该范数称为最大范数、无穷范数、一致范数或上确界范数，定义为

$$\|\mathbf{v}\|_\infty = \max\{|v_1|, |v_2|, \ldots, |v_n|\} \tag{1.4}$$

注意，ℓ_1-范数、ℓ_2-范数（又称欧氏范数）和无穷范数在众多科学工程问题中都有广泛应用，而 p 取其他值，如 $p=3,4,5$ 时的 ℓ_p-范数大多停留在理论分析层面上，缺乏实际应用。

注 1.2 所有范数都是凸函数（在第 3 章中将会介绍）。因此，对于基于范数的目标函数，其全局最优解一般较容易获得。□

1.1.2 矩阵范数

在数学计算中，矩阵范数是范数从向量到矩阵的扩展。下面将讨论本书用到的一些矩阵范数。

一个 $m\times n$ 矩阵 $\mathbf{A}$ 的 Frobenius **范数**（或称 F-范数）定义如下：

$$\|\mathbf{A}\|_{\mathrm{F}} = \left(\sum_{i=1}^{m}\sum_{j=1}^{n}|[\mathbf{A}]_{ij}|^2\right)^{1/2} = \sqrt{\mathrm{Tr}(\mathbf{A}^{\mathrm{T}}\mathbf{A})} \tag{1.5}$$

其中

$$\mathrm{Tr}(\mathbf{X}) = \sum_{i=1}^{n}[\mathbf{X}]_{ii} \tag{1.6}$$

是方阵 $\mathbf{X}\in\mathbb{R}^{n\times n}$ 的迹。当 $n=1$ 时，矩阵 $\mathbf{A}$ 退化为一个 m 维列向量，相应的 F-范数也退化为向量的 ℓ_2-范数。

另一种形式的范数称为**诱导范数或算子范数**。假设 $\|\cdot\|_a$ 和 $\|\cdot\|_b$ 分别是作用于 $\mathbb{R}^m$ 和 $\mathbb{R}^n$ 上的范数，则矩阵 $\mathbf{A}\in\mathbb{R}^{m\times n}$ 的诱导范数可以通过范数 $\|\cdot\|_a$ 和 $\|\cdot\|_b$ 推导而得，定义为

$$\|\mathbf{A}\|_{a,b} = \sup\left\{\|\mathbf{A}\mathbf{u}\|_a \middle| \|\mathbf{u}\|_b \leqslant 1\right\} \tag{1.7}$$

其中，$\sup(\cdot)$ 表示上确界。当 $a=b$ 时，$\|\mathbf{A}\|_{a,b}$ 简记为 $\|\mathbf{A}\|_a$。

对于一个 $m\times n$ 矩阵

$$\mathbf{A} = \{a_{ij}\}_{m\times n} = [\mathbf{a}_1, \ldots, \mathbf{a}_n]$$

其常用的诱导范数如下：

$$\begin{aligned}
\|\mathbf{A}\|_1 &= \max_{\|\mathbf{u}\|_1\leqslant 1}\left\|\sum_{j=1}^{n}u_j\mathbf{a}_j\right\|_1 && (a=b=1) \\
&\leqslant \max_{\|\mathbf{u}\|_1\leqslant 1}\sum_{j=1}^{n}|u_j|\cdot\|\mathbf{a}_j\|_1 && \text{（三角不等式）} \\
&= \max_{1\leqslant j\leqslant n}\|\mathbf{a}_j\|_1 = \max_{1\leqslant j\leqslant n}\sum_{i=1}^{m}|a_{ij}|
\end{aligned} \tag{1.8}$$

即矩阵 $\mathbf{A}$ 各列绝对值之和的最大值。当 $\mathbf{u}=\mathbf{e}_l$ 时式 (1.8) 等号成立，其中 $l=\arg\max\limits_{1\leqslant j\leqslant n}\|\mathbf{a}_j\|_1$。

$$\begin{aligned}\|\mathbf{A}\|_\infty &= \max_{\|\mathbf{u}\|_\infty\leqslant 1}\left\{\max_{1\leqslant i\leqslant m}\left|\sum_{j=1}^n a_{ij}u_j\right|\right\} \quad (a=b=\infty)\\ &= \max_{1\leqslant i\leqslant m}\left\{\max_{\|\mathbf{u}\|_\infty\leqslant 1}\left|\sum_{j=1}^n a_{ij}u_j\right|\right\}\\ &= \max_{1\leqslant i\leqslant m}\sum_{j=1}^n |a_{ij}| \quad （即\ u_j=\mathrm{sgn}\{a_{ij}\},\ \forall j）\end{aligned} \tag{1.9}$$

即矩阵 $\mathbf{A}$ 各行绝对值之和的最大值。

特别地，当 $a=b=2$ 时的诱导范数称为谱范数或 ℓ_2-范数。矩阵 $\mathbf{A}$ 的谱范数既是其最大奇异值，也是半正定矩阵 $\mathbf{A}^\mathrm{T}\mathbf{A}$ 的最大特征值的平方根，即

$$\|\mathbf{A}\|_2=\sup\big\{\|\mathbf{Au}\|_2\big|\|\mathbf{u}\|_2\leqslant 1\big\}=\sigma_{\max}(\mathbf{A})=\sqrt{\lambda_{\max}(\mathbf{A}^\mathrm{T}\mathbf{A})} \tag{1.10}$$

关于矩阵A的奇异值将在式 (1.109) 中给出定义。矩阵 $\mathbf{A}$ 的奇异值与半正定矩阵 $\mathbf{A}^\mathrm{T}\mathbf{A}$ 或 $\mathbf{A}\mathbf{A}^\mathrm{T}$ 对应特征值之间的关系将在 1.2.6 节中通过式 (1.116) 给出。

1.1.3　内积

两个实向量 $\mathbf{x}\in\mathbb{R}^n$ 和 $\mathbf{y}\in\mathbb{R}^n$ 的内积是一个实标量，定义为

$$\langle\mathbf{x},\mathbf{y}\rangle=\mathbf{y}^\mathrm{T}\mathbf{x}=\sum_{i=1}^n x_i y_i \tag{1.11}$$

如果向量 $\mathbf{x}$ 和 $\mathbf{y}$ 都是复向量，则将上式取转置运算改为取 Hermitian 运算（即共轭转置）。一个向量 $\mathbf{x}$ 与它自己做内积的平方根就是该向量的欧氏范数。

Cauchy-Schwarz 不等式　对于任意 $\mathbf{x},\mathbf{y}\in\mathbb{R}^n$，Cauchy-Schwarz 不等式

$$|\langle\mathbf{x},\mathbf{y}\rangle|\leqslant\|\mathbf{x}\|_2\cdot\|\mathbf{y}\|_2 \tag{1.12}$$

都成立，当且仅当存在 $\alpha\in\mathbb{R}$ 使得 $\mathbf{x}=\alpha\mathbf{y}$ 时，式 (1.12) 等号成立。

勾股定理　如果两个向量 $\mathbf{x},\mathbf{y}\in\mathbb{R}^n$ 相互正交，即 $\langle\mathbf{x},\mathbf{y}\rangle=0$，则

$$\|\mathbf{x}+\mathbf{y}\|_2^2=(\mathbf{x}+\mathbf{y})^\mathrm{T}(\mathbf{x}+\mathbf{y})=\|\mathbf{x}\|_2^2+2\langle\mathbf{x},\mathbf{y}\rangle+\|\mathbf{y}\|_2^2=\|\mathbf{x}\|_2^2+\|\mathbf{y}\|_2^2 \tag{1.13}$$

相似地，两个实矩阵 $\mathbf{X}=\{x_{ij}\}_{m\times n}\in\mathbb{R}^{m\times n}$ 和 $\mathbf{Y}=\{y_{ij}\}_{m\times n}\in\mathbb{R}^{m\times n}$ 的内积可以定义为

$$\langle\mathbf{X},\mathbf{Y}\rangle=\sum_{i=1}^m\sum_{j=1}^n x_{ij}y_{ij}=\mathrm{Tr}\big(\mathbf{X}^\mathrm{T}\mathbf{Y}\big)=\mathrm{Tr}\big(\mathbf{Y}^\mathrm{T}\mathbf{X}\big) \tag{1.14}$$

事实上，$\langle\mathbf{X},\mathbf{Y}\rangle=\langle\mathbf{vec}(\mathbf{X}),\mathbf{vec}(\mathbf{Y})\rangle$，即 $\mathbf{X}$ 和 $\mathbf{Y}$ 的内积等于两个 $m\times n$ 维度的向量化列向量 $\mathbf{vec}(\mathbf{X})$ 和 $\mathbf{vec}(\mathbf{Y})$ 的内积。

注 1.3 一个内积空间是定义了内积的向量空间。内积是将空间中的一对向量与一个标量相关联，这个标量被称为这两个向量的内积。 □

注 1.4 下面给出矩阵的谱范数不等式（类似于 Cauchy-Schwarz 不等式，见式 (1.10)）：

$$\|\mathbf{A}\mathbf{x}\|_2 = \left\|\mathbf{A}\frac{\mathbf{x}}{\|\mathbf{x}\|_2}\right\|_2 \cdot \|\mathbf{x}\|_2 \leqslant \|\mathbf{A}\|_2 \cdot \|\mathbf{x}\|_2 = \sigma_{\max}(\mathbf{A}) \cdot \|\mathbf{x}\|_2 \tag{1.15}$$

当且仅当 $\mathbf{x} = \alpha\mathbf{v}$ 时式 (1.15) 取等，其中 $\mathbf{v}$ 是矩阵 $\mathbf{A}$ 的最大奇异值所对应的右奇异向量。 □

1.1.4 范数球

对于点 $\mathbf{x} \in \mathbb{R}^n$，其范数球（又称为点 $\mathbf{x}$ 的**邻域**）定义为

$$B(\mathbf{x}, r) = \{\mathbf{y} \in \mathbb{R}^n \mid \|\mathbf{y} - \mathbf{x}\| \leqslant r\} \tag{1.16}$$

其中，r 为半径，$\mathbf{x}$ 为范数球的中心。

当 $n = 2$，$\mathbf{x} = \mathbf{0}_2$，$r = 1$ 时，ℓ_2-范数球为 $B(\mathbf{x}, r) = \{\mathbf{y} \mid y_1^2 + y_2^2 \leqslant 1\}$（一个半径为 1 的圆），$\ell_1$-范数球为 $B(\mathbf{x}, r) = \{\mathbf{y} \mid |y_1| + |y_2| \leqslant 1\}$（一个面积为 2 的二维菱形（每个内角均为 90°）），ℓ_∞-范数球 为 $B(\mathbf{x}, r) = \{\mathbf{y} \mid |y_1| \leqslant 1,\ |y_2| \leqslant 1\}$（一个面积为 4 的正方形）（见图 1.1）。值得注意的是，范数球是关于原点对称的、凸的、闭合的、有界的，且具有非空内部。对于任意的 $\mathbf{v} \in \mathbb{R}^n$，$p > q \geqslant 1$，因为

$$\|\mathbf{v}\|_p \leqslant \|\mathbf{v}\|_q \tag{1.17}$$

所以 ℓ_1-范数球是 ℓ_2-范数球的子集，ℓ_2-范数球是 ℓ_∞-范数球的子集；此外，所有半径为 r 的 ℓ_p-范数球相交于 $r\mathbf{e}_i$（$i = 1, \ldots, n$），此时式 (1.17) 取等。如图 1.1 所示，对于任意 $p \geqslant 1$ 都有 $\|\mathbf{x}_1\|_p = 1$，且 $\|\mathbf{x}_2\|_\infty = 1 < \|\mathbf{x}_2\|_2 = \sqrt{2} < \|\mathbf{x}_2\|_1 = 2$。

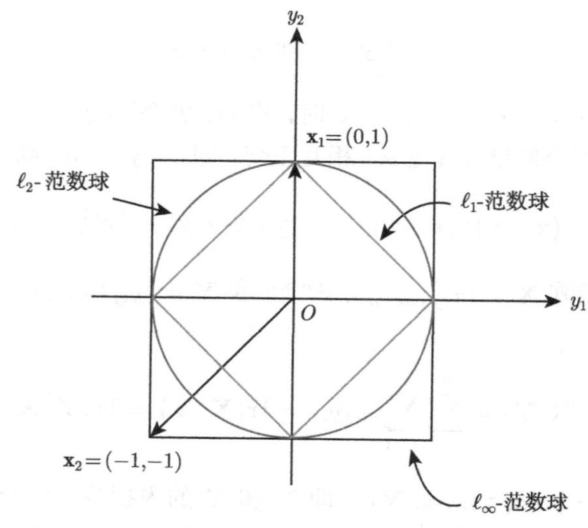

图 1.1 ℓ_1-范数球、ℓ_2-范数球和 ℓ_∞-范数球的图示

式 (1.17) 的证明 假设 $\mathbf{v} \neq \mathbf{0}_n$，令 $\beta = \|\mathbf{v}\|_\infty = \max\{|v_1|, \ldots, |v_n|\} > 0$，对任意 i 都有 $|v_i|/\beta \leqslant 1$，则当 $p > q \geqslant 1$ 时，有

$$1 \leqslant \sum_{i=1}^{n} |v_i/\beta|^p \leqslant \sum_{i=1}^{n} |v_i/\beta|^q \tag{1.18}$$

因此可以推出

$$\left\{\sum_{i=1}^{n} |v_i/\beta|^p\right\}^{1/p} \leqslant \left\{\sum_{i=1}^{n} |v_i/\beta|^q\right\}^{1/q} \tag{1.19}$$

在式 (1.19) 中消去左右两边常数项 β（或令 $\beta = 1$）即可导出式 (1.17)。 □

注 1.5 式 (1.17) 可以如下理解：通过用不同的度量单位（例如米和英尺，或者公斤和英镑）去衡量一个人（对应于一个向量）的身高或者体重。因此 p 越大，则 $\|\mathbf{v}\|_p$ 越小。从图 1.1 可以看出当 $p = 2$ 时，对于任意正交矩阵 $\mathbf{U}$（即 $\mathbf{U}\mathbf{U}^{\mathrm{T}} = \mathbf{U}^{\mathrm{T}}\mathbf{U} = \mathbf{I}$，参考式 (1.87)）都有 $\|\mathbf{U}\mathbf{v}\|_p = \|\mathbf{v}\|_p$。这表明当 $p = 2$ 时，$\|\mathbf{v}\|_p$ 是不随方向而改变。当 $p \neq 2$ 时上述性质不成立。 □

注 1.6 式 (1.7) 中定义的诱导范数可以从几何角度解释。考虑下列线性函数：

$$\boldsymbol{f}(\mathbf{x}) = \mathbf{A}\mathbf{x},\ \mathbf{A} = [\mathbf{a}_1\ \mathbf{a}_2] = \begin{bmatrix} 5 & 11 \\ 7 & 3 \end{bmatrix}$$

图 1.2 给出了当 $p = 1, 2, \infty$ 时 $\|\mathbf{A}\|_p$ 的图示。其中，$\|\mathbf{A}\|_1 = \|\mathbf{a}_2\|_1$，$\|\mathbf{A}\|_2 = \|\mathbf{y}_2\|_2$（椭圆的最大半轴），$\|\mathbf{A}\|_\infty = \|\mathbf{y}_1\|_\infty$。函数 $\boldsymbol{f}$ 将图 1.1 中的 ℓ_∞-范数球、ℓ_2-范数球和 ℓ_1-范数球（单位半径相同）分别映射到图 1.2 中的三个图形（实线）：包含向量 $\mathbf{y}_1 = \mathbf{a}_1 + \mathbf{a}_2$ 的平行四边形、

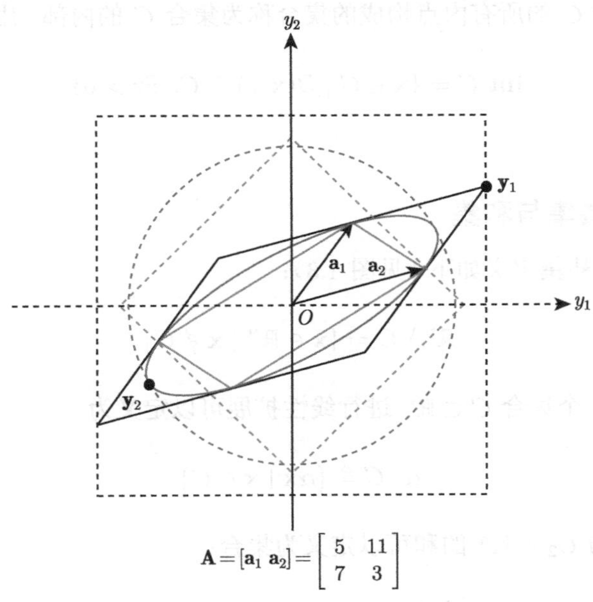

图 1.2 矩阵 $\mathbf{A} \in \mathbb{R}^{2\times 2}$ 三个诱导范数的图示

包含向量 $\mathbf{y}_2$（$\|\mathbf{y}_2\|_2 = \max\{\|\boldsymbol{f}(\mathbf{u})\|_2 \mid \|\mathbf{u}\|_2 \leqslant 1)\}$）的椭圆（前者的子集），以及包含向量 $\mathbf{a}_1$ 和 $\mathbf{a}_2$ 的平行四边形（椭圆的子集）。同时还可以得到半径分别为 $\|\mathbf{A}\|_1$、$\|\mathbf{A}\|_2$ 和 $\|\mathbf{A}\|_\infty$ 的范数球（虚线）。由式 (1.7) 可得

$$\begin{aligned}
\|\mathbf{A}\|_1 &= \|\mathbf{a}_2\|_1 = 14 \quad \text{（参考式 (1.8)）} \\
\|\mathbf{A}\|_2 &= \sigma_{\max}(\mathbf{A}) = \|\mathbf{y}_2\|_2 \approx 13.5275 \quad \text{（参考式 (1.10)）} \\
\|\mathbf{A}\|_\infty &= \|\mathbf{y}_1\|_\infty = 16 \quad \text{（参考式 (1.9)）}
\end{aligned}$$

注意，$\mathbb{R}^n$ 中的椭球可以用 n 个半轴的长度进行刻画，其中 n 等于矩阵 $\mathbf{A}$ 的非零奇异值个数，具体在 2.2.2 节中介绍。 □

1.1.5 内点

对于子集 $C \subseteq \mathbb{R}^n$ 中的点 $\mathbf{x}$，如果存在一个数 $\epsilon > 0$ 使得 $B(\mathbf{x}, \epsilon) \subseteq C$（见图 1.3），$\mathbf{x}$ 是集合 C 的**内点**。换言之，对于点 $\mathbf{x} \in C$，如果集合 C 包含点 $\mathbf{x}$ 的邻域，或如果 $\mathbf{x}$ 邻域的所有点都属于集合 C，则称 $\mathbf{x}$ 是集合 C 的内点。

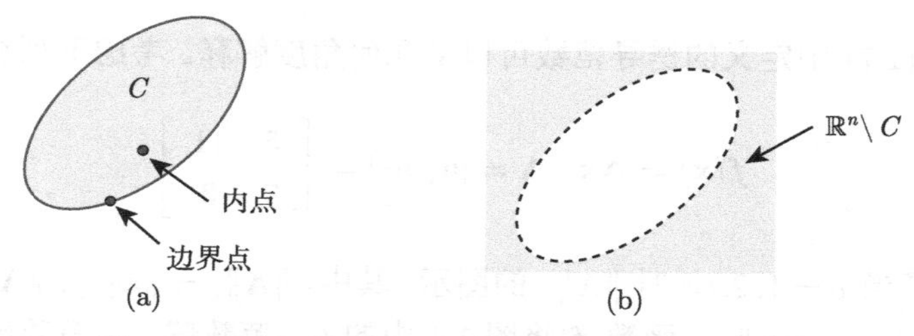

图 1.3 内点（图（a））与集合 C 的补集（图（b））

注 1.7 由集合 C 的所有内点构成的集合称为集合 C 的内部，用 $\mathbf{int}\ C$ 表示：

$$\mathbf{int}\ C = \{\mathbf{x} \in C \mid B(\mathbf{x}, r) \subseteq C,\ \exists r > 0\} \tag{1.20}$$

□

1.1.6 补集、扩展集与和集

集合 $C \subset \mathbb{R}^n$ 的**补集**定义如下（见图 1.3）：

$$\mathbb{R}^n \setminus C = \{\mathbf{x} \in \mathbb{R}^n \mid \mathbf{x} \notin C\} \tag{1.21}$$

通过实数 α 对一个集合 $C \subset \mathbb{R}^n$ 进行线性扩展可以定义为

$$\alpha \cdot C \triangleq \{\alpha\mathbf{x} \mid \mathbf{x} \in C\} \tag{1.22}$$

集合 $C_1 \subset \mathbb{R}^n$ 与 $C_2 \subset \mathbb{R}^n$ 的**和**可以定义为集合：

$$C_1 + C_2 \triangleq \{\mathbf{x} = \mathbf{x}_1 + \mathbf{x}_2 \mid \mathbf{x}_1 \in C_1,\ \mathbf{x}_2 \in C_2\} \tag{1.23}$$

1.1.7 闭包与边界

集合 C 的**闭包**定义为集合 C 中所有收敛序列的极限点，也可以表示为

$$\mathbf{cl}\ C = \mathbb{R}^n \setminus \mathbf{int}\ (\mathbb{R}^n \setminus C) \tag{1.24}$$

如果对于任意 $\epsilon > 0$，都存在一个向量 $\mathbf{y} \in C$ 且 $\mathbf{y} \neq \mathbf{x}$，使得 $\|\mathbf{x} - \mathbf{y}\| \leqslant \epsilon$，则点 $\mathbf{x}$ 在集合 C 的闭包内。

如果点 $\mathbf{x}$ 的任一邻域都包含一个点属于 C、另一个点不属于 C，称点 $\mathbf{x}$ 为 C 的**边界点**（见图 1.3）。需要注意的是，集合 C 的边界点不一定是集合 C 的元素。集合 C 的所有边界点的集合称为集合 C 的边界。集合 C 的边界还可以表示为

$$\mathbf{bd}\ C = \mathbf{cl}\ C \setminus \mathbf{int}\ C \tag{1.25}$$

图 1.4 解释了集合闭包与边界的概念。

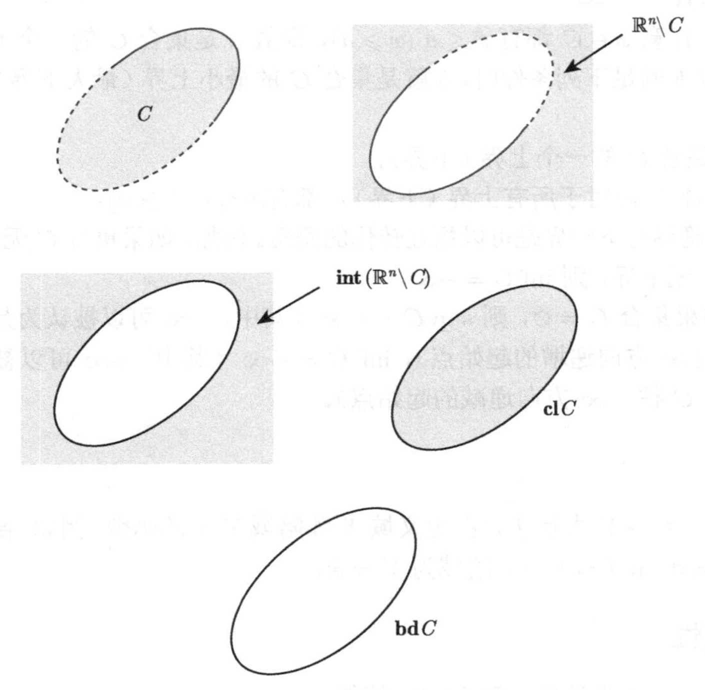

图 1.4 集合 C 的闭包与边界

如果集合 C 包含其各个元素的某一邻域，则称集合 C 是开集，即集合 C 中所有点都是内点，或集合 C 中没有边界点。换言之，如果 $\mathbf{int}\ C = C$ 或 $C \cap \mathbf{bd}\ C = \varnothing$（空集），则称集合 C 为开集。例如，集合 $C = (a, b) = \{x \in \mathbb{R} \mid a < x < b\}$ 是开集，且 $\mathbf{int}\ C = C$；集合 $C = (a, b] = \{x \in \mathbb{R} \mid a < x \leqslant b\}$ 不是开集；集合 $C = [a, b] = \{x \in \mathbb{R} \mid a \leqslant x \leqslant b\}$ 不是开集；集合 $C = \{a, b, c\}$ 不是开集。

一个集合 C 如果包含边界，则称之为闭集。当且仅当 C 的补集 $\mathbb{R}^n \setminus C$ 为开集时，C 为闭集。一个集合是闭集，当且仅当它包含所有收敛序列的极限点。如果 $\mathbf{bd}\ C \subseteq C$，则这

个集合是闭集。例如，集合 $C=[a,b]$ 是闭集，集合 $C=(a,b]$ 非开非闭，空集 $\varnothing$ 和 $\mathbb{R}^n$ 既是开集又是闭集。对于两个闭集 C_1 和 C_2，即使它们的交集 $C_1 \cup C_2$ 为空，它们的并集仍然是闭集，因此 $\{1\}$ 和 $\mathbb{Z}_+$ 也是闭集。

被包含在有限半径的球中的集合被认为是有界的。一个集合如果既是闭集又有界，则该集合是紧的。例如，范数球 $B(\mathbf{x},r)$ 是紧的，非负实数集 $\mathbb{R}_+$ 不是紧的；集合 $C=(a,b]$ 是有界的，但不是紧的。

1.1.8 上确界与下确界

在数学计算中给定一个偏序集合 T 的子集 S，如果 S 的上确界存在，则它的**上确界**就是 T 中那个大于或等于 S 中任一元素的最小值。因此，上确界又称为最小上界。上确界不一定属于集合 S。同样地，集合 S 的**下确界**是集合 T 中（不一定属于 S）小于或等于集合 S 所有元素的最大值。因此，下确界又称为最大下界）。

考虑一个集合 $C \subseteq \mathbb{R}$：

- 如果对于任意 $x \in C$ 都有 $x \leqslant a$ $(x \geqslant a)$，则数 a 是集合 C 的一个上界（下界）。
- 当一个数 b 满足下列条件时，b 就是集合 C 的最小上界（最大下界）或上确界（下确界）。
  (i) b 是集合 C 的一个上界（下界）；
  (ii) 在集合 C 内对于所有上界（下界）a 都有 $b \leqslant a$ $(b \geqslant a)$。

注 1.8 上确界与下确界是可以相互转化的概念。例如，如果集合 C 无上界，则 $\sup C=\infty$；如果集合 C 无下界，则 $\inf C=-\infty$。 □

注 1.9 如果集合 $C=\varnothing$，则 $\sup C=-\infty$（其中，$-\infty$ 可以被认为是，任意非空集合 C 的 $\sup C$ 往 $+\infty$ 方向递增的起始点），$\inf C=+\infty$（其中，$+\infty$ 可以被认为是，任意非空集合 C 的 $\inf C$ 往 $-\infty$ 方向递减的起始点）。 □

1.1.9 函数

符号标记 $f: X \rightarrow Y$ 表示 f 是在定义域 X 和陪域 Y 下的函数。例如，函数 $f(x)=\log x$，其定义域为 $X=\mathbf{dom}\, f=\mathbb{R}_{++}$，陪域为 $Y=\mathbb{R}$。

1.1.10 连续性

如果对任意 $\epsilon>0$ 都存在一个 $\delta>0$，使得

$$\mathbf{y} \in \mathbf{dom}\, \boldsymbol{f} \cap B(\mathbf{x},\delta) \Rightarrow \|\boldsymbol{f}(\mathbf{y})-\boldsymbol{f}(\mathbf{x})\|_2 \leqslant \epsilon \tag{1.26}$$

则称函数 $\boldsymbol{f}: \mathbb{R}^n \rightarrow \mathbb{R}^m$ 是连续的。如果一个函数在定义域内所有点都是连续的，则称该函数 $\boldsymbol{f}$ 是连续的。当定义域 $\mathbf{dom}\, \boldsymbol{f}$ 内的序列 $\mathbf{x}_1,\mathbf{x}_2,\ldots$ 都收敛于一个点 $\mathbf{x} \in \mathbf{dom}\, \boldsymbol{f}$ 时，则序列 $\boldsymbol{f}(\mathbf{x}_1),\boldsymbol{f}(\mathbf{x}_2),\ldots$ 收敛于 $\boldsymbol{f}(\mathbf{x})$，即

$$\lim_{i\rightarrow\infty} \boldsymbol{f}(\mathbf{x}_i)=\boldsymbol{f}(\lim_{i\rightarrow\infty} \mathbf{x}_i)=\boldsymbol{f}(\mathbf{x}) \tag{1.27}$$

图 1.5 所示为连续函数和非连续函数的例子，其中

$$\mathrm{sgn}(x) \triangleq \begin{cases} 1, & x > 0 \\ 0, & x = 0 \\ -1, & x < 0 \end{cases} \tag{1.28}$$

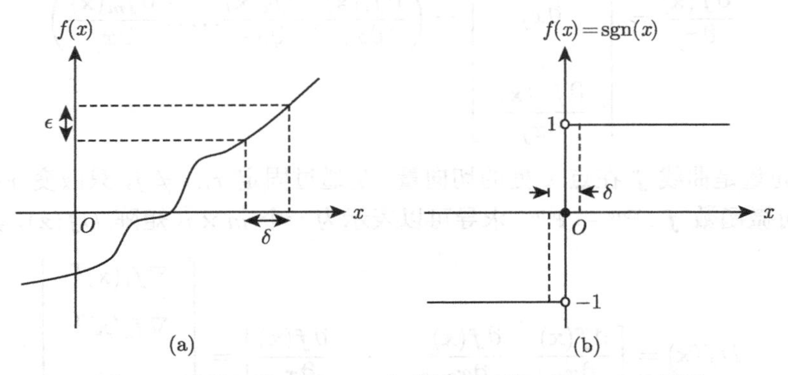

图 1.5　连续函数（图 (a)）与非连续函数（图 (b)）的例子

如果对于一个函数 $f:\mathbb{R}^n \to \mathbb{R}$，存在一个有限正常数 L 使得

$$\|f(\mathbf{x}_1) - f(\mathbf{x}_2)\|_2 \leqslant L\|\mathbf{x}_1 - \mathbf{x}_2\|_2, \ \forall \mathbf{x}_1, \mathbf{x}_2 \in \mathbf{dom}\, f \tag{1.29}$$

则称该函数是 Lipschitz 连续的（同样也是连续的）[Ber09]。事实上，任何一阶导数有界的函数都是 Lipschitz 连续的。

如果一个函数满足

$$\limsup_{\mathbf{x}\to\mathbf{x}_0} f(\mathbf{x}) \leqslant f(\mathbf{x}_0), \ \forall \mathbf{x}_0 \tag{1.30}$$

则称之为**上半连续** [Ber09]的。

如果一个函数满足

$$\liminf_{\mathbf{x}\to\mathbf{x}_0} f(\mathbf{x}) \geqslant f(\mathbf{x}_0), \ \forall \mathbf{x}_0 \tag{1.31}$$

则称之为**下半连续的** [Ber09]。

当且仅当函数既上半连续又下半连续时，该函数才是连续的。例如，当 $x \geqslant 0$ 时函数 $u(x) = 1$，$x < 0$ 时函数 $u(x) = 0$，那么 $u(x)$ 是上半连续的，而 $-u(x)$ 是下半连续的；符号函数 $\mathrm{sgn}(x)$ 既不是上半连续的又不是下半连续的。

1.1.11　导数与梯度

因为向量函数的极限是通过对每个坐标函数取极限得到的，所以对于 $\mathbf{x} \in \mathbb{R}^n$，可以将函数 $\boldsymbol{f}:\mathbb{R}^n \to \mathbb{R}^m$ 写成

$$\boldsymbol{f}(\mathbf{x}) = \begin{bmatrix} f_1(\mathbf{x}) \\ f_2(\mathbf{x}) \\ \vdots \\ f_m(\mathbf{x}) \end{bmatrix} = (f_1(\mathbf{x}), f_2(\mathbf{x}), \ldots, f_m(\mathbf{x})) \tag{1.32}$$

其中，每个 $f_i(\mathbf{x})$ 都是从 $\mathbb{R}^n$ 到 $\mathbb{R}$ 的函数。现在，$\dfrac{\partial \boldsymbol{f}(\mathbf{x})}{\partial x_j}$ 可以定义为

$$\frac{\partial \boldsymbol{f}(\mathbf{x})}{\partial x_j}=\begin{bmatrix}\dfrac{\partial f_1(\mathbf{x})}{\partial x_j}\\ \dfrac{\partial f_2(\mathbf{x})}{\partial x_j}\\ \vdots\\ \dfrac{\partial f_m(\mathbf{x})}{\partial x_j}\end{bmatrix}=\left(\frac{\partial f_1(\mathbf{x})}{\partial x_j},\frac{\partial f_2(\mathbf{x})}{\partial x_j},\ldots,\frac{\partial f_m(\mathbf{x})}{\partial x_j}\right) \tag{1.33}$$

上面的向量是曲线 $\boldsymbol{f}$ 在点 $\mathbf{x}$ 处的切向量，是通过固定 $x_i, i\neq j$，只改变 x_j（$i\neq j$）得到的。对一个可微函数 $\boldsymbol{f}:\mathbb{R}^n\rightarrow\mathbb{R}^m$ 求导可以表示为一个 $m\times n$ 矩阵 $D\boldsymbol{f}(\mathbf{x})$，具体定义为

$$\begin{aligned}D\boldsymbol{f}(\mathbf{x})&=\begin{bmatrix}\dfrac{\partial \boldsymbol{f}(\mathbf{x})}{\partial x_1} & \dfrac{\partial \boldsymbol{f}(\mathbf{x})}{\partial x_2} & \cdots & \dfrac{\partial \boldsymbol{f}(\mathbf{x})}{\partial x_n}\end{bmatrix}=\begin{bmatrix}\nabla f_1(\mathbf{x})^{\mathrm{T}}\\ \nabla f_2(\mathbf{x})^{\mathrm{T}}\\ \vdots\\ \nabla f_m(\mathbf{x})^{\mathrm{T}}\end{bmatrix}\\ &=\begin{bmatrix}\dfrac{\partial f_1(\mathbf{x})}{\partial x_1} & \cdots & \dfrac{\partial f_1(\mathbf{x})}{\partial x_n}\\ \vdots & \vdots & \vdots\\ \dfrac{\partial f_m(\mathbf{x})}{\partial x_1} & \cdots & \dfrac{\partial f_m(\mathbf{x})}{\partial x_n}\end{bmatrix}\in\mathbb{R}^{m\times n}\end{aligned} \tag{1.34}$$

其中，$\nabla f_i(\mathbf{x})$ 将在下面给出定义。上述矩阵 $D\boldsymbol{f}(\mathbf{x})$ 称为函数 $\boldsymbol{f}$ 在点 $\mathbf{x}$ 处的导数矩阵或者 Jacobi 矩阵。

如果函数 $f:\mathbb{R}^n\rightarrow\mathbb{R}$ 可微，则该函数在点 $\mathbf{x}$ 处的梯度 $\nabla f(\mathbf{x})$ 可以定义为

$$\nabla f(\mathbf{x})=Df(\mathbf{x})^{\mathrm{T}}=\begin{bmatrix}\dfrac{\partial f(\mathbf{x})}{\partial x_1}\\ \dfrac{\partial f(\mathbf{x})}{\partial x_2}\\ \vdots\\ \dfrac{\partial f(\mathbf{x})}{\partial x_n}\end{bmatrix}\in\mathbb{R}^n \tag{1.35}$$

注意，梯度 $\nabla f(\mathbf{x})$ 与向量 $\mathbf{x}$ 有相同维度（即两者都是 n 维列向量）。另外，如果函数 $f:\mathbb{R}^{n\times m}\rightarrow\mathbb{R}$ 可微，那么该函数在点 $\mathbf{X}$ 的梯度 $\nabla f(\mathbf{X})$ 定义为

$$\nabla f(\mathbf{X})=Df(\mathbf{X})^{\mathrm{T}}=\begin{bmatrix}\dfrac{\partial f(\mathbf{X})}{\partial x_{1,1}} & \cdots & \dfrac{\partial f(\mathbf{X})}{\partial x_{1,m}}\\ \vdots & \vdots & \vdots\\ \dfrac{\partial f(\mathbf{X})}{\partial x_{n,1}} & \cdots & \dfrac{\partial f(\mathbf{X})}{\partial x_{n,m}}\end{bmatrix}\in\mathbb{R}^{n\times m} \tag{1.36}$$

梯度 $\nabla f(\mathbf{X})$ 与 $f(\mathbf{X})$ 有着相同的定义域 $\mathbf{dom}\ f$。

注 1.10 考虑可微函数 $f:\mathbb{R}^n \to \mathbb{R}$ 和 $\mathbf{x}=(\mathbf{x}_1,\ldots,\mathbf{x}_m)$，其中 $\mathbf{x}_i \in \mathbb{R}^{n_i}$，$n=n_1+\cdots+n_m$，其梯度和微分可以显式表达为

$$\begin{aligned}\nabla_{\mathbf{x}} f(\mathbf{x}) &= \left[\nabla_{\mathbf{x}_1} f(\mathbf{x})^{\mathrm{T}},\ldots,\nabla_{\mathbf{x}_m} f(\mathbf{x})^{\mathrm{T}}\right]^{\mathrm{T}} \\ &= [D_{\mathbf{x}_1} f(\mathbf{x}),\ldots,D_{\mathbf{x}_m} f(\mathbf{x})]^{\mathrm{T}} = D_{\mathbf{x}} f(\mathbf{x})^{\mathrm{T}}\end{aligned} \tag{1.37}$$

相似地，对于可微函数 $f:\mathbb{R}^{n\times m} \to \mathbb{R}$ 和 $\mathbf{X}=[\mathbf{x}_1,\ldots,\mathbf{x}_m] \in \mathbb{R}^{n\times m}$，其梯度和微分可以表达为

$$\begin{aligned}\nabla_{\mathbf{X}} f(\mathbf{X}) &= [\nabla_{\mathbf{x}_1} f(\mathbf{X}),\ldots,\nabla_{\mathbf{x}_m} f(\mathbf{X})] \\ &= \left[D_{\mathbf{x}_1} f(\mathbf{X})^{\mathrm{T}},\ldots,D_{\mathbf{x}_m} f(\mathbf{X})^{\mathrm{T}}\right] = D_{\mathbf{X}} f(\mathbf{X})^{\mathrm{T}}\end{aligned} \tag{1.38}$$

□

注 1.11 式 (1.36) 定义的梯度矩阵或者式 (1.34) 定义的导数矩阵均假定向量 $\mathbf{x}$ 和 $\mathbf{X}$ 中的各分量相互独立。如果 $\mathbf{x}$ 和 $\mathbf{X}$ 中的某些分量是相关的（例如 $\mathbf{X}\in\mathbb{R}^{n\times n}$ 是对称矩阵（$\mathbf{X}=\mathbf{X}^{\mathrm{T}}$），或反对称矩阵（$\mathbf{X}=-\mathbf{X}^{\mathrm{T}}$），或 Toeplitz 矩阵（$[\mathbf{X}]_{i,j}=[\mathbf{X}]_{i+1,j+1}$，$\forall i,j$）），则独立变量数变少，因而违背了上述前提。为了满足上述前提，必须重新定义 $\mathbf{x}$ 和 $\mathbf{X}$ 使得它们只包含独立变量。取而代之的是，在上述前提下我们仍然保持式 (1.36) 和式 (1.34) 不变，而在 $\mathbf{x}$ 和 $\mathbf{X}$ 中所有项都相互独立这种特殊情况下，对应的梯度矩阵将由式 (1.36) 或式 (1.34) 来定义。

对于给定的函数 $f:\mathbb{R}^n\to\mathbb{R}$（或 $f:\mathbb{R}^{n\times m}\to\mathbb{R}$），一种间接获取梯度（而不是通过式 (1.36) 或式 (1.34)）的方法是找到该函数的一阶泰勒近似，进而从中获得对应的梯度 $\nabla f(\mathbf{x})$（或 $\nabla f(\mathbf{X})$）。该方法的实用性将在随后章节中得证。 □

对于一个复变可微函数 f，

$$\mathbf{x}=\mathbf{u}+\mathrm{j}\mathbf{v}=\mathrm{Re}\{\mathbf{x}\}+\mathrm{j}\mathrm{Im}\{\mathbf{x}\}$$

其中，$\mathrm{Re}\{\cdot\}$ 和 $\mathrm{Im}\{\cdot\}$ 分别代表元素的实部和虚部，$\mathbf{u}$ 和 $\mathbf{v}$ 为实向量，则下列柯西黎曼方程 [Sch10] 一定成立。

$$\begin{cases}\nabla_{\mathbf{u}}\mathrm{Re}\{f(\mathbf{x})\}=\nabla_{\mathbf{v}}\mathrm{Im}\{f(\mathbf{x})\} \\ \nabla_{\mathbf{v}}\mathrm{Re}\{f(\mathbf{x})\}=-\nabla_{\mathbf{u}}\mathrm{Im}\{f(\mathbf{x})\}\end{cases} \text{或 } \nabla_{\mathbf{u}} f(\mathbf{x})=-\mathrm{j}\nabla_{\mathbf{v}} f(\mathbf{x})=\nabla_{\mathbf{x}} f(\mathbf{x}) \tag{1.39}$$

假设 $\mathbf{x}$ 及其复共轭 $\mathbf{x}^*$ 为独立变量，则函数 f 关于变量 $\mathbf{x}$ 和 $\mathbf{x}^*$ 的梯度定义为

$$\nabla_{\mathbf{x}} f(\mathbf{x}) \triangleq \frac{1}{2}\left(\nabla_{\mathbf{u}} f(\mathbf{x})-\mathrm{j}\nabla_{\mathbf{v}} f(\mathbf{x})\right) \tag{1.40}$$

$$\nabla_{\mathbf{x}^*} f(\mathbf{x}) \triangleq \frac{1}{2}\left(\nabla_{\mathbf{u}} f(\mathbf{x})+\mathrm{j}\nabla_{\mathbf{v}} f(\mathbf{x})\right) \tag{1.41}$$

若 $f(\mathbf{x})$ 是解析函数（即满足式 (1.39)），则当 $\mathbf{x}$ 是实数时，$\nabla_{\mathbf{x}} f(\mathbf{x})$ 为函数 f 的梯度（参考式 (1.35)），且 $\nabla_{\mathbf{x}^*} f(\mathbf{x})=\mathbf{0}$；当 $f(\mathbf{x})$ 不是解析函数时，$\nabla_{\mathbf{x}} f(\mathbf{x})=\mathbf{0}$。例如，对于任意

$\mathbf{x},\mathbf{a}\in\mathbb{C}^n$ 及 $\mathbf{X},\mathbf{C}\in\mathbb{C}^{m\times n}$ 有

$$\begin{aligned}&\nabla_{\mathbf{x}}\,\mathbf{a}^{\mathrm{T}}\mathbf{x}=\mathbf{a}, &&\nabla_{\mathbf{X}}\,\mathrm{Tr}(\mathbf{C}^{\mathrm{T}}\mathbf{X})=\mathbf{C}\\&\nabla_{\mathbf{x}}\,\mathbf{a}^{\mathrm{T}}\mathbf{x}^*=\mathbf{0}, &&\nabla_{\mathbf{X}^*}\,\mathrm{Tr}(\mathbf{C}\mathbf{X}^{\mathrm{H}})=\mathbf{C}\end{aligned}\tag{1.42}$$

当 $f:\mathbb{C}^n\to\mathbb{R}$（$f$ 同时是关于 $\mathbf{x}$ 和 $\mathbf{x}^*$ 的函数，且 f 关于 $\mathbf{x}$ 不是解析函数，但当 $\mathbf{x}^*$ 视为独立变量时，f 关于 $\mathbf{x}$ 是解析函数，反之亦然 [Bra83]，[Hay96]），则函数 f 的梯度定义为

$$\nabla_{\mathbf{x}}f(\mathbf{x})\triangleq\nabla_{\mathbf{u}}f(\mathbf{x})+\mathrm{j}\nabla_{\mathbf{v}}f(\mathbf{x})=2\nabla_{\mathbf{x}^*}f(\mathbf{x})\tag{1.43}$$

式 (1.43) 可由式 (1.40) 和式 (1.41) 得到。例如，对于 $\mathbf{x}\in\mathbb{C}^n$、$\mathbf{a}\in\mathbb{C}^n$ 和 $\mathbf{A}\in\mathbb{H}^n$，易得

$$\nabla_{\mathbf{x}}\,\mathbf{x}^{\mathrm{H}}\mathbf{A}\mathbf{x}=2\mathbf{A}\mathbf{x},\ \ \nabla_{\mathbf{x}}\left(\mathbf{x}^{\mathrm{H}}\mathbf{a}+\mathbf{a}^{\mathrm{H}}\mathbf{x}\right)=2\mathbf{a}\tag{1.44}$$

而对于复矩阵变量 $\mathbf{X}\in\mathbb{C}^{m\times n}$ 和 $\mathbf{Y}\in\mathbb{H}^n$，

$$\nabla_{\mathbf{X}}\,\mathrm{Tr}(\mathbf{X}\mathbf{A}\mathbf{X}^{\mathrm{H}})=2\mathbf{X}\mathbf{A},\ \ \nabla_{\mathbf{Y}}\left(\mathrm{Tr}(\mathbf{A}\mathbf{Y})+\mathrm{Tr}(\mathbf{A}^*\mathbf{Y}^*)\right)=2\mathbf{A}\tag{1.45}$$

1.1.12 Hessian 矩阵

假设函数 $f:\mathbb{R}^n\to\mathbb{R}$ 二阶可导，所有二阶偏导数存在，且在定义域内连续，则函数 f 的 Hessian 矩阵 $\nabla^2 f(\mathbf{x})$ 定义如下：

$$\begin{aligned}\nabla^2 f(\mathbf{x})=D\big(\nabla f(\mathbf{x})\big)&=\left\{\frac{\partial^2 f(\mathbf{x})}{\partial x_i\partial x_j}\right\}_{n\times n}\\&=\begin{bmatrix}\dfrac{\partial^2 f(\mathbf{x})}{\partial x_1^2}&\dfrac{\partial^2 f(\mathbf{x})}{\partial x_1\partial x_2}&\cdots&\dfrac{\partial^2 f(\mathbf{x})}{\partial x_1\partial x_n}\\\dfrac{\partial^2 f(\mathbf{x})}{\partial x_2\partial x_1}&\dfrac{\partial^2 f(\mathbf{x})}{\partial x_2^2}&\cdots&\dfrac{\partial^2 f(\mathbf{x})}{\partial x_2\partial x_n}\\\vdots&\vdots&&\vdots\\\dfrac{\partial^2 f(\mathbf{x})}{\partial x_n\partial x_1}&\dfrac{\partial^2 f(\mathbf{x})}{\partial x_n\partial x_2}&\cdots&\dfrac{\partial^2 f(\mathbf{x})}{\partial x_n^2}\end{bmatrix}\in\mathbb{S}^n\end{aligned}\tag{1.46}$$

一个函数的 Hessian 矩阵可以用来证明该函数的凸性，这一性质得到了较多的应用。例如，

$$f(\mathbf{x})=\mathbf{x}^{\mathrm{T}}\mathbf{P}\mathbf{x}+\mathbf{x}^{\mathrm{T}}\mathbf{q}+c$$

其中，$\mathbf{P}\in\mathbb{R}^{n\times n}$，$\mathbf{q}\in\mathbb{R}^n,c\in\mathbb{R}$，易得

$$\nabla f(\mathbf{x})=(\mathbf{P}+\mathbf{P}^{\mathrm{T}})\mathbf{x}+\mathbf{q},\ \ \nabla^2 f(\mathbf{x})=D(\nabla f(\mathbf{x}))=\mathbf{P}+\mathbf{P}^{\mathrm{T}}$$

对于 $\mathbf{P}=\mathbf{P}^{\mathrm{T}}\in\mathbb{S}^n$ 的情况，

$$\nabla f(\mathbf{x})=2\mathbf{P}\mathbf{x}+\mathbf{q},\ \ \nabla^2 f(\mathbf{x})=D(\nabla f(\mathbf{x}))=2\mathbf{P}$$

又如

$$
\begin{aligned}
& g(\mathbf{y}) = \|\mathbf{A}\mathbf{x} - \mathbf{z}\|_2^2,\ \mathbf{y} = (\mathbf{x}, \mathbf{z}) \in \mathbb{R}^{n+m},\ \mathbf{A} \in \mathbb{R}^{m\times n} \\
\Longrightarrow\ & \nabla g(\mathbf{y}) = \begin{bmatrix} \nabla_{\mathbf{x}} g(\mathbf{y}) \\ \nabla_{\mathbf{z}} g(\mathbf{y}) \end{bmatrix} = \begin{bmatrix} 2\mathbf{A}^{\mathrm{T}}\mathbf{A}\mathbf{x} - 2\mathbf{A}^{\mathrm{T}}\mathbf{z} \\ 2\mathbf{z} - 2\mathbf{A}\mathbf{x} \end{bmatrix} \in \mathbb{R}^{n+m} \qquad (1.47)\\
\Longrightarrow\ & \nabla^2 g(\mathbf{y}) = \begin{bmatrix} D(\nabla_{\mathbf{x}} g(\mathbf{y})) \\ D(\nabla_{\mathbf{z}} g(\mathbf{y})) \end{bmatrix} = \begin{bmatrix} \nabla^2_{\mathbf{x}} g(\mathbf{y}) & D_{\mathbf{z}}(\nabla_{\mathbf{x}} g(\mathbf{y})) \\ D_{\mathbf{x}}(\nabla_{\mathbf{z}} g(\mathbf{y})) & \nabla^2_{\mathbf{z}} g(\mathbf{y}) \end{bmatrix} \\
& = \begin{bmatrix} 2\mathbf{A}^{\mathrm{T}}\mathbf{A} & -2\mathbf{A}^{\mathrm{T}} \\ -2\mathbf{A} & 2\mathbf{I}_m \end{bmatrix} \in \mathbb{S}^{n+m} \qquad (1.48)
\end{aligned}
$$

那么对于 $\mathbf{X} \in \mathbb{S}^n_{++}$（正定矩阵集），函数 $f(\mathbf{X}) = \log\det(\mathbf{X})$ 的梯度是什么呢？具体见注 3.20。

1.1.13 Taylor 级数

若函数 $f:\mathbb{R}\to\mathbb{R}$ 且 m 阶连续可导，则

$$
f(x+h) = f(x) + \frac{h}{1!}f^{(1)}(x) + \frac{h^2}{2!}f^{(2)}(x) + \cdots + \frac{h^{m-1}}{(m-1)!}f^{(m-1)}(x) + R_m \qquad (1.49)
$$

被称为 Taylor 级数展开，其中 $f^{(i)}$ 是函数 f 的第 i 阶导数，

$$
R_m = \frac{h^m}{m!}f^{(m)}(x+\theta h) \qquad (1.50)
$$

是留数，$\theta \in [0,1]$。如果 $x = 0$，则该序列称为 Maclaurin 级数。

若函数 $f:\mathbb{R}^n\to\mathbb{R}$，且 m 阶连续可导，则其 Taylor 级数展开为

$$
f(\mathbf{x}+\mathbf{h}) = f(\mathbf{x}) + \frac{\mathrm{d}f(\mathbf{x})}{1!} + \frac{1}{2!}\mathrm{d}^2 f(\mathbf{x}) + \cdots + \frac{1}{(m-1)!}\mathrm{d}^{(m-1)} f(\mathbf{x}) + R_m \qquad (1.51)
$$

其中

$$
\mathrm{d}^r f(\mathbf{x}) = \underbrace{\sum_{i=1}^{n}\sum_{j=1}^{n}\cdots\sum_{k=1}^{n}}_{r\ \text{项}} h_i h_j \cdots h_k \underbrace{\frac{\partial^r f(\mathbf{x})}{\partial x_i \partial x_j \cdots \partial x_k}}_{r\ \text{项}}
$$

h_i 和 x_i 分别代表 $\mathbf{h}$ 和 $\mathbf{x}$ 的第 i 个元素，且存在 $\theta \in [0,1]$ 使得

$$
R_m = \frac{1}{m!}\mathrm{d}^m f(\mathbf{x}+\theta\mathbf{h}). \qquad (1.52)
$$

注 1.12　函数 $f:\mathbb{R}^n\to\mathbb{R}$ 的一阶和二阶 Taylor 级数展开如下：

$$
\begin{aligned}
f(\mathbf{x}+\mathbf{h}) &= f(\mathbf{x}) + \nabla f(\mathbf{x}+\theta_1\mathbf{h})^{\mathrm{T}}\mathbf{h} = f(\mathbf{x}) + Df(\mathbf{x}+\theta_1\mathbf{h})\mathbf{h} \qquad (1.53)\\
&= f(\mathbf{x}) + \nabla f(\mathbf{x})^{\mathrm{T}}\mathbf{h} + \frac{1}{2}\mathbf{h}^{\mathrm{T}}\nabla^2 f(\mathbf{x}+\theta_2\mathbf{h})\mathbf{h} \qquad (1.54)
\end{aligned}
$$

其中，$\theta_1, \theta_2 \in [0,1]$。若 $f: \mathbb{R}^{n\times m} \to \mathbb{R}$，令 $\mathbf{X} = \{x_{ij}\}_{n\times m} = [\mathbf{x}_1, \ldots, \mathbf{x}_m]$ 和 $\mathbf{H} = [\mathbf{h}_1, \ldots, \mathbf{h}_m] \in \mathbb{R}^{n\times m}$，则函数 f 的一阶和二阶 Taylor 级数展开如下：

$$
\begin{aligned}
f(\mathbf{X}+\mathbf{H}) &= f(\mathbf{X}) + \mathrm{Tr}\big(\nabla f(\mathbf{X}+\theta_1\mathbf{H})^{\mathrm{T}}\mathbf{H}\big) \\
&= f(\mathbf{X}) + \mathrm{Tr}\big(Df(\mathbf{X}+\theta_1\mathbf{H})\mathbf{H}\big) \qquad (1.55) \\
&= f(\mathbf{X}) + \mathrm{Tr}\big(\nabla f(\mathbf{X})^{\mathrm{T}}\mathbf{H}\big) + \sum_{j=1}^{m}\sum_{l=1}^{m} \mathbf{h}_j^{\mathrm{T}} D_{\mathbf{x}_l}\left(\nabla_{\mathbf{x}_j} f(\mathbf{X}+\theta_2\mathbf{H})\right)\mathbf{h}_l \\
&= f(\mathbf{X}) + \mathrm{Tr}\big(\nabla f(\mathbf{X})^{\mathrm{T}}\mathbf{H}\big) + \sum_{j=1}^{m}\sum_{l=1}^{m} \mathbf{h}_j^{\mathrm{T}} \left\{\frac{\partial^2 f(\mathbf{X}+\theta_2\mathbf{H})}{\partial x_{ij}\,\partial x_{kl}}\right\}_{n\times n} \mathbf{h}_l \qquad (1.56)
\end{aligned}
$$

其中，$\theta_1, \theta_2 \in [0,1]$。另外，当 θ_1 和 θ_2 都等于零时，式 (1.53) 和式 (1.55) 是相应的一阶 Taylor 级数近似，式 (1.54) 和式 (1.56) 是相应的二阶 Taylor 级数近似。

对可微函数 $\boldsymbol{f}: \mathbb{R}^n \to \mathbb{R}^m$，其一阶 Taylor 级数展开为

$$
\boldsymbol{f}(\mathbf{x}+\mathbf{h}) = \boldsymbol{f}(\mathbf{x}) + \big(D\boldsymbol{f}(\mathbf{x}+\theta\mathbf{h})\big)\,\mathbf{h} \qquad (1.57)
$$

其中，$\theta \in [0,1]$。当 $\theta = 0$ 时，式 (1.57) 也是函数 $\boldsymbol{f}(\mathbf{x})$ 的一阶 Taylor 级数近似。

注 1.13 复变 实值函数 $f: \mathbb{C}^n \to \mathbb{R}$ 关于复变量 $\mathbf{x} = \mathbf{u} + \mathrm{j}\mathbf{v} \in \mathbb{C}^n$ 的 Taylor 级数，除了其一阶 Taylor 级数近似

$$
f(\mathbf{x}+\mathbf{h}) \simeq f(\mathbf{x}) + \mathrm{Re}\left\{\nabla f(\mathbf{x})^{\mathrm{H}}\mathbf{h}\right\} \qquad (1.58)
$$

以外，通常都非常复杂。类似地，对于复矩阵变量，其一阶 Taylor 级数近似为

$$
f(\mathbf{X}+\mathbf{H}) \simeq f(\mathbf{X}) + \mathrm{Tr}\left(\mathrm{Re}\left\{\nabla f(\mathbf{X})^{\mathrm{H}}\mathbf{H}\right\}\right) \qquad (1.59)
$$

但是，其二阶 Taylor 级数近似通常会涉及 f 的 Hessian 矩阵，从而使得其实际应用受到较大的限制。另一种方法是将函数 f 表达为关于变量 $\boldsymbol{x} = (\mathbf{u}, \mathbf{v}) \in \mathbb{R}^{2n}$ 的实值函数，这样就可以应用前述的 Taylor 级数近似了。

1.2 线性代数回顾

1.2.1 向量子空间

对于向量组 $\{\mathbf{a}_1, \ldots, \mathbf{a}_k\}$，等式

$$
\alpha_1\mathbf{a}_1 + \alpha_2\mathbf{a}_2 + \cdots + \alpha_k\mathbf{a}_k = \mathbf{0} \qquad (1.60)
$$

当且仅当 $\alpha_1 = \alpha_2 = \cdots = \alpha_k = 0$ 时才成立，则称该向量组线性无关。

如果向量组 $\{\mathbf{a}_1, \ldots, \mathbf{a}_k\}$ 中存在至少一个向量是其他向量的线性组合或者该向量组中存在至少一个零向量，则称该向量组线性相关。

$\mathbb{R}^n$ 的子集 V 对于向量加法和数乘运算是闭合的，即对于任意 $\alpha, \beta \in \mathbb{R}$ 和 $\mathbf{v}_1, \mathbf{v}_2 \in V$ 都有 $\alpha\mathbf{v}_1 + \beta\mathbf{v}_2 \in V$，则称该子集 V 为 $\mathbb{R}^n$ 的子空间。子空间一定包含零向量。

令 $\mathbf{a}_1, \mathbf{a}_2, \ldots, \mathbf{a}_k$ 是 $\mathbb{R}^n$ 中的任意向量，它们所有的线性组合称为 $\mathbf{a}_1, \mathbf{a}_2, \ldots, \mathbf{a}_k$ 的张成（span）空间，表示为

$$\text{span}[\mathbf{a}_1, \ldots, \mathbf{a}_k] = \left\{ \sum_{i=1}^{k} \alpha_i \mathbf{a}_i \mid \alpha_1, \alpha_2, \ldots, \alpha_k \in \mathbb{R} \right\} \tag{1.61}$$

注意，任何向量组的张成空间都是子空间。

给定一个子空间 V，任何满足 $V = \text{span}[\mathbf{a}_1, \ldots, \mathbf{a}_k]$ 的线性无关向量组 $\{\mathbf{a}_1, \ldots, \mathbf{a}_k\} \subset V$ 都是子空间 V 的一个基。子空间 V 的基向量个数都是相同的，称为子空间 V 的维数，用 $\dim(V)$ 表示。子空间 V 中的任何向量都可以用子空间 V 任意一个基向量组唯一线性表示。

1.2.2　张成空间、零空间和正交投影算子

令 $\mathbf{A} = [\mathbf{a}_1, \ldots, \mathbf{a}_n] \in \mathbb{R}^{m \times n}$，则矩阵 $\mathbf{A}$ 的值域空间或像（也是一个子空间）可以定义为

$$\mathcal{R}(\mathbf{A}) = \{\mathbf{y} \in \mathbb{R}^m \mid \mathbf{y} = \mathbf{A}\mathbf{x}, \mathbf{x} \in \mathbb{R}^n\} = \text{span}[\mathbf{a}_1, \ldots, \mathbf{a}_n] \tag{1.62}$$

而矩阵 $\mathbf{A}$ 的秩 $\text{rank}(\mathbf{A})$ 是矩阵 $\mathbf{A}$ 线性无关列向量组（或行向量组）所含向量的最大个数。事实上，$\dim(\mathcal{R}(\mathbf{A})) = \text{rank}(\mathbf{A})$。

下面是有关矩阵的秩的一些性质：

- 如果 $\mathbf{A} \in \mathbb{R}^{m \times k}$, $\mathbf{B} \in \mathbb{R}^{k \times n}$，那么

$$\text{rank}(\mathbf{A}) + \text{rank}(\mathbf{B}) - k \leqslant \text{rank}(\mathbf{AB}) \leqslant \min\{\text{rank}(\mathbf{A}), \text{rank}(\mathbf{B})\} \tag{1.63}$$

- 如果 $\mathbf{A} \in \mathbb{R}^{m \times m}$, $\mathbf{C} \in \mathbb{R}^{n \times n}$ 都是非奇异的，$\mathbf{B} \in \mathbb{R}^{m \times n}$，那么

$$\text{rank}(\mathbf{B}) = \text{rank}(\mathbf{AB}) = \text{rank}(\mathbf{BC}) = \text{rank}(\mathbf{ABC}) \tag{1.64}$$

矩阵 $\mathbf{A} \in \mathbb{R}^{m \times n}$ 的**零空间或核**（也是一个子空间）定义为

$$\mathcal{N}(\mathbf{A}) = \{\mathbf{x} \in \mathbb{R}^n \mid \mathbf{A}\mathbf{x} = \mathbf{0}_m\} \tag{1.65}$$

零空间 $\mathcal{N}(\mathbf{A})$ 的维数称为矩阵 $\mathbf{A}$ 的**零化度**（nullity）。

对于一个线性变换 $\mathbf{P} \in \mathbb{R}^{n \times n}$，如果对于所有 $\mathbf{x} \in \mathbb{R}^n$，都有 $\mathbf{v}_1 = \mathbf{P}\mathbf{x} \in V$（即 $V = \mathcal{R}(\mathbf{P})$ 是 $\mathbf{P}$ 的值域空间）和 $(\mathbf{I}_n - \mathbf{P})\mathbf{x} = \mathbf{x} - \mathbf{v}_1 = \mathbf{v}_2 \in V^{\perp}$，其中

$$V^{\perp} = \{\mathbf{x} \in \mathbb{R}^n \mid \mathbf{z}^{\mathrm{T}}\mathbf{x} = 0, \ \forall \mathbf{z} \in V\} \tag{1.66}$$

表示正交于 V 的子空间，则称线性变换 $\mathbf{P}$ 为投影到子空间 V 上的一个正交投影算子（或投影矩阵）。投影 $\mathbf{v}_1$ 与 $\mathbf{v}_2$ 的和可以唯一地表示向量 $\mathbf{x}$。换言之，向量组 V 与 $V^{\perp}$ 的和可以表示为

$$V + V^{\perp} = \{\mathbf{x} + \mathbf{y} \mid \mathbf{x} \in V, \ \mathbf{y} \in V^{\perp}\} = \mathbb{R}^n \tag{1.67}$$

注 1.14 下面给出矩阵秩的一些性质：

$$\mathcal{R}(\mathbf{A})^{\perp} = \mathcal{N}(\mathbf{A}^{\mathrm{T}}) \tag{1.68}$$

$$\mathcal{N}(\mathbf{A})^{\perp} = \mathcal{R}(\mathbf{A}^{\mathrm{T}}) \tag{1.69}$$

$$\dim\big(\mathcal{R}(\mathbf{A})\big) = \dim\big(\mathcal{R}(\mathbf{A}^{\mathrm{T}})\big) = \mathrm{rank}(\mathbf{A}) \tag{1.70}$$

$$\dim\big(\mathcal{N}(\mathbf{A})\big) = n - \mathrm{rank}(\mathbf{A}) \tag{1.71}$$

$$\dim\big(\mathcal{N}(\mathbf{A}^{T})\big) = m - \mathrm{rank}(\mathbf{A}) \tag{1.72}$$

注 1.15 当且仅当 $\mathbf{P}^2 = \mathbf{P} = \mathbf{P}^{\mathrm{T}}$，矩阵 $\mathbf{P}$ 可以称为一个投影到子空间 $V = \mathcal{R}(\mathbf{P})$ 上的正交投影算子。当 $\mathbf{A} \in \mathbb{R}^{m\times n}$ 时，$V = \mathcal{R}(\mathbf{A})$ 的投影矩阵为

$$\mathbf{P}_{\mathbf{A}} = \mathbf{A}\mathbf{A}^{\dagger} = \begin{cases} \mathbf{A}\big(\mathbf{A}^{\mathrm{T}}\mathbf{A}\big)^{-1}\mathbf{A}^{\mathrm{T}}, & \text{如果 } \mathrm{rank}(\mathbf{A}) = n \quad \text{（参考式 (1.125)）} \\ \mathbf{I}_m, & \text{如果 } \mathrm{rank}(\mathbf{A}) = m \quad \text{（参考式 (1.126)）} \end{cases} \tag{1.73}$$

其中，$\mathbf{A}^{\dagger}$ 表示矩阵 $\mathbf{A}$ 的伪逆（参考式 (1.114)）。对于任意 $\boldsymbol{x} \in \mathbb{R}^m$，有 $\mathbf{P}_{\mathbf{A}}\boldsymbol{x} \in \mathcal{R}(\mathbf{A})$；对于任意 $\boldsymbol{x} \in \mathcal{R}(\mathbf{A})$，有 $\mathbf{P}_{\mathbf{A}}\boldsymbol{x} = \boldsymbol{x}$。矩阵 $\mathbf{A} \in \mathbb{R}^{m\times n}$ 对应的正交补投影算子为

$$\mathbf{P}_{\mathbf{A}}^{\perp} = \mathbf{I}_m - \mathbf{P}_{\mathbf{A}} \tag{1.74}$$

注意，值域 $\mathcal{R}(\mathbf{P}_{\mathbf{A}}^{\perp}) = \mathcal{R}(\mathbf{A})^{\perp}$。当 $\mathbf{A}$ 为半酉矩阵时，即

$$\mathbf{A}^{\mathrm{T}}\mathbf{A} = \mathbf{I}_n, \text{ 或者 } \mathbf{A}\mathbf{A}^{\mathrm{T}} = \mathbf{I}_m \tag{1.75}$$

由式 (1.73) 可得 $\mathbf{P}_{\mathbf{A}} = \mathbf{A}\mathbf{A}^{\mathrm{T}}$ 及 $\mathbf{P}_{\mathbf{A}}^{\perp} = \mathbf{I}_m - \mathbf{A}\mathbf{A}^{\mathrm{T}}$，由式 (1.74) 可得 $\mathbf{P}_{\mathbf{A}} = \mathbf{I}_m$ 及 $\mathbf{P}_{\mathbf{A}}^{\perp} = \mathbf{0}_{m\times m}$。

□

1.2.3 矩阵行列式与逆

已知 $\mathbf{A} = \{a_{i,j}\}_{n\times n} \in \mathbb{R}^{n\times n}$，令 $\boldsymbol{\mathcal{A}}_{ij} \in \mathbb{R}^{(n-1)\times(n-1)}$ 为矩阵 $\mathbf{A}$ 通过删除第 i 行和第 j 列获得的子矩阵，则矩阵 $\mathbf{A}$ 的行列式定义为

$$\det(\mathbf{A}) = \begin{cases} \displaystyle\sum_{j=1}^{n} a_{ij} \cdot (-1)^{i+j}\det(\boldsymbol{\mathcal{A}}_{ij}), & \forall i \in \{1,\dots,n\} \\ \displaystyle\sum_{i=1}^{n} a_{ij} \cdot (-1)^{i+j}\det(\boldsymbol{\mathcal{A}}_{ij}), & \forall j \in \{1,\dots,n\} \end{cases} \tag{1.76}$$

又称为余子式展开，其中 $(-1)^{i+j}\det(\boldsymbol{\mathcal{A}}_{ij})$ 是矩阵 $\mathbf{A}$ 的第 (i,j) 个代数余子式。

矩阵 $\mathbf{A}$ 的逆的定义为

$$\mathbf{A}^{-1} = \frac{1}{\det(\mathbf{A})} \cdot \mathrm{adj}(\mathbf{A}) \tag{1.77}$$

其中，$\mathrm{adj}(\mathbf{A}) \in \mathbb{R}^{n\times n}$ 是矩阵 $\mathbf{A}$ 关于第 (j,i) 个元素的伴随矩阵：

$$\{\mathrm{adj}(\mathbf{A})\}_{ji} = (-1)^{i+j}\det(\boldsymbol{\mathcal{A}}_{ij}) \tag{1.78}$$

下面给出 Woodbury 等式，该等式在工程中有较多的应用：

$$(\mathbf{A}+\mathbf{UBV})^{-1}=\mathbf{A}^{-1}-\mathbf{A}^{-1}\mathbf{U}(\mathbf{B}^{-1}+\mathbf{VA}^{-1}\mathbf{U})^{-1}\mathbf{VA}^{-1} \tag{1.79}$$

下面给出矩阵的逆及行列式的一些性质：

$$(\mathbf{AB})^{-1}=\mathbf{B}^{-1}\mathbf{A}^{-1} \tag{1.80}$$

$$(\mathbf{A}^{\mathrm{T}})^{-1}=(\mathbf{A}^{-1})^{\mathrm{T}} \tag{1.81}$$

$$\det(\mathbf{A}^{\mathrm{T}})=\det(\mathbf{A}) \tag{1.82}$$

$$\det(\mathbf{A}^{-1})=1/\det(\mathbf{A}) \tag{1.83}$$

$$\det(\mathbf{AB})=\det(\mathbf{A})\cdot\det(\mathbf{B}) \tag{1.84}$$

$$\det(\mathbf{I}_n+\mathbf{uv}^{\mathrm{T}})=1+\mathbf{u}^{\mathrm{T}}\mathbf{v},\quad \mathbf{u},\mathbf{v}\in\mathbb{R}^n \tag{1.85}$$

注意，式 (1.85) 中的 $\mathbf{uv}^{\mathrm{T}}$ 是一个秩 -1 的 $n\times n$ 非对称矩阵，其唯一非零特征值等于 $\mathbf{u}^{\mathrm{T}}\mathbf{v}$，且其对应特征向量就是 $\mathbf{u}$（在 1.2.5 节中将会详细介绍）。

1.2.4　正定性与半正定性

对于一个 $n\times n$ 实对称矩阵 $\mathbf{M}$，如果对任意非零向量 $\mathbf{z}\in\mathbb{R}^n$ 都有 $\mathbf{z}^{\mathrm{T}}\mathbf{Mz}>0$，其中 $\mathbf{z}^{\mathrm{T}}$ 为 $\mathbf{z}$ 的转置，则称该矩阵为**正定**（Positive Definite，PD）**矩阵**（即 $\mathbf{M}\in\mathbb{S}^n_{++}$）。$\mathbf{M}\succ\mathbf{0}$ 同样可以用来表示矩阵 $\mathbf{M}$ 是一个正定矩阵。

对于一个 $n\times n$ Hermitian 矩阵 $\mathbf{M}=\mathbf{M}^{\mathrm{H}}=(\mathbf{M}^*)^{\mathrm{T}}\in\mathbb{H}^n_{++}$，如果对于任何非零复向量 $\mathbf{z}\in\mathbb{C}^n$ 都有 $\mathbf{z}^{\mathrm{H}}\mathbf{Mz}>0$，其中 $\mathbf{z}^{\mathrm{H}}$ 为 $\mathbf{z}$ 的共轭转置，则称矩阵 $\mathbf{M}$ 为正定矩阵。

注 1.16　对于一个 $n\times n$ 实对称矩阵 $\mathbf{M}$，如果对任意非零向量 $\mathbf{z}\in\mathbb{R}^n$ 都有 $\mathbf{z}^{\mathrm{T}}\mathbf{Mz}\geqslant 0$ 或 $\mathbf{z}^{\mathrm{T}}\mathbf{Mz}<0$，则称 $\mathbf{M}$ 为**半正定**（Positive SemiDefinite，PSD）**矩阵**（即 $\mathbf{M}\in\mathbb{S}^n_{+}$）或**负定矩阵**。一个 $n\times n$ Hermitian 半正定矩阵也可以类似地进行定义。$\mathbf{M}\succeq\mathbf{0}$ 同样也可以用来表示矩阵 $\mathbf{M}$ 是一个半正定矩阵。对于一个 $n\times n$ 实对称矩阵 $\mathbf{X}$，如果同时存在 $\mathbf{z}_1,\mathbf{z}_2\in\mathbb{R}^n$ 使得 $\mathbf{z}_1^{\mathrm{T}}\mathbf{Xz}_1>0$，$\mathbf{z}_2^{\mathrm{T}}\mathbf{Xz}_2<0$，则称矩阵 $\mathbf{X}$ 不定。对于一个 $n\times n$ Hermitian 矩阵 $\mathbf{X}$，如果同时存在 $\mathbf{z}_1,\mathbf{z}_2\in\mathbb{C}^n$ 使得 $\mathbf{z}_1^{\mathrm{H}}\mathbf{Xz}_1>0$，$\mathbf{z}_2^{\mathrm{H}}\mathbf{Xz}_2<0$，则称矩阵 $\mathbf{X}$ 不定。

注 1.17　在考虑正定性时，我们往往只关注实对称或 Hermitian 矩阵。这是因为根据我们的经验，这样做适用于绝大多数实际应用，同时也可以将对称矩阵或 Hermitian 矩阵的相关定理应用于凸分析中。

1.2.5　特征值分解

特征值分解（EVD）又称为谱分解，是将矩阵分解为由其特征值和特征向量表示的矩阵之积的方法。

令 $\mathbf{A}\in\mathbb{S}^n$，即令 $\mathbf{A}$ 为一个 $n\times n$ 对称矩阵，那么 $\mathbf{A}$ 可以分解为

$$\mathbf{A}=\mathbf{Q\Lambda Q}^{\mathrm{T}}=\sum_{i=1}^{n}\lambda_i\mathbf{q}_i\mathbf{q}_i^{\mathrm{T}}\ \Leftrightarrow\ \mathbf{Aq}_i=\lambda_i\mathbf{q}_i,\quad\forall i \tag{1.86}$$

其中，$\mathbf{Q}=[\mathbf{q}_1,\mathbf{q}_2,\ldots,\mathbf{q}_n]\in\mathbb{R}^{n\times n}$ 由矩阵 $\mathbf{A}$ 的 n 个正交特征向量 $\mathbf{q}_i$（即对于所有 $i\neq j$，$\|\mathbf{q}_i\|_2=1$，都有 $\mathbf{q}_i^{\mathrm{T}}\mathbf{q}_j=0$）组成，该矩阵 $\mathbf{Q}$ 是正交的，即

$$\mathbf{Q}\mathbf{Q}^{\mathrm{T}}=\mathbf{Q}^{\mathrm{T}}\mathbf{Q}=\mathbf{I}_n \tag{1.87}$$

而矩阵

$$\boldsymbol{\Lambda}=\mathbf{Diag}(\lambda_1,\ldots,\lambda_n) \tag{1.88}$$

是一个由矩阵 $\mathbf{A}$ 的 n 个实特征值 $\lambda_1,\ldots,\lambda_n$ 构成对角元素的对角矩阵。对称矩阵（或 Hermitian 矩阵）的所有特征值都是相应特征方程的根：

$$\det(\lambda\mathbf{I}_n-\mathbf{A})=(\lambda-\lambda_1)\cdots(\lambda-\lambda_n)=0 \tag{1.89}$$

并且这些特征值都是实数。如果对称矩阵是正定（半正定）矩阵，则其所有特征值都非负，而不定对称矩阵一定既有正特征值又有负特征值。对于矩阵 $\mathbf{A}\in\mathbb{S}_+^n$，其 n 个特征值–特征向量对记作 $(\lambda_1,\mathbf{q}_i),\ldots,(\lambda_n,\mathbf{q}_n)$，其中当 $i\leqslant r$ 时 $\lambda_i>0$，当 $i>r$ 时 $\lambda_i=0$，则有

$$\begin{aligned}\mathcal{R}(\mathbf{A})&=\mathrm{span}[\mathbf{q}_1,\ldots,\mathbf{q}_r]\\ \mathcal{N}(\mathbf{A})&=\mathrm{span}[\mathbf{q}_{r+1},\ldots,\mathbf{q}_n]=\mathcal{R}(\mathbf{A})^{\perp}\end{aligned} \tag{1.90}$$

矩阵 $\mathbf{A}\in\mathbb{S}^n$ 的最大、最小特征值都可以重新定义为一个最优化问题：

$$\begin{aligned}\lambda_{\max}(\mathbf{A})&=\sup\left\{\mathbf{q}^{\mathrm{T}}\mathbf{A}\mathbf{q}\mid\|\mathbf{q}\|_2=1\right\}\\ &\geqslant\inf\left\{\mathbf{q}^{\mathrm{T}}\mathbf{A}\mathbf{q}\mid\|\mathbf{q}\|_2=1\right\}=\lambda_{\min}(\mathbf{A})=-\lambda_{\max}(-\mathbf{A})\end{aligned} \tag{1.91}$$

矩阵 $\mathbf{A}\in\mathbb{S}^n$ 的**谱半径**可以定义为

$$\rho(\mathbf{A})=\max\{|\lambda_1|,\ldots,|\lambda_n|\} \tag{1.92}$$

矩阵 $\mathbf{A}\in\mathbb{S}^n$ 的**条件数**可以定义为

$$\kappa(\mathbf{A})=\frac{|\lambda_{\max}(\mathbf{A})|}{|\lambda_{\min}(\mathbf{A})|} \tag{1.93}$$

假设矩阵 $\mathbf{A}\in\mathbb{S}^n$，其特征对 $(\lambda_1,\mathbf{q}_1),\ldots,(\lambda_n,\mathbf{q}_n)$ 中 λ_i 按非增排序，则有

$$\sup\left\{\mathrm{Tr}(\mathbf{Q}_\ell^{\mathrm{T}}\mathbf{A}\mathbf{Q}_\ell)\mid\mathbf{Q}_\ell\in\mathbb{R}^{n\times\ell},\ \mathbf{Q}_\ell^{\mathrm{T}}\mathbf{Q}_\ell=\mathbf{I}_\ell\right\}=\sum_{i=1}^{\ell}\lambda_i,\quad \ell\leqslant n \tag{1.94}$$

并且式 (1.94) 在后面的章节中也将用到。通过对矩阵 $\mathbf{A}$ 的特征分解式 (1.86) 可以很容易证明式 (1.94)，而且 $\mathbf{Q}_\ell=[\mathbf{q}_1,\ldots,\mathbf{q}_\ell]$ 是式 (1.94) 的最优解。

下面是一些有关对称矩阵 EVD 的一些重要性质，通过各自的定义很容易证出下列性质。

性质 1.1 矩阵 $\mathbf{A}\in\mathbb{S}^n$ 的行列式是其所有特征值 λ_i 的积，即

$$\det(\mathbf{A})=\prod_{i=1}^{n}\lambda_i \tag{1.95}$$

性质 1.2 矩阵 $\mathbf{A} \in \mathbb{S}^n$ 的迹是其所有特征值 λ_i 的和，即

$$\mathrm{Tr}(\mathbf{A}) = \sum_{i=1}^{n} \lambda_i \tag{1.96}$$

性质 1.3 矩阵 $\mathbf{A} \in \mathbb{S}^n$ 的 Frobenius 范数平方是其所有特征值 λ_i 的平方和，即

$$\|\mathbf{A}\|_{\mathrm{F}}^2 = \mathrm{Tr}(\mathbf{A}^{\mathrm{T}}\mathbf{A}) = \sum_{i=1}^{n} \lambda_i^2 \tag{1.97}$$

假设 $\mathbf{A} \in \mathbb{S}^n$，$\lambda(\mathbf{A})$（或 λ_i）表示 $\mathbf{A}$ 的特征值，下面是与矩阵特征值相关的一些性质：

$$\mathrm{rank}(\mathbf{A}) = r \Leftrightarrow r \text{ 个非零特征值 } \lambda_i \tag{1.98}$$

$$\{\lambda(\mathbf{I}_n + c\mathbf{A})\} = \{1 + c\lambda_i,\ i = 1, \ldots, n\},\ c \in \mathbb{R} \tag{1.99}$$

$$\{\lambda(\mathbf{A}^{-1})\} = \{\lambda_i^{-1},\ i = 1, \ldots, n\} \tag{1.100}$$

$$\mathrm{Tr}(\mathbf{A}^p) = \sum_{i=1}^{n} \lambda_i^p,\ p \in \mathbb{Z}_{++} \tag{1.101}$$

注 1.18 令矩阵 $\mathbf{A} \in \mathbb{S}^n$ 的特征对为 $(\lambda_i, \mathbf{q}_i)$，则矩阵 $\mathbf{I}_n + c\mathbf{A}$、$\mathbf{A}^{-1}$ 和 $\mathbf{A}^p$ 的特征对分别为 $(1 + c\lambda_i, \mathbf{q}_i)$、$(\lambda_i^{-1}, \mathbf{q}_i)$ 和 $(\lambda_i^p, \mathbf{q}_i)$。

注 1.19 [BV04] 假设矩阵 $\mathbf{A}, \mathbf{B} \in \mathbb{S}^n$，则对于每一个 $\mathbf{X} \in \mathbb{S}_+^n$，都存在一个 $\mathbf{x} \in \mathbb{R}^n$ 使得 $\mathrm{Tr}(\mathbf{AX}) = \mathbf{x}^{\mathrm{T}}\mathbf{Ax}$ 和 $\mathrm{Tr}(\mathbf{BX}) = \mathbf{x}^{\mathrm{T}}\mathbf{Bx}$。

注 1.20 假设 $\mathbf{A} = \mathbf{A}_R + \mathrm{j}\mathbf{A}_I \in \mathbb{H}^n$，其中 $\mathbf{A}_R = \mathrm{Re}\{\mathbf{A}\}$、$\mathbf{A}_I = \mathrm{Im}\{\mathbf{A}\}$，则 $\mathbf{A}_R = \mathbf{A}_R^{\mathrm{T}} \in \mathbb{S}^n$，$\mathbf{A}_I = -\mathbf{A}_I^{\mathrm{T}} \in \mathbb{R}^{n \times n}$。 □

令矩阵 $\mathbf{A}$ 的特征向量为 $\mathbf{q} = \mathbf{q}_R + \mathrm{j}\mathbf{q}_I \in \mathbb{C}^n$，对应特征值为 $\lambda \in \mathbb{R}$，其中 $\mathbf{q}_R, \mathbf{q}_I \in \mathbb{R}^n$，并令

$$\mathcal{A} = \begin{bmatrix} \mathbf{A}_R & -\mathbf{A}_I \\ \mathbf{A}_I & \mathbf{A}_R \end{bmatrix} = \begin{bmatrix} \mathbf{A}_R & \mathbf{A}_I^{\mathrm{T}} \\ \mathbf{A}_I & \mathbf{A}_R \end{bmatrix} \in \mathbb{S}^{2n} \tag{1.102}$$

$$\boldsymbol{q}_1 = \begin{bmatrix} \mathbf{q}_R \\ \mathbf{q}_I \end{bmatrix} \in \mathbb{R}^{2n},\quad \boldsymbol{q}_2 = \begin{bmatrix} -\mathbf{q}_I \\ \mathbf{q}_R \end{bmatrix} \in \mathbb{R}^{2n} \tag{1.103}$$

则 $\lambda \in \mathbb{R}$ 是矩阵 $\mathcal{A}$ 的二重特征值，且 $\boldsymbol{q}_1$ 和 $\boldsymbol{q}_2$ 是对应的特征向量。另外可以知道，对于矩阵 $\mathcal{A}, \mathcal{B} \in \mathbb{S}^{2n}$ ($\mathbb{S}_+^{2n}$)，当且仅当 $\mathbf{A}, \mathbf{B} \in \mathbb{H}^n$ ($\mathbb{H}_+^n$) 且矩阵 $\mathcal{A}$ 和 $\mathcal{B}$ 的定义如上所述时，等式 $\mathrm{Tr}(\mathcal{AB}) = 2\mathrm{Tr}(\mathbf{AB}) \in \mathbb{R}$ ($\mathbb{R}_+$) 成立（参考式 (1.102) ）。

1.2.6 半正定矩阵的平方根分解

一个半正定方阵 $\mathbf{A} \in \mathbb{S}_+^n$，即 $\mathbf{A} \succeq \mathbf{0}$，其所有特征值 $\lambda_i \geqslant 0,\ i = 1, \ldots, n$。该矩阵 $\mathbf{A} \in \mathbb{S}_+^n$ 可以进行如下形式的分解：

$$\mathbf{A} = \mathbf{B}^{\mathrm{T}}\mathbf{B} \tag{1.104}$$

其中，矩阵 $\mathbf{B} \in \mathbb{R}^{n \times n}$ 不唯一。令 $\mathbf{U} \in \mathbb{R}^{n \times n}$ 为一个正交矩阵（即 $\mathbf{U}^{\mathrm{T}}\mathbf{U} = \mathbf{U}\mathbf{U}^{\mathrm{T}} = \mathbf{I}_n$）。对矩阵 $\mathbf{A}$ 进行特征值分解，产生的矩阵 $\mathbf{B}$ 可以是非对称矩阵式 (1.105)，也可以是对称矩阵式

(1.106)，如下所示：

$$\begin{aligned}\mathbf{A}=\mathbf{Q}\boldsymbol{\Lambda}\mathbf{Q}^{\mathrm{T}}&=\mathbf{Q}\boldsymbol{\Lambda}^{1/2}\mathbf{U}^{\mathrm{T}}\mathbf{U}\boldsymbol{\Lambda}^{1/2}\mathbf{Q}^{\mathrm{T}}\quad(\boldsymbol{\Lambda}^{1/2}=\mathbf{Diag}(\lambda_1^{1/2},\ldots,\lambda_n^{1/2}))\\ &\Rightarrow\mathbf{B}_1=\boldsymbol{\Lambda}^{1/2}\mathbf{Q}^{\mathrm{T}}\neq\mathbf{B}_1^{\mathrm{T}}=\mathbf{Q}\boldsymbol{\Lambda}^{1/2}\Rightarrow\mathbf{A}=\mathbf{B}_1^{\mathrm{T}}\mathbf{B}_1\quad(\text{i.e., }\mathbf{U}=\mathbf{I}_n)\qquad(1.105)\\ &\Rightarrow\mathbf{B}_2=\mathbf{Q}\boldsymbol{\Lambda}^{1/2}\mathbf{Q}^{\mathrm{T}}=\mathbf{B}_2^{\mathrm{T}}\succeq\mathbf{0}\Rightarrow\mathbf{A}=\mathbf{B}_2^{\mathrm{T}}\mathbf{B}_2\quad(\text{i.e., }\mathbf{U}=\mathbf{Q})\qquad(1.106)\end{aligned}$$

通常该分解可以表达为 $\mathbf{A}=(\mathbf{A}^{1/2})^{\mathrm{T}}\mathbf{A}^{1/2}$。并且无论是非对称阵 $\mathbf{B}_1$，还是半正定矩阵 $\mathbf{B}_2$，都可以作为 $\mathbf{A}^{1/2}$ 满足 $\mathbf{A}=(\mathbf{A}^{1/2})^{\mathrm{T}}\mathbf{A}^{1/2}$。

1.2.7 奇异值分解

奇异值分解（Singular Value Decomposition，SVD）是一种对实矩阵或复矩阵进行分解的重要形式，在信号处理与通信中具有重要的应用。基于 SVD 的应用包括矩阵伪逆的计算、最小二乘拟合、矩阵近似、矩阵秩、值域和零空间的运算等。

令矩阵 $\mathbf{A}\in\mathbb{R}^{m\times n}$，秩 $\mathrm{rank}(\mathbf{A})=r$，该矩阵 $\mathbf{A}$ 的奇异值分解可以表示为

$$\mathbf{A}=\mathbf{U}\boldsymbol{\Sigma}\mathbf{V}^{\mathrm{T}}\tag{1.107}$$

在对矩阵 $\mathbf{A}$ 的奇异值分解式 (1.107) 中，矩阵 $\mathbf{U}=[\mathbf{U}_r,\mathbf{U}']\in\mathbb{R}^{m\times m}$ 和 $\mathbf{V}=[\mathbf{V}_r,\mathbf{V}']\in\mathbb{R}^{n\times n}$ 都是正交矩阵。其中，$\mathbf{U}_r=[\mathbf{u}_1,\ldots,\mathbf{u}_r]$（由 r 个左奇异向量组成）是一个 $m\times r$ 的半酉矩阵，即

$$\mathbf{U}_r^{\mathrm{T}}\mathbf{U}_r=\mathbf{I}_r\tag{1.108}$$

矩阵 $\mathbf{V}_r=[\mathbf{v}_1,\ldots,\mathbf{v}_r]$（由 r 个右奇异向量组成）是一个 $n\times r$ 的半酉矩阵，即 $\mathbf{V}_r^{\mathrm{T}}\mathbf{V}_r=\mathbf{I}_r$，而矩阵

$$\boldsymbol{\Sigma}=\left[\begin{array}{c|c}\mathbf{Diag}(\sigma_1,\ldots,\sigma_r)&\mathbf{0}_{r\times(n-r)}\\\hline\mathbf{0}_{(m-r)\times r}&\mathbf{0}_{(m-r)\times(n-r)}\end{array}\right]\in\mathbb{R}^{m\times n}\tag{1.109}$$

是一个有 r 个**正奇异值**（假设按非增排序）的矩阵，奇异值用 σ_i 表示，前 r 个对角元素不为 0，其他对角元素为 0。另外，矩阵 $\mathbf{A}$ 和 $\mathbf{U}_r$ 的值域空间完全相同，即

$$\mathcal{R}(\mathbf{A})=\mathcal{R}(\mathbf{U}_r)\tag{1.110}$$

对一个秩为 r 的 $m\times n$ 矩阵 $\mathbf{A}$ 进行**瘦 SVD**（thin SVD）如下：

$$\mathbf{A}=\mathbf{U}_r\boldsymbol{\Sigma}_r\mathbf{V}_r^{\mathrm{T}}=\sum_{i=1}^{r}\sigma_i\mathbf{u}_i\mathbf{v}_i^{\mathrm{T}}\tag{1.111}$$

即经过 σ_i 加权的 r 个秩 -1 的矩阵 $\mathbf{u}_i\mathbf{v}_i^{\mathrm{T}}$ 的和。其中，矩阵

$$\boldsymbol{\Sigma}_r=\mathbf{Diag}(\sigma_1,\ldots,\sigma_r)\tag{1.112}$$

是一个对角阵，其对角元素 σ_i 是矩阵 $\mathbf{A}$ 的 r 个正奇异值。值得注意的是，

$$\begin{aligned}\sigma_i&=\mathbf{e}_i^{\mathrm{T}}\boldsymbol{\Sigma}_r\mathbf{e}_i=\mathbf{e}_i^{\mathrm{T}}\mathbf{U}_r^{\mathrm{T}}\mathbf{A}\mathbf{V}_r\mathbf{e}_i\quad\text{（根据式 (1.111)）}\\&=(\mathbf{U}_r\mathbf{e}_i)^{\mathrm{T}}\mathbf{A}(\mathbf{V}_r\mathbf{e}_i)=\mathbf{u}_i^{\mathrm{T}}\mathbf{A}\mathbf{v}_i\end{aligned}\tag{1.113}$$

瘦 SVD 比 SVD 计算更高效。例如，秩为 k 的矩阵 $\mathbf{A} \in \mathbb{R}^{m\times n}$，其伪逆为

$$\mathbf{A}^{\dagger} = \mathbf{V}_r \mathbf{\Sigma}_r^{-1} \mathbf{U}_r^{\mathrm{T}} \in \mathbb{R}^{n\times m} \tag{1.114}$$

因此

$$\begin{cases} \mathbf{A}\mathbf{A}^{\dagger} = \mathbf{I}_m, & \text{若 } \mathrm{rank}(\mathbf{A}) = m \\ \mathbf{A}^{\dagger}\mathbf{A} = \mathbf{I}_n, & \text{若 } \mathrm{rank}(\mathbf{A}) = n \end{cases} \tag{1.115}$$

可以看出，矩阵 $\mathbf{A}$ 的奇异值与矩阵 $\mathbf{A}^{\mathrm{T}}\mathbf{A}$ 或 $\mathbf{A}\mathbf{A}^{\mathrm{T}}$ 的特征值有关：

$$\sigma_i(\mathbf{A}) = \sqrt{\lambda_i(\mathbf{A}^{\mathrm{T}}\mathbf{A})} = \sqrt{\lambda_i(\mathbf{A}\mathbf{A}^{\mathrm{T}})} \tag{1.116}$$

因此，奇异值 σ_i 和特征值 λ_i 都是按非增排序的。同时，式 (1.116) 也表明，对于 $\sigma_i(\mathbf{A}) > 0$，矩阵 $\mathbf{A}$ 的第 i 个右奇异向量与矩阵 $\mathbf{A}^{\mathrm{T}}\mathbf{A}$ 的第 i 个特征向量完全相同，矩阵 $\mathbf{A}$ 的第 i 个左奇异向量与矩阵 $\mathbf{A}\mathbf{A}^{\mathrm{T}}$ 的第 i 个特征向量完全相同。从式 (1.116) 和式 (1.96) 可以看出，

$$\|\mathbf{A}\|_{\mathrm{F}}^2 = \mathrm{Tr}(\mathbf{A}\mathbf{A}^{\mathrm{T}}) = \sum_{i=1}^{\mathrm{rank}(\mathbf{A})} \sigma_i^2(\mathbf{A}) \tag{1.117}$$

另外，当矩阵 $\mathbf{A} \in \mathbb{S}_+^n$ 时，其奇异值分解与特征分解完全相同，因此 $\lambda_i(\mathbf{A}) = \sigma_i(\mathbf{A})$。

SVD 广泛应用于求解下述线性方程：

$$\mathbf{A}\mathbf{x} = \mathbf{b}, \quad \mathbf{A} \in \mathbb{R}^{m\times n} \tag{1.118}$$

式 (1.118) 的解记作 $\widehat{\mathbf{x}}$，则当 $\mathbf{b} \in \mathcal{R}(\mathbf{A})$ 时，方程的解 $\widehat{\mathbf{x}}$ 存在，为

$$\widehat{\mathbf{x}} = \mathbf{A}^{\dagger}\mathbf{b} + \mathbf{v}, \quad \mathbf{v} \in \mathcal{N}(\mathbf{A}) \tag{1.119}$$

当且仅当矩阵 $\mathbf{A}$ 列满秩，$\widehat{\mathbf{x}}$ 唯一。如果 $\mathbf{b} \notin \mathcal{R}(\mathbf{A})$，则 $\widehat{\mathbf{x}}$ 不存在，因为

$$\mathbf{A}\widehat{\mathbf{x}} = \mathbf{A}\mathbf{A}^{\dagger}\mathbf{b} = \mathbf{P}_{\mathbf{A}}\mathbf{b} \neq \mathbf{b}\text{，其中 } \mathbf{b} \notin \mathcal{R}(\mathbf{A}) \tag{1.120}$$

设矩阵 $\mathbf{A} \in \mathbb{R}^{m\times n}$ 的秩为 r，其瘦 SVD 可由式 (1.111) 给出。令 $\mathbf{X}_\ell \in \mathbb{R}^{m\times n}$ 为矩阵 $\mathbf{A}$ 的最优低秩近似，且 $\mathrm{rank}(\mathbf{X}) \leqslant \ell$。这可由最小化 $\|\mathbf{X}-\mathbf{A}\|_{\mathrm{F}}^2$ 获得，即

$$\mathbf{X}_\ell = \arg\min_{\mathrm{rank}(\mathbf{X})\leqslant \ell} \|\mathbf{X}-\mathbf{A}\|_{\mathrm{F}}^2 = \sum_{i=1}^{\ell} \sigma_i \mathbf{u}_i \mathbf{v}_i^{\mathrm{T}} \tag{1.121}$$

式 (1.121) 将在第 4 章中通过凸优化以及特征值分解的应用进行证明。相应地，近似误差表示为

$$\rho_\ell = \|\mathbf{X}_\ell - \mathbf{A}\|_{\mathrm{F}}^2 = \sum_{i=\ell+1}^{r} {\sigma_i}^2 \tag{1.122}$$

当 $\ell \geqslant r$ 时，式 (1.122) 为 0。这也是一个通过奇异值分解来诠释最小二乘（LS）近似的例子，在工程领域中得到了广泛的应用。

1.2.8 最小二乘近似

最小二乘有着非常广泛的应用，尤其是给定噪声参数情况下近似求解一个线性系统未知变量的场景。最小二乘可以转换成一种数据拟合的方法：在观测数据与模型数据中做最佳拟合。最小二乘的准则是使得均方误差最小，其中误差为观测数据与模型计算数据之差。

考虑一个由线性方程表示的系统：

$$\mathbf{b} = \mathbf{A}\mathbf{x} + \boldsymbol{\epsilon} \tag{1.123}$$

其中，$\mathbf{A} \in \mathbb{R}^{m\times n}$ 是给定的系统矩阵，$\mathbf{b}$ 是给定的数据向量，而 $\boldsymbol{\epsilon} \in \mathbb{R}^m$ 是测量噪声向量。最小二乘问题就是最小化 $\|\mathbf{A}\mathbf{x}-\mathbf{b}\|_2^2$ 来获得最优解，记最小二乘解为 $\mathbf{x}_{\mathrm{LS}}$，则

$$\mathbf{x}_{\mathrm{LS}} \triangleq \arg\min_{\mathbf{x}\in\mathbb{R}^n} \left\{ \left\|\mathbf{A}\mathbf{x}-\mathbf{b}\right\|_2^2 \right\} = \mathbf{A}^{\dagger}\mathbf{b} + \mathbf{v},\ \mathbf{v} \in \mathcal{N}(\mathbf{A}) \tag{1.124}$$

这实际上是一个无约束的最优化问题，它的解（与线性方程式 (1.118) 的解式 (1.119) 形式上相同）不一定唯一。

当 $m \geqslant n$ 时，式 (1.123) 表示的系统是超定的（即方程个数大于未知数个数），否则该系统为欠定的（即未知数个数大于方程个数）。假设矩阵 $\mathbf{A}$ 是一个超定情况（$m \geqslant n$）下的列满秩矩阵，则

$$\mathbf{A}^{\dagger} = (\mathbf{A}^{\mathrm{T}}\mathbf{A})^{-1}\mathbf{A}^{\mathrm{T}},\ \ \mathbf{A}^{\dagger}\mathbf{A} = \mathbf{I}_n \tag{1.125}$$

则最优解 $\mathbf{x}_{\mathrm{LS}} = \mathbf{A}^{\dagger}\mathbf{b}$ 是唯一的，对应该情况下的近似误差为

$$\left\|\mathbf{A}\mathbf{x}_{\mathrm{LS}}-\mathbf{b}\right\|_2^2 = \left\|\mathbf{P}_{\mathbf{A}}^{\perp}\mathbf{b}\right\|_2^2 > 0\text{，当 } \mathbf{b} \notin \mathcal{R}(\mathbf{A}) \quad \text{（根据式 (1.125) 和式 (1.74)）}$$

换言之，$\mathbf{A}\mathbf{x}_{\mathrm{LS}}$ 是 $\mathbf{b}$ 投影到值域空间 $\mathcal{R}(\mathbf{A})$ 的向量。只有当 $\mathbf{b} \in \mathcal{R}(\mathbf{A})$ 时，误差才等于 0。

对于欠定情况（$m \leqslant n$），假设矩阵 $\mathbf{A}$ 行满秩，则

$$\mathbf{A}^{\dagger} = \mathbf{A}^{\mathrm{T}}\left(\mathbf{A}\mathbf{A}^{\mathrm{T}}\right)^{-1},\ \ \mathbf{A}\mathbf{A}^{\dagger} = \mathbf{I}_m \tag{1.126}$$

式 (1.124) 给出的最优解 $\mathbf{x}_{\mathrm{LS}}$ 是不唯一的。因为 $(\mathbf{A}^{\dagger}\mathbf{b})^{\mathrm{T}}\mathbf{v} = 0$ 且 $\mathbf{A}\mathbf{x}_{\mathrm{LS}} = \mathbf{b}$，所以 $\mathbf{x}_{\mathrm{LS}} = \mathbf{A}^{\dagger}\mathbf{b}$ 也是最小范数解，同时也是式 (9.123) 的最优解，这可以通过式 (9.8) 所定义问题的 KKT 条件获得。对于非线性系统模型，一般不存在闭式的最小二乘解。

1.3 总结与讨论

本章回顾了集合、函数、矩阵和向量空间等基本概念，这是后续章节的基础。我们也介绍了本书将会用到的一些符号标记。本章节的数学基础回顾当然无法面面俱到的，如果想获取关于 1.1 节的详情，可以参考 [Apo07]、[WZ97]；如果想获取关于 1.2 节的详情，可参考 [HJ85]、[MS00] 以及相关书籍。

假设给定如下优化问题：

$$\begin{aligned} &\textit{minimize} && f(\mathbf{x}) \\ &\textit{subject to} && \mathbf{x} \in \mathcal{C} \end{aligned} \tag{1.127}$$

其中，$f(\mathbf{x})$ 为最小化的目标函数，$\mathcal{C}$ 为我们从中寻找最优解的可行集。凸优化本身是一个强大的数学工具，其可以用来最优地求解一个经过良好定义的凸优化问题（换句话说，$f(\mathbf{x})$ 是一个凸函数，$\mathcal{C}$ 在问题式 (1.127) 中是一个凸集），或者解决一个非凸优化问题（该问题可以被近似为一个凸问题）。然而，问题式 (1.127) 在学术研究中可能常常被看作一个非凸优化问题出现或者是一个非凸非确定多项式时间难度（NP-hard）问题，这些都迫使我们去寻找具有特定性能或计算高效的近似解。此外，将所考虑的优化问题重构为凸优化问题是一个非常大的挑战。幸运的是，这里有许多将问题重构（如函数变换、变量变换和等价表示），达到将非凸问题转化为凸问题的方法，从而揭示出原问题的本质。

凸优化是一种强大的数学工具，用于寻找优化问题的最优解，在工程实践中得到广泛的应用。然而，实际问题可能是非凸的，或者貌似非凸，或者确实是非凸的 NP-Hard 问题。此时，我们需要着重去寻找具有特定性能或计算高效的近似解。此外，发现实际工程中貌似非凸的优化问题所内蕴的凸性，并将其转化为一个凸优化问题往往是非常具有挑战性的。当然，目前存在一些常用的技巧，如函数变换、变量变换、等效表示等，可以将非凸问题转为凸问题，从而揭示出原问题的本质。

凸优化技术在理论和实际应用之间灵活转换和运用，是有效解决科学工程难题的关键。对于一个给定的最优化问题，如图 1.6 所示，我们期望设计出一种算法（例如通信与网络领域中的发射波束算法和资源分配算法，生物医学和超光谱图像分析中的非负盲源信息分离算法），从而有效、可靠地获得一个解（可能只是一个近似解，而不是全局最优解）。在图 1.6 中，模块“问题重构”“算法设计”“性能评估与分析”是进行算法设计的关键步骤。这些步骤依赖最优化理论及其工具的灵活应用。上述步骤与策略在构建理论与实际应用之间的桥梁时非常有意义，便于我们运用任何合适的数学理论工具（如凸集、凸函数、最优性条件、对偶理论、KKT 条件、Schur 补、S-引理（S-lemma，又称 S-procedure）等）和凸问题解决工具（如 CVX 和 SeDuMi）来完成这些设计步骤。

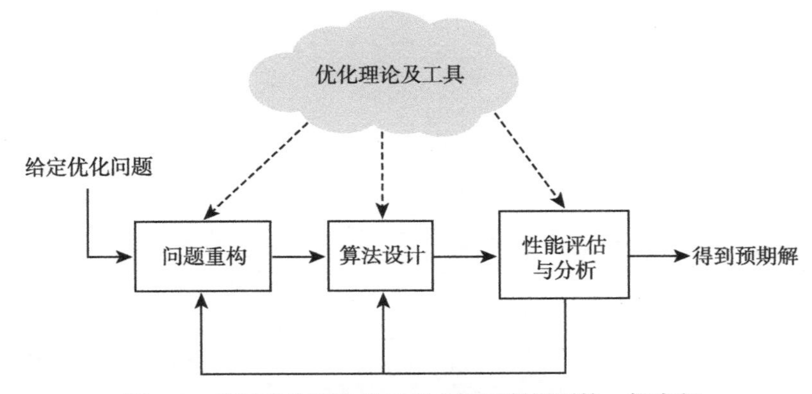

图 1.6 基于优化理论及工具求解工程问题的一般流程

后续章节中，我们将介绍凸优化理论的基础知识，同时将基于图 1.6 的步骤把凸优化理论应用于信号处理与无线通信领域的前沿研究中。

参 考 文 献

[Apo07] T. M. Apostol, *Mathematical Analysis*, 2nd ed. Pearson Edu. Taiwan Ltd., 2007.

[Ber09] D. P. Bertsekas, *Convex Optimization Theory.* Belmont, MA, USA: Athena Scientific, 2009.

[Bra83] D. Brandwood, "A complex gradient operator and its application in adaptive array theory," *IEE Proc. F, Commun., Radar Signal Process.*, vol. 130, no. 1, pp. 11–16, Feb. 1983.

[BV04] S. Boyd and L. Vandenberghe, *Convex Optimization.* Cambridge, UK: Cambridge University Press, 2004.

[Hay96] M. H. Hayes, *Statistical Digital Signal Processing and Modeling.* New York, USA: John Wiley & Sons, Inc., 1996.

[HJ85] R. A. Horn and C. R. Johnson, *Matrix Analysis.* New York, USA: Cambridge University Press, 1985.

[MS00] T. K. Moon and W. C. Stirling, *Mathematical Methods and Application for Signal Processing.* Upper Saddle River, NJ, USA: Prentice Hall, 2000.

[Sch10] P. J. Schreier, *Statistical Signal Processing of Complex-Valued Data.* Cambridge, UK: Cambridge University Press, 2010.

[WZ97] R. L. Wheeden and A. Zygmund, *Measure and Integral: An Introduction to Real Analysis.* New York, USA: Marcel Dekker, 1997.

第 2 章
CHAPTER 2
凸 集

本章首先介绍凸集及其表示、性质、实例、保凸运算和凸集的几何特性，这在高光谱和生物医学图像等信号处理领域中具有广泛的应用；然后介绍真锥（凸锥）、对偶范数和对偶锥、广义不等式以及分离与支撑超平面等相关知识，这将为后续凸函数、凸问题以及对偶理论的学习奠定基础。为简单起见，从本章起，若无特别说明，均用 $\boldsymbol{x}$ 表示向量 $\boldsymbol{x} \in \mathbb{R}^n$，用 $x_1, \cdots, x_n$ 表示向量 $\boldsymbol{x}$ 的各分量。

2.1 仿射集与凸集

2.1.1 直线与线段

穿过空间 $\mathbb{R}^n$ 中 $\mathbf{x}_1$ 和 $\mathbf{x}_2$ 两点的直线 $\mathcal{L}(\mathbf{x}_1, \mathbf{x}_2)$ 定义为

$$\mathcal{L}(\mathbf{x}_1, \mathbf{x}_2) = \{\theta \mathbf{x}_1 + (1-\theta)\mathbf{x}_2,\ \theta \in \mathbb{R}\},\ \mathbf{x}_1, \mathbf{x}_2 \in \mathbb{R}^n \tag{2.1}$$

如果 $0 \leqslant \theta \leqslant 1$，式 (2.1) 表示 $\mathbf{x}_1$ 和 $\mathbf{x}_2$ 之间的线段。$\mathbf{x}_1$ 和 $\mathbf{x}_2$ 的线性组合 $\theta \mathbf{x}_1 + (1-\theta)\mathbf{x}_2$ 对于仿射集和凸集的定义至关重要。当 $\theta \in \mathbb{R}$ 时，该线性组合称为**仿射组合**；当 $\theta \in [0,1]$ 时，该线性组合称为**凸组合**。类似地，仿射组合和凸组合的定义可以扩展到多于两个点的情况。

2.1.2 仿射集与仿射包

如果对于任意 $\mathbf{x}_1, \mathbf{x}_2 \in C$ 和满足 $\theta_1 + \theta_2 = 1$ 的任意 $\theta_1, \theta_2 \in \mathbb{R}$，都有 $\theta_1 \mathbf{x}_1 + \theta_2 \mathbf{x}_2 \in C$，那么称集合 C 为**仿射集**。例如，式 (2.1) 所确定的直线就是一个仿射集。这个概念可以扩展到多个点的情况，如下例。

例 2.1 假设 C 是仿射集，且 $\mathbf{x}_1, \mathbf{x}_2, \ldots, \mathbf{x}_k \in C$，则任意满足 $\sum_{i=1}^k \theta_i = 1$ 的 $\boldsymbol{\theta} = [\theta_1, \cdots, \theta_k]^{\mathrm{T}} \in \mathbb{R}^k$，都有 $\sum_{i=1}^k \theta_i \mathbf{x}_i \in C$ 成立。

证明 因为 $\mathbf{x}_1$，$\mathbf{x}_2$，$\mathbf{x}_3 \in C$，则

$$\bar{\mathbf{x}}_2 = \theta_2 \mathbf{x}_2 + (1-\theta_2)\mathbf{x}_3 \in C,\ \forall \theta_2 \in \mathbb{R} \tag{2.2a}$$

$$\mathbf{x} = \theta_1 \mathbf{x}_1 + (1-\theta_1)\bar{\mathbf{x}}_2 \in C,\ \forall \theta_1 \in \mathbb{R} \tag{2.2b}$$

因此

$$\begin{aligned}\mathbf{x} &= \theta_1\mathbf{x}_1 + (1-\theta_1)\theta_2\mathbf{x}_2 + (1-\theta_1)(1-\theta_2)\mathbf{x}_3 \in C \\ &= \alpha_1\mathbf{x}_1 + \alpha_2\mathbf{x}_2 + \alpha_3\mathbf{x}_3\end{aligned} \tag{2.3}$$

其中，$\alpha_1 = \theta_1$，$\alpha_2 = (1-\theta_1)\theta_2$，$\alpha_3 = (1-\theta_1)(1-\theta_2) \in \mathbb{R}$，且不难验证 $\alpha_1 + \alpha_2 + \alpha_3 = 1$。上述证明可以扩展到任意 k 个点的情况。 □

例 2.1 表明，一个仿射集包含其中任意点的仿射组合（线性组合的实系数和为 1）。注意：子空间必须包含原点，而仿射集不必包含原点。若 C 是一个仿射集且 $\mathbf{x}_0 \in C$，则

$$V = C - \{\mathbf{x}_0\} = \{\mathbf{x} - \mathbf{x}_0 \mid \mathbf{x} \in C\} \qquad \text{（参考式 (1.22) 和式 (1.23)）} \tag{2.4}$$

表示一个子空间，且 V 和 C 具有相同的维度（见图 2.1，对任意 $\mathbf{x}_0 \in C$ 有 $V = C - \{\mathbf{x}_0\}$，$\boldsymbol{d}$ 表示子空间 $V^\perp$ 上任意 $\mathbf{x} \in C$ 的正交投影算子，即 $C \cap V^\perp = \{\boldsymbol{d}\}$），则仿射集的维度 $\mathrm{affdim}(C)$ 可以定义为

$$\mathrm{affdim}(C) \triangleq \dim(V) \tag{2.5}$$

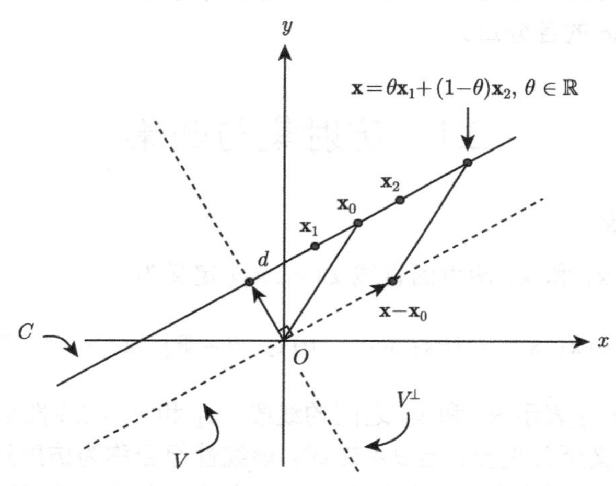

图 2.1 空间 $\mathbb{R}^2$ 中的仿射集 C 与其对应的子空间 V

对于向量集合 $\{\mathbf{s_1}, \ldots, \mathbf{s_n}\} \subset \mathbb{R}^\ell$，其**仿射包**定义为

$$\mathbf{aff}\{\mathbf{s}_1, \ldots, \mathbf{s}_n\} = \left\{ \mathbf{x} = \sum_{i=1}^n \theta_i \mathbf{s}_i \;\middle|\; (\theta_1, \ldots, \theta_n) \in \mathbb{R}^n,\ \sum_{i=1}^n \theta_i = 1 \right\} \tag{2.6}$$

图 2.2 给出了两种典型的仿射集，其中 $\mathbf{aff}\{\mathbf{s_1}, \mathbf{s_2}\}$ 是一条通过 $\mathbf{s_1}$ 和 $\mathbf{s_2}$ 的直线，$\mathbf{aff}\{\mathbf{s_1}, \mathbf{s_2}, \mathbf{s_3}\}$ 是一个通过 $\mathbf{s}_1$、$\mathbf{s}_2$ 和 $\mathbf{s}_3$ 的二维超平面。

$\mathbf{aff}\{\mathbf{s}_1, \ldots, \mathbf{s}_n\} \subset \mathbb{R}^\ell$ 是包含向量 $\mathbf{s}_1, \ldots, \mathbf{s}_n$ 的最小仿射集。对于任意的 $\mathbf{d} \in \mathbf{aff}\{\mathbf{s_1}, \ldots, \mathbf{s}_n\}$（不唯一），存在列满秩矩阵 $\mathbf{C} \in \mathbb{R}^{\ell \times p}$（不唯一）和 $p \geqslant 0$，$\mathbf{aff}\{\mathbf{s_1}, \ldots, \mathbf{s_n}\}$ 还可以表示为

$$\mathbf{aff}\{\mathbf{s}_1, \ldots, \mathbf{s}_n\} = \left\{\mathbf{x} = \mathbf{C}\boldsymbol{\alpha} + \mathbf{d} \;\middle|\; \boldsymbol{\alpha} \in \mathbb{R}^p\right\} \subseteq \mathbb{R}^\ell \qquad \text{（参考式 (2.4)）} \tag{2.7}$$

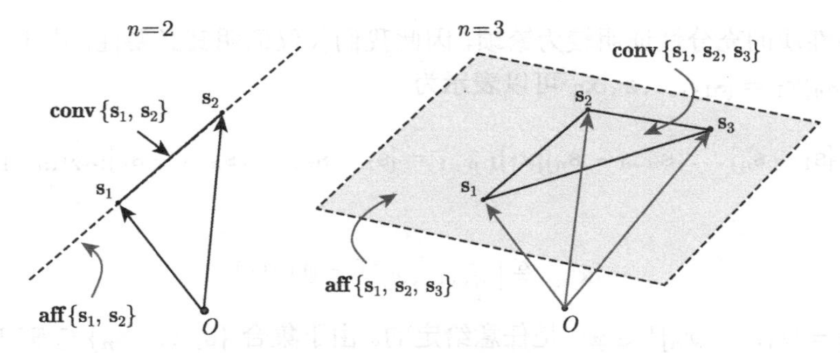

图 2.2 仿射包和凸包示例（左图位于二维空间 $\mathbb{R}^2$，右图位于三维空间 $\mathbb{R}^3$

事实上，由式 (2.7) 给出的仿射包表达式并不唯一，也即仿射集的参数 $(\mathbf{C},\mathbf{d})$ 不唯一。对于同一个仿射包的所有参数 $(\mathbf{C},\mathbf{d})$，

$$\mathbf{P}_{\mathbf{C}}^{\perp}\mathbf{x}=\mathbf{P}_{\mathbf{C}}^{\perp}\mathbf{d}\ \ (\text{常向量}),\ \ \forall \mathbf{x}\in \mathbf{aff}\{\mathbf{s}_1,\ldots,\mathbf{s}_n\} \tag{2.8}$$

是不变的。图 2.1 中也给出了由式 (2.7) 所表示的仿射集，$\mathbf{aff}\{\mathbf{s}_1,\ldots,\mathbf{s}_n\}$ 对应仿射集 C，$\mathcal{R}(\mathbf{C})$ 对应子空间 V，$\mathbf{P}_{\mathbf{C}}^{\perp}\mathbf{x}$ 对应常向量 $\mathbf{d}$。这里

$$\mathrm{affdim}(\mathbf{aff}\{\mathbf{s}_1,\ldots,\mathbf{s}_n\})=\mathrm{rank}(\mathbf{C})=p\leqslant\min\{n-1,\ell\} \tag{2.9}$$

它刻画了仿射包的实际维度。当 $p=\ell$ 时，$\mathbf{aff}\{\mathbf{s}_1,\ldots,\mathbf{s}_n\}=\mathbb{R}^{\ell}$。

因此，由式 (2.6) 给出的仿射包表达式可以重写为式 (2.7) 的形式，相关参数为

$$\begin{aligned}&\mathbf{d}=\mathbf{s}_n,\quad \mathbf{C}=[\,\mathbf{s}_1-\mathbf{s}_n,\mathbf{s}_2-\mathbf{s}_n,\ldots,\mathbf{s}_{n-1}-\mathbf{s}_n\,]\in\mathbb{R}^{\ell\times(n-1)}\\&p=n-1,\quad \boldsymbol{\alpha}=(\alpha_1,\ldots,\alpha_{n-1})=(\theta_1,\ldots,\theta_{n-1})\end{aligned} \tag{2.10}$$

若 $\mathbf{C}$ 不是列满秩矩阵，那么 $p=n-1$ 就不是该仿射包的仿射维度，这意味着由 n 个不同的向量组成的仿射包，其仿射维度 p 必须小于或等于 $n-1$。性质 2.1 给出了仿射包具有最大仿射维度的一个充分条件。

性质 2.1 如果一个有限集 $S\triangleq\{\mathbf{s}_1,\ldots,\mathbf{s}_n\}$ 是**仿射独立**的，这表示 $S_j\triangleq\{\mathbf{s}-\mathbf{s}_j\mid \mathbf{s}\in S,\mathbf{s}\neq\mathbf{s}_j\}$，$\forall j$ 线性无关，则它的仿射维度（参考式 (2.14)）为 $n-1$；任意子集 $\mathcal{S}\subset S$ 也是仿射独立的，且子集的仿射维度为 $|\mathcal{S}|-1$。

对于任意给定的向量 $\mathbf{x}_1,\mathbf{x}_2\in\mathbb{R}^n$ 以及线性无关向量集合 $\{\mathbf{s}_1,\ldots,\mathbf{s}_n\}\subseteq\mathbb{R}^{\ell}$，使得 $[\mathbf{s}_1,\ldots,\mathbf{s}_n]\mathbf{x}_1=[\mathbf{s}_1,\ldots,\mathbf{s}_n]\mathbf{x}_2$ 成立的充要条件为 $\mathbf{x}_1=\mathbf{x}_2$。下面介绍的性质对于任意仿射独立的集合均成立。

性质 2.2 给定向量 $\mathbf{x}_1,\mathbf{x}_2\in\mathbb{R}^n$ 满足条件 $\mathbf{1}_n^{\mathrm{T}}\mathbf{x}_1=\mathbf{1}_n^{\mathrm{T}}\mathbf{x}_2$。如果 $\{\mathbf{s}_1,\ldots,\mathbf{s}_n\}\subseteq\mathbb{R}^{\ell}$ 是一个仿射独立的集合，那么式

$$[\mathbf{s}_1,\ldots,\mathbf{s}_n]\mathbf{x}_1=[\mathbf{s}_1,\ldots,\mathbf{s}_n]\mathbf{x}_2\iff\mathbf{x}_1=\mathbf{x}_2 \tag{2.11}$$

成立。

证明 该性质的充分性证明较为繁琐，因此我们仅仅证明其必要性。由于 $\mathbf{1}_n^{\mathrm{T}}\mathbf{x}_1 = \mathbf{1}_n^{\mathrm{T}}\mathbf{x}_2$，条件 $[\mathbf{s}_1, \ldots, \mathbf{s}_n]\mathbf{x}_1 = [\mathbf{s}_1, \ldots, \mathbf{s}_n]\mathbf{x}_2$ 可以表示为

$$[\mathbf{s}_1 - \mathbf{s}_n, \ldots, \mathbf{s}_{n-1} - \mathbf{s}_n][\mathbf{x}_1]_{1:n-1} = [\mathbf{s}_1 - \mathbf{s}_n, \ldots, \mathbf{s}_{n-1} - \mathbf{s}_n][\mathbf{x}_2]_{1:n-1} \tag{2.12}$$

定义

$$[\mathbf{x}]_{i:j} \triangleq [x_i, \ldots, x_j]^{\mathrm{T}} \in \mathbb{R}^{j-i+1}$$

其中，向量 $\mathbf{x} = [x_1, \ldots, x_n]^{\mathrm{T}} \in \mathbb{R}^n$ 是任意给定的。由于集合 $\{\mathbf{s}_1, \ldots, \mathbf{s}_n\} \subseteq \mathbb{R}^\ell$ 中的各向量**仿射独立**，因此矩阵 $[\mathbf{s}_1 - \mathbf{s}_n, \ldots, \mathbf{s}_{n-1} - \mathbf{s}_n]$ 是列满秩的，再由式 (2.12) 可知，$[\mathbf{x}_1]_{1:n-1} = [\mathbf{x}_2]_{1:n-1}$ 成立。因此，若存在 $\mathbf{1}_n^{\mathrm{T}}\mathbf{x}_1 = \mathbf{1}_n^{\mathrm{T}}\mathbf{x}_2$，可得 $\mathbf{x}_1 = \mathbf{x}_2$。 □

任意连续或离散集合 $C \subset \mathbb{R}^n$ 的仿射包，记作 $\mathbf{aff}\, C$，定义为包含其自身的最小仿射集（即若 C 是一个仿射集，那么 $\mathbf{aff}\ C = C$），实际上是由 C 中元素的所有仿射组合形成的集合，表示为

$$\mathbf{aff}\ C = \left\{ \sum_{i=1}^{k} \theta_i \mathbf{x}_i \;\middle|\; \{\mathbf{x}_i\}_{i=1}^k \subset C,\ \{\theta_i\}_{i=1}^k \subset \mathbb{R},\ \sum_{i=1}^{k} \theta_i = 1, k \in \mathbb{Z}_{++} \right\} \tag{2.13}$$

定义 C 的仿射维度（C 并不一定为仿射集）为其仿射包的仿射维度，设 $\mathbf{x}_0 \in \mathbf{aff}\, C$，则有

$$\text{affdim } C \triangleq \text{affdim}(\mathbf{aff}\ C) = \dim\big((\mathbf{aff}\ C) - \{\mathbf{x}_0\}\big) \quad \text{（根据式 (2.5)）} \tag{2.14}$$

例如，$\mathbf{aff}\ C = \mathbb{R}$ 且 $\text{affdim } C = 1$，$C \in (0,1]$ 或 $C = \{0,1\}$；$\mathbf{aff}\ C = \{(x,y,z) \in \mathbb{R}^3 \mid x+y+z=1\}$ 且 $\text{affdim } C = 2$，$C = \{(1,0,0),(0,1,0),(0,0,1)\}$ 或 $C = \{(x,y,z) \in \mathbb{R}^3 \mid x+y+z=1, 0<x<1, 0<y<1, 0<z<1\}$；$\mathbf{aff}\ C = \mathbb{R}^3$ 和 $\text{affdim } C = 3$，$C = \{(0,0,0),(1,0,0),(0,1,0),(0,0,1)\}$。假设 $\text{affdim } C = p$，则 $\mathbf{aff}\ C$ 可以表示为

$$\begin{aligned}\mathbf{aff}\ C &= \left\{ \sum_{i=1}^{p+1} \theta_i \mathbf{x}_i \;\middle|\; \{\mathbf{x}_i\}_{i=1}^{p+1} \subset C,\ \{\theta_i\}_{i=1}^{p+1} \subset \mathbb{R},\ \sum_{i=1}^{p+1} \theta_i = 1 \right\} \\ &= \big\{\mathbf{x} = \mathbf{C}\boldsymbol{\alpha} + \mathbf{d} \;\big|\; \boldsymbol{\alpha} \in \mathbb{R}^p\big\} \qquad \text{（根据式 (2.7)）}\end{aligned} \tag{2.15}$$

其中，仿射参数 $(\mathbf{C}, \mathbf{d})$ 满足 $\mathbf{d} \in \mathbf{aff}\, C$，$\text{rank}(\mathbf{C} = [\mathbf{c}_1, \ldots, \mathbf{c}_p]) = p$，且 $\mathbf{c}_i + \mathbf{d} \in \mathbf{aff}\, C,\ \forall i$。

由性质 2.1 和性质 2.2 可以证明，式 (2.13) 和式 (2.15) 给出的两种仿射包的表达形式实质上是一样的。由性质 2.1 可得，由于 $\text{affdim } C = p$，所以存在满足 $\mathbf{aff}\,\{\mathbf{y}_1, \ldots, \mathbf{y}_{p+1}\} = \mathbf{aff}\, C$ 的仿射独立集 $\{\mathbf{y}_1, \ldots, \mathbf{y}_{p+1}\} \subseteq C$。此外，由性质 2.2 可知，式 (2.13) 所确定的仿射包中的每个向量 $\mathbf{x}$ 都可以用 $\mathbf{y}_1, \ldots, \mathbf{y}_{p+1}$ 的仿射组合唯一表示，也即 $\mathbf{x}$ 属于由式 (2.15) 给出的仿射包，而且，后者的每一个元素都属于前者。因此可知，式 (2.13) 和式 (2.15) 这两种形式都表示相同的仿射包 $\mathbf{aff}\ C$。

2.1.3 相对内部和相对边界

式 (2.13) 所定义的仿射包及式 (2.14) 所定义的仿射维度在凸几何分析中至关重要。在许多信号处理应用中，仿射维度已经被用于降维处理，如生物医学和高光谱图像信号的盲源

分离（详见第 6 章）。本节将介绍**相对内部**和**相对边界**的概念，以便进一步说明仿射包和仿射维度的概念。

集合 $C \subseteq \mathbb{R}^n$ 的相对内部定义为

$$\begin{aligned}\textbf{relint}\ C &= \{\mathbf{x} \in C \mid \text{存在 } r > 0,\ \text{使得 } B(\mathbf{x}, r) \cap \textbf{aff}\ C \subseteq C\} \\ &= \textbf{int}\ C \text{ 若 } \textbf{aff}\ C = \mathbb{R}^n \quad (\text{参考式 (1.20)})\end{aligned} \tag{2.16}$$

其中，$B(\mathbf{x}, r)$ 是一个中心位于 $\mathbf{x}$ 且半径为 r 的 ℓ_2-范数球。由式 (2.16) 可知

$$\textbf{int}\ C = \begin{cases} \textbf{relint}\ C, & \text{若 } \text{affdim}\ C = n \\ \varnothing, & \text{若 } \text{affdim}\ C \neq n \end{cases} \tag{2.17}$$

集合 C 的相对边界定义为

$$\textbf{relbd}\ C = \textbf{cl}\ C \setminus \textbf{relint}\ C = \textbf{bd}\ C,\ \text{若 } \textbf{int}\ C \neq \varnothing \quad (\text{根据式 (2.17)}) \tag{2.18}$$

例如，集合 $C = \{\mathbf{x} \in \mathbb{R}^n \mid \|\mathbf{x}\|_\infty \leqslant 1\}$（$\ell_\infty$-范数球）的内部和相对内部是相同的，且边界和相对边界也是相同的；集合 $C = \{\mathbf{x}_0\} \subset \mathbb{R}^n$（单元素集合）的 $\textbf{int}\ C = \varnothing$，$\textbf{bd}\ C = C$，而其 $\textbf{relbd}\ C = \varnothing$。值得注意的是，前者的 $\text{affdim}(C) = n$，后者的 $\text{affdim}(C) = 0 \neq n$，以此可区分集合内部（边界）和相对内部（相对边界）。关于 C 的相对内部（相对边界）和内部（边界）的实例如下。

例 2.2 如图 2.3 所示，令 $C = \{\mathbf{x} \in \mathbb{R}^3 \mid x_1^2 + x_3^2 \leqslant 1, x_2 = 0\} = \textbf{cl}\ C$，则其 $\textbf{relint}\ C = \{\mathbf{x} \in \mathbb{R}^3 \mid x_1^2 + x_3^2 < 1, x_2 = 0\}$，$\textbf{relbd}\ C = \{\mathbf{x} \in \mathbb{R}^3 \mid x_1^2 + x_3^2 = 1, x_2 = 0\}$。但其 $\textbf{int}\ C = \varnothing$，这是由于 $\textbf{bd}\ C = \textbf{cl}\ C \setminus \textbf{int}\ C = C$ 时，仿射维度 $\text{affdim}(C) = 2 < 3$。 □

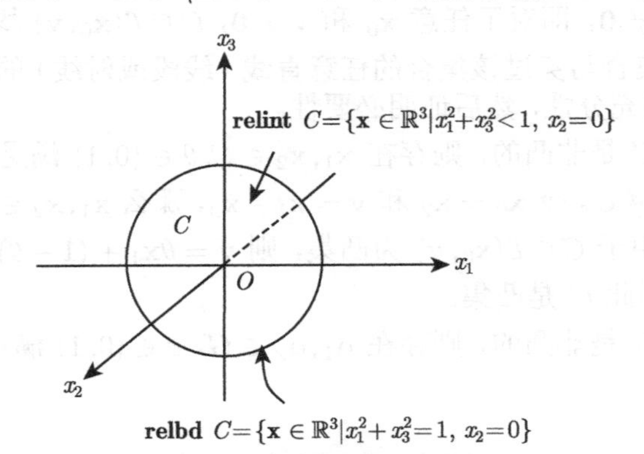

图 2.3 集合 C 相对边界和相对内部的图示

例 2.3 令 $C_1 = \{\mathbf{x} \in \mathbb{R}^3 \mid \|\mathbf{x}\|_2 \leqslant 1\}$，$C_2 = \{\mathbf{x} \in \mathbb{R}^3 \mid \|\mathbf{x}\|_2 = 1\}$，则由于 $\text{affdim}(C_1) = \text{affdim}(C_2) = 3$，因此 $\textbf{int}\ C_1 = \{\mathbf{x} \in \mathbb{R}^3 \mid \|\mathbf{x}\|_2 < 1\} = \textbf{relint}\ C_1$ 且 $\textbf{int}\ C_2 = \textbf{relint}\ C_2 = \varnothing$。 □

为了后续介绍时概念上的简洁和清晰，若无特别说明，符号 $(\textbf{int}\ C, \textbf{bd}\ C)$ 意味着凸集 C 具有非空内部，若集合 C 内部为空，即 $\textbf{int}\ C = \varnothing$ 时，则 $(\textbf{int}\ C, \textbf{bd}\ C)$ 表示 $(\textbf{relint}\ C, \textbf{relbd}\ C)$。

2.1.4 凸集和凸包

集合 C 为凸集的充要条件：对于任意的 $\mathbf{x}_1,\mathbf{x}_2 \in C$ 以及任意满足 $\theta_1+\theta_2=1$ 的 $\theta_1,\theta_2 \in \mathbb{R}_+$，都有 $\theta_1\mathbf{x}_1+\theta_2\mathbf{x}_2 \in C$ 成立；若对于任意 $\mathbf{x}_1 \neq \mathbf{x}_2 \in C$ 和 $0<\theta<1$，都有 $\theta\mathbf{x}_1+(1-\theta)\mathbf{x}_2 \in \textbf{int}\, C$ 成立，则称 C 是严格凸的。对于严格凸集 C，有

$$\begin{aligned}\textbf{int}\, C &= C_{+\text{int}}\\ &\triangleq \{\theta\mathbf{x}_1+(1-\theta)\mathbf{x}_2 \mid \mathbf{x}_1\neq\mathbf{x}_2,\ \mathbf{x}_1,\mathbf{x}_2\in C,\ 0<\theta<1\}\end{aligned} \tag{2.19}$$

直觉上，如果 C 是凸集，则连接 C 中任意两点的线段上的点都属于该集合。一个具有非空内部的紧凸集 $C\subseteq\mathbb{R}^n$，若其边界不包含任何线段，那么该集合就是严格凸的。例如，空间 $\mathbb{R}$ 中的一条线段是严格凸的；空间 $\mathbb{R}^n$ 中的 ℓ_2-范数球是严格凸的；ℓ_1-范数球与 ℓ_∞-范数球在空间 $\mathbb{R}$ 中是严格凸的（即一条线段），但在 $\mathbb{R}^n$ 且 $n\geqslant 2$ 的空间中为非严格凸集；空间 $\mathbb{R}^3$ 中的半球是非严格凸的。

显然，仿射集是凸集。下面给出其一个有用的性质。

性质 2.3 令

$$\mathcal{L}(\mathbf{x}_0,\mathbf{v}) = \{\mathbf{x}_0+\alpha\mathbf{v} \mid \alpha\in\mathbb{R}\} \tag{2.20}$$

如果 $C\cap\mathcal{L}(\mathbf{x}_0,\mathbf{v})$ 是凸集，其中 $\mathbf{x}_0$，$\mathbf{v}\neq\mathbf{0}$，那么 C 也是凸集。相反地，如果 C 是凸集，那么集合

$$G=\{\alpha\in\mathbb{R}\mid \mathbf{x}_0+\alpha\mathbf{v}\in C\} \tag{2.21}$$

也是凸集，其中 $\mathbf{x}_0,\mathbf{v}\neq\mathbf{0}$，即对于任意 $\mathbf{x}_0$ 和 $\mathbf{v}\neq\mathbf{0}$，$C\cap\mathcal{L}(\mathbf{x}_0,\mathbf{v})$ 均为凸集。换句话说，集合为凸的充要条件是集合与穿过该集合的任意直线（线段或射线）的交集为凸。

证明 下面先证明充分性，然后证明必要性。

- 充分性：假设 C 是非凸的，则存在 $\mathbf{x}_1,\mathbf{x}_2\in C,\theta\in(0,1)$ 满足 $\mathbf{y}=\theta\mathbf{x}_1+(1-\theta)\mathbf{x}_2=\mathbf{x}_2+\theta(\mathbf{x}_1-\mathbf{x}_2)\notin C$。令 $\mathbf{x}_0=\mathbf{x}_2$ 和 $\mathbf{v}=\mathbf{x}_1-\mathbf{x}_2$，那么 $\mathbf{x}_1,\mathbf{x}_2\in\mathcal{L}(\mathbf{x}_0,\mathbf{v})$，因此 $\mathbf{x}_1,\mathbf{x}_2\in C\cap\mathcal{L}(\mathbf{x}_0,\mathbf{v})$。由于 $C\cap\mathcal{L}(\mathbf{x}_0,\mathbf{v})$ 为凸集，则 $\mathbf{y}=\theta\mathbf{x}_1+(1-\theta)\mathbf{x}_2\in C\cap\mathcal{L}(\mathbf{x}_0,\mathbf{v})\subseteq C$，与假设矛盾，因此 C 是凸集。
- 必要性：假设 G 是非凸的，则存在 $\alpha_1,\alpha_2\in G$，$\theta\in(0,1)$ 满足 $\theta\alpha_1+(1-\theta)\alpha_2\notin G$，则有

$$\begin{aligned}&\mathbf{x}_0+(\theta\alpha_1+(1-\theta)\alpha_2)\mathbf{v}\notin C\\ \Rightarrow\ &\theta\mathbf{x}_0+(1-\theta)\mathbf{x}_0+\theta\alpha_1\mathbf{v}+(1-\theta)\alpha_2\mathbf{v}\notin C\\ \Rightarrow\ &\theta(\mathbf{x}_0+\alpha_1\mathbf{v})+(1-\theta)(\mathbf{x}_0+\alpha_2\mathbf{v})\notin C\end{aligned}$$

因为 $\alpha_1,\alpha_2\in G$，所以 $\mathbf{x}_0+\alpha_1\mathbf{v},\mathbf{x}_0+\alpha_2\mathbf{v}\in C$，可得 C 是非凸的，与 C 为凸集的假设矛盾。因此 G 是凸的。

□

实际上，很容易证明式（2.20）中的 $\mathcal{L}(\mathbf{x}_0,\mathbf{v})$ 为凸集，且该集合与凸集 C 的交集也是凸集（这是凸集的保凸运算性质，将在 2.3 节中讨论）。

给定一个向量集合 $\{\mathbf{s}_1,\ldots,\mathbf{s}_n\}\subset\mathbb{R}^\ell$，包含其所有向量的最小凸集称为凸包，定义为

$$\mathbf{conv}\{\mathbf{s}_1,\ldots,\mathbf{s}_n\}=\left\{\ \mathbf{x}=\sum_{i=1}^n\theta_i\mathbf{s}_i\ \Big|\ (\theta_1,\ldots,\theta_n)\in\mathbb{R}_+^n,\ \sum_{i=1}^n\theta_i=1\ \right\} \tag{2.22}$$

凸包 $\mathbf{conv}\{\mathbf{s}_1,\ldots,\mathbf{s}_n\}$ 总是紧凸的，但并不是严格凸的。当 $n=2$ 时，该凸包表示一条线段；若 $\{\mathbf{s}_1,\ldots,\mathbf{s}_n\}$ 是仿射独立的，当 $n=3$ 时，凸包为一个三角形及其内部。图 2.2 给出了仿射包和凸包的例子。

集合 $C\subset\mathbb{R}^n$（无论集合是连续的还是离散的）的凸包，记为 $\mathbf{conv}\,C$，它表示包含 C 的最小凸集（即如果 C 为凸集，则 $\mathbf{conv}\,C=C$），也就是说集合 C 中所有点的凸组合的集合为其凸包，表示为

$$\mathbf{conv}\ C=\left\{\sum_{i=1}^k\theta_i\mathbf{x}_i\ \Big|\ \{\mathbf{x}_i\}_{i=1}^k\subset C,\ \{\theta_i\}_{i=1}^k\subset\mathbb{R}_+,\ \sum_{i=1}^k\theta_i=1,k\in\mathbb{Z}_{++}\right\} \tag{2.23}$$

对于点 $\mathbf{x}\in C$，如果不存在两个不同的点 $\mathbf{x}_1,\mathbf{x}_2\in C$ 使得 $\mathbf{x}=\theta\mathbf{x}_1+(1-\theta)\mathbf{x}_2,0<\theta<1$ 成立，则称点 $\mathbf{x}$ 为 C 的**极值点**。每个凸集的极值点都具有其特殊性和唯一性，即不能表示为其他点的凸组合。这意味着闭凸集的极值点一定在凸集的边界上，但不在边界线段内。记 $C_{\rm extr}\subseteq\mathbf{bd}\,C$ 为闭凸集 C 的所有极值点构成的集合，即

$$\begin{aligned}C_{\rm extr}&=C\setminus C_{+\rm int}\quad（参考式 (2.19)）&(2.24)\\&=\mathbf{bd}\,C\quad（若 C 为严格凸）&(2.25)\end{aligned}$$

若 C 为紧凸集合，则有 $\mathbf{conv}\,C_{\rm extr}=C$，因此 $C_{\rm extr}$ 是集合 C 中通过凸组合重构 C 的最小子集合。

图 2.4 给出了两个简单的凸集与它们的极值点，其中集合 C 与 B 都是非凸的，但是它们的凸包 $\mathbf{conv}\,C$ 与 $\mathbf{conv}\,B$ 均为凸集（非严格凸），显然 $C\subset\mathbf{conv}\,C$，$B\subset\mathbf{conv}\,B$。从图 2.4 中可以看出，$\mathbf{conv}\,C$ 的极值点为角点 $\mathbf{a}_1,\ldots,\mathbf{a}_5$，$\mathbf{conv}\,B$ 的极值点由除去连接极点 $\mathbf{y}_1$ 和 $\mathbf{y}_2$ 之间的线段之外的所有边界点组成。显而易见，$\mathbf{conv}\,C$ 和 $\mathbf{conv}\,B$ 实际上是其各自极值点的凸包。

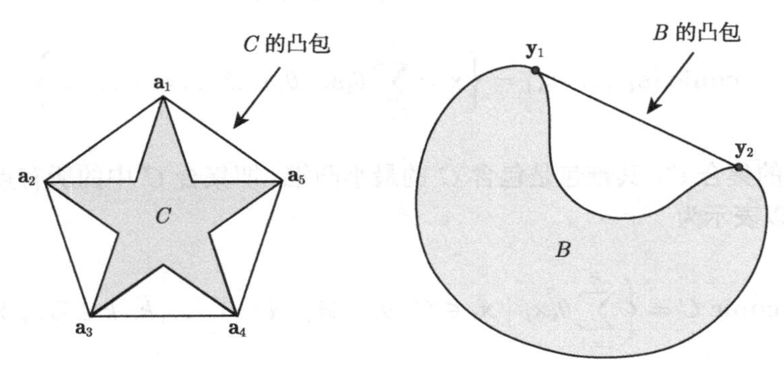

图 2.4 非凸集合 B 与 C

由式 (2.22) 定义的凸包 $\mathbf{conv}\{\mathbf{s}_1,\ldots,\mathbf{s}_n\}$ 的极值点也是该凸包的**顶点**或者角点。相应地，若点 $\mathbf{x}\in\mathbf{conv}\{\mathbf{s}_1,\ldots,\mathbf{s}_n\}$ 不能由 $\mathbf{s}_1,\ldots,\mathbf{s}_n$ 的凸组合组成，那么该点就是一个极值点，即

$$\mathbf{x}\neq\sum_{i=1}^{n}\theta_i\mathbf{s}_i$$

其中，$\boldsymbol{\theta}\in\mathbb{R}_+^n$，$\sum_{i=1}^n\theta_i=1$，且 $\boldsymbol{\theta}\neq\mathbf{e}_i$。例如图 2.2 中，$\{\mathbf{s}_1,\mathbf{s}_2\}$ 是凸包 $\mathbf{conv}\{\mathbf{s}_1,\mathbf{s}_2\}$ 的极值点（$n=2$），$\{\mathbf{s}_1,\mathbf{s}_2,\mathbf{s}_3\}$ 是凸包 $\mathbf{conv}\{\mathbf{s}_1,\mathbf{s}_2,\mathbf{s}_3\}$ 的极值点（$n=3$）。下面介绍极值点的一个有趣的性质。

性质 2.4 令集合 $S=\{\mathbf{s}_1,\ldots,\mathbf{s}_n\}$，若凸包 $\mathbf{conv}\ S$ 是仿射独立的，那么该凸包的极值点的集合就是 S 的全集，否则为集合 S 的一个子集。

假设优化问题的可行集是集合 C 的一个凸包，且 $|C|<\infty$，那么找到 C 的凸包的所有极值点对于简化优化问题的规模十分有用，特别适用于 $|C|$ 很大而凸包的极值点总数目远小于 $|C|$ 的情况。

性质 2.5 如果 C 为凸集，那么 $\mathbf{cl}\ C$ 和 $\mathbf{int}\ C$ 也为凸集。

证明 首先证明集合 C 的闭包是凸的。令 $\mathbf{x},\mathbf{y}\in\mathbf{cl}\ C$ 且 $\theta\in[0,1]$。存在两个数列 $\{\mathbf{x}_i\},\{\mathbf{y}_i\}\subseteq C$，它们分别收敛于 $\mathbf{x}$ 和 $\mathbf{y}$ [Apo07]。由于数列 $\{\theta\mathbf{x}_i+(1-\theta)\mathbf{y}_i\}$ 是集合 C 的一个子集（因为 C 为凸集）并且收敛到 $\theta\mathbf{x}+(1-\theta)\mathbf{y}$，则有 $\theta\mathbf{x}+(1-\theta)\mathbf{y}\in\mathbf{cl}\ C$。由此可知，$\mathbf{cl}\ C$ 是凸的。

然后证明集合 C 的内部 $\mathbf{int}\ C$ 为凸。令 $\mathbf{x},\mathbf{y}\in\mathbf{int}\ C$ 且 $\theta\in[0,1]$，存在两个半径均为 $r>0$ 的欧氏球（或 ℓ_l-范数球），中心分别位于 $\mathbf{x}$ 和 $\mathbf{y}$，满足 $B(\mathbf{x},r)\subseteq C$ 且 $B(\mathbf{y},r)\subseteq C$，又因为 C 为凸集，故 $B(\theta\mathbf{x}+(1-\theta)\mathbf{y},r)\subseteq\mathbf{conv}\{B(\mathbf{x},r),B(\mathbf{y},r)\}\subseteq C$，也就是 $\theta\mathbf{x}+(1-\theta)\mathbf{y}\in\mathbf{int}\ C$。综上，$\mathbf{int}\ C$ 是凸的。 □

2.1.5 锥与锥包

如果对于任意 $\mathbf{x}\in C$ 和 $\theta\in\mathbb{R}_+$ 都有 $\theta\mathbf{x}\in C$，那么称集合 C 为锥。若锥 C 是凸的，则称其为**凸锥**。对任意 $\theta_i\in\mathbb{R}_+$，$\theta_1\mathbf{x}_1+\theta_2\mathbf{x}_2+\cdots+\theta_k\mathbf{x}_k$ 称为 $\mathbf{x}_1,\mathbf{x}_2,\ldots,\mathbf{x}_k$ 的**锥组合**（或非负线性组合）。集合 C 为凸锥的充要条件是它包含其元素的所有锥组合。

给定一个向量集合 $\{\mathbf{s}_1,\ldots,\mathbf{s}_n\}\subset\mathbb{R}^\ell$，其**锥包**定义为

$$\mathbf{conic}\,\{\mathbf{s}_1,\ldots,\mathbf{s}_n\}=\left\{\mathbf{x}=\sum_{i=1}^{n}\theta_i\mathbf{s}_i\mid\theta_i\in\mathbb{R}_+,i=1,\ldots,n\right\}\tag{2.26}$$

对于任意的集合 C，其锥包是包含 C 的最小凸锥，即集合 C 中的所有点的锥组合所构成的集合，可以表示为

$$\mathbf{conic}\ C=\left\{\sum_{i=1}^{k}\theta_i\mathbf{x}_i\;\middle|\;\mathbf{x}_i\in C,\ \theta_i\in\mathbb{R}_+,\ i=1,\ldots,k,\ k\in\mathbb{Z}_{++}\right\}\tag{2.27}$$

图 2.5 (a) 展示了由两个不同的点（或向量）$\mathbf{x}_1$ 和 $\mathbf{x}_2$ 的锥组合 $\theta_1\mathbf{x}_1+\theta_2\mathbf{x}_2$ 所确定的锥包，即 $C=\{\mathbf{x}_1,\mathbf{x}_2\}$ 的锥包；图 2.5(b) 展示了非凸集合 C（星形）所确定的锥包。

由凸集、锥包和仿射包的定义可知

$$\begin{aligned}\textbf{conic}\ C &= \{\theta\mathbf{x} \mid \mathbf{x} \in \textbf{conv}\ C,\ \theta \in \mathbb{R}_+\}\quad \text{（参考式 (2.27)）} \\ &= \textbf{conic}\ (\textbf{conv}\ C)\end{aligned} \tag{2.28}$$

成立。锥包还可以表示这样一组射线的集合：该集合内的每一条射线都穿过 $\textbf{conv}\ C$ 中的一个点，且它们具有位于原点的共同基点，当 $\mathbf{0} \notin \textbf{aff}\ C$ 时，有

$$\textbf{conv}\ C \subseteq \textbf{conic}\ C \cap \textbf{aff}\ C = \textbf{conv}\ C \tag{2.29}$$

如图 2.5 所示，$\mathbf{0} \notin \textbf{aff}\ C$（一条穿过 $\mathbf{x}_1$ 和 $\mathbf{x}_2$ 的直线），式 (2.29) 中的等式对于图 (a) 成立，而对于图 (b) 不成立，图 (b) 中 $\textbf{aff}\ C = \mathbb{R}^2$ 包含原点。下面将讨论锥和锥包的一些性质。

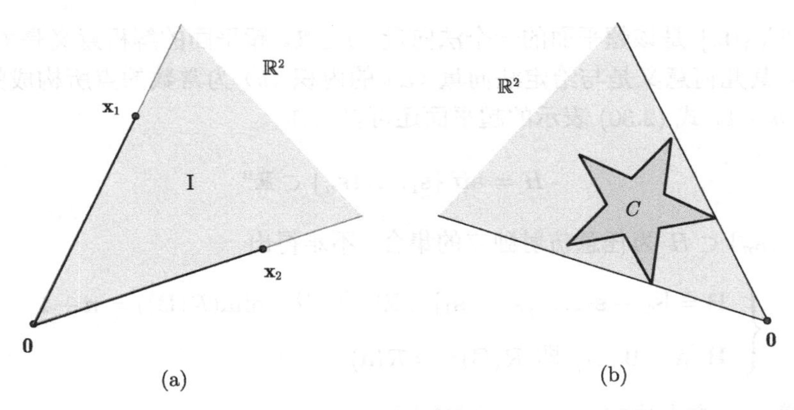

图 2.5　锥包的图示

注 2.1　集合的锥包是一个凸锥。假设 $C \subset \mathbb{R}^n$ 且 $C \neq \varnothing$。当 $n > 1$ 时，如果 C 是闭集（开集且 $\mathbf{0}_n \notin \textbf{conv}\ C$），则 $\textbf{conic}\ C$ 也是闭集（既不是闭集也不是开集。译注：原文如此）且为凸锥（严格凸锥）；当 $n = 1$ 时，$\textbf{conic}\ C$ 总是闭凸锥。凸集不一定包含原点，但是锥一定包含原点，且如果为凸锥，则原点是该凸锥的唯一极值点。例如，虽然 $\mathbb{R}^n_+ + \{\mathbf{1}_n\}$ 与锥 $\mathbb{R}^n_+$ 具有相同的形状，但它不是锥。不是所有的锥都是凸锥。例如，$\mathbb{R}^2 \setminus \mathbb{R}^2_{++}$ 是一个锥但并不是凸锥，而 $\mathbb{R}^2_+$ 是一个凸锥，那么它必然是锥。 □

2.2　凸集的重要例子

本节将介绍一些重要的凸集。首先给出几个简单的例子。

- 空集 $\varnothing$、任意一个点（即单点集）$\{\mathbf{x}_0\}$ 和全空间 $\mathbb{R}^n$ 都是 $\mathbb{R}^n$ 的仿射（自然也是凸的）子集。空集为凸集的一个抽象解释是，$\theta\times$“nothing”$+(1-\theta)\times$“nothing”$=$“nothing”$\in \varnothing$。从数学角度来讲，任何凸集所需点的凸组合的“必要性”条件不用检查，因为空集 $\varnothing$ 中是没有点的，所以 $\varnothing$ 是凸集。

- 任意直线是仿射的。如果直线通过零点，那么它是子空间，因此也是凸锥。
- 一条线段是凸的，但不是仿射的（除非退化为一个点）。
- 一条射线 $\{\mathbf{x}_0+\theta\mathbf{v} \mid \theta \geqslant 0\}$，其中 $\mathbf{v} \neq \mathbf{0}$，是凸的，但不是仿射的。如果射线的基点 $\mathbf{x}_0$ 为原点，则它是凸锥。
- 任意子空间是仿射的，且为凸锥（自然是凸的）。
- 任意半径为 r、中心位于 $\mathbf{x}_c$ 的欧氏球，即集合 $\{\mathbf{x} \mid \|\mathbf{x}-\mathbf{x}_c\| \leqslant r\}$（参考式 (1.16)）是凸的。

下面将讨论一些对于求解凸优化问题十分有用的凸集。

2.2.1 超平面与半空间

超平面是仿射集（也是凸集），表示为

$$H=\{\mathbf{x} \mid \mathbf{a}^{\mathrm{T}}\mathbf{x}=b\} \subset \mathbb{R}^n \tag{2.30}$$

其中，$\mathbf{a} \in \mathbb{R}^n \setminus \{\mathbf{0}_n\}$ 是该超平面的一个法向量，$b \in \mathbb{R}$。超平面的解析意义是关于 $\mathbf{x}$ 的线性方程的解集，其几何意义是与给定法向量（$\mathbf{a}$）的内积（b）为常数的点所构成的集合。由于 $\text{affdim}(H)=n-1$，式 (2.30) 表示的超平面还可以写作

$$H=\textbf{aff}\,\{\mathbf{s}_1,\ldots,\mathbf{s}_n\} \subset \mathbb{R}^n \tag{2.31}$$

其中，$\{\mathbf{s}_1,\ldots,\mathbf{s}_n\} \subset H$ 为任意仿射独立的集合。不难得出

$$\begin{cases} \mathbf{B} \triangleq [\mathbf{s}_2-\mathbf{s}_1,\ldots,\mathbf{s}_n-\mathbf{s}_1] \in \mathbb{R}^{n\times(n-1)}\ ,\ \dim(\mathcal{R}(\mathbf{B}))=n-1 \\ \mathbf{B}^{\mathrm{T}}\mathbf{a}=\mathbf{0}_{n-1},\ \text{即}\ \mathcal{R}(\mathbf{B})^{\perp}=\mathcal{R}(\mathbf{a}) \end{cases} \tag{2.32}$$

这表明法向量 $\mathbf{a}$ 的方向决定于 $\{\mathbf{s}_1,\ldots,\mathbf{s}_n\}$。

由式 (2.30) 所定义的超平面 H 将 $\mathbb{R}^n$ 划分为两个闭半空间，表示为

$$\begin{aligned} H_- &= \{\mathbf{x} \mid \mathbf{a}^{\mathrm{T}}\mathbf{x} \leqslant b\} \\ H_+ &= \{\mathbf{x} \mid \mathbf{a}^{\mathrm{T}}\mathbf{x} \geqslant b\} \end{aligned} \tag{2.33}$$

分别表示两组（非平凡）线性不等式的解集。$\mathbf{a}=\nabla(\mathbf{a}^{\mathrm{T}}\mathbf{x})$ 表示线性函数 $\mathbf{a}^{\mathrm{T}}\mathbf{x}$ 上升最快的方向。对于给定的 $\mathbf{a}\neq\mathbf{0}$，半平面 H_- 和 H_+ 的表达都不是唯一的；当 $\|\mathbf{a}\|_2=1$ 时，半空间才是唯一的，$H_- \cap H_+ = H$。

开半空间表示如下：

$$H_{--}=\{\mathbf{x} \mid \mathbf{a}^{\mathrm{T}}\mathbf{x}<b\}\ \text{或}\ H_{++}=\{\mathbf{x} \mid \mathbf{a}^{\mathrm{T}}\mathbf{x}>b\} \tag{2.34}$$

其中，$\mathbf{a} \in \mathbb{R}^n$，$\mathbf{a}\neq\mathbf{0}$，$b \in \mathbb{R}$。

注 2.2 半空间是凸的但不是仿射的。半空间的边界是一个超平面。如果超平面和闭半空间的边界包含原点，那么它们都是锥。如图 2.6 所示，$\mathbb{R}^2$ 上法向量为 $\mathbf{a}$ 的超平面 H 决定了两个半空间，点 $\mathbf{x}_0$ 位于两个半空间的交界位置，H_+ 向 $\mathbf{a}$ 方向扩展，H_- 向 $-\mathbf{a}$ 方向扩展。对于超平面中任意点 $\mathbf{x}$，有 $\mathbf{x}-\mathbf{x}_0$ 与 $\mathbf{a}$ 正交。 □

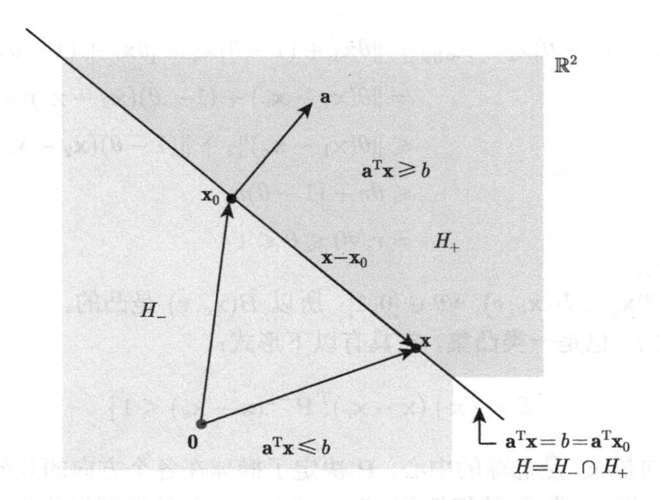

图 2.6　$\mathbb{R}^2$ 上一个超平面和由其划分的两个闭半空间的图示

2.2.2　欧氏球与椭球

$\mathbb{R}^n$ 中的**欧氏球**（或简称为**球**）具有以下形式：

$$B(\mathbf{x}_c, r) = \{\mathbf{x} \mid \|\mathbf{x} - \mathbf{x}_c\|_2 \leqslant r\} = \{\mathbf{x} \mid (\mathbf{x} - \mathbf{x}_c)^\mathrm{T}(\mathbf{x} - \mathbf{x}_c) \leqslant r^2\} \tag{2.35}$$

向量 $\mathbf{x}_c$ 是球心，标量 $r > 0$ 为半径（见图 2.7）。欧氏球（也即 ℓ_2-范数球）是一个凸集。简单起见，若无特别说明范数类型，后文中所说到的球都为欧氏球。

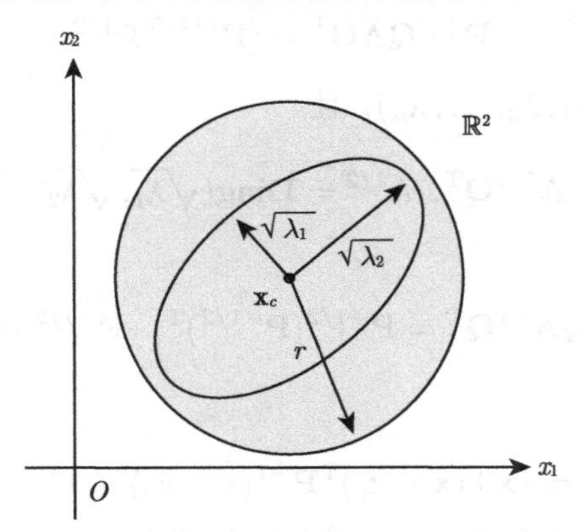

图 2.7　$\mathbb{R}^2$ 上中心位于 $\mathbf{x}_c$、半轴为 $\sqrt{\lambda_1}$ 和 $\sqrt{\lambda_2}$ 的椭球，以及中心为 $\mathbf{x}_c$、半径为 r 的欧氏球

欧氏球的另一个常见表达式为

$$B(\mathbf{x}_c, r) = \{\mathbf{x}_c + r\mathbf{u} \mid \|\mathbf{u}\|_2 \leqslant 1\} \tag{2.36}$$

证明　令 $\mathbf{x}_1, \mathbf{x}_2 \in B(\mathbf{x}_c, r)$，即 $\|\mathbf{x}_1 - \mathbf{x}_c\|_2 \leqslant r$ 和 $\|\mathbf{x}_2 - \mathbf{x}_c\|_2 \leqslant r$，有

$$\begin{aligned}\|\theta\mathbf{x}_1+(1-\theta)\mathbf{x}_2-\mathbf{x}_c\|_2&=\|\theta\mathbf{x}_1+(1-\theta)\mathbf{x}_2-[\theta\mathbf{x}_c+(1-\theta)\mathbf{x}_c]\|_2\\&=\|\theta(\mathbf{x}_1-\mathbf{x}_c)+(1-\theta)(\mathbf{x}_2-\mathbf{x}_c)\|_2\\&\leqslant\|\theta(\mathbf{x}_1-\mathbf{x}_c)\|_2+\|(1-\theta)(\mathbf{x}_2-\mathbf{x}_c)\|_2\\&\leqslant\theta r+(1-\theta)r\\&=r,\forall 0\leqslant\theta\leqslant 1\end{aligned}$$

因此，$\theta\mathbf{x}_1+(1-\theta)\mathbf{x}_2\in B(\mathbf{x}_c,r)$，$\forall\theta\in[0,1]$。所以 $B(\mathbf{x}_c,r)$ 是凸的。 □

椭球（见图 2.7）也是一类**凸集**，它具有以下形式：

$$\mathcal{E}=\left\{\mathbf{x}\mid(\mathbf{x}-\mathbf{x}_c)^{\mathrm{T}}\mathbf{P}^{-1}(\mathbf{x}-\mathbf{x}_c)\leqslant 1\right\}\tag{2.37}$$

其中，$\mathbf{P}\in\mathbb{S}^n_{++}$，向量 $\mathbf{x}_c$ 是椭球的中心。$\mathbf{P}$ 决定了椭球在各个方向的几何特性；$\mathcal{E}$ 的半轴长度由 $\sqrt{\lambda_i}$ 给出，这里 λ_i 为 $\mathbf{P}$ 的特征值。$\mathbf{P}=r^2\mathbf{I}_n$, $r>0$ 的椭球退化为球。

椭球的另一种常用表示为

$$\mathcal{E}=\{\mathbf{x}_c+\mathbf{A}\mathbf{u}\mid\|\mathbf{u}\|_2\leqslant 1\}\tag{2.38}$$

其中，$\mathbf{A}$ 是一个非奇异方阵。由式 (2.38) 表示的椭球 $\mathcal{E}$ 实际上是一个 ℓ_2-范数球 $B(\mathbf{0},1)=\{\mathbf{u}\in\mathbb{R}^n\mid\|\mathbf{u}\|_2\leqslant 1\}$ 经过一个仿射映射 $\mathbf{x}_c+\mathbf{A}\mathbf{u}$（参考式 (2.58)）得来的，其中 $\mathbf{A}=(\mathbf{P}^{1/2})^{\mathrm{T}}$，后面将对其做出证明。式 (2.38) 中 $\mathbf{A}$ 的奇异值 $\sigma_i(\mathbf{A})=\sqrt{\lambda_i}$ 表示椭球的半轴长，比式 (2.37) 更直接地刻画了椭球的结构特征。

式 (2.38) 及椭球凸性的证明

令

$$\mathbf{P}=\mathbf{Q}\mathbf{\Lambda}\mathbf{Q}^{\mathrm{T}}=(\mathbf{P}^{1/2})^{\mathrm{T}}\mathbf{P}^{1/2}$$

其中，$\mathbf{P}\succ\mathbf{0}$，$\mathbf{\Lambda}=\mathbf{Diag}(\lambda_1,\lambda_2,\ldots,\lambda_n)$，且

$$\mathbf{P}^{1/2}=\mathbf{\Lambda}^{1/2}\mathbf{Q}^{\mathrm{T}},\ \mathbf{\Lambda}^{1/2}=\mathbf{Diag}(\sqrt{\lambda_1},\sqrt{\lambda_2},\ldots,\sqrt{\lambda_n})$$

则有

$$\mathbf{P}^{-1}=\mathbf{Q}\mathbf{\Lambda}^{-1}\mathbf{Q}^{\mathrm{T}}=\mathbf{P}^{-1/2}(\mathbf{P}^{-1/2})^{\mathrm{T}},\quad\mathbf{P}^{-1/2}=\mathbf{Q}\mathbf{\Lambda}^{-1/2}$$

由椭球的定义可得

$$\begin{aligned}\mathcal{E}&=\left\{\mathbf{x}\mid(\mathbf{x}-\mathbf{x}_c)^{\mathrm{T}}\mathbf{P}^{-1}(\mathbf{x}-\mathbf{x}_c)\leqslant 1\right\}\\&=\left\{\mathbf{x}\mid(\mathbf{x}-\mathbf{x}_c)^{\mathrm{T}}\mathbf{Q}\mathbf{\Lambda}^{-1}\mathbf{Q}^{\mathrm{T}}(\mathbf{x}-\mathbf{x}_c)\leqslant 1\right\}\end{aligned}\tag{2.39}$$

令 $\mathbf{z}=\mathbf{x}-\mathbf{x}_c$，则有

$$\mathcal{E}=\left\{\mathbf{x}_c+\mathbf{z}\mid\mathbf{z}^{\mathrm{T}}\mathbf{Q}\mathbf{\Lambda}^{-1}\mathbf{Q}^{\mathrm{T}}\mathbf{z}\leqslant 1\right\}\tag{2.40}$$

令 $\mathbf{u}=\mathbf{\Lambda}^{-1/2}\mathbf{Q}^{\mathrm{T}}\mathbf{z}=(\mathbf{P}^{-1/2})^{\mathrm{T}}\mathbf{z}$，可以得到

$$\mathcal{E}=\{\mathbf{x}_c+(\mathbf{P}^{1/2})^{\mathrm{T}}\mathbf{u}\mid\|\mathbf{u}\|_2\leqslant 1\}$$

$(\mathbf{P}^{1/2})^{\mathrm{T}}$ 就是式 (2.38) 中的 $\mathbf{A}$。

假设 $\mathbf{x}_1 = \mathbf{x}_c + \mathbf{A}\mathbf{u}_1$ 和 $\mathbf{x}_2 = \mathbf{x}_c + \mathbf{A}\mathbf{u}_2 \in \mathcal{E}$，则 $\|\mathbf{u}_1\|_2 \leqslant 1$ 和 $\|\mathbf{u}_2\|_2 \leqslant 1$。对于任意 $0 \leqslant \theta \leqslant 1$，有

$$\theta\mathbf{x}_1 + (1-\theta)\mathbf{x}_2 = \mathbf{x}_c + \mathbf{A}(\theta\mathbf{u}_1 + (1-\theta)\mathbf{u}_2)$$

其中，$\|\theta\mathbf{u}_1 + (1-\theta)\mathbf{u}_2\|_2 \leqslant \theta\|\mathbf{u}_1\|_2 + (1-\theta)\|\mathbf{u}_2\|_2 \leqslant 1$，因此 $\theta\mathbf{x}_1 + (1-\theta)\mathbf{x}_2 \in \mathcal{E}$。至此，已经证明了 $\mathcal{E}$ 是凸的。 □

2.2.3 多面体

多面体是一个非空凸集合，它被定义为有限个线性等式和不等式的解集，即

$$\begin{aligned}\mathcal{P} &= \{\, \mathbf{x} \mid \mathbf{a}_i^{\mathrm{T}}\mathbf{x} \leqslant b_i, i = 1,2,\ldots,m,\ \mathbf{c}_j^{\mathrm{T}}\mathbf{x} = d_j, j = 1,2,\ldots,p \,\} \\ &= \{\, \mathbf{x} \mid \mathbf{A}\mathbf{x} \preceq \mathbf{b} = (b_1,\ldots,b_m), \mathbf{C}\mathbf{x} = \mathbf{d} = (d_1,\ldots,d_p) \,\}\end{aligned} \tag{2.41}$$

其中，符号“$\preceq$”代表分量不等式，矩阵 $\mathbf{A} \in \mathbb{R}^{m\times n}$ 和 $\mathbf{C} \in \mathbb{R}^{p\times n}$ 的行向量分别为 $\mathbf{a}_j^{\mathrm{T}}$ 和 $\mathbf{c}_j^{\mathrm{T}}$，且 $\mathbf{A} \neq \mathbf{0}$ 或 $\mathbf{C} \neq \mathbf{0}$。若其他参数非零且非无穷大，$m$ 或 p 可以为 0。

多面体是有限个半空间和超平面的交集（见图 2.8）。多面体可以是无界的，有界的多面体有时也被称为多胞形，例如，任意 ℓ_1-范数球和无限长半径的 ℓ_∞-范数球都是多胞形。

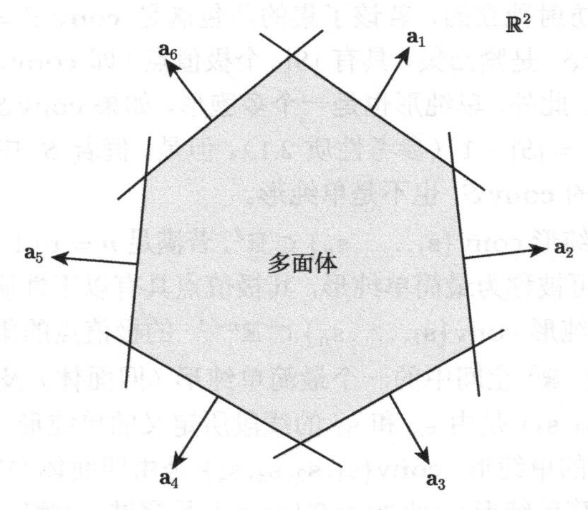

图 2.8 多面体（阴影部分）是 $\mathbb{R}^2$ 中外法向量为 $\mathbf{a}_1,\ldots,\mathbf{a}_6$ 的六个半空间的交集

注 2.3 即使 $\mathbf{A}$ 或 $\mathbf{C}$ 为非零矩阵，ℓ-维空间 $\mathbb{R}^\ell$（仿射集合）也不能用式 (2.41) 的标准形式表示，而且对于任意 $\ell \in \mathbb{Z}_{++}$，该空间都不是一个多面体。但是，由于 $\mathbb{R}^\ell$ 中的任意仿射集合都可以用式 (2.7) 表示，且集合中的每个 $\mathbf{x}$ 都满足式 (2.8)，这意味着如果一个仿射集合的仿射维度小于 ℓ 的话，该仿射集就是一个多面体。例如，空间 $\mathbb{R}^n$ 中维度小于 n 的任意子空间，或者由法向量 $\mathbf{a} \neq \mathbf{0}$ 和超平面上一点 $\mathbf{x}_0$ 所定义的超平面

$$\mathcal{H}(\mathbf{a},\mathbf{x}_0) = \{\mathbf{x} \mid \mathbf{a}^{\mathrm{T}}(\mathbf{x}-\mathbf{x}_0) = 0\} = \{\mathbf{x}_0\} + \mathcal{R}(\mathbf{a})^{\perp} \tag{2.42}$$

以及射线、线段和半空间都是多面体。 □

注 2.4 非负象限：

$$\mathbb{R}^n_+ = \{\mathbf{x} \in \mathbb{R}^n \mid x_i \geqslant 0,\ \forall i = 1, 2, \ldots, n\} \tag{2.43}$$

既是多面体也是凸锥，因此被称为多面体锥（见图 2.9）。 □

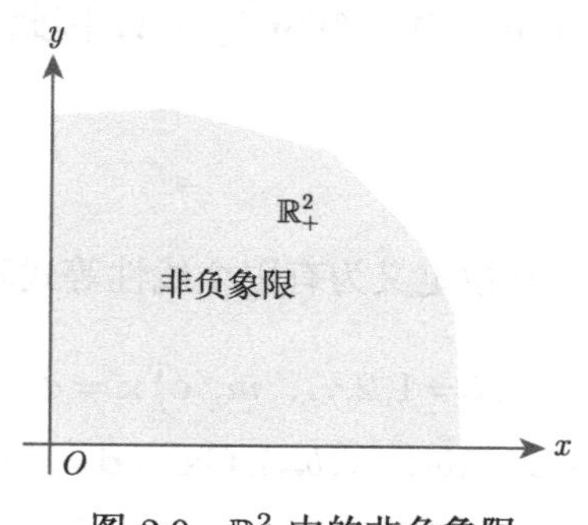

图 2.9 $\mathbb{R}^2$ 中的非负象限

2.2.4 单纯形

单纯形是一类特殊的、具有代表性的多面体。对于一个有限集合 $\mathcal{S} = \{\mathbf{s}_1, \ldots, \mathbf{s}_n\} \subset \mathbb{R}^\ell$，其某个子集 $S \subseteq \mathcal{S}$ 是仿射独立的，若该子集的凸包满足 $\mathbf{conv}\, S = \mathbf{conv}\, \mathcal{S}$ 就被称为单纯形。因此，单纯形 $\mathbf{conv}\, \mathcal{S}$ 是紧凸集，具有 $|S|$ 个极值点（即 $\mathbf{conv}\, \mathcal{S}$ 有 $|S|$ 个顶点），其中 $|S| \leqslant n$（参考性质 2.4），此外，单纯形也是一个多胞形。如果 $\mathbf{conv}\, \mathcal{S}$ 是一个单纯形，那么 S 是唯一的，且 $\mathrm{affdim}(\mathcal{S}) = |S| - 1$（参考性质 2.1）。但是，倘若 $\mathcal{S}$ 中并不存在这样的仿射独立的子集合 S，则相应的 $\mathbf{conv}\, \mathcal{S}$ 也不是单纯形。

具有 n 个顶点的单纯形 $\mathbf{conv}\{\mathbf{s}_1, \ldots, \mathbf{s}_n\} \subset \mathbb{R}^\ell$，若满足 $n = \ell + 1$ 且 $\mathrm{affdim}(\{\mathbf{s}_1, \ldots, \mathbf{s}_n\}) = n - 1 = \ell$，则该单纯形可被称为最简单纯形，其极值点具有以下性质：

性质 2.6 最简单纯形 $\mathbf{conv}\{\mathbf{s}_1, \ldots, \mathbf{s}_n\} \subset \mathbb{R}^{n-1}$ 的极值点的集合为 $\{\mathbf{s}_1, \ldots, \mathbf{s}_n\}$。

图 2.10 直观展示了 $\mathbb{R}^3$ 空间中的一个最简单纯形（四面体）及常见的凸集的几何概念示意图。其中，$\mathbf{conv}\{\mathbf{s}_3, \mathbf{s}_4\}$ 是由 $\mathbf{s}_3$ 和 $\mathbf{s}_4$ 的线段所定义的单纯形，$\mathbf{conv}\{\mathbf{s}_1, \mathbf{s}_2, \mathbf{s}_3\}$ 是由阴影部分的三角形所定义的单纯形，$\mathbf{conv}\{\mathbf{s}_1, \mathbf{s}_2, \mathbf{s}_3, \mathbf{s}_4\}$ 是由四面体（端点为 $\{\mathbf{s}_1, \mathbf{s}_2, \mathbf{s}_3, \mathbf{s}_4\}$）所定义的单纯形（也是最简单纯形）。此外，$\mathbf{aff}\{\mathbf{s}_1, \mathbf{s}_4\}$ 是穿过 $\mathbf{s}_1$ 和 $\mathbf{s}_4$ 的直线，$\mathbf{aff}\{\mathbf{s}_1, \mathbf{s}_2, \mathbf{s}_3\}$ 为穿过不同的三点的平面，$\mathbf{aff}\{\mathbf{s}_1, \mathbf{s}_2, \mathbf{s}_3, \mathbf{s}_4\}$ 则表示整个 $\mathbb{R}^3$ 空间。从该图中还可以看出，$\mathbb{R}$ 空间中的最简单纯形为线段，而 $\mathbb{R}^2$ 空间中的最简单纯形是一个三角形及其内部。特别有趣的是，一个具有 n 个极值点的最简单纯形可由紧密围绕它的 n 个超平面等价重建，该性质简述如下：

性质 2.7 如果 $\{\mathbf{s}_1, \ldots, \mathbf{s}_n\} \subseteq \mathbb{R}^{n-1}$ 是仿射独立的，则最简单纯形 $\mathcal{T} = \mathbf{conv}\{\mathbf{s}_1, \ldots, \mathbf{s}_n\} \subseteq \mathbb{R}^{n-1}$ 可由 n 个超平面 $\{\mathcal{H}_1, \ldots, \mathcal{H}_n\}$ 重建，反之亦然，其中

$$\mathcal{H}_i \triangleq \mathbf{aff}(\{\mathbf{s}_1, \ldots, \mathbf{s}_n\} \setminus \{\mathbf{s}_i\}) \quad \text{（参考式 (2.31)）} \tag{2.44}$$

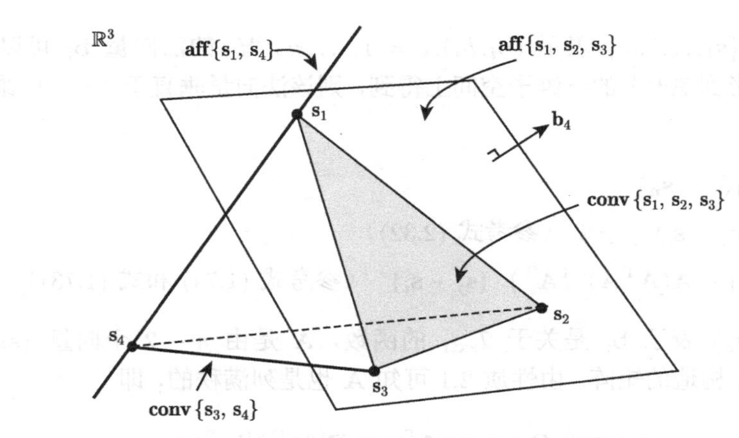

图 2.10 $\mathbb{R}^3$ 中一些常见凸集集合概念的图示

证明 由式 (2.30) 可知，仿射维度为 $n-2$ 的超平面 $\mathcal{H}_i$ 可由一个"向外指的法向量" $\mathbf{b}_i \in \mathbb{R}^{n-1}$ 和内积常数 $h_i \in \mathbb{R}$ 进行参数化表示：

$$\mathcal{H}_i = \left\{\mathbf{x} \in \mathbb{R}^{n-1} \mid \mathbf{b}_i^{\mathrm{T}}\mathbf{x} = h_i\right\} \tag{2.45}$$

且

$$\mathbf{s}_i \in \mathcal{H}_{i-} = \left\{\mathbf{x} \in \mathbb{R}^{n-1} \mid \mathbf{b}_i^{\mathrm{T}}\mathbf{x} \leqslant h_i\right\} \tag{2.46}$$

因此 $\mathcal{T} \subset \mathcal{H}_{i-}$（参考式 (2.46)）。

接下来证明

$$\mathcal{T} = \mathbf{conv}\{\mathbf{s}_1, \ldots, \mathbf{s}_n\} = \bigcap_{i=1}^{n} \mathcal{H}_{i-} \tag{2.47}$$

式 (2.47) 的重建公式意味着 $\mathcal{T}$ 的所有极值点都可以通过 $\mathcal{H}_i, i=1,\ldots,n$ 获得，反之亦然。换句话说，我们需要将 $\{\mathbf{s}_1,\ldots,\mathbf{s}_n\}$ 表示为 $(\mathbf{b}_i, h_i), i=1,\ldots,n$ 的函数，反之亦然。

对任意的 $j \neq i$ 时，因为 $\mathbf{s}_i \in \mathbf{aff}(\{\mathbf{s}_1,\ldots,\mathbf{s}_n\} \setminus \{\mathbf{s}_j\}) = \mathcal{H}_j$，因此由式 (2.45) 可得 $\mathbf{b}_j^{\mathrm{T}}\mathbf{s}_i = h_j, \forall j \neq i$，也即

$$\mathbf{B}_{-i}\mathbf{s}_i = \mathbf{h}_{-i} \tag{2.48}$$

其中

$$\begin{aligned} \mathbf{B}_{-i} &\triangleq [\mathbf{b}_1, \ldots, \mathbf{b}_{i-1}, \mathbf{b}_{i+1}, \ldots, \mathbf{b}_n]^{\mathrm{T}} \in \mathbb{R}^{(n-1)\times(n-1)} \\ \mathbf{h}_{-i} &\triangleq [h_1, \ldots, h_{i-1}, h_{i+1}, \ldots, h_n]^{\mathrm{T}} \in \mathbb{R}^{n-1} \end{aligned} \tag{2.49}$$

因为 $\mathcal{T}_{\text{extr}} = \{\mathbf{s}_1,\ldots,\mathbf{s}_n\}$ 是唯一的最简单纯形 $\mathcal{T} \subset \mathbb{R}^{n-1}$（可由性质 2.6 得到），$\mathbf{B}_{-i}$ 必须是满秩的，从而可逆（否则满足式 (2.48) 的 $\mathbf{s}_i$ 不唯一）。因此式 (2.48) 的唯一解可以表示为

$$\mathbf{s}_i = \mathbf{B}_{-i}^{-1}\,\mathbf{h}_{-i}, \ \forall i \tag{2.50}$$

最简单纯形 $\mathcal{T}$ 的每个极值点也可以表示为

$$\{\mathbf{s}_i\} = \bigcap_{j=1, j\neq i}^{n} \mathcal{H}_j, \ \forall i \tag{2.51}$$

接下来，用 $\{\mathbf{s}_1,\ldots,\mathbf{s}_n\}$ 表示 $(\mathbf{b}_i,h_i), i=1,\ldots,n$。$\mathcal{H}_i$ 的法向量 $\mathbf{b}_i$ 可以通过将向量 $\mathbf{s}_j-\mathbf{s}_i$, $j\neq i$ 投影到 $\mathbb{R}^{n-1}$ 的一维子空间上得到，则该法向量垂直于 $(n-2)$ 维超平面 $\mathcal{H}_i$，具体而言，

$$\begin{aligned}\mathbf{b}_i &\triangleq \boldsymbol{v}_i(\mathbf{s}_1,\ldots,\mathbf{s}_n)\\ &= \mathbf{P}_{\mathbf{A}}^{\perp}(\mathbf{s}_j-\mathbf{s}_i) \quad j\neq i \quad \text{（参考式 (2.32)）}\\ &= \left(\mathbf{I}_{n-1}-\mathbf{A}(\mathbf{A}^{\mathrm{T}}\mathbf{A})^{-1}\mathbf{A}^{\mathrm{T}}\right)\cdot(\mathbf{s}_j-\mathbf{s}_i) \quad \text{（参考式 (1.74) 和式 (1.73)）}\end{aligned} \tag{2.52}$$

其中，$\boldsymbol{v}_i(\mathbf{s}_1,\ldots,\mathbf{s}_n)$ 表示 $\mathbf{b}_i$ 是关于 $\mathcal{T}_{\text{extr}}$ 的函数，$\mathbf{A}$ 是由 $n-2$ 个向量 $\{\mathbf{s}_k-\mathbf{s}_j \mid k\in\{1,\ldots,n\}\setminus\{i,j\}\}$ 构造的矩阵。由性质 2.1 可知 $\mathbf{A}$ 也是列满秩的，即

$$\mathbf{A}\triangleq\mathbf{Q}_{ij}-\mathbf{s}_j\cdot\mathbf{1}_{n-2}^{\mathrm{T}}\in\mathbb{R}^{(n-1)\times(n-2)} \tag{2.53}$$

其中，$\mathbf{Q}_{ij}\in\mathbb{R}^{(n-1)\times(n-2)}$ 是删除矩阵 $[\mathbf{s}_1,\ldots,\mathbf{s}_n]\in\mathbb{R}^{(n-1)\times n}$ 的第 i 列和第 j 列后形成的矩阵。换言之，由 $n-2$ 个线性独立的向量 $\mathbf{s}_k-\mathbf{s}_j,\forall k\neq j,i$ 所张成的 $(n-2)$ 维子空间 $\mathcal{R}(\mathbf{A})$，也是一个经过原点的超平面，并与 $\mathcal{H}_i$ 平行，即

$$\mathcal{R}(\mathbf{A})=\mathcal{H}_i-\{\mathbf{s}_j\},\ \forall j\neq i$$

此外，指向外的法向量 $\mathbf{b}_i\in\mathcal{R}(\mathbf{A})^{\perp}\setminus\{\mathbf{0}_{n-1}\}$（参考式 (2.52)）满足

$$\mathbf{b}_i^{\mathrm{T}}(\mathbf{s}_j-\mathbf{s}_i)>0,\ \forall j\neq i$$

另一方面，由于 $\mathbf{s}_j\in\mathcal{H}_i$, $\forall j\neq i$，则根据式 (2.45) 和式 (2.52)，内积常量 h_i 有

$$h_i=\mathbf{b}_i^{\mathrm{T}}\mathbf{s}_j=\boldsymbol{v}_i(\mathbf{s}_1,\ldots,\mathbf{s}_n)^{\mathrm{T}}\mathbf{s}_j,\ j\neq i \tag{2.54}$$

综上，式 (2.52) 和式 (2.54) 证明了 $(\mathbf{b}_i,h_i), i=1,\ldots,n$ 可以用 $\{\mathbf{s}_1,\ldots,\mathbf{s}_n\}$ 表示。 □

上述单纯形几何结构（如式 (2.50)、式 (2.52) 及式 (2.54)）可以用于高光谱图像分析中的一些前沿研究，相关内容将在 6.3.3 节中做出介绍。

2.2.5 范数锥

设 $\|\cdot\|$ 是 $\mathbb{R}^n$ 中的任意范数。许多常见凸集合都与范数有关，如式 (1.16) 所示的范数球。范数锥广泛应用于各种实际问题。

基于范数 $\|\cdot\|$ 的**范数锥**是一个凸集，定义如下：

$$C=\left\{(\mathbf{x},t)\in\mathbb{R}^{n+1}\mid\|\mathbf{x}\|\leqslant t\right\}\subseteq\mathbb{R}^{n+1} \tag{2.55}$$

其凸性可由凸集的定义加以证明。注意，凸锥不是严格凸的，其原因在于范数锥的边界是由射线构成的集合，即

$$\mathbf{bd}\ C=\bigcup_{\|\mathbf{u}\|=1}\left\{t(\mathbf{u},1)\in\mathbb{R}^{n+1},\ t\geqslant 0\right\}\subseteq\mathbb{R}^{n+1} \tag{2.56}$$

该边界包含了一些线段。

注 2.5 在式 (2.55) 取欧氏范数（即 ℓ_2-范数）时，该范数锥称为二次锥或二阶锥，同时也称为 Lorentz 锥或者冰淇淋锥（见图 2.11）。在数字信号处理和通信问题中，二阶锥的应用非常广泛，在后续章节中将进一步介绍。 □

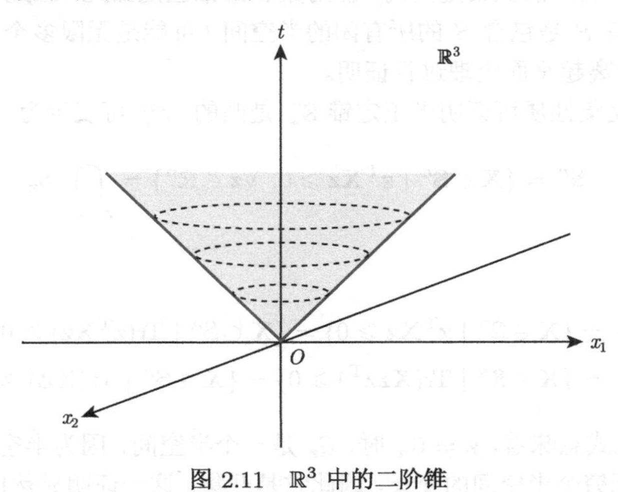

图 2.11 $\mathbb{R}^3$ 中的二阶锥

2.2.6 半正定锥

半正定矩阵（Positive SemiDefinite，PSD）的集合定义如下：

$$\mathbb{S}_+^n = \{\mathbf{A} \in \mathbb{S}^n \mid \mathbf{x}^{\mathrm{T}}\mathbf{A}\mathbf{x} \geqslant 0,\ \forall \mathbf{x} \in \mathbb{R}^n\} \tag{2.57}$$

它是一个凸锥，也就是说，对于 $\theta_1, \theta_2 \geqslant 0$ 和任意 $\mathbf{A}, \mathbf{B} \in \mathbb{S}_+^n$，有 $\theta_1\mathbf{A} + \theta_2\mathbf{B} \in \mathbb{S}_+^n$ 成立（即 PSD 锥 $\mathbb{S}_+^n$ 在锥组合下是一个闭集）。这可以由半正定性的定义直接得到证明：对于任意 $\mathbf{x} \in \mathbb{R}^n$，如果 $\mathbf{A}, \mathbf{B} \in \mathbb{S}_+^n$ 且 $\theta_1, \theta_2 \geqslant 0$，显然有

$$\mathbf{x}^{\mathrm{T}}(\theta_1\mathbf{A} + \theta_2\mathbf{B})\mathbf{x} = \theta_1(\mathbf{x}^{\mathrm{T}}\mathbf{A}\mathbf{x}) + \theta_2(\mathbf{x}^{\mathrm{T}}\mathbf{B}\mathbf{x}) \geqslant 0$$

即对任意的 $\theta_1, \theta_2 \geqslant 0$，$\theta_1\mathbf{A} + \theta_2\mathbf{B} \in \mathbb{S}_+^n$，因此 $\mathbb{S}_+^n$ 是一个凸锥。但当 $n \geqslant 2$ 时，所有射线 $\{t\mathbf{u}\mathbf{u}^{\mathrm{T}} \mid \mathbf{u} \in \mathbb{R}^n, t \geqslant 0\}$ 上的点都是秩为 1 的 PSD 矩阵，因此 $\mathbb{S}_+^n$ 并不是严格凸的。实际上，我们在注 3.28 中将进一步证明 $\mathbf{bd}\,\mathbb{S}_+^n$ 所包含的 PSD 矩阵至少有一个特征值为 0。作为一类二阶锥，PSD 锥 $\mathbb{S}_+^n$ 在多输入多输出（Multiple-Input Multiple-Output，MIMO）无线通信中应用广泛。

2.3 保凸运算

保凸运算可以帮助我们利用凸集构造出其他凸集。本节对此进行介绍。

2.3.1 交集

如果 S_1 和 S_2 是凸集，则 $S_1 \cap S_2$ 也是凸集。这一性质可以扩展到无穷多个凸集的交集：对于任意 $\alpha \in \mathcal{A}$，S_α 是凸的，则 $\cap_{\alpha \in \mathcal{A}} S_\alpha$ 也是凸的。下面对这一保凸函数进行说明。

注 2.6 多面体可以看作有限个半空间和超平面（它们都是凸集）的交集，因而它是凸的。 □

注 2.7 任意子空间的交集是闭的，仿射集和凸锥也是如此，因此它们都是凸集。 □

注 2.8 闭凸集 S 是包含 S 的所有闭的半空间（可能是无限多个）的交集。这一性质可由 2.6.1 节中的分离超平面定理进行证明。 □

例 2.4 利用交集性质可证明半正定锥 $\mathbb{S}_+^n$ 是凸的，$\mathbb{S}_+^n$ 可表示为

$$\mathbb{S}_+^n = \{\mathbf{X} \in \mathbb{S}^n \mid \mathbf{z}^{\mathrm{T}}\mathbf{X}\mathbf{z} \geqslant 0,\ \forall \mathbf{z} \in \mathbb{R}^n\} = \bigcap_{\mathbf{z}\in\mathbb{R}^n} S_{\mathbf{z}}$$

其中

$$\begin{aligned} S_{\mathbf{z}} &= \{\mathbf{X} \in \mathbb{S}^n \mid \mathbf{z}^{\mathrm{T}}\mathbf{X}\mathbf{z} \geqslant 0\} = \{\mathbf{X} \in \mathbb{S}^n \mid \mathrm{Tr}(\mathbf{z}^{\mathrm{T}}\mathbf{X}\mathbf{z}) \geqslant 0\} \\ &= \{\mathbf{X} \in \mathbb{S}^n \mid \mathrm{Tr}(\mathbf{X}\mathbf{z}\mathbf{z}^{\mathrm{T}}) \geqslant 0\} = \{\mathbf{X} \in \mathbb{S}^n \mid \mathrm{Tr}(\mathbf{X}\mathbf{Z}) \geqslant 0\} \end{aligned}$$

其中， $\mathbf{Z} = \mathbf{z}\mathbf{z}^{\mathrm{T}}$。上式意味着，$\mathbf{z} \neq \mathbf{0}_n$ 时，$S_{\mathbf{z}}$ 是一个半空间，因为半空间的交集也是凸集，而半正定锥 $\mathbb{S}_+^n$ 是无穷个半空间的交集，因此它是凸集。这一证明显然比之前基于定义的证明来得更简单。 □

例 2.5 考察

$$P(\mathbf{x},\omega) = \sum_{i=1}^{n} x_i \cos(i\omega)$$

以及集合

$$\begin{aligned} C &= \left\{\mathbf{x} \in \mathbb{R}^n \mid l(\omega) \leqslant P(\mathbf{x},\omega) \leqslant u(\omega),\quad \forall \omega \in \mathbf{\Omega}\right\} \\ &= \bigcap_{\omega\in\mathbf{\Omega}} \left\{\mathbf{x} \in \mathbb{R}^n \mid l(\omega) \leqslant \sum_{i=1}^{n} x_i \cos(i\omega) \leqslant u(\omega)\right\} \end{aligned}$$

令

$$\mathbf{a}(\omega) = [\cos(\omega), \cos(2\omega), \ldots, \cos(n\omega)]^{\mathrm{T}}$$

可得

$$C = \bigcap_{\omega\in\mathbf{\Omega}} \left\{\mathbf{x} \in \mathbb{R}^n \mid \mathbf{a}^{\mathrm{T}}(\omega)\mathbf{x} \geqslant l(\omega), \mathbf{a}^{\mathrm{T}}(\omega)\mathbf{x} \leqslant u(\omega)\right\}$$

即集合 C 是若干个半空间的交集，因此是凸的。仅当集合大小 $|\mathbf{\Omega}|$ 有限时， C 是一个多面体。 □

2.3.2 仿射函数

仿射函数 $\boldsymbol{f}$: $\mathbb{R}^n \to \mathbb{R}^m$ 具有以下形式：

$$\boldsymbol{f}(\mathbf{x}) = \mathbf{A}\mathbf{x} + \mathbf{b} \tag{2.58}$$

其中，$\mathbf{A} \in \mathbb{R}^{m\times n}$，$\mathbf{b} \in \mathbb{R}^m$。仿射函数也称为仿射变换或者仿射映射，如果 $\mathbf{dom}\, \boldsymbol{f}$ 是仿射集合，那么 $\boldsymbol{f}(\mathbf{dom}\, \boldsymbol{f})$ 也是仿射集合，仿射函数经常被用在仿射包的定义中（见 2.1.2 节的式 (2.7)）。点、直线和平面经仿射变换后仍为点、直线和平面，但直线间的夹角或两点间的距离经仿射变换后不一定能得以保留。仿射映射在凸集、凸函数、问题变形等方面具有重要应用，后续章节将进行具体介绍。

假设 $S \subseteq \mathbb{R}^n$ 是凸的，且 $\boldsymbol{f}: \mathbb{R}^n \to \mathbb{R}^m$ 是仿射函数，则 S 在 $\boldsymbol{f}$ 下的象

$$\boldsymbol{f}(S) = \{\, \boldsymbol{f}(\mathbf{x}) \mid \mathbf{x} \in S \,\} \tag{2.59}$$

是凸的。反之亦然，即凸集 C 在 $\boldsymbol{f}$ 下的原象

$$\boldsymbol{f}^{-1}(C) = \{\, \mathbf{x} \mid \boldsymbol{f}(\mathbf{x}) \in C \,\} \tag{2.60}$$

是凸的。如图 2.12 所示，对于仿射函数 $\boldsymbol{f}: \mathbb{R}^n \to \mathbb{R}^m$ 而言，假设 $\boldsymbol{f}(S) = C$，集合 $S \subset \boldsymbol{f}^{-1}(C) \subseteq \mathbb{R}^n$（或原象 $\boldsymbol{f}^{-1}(C)$）以及它的象 $\boldsymbol{f}(S) \subset \mathbb{R}^m$（或 $C \subset \mathbb{R}^m$），如果其中有一个集合为凸，那么两个集合都是凸集。证明如下。

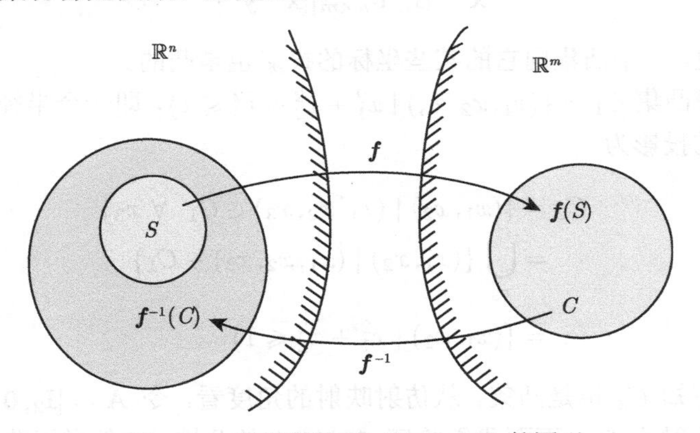

图 2.12　仿射函数 $\boldsymbol{f}: \mathbb{R}^n \to \mathbb{R}^m$ 的图示

证明　令 $\mathbf{y}_1, \mathbf{y}_2 \in C$，存在 $\mathbf{x}_1$，$\mathbf{x}_2 \in \boldsymbol{f}^{-1}(C)$ 满足 $\mathbf{y}_1 = \mathbf{A}\mathbf{x}_1 + \mathbf{b}$ 及 $\mathbf{y}_2 = \mathbf{A}\mathbf{x}_2 + \mathbf{b}$。我们的目标是证明 $\boldsymbol{f}$ 的原象集合 $\boldsymbol{f}^{-1}(C)$ 为凸集。对于任意 $\theta \in [0, 1]$，

$$\begin{aligned}\theta\mathbf{y}_1 + (1-\theta)\mathbf{y}_2 &= \theta(\mathbf{A}\mathbf{x}_1 + \mathbf{b}) + (1-\theta)(\mathbf{A}\mathbf{x}_2 + \mathbf{b}) \\ &= \mathbf{A}(\theta\mathbf{x}_1 + (1-\theta)\mathbf{x}_2) + \mathbf{b} \in C\end{aligned}$$

这意味着 $\theta\mathbf{x}_1 + (1-\theta)\mathbf{x}_2 \in \boldsymbol{f}^{-1}(C)$，即 $\mathbf{x}_1$ 和 $\mathbf{x}_2$ 的凸组合在 $\boldsymbol{f}^{-1}(C)$ 中，因此 $\boldsymbol{f}^{-1}(C)$ 是凸的。 □

注 2.9　如果 $S_1 \subset \mathbb{R}^n$ 和 $S_2 \subset \mathbb{R}^n$ 是凸的，且 $\alpha_1, \alpha_2 \in \mathbb{R}$，则集合 $S = \{(\mathbf{x}, \mathbf{y}) \mid \mathbf{x} \in S_1, \mathbf{y} \in S_2\}$ 也是凸的。此外，集合

$$\alpha_1 S_1 + \alpha_2 S_2 = \{\mathbf{z} = \alpha_1\mathbf{x} + \alpha_2\mathbf{y} \mid \mathbf{x} \in S_1, \mathbf{y} \in S_2\} \quad \text{（参考式 (1.22) 和式 (1.23)）} \tag{2.61}$$

也是凸的，这是因为 $\alpha_1 S_1 + \alpha_2 S_2$ 可以看作凸集 S 经由式 (2.58) 所示的仿射函数映射而来的，其中 $\mathbf{A} = [\alpha_1\mathbf{I}_n \ \alpha_2\mathbf{I}_n]$，$\mathbf{b} = \mathbf{0}$。 □

注 2.10 如果集合 C 为凸集，$\boldsymbol{f}$ 为式 (2.58) 所定义的仿射映射，接下来将换一种方法证明 $\boldsymbol{f}^{-1}(C)$ 为凸。将 $\boldsymbol{f}^{-1}(C)$ 表示为

$$\boldsymbol{f}^{-1}(C)=\left\{\mathbf{A}^{\dagger}(\mathbf{y}-\mathbf{b})\mid\mathbf{y}\in C\right\}+\mathcal{N}(\mathbf{A}) \tag{2.62}$$

其中，等式右端第一个集合 $\left\{\mathbf{A}^{\dagger}(\mathbf{y}-\mathbf{b})\mid\mathbf{y}\in C\right\}$ 是凸的，这是因为仿射映射的保凸性性质，第二个集合是一个凸子空间。由式 (2.61) 可知 $\boldsymbol{f}^{-1}(C)$ 是凸的。注意，当 $\mathbf{A}\in\mathbb{R}^{m\times n}$ 为列满秩时，$\boldsymbol{f}(S)=C$ 且 $\boldsymbol{f}^{-1}(C)=S$（由于 $\mathcal{N}(\mathbf{A})=\{\mathbf{0}\}$），若 $\mathbf{A}$ 还是半酉矩阵的话，$\boldsymbol{f}$ 是保矩映射（Distance Preserving Mapping），即 $\|\boldsymbol{f}(\mathbf{x}_1)-\boldsymbol{f}(\mathbf{x}_2)\|_2=\|\mathbf{x}_1-\mathbf{x}_2\|_2$，$\forall\mathbf{x}_1,\mathbf{x}_2\in S$（因为 $\mathbf{A}^{\mathrm{T}}\mathbf{A}=\mathbf{I}_n$）。 □

注 2.11 假设 C 是 $\mathbb{R}^{n+m}$ 中的凸集，则

$$C_1=\{\mathbf{x}\in\mathbb{R}^n\mid(\mathbf{x},\mathbf{y})\in C\subset\mathbb{R}^{n+m}\} \tag{2.63}$$

为凸集，因为它是 C 经由保距映射

$$\mathbf{x}=[\mathbf{I}_n\ \mathbf{0}_{n\times m}][\mathbf{x}^{\mathrm{T}}\ \mathbf{y}^{\mathrm{T}}]^{\mathrm{T}}$$

得来的。也就是说，一个凸集向它的某些坐标的投影也是凸的。 □

例 2.6 考虑凸集 $C_1=\{(x_1,x_2,x_3)\mid x_1^2+x_2^2+x_3^2\leqslant 1\}$，即一个半径为 1 的欧氏球。$C_1$ 在 x_1-x_2 平面上的投影为

$$\begin{aligned}C_2&=\{(x_1,x_2)\mid(x_1,x_2,x_3)\in C_1\ \ \forall\, x_3\}\\&=\bigcup_{x_3}\{(x_1,x_2)\mid(x_1,x_2,x_3)\in C_1\}\\&=\{(x_1,x_2)\mid x_1^2+x_2^2\leqslant 1\}\end{aligned}$$

由凸集定义可知 C_2 也是凸集。从仿射映射的角度看，令 $\mathbf{A}=[\mathbf{I}_2,\mathbf{0}_2]$ 且 $\mathbf{b}=\mathbf{0}_2$，仿射函数 $\boldsymbol{f}$ 可将 C_1 映射为 C_2。下面我们验证 $\boldsymbol{f}^{-1}(C_2)$ 的凸性。由伪逆矩阵相关知识可得

$$\mathbf{A}^{\dagger}=\mathbf{A}^{\mathrm{T}}(\mathbf{A}\mathbf{A}^{\mathrm{T}})^{-1}=\mathbf{A}^{\mathrm{T}}$$

$$\mathcal{N}(\mathbf{A})=\left\{(0,0,x_3)\mid x_3\in\mathbb{R}\right\}$$

再由式 (2.62) 可得

$$\boldsymbol{f}^{-1}(C_2)=\left\{(x_1,x_2,x_3)\in\mathbb{R}^3\mid x_1^2+x_2^2\leqslant 1\right\}$$

可见，C_2 的原象不是 C_1，但它表示一个圆柱，因而是凸的。 □

例 2.7 双曲锥

$$C=\left\{\mathbf{x}\in\mathbb{R}^n\mid\mathbf{x}^{\mathrm{T}}\mathbf{P}\mathbf{x}\leqslant(\mathbf{c}^{\mathrm{T}}\mathbf{x})^2,\ \mathbf{c}^{\mathrm{T}}\mathbf{x}\geqslant 0\right\} \tag{2.64}$$

是凸的，其中 $\mathbf{P}\in\mathbb{S}_{+}^{n}$，$\mathbf{c}\in\mathbb{R}^n$。

证明 基于集合 C 中任意两点的凸组合仍然属于 C 这一凸集的充要条件，可以证明 C 的凸性。令 $\mathbf{x}_1,\mathbf{x}_2\in C$，即

$$\mathbf{x}_i^{\mathrm{T}}\mathbf{P}\mathbf{x}_i\leqslant(\mathbf{c}^{\mathrm{T}}\mathbf{x}_i)^2\ \Rightarrow\|\mathbf{P}^{1/2}\mathbf{x}_i\|_2\leqslant\mathbf{c}^{\mathrm{T}}\mathbf{x}_i,\ i=1,2$$

其中，$\mathbf{P}^{1/2} \in \mathbb{S}_+^n$，那么对于任意 $\theta \in [0,1]$ 都有

$$\begin{aligned}
&\big(\theta\mathbf{x}_1 + (1-\theta)\mathbf{x}_2\big)^{\mathrm{T}}\mathbf{P}(\theta\mathbf{x}_1 + (1-\theta)\mathbf{x}_2)\\
&= \theta^2\mathbf{x}_1^{\mathrm{T}}\mathbf{P}\mathbf{x}_1 + (1-\theta)^2\mathbf{x}_2^{\mathrm{T}}\mathbf{P}\mathbf{x}_2 + 2\theta(1-\theta)\mathbf{x}_1^{\mathrm{T}}\mathbf{P}\mathbf{x}_2\\
&\leqslant \theta^2(\mathbf{c}^{\mathrm{T}}\mathbf{x}_1)^2 + (1-\theta)^2(\mathbf{c}^{\mathrm{T}}\mathbf{x}_2)^2 + 2\theta(1-\theta)(\mathbf{P}^{1/2}\mathbf{x}_1)^{\mathrm{T}}(\mathbf{P}^{1/2}\mathbf{x}_2)\\
&\leqslant \theta^2(\mathbf{c}^{\mathrm{T}}\mathbf{x}_1)^2 + (1-\theta)^2(\mathbf{c}^{\mathrm{T}}\mathbf{x}_2)^2 + 2\theta(1-\theta)(\mathbf{c}^{\mathrm{T}}\mathbf{x}_1)\cdot(\mathbf{c}^{\mathrm{T}}\mathbf{x}_2)\\
&= \big(\mathbf{c}^{\mathrm{T}}(\theta\mathbf{x}_1 + (1-\theta)\mathbf{x}_2)\big)^2
\end{aligned}$$

表明 $\theta\mathbf{x}_1 + (1-\theta)\mathbf{x}_2 \in C$，因此 C 为凸集。

利用仿射集合映射也能证明双曲锥的凸性。前面我们介绍过二阶锥的定义（参考式 (2.55)）：

$$D = \{(\mathbf{y}, t) \in \mathbb{R}^{n+1} \mid \|\mathbf{y}\|_2 \leqslant t\} = \{(\mathbf{y}, t) \in \mathbb{R}^{n+1} \mid \|\mathbf{y}\|_2^2 \leqslant t^2, t \geqslant 0\}$$

现在，定义从 $\mathbb{R}^n$ 到 $\mathbb{R}^{n+1}$ 的仿射映射：

$$(\mathbf{z}, r) = \boldsymbol{f}(\mathbf{x}) = (\mathbf{P}^{1/2}\mathbf{x}, \mathbf{c}^{\mathrm{T}}\mathbf{x}) = \mathbf{A}\mathbf{x},\ \mathbf{x} \in C \subset \mathbb{R}^n \tag{2.65}$$

其中，$\mathbf{A} = [\mathbf{P}^{1/2}\ \mathbf{c}]^T \in \mathbb{R}^{(n+1)\times n}$ 且 $(\mathbf{z}, r) \in D \subset \mathbb{R}^{n+1}$。若 $\mathbf{A}$ 列满秩，由注 2.10 可以得到

$$\boldsymbol{f}(C) = D \cap \mathcal{R}(\mathbf{A}) \triangleq \mathcal{D} \subset \mathbb{R}^{n+1} \tag{2.66}$$

$$C = \boldsymbol{f}^{-1}(\mathcal{D}) \subset \mathbb{R}^n \tag{2.67}$$

由于 D 和 $\mathcal{R}(\mathbf{A})$ 都是凸的，因此 $\mathcal{D}$ 也是凸的。换句话说，凸集 $\mathcal{D}$ 在仿射函数 $\boldsymbol{f}$ 下的原象即双曲锥，必然也是凸的。当

$$\mathbf{P} = \begin{bmatrix} 3 & -1 \\ -1 & 3 \end{bmatrix},\quad \mathbf{c} = \begin{bmatrix} 0 \\ 2 \end{bmatrix} \tag{2.68}$$

时，式 (2.66) 和式 (2.67) 有效，如图 2.13 所示，$\mathbb{R}^2$ 中的双曲锥 C 即它在 $\mathbb{R}^3$ 空间中经由仿射映射 $\boldsymbol{f}(\mathbf{x})$ 得到的象 $\mathcal{D} \subset D$（二阶锥）。仿射函数 $\boldsymbol{f}(\mathbf{x})$ 由式 (2.65) 给出，$\mathbf{P}$ 和 $\mathbf{c}$ 由式 (2.68) 给出。 □

例 2.8 令 $\mathbf{A}, \mathbf{B} \in \mathbb{S}^n$，线性映射 $\boldsymbol{f}: \mathbb{S}^n \to \mathbb{R}^2$ 定义为

$$\boldsymbol{f}(\mathbf{X}) \triangleq (\mathrm{Tr}(\mathbf{A}\mathbf{X}), \mathrm{Tr}(\mathbf{B}\mathbf{X})) \tag{2.69}$$

则集合

$$W(\mathbf{A}, \mathbf{B}) = \boldsymbol{f}(\mathbb{S}_+^n) \tag{2.70}$$

为凸集，因为它是凸锥 $\mathbb{S}_+^n$ 在式 (2.69) 线性变换下的象。

此外，由注 1.19 可得，集合 $W(\mathbf{A}, \mathbf{B})$ 还可以表示为

$$W(\mathbf{A}, \mathbf{B}) = \big\{(\mathbf{x}^{\mathrm{T}}\mathbf{A}\mathbf{x}, \mathbf{x}^{\mathrm{T}}\mathbf{B}\mathbf{x}) \mid \mathbf{x} \in \mathbb{R}^n\big\} \tag{2.71}$$

这表明它也是秩-1 的 PSD 矩阵的集合（即集合 $\{\mathbf{X} = \mathbf{x}\mathbf{x}^{\mathrm{T}} \mid \mathbf{x} \in \mathbb{R}^n\}$）在线性映射 $\boldsymbol{f}$ 下的象。 □

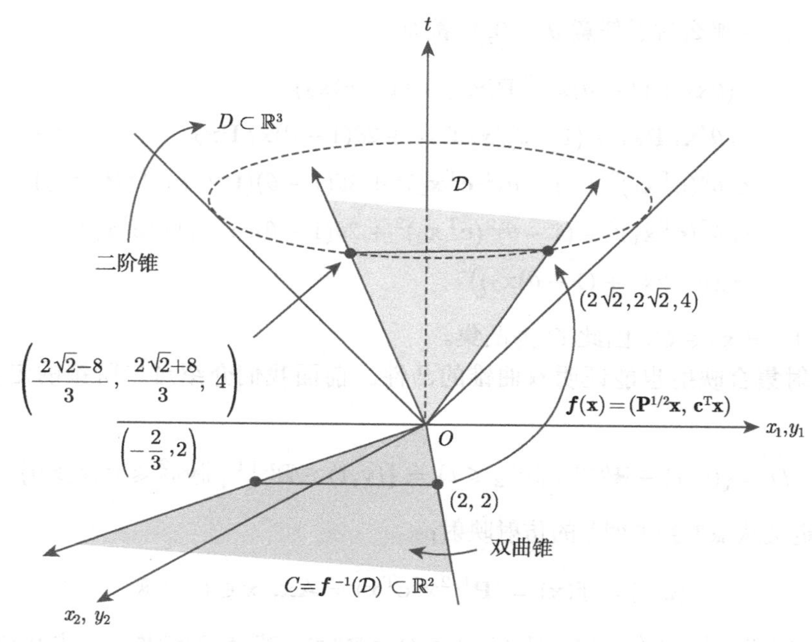

图 2.13 双曲锥的图示

2.3.3 透视函数及线性分式函数

本节将讨论线性分式的函数，它比仿射函数更为普遍，而且仍然保凸。透视函数对向量进行尺度变换或归一化，使得最后一维分量为 1 并将其舍弃。

定义 $\boldsymbol{p}: \mathbb{R}^{n+1} \rightarrow \mathbb{R}^n$，

$$\boldsymbol{p}(\mathbf{z}, t) = \frac{\mathbf{z}}{t} \tag{2.72}$$

为**透视函数**，其定义域为 $\mathbf{dom}\ \boldsymbol{p} = \mathbb{R}^n \times \mathbb{R}_{++}$。透视函数 $\boldsymbol{p}$ 具有保凸性。

证明 考虑凸集 C 中的两个点 $(\mathbf{z}_1, t_1)$ 和 $(\mathbf{z}_2, t_2)$，满足 $\mathbf{z}_1/t_1$，$\mathbf{z}_2/t_2 \in \boldsymbol{p}(C)$，则

$$\theta(\mathbf{z}_1, t_1) + (1-\theta)(\mathbf{z}_2, t_2) = (\theta\mathbf{z}_1 + (1-\theta)\mathbf{z}_2,\ \theta t_1 + (1-\theta)t_2) \in C,\ \forall \theta \in [0, 1] \tag{2.73}$$

即

$$\frac{\theta\mathbf{z}_1 + (1-\theta)\mathbf{z}_2}{\theta t_1 + (1-\theta)t_2} \in \boldsymbol{p}(C)$$

现在，通过定义

$$\mu = \frac{\theta t_1}{\theta t_1 + (1-\theta)t_2} \in [0, 1]$$

可得

$$\frac{\theta\mathbf{z}_1 + (1-\theta)\mathbf{z}_2}{\theta t_1 + (1-\theta)t_2} = \mu\frac{\mathbf{z}_1}{t_1} + (1-\mu)\frac{\mathbf{z}_2}{t_2} \in \boldsymbol{p}(C) \tag{2.74}$$

由此可知 $\boldsymbol{p}(C)$ 是凸的。 □

线性分式函数由透视函数和仿射函数复合而成。设 $\boldsymbol{g}$：$\mathbb{R}^n \to \mathbb{R}^{m+1}$ 是仿射函数，即

$$\boldsymbol{g}(\mathbf{x}) = \begin{bmatrix} \mathbf{A} \\ \mathbf{c}^{\mathrm{T}} \end{bmatrix} \mathbf{x} + \begin{bmatrix} \mathbf{b} \\ d \end{bmatrix} \tag{2.75}$$

其中，$\mathbf{A} \in \mathbb{R}^{m\times n}$，$\mathbf{b} \in \mathbb{R}^m$，$\mathbf{c} \in \mathbb{R}^n$，$d \in \mathbb{R}$。函数 $\boldsymbol{f}$：$\mathbb{R}^n \to \mathbb{R}^m$ 由 $\boldsymbol{f} = \boldsymbol{p} \circ \boldsymbol{g}$ 给出，即

$$\boldsymbol{f}(\mathbf{x}) = \boldsymbol{p}(\boldsymbol{g}(\mathbf{x})) = \frac{\mathbf{A}\mathbf{x} + \mathbf{b}}{\mathbf{c}^{\mathrm{T}}\mathbf{x} + d}, \quad \mathbf{dom}\, \boldsymbol{f} = \{\mathbf{x} \mid \mathbf{c}^{\mathrm{T}}\mathbf{x} + d > 0\} \tag{2.76}$$

式 (2.76) 就被称为**线性分式函数**（或投影函数）。因此，线性分式函数是保凸的。

注 2.12　透视函数可以用针孔相机原理解释 [BV04]。考虑一个二阶锥：

$$C = \big\{(\mathbf{x}, t) \in \mathbb{R}^3 \mid \|\mathbf{x}\|_2 \leqslant t\big\}$$

由于 $C \setminus \mathbf{0}_3$ 是凸集，可知

$$\boldsymbol{p}(C \setminus \mathbf{0}_3) = \{\mathbf{x} \in \mathbb{R}^2 \mid \|\mathbf{x}\|_2 \leqslant 1\}$$

也是凸的。如图 2.14 所示，$\boldsymbol{p}(C \setminus \mathbf{0}_3)$ 对应超平面 $\mathcal{H} = \{(\mathbf{x}, t = -1) \in \mathbb{R}^3\}$ 上的单位圆，C 中四面体（凸体）经透视映射所形成的象是位于超平面 $\mathcal{H}$ 上的三角形（凸象）。 □

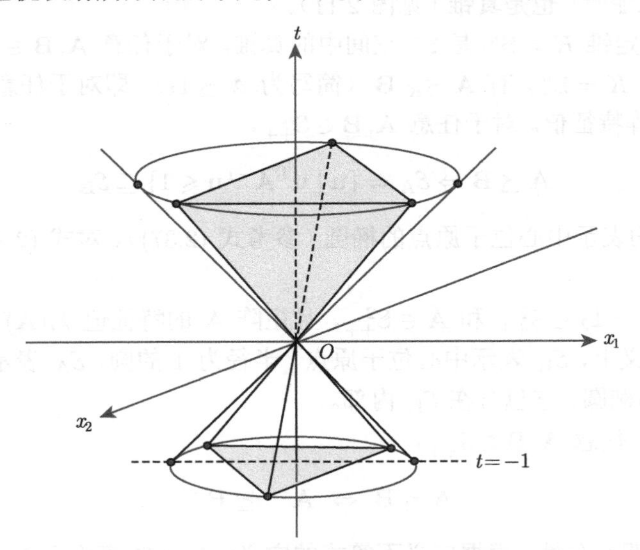

图 2.14　针孔相机解释透视函数的图示

注 2.13　透视函数映射下，凸集的原象仍然是凸的，也就是说，如果 $C \subseteq \mathbb{R}^n$ 是凸的，那么

$$\boldsymbol{p}^{-1}(C) = \big\{(\mathbf{x}, t) \in \mathbb{R}^{n+1} \mid \mathbf{x}/t \in C,\, t > 0\big\} \tag{2.77}$$

也是凸的。 □

2.4 广义不等式

2.4.1 真锥与广义不等式

如果锥 $K \subseteq \mathbb{R}^n$ 满足以下条件，则称为**真锥**。

- K 是凸的。
- K 是闭的。
- K 是实的，即具有非空内部。
- K 是尖的，即不包含直线（或者等价地，$\mathbf{x} \in K, -\mathbf{x} \in K \Rightarrow \mathbf{x} = \mathbf{0}$）。

因为在 $\mathbb{R}^n$ 中并非所有的向量对都可以进行比较，所以利用真锥 K 来定义**广义不等式**，确定 $\mathbb{R}^n$ 上的偏序关系。这种偏序关系和 $\mathbb{R}$ 上的排序具有较多相似的性质。基于真锥 K 的广义不等式定义为

$$\textbf{非严格广义不等式：}\quad \mathbf{x} \preceq_K \mathbf{y} \iff \mathbf{y} - \mathbf{x} \in K \tag{2.78a}$$

$$\textbf{严格广义不等式：}\quad \mathbf{x} \prec_K \mathbf{y} \iff \mathbf{y} - \mathbf{x} \in \mathbf{int}\ K \tag{2.78b}$$

注 2.14 非负象限 $\mathbb{R}^n_+$ 是多面体锥，同时也是一个真锥（见图 2.9）。二阶锥 $C = \{(\mathbf{x}, t) \in \mathbb{R}^{n+1} \mid \|\mathbf{x}\|_2 \leqslant t\} \subseteq \mathbb{R}^{n+1}$ 也是真锥（见图 2.11）。 □

例 2.9 半正定锥 $K = \mathbb{S}^n_+$ 是 $\mathbb{S}^n$ 空间中的真锥。对于任意 $\mathbf{A}, \mathbf{B} \in \mathbb{S}^n$，由 $\preceq_K$ 定义得，当且仅当 $\mathbf{B} - \mathbf{A} \in K = \mathbb{S}^n_+$，有 $\mathbf{A} \preceq_K \mathbf{B}$（简写为 $\mathbf{A} \preceq \mathbf{B}$），即对于任意 i，$\lambda_i(\mathbf{B} - \mathbf{A}) \geqslant 0$，其中 $\lambda_i(\cdot)$ 表示矩阵特征值。对于任意 $\mathbf{A}, \mathbf{B} \in \mathbb{S}^n_{++}$，

$$\mathbf{A} \preceq \mathbf{B} \Leftrightarrow \mathcal{E}_{\mathbf{A}} = \{\mathbf{u} \mid \mathbf{u}^{\mathrm{T}}\mathbf{A}^{-1}\mathbf{u} \leqslant 1\} \subseteq \mathcal{E}_{\mathbf{B}} \tag{2.79}$$

其中，$\mathcal{E}_{\mathbf{A}}$ 和 $\mathcal{E}_{\mathbf{B}}$ 均表示中心位于原点的椭圆（参考式 (2.37)）。对式 (2.79) 的证明可以直接从注 2.15 中得到。

例如，假设 $\mathbf{B} = \mathbf{I}_2 \in \mathbb{S}^2_{++}$ 和 $\mathbf{A} \in \mathbb{S}^2_{++}$，且矩阵 $\mathbf{A}$ 的特征值 $\lambda_i(\mathbf{A}) \leqslant 1$，$i = 1, 2$，可得 $\mathbf{A} \preceq \mathbf{B}$。在几何意义上，$\mathcal{E}_{\mathbf{B}}$ 表示中心位于原点、半径为 1 的圆，$\mathcal{E}_{\mathbf{A}}$ 表示中心位于原点、长轴小于或等于 1 的椭圆，它包含在 $\mathcal{E}_{\mathbf{B}}$ 内部。 □

注 2.15 对于任意 $\mathbf{A}, \mathbf{B} \in \mathbb{S}^n_{++}$，

$$\mathbf{A} \preceq \mathbf{B} \ \Leftrightarrow\ \mathbf{A}^{-1} \succeq \mathbf{B}^{-1} \tag{2.80}$$

证明 首先证明充分性。根据广义不等式的定义，$\mathbf{A} \preceq \mathbf{B}$ 等价于 $\mathbf{B} - \mathbf{A} \succeq \mathbf{0}$。对 $\mathbf{B} - \mathbf{A}$ 进行 EVD 可得

$$\mathbf{B} = \mathbf{A} + \mathbf{Q}\mathbf{\Lambda}\mathbf{Q}^{\mathrm{T}} \tag{2.81}$$

其中，$\mathbf{Q} = [\mathbf{q}_1, \ldots, \mathbf{q}_m] \in \mathbb{R}^{n \times m}$ 是一个半酉矩阵，对角矩阵满足 $\mathbf{\Lambda} = \mathbf{Diag}(\lambda_1, \ldots, \lambda_m) \succ \mathbf{0}$，且 $m \leqslant n$。当 $m = n$ 时，$\mathbf{B} - \mathbf{A} \succ \mathbf{0}$，因此它是非奇异的，否则该矩阵就是奇异的。将式 (1.79) 应用到式 (2.81)，可得

$$\mathbf{A}^{-1} - \mathbf{B}^{-1} = \mathbf{A}^{-1}\mathbf{Q}(\mathbf{\Lambda}^{-1} + \mathbf{Q}^{\mathrm{T}}\mathbf{A}^{-1}\mathbf{Q})^{-1}\mathbf{Q}^{\mathrm{T}}\mathbf{A}^{-1} \succeq \mathbf{0} \tag{2.82}$$

意味着 $\mathbf{A}^{-1} \succeq \mathbf{B}^{-1}$。

必要性证明较为简单，直接将上述证明中的 $\mathbf{A}$ 和 $\mathbf{B}$ 分别替换为 $\mathbf{B}^{-1}$ 和 $\mathbf{A}^{-1}$ 即可。

综上，当且仅当 $\mathbf{A}^{-1} \succeq \mathbf{B}^{-1}$ 时，有 $\mathbf{A} \preceq \mathbf{B}$。 □

2.4.2 广义不等式的性质

广义不等式 $\preceq_K$ 具有许多性质，诸如：

- 它对于加法满足：如果 $\mathbf{x} \preceq_K \mathbf{y}$ 并且 $\mathbf{u} \preceq_K \mathbf{v}$，那么 $\mathbf{x}+\mathbf{u} \preceq_K \mathbf{y}+\mathbf{v}$。
- 它具有传递性：如果 $\mathbf{x} \preceq_K \mathbf{y}$ 并且 $\mathbf{y} \preceq_K \mathbf{z}$，那么 $\mathbf{x} \preceq_K \mathbf{z}$。
- 它在非负缩放（数乘）中是保序的：如果 $\mathbf{x} \preceq_K \mathbf{y}$ 且 $\alpha \geqslant 0$，那么 $\alpha\mathbf{x} \preceq_K \alpha\mathbf{y}$。
- 它是自反的：$\mathbf{x} \preceq_K \mathbf{x}$。
- 它是反对称的：如果 $\mathbf{x} \preceq_K \mathbf{y}$ 且 $\mathbf{y} \preceq_K \mathbf{x}$，那么 $\mathbf{x}=\mathbf{y}$。
- 它对于极限运算的保序的：如果对于 $i=1,2,\ldots$ 均有 $\mathbf{x}_i \preceq_K \mathbf{y}_i$，当 $i \to \infty$ 时，有 $\mathbf{x}_i \to \mathbf{x}$ 和 $\mathbf{y}_i \to \mathbf{y}$，那么 $\mathbf{x} \preceq_K \mathbf{y}$。

注 2.16　考虑 $K=\mathbb{R}_+^n$，

$$\mathbf{x} \preceq_K \mathbf{y}, \quad \text{当且仅当} \quad x_i \leqslant y_i, i=1,\ldots,n$$
$$\mathbf{x} \prec_K \mathbf{y}, \quad \text{当且仅当} \quad x_i < y_i, i=1,\ldots,n$$

注意，对于任意 $x,y \in \mathbb{R}$，$x \npreceq y$ 等价于 $x>y$，但对于 $\mathbf{x},\mathbf{y} \in \mathbb{R}^n$，$\mathbf{x} \npreceq_K \mathbf{y}$ 不等价于 $\mathbf{x} \succ_K \mathbf{y}$，其原因在于 $\mathbf{x} \npreceq_K \mathbf{y}$ 并不表示 $x_i > y_i$ 对所有 i 都成立。

2.4.3 最小与极小元

在真锥 K 定义的广义不等式中，如果对于任意 $\boldsymbol{y} \in S$，均有 $\mathbf{x} \preceq_K \boldsymbol{y}$（或 $\mathbf{x} \succeq_K \boldsymbol{y}$）成立，那么称 $\mathbf{x} \in S$ 是 S 的**最小元**（或**最大元**）。用简单的集合符号对最小（最大）元进行描述。

$$\text{元素 } \mathbf{x} \in S \text{ 是 } S \text{ 的一个最小元，当且仅当 } S \subseteq \{\mathbf{x}\}+K \tag{2.83}$$
$$\text{元素 } \mathbf{y} \in S \text{ 是 } S \text{ 的一个最大元，当且仅当，} S \subseteq \{\mathbf{y}\}-K \tag{2.84}$$

$\{\mathbf{x}\}+K$ 表示 S 中可以与 $\mathbf{x}$ 相比并且大于或等于 $\mathbf{x}$（根据 $\preceq_K$）的所有元素，$\{\mathbf{y}\}-K$ 表示可以与 $\mathbf{y}$ 相比且小于或等于 $\mathbf{y}$ 的所有元素。集合 S 的最小元可能不存在，如果确实存在最小元，那么它一定是唯一的，因为原点是 K 唯一的最小元，而集合 $\{\mathbf{x}\}+K$ 仅仅是真锥 K 的方向不变的一种变换。类似地，如果集合 S 的最大元存在，那么它也应该是唯一的。如图 2.15 所示，图 (a) 为集合 $S \subset \mathbb{R}^2$ 的最小元 $\mathbf{x}$，图 (b) 为最大元 $\mathbf{y}$，其中 $K=\mathbb{R}_+^2$。

式 (2.83) 的证明　根据最小元的定义，有 $\mathbf{x} \preceq_K \boldsymbol{y}$, $\forall \boldsymbol{y} \in S$，则

$$\begin{aligned} & \boldsymbol{y}-\mathbf{x} \in K, \ \forall \boldsymbol{y} \in S \\ \Leftrightarrow\ & \{\boldsymbol{y}-\mathbf{x} \mid \boldsymbol{y} \in S\} \subseteq K \\ \Leftrightarrow\ & S-\{\mathbf{x}\} \subseteq K \\ \Leftrightarrow\ & S \subseteq \{\mathbf{x}\}+K \end{aligned}$$

由此证明了当且仅当 $S \subseteq \{\mathbf{x}\}+K$，$\mathbf{x}$ 为集合 S 的最小元。对最大元的证明类似，不做赘述。 □

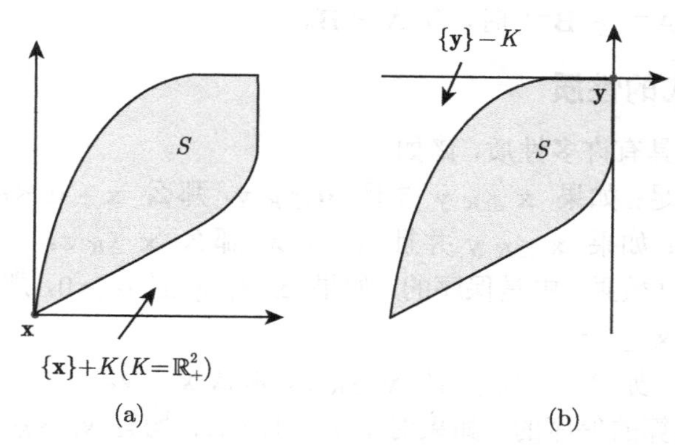

图 2.15 集合 $S\subset\mathbb{R}^2$ 最小元和最大元的图示

如果 $\mathbf{y}\in S$，$\mathbf{y}\preceq_K \mathbf{x}\Rightarrow \mathbf{y}=\mathbf{x}$，集合 S 中的某个元素 $\mathbf{x}$ 可以被称作**极小元**。换句话说，如果满足以下条件，元素 $\mathbf{x}$ 可被称作极小元，如图 2.16 所示。

$$\begin{aligned}&\{\mathbf{y}\mid \mathbf{y}\preceq_K \mathbf{x}\ \forall \mathbf{y}\in S\}=\{\mathbf{x}\}\\&\Leftrightarrow \{\mathbf{y}\mid \mathbf{y}-\mathbf{x}=\mathbf{k}\in -K\}\cap S=\{\mathbf{x}\}\\&\Leftrightarrow (\{\mathbf{x}\}-K)\cap S=\{\mathbf{x}\}\end{aligned} \tag{2.85}$$

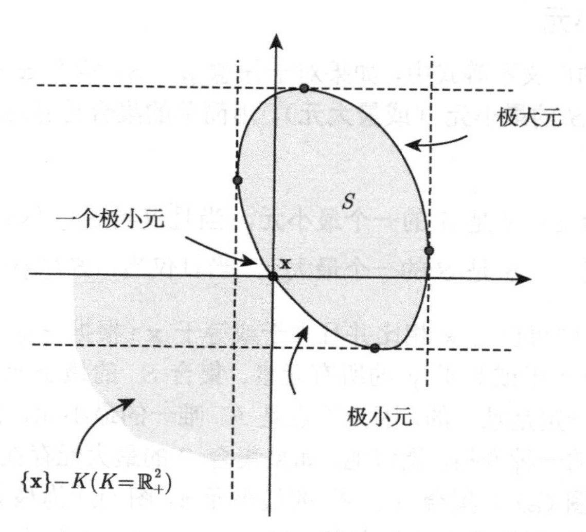

图 2.16 集合 $S\subset\mathbb{R}^2$ 的极小元和极大元

$\mathbf{x}$ 为极小点的条件也可以表示为

$$\boldsymbol{y}\not\preceq \mathbf{x},\quad \forall \boldsymbol{y}\in S,\ \boldsymbol{y}\neq \mathbf{x} \tag{2.86}$$

如果 S 的极小元集合只有唯一元素，那么这个极小元就一定是最小元。

与极小元相反，当满足 $\mathbf{y} \in S$，$\mathbf{y} \succeq_K \mathbf{x} \Rightarrow \mathbf{y} = \mathbf{x}$，集合 S 的极大元为 $\mathbf{x}$。简单用集合描述，当满足如下条件，$\mathbf{x} \in S$ 为极大元。

$$(\{\mathbf{x}\} + K) \cap S = \{\mathbf{x}\} \tag{2.87}$$

如果存在最大元那么它一定是唯一的，但是极大元并不一定是唯一的（见图 2.16）。将真锥 K 替换为 $-K$，可知最大元条件式 (2.84) 与极大元条件式 (2.87)，分别对应最小元条件式 (2.83) 和极小元条件式 (2.85)。

集合 $S \subseteq \mathbb{R}_+^N$ 被称为聚合块（polyblock）[Tuy00]。一个聚合块 $S \in \mathbb{R}_+^2$ 包含两个极小元 $\mathbf{x}_1$ 和 $\mathbf{x}_2$，以及一个最大元（也是极大点）$\mathbf{y}$，如图 2.17 所示。

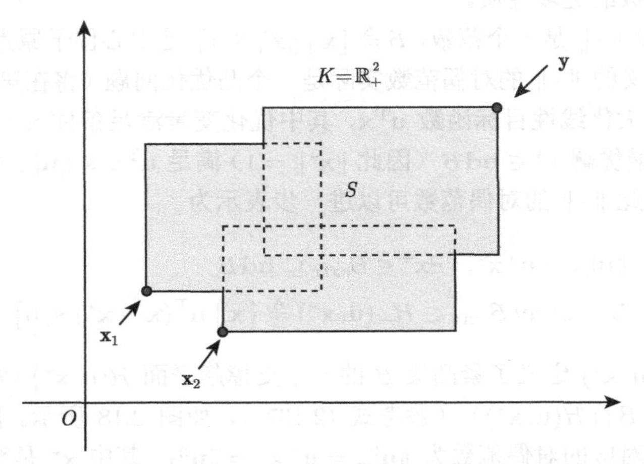

图 2.17 聚合块 $S \subset \mathbb{R}_+^2$ 中的极小元 $\mathbf{x}_1$ 和 $\mathbf{x}_2$，以及极大元 $\mathbf{y}$

2.5 对偶范数与对偶锥

范数的对偶仍然是范数，锥的对偶仍然是锥，记锥 K 的对偶锥为 K^*。如果 K 和 K^* 均为真锥，那么它们都可以用来定义广义不等式。由 K 定义的广义不等式对应于一个凸优化问题 P，则由 K^* 定义的广义不等式对应于 P 的对偶问题，反之亦然。锥和对偶锥通常与范数和对偶范数有关。下面分别介绍对偶范数与对偶锥的概念。

2.5.1 对偶范数

令 $\|\cdot\|$ 为定义在 $\mathbb{R}^n$ 上的范数，其**对偶范数** $\|\cdot\|_*$ 定义为

$$\|\mathbf{u}\|_* = \sup\left\{\mathbf{u}^{\mathrm{T}}\mathbf{x} \mid \|\mathbf{x}\| \leqslant 1\right\} \tag{2.88}$$

表示位于单位半径范数球上的所有 $\mathbf{x}$ 与 $\mathbf{u}$ 的最大内积。由 Hölder's 不等式（详见第 3 章）可知 p-范数的对偶为 q-范数，且 $1/p + 1/q = 1$。换言之，对于 $\|\cdot\| = \|\cdot\|_p$，

$$\begin{aligned}\|\mathbf{u}\|_* &= \sup\left\{\mathbf{u}^{\mathrm{T}}\mathbf{x} \mid \|\mathbf{x}\|_p \leqslant 1\right\} \\ &\leqslant \sup_{\|\mathbf{x}\|_p \leqslant 1} \|\mathbf{x}\|_p \|\mathbf{u}\|_q = \|\mathbf{u}\|_q \quad \text{（根据 Hölder's 不等式）}\end{aligned}$$

其中，上界是可达的。因此，当 $1/p+1/q=1$，$p>1$ 时，若 $\|\cdot\|=\|\cdot\|_p$，则 $\|\cdot\|_*=\|\cdot\|_q$，反之亦然。例如，$\|\cdot\|=\|\cdot\|_\infty$，则 $\|\cdot\|_*=\|\cdot\|_1$，反之亦然。

让我们通过图 2.18 来说明 $p=\infty$ 时的 $\|\mathbf{u}\|_*$，$\mathbf{u}$ 位于 $\mathbb{R}^2$ 的第一象限，

$$\begin{aligned}&\mathbf{x}^\star=\arg\sup_{\|\mathbf{x}\|_\infty\leqslant 1}\mathbf{u}^{\mathrm{T}}\mathbf{x}=\big(\mathrm{sgn}(u_1),\mathrm{sgn}(u_2)\big)\\&\|\mathbf{u}\|_*=\mathbf{u}^{\mathrm{T}}\mathbf{x}^\star=\|\mathbf{u}\|_1\end{aligned}\tag{2.89}$$

其中，$\mathrm{sgn}(x)$ 表示符号函数，$\mathbf{x}^\star$ 是在 $\mathbf{u}$ 方向上具有最大投影的列向量（而不是绝对值）。从上面的说明中可得，对于任意非零 $\mathbf{u}$ 有 $\|\mathbf{x}^\star\|_\infty=1$，且 $\|\cdot\|_*=\|\cdot\|_1$ 是 $\|\cdot\|_\infty$ 的对偶。下面给出范数和对偶范数的更多性质。

注 2.17 假设 $\|\cdot\|$ 是一个范数，$\mathcal{B}\triangleq\{\mathbf{x}\mid\|\mathbf{x}\|\leqslant 1\}$ 是中心位于原点、半径为 1 的范数球，由式 (2.88) 定义的 $\|\cdot\|$ 的对偶范数实际是一个凸优化问题（将在第 4 章中进行介绍），该优化问题旨在最大化线性目标函数 $\mathbf{u}^{\mathrm{T}}\mathbf{x}$，其中优化变量满足条件 $\mathbf{x}\in\mathcal{B}$，对偶范数 $\|\mathbf{u}\|_*$ 为最优值，即存在最优解 $\mathbf{x}^\star\in\mathbf{bd}\,\mathcal{B}$（因此 $\|\mathbf{x}^\star\|=1$）满足 $\mathbf{u}^{\mathrm{T}}\mathbf{x}\leqslant\|\mathbf{u}\|_*=\mathbf{u}^{\mathrm{T}}\mathbf{x}^\star$，$\forall\mathbf{x}\in\mathcal{B}$。由于 $\mathcal{B}$ 是紧凸的，因此 $\|\cdot\|$ 的对偶范数可以进一步表示为

$$\begin{aligned}&\|\mathbf{u}\|_*=\mathbf{u}^{\mathrm{T}}\mathbf{x}^\star,\ \ \exists\mathbf{x}^\star\in\mathcal{B}_{\mathrm{extr}}\subseteq\mathbf{bd}\,\mathcal{B}\\&\mathcal{B}=\mathbf{conv}\,\mathcal{B}_{\mathrm{extr}}\subset\mathcal{H}_-(\mathbf{u},\mathbf{x}^\star)\triangleq\big\{\mathbf{x}\mid\mathbf{u}^{\mathrm{T}}(\mathbf{x}-\mathbf{x}^\star)\leqslant 0\big\}\end{aligned}\tag{2.90}$$

其中，半空间 $\mathcal{H}_-(\mathbf{u},\mathbf{x}^\star)$ 定义了紧凸集 $\mathcal{B}$ 的一个支撑超平面 $\mathcal{H}(\mathbf{u},\mathbf{x}^\star)$（$\mathcal{H}_-(\mathbf{u},\mathbf{x}^\star)$ 的边界超平面满足 $\mathbf{x}^\star\in\mathbf{bd}\,\mathcal{B}\cap\mathcal{H}(\mathbf{u},\mathbf{x}^\star)$）（参考式 (2.137)），如图 2.18 所示。图 2.18 中，与向量 $\mathbf{u}\in\mathbb{R}^2$ 的 ℓ_∞-范数对应的对偶范数为 $\|\mathbf{u}\|_*=\mathbf{u}^{\mathrm{T}}\mathbf{x}^\star=\|\mathbf{u}\|_1$，其中 $\mathbf{x}^\star$ 是范数球 $\mathcal{B}$ 的极值点，该范数球在本例中表示半径为 1、中心位于原点的 ℓ_∞-范数球；$(\mathbf{u},\mathbf{x}^\star)$ 定义了紧凸集 $\mathcal{B}$ 的一个支撑超平面 $\mathcal{H}$，其中 $\mathcal{B}$ 包含在与之相关的半空间 $\mathcal{H}_-$ 中（参考式 (2.90)），具体在 2.6.2 节中介绍。 □

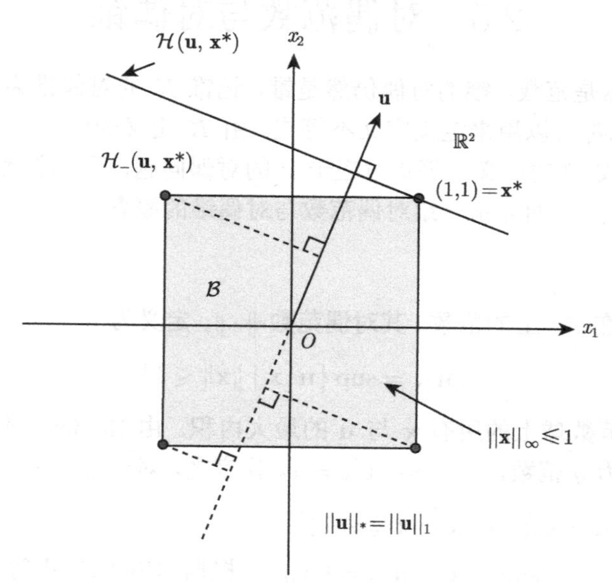

图 2.18 $\|\cdot\|$ 的对偶范数的图示

考虑矩阵 $\mathbf{X} \in \mathbb{R}^{M\times N}$，其 SVD 为

$$\mathbf{X} = \mathbf{U}_r \mathbf{\Sigma}_r \mathbf{V}_r^{\mathrm{T}} = \sum_{i=1}^{r} \sigma_i \mathbf{u}_i \mathbf{v}_i^{\mathrm{T}} \quad \text{（根据式 (1.111)）} \tag{2.91}$$

其中，对角阵 $\mathbf{\Sigma}_r = \mathbf{Diag}(\sigma_1, \ldots, \sigma_r)$ 包含 $\mathbf{X}$ 的所有正奇异值，酉矩阵 $\mathbf{U}_r = [\mathbf{u}_1, \ldots, \mathbf{u}_r] \in \mathbb{R}^{M\times r}$ 和 $\mathbf{V}_r = [\mathbf{v}_1, \ldots, \mathbf{v}_r] \in \mathbb{R}^{N\times r}$ 分别由左奇异向量和右奇异向量构成，且 $\mathbf{U}_r^{\mathrm{T}}\mathbf{U}_r = \mathbf{V}_r^{\mathrm{T}}\mathbf{V}_r = \mathbf{I}_r$。$\mathbf{X}$ 的 ℓ_2-范数（谱范数）表示该矩阵的最大奇异值，即

$$\|\mathbf{X}\|_2 = \sigma_{\max}(\mathbf{X}) = \max\{\sigma_1, \ldots, \sigma_r\} \quad \text{（根据式 (1.10)）} \tag{2.92}$$

接下来，我们要找到 $\|\mathbf{X}\|_2$ 的对偶范数，

$$\|\mathbf{X}\|_* = \sup\left\{\mathrm{Tr}(\mathbf{X}^{\mathrm{T}}\mathbf{Y}) \mid \|\mathbf{Y}\|_2 \leqslant 1\right\} \tag{2.93}$$

令

$$\mathbf{Y} = \boldsymbol{U}_{r'} \mathbf{\Sigma}_{r'} \boldsymbol{V}_{r'}^{\mathrm{T}} = \sum_{i=1}^{r'} \sigma_i' \boldsymbol{u}_i \boldsymbol{v}_i^{\mathrm{T}} \tag{2.94}$$

其中，$(\sigma_i', \boldsymbol{u}_i, \boldsymbol{v}_i), i = 1, \ldots, r'$ 是由 $\mathbf{Y}$ 的正奇异值、左奇异向量和右奇异向量组成的三元组，即

$$\begin{aligned}
\mathbf{\Sigma}_{r'} &= \mathbf{Diag}(\sigma_1', \ldots, \sigma_{r'}') \\
\boldsymbol{U}_{r'} &= [\boldsymbol{u}_1, \ldots, \boldsymbol{u}_{r'}] \in \mathbb{R}^{M\times r'} \\
\boldsymbol{V}_{r'} &= [\boldsymbol{v}_1, \ldots, \boldsymbol{v}_{r'}] \in \mathbb{R}^{N\times r'}
\end{aligned}$$

则有

$$\begin{aligned}
\mathrm{Tr}(\mathbf{X}^{\mathrm{T}}\mathbf{Y}) &= \sum_{i=1}^{r}\sum_{j=1}^{r'} \sigma_i \sigma_j' \mathrm{Tr}(\mathbf{v}_i \mathbf{u}_i^{\mathrm{T}} \boldsymbol{u}_j \boldsymbol{v}_j^{\mathrm{T}}) \quad \text{（根据式 (2.91) 和式 (2.94) ）} \\
&= \sum_{i=1}^{r} \sigma_i \sum_{j=1}^{r'} \left(\sqrt{\sigma_j'} \mathbf{u}_i^{\mathrm{T}} \boldsymbol{u}_j\right)\left(\sqrt{\sigma_j'} \mathbf{v}_i^{\mathrm{T}} \boldsymbol{v}_j\right) \\
&\leqslant \sum_{i=1}^{r} \sigma_i \left(\sum_{j=1}^{r'} \sigma_j' (\mathbf{u}_i^{\mathrm{T}} \boldsymbol{u}_j)^2\right)^{1/2} \left(\sum_{j=1}^{r'} \sigma_j' (\mathbf{v}_i^{\mathrm{T}} \boldsymbol{v}_j)^2\right)^{1/2} \\
&\leqslant \sum_{i=1}^{r} \sigma_i \left(\mathbf{u}_i^{\mathrm{T}} (\boldsymbol{U}_{r'} \boldsymbol{U}_{r'}^{\mathrm{T}}) \mathbf{u}_i\right)^{1/2} \left(\mathbf{v}_i^{\mathrm{T}} (\boldsymbol{V}_{r'} \boldsymbol{V}_{r'}^{\mathrm{T}}) \mathbf{v}_i\right)^{1/2} \\
&\leqslant \sum_{i=1}^{r} \sigma_i
\end{aligned} \tag{2.95}$$

其中，第一个不等式可由 Cauchy–Schwartz 不等式得到，第二个不等式是由于 $0 < \sigma_j' \leqslant \sigma_{\max}(\mathbf{Y}) = \|\mathbf{Y}\|_2 \leqslant 1$，$\forall j$，第三个不等式是由于 $\boldsymbol{U}_{r'}$ 和 $\boldsymbol{V}_{r'}$ 均为半酉矩阵且具有相同的秩

$r' \leqslant \min\{M, N\}$，因此 $\boldsymbol{U}_{r'}\boldsymbol{U}_{r'}^{\mathrm{T}}$ 和 $\boldsymbol{V}_{r'}\boldsymbol{V}_{r'}^{\mathrm{T}}$ 分别为 $M \times M$ 和 $N \times N$ 的投影矩阵，且秩均为 r'（参考注 1.15）。综上，式 (2.95) 中所有不等式成立的要求：(i) $\mathbf{u}_i^{\mathrm{T}}\boldsymbol{u}_j = \alpha\mathbf{v}_i^{\mathrm{T}}\boldsymbol{v}_j$，$\forall j = 1,\ldots,r'$（$\alpha > 0$ 为常数）；(ii) $\sigma_i' = 1$，$\forall i = 1,\ldots,r'$；(iii) $\mathbf{u}_i \in \mathcal{R}(\boldsymbol{U}_{r'})$，$\mathbf{v}_i \in \mathcal{R}(\boldsymbol{V}_{r'})$，$\forall i = 1,\ldots,r$，故要求 $r' \geqslant r$。例如，当 $r' = r$ 时，$\boldsymbol{u}_i = \mathbf{u}_i$，$\boldsymbol{v}_i = \mathbf{v}_i$，$\forall i$，因此 $\alpha = 1$，则式 (2.93) 的最优 $\mathbf{Y}^\star = \mathbf{U}_r\mathbf{V}_r^{\mathrm{T}}$，可得

$$\|\mathbf{X}\|_* = \mathrm{Tr}(\mathbf{X}^{\mathrm{T}}\mathbf{Y}^\star) = \sum_{i=1}^{r}\sigma_i \tag{2.96}$$

式 (2.96) 也被称为**核范数**，表示 $\mathbf{X}$ 的所有奇异值之和。实际上由式 (2.93) 定义的 $\|\mathbf{X}\|_2$ 的对偶范数本身也是一个凸优化问题（将在第 4 章中进行介绍）。这个对偶范数也是原子范数的一个特例。

原子范数 记为 $\|\mathbf{x}\|_{\mathcal{A}}$，定义如下：

$$\|\mathbf{x}\|_{\mathcal{A}} = \inf\{t > 0 \mid \mathbf{x} \in t \cdot \mathbf{conv}\,\mathcal{A}\} \quad （参考式 (1.22)） \tag{2.97}$$

要求原子集 $\mathcal{A}$ 为中心对称集合（即该集合关于原点对称），且包含 $\mathbf{conv}\,\mathcal{A}$ 的所有极值点。原子集 $\mathcal{A}$ 中元素个数可以是有限的。集合

$$\mathbf{conv}\,\mathcal{A} = \{\mathbf{x} \mid \|\mathbf{x}\|_{\mathcal{A}} \leqslant 1\} \tag{2.98}$$

表示单位半径的原子范数球。$\|\mathbf{x}\|_{\mathcal{A}}$ 也是最小化问题式 (2.97) 在的 $\mathbf{x} \in \mathbf{bd}\,(t^\star\mathbf{conv}\,\mathcal{A})$ 约束下的最优值 $t^\star \geqslant 0$。

原子范数实际上是一种更一般的向量或矩阵范数，如下列情况所示。

- $\mathcal{A}$ 由稀疏向量构成：

$$\mathcal{A} = \{\pm\mathbf{e}_i \in \mathbb{R}^N\}_{i=1}^N \tag{2.99}$$

  其中，$\mathbf{conv}\,\mathcal{A}$ 是 $\mathbb{R}^N$ 上的一个半径为 1 的 ℓ_1-范数球，也是一个交叉多面体，则 $\|\mathbf{x}\|_{\mathcal{A}} = \|\mathbf{x}\|_1$（见图 1.1）。

- $\mathcal{A}$ 由 0-1 向量构成：

$$\mathcal{A} = \{(a_1,\ldots,a_N) \in \{\pm1\}^N\} \tag{2.100}$$

  其中，$\mathbf{conv}\,\mathcal{A}$ 是 $\mathbb{R}^N$ 中一个半径为 1 的 ℓ_∞-范数球，也是一个超立方体，则 $\|\mathbf{x}\|_{\mathcal{A}} = \|\mathbf{x}\|_\infty$（见图 1.1）。

- $\mathcal{A}$ 由以原点为中心、半径为 1 的 ℓ_2-范数球的边界构成：

$$\mathcal{A} = \{\mathbf{a} \in \mathbb{R}^N \mid \|\mathbf{a}\|_2 = 1\} \tag{2.101}$$

  则 $\|\mathbf{x}\|_{\mathcal{A}} = \|\mathbf{x}\|_2$。

- $\mathcal{A}$ 由归一化的秩为 1 的矩阵构成：

$$\begin{aligned}\mathcal{A} &= \left\{\mathbf{A} \in \mathbb{R}^{M\times N} \mid \mathrm{rank}(\mathbf{A}) = 1, \|\mathbf{A}\|_{\mathrm{F}} = 1\right\}\\ &= \left\{\mathbf{u}\mathbf{v}^T \mid \|\mathbf{u}\|_2 = \|\mathbf{v}\|_2 = 1, \mathbf{u} \in \mathbb{R}^M, \mathbf{v} \in \mathbb{R}^N\right\}\end{aligned} \tag{2.102}$$

其中，$\textbf{conv}\,\mathcal{A}$ 是一个半径为 1 的核范数球。令矩阵 $\mathbf{X}\in\mathbb{R}^{M\times N}$ 的秩为 r，正奇异值为 $\sigma_i, i=1,\ldots,r$，则

$$\|\mathbf{X}\|_{\mathcal{A}}=\sum_{i=1}^{r}\sigma_i \quad \text{（}\mathbf{X}\text{ 的核范数）} \tag{2.103}$$

即 $\mathbf{X}$ 的 ℓ_2-范数的对偶范数。

式 (2.103) 的证明　$\mathbf{X}\in\mathbb{R}^{M\times N}$ 的 SVD 可表示为

$$\mathbf{X}=\sum_{i=1}^{r}\sigma_i\boldsymbol{u}_i\boldsymbol{v}_i^{\mathrm{T}}$$

其中，$\boldsymbol{u}_i$ 和 $\boldsymbol{v}_i$ 分别表示左奇异向量和右奇异向量。令

$$t^\star\triangleq\sum_{i=1}^{r}\sigma_i=\|\mathbf{X}\|_* \quad \text{（参考式 (2.96)）}$$

可得

$$\sum_{i=1}^{r}\frac{\sigma_i}{t}\begin{cases}\leqslant 1, & \text{如果 } t\geqslant t^\star\\ >1, & \text{如果 } 0<t<t^\star\end{cases} \tag{2.104}$$

令 $\mathbf{A}_i=\boldsymbol{u}_i\boldsymbol{v}_i^{\mathrm{T}}\in\mathcal{A}$，易知 $\mathbf{0}_{M\times N}\in\textbf{conv}\,\mathcal{A}$（由于 $\mathcal{A}$ 关于原点对称，即为零矩阵），由式 (2.104) 可得

$$\begin{aligned}\mathbf{A}(t)\triangleq\sum_{i=1}^{r}\frac{\sigma_i}{t}\mathbf{A}_i&\begin{cases}\in\ \textbf{conv}\,\mathcal{A}, & \text{如果 } t\geqslant t^\star\\ \notin\ \textbf{conv}\,\mathcal{A}, & \text{如果 } 0<t<t^\star\end{cases}\\ \Rightarrow\ \mathbf{A}(t^\star)&\in\textbf{bd}\,(\textbf{conv}\,\mathcal{A})\end{aligned}$$

因此

$$\mathbf{X}=t^\star\mathbf{A}(t^\star)\in t\cdot\textbf{conv}\,\mathcal{A}$$

仅当 $t\geqslant t^\star$ 时成立。 □

注 2.18（秩 -1 矩阵的凸包）　与式 (2.98) 类似，$\textbf{conv}\,\mathcal{A}$ 表示由原子集 $\mathcal{A}$ 定义的单位范数球，该原子集由秩归一化为 1 的矩阵组成（参考式 (2.102)），则有

$$\begin{aligned}\textbf{conv}\,\mathcal{A}&=\{\mathbf{X}\in\mathbb{R}^{M\times N}\mid\|\mathbf{X}\|_{\mathcal{A}}\leqslant 1\}\\&=\Big\{\mathbf{X}\in\mathbb{R}^{M\times N}\ \Big|\ \sum_{i=1}^{r}\sigma_i\leqslant 1\Big\}\quad\text{（根据式 (2.103)）}\end{aligned} \tag{2.105}$$

其中，$\sigma_1,\ldots,\sigma_r$ 表示 $\mathbf{X}$ 奇异值。

式 (2.105) 的证明　令矩阵

$$\mathbf{X}=\sum_{i=1}^{k}\theta_i\mathbf{u}_i\mathbf{v}_i^{\mathrm{T}}=\sum_{i=1}^{r}\sigma_i\boldsymbol{u}_i\boldsymbol{v}_i^{\mathrm{T}}\in\textbf{conv}\,\mathcal{A},\ k\in\mathbb{Z}_{++} \tag{2.106}$$

其中，$\|\mathbf{u}_i\|_2 = \|\mathbf{v}_i\|_2 = 1$ 和 $\theta_i \geqslant 0,\ \forall i$，且满足 $\sum_i \theta_i = 1$，$\boldsymbol{u}_i$ 和 $\boldsymbol{v}_i$ 分别是奇异值 σ_i 对应的左右奇异向量，则有

$$\begin{aligned}
\sum_{i=1}^{r} \sigma_i &= \sum_{i=1}^{r} \boldsymbol{u}_i^{\mathrm{T}} \mathbf{X} \boldsymbol{v}_i \\
&= \sum_{i=1}^{r} \boldsymbol{u}_i^{\mathrm{T}} \left(\sum_{j=1}^{k} \theta_j \mathbf{u}_j \mathbf{v}_j^{\mathrm{T}} \right) \boldsymbol{v}_i = \sum_{j=1}^{k} \theta_j \sum_{i=1}^{r} (\boldsymbol{u}_i^{\mathrm{T}} \mathbf{u}_j)(\boldsymbol{v}_i^{\mathrm{T}} \mathbf{v}_j) \\
&\leqslant \sum_{j=1}^{k} \theta_j \left\{ \sum_{i=1}^{r} (\boldsymbol{u}_i^{\mathrm{T}} \mathbf{u}_j)^2 \right\}^{1/2} \left\{ \sum_{i=1}^{r} (\boldsymbol{v}_i^{\mathrm{T}} \mathbf{v}_j)^2 \right\}^{1/2} \leqslant \sum_{j=1}^{k} \theta_j = 1
\end{aligned}$$

其中，第一个不等式由 Cauchy–Schwartz 不等式得到，第二个不等式是因为 $\{\boldsymbol{u}_1, \ldots, \boldsymbol{u}_r\}$ 和 $\{\boldsymbol{v}_1, \ldots, \boldsymbol{v}_r\}$ 分别是子空间 $\mathbb{R}^M$ 和 $\mathbb{R}^N$ 的正交基，使得第一个不等式右边括号中的项分别小于等于 $\|\mathbf{u}_j\|_2^2 = \|\mathbf{v}_j\|_2^2 = 1$，从而第二个不等式也成立。故 $\mathbf{conv}\,\mathcal{A}$ 是式 (2.105) 右边集合的子集。

另一方面，从式 (2.106) 中容易得到，任意奇异值之和不大于 1 的 $M \times N$ 矩阵均属于 $\mathbf{conv}\,\mathcal{A}$，这是因为 $\mathbf{0}_{M\times N} \in \mathbf{conv}\,\mathcal{A}$，且所有 σ_i 都是正的。因此，式 (2.105) 右端的集合也是 $\mathbf{conv}\,\mathcal{A}$ 的子集合。 □

注 2.19（原子范数的对偶与双对偶） 向量 $\mathbf{u} \in \mathbb{R}^n$ 的原子范数的对偶范数由 $\mathcal{A} \subset \mathbb{R}^n$ 定义，表示为 $\|\mathbf{u}\|_{\mathcal{A}}^*$，定义如下：

$$\begin{aligned}
&\|\mathbf{u}\|_{\mathcal{A}}^* = \sup\left\{\mathbf{u}^{\mathrm{T}}\mathbf{x} \mid \|\mathbf{x}\|_{\mathcal{A}} \leqslant 1\right\} = \sup\left\{\mathbf{u}^{\mathrm{T}}\mathbf{x} \mid \mathbf{x} \in \mathcal{A}\right\} \quad \text{（参考式 (2.90)）} \\
&\Rightarrow \mathbf{u}^{\mathrm{T}}\mathbf{x} \leqslant \|\mathbf{u}\|_{\mathcal{A}}^* \cdot \|\mathbf{x}\|_{\mathcal{A}},\ \forall \mathbf{u}, \mathbf{x} \in \mathbb{R}^n
\end{aligned} \tag{2.107}$$

由 Hölder's 不等式可知，上面不等关系是紧的。同样地，对于矩阵 $\mathbf{U} \in \mathbb{R}^{m\times n}$ 以及原子集 $\mathcal{A} \subset \mathbb{R}^{m\times n}$，它的原子范数表示为 $\|\mathbf{U}\|_{\mathcal{A}}^*$，

$$\begin{aligned}
&\|\mathbf{U}\|_{\mathcal{A}}^* = \sup\left\{\mathrm{Tr}(\mathbf{U}^{\mathrm{T}}\mathbf{X}) \mid \|\mathbf{X}\|_{\mathcal{A}} \leqslant 1\right\} = \sup\left\{\mathrm{Tr}(\mathbf{U}^{\mathrm{T}}\mathbf{X}) \mid \mathbf{X} \in \mathcal{A}\right\} \\
&\Rightarrow \mathrm{Tr}(\mathbf{U}^{\mathrm{T}}\mathbf{X}) \leqslant \|\mathbf{U}\|_{\mathcal{A}}^* \cdot \|\mathbf{X}\|_{\mathcal{A}},\ \forall \mathbf{U}, \mathbf{X} \in \mathbb{R}^{m\times n}
\end{aligned} \tag{2.108}$$

由式 (2.107)，可推导出下面的结论：

$$\begin{aligned}
&\mathbf{u}^{\mathrm{T}}\mathbf{x} \leqslant \|\mathbf{u}\|_{\mathcal{A}}^* \cdot \|\mathbf{x}\|_{\mathcal{A}}\ \forall \mathbf{u}, \mathbf{x} \in \mathbb{R}^n \Rightarrow \sup\left\{\mathbf{u}^{\mathrm{T}}\mathbf{x} \mid \mathbf{x} \in \mathbb{A}\right\} = \|\mathbf{u}\|_{\mathcal{A}}^*,\ \forall \mathbf{u} \in \mathbb{R}^n \\
&\mathbf{u}^{\mathrm{T}}\mathbf{x} \leqslant \|\mathbf{u}\|_{\mathcal{A}}^* \cdot \|\mathbf{x}\|_{\mathcal{A}}^{**}\ \forall \mathbf{u}, \mathbf{x} \in \mathbb{R}^n \Rightarrow \sup\left\{\mathbf{u}^{\mathrm{T}}\mathbf{x} \mid \mathbf{x} \in \mathbb{B}\right\} = \|\mathbf{u}\|_{\mathcal{A}}^*,\ \forall \mathbf{u} \in \mathbb{R}^n
\end{aligned}$$

其中，$\mathbb{A} = \{\mathbf{x} \in \mathbb{R}^n \mid \|\mathbf{x}\|_{\mathcal{A}} \leqslant 1\}$，$\mathbb{B} = \{\mathbf{x} \in \mathbb{R}^n \mid \|\mathbf{x}\|_{\mathcal{A}}^{**} \leqslant 1\}$，且 $\mathbb{A}$ 和 $\mathbb{B}$ 都是紧凸集。由式 (2.90) 可得，对于任意非零向量 $\mathbf{u} \in \mathbb{R}^n$，存在极值点 $\boldsymbol{\alpha} \in \mathbb{A}_{\mathrm{extr}}$ 和极值点 $\boldsymbol{\beta} \in \mathbb{B}_{\mathrm{extr}}$ 满足 $\mathbf{u}^{\mathrm{T}}\boldsymbol{\alpha} = \mathbf{u}^{\mathrm{T}}\boldsymbol{\beta} = \|\mathbf{u}\|_{\mathcal{A}}^*$，$\boldsymbol{\alpha}, \boldsymbol{\beta} \in \mathcal{H}(\mathbf{u}) = \{\boldsymbol{x} \mid \mathbf{u}^{\mathrm{T}}\boldsymbol{x} = \|\mathbf{u}\|_{\mathcal{A}}^*\}$，与此同时，$\mathbb{A} \subset \mathcal{H}_-(\mathbf{u}) = \{\boldsymbol{x} \mid \mathbf{u}^{\mathrm{T}}\boldsymbol{x} \leqslant \|\mathbf{u}\|_{\mathcal{A}}^*\}$ 且 $\mathbb{B} \subset \mathcal{H}_-(\mathbf{u})$。因此

$$\begin{aligned}
&\mathbb{A} = \bigcap_{\mathbf{u} \in \mathbb{R}^n \setminus \{\mathbf{0}\}} \mathcal{H}_-(\mathbf{u}) = \mathbb{B} \quad \text{（根据式 (2.137)）} \\
&\Rightarrow \|\mathbf{x}\|_{\mathcal{A}}^{**} = \|\mathbf{x}\|_{\mathcal{A}},\ \forall \mathbf{x} \in \mathbb{R}^n
\end{aligned} \tag{2.109}$$

即任意原子范数的双对偶是它本身。例如，$\mathcal{A}$ 为式 (2.102) 给出的低秩矩阵的集合，$\|\mathbf{X}\|_{\mathcal{A}}$（参考式 (2.103)）就是核范数 $\|\mathbf{X}\|_*$（参考式 (2.96)），也是 $\|\mathbf{X}\|_2$ 的对偶范数，因此 $\|\mathbf{X}\|_{\mathcal{A}}^* = \|\mathbf{X}\|_2$（$\mathbf{X}$ 的谱范数）。 □

2.5.2　对偶锥

锥 K 的**对偶锥**定义为

$$K^* \triangleq \{\mathbf{y} \mid \mathbf{x}^{\mathrm{T}}\mathbf{y} \geqslant 0, \ \forall \mathbf{x} \in K\} \tag{2.110}$$

例如，集合 $\{\mathbf{x} = (x_1, x_2) \in \mathbb{R}_+^2 \mid x_1 \geqslant x_2\}$ 是一个 45° 的锥，它的对偶锥是 $\{\mathbf{x} = (x_1, x_2) \in \mathbb{R}^2 \mid x_1 \geqslant 0, \ x_1 + x_2 \geqslant 0\}$，表示一个 135° 的锥。又如 $\mathbb{R}^2 \setminus \mathbb{R}_{++}^2$ 也是一个锥，它的对偶锥是原点 $\mathbf{0}_2$，而 $\mathbf{0}_2$ 的对偶则为 $\mathbb{R}^2$。

任意锥 K 的对偶锥 K^* 都是唯一的，即使 K 不是凸的、闭的，K^* 也总是凸的、闭的。例如，$\mathbf{a}$ 和 $\mathbf{b}$ 是 $\mathbb{R}^2$ 中两个不同的非零向量，令

$$K_1 = \mathbf{conic}\{\mathbf{a}\} = \{\mathbf{x} = \theta\mathbf{a} \mid \theta \geqslant 0\} \tag{2.111}$$

$$K_2 = \mathbf{conic}\{\mathbf{b}\} = \{\mathbf{x} = \theta\mathbf{b} \mid \theta \geqslant 0\} \tag{2.112}$$

$$K = K_1 \cup K_2 = \{\mathbf{x} \mid \mathbf{x} = \theta_1\mathbf{a} + \theta_2\mathbf{b}, \ (\theta_1, \theta_2) \in \mathbb{R}_+^2, \ \theta_1\theta_2 = 0\} \tag{2.113}$$

$$\mathcal{K} = \mathbf{conv}\ K = \mathbf{conic}\{\mathbf{a}, \mathbf{b}\} \tag{2.114}$$

$$\mathcal{K}_1 = (\mathbf{int}\ \mathcal{K}) \cup \{\mathbf{0}_2\} \tag{2.115}$$

K_1、K_2 和 $\mathcal{K}$ 都是闭的凸锥，K 是闭的非凸锥，$\mathcal{K}_1$ 是凸锥但并不是闭的。由式 (2.10) 可知它们的对偶锥分别为

$$K_1^* = H_+(\mathbf{a}) \triangleq \{\mathbf{y} \mid \mathbf{a}^{\mathrm{T}}\mathbf{y} \geqslant 0\} \tag{2.116}$$

$$K_2^* = H_+(\mathbf{b}) \triangleq \{\mathbf{y} \mid \mathbf{b}^{\mathrm{T}}\mathbf{y} \geqslant 0\} \tag{2.117}$$

$$K^* = \{\mathbf{y} \mid \mathbf{a}^{\mathrm{T}}\mathbf{y} \geqslant 0, \ \mathbf{b}^{\mathrm{T}}\mathbf{y} \geqslant 0\} = \mathcal{K}^* = \mathcal{K}_1^* \tag{2.118}$$

都是闭的凸锥，如图 2.19 所示。非凸锥 $K = (K_1 \cup K_2) \subseteq \mathbb{R}^2$ 的对偶锥 K^* 是一个闭凸锥，

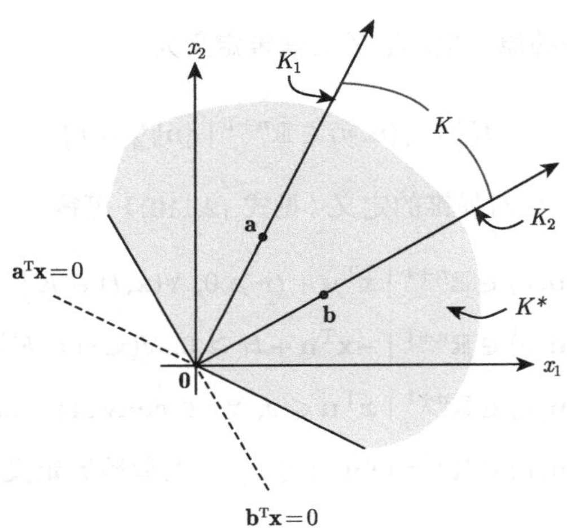

图 2.19　非凸锥 $K = (K_1 \cup K_2) \subseteq \mathbb{R}^2$ 对偶锥 K^* 的图示

而且也是 $\mathcal{K} = \textbf{conv}\, K$ 和 $\mathcal{K}_1 = (\textbf{int}\ \mathcal{K}) \cup \{\mathbf{0}_2\}$ 的对偶锥。接下来介绍一些常见的锥，其中三个是**自对偶锥**（即锥与其对偶锥相同）。

例 2.10 子空间 $V \subseteq \mathbb{R}^n$（这是一个凸锥）的对偶锥是其正交补 $V^{\perp} = \{\mathbf{y} \mid \mathbf{y}^{\mathrm{T}}\mathbf{v} = 0,\ \forall \mathbf{v} \in V\}$。 □

例 2.11（非负象限） 非负象限锥 $\mathbb{R}^n_+$ 的对偶锥为非负象限锥 $\mathbb{R}^n_+$，即非负象限锥是自对偶的。 □

例 2.12 $K = \mathbb{S}^n_+$，$K^* = K$（自对偶），其中

$$K^* = \{\mathbf{Y} \mid \mathrm{Tr}(\mathbf{XY}) \geqslant 0,\ \forall \mathbf{X} \succeq \mathbf{0}\}$$

表示 K 的对偶锥。

证明 首先证明 $K^* \subseteq \mathbb{S}^n_+$。对于任意的 $\mathbf{Y} \in K^*$，我们需要证明 $\mathbf{Y} \in \mathbb{S}^n_+$。若 $\mathbf{Y} \notin \mathbb{S}^n_+$，则必然存在向量 $\mathbf{q} \in \mathbb{R}^n$ 满足

$$\mathbf{q}^{\mathrm{T}}\mathbf{Y}\mathbf{q} = \mathrm{Tr}\left(\mathbf{q}\mathbf{q}^{\mathrm{T}}\mathbf{Y}\right) < 0$$

令 $\mathbf{X} = \mathbf{q}\mathbf{q}^{\mathrm{T}} \in \mathbb{S}^n_+$，则有 $\mathrm{Tr}(\mathbf{XY}) = \mathrm{Tr}(\mathbf{q}\mathbf{q}^{\mathrm{T}}\mathbf{Y}) < 0 \Rightarrow \mathbf{Y} \notin K^*$，显然，它与 $\mathbf{Y} \in K^*$ 相矛盾，因此 $\mathbf{Y} \in \mathbb{S}^n_+$，故 $K^* \subseteq \mathbb{S}^n_+$。

接下来，证明 $\mathbb{S}^n_+ \subseteq K^*$。若 $\mathbf{Y} \in \mathbb{S}^n_+$，则对 $\mathbf{X}$ 进行特征值分解 $\mathbf{X} = \sum_{i=1}^n \lambda_i \mathbf{q}_i \mathbf{q}_i^{\mathrm{T}} \in K$（$\lambda_i \geqslant 0$），有

$$\mathrm{Tr}(\mathbf{XY}) = \mathrm{Tr}\left(\sum_{i=1}^n \lambda_i \mathbf{q}_i \mathbf{q}_i^{\mathrm{T}} \mathbf{Y}\right) = \sum_{i=1}^n (\mathbf{q}_i^{\mathrm{T}} \mathbf{Y} \mathbf{q}_i)\lambda_i \geqslant 0,\ \forall \mathbf{X} \in K$$

这意味着 $\mathbf{Y} \in K^*$，因此 $\mathbb{S}^n_+ \subseteq K^*$。综上有 $K^* = K$。 □

例 2.13（范数锥的对偶） 考虑一个原子范数所定义的锥：

$$K = \{(\mathbf{x}, t) \in \mathbb{R}^{n+1} \mid \|\mathbf{x}\|_{\mathcal{A}} \leqslant t\} \tag{2.119}$$

式中，$\mathcal{A} \subset \mathbb{R}^n$ 表示相关的原子集。K 的对偶锥定义为

$$K^* = \{(\mathbf{u}, v) \in \mathbb{R}^{n+1} \mid \|\mathbf{u}\|^*_{\mathcal{A}} \leqslant v\} \tag{2.120}$$

式 (2.120) 的证明 由对偶锥的定义（见式 (2.110)）可得

$$\begin{aligned}
K^* &= \left\{(\mathbf{u}, v) \in \mathbb{R}^{n+1} \mid \mathbf{x}^{\mathrm{T}}\mathbf{u} + tv \geqslant 0,\ \forall (\mathbf{x}, t) \in K\right\} \\
&= \left\{(\mathbf{u}, v) \in \mathbb{R}^{n+1} \mid -\mathbf{x}^{\mathrm{T}}\mathbf{u} + tv \geqslant 0,\ \forall (\mathbf{x}, t) \in K\right\} \\
&= \left\{(\mathbf{u}, v) \in \mathbb{R}^{n+1} \mid \boldsymbol{x}^{\mathrm{T}}\mathbf{u} \leqslant v,\ \forall \boldsymbol{x} \in \textbf{conv}\,\mathcal{A}\right\} \quad (\boldsymbol{x} = \mathbf{x}/t) \\
&= \left\{(\mathbf{u}, v) \in \mathbb{R}^{n+1} \mid \|\mathbf{u}\|^*_{\mathcal{A}} \leqslant v\right\} \quad \text{（对偶范数定义）}
\end{aligned}$$

由于 $(\mathbf{x},t)\in K \Leftrightarrow (-\mathbf{x},t)\in K$，故上式中的第二个等式成立；在第三个等式中，应用了式 (2.98)，同时要求 $t\neq 0$，保证不影响后续推导（因为 $t=0$ 时 $\mathbf{x}=\mathbf{0}_n$，则在上面前两个等式中，对于任意 $(\mathbf{u},v)$，$\mathbf{x}^{\mathrm{T}}\mathbf{u}+tv=0$ 成立）。 □

例 2.14（Lorentz 锥的对偶） 令 $\mathbf{x}\in\mathbb{R}^n$，$t\in\mathbb{R}$。Lorentz 锥 $K=\{(\mathbf{x},t)\in\mathbb{R}^{n+1}\mid \|\mathbf{x}\|_2\leqslant t\}$ 的对偶为

$$K^*=\{(\mathbf{u},v)\in\mathbb{R}^{n+1}\mid \|\mathbf{u}\|_*\leqslant v\} \quad \text{（见式 (2.120)）}$$

其中，$\|\cdot\|_*=\|\cdot\|_2$，因此 $K^*=K$（自对偶）。这个例子实际上是例 2.13 中 $\|\cdot\|_{\mathcal{A}}=\|\cdot\|_2=\|\cdot\|_{\mathcal{A}}^*$ 的一个特例。下面是另一种证明方法。

证明 首先证明 $K^*\subseteq K$。假设 $(\mathbf{y},t')\in K^*$，由对偶锥的定义可得 $\mathbf{y}^T\mathbf{x}+t't\geqslant 0\ \forall(\mathbf{x},t)\in K$，则

$$\begin{aligned}(\mathbf{y},t')\in K^* \Rightarrow \min_{\|\mathbf{x}\|_2\leqslant t}\mathbf{y}^{\mathrm{T}}\mathbf{x}+t't &= \mathbf{y}^{\mathrm{T}}\left(t\frac{-\mathbf{y}}{\|\mathbf{y}\|_2}\right)+t't\\ &= -\|\mathbf{y}\|_2 t+t't\\ &= (t'-\|\mathbf{y}\|_2)t\geqslant 0,\ \forall t\geqslant 0\ \Rightarrow (\mathbf{y},t')\in K\end{aligned}$$

故 $K^*\subseteq K$。

另一方面，如果 $(\mathbf{y},t')\in K$，即 $\|\mathbf{y}\|_2\leqslant t'$ 和 $t'\geqslant 0$，则不难得出，上述结论反过来也是成立的，即 $K\subseteq K^*$。综上，对于 Lorentz 锥有 $K^*=K$。 □

对偶锥具有以下 5 个性质：

(d1) K^* 是闭凸锥。

如图 2.19 所示，其中 K^* 由式 (2.118) 给出，显然它是一个闭凸锥，也是由式 (2.113) 给出的闭的非凸锥 K、由式 (2.114) 给出的闭凸锥 $\mathcal{K}$、由式 (2.115) 给出的非闭的凸锥 $\mathcal{K}_1$ 的对偶。

(d2) $K_1\subseteq K_2$ 可导出 $K_2^*\subseteq K_1^*$。

例如，对于凸锥 $K=K_1\cup K_2$（见式 (2.113)），K_1 由式 (2.111) 给出，则 $K^*\subset K_1^*=H_+(\mathbf{a})$（参考式 (2.115)）。

(d3) 如果 K 有非空内部，那么 K^* 是尖的。

例如，$K=\mathbb{R}_+^n=K^*$ 具有非空内部，而且它是尖的。如果 K 的内部是空的，那么 K^* 可能不是尖的。举例来说，$K=\mathbf{0}_2$，其内部 $\mathbf{int}\ K=\varnothing$，对偶锥 $K^*=\mathbb{R}^2$ 不是尖的。而对于 K_1（见式 (2.111)），$\mathbf{int}\ K_1=\varnothing$，且 $K_1^*=H_+(\mathbf{a})$（见式 (2.116)）是一个闭的半空间，它也不是尖的。

(d4) 如果 K 的闭包是尖的，那么 K^* 具有非空内部。

例如，由式 (2.113) 定义的锥的闭包是尖的，它的对偶锥 K^* 具有非空内部。如果锥 K 的闭包不是尖的，那么它的对偶锥 K^* 可能具有空的内部。举例来说，对于锥 $\widetilde{K}=\{\mathbf{x}\in\mathbb{R}^2\mid \boldsymbol{a}^{\mathrm{T}}\mathbf{x}>0\}\cup\{\mathbf{0}_2\}$，它的闭包 $\mathbf{cl}\ \widetilde{K}=H_+(\boldsymbol{a})$ 是闭的半空间，但不是尖的，它的对偶锥 $\widetilde{K}^*=\mathbf{conic}\{\boldsymbol{a}\}$ 内部为空，其中 $\boldsymbol{a}$ 是 $\mathbb{R}^2$ 中的非零向量。

(d5) K^{**} 是 K 的凸包的闭包。（因此，如果 K 是闭凸锥，那么 $K^{**}=K$。）

例如，对于闭的非凸锥 K 以及非闭的凸锥 $\mathcal{K}_1$，它们有着相同的闭的凸双对偶锥 $K^{**} = \mathcal{K}_1^{**} = \mathcal{K} = \mathbf{cl}\,\mathcal{K}_1$（参考式 (2.118)、式 (2.114) 和式 (2.115)）。

这些性质表明如果 K 是真锥，则其对偶 K^* 也是真锥，且 $K^{**} = K$。可以进一步导出两条有关广义不等式（由真锥 K 定义）和一般不等式（与 K^* 相关）之间关系的性质：

$$\begin{aligned}&\text{(P1) } \mathbf{x} \preceq_K \mathbf{y}, \text{ 当且仅当 } \boldsymbol{\lambda}^{\mathrm{T}}\mathbf{x} \leqslant \boldsymbol{\lambda}^{\mathrm{T}}\mathbf{y}, \forall \boldsymbol{\lambda} \succeq_{K^*} \mathbf{0}\\ &\quad\text{或者，} \mathbf{z} \in K \text{ 当且仅当 } \boldsymbol{\lambda}^{\mathrm{T}}\mathbf{z} \geqslant 0, \forall \boldsymbol{\lambda} \in K^*\end{aligned} \tag{2.121a}$$

$$\begin{aligned}&\text{(P2) } \mathbf{x} \prec_K \mathbf{y}, \text{ 当且仅当 } \boldsymbol{\lambda}^{\mathrm{T}}\mathbf{x} < \boldsymbol{\lambda}^{\mathrm{T}}\mathbf{y}, \forall \boldsymbol{\lambda} \succeq_{K^*} \mathbf{0}, \boldsymbol{\lambda} \neq \mathbf{0}\\ &\quad\text{或者，} \mathbf{z} \in \mathbf{int}\,K, \text{ 当且仅当 } \boldsymbol{\lambda}^{\mathrm{T}}\mathbf{z} > 0, \forall \boldsymbol{\lambda} \in K^* \setminus \{\mathbf{0}\}\end{aligned} \tag{2.121b}$$

这两个性质可以由广义不等式 $\prec_K$、$\preceq_K$ 和 $\succeq_{K^*}$ 的定义得到（见式 (2.78)）。因为 $K^{**} = (K^*)^* = K$，因此上述性质中交换 K 和 K^* 后仍然成立。接下来我们将证明 (P2)。

(P2) 的证明

必要性：利用反证法。假设存在一个 $\boldsymbol{\lambda} \in K^* \setminus \{\mathbf{0}\}$ 满足 $\boldsymbol{\lambda}^{\mathrm{T}}(\mathbf{y}-\mathbf{x}) \leqslant 0$，由于 $\mathbf{y}-\mathbf{x} \in \mathbf{int}\,K$，则必然存在一个中心为 $\mathbf{y}-\mathbf{x}$，半径为 $\varepsilon > 0$ 的欧氏球 $B(\mathbf{y}-\mathbf{x}, \varepsilon) \subset K$。因此，有

$$\begin{aligned}&(\mathbf{y}-\mathbf{x}) + (-\varepsilon\boldsymbol{\lambda}/\|\boldsymbol{\lambda}\|_2) \in K\\ \Rightarrow\ &\boldsymbol{\lambda}^{\mathrm{T}}[(\mathbf{y}-\mathbf{x}) + (-\varepsilon\boldsymbol{\lambda}/\|\boldsymbol{\lambda}\|_2)] \geqslant 0 \quad (\text{因为 } \boldsymbol{\lambda} \in K^* \setminus \{\mathbf{0}\})\\ \Rightarrow\ &\boldsymbol{\lambda}^{\mathrm{T}}(\mathbf{y}-\mathbf{x}) \geqslant \varepsilon\|\boldsymbol{\lambda}\|_2 > 0\end{aligned}$$

这与假设 $\boldsymbol{\lambda}^{\mathrm{T}}(\mathbf{y}-\mathbf{x}) \leqslant 0$ 相矛盾，因此可证明 $\boldsymbol{\lambda}^{\mathrm{T}}(\mathbf{y}-\mathbf{x}) > 0$。

充分性：再次利用反证法。假设 $\mathbf{x} \not\prec_K \mathbf{y}$，且 $K = K^{**}$，也就是说 $\mathbf{y}-\mathbf{x} \notin \mathbf{int}\,K = \mathbf{int}\,K^{**}$，则 $\mathbf{y}-\mathbf{x} \notin K^{**}$ 或者 $\mathbf{y}-\mathbf{x} \in \mathbf{bd}\,K^{**}$。对于 $\mathbf{y}-\mathbf{x} \notin K^{**}$ 这种情况，必然存在一个 $\boldsymbol{\lambda} \in K^*$ 满足 $\boldsymbol{\lambda}^{\mathrm{T}}(\mathbf{y}-\mathbf{x}) < 0$，而这与假设 $\boldsymbol{\lambda}^{\mathrm{T}}\mathbf{x} < \boldsymbol{\lambda}^{\mathrm{T}}\mathbf{y}$ 相矛盾。对于 $\mathbf{y}-\mathbf{x} \in \mathbf{bd}\,K^{**}$ 这种情况，那么必然存在一个 $\boldsymbol{\lambda} \in K^* \setminus \{\mathbf{0}\}$ 满足 $\boldsymbol{\lambda}^{\mathrm{T}}(\mathbf{y}-\mathbf{x}) = 0$，因为 K^* 和 K^{**} 都是闭的，这又与假设 $\boldsymbol{\lambda}^{\mathrm{T}}\mathbf{x} < \boldsymbol{\lambda}^{\mathrm{T}}\mathbf{y}$ 相矛盾。因此上面的假设均不成立。 □

注 2.20 上述关于广义不等式点的两条性质 (P1) 和 (P2) 是基于两个向量的比较，因此，广义不等式的比较可以等价地转换为 K^* 中任一元素与两个向量内积的一般不等式。□

注 2.21 一般情况下，广义不等式中 K 没有特别说明，则“$\mathbf{x} \succeq \mathbf{y}$”表示 $K = \mathbb{R}_+^n$ 上逐个元素的不等式关系，而“$\mathbf{X} \succeq \mathbf{0}$”表示 $\mathbf{X} \in \mathbb{S}_+^n$，即 $K = \mathbb{S}_+^n$。 □

2.6 分离与支撑超平面

2.6.1 分离超平面定理

假设 C 和 D 是 $\mathbb{R}^n$ 中的两个凸集，且 $C \cap D = \varnothing$，$\mathbf{a} \in \mathbb{R}^n$ 是一个非零向量，$b \in \mathbb{R}$，则存在超平面 $H(\mathbf{a}, b) = \{\mathbf{x} \mid \mathbf{a}^{\mathrm{T}}\mathbf{x} = b\}$ 满足

$$C \subseteq H_-(\mathbf{a}, b), \ \text{ i.e., } \ \mathbf{a}^{\mathrm{T}}\mathbf{x} \leqslant b, \ \forall \mathbf{x} \in C \tag{2.122}$$

和

$$D \subseteq H_+(\mathbf{a}, b), \text{ i.e., } \mathbf{a}^{\mathrm{T}}\mathbf{x} \geqslant b, \ \forall \mathbf{x} \in D \tag{2.123}$$

接下来证明式 (2.123)，式 (2.122) 的证明与之类似。不失一般性，我们假设凸集 C 和 D 均是闭的，由 2.1.4 节性质 2.5 可知，$\mathbf{cl}\ C$、$\mathbf{int}\ C$、$\mathbf{cl}\ D$ 和 $\mathbf{int}\ D$ 也是凸的，因此分离 $\mathbf{cl}\ C$（或 $\mathbf{int}\ C$）、$\mathbf{cl}\ D$（或 $\mathbf{int}\ D$）的超平面同样也可以分离 C 和 D。

证明 令

$$\mathbf{dist}(C, D) = \inf\{\|\mathbf{u} - \mathbf{v}\|_2 \mid \mathbf{v} \in C, \ \mathbf{u} \in D\} \tag{2.124}$$

假设 $\mathbf{dist}(C, D) > 0$，且存在 $\mathbf{c} \in C$ 和 $\mathbf{d} \in D$ 使得

$$\|\mathbf{c} - \mathbf{d}\|_2 = \mathbf{dist}(C, D) \quad \text{（见图 2.20）} \tag{2.125}$$

当 C 和 D 是闭的，且 C 或 D 是有界的，则上述假设成立；当 C 和 D 都不是有界的，则可能不存在 $\mathbf{c} \in C$ 和 $\mathbf{d} \in D$ 满足上述假设。例如 $C = \{(x, y) \in \mathbb{R}^2 \mid y \geqslant \mathrm{e}^{-x} + 1, x \geqslant 0\}$ 和 $D = \{(x, y) \in \mathbb{R}^2 \mid y \leqslant -\mathrm{e}^{-x}, x \geqslant 0\}$ 都是闭的、无界的凸集，且 $\mathbf{dist}(C, D) = 1$，但是并不存在满足式 (2.125) 的 $\mathbf{c} \in C$ 和 $\mathbf{d} \in D$。

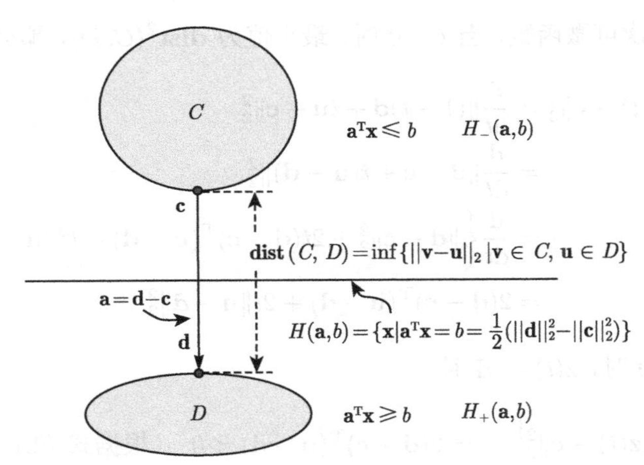

图 2.20 超平面分离了两个闭凸集 C 和 D

如果存在 $\mathbf{c} \in C$，$\mathbf{d} \in D$ 满足式 (2.125)（见图 2.20），则令

$$\begin{cases} \mathbf{a} = \mathbf{d} - \mathbf{c} \\ b = \dfrac{1}{2}(\|\mathbf{d}\|_2^2 - \|\mathbf{c}\|_2^2) \end{cases} \tag{2.126}$$

那么 $H(\mathbf{a}, b)$ 是一个分离 C 和 D 的超平面。为后续证明方便，定义

$$\begin{aligned} f(\mathbf{x}) &= \mathbf{a}^{\mathrm{T}}\mathbf{x} - b \\ &= (\mathbf{d} - \mathbf{c})^{\mathrm{T}}\mathbf{x} - \frac{\|\mathbf{d}\|_2^2}{2} + \frac{\|\mathbf{c}\|_2^2}{2} \\ &= (\mathbf{d} - \mathbf{c})^{\mathrm{T}}\Big(\mathbf{x} - \frac{\mathbf{d} + \mathbf{c}}{2}\Big) \end{aligned} \tag{2.127}$$

接下来证明式 (2.123)，即对任意 $\mathbf{x} \in D$ 有 $f(\mathbf{x}) \geqslant 0$ 成立。假设存在 $\mathbf{u} \in D$ 使得 $f(\mathbf{u}) < 0$，则

$$\begin{aligned} 0 &> f(\mathbf{u}) \\ &= (\mathbf{d}-\mathbf{c})^{\mathrm{T}}\left(\mathbf{u}-\frac{\mathbf{d}+\mathbf{c}}{2}\right) \\ &= (\mathbf{d}-\mathbf{c})^{\mathrm{T}}\left(\mathbf{u}-\mathbf{d}+\frac{\mathbf{d}-\mathbf{c}}{2}\right) \\ &= (\mathbf{d}-\mathbf{c})^{\mathrm{T}}(\mathbf{u}-\mathbf{d})+\frac{1}{2}\|\mathbf{d}-\mathbf{c}\|_2^2 \end{aligned} \tag{2.128}$$

那么根据假设 $\mathbf{dist}(C, D) > 0$，有

$$(\mathbf{d}-\mathbf{c})^{\mathrm{T}}(\mathbf{u}-\mathbf{d}) < 0 \tag{2.129}$$

考虑 $\mathbf{z}(t) = (1-t)\mathbf{d} + t\mathbf{u} \in D$，其中 $t \in [0,1]$，则

$$\|\mathbf{z}(t)-\mathbf{c}\|_2^2 = \|(1-t)\mathbf{d}+t\mathbf{u}-\mathbf{c}\|_2^2 \geqslant \mathbf{dist}^2(C, D) \tag{2.130}$$

是一个关于 t 的二次可微函数，当 $t=0$ 时，最小值为 $\mathbf{dist}^2(C, D)$，那么

$$\begin{aligned} \frac{\mathrm{d}}{\mathrm{d}t}\|\mathbf{z}(t)-\mathbf{c}\|_2^2 &= \frac{\mathrm{d}}{\mathrm{d}t}\|(1-t)\mathbf{d}+t\mathbf{u}-\mathbf{c}\|_2^2 \\ &= \frac{\mathrm{d}}{\mathrm{d}t}\|\mathbf{d}-\mathbf{c}+t(\mathbf{u}-\mathbf{d})\|_2^2 \\ &= \frac{\mathrm{d}}{\mathrm{d}t}\left\{\|\mathbf{d}-\mathbf{c}\|_2^2+2t(\mathbf{d}-\mathbf{c})^{\mathrm{T}}(\mathbf{u}-\mathbf{d})+t^2\|\mathbf{u}-\mathbf{d}\|_2^2\right\} \\ &= 2(\mathbf{d}-\mathbf{c})^{\mathrm{T}}(\mathbf{u}-\mathbf{d})+2t\|\mathbf{u}-\mathbf{d}\|_2^2 \end{aligned} \tag{2.131}$$

注意，当 $t \to 0$ 时，$\mathbf{z}(t) \to \mathbf{d}$ 且

$$\left.\frac{\mathrm{d}}{\mathrm{d}t}\|\mathbf{z}(t)-\mathbf{c}\|_2^2\right|_{t=0} = 2(\mathbf{d}-\mathbf{c})^{\mathrm{T}}(\mathbf{u}-\mathbf{d}) < 0 \quad \text{（根据式 (2.129)）} \tag{2.132}$$

这意味存在足够小的 t 使得

$$\|\mathbf{z}(t)-\mathbf{c}\|_2^2 < \|\mathbf{d}-\mathbf{c}\|_2^2 = \mathbf{dist}^2(C, D) \tag{2.133}$$

成立，这与式 (2.130) 相矛盾。由此，式 (2.123) 得证。同理可证明式 (2.122)。 □

注意，上述证明假定了 C 和 D 是两个不相交的闭凸集且 $\mathbf{dist}(C, D) > 0$。现证明 $\mathbf{dist}(C, D) = 0$ 的情况，这时，由前述分离超平面定理可知 C 或 D 必须是开的。

证明 令 $\{C_i\}$ 和 $\{D_i\}$ 是两个紧凸集序列，满足

$$\lim_{i\to\infty} C_i = \mathbf{int}\, C, \quad C_i \subseteq C_{i+1}, \ \forall i \in \mathbb{Z}_{++}$$

$$\lim_{i\to\infty} D_i = \mathbf{int}\, D, \quad D_i \subseteq D_{i+1}, \ \forall i \in \mathbb{Z}_{++}$$

由于 C_i 和 D_i 是不相交的紧凸集，对于某些 $\mathbf{c}_i \in C_i$ 和 $\mathbf{d}_i \in D_i$ 有

$$\mathbf{dist}(C_i, D_i) = \|\mathbf{c}_i - \mathbf{d}_i\|_2 > 0$$

其中，$\{\mathbf{c}_i\}$ 和 $\{\mathbf{d}_i\}$ 均为有界序列。由前面的证明及式 (2.126) 可知，必然存在一个超平面 $H(\mathbf{a}_i, b_i)$ 将 C_i 和 D_i 分离，其中

$$\left.\begin{aligned} \mathbf{a}_i &\triangleq \frac{\mathbf{d}_i - \mathbf{c}_i}{\|\mathbf{d}_i - \mathbf{c}_i\|_2} \\ b_i &\triangleq \frac{\|\mathbf{d}_i\|_2^2 - \|\mathbf{c}_i\|_2^2}{2 \cdot \|\mathbf{d}_i - \mathbf{c}_i\|_2} = \frac{1}{2}(\mathbf{d}_i + \mathbf{c}_i)^{\mathrm{T}} \mathbf{a}_i \end{aligned}\right. \quad \text{（参考式 (2.126)）}$$

根据 Bolzano–Weierstrass 定理 [Apo07,Ber09]，可知 $\mathbb{R}$ 中的有界数列必有收敛子列。由于 $\{(\mathbf{a}_j, b_j)\}$ 是一个有界序列，所以必然存在一个子序列 $\{(\mathbf{a}_j, b_j) \mid j \in Z \subset \mathbb{Z}_{++}\}$ 使得

$$\mathbf{a} \triangleq \lim_{j\to\infty, j\in Z} \mathbf{a}_j \neq \mathbf{0} \quad (\text{由于 } \|\mathbf{a}_j\|_2 = 1,\ \forall j)$$

$$b \triangleq \lim_{j\to\infty, j\in Z} b_j$$

又因为

$$\lim_{j\to\infty, j\in Z} C_j = \lim_{j\to\infty} C_j = \mathbf{int}\, C$$

$$\lim_{j\to\infty, j\in Z} D_j = \lim_{j\to\infty} D_j = \mathbf{int}\, D$$

且 $\lim_{j\to\infty} \mathbf{dist}(C_j, D_j) = 0$，故超平面

$$H(\mathbf{a}, b) \triangleq \lim_{j\to\infty, j\in Z} H(\mathbf{a}_j, b_j)$$

分离 $\mathbf{int}\, C$ 和 $\mathbf{int}\, D$。由注 2.23，该超平面同样将 C 和 D 分离。 □

注 2.22 对于任意两个凸集 C 和 D，且至少有一个是开的，如果存在一个超平面可分离 C 和 D，则 C 和 D 不相交。 □

注 2.23 假设凸集 C 具有非空内部（不一定是闭集），若 $H = \{\mathbf{x} \mid \mathbf{a}^{\mathrm{T}}\mathbf{x} = b\}$ 是一个超平面，而且 $\mathbf{int}\, C \subseteq H_- = \{\mathbf{x} \mid \mathbf{a}^{\mathrm{T}}\mathbf{x} \leqslant b\}$，那么 $C \subseteq H_-$ 且 $\mathbf{bd}\, C \subset H_-$。

证明 假设 $\mathbf{x} \in \mathbf{int}\, C$，$\mathbf{y} \in \mathbf{bd}\, C$，那么对于任意的 $0 < \theta < 1$，有 $\mathbf{z} = \theta\mathbf{x} + (1-\theta)\mathbf{y} \in \mathbf{int}\, C$。因此 $\mathbf{a}^{\mathrm{T}}\mathbf{x} \leqslant b$，$\mathbf{a}^{\mathrm{T}}\mathbf{z} \leqslant b$，故

$$\begin{aligned} &\mathbf{a}^{\mathrm{T}}\mathbf{z} = \theta\mathbf{a}^{\mathrm{T}}\mathbf{x} + (1-\theta)\mathbf{a}^{\mathrm{T}}\mathbf{y} \leqslant b = \theta b + (1-\theta) b \\ \Rightarrow\ &\mathbf{a}^{\mathrm{T}}\mathbf{y} \leqslant b + \frac{\theta}{1-\theta}(b - \mathbf{a}^{\mathrm{T}}\mathbf{x}) \end{aligned}$$

对任意 $\theta \in (0,1)$ 成立。上式意味着 $\mathbf{a}^{\mathrm{T}}\mathbf{y} \leqslant b$，因此 $C \subseteq H_-$ 和 $\mathbf{bd}\, C \subset H_-$ 成立。 □

2.6.2 支撑超平面

对于任意非空凸集 C 以及任意 $\mathbf{x}_0 \in \mathbf{bd}\, C$，存在 $\mathbf{a} \neq \mathbf{0}$ 使得 $\forall \mathbf{x} \in C$ 有 $\mathbf{a}^{\mathrm{T}}\mathbf{x} \leqslant \mathbf{a}^{\mathrm{T}}\mathbf{x}_0$，那么称超平面 $H = \{\mathbf{x} \mid \mathbf{a}^{\mathrm{T}}\mathbf{x} = \mathbf{a}^{\mathrm{T}}\mathbf{x}_0\}$ 为 C 在点 $\mathbf{x}_0$ 处的支撑超平面，集合 C 满足 $C \subseteq H_- = \{\mathbf{x} \mid \mathbf{a}^{\mathrm{T}}\mathbf{x} \leqslant \mathbf{a}^{\mathrm{T}}\mathbf{x}_0\}$（见图 2.21）。

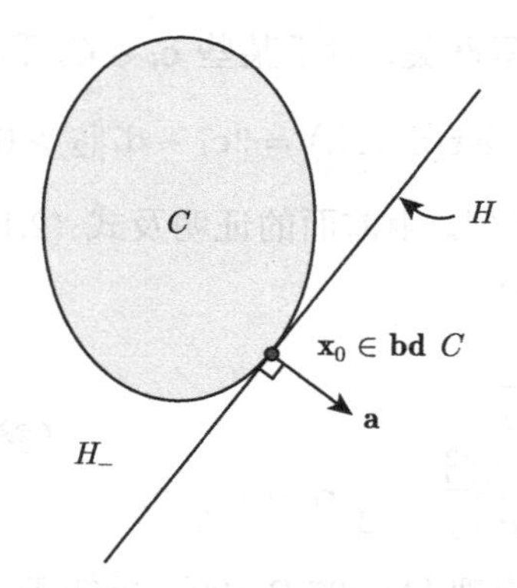

图 2.21 超平面 $H=\{\mathbf{x} \mid \mathbf{a}^{\mathrm{T}}\mathbf{x}=\mathbf{a}^{\mathrm{T}}\mathbf{x}_0\}$ 在点 $\mathbf{x}_0$ 处支撑集合 C，$C \subseteq H_-=\{\mathbf{x} \mid \mathbf{a}^{\mathrm{T}}\mathbf{x} \leqslant \mathbf{a}^{\mathrm{T}}\mathbf{x}_0\}$

证明 假设 C 为凸集，$A=\mathbf{int}\ C$（开的凸集），$\mathbf{x}_0 \in \mathbf{bd}\ C$。令 $B=\{\mathbf{x}_0\}$（凸的），则 $A \cap B=\varnothing$。因为 A 和 B 之间的距离为 0，那么由分离超平面定理可知，存在分离超平面 $H=\{\mathbf{x} \mid \mathbf{a}^{\mathrm{T}}\mathbf{x}=\mathbf{a}^{\mathrm{T}}\mathbf{x}_0\}$ 可分离 A 和 B，其中 $\mathbf{a} \neq \mathbf{0}$，满足 $\mathbf{a}^{\mathrm{T}}(\mathbf{x}-\mathbf{x}_0) \leqslant 0$，$\forall \mathbf{x} \in C$（即 $C \subseteq H_-$）。因此，超平面 H 穿过点 $\mathbf{x}_0 \in \mathbf{bd}\ C$，且为凸集 C 的支撑超平面。 □

通过支撑超平面定理可以很容易证明，具有非空内部的闭凸集 S 是包含其在内的所有（可能是有限个）闭半空间的交集（参考注 2.8）。令

$$\mathcal{H}(\mathbf{x}_0) \triangleq \left\{\mathbf{x} \mid \mathbf{a}^{\mathrm{T}}(\mathbf{x}-\mathbf{x}_0)=0\right\} \tag{2.134}$$

是穿过 $\mathbf{x}_0 \in \mathbf{bd}\ S$ 的集合 S 的支撑超平面，由支撑超平面定理可知，闭半空间 $\mathcal{H}_-(\mathbf{x}_0)$（包含闭凸集 S）表示为

$$\mathcal{H}_-(\mathbf{x}_0) \triangleq \left\{\mathbf{x} \mid \mathbf{a}^{\mathrm{T}}(\mathbf{x}-\mathbf{x}_0) \leqslant 0\right\},\quad \mathbf{x}_0 \in \mathbf{bd}\ S \tag{2.135}$$

这样

$$S=\bigcap_{\mathbf{x}_0 \in \mathbf{bd} S} \mathcal{H}_-(\mathbf{x}_0) \tag{2.136}$$

必然成立，表明闭凸集 S 可由它的所有支撑超平面 $\mathcal{H}(\mathbf{x}_0)$ 定义，尽管表达式 (2.136) 并不唯一，但也证明了注 2.8。如果包含闭凸集 S 的支撑半空间数有限，那么 S 是一个多面体。当 S 为紧凸集时，支撑超平面的表达式 (2.136) 也可以写为

$$S=\bigcap_{\mathbf{x}_0 \in S_{\mathrm{extr}}} \mathcal{H}_-(\mathbf{x}_0) \quad \text{（参考式 (2.24)）} \tag{2.137}$$

上述交集也还包含这些半空间：其边界可能包含多个 S 的极值点。

注 2.24 如果集合 S 可以表示为式 (2.136) 的这种形式，那么它一定是闭凸集，因为闭的非凸集必定包含一个不属于任意支撑超平面的边界点，换句话说，如果 S 是闭的非凸集，那么 S 和 $\mathbf{conv}\, S$ 的边界一定不同。 □

注 2.25 对于任意 $\mathbf{x}_0 \in \mathbf{bd}\ S \neq \varnothing$，如果由式 (2.134) 定义的支撑超平面是唯一的（即 $\mathbf{a}/\|\mathbf{a}\|_2$ 是唯一的），则称 $\mathbf{bd}\ S$ 是光滑的，否则就是不光滑的。具有非空内部和光滑边界的闭凸集包含：

- 严格凸集：任意严格凸集都具有光滑边界。例如 $\mathbb{R}^n$，$n \geqslant 2$ 空间中具有非零半径的 ℓ_2-范数球，以及具有非零半轴的椭圆，它们的边界都是光滑的。例如，对于一个中心位于原点、半径为 2 的 ℓ_2-范数球

$$C_1 = \{\mathbf{x} \in \mathbb{R}^n \mid \|\mathbf{x}\|_2 \leqslant 1\}$$

其对应的半空间 $\mathcal{H}_-(\mathbf{x}_0)$ 由

$$\mathcal{H}_-(\mathbf{x}_0) \triangleq \{\mathbf{x} \mid \mathbf{x}_0^{\mathrm{T}}(\mathbf{x} - \mathbf{x}_0) \leqslant 0\}, \quad \|\mathbf{x}_0\|_2 = 1 \tag{2.138}$$

唯一给出。支撑超平面 $\mathcal{H}(\mathbf{x}_0)$ 和 C_1 的交集是点 $\mathbf{x}_0 \in \mathbf{bd}\, C_1$，因此 $\mathbf{bd}\, C_1$ 是光滑的。
- 某些非严格凸集：如图 2.4 所示的 $\mathbf{conv}\, B$ 和闭的半空间具有光滑边界。

另一方面，有些非严格凸集，例如单纯形、ℓ_1-范数球、具有非零半径的 ℓ_∞-范数球以及 $\mathbb{R}^n$，$n \geqslant 2$ 的二阶锥具有非光滑边界，但这些边界仅在有限个边界点上不光滑的。 □

注 2.26 对于闭凸集 $S \subset \mathbb{R}^n$，$\mathbf{int}\, S = \varnothing$，因为 $\mathrm{affdim}\, S \leqslant n-1$，则 $\mathbb{R}^n$ 中包含 $\mathbf{aff}\, S$ 的任意超平面（仿射维度为 $n-1$）都是 S 的支撑超平面。若将式 (2.136) 中的 $\mathbf{bd}\, S$ 替换为 $\mathbf{relbd}\, S$，则当交集也包含那些包含了 S 相对边界点的半空间时，式 (2.136) 仍然成立。当 S 为紧凸集时，式 (2.137) 仍然成立。 □

2.7 总结与讨论

本章介绍了凸集及其性质（绝大多数是几何性质），并通过大量实例介绍了多种保凸运算。此外，我们还明确了真锥的概念，给出了基于真锥的广义不等式的定义，并且详细介绍了对偶范数和对偶锥。最后，给出了分离超平面定理，证实了两个不相交凸集的分离超平面的存在性，以及任意非空凸集的支撑超平面的存在性。这些凸集基本概念以及第 3 章中将要介绍的凸函数对于后面理解凸优化问题至关重要。事实上，这些凸几何性质在遥感领域的盲高光谱分离中已经得到广泛的应用，具体将在第 6 章中进行介绍。

参 考 文 献

[Apo07] T. M. Apostol, *Mathematical Analysis*, 2nd ed. Pearson Edu. Taiwan Ltd., 2007.

[Ber09] D. P. Bertsekas, *Convex Optimization Theory*. Belmont, MA, USA: Athena Scientific, 2009.

[BV04] S. Boyd and L. Vandenberghe, *Convex Optimization*. Cambridge, UK: Cambridge University Press, 2004.

[Tuy00] H. Tuy, "Monotonic optimization: Problems and solution approaches," *SIAM J. Optimization*, vol. 11, no. 2, pp. 464–49, 2000.

第3章 CHAPTER 3 凸函数

第 4 章中介绍的凸优化问题须基于第 2 章的凸集及本章的凸函数，为此，本章将对凸函数和拟凸函数的基本知识进行介绍，包括定义、性质、表达和保凸函数，以及证明一个函数是否为凸或拟凸的各种条件。这些概念也可以扩展到定义在真锥 K 上的 K-凸函数。本章也提供许多函数凸性或拟凸性证明的例子。

3.1 基本性质和例子

在介绍凸函数的定义、性质及各种条件之前，首先须明确对函数 $f:\mathbb{R}^n\to\mathbb{R}$ 而言，$+\infty$ 和 $-\infty$ 的作用。虽然 $+\infty,-\infty\notin\mathbb{R}$，但仍存在 $\mathbf{x}\in\mathbf{dom}\ f$，使得 $f(\mathbf{x})$ 为 $+\infty$ 或 $-\infty$。例如，以下严格定义的函数：

$$f_1(\mathbf{x})=\begin{cases}\|\mathbf{x}\|_2^2, & \|\mathbf{x}\|_2\leqslant 1\\ +\infty, & 1<\|\mathbf{x}\|_2\leqslant 2\end{cases},\quad \mathbf{dom}\ f_1=\{\mathbf{x}\in\mathbb{R}^n\mid \|\mathbf{x}\|_2\leqslant 2\} \tag{3.1}$$

$$f_2(x)=\begin{cases}-\infty, & x=0\\ \log x, & x>0\end{cases},\quad \mathbf{dom}\ f_2=\mathbb{R}_+ \tag{3.2}$$

其中，f_1 是凸函数，f_2 是凹函数。下面将详细介绍函数的凸性。

3.1.1 定义和基本性质

满足下列条件的函数 $f:\mathbb{R}^n\to\mathbb{R}$ 称为**凸函数**：

- **dom** f 是凸集。
- 对于任意 $\mathbf{x},\mathbf{y}\in\mathbf{dom}\ f,\theta\in[0,1]$，

$$f(\theta\mathbf{x}+(1-\theta)\mathbf{y})\leqslant\theta f(\mathbf{x})+(1-\theta)f(\mathbf{y}) \tag{3.3}$$

如图 3.1 所示，凸函数看起来像一个面朝上的碗。f 可以是可微的，或连续但不光滑的，或不可微的函数（例如 f 具有不连续点或对某些 $\mathbf{x}$，$f(\mathbf{x})=+\infty$）。对于给定的 $\theta\in[0,1]$，$\mathbf{z}\triangleq\theta\mathbf{x}+(1-\theta)\mathbf{y}$ 表示从 $\mathbf{x}$ 到 $\mathbf{y}$ 的线段上的一点，有

$$\frac{\|\mathbf{z}-\mathbf{y}\|_2}{\|\mathbf{y}-\mathbf{x}\|_2}=\theta \text{ 和 } \frac{\|\mathbf{z}-\mathbf{x}\|_2}{\|\mathbf{y}-\mathbf{x}\|_2}=1-\theta \tag{3.4}$$

而且函数 $f(\mathbf{z})$ 的上界为 $f(\mathbf{x})$ 的 $100\times\theta\%$ 与 $f(\mathbf{y})$ 的 $100\times(1-\theta)\%$ 之和（即 $\mathbf{z}$ 与 $\mathbf{x}$ 越近（远），则 $f(\mathbf{x})$ 对 $f(\mathbf{z})$ 上界的影响越大（小），$f(\mathbf{y})$ 对 $f(\mathbf{z})$ 上界的影响也类似，见图 3.1)。当 $\mathbf{z}$ 给定时，$f(\mathbf{z})$ 取得上界时的 θ 值可由式 (3.4) 确定。3.1.4 节将给出各种凸函数的实例。

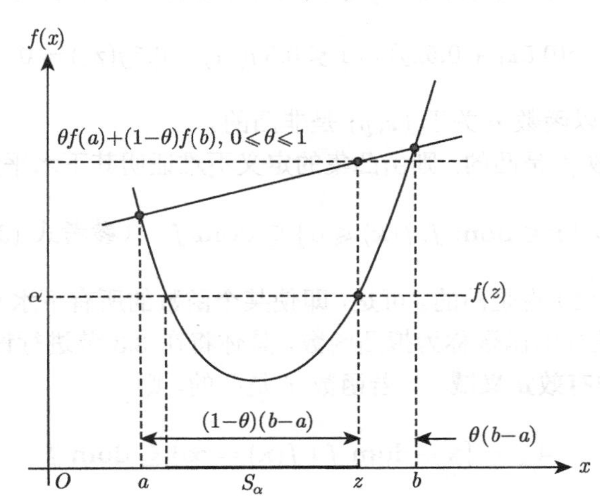

图 3.1 凸函数（也是一个严格凸函数）及其下水平集

注 3.1 如果定义域 $\mathbf{dom}\ f$ 是凸的，且对于任意不同的 $\mathbf{x},\mathbf{y}\in\mathbf{dom}\ f$，都有 $f(\mathbf{x})<\infty$，$f(\mathbf{y})<\infty$，那么称 f 为 **严格凸函数**，不等式 (3.3) 严格成立，即

$$f(\theta\mathbf{x}+(1-\theta)\mathbf{y})<\theta f(\mathbf{x})+(1-\theta)f(\mathbf{y}),\ \ \theta\in(0,1) \tag{3.5}$$

仅当 f 是经过 $\mathbf{x}$ 和 $\mathbf{y}$ 之间线段的一个仿射函数时，式 (3.3) 取等。因此，严格凸函数 f 一定不是 $\mathbf{dom}\ f$ 任意子集上的任何仿射函数。 □

注 3.2 如果函数 $-f$ 是凸的，则称 f 是凹的。换言之，函数 f 是凹的意味着其定义域 $\mathbf{dom}\,f$ 是凸的，且对于任意 $\mathbf{x},\mathbf{y}\in\mathbf{dom}\,f$，以及所有 $\theta\in[0,1]$，有

$$f(\theta\mathbf{x}+(1-\theta)\mathbf{y})\geqslant\theta f(\mathbf{x})+(1-\theta)f(\mathbf{y}) \tag{3.6}$$

□

注 3.3 当函数 $f:\mathbb{C}^n\to\mathbb{R}$ 是一个实值函数，其定义域 $\mathbf{dom}\,f\subseteq\mathbb{C}^n$ 是凸的（也就是，即使 $\mathbf{dom}\,f$ 是一个复向量集，任意 $\mathbf{x},\mathbf{y}\in\mathbf{dom}\,f$ 的凸组合仍然在 $\mathbf{dom}\,f$ 内），且对于任意 $\mathbf{x},\mathbf{y}\in\mathbf{dom}\,f$，式 (3.3) 均成立，那么函数 f 也是一个凸函数，因为它可以转化为一个凸函数，其相应的定义域为 $\mathbb{R}^{2n}$ 的一个凸子集。 □

注 3.4 如果 $f(\mathbf{x},\mathbf{y})$ 关于 $(\mathbf{x},\mathbf{y})$ 是凸函数，则 $f(\mathbf{x},\mathbf{y})$ 关于 $\mathbf{x}$ 和 $\mathbf{y}$ 分别是凸的，这很容易从凸函数的定义得到，但反之未必成立。下面给出一个具体的反例。

考虑

$$g(x,y)=x^2y,\ x\in\mathbb{R},\ y\in\mathbb{R}_+$$

显然 $g(x,y)$ 关于 x 和 y 分别是凸的，因为对于任意 $\theta\in[0,1]$，

$$\begin{aligned}&\theta g(x_1,y)+(1-\theta)g(x_2,y)-g(\theta x_1+(1-\theta)x_2,y)\\&=y\theta(1-\theta)(x_1-x_2)^2\geqslant 0,\quad \forall x_1,x_2\in\mathbb{R},\ y\in\mathbb{R}_+\\&g(x,\theta y_1+(1-\theta)y_2)=\theta g(x,y_1)+(1-\theta)g(x,y_2),\quad \forall x\in\mathbb{R},\ y_1,y_2\in\mathbb{R}_+\end{aligned}$$

都满足式 (3.3)，但对于 $\mathbf{z}_1=(x_1,y_1)=(0,2)$, $\mathbf{z}_2=(x_2,y_2)=(2,0)$ 及 $\theta=1/2$，有

$$g(0.5\mathbf{z}_1+0.5\mathbf{z}_2)=1\nleqslant 0.5g(\mathbf{z}_1)+0.5g(\mathbf{z}_2)=0$$

即式 (3.3) 不成立，所以函数 g 关于 (x,y) 是非凸的。 □

注 3.5 如果函数 f 是凸的，则由凸集的定义不难证明其下水平集：

$$S_\alpha=\{\mathbf{x}\mid\mathbf{x}\in\textbf{dom}\,f,f(\mathbf{x})\leqslant\alpha\}\subseteq\textbf{dom}\,f\quad（参考式 (3.104)）$$

对于任意 α 值（见图 3.1）也是凸的。可是，即使某个函数的所有下水平集都是凸的，这个函数也可能是非凸的，这样的函数称为拟凸函数，具体将在 3.3 节进行讨论。 □

注 3.6（凸函数的有效定义域） 若函数 f 是凸的，则

$$\mathcal{A}_\infty=\{\mathbf{x}\in\textbf{dom}\,f\mid f(\mathbf{x})=\infty\}\subseteq\textbf{dom}\,f$$

未必凸。根据注 3.5，对于所有 $\alpha<+\infty$，函数 f 的下水平集 S_α 必须是凸的。由此可见，对于所有 $\alpha\leqslant\alpha'<+\infty$，有 $S_\alpha\subseteq S_{\alpha'}\subseteq\textbf{dom}\,f\setminus\mathcal{A}_\infty$，且

$$\alpha\to\infty\Rightarrow S_\alpha\to\textbf{dom}\,f\setminus\mathcal{A}_\infty$$

意味着如下**有效定义域** [Be09]

$$\text{Eff-}\textbf{dom}\,f\triangleq\textbf{dom}\,f\setminus\mathcal{A}_\infty=\{\mathbf{x}\in\textbf{dom}\,f\mid f(\mathbf{x})<\infty\}\tag{3.7}$$

一定是凸集，且 f 在此凸集上也是凸的。例如，考虑式 (3.1) 给出的凸函数 f_1，在 $\textbf{bd}\,B(\mathbf{0},1)$ 上 f_1 不连续，对于所有 $\mathbf{x}\in\{\mathbf{x}\mid 1<\|\mathbf{x}\|_2\leqslant 2\}$，$f_1(\mathbf{x})=\infty$。但函数 f_1 的有效定义域

$$\text{Eff-}\textbf{dom}\,f_1=B(\mathbf{0},1)\quad（欧氏球）$$

是一个凸集，且 f_1 在此凸集上是凸函数。

此外，对于凸函数 f，如果对于某个 $\mathbf{x}\in\textbf{dom}f$，有 $f(\mathbf{x})=-\infty$，那么根据式 (3.3) 可知，对所有 $\mathbf{x}\in\textbf{dom}\,f$，有 $f(\mathbf{x})=-\infty$。这一特例没有实际的应用价值。如果至少存在一个 $\mathbf{x}$ 值使得 $f(\mathbf{x})<+\infty$，但对于任意其他值，有 $f(\mathbf{x})>-\infty$，则称凸函数 f 是真凸的，也就是，一个真凸函数的有效定义域必须是非空的。 □

注 3.7 若 $f:\mathbb{R}^n\to\mathbb{R}$ 是定义在 $\textbf{int}(\textbf{dom}\,f)\neq\varnothing$ 上的凸函数，且对任意的 $\mathbf{x}\in\textbf{int}(\textbf{dom}\,f)$，有 $f(\mathbf{x})<\infty$，则函数 f 在 $\textbf{int}(\textbf{dom}\,f)$ 上必须是连续的 [Ber09]。

证明 令 $\mathbf{x}_0\in\textbf{int}(\textbf{dom}\,f)$，则存在一个 $\varepsilon>0$ 使得 ℓ_2-范数球（以 $\mathbf{x}_0$ 为球心，ε 为半径）$B(\mathbf{x}_0,\varepsilon)\subseteq\textbf{int}(\textbf{dom}\,f)$ 。令 $\{\mathbf{x}_k\}$ 是任一收敛于 $\mathbf{x}_0$ 的序列，则需证明 $\lim_{k\to\infty}f(\mathbf{x}_k)=f(\mathbf{x}_0)$。

不失一般性，假设 $\{\mathbf{x}_k\} \subseteq B(\mathbf{x}_0, \varepsilon)$。在 ℓ_2-范数球 $B(\mathbf{x}_0, \varepsilon)$ 的边界上定义序列 $\{\mathbf{y}_k\}$ 和 $\{\mathbf{z}_k\}$：

$$\mathbf{y}_k \triangleq \mathbf{x}_0 + \varepsilon \cdot \frac{\mathbf{x}_k - \mathbf{x}_0}{\|\mathbf{x}_k - \mathbf{x}_0\|_2} \quad \text{和} \quad \mathbf{z}_k \triangleq \mathbf{x}_0 - \varepsilon \cdot \frac{\mathbf{x}_k - \mathbf{x}_0}{\|\mathbf{x}_k - \mathbf{x}_0\|_2} \tag{3.8}$$

其中，$\mathbf{y}_k$、$\mathbf{x}_k$、$\mathbf{x}_0$ 和 $\mathbf{z}_k$ 是在 $\mathbf{y}_k$ 指向 $\mathbf{z}_k$ 的线段上依次排列的四个点。如图 3.2 所示，$n = 2$ 的情况，线段方向随 k 不同而变化，其极限为 $\mathbf{x}_0$ 的收敛序列 $\{\mathbf{x}_k\}$ 及 $\mathbb{R}^2$ 上的两个序列 $\{\mathbf{y}_k\} \subset \mathbf{bd}\ B(\mathbf{x}_0, \varepsilon)$ 和 $\{\mathbf{z}_k\} \subset \mathbf{bd}\ B(\mathbf{x}_0, \varepsilon)$ 。则由式 (3.3)、式 (3.4) 和式 (3.8) 可得

$$f(\mathbf{x}_k) \leqslant \frac{\|\mathbf{x}_k - \mathbf{x}_0\|_2}{\varepsilon} \cdot f(\mathbf{y}_k) + \frac{\varepsilon - \|\mathbf{x}_k - \mathbf{x}_0\|_2}{\varepsilon} \cdot f(\mathbf{x}_0) \tag{3.9}$$

$$f(\mathbf{x}_0) \leqslant \frac{\|\mathbf{x}_k - \mathbf{x}_0\|_2}{\varepsilon + \|\mathbf{x}_k - \mathbf{x}_0\|_2} \cdot f(\mathbf{z}_k) + \frac{\varepsilon}{\varepsilon + \|\mathbf{x}_k - \mathbf{x}_0\|_2} \cdot f(\mathbf{x}_k) \tag{3.10}$$

对式 (3.9)、式 (3.10) 两边取极限，并且由 $\lim_{k\to\infty} \|\mathbf{x}_k - \mathbf{x}_0\|_2 = 0$ 可得

$$\limsup_{k\to\infty} f(\mathbf{x}_k) \triangleq \lim_{k\to\infty} \sup_{n\geqslant k} f(\mathbf{x}_n) \leqslant 0 + f(\mathbf{x}_0) = f(\mathbf{x}_0) \tag{3.11}$$

$$f(\mathbf{x}_0) \leqslant 0 + \liminf_{k\to\infty} f(\mathbf{x}_k) = \liminf_{k\to\infty} f(\mathbf{x}_k) \tag{3.12}$$

由 $\liminf_{k\to\infty} f(\mathbf{x}_k) \leqslant \limsup_{k\to\infty} f(\mathbf{x}_k)$ 及式 (3.11) 和式 (3.12)，可以推出

$$\liminf_{k\to\infty} f(\mathbf{x}_k) = \limsup_{k\to\infty} f(\mathbf{x}_k) = f(\mathbf{x}_0) \tag{3.13}$$

即对于每个 $\mathbf{x}_0 \in \mathbf{int}(\mathbf{dom}\ f)$，有 $\lim_{k\to\infty} f(\mathbf{x}_k) = f(\mathbf{x}_0)$。 □

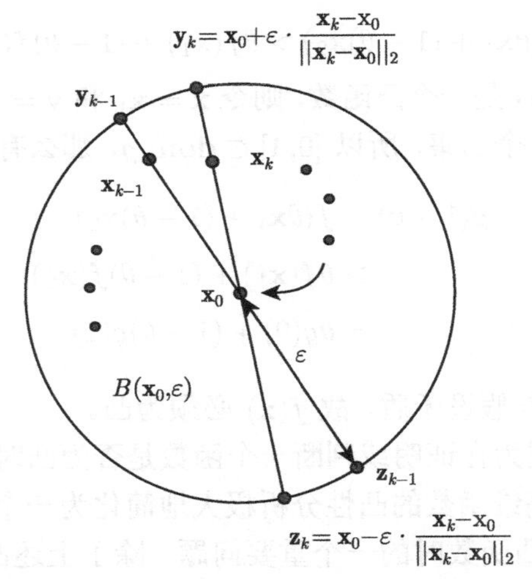

图 3.2　ℓ_2-范数球 $B(\mathbf{x}_0, \varepsilon)$ 的边界上定义序列 $\{\mathbf{y}_k\}$ 和 $\{\mathbf{z}_k\}$ 的图示

注 3.8　若凸函数 f 满足注 3.7 所述的条件，即在 $\mathbf{int}(\mathbf{dom}\ f) \neq \varnothing$ 上满足 $f(\mathbf{x}) < \infty$，则 $f(\mathbf{x})$ 的连续性可以扩展到 $\forall\ \mathbf{x} \in \mathbf{relint}(\mathbf{dom}\ f) \neq \varnothing$，$f(\mathbf{x}) < \infty$ 的情况，其原因是 k-维 $\mathbf{aff}(\mathbf{dom}\ f)$ 和 k-维的欧氏空间（参考式 (2.15)，其中仿射变换下 $\mathbf{C}$ 是半酉矩阵）间同构（一对一、保距的满映射）。 □

注 3.9 令

$$C = \{\mathbf{x} \in \mathbb{R}^n \mid f(\mathbf{x}) \leqslant 0\} \tag{3.14}$$

$$H = \{\mathbf{x} \in \mathbb{R}^n \mid h(\mathbf{x}) = 0\} \tag{3.15}$$

由凸集定义可知，如果函数 f 是一个凸函数，则 C 是一个凸集；如果 h 是一个仿射函数，则 H 也是一个凸集。这两个凸集将用于定义在第 4 章的优化问题中（参考式 (4.1)），其目标函数 $f(\mathbf{x})$ 在 $\mathbf{x} \in \mathcal{C}$ 上最小，其中约束集 $\mathcal{C}$ 由上述两集合加以表示。 □

论据 3.1 函数 $f : \mathbb{R}^n \to \mathbb{R}$ 是凸的（严格凸的），当且仅当任意 $\mathbf{x} \in \textbf{dom}\, f$ 和任意 $\mathbf{v} \neq \mathbf{0}$，由 $\mathbb{R} \to \mathbb{R}$ 定义，函数

$$g(t) = f(\mathbf{x} + t\mathbf{v})$$

是凸的（严格凸的），其定义域为 $\textbf{dom}\, g = \{t \mid \mathbf{x} + t\mathbf{v} \in \textbf{dom}\, f\} \neq \varnothing$。

证明

- 必要性：令 $g(t)$ 对于某个 $\mathbf{x}$ 和 $\mathbf{v}$ 是非凸的。存在 $t_1, t_2 \in \textbf{dom}\, g$（于是 $\mathbf{x}+t_1\mathbf{v}$, $\mathbf{x}+t_2\mathbf{v} \in \textbf{dom}\, f$）使

  $$g(\theta t_1 + (1-\theta)t_2) > \theta g(t_1) + (1-\theta)g(t_2),\ 0 \leqslant \theta \leqslant 1$$

  则

  $$f(\theta(\mathbf{x} + t_1\mathbf{v}) + (1-\theta)(\mathbf{x} + t_2\mathbf{v})) > \theta f(\mathbf{x} + t_1\mathbf{v}) + (1-\theta)f(\mathbf{x} + t_2\mathbf{v})$$

  为此，函数 f 是非凸的 (与函数 f 是凸的相矛盾)。因此 g 是凸的。
- 充分性：设函数 $f(\mathbf{x})$ 非凸，则 $\mathbf{x}_1, \mathbf{x}_2 \in \textbf{dom}\, f$ 和某个 $0 < \theta < 1$ 使得

  $$f(\theta\mathbf{x}_1 + (1-\theta)\mathbf{x}_2) > \theta f(\mathbf{x}_1) + (1-\theta)f(\mathbf{x}_2)$$

  因为 $g(t) = f(\mathbf{x}+t\mathbf{v})$ 是一个凸函数，则令 $\mathbf{x} = \mathbf{x}_1$ 和 $\mathbf{v} = \mathbf{x}_2 - \mathbf{x}_1$，那么 $0, 1 \in \textbf{dom}\, g$。又因为 $\textbf{dom}\, g$ 是一个凸集，所以 $[0,1] \subset \textbf{dom}\, g$，那么有

  $$\begin{aligned} g(1-\theta) &= f(\theta\mathbf{x}_1 + (1-\theta)\mathbf{x}_2) \\ &> \theta f(\mathbf{x}_1) + (1-\theta)f(\mathbf{x}_2) \\ &= \theta g(0) + (1-\theta)g(1) \end{aligned}$$

  即 $g(t)$ 是非凸的，与假设矛盾，故 $f(\mathbf{x})$ 必须为凸。 □

上述论据非常有用，因为在证明或判断一个函数是否为凸时，可以将定义域限制到原定义域的一条线上，从而将高维函数的凸性分析极大地简化为一个 1 维函数的凸性分析。

判定函数凸性是讨论凸函数时的一个重要问题，除了上述凸函数定义中给出的验证方法外，我们将在后续章节中介绍其他函数凸性判定的有效方法。

3.1.2 一阶条件

若函数 f 可微，则它是凸的，当且仅当 $\textbf{dom}\, f$ 是凸集，且

$$f(\mathbf{y}) \geqslant f(\mathbf{x}) + \nabla f(\mathbf{x})^{\mathrm{T}}(\mathbf{y} - \mathbf{x}),\quad \forall \mathbf{x}, \mathbf{y} \in \textbf{dom}\, f \tag{3.16}$$

这一不等式被称为一阶条件，即 $f(\mathbf{y})$ 在 $\mathbf{y}=\mathbf{x}$ 处的一阶 Taylor 级数近似总是小于原函数（图 3.3 给出了一个 1 维的例子），即式 (3.16) 的一阶条件给出了一个可微凸函数在其整个定义域内的紧下界，且该下界是 $\mathbf{y}$ 的仿射函数，此外，由式 (3.16) 可知

$$f(\mathbf{y})=\max_{\mathbf{x}\in\mathbf{dom}\,f} f(\mathbf{x})+\nabla f(\mathbf{x})^{\mathrm{T}}(\mathbf{y}-\mathbf{x}),\quad \forall \mathbf{y}\in\mathbf{dom}\,f \tag{3.17}$$

例如，如图 3.3 所示，对于任意 a 有 $f(b)\geqslant f(a)+f'(a)(b-a)$，当且仅当 $a=b$ 时等号成立。下面对一阶条件进行证明。

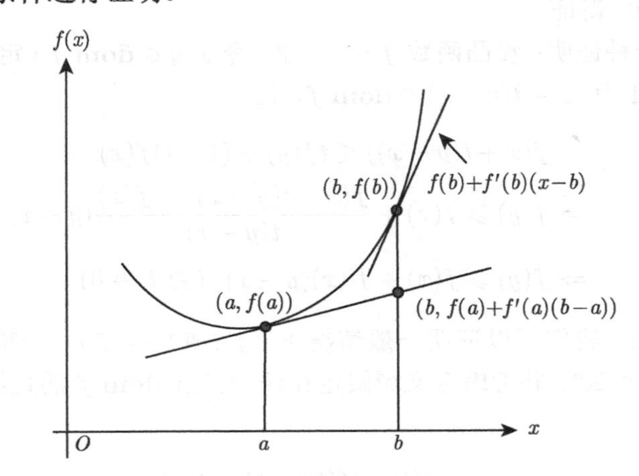

图 3.3 一维凸函数 f 的一阶条件：对所有的 $a,b\in\mathbf{dom}\,f$，有 $f(b)\geqslant f(a)+f'(a)(b-a)$，$(f'(b)-f'(a))(b-a)\geqslant 0$

式 (3.16) 的证明

- 充分性（即如果式 (3.16) 成立，则 f 是凸的）：由式 (3.16) 可知，$\mathbf{dom}\,f$ 是凸集，对于任意的 $\mathbf{x}$, $\mathbf{y}$, $\mathbf{z}\in\mathbf{dom}\,f$，且 $0\leqslant\lambda\leqslant 1$，有

$$\begin{aligned} f(\mathbf{y})&\geqslant f(\mathbf{x})+\nabla f(\mathbf{x})^{\mathrm{T}}(\mathbf{y}-\mathbf{x})\\ f(\mathbf{z})&\geqslant f(\mathbf{x})+\nabla f(\mathbf{x})^{\mathrm{T}}(\mathbf{z}-\mathbf{x})\\ \Rightarrow \lambda f(\mathbf{y})+(1-\lambda)f(\mathbf{z})&\geqslant f(\mathbf{x})+\nabla f(\mathbf{x})^{\mathrm{T}}(\lambda\mathbf{y}+(1-\lambda)\mathbf{z}-\mathbf{x})\end{aligned}$$

  在以上不等式中，通过设 $\mathbf{x}=\lambda\mathbf{y}+(1-\lambda)\mathbf{z}\in\mathbf{dom}\,f$，得到 $\lambda f(\mathbf{y})+(1-\lambda)f(\mathbf{z})\geqslant f(\lambda\mathbf{y}+(1-\lambda)\mathbf{z})$。所以函数 f 是凸的。

- 必要性（即函数 f 是凸的则式 (3.16) 成立）：对于 $\mathbf{x},\mathbf{y}\in\mathbf{dom}\,f$ 和 $0\leqslant\lambda\leqslant 1$，则根据一阶 Taylor 级数展开，存在 $\theta\in[0,1]$ 使得

$$\begin{aligned} f((1-\lambda)\mathbf{x}+\lambda\mathbf{y})&=f(\mathbf{x}+\lambda(\mathbf{y}-\mathbf{x}))\\ &=f(\mathbf{x})+\lambda\nabla f(\mathbf{x}+\theta\lambda(\mathbf{y}-\mathbf{x}))^{\mathrm{T}}(\mathbf{y}-\mathbf{x})\end{aligned} \tag{3.18}$$

  因为 f 是凸的，则有

$$f((1-\lambda)\mathbf{x}+\lambda\mathbf{y})\leqslant(1-\lambda)f(\mathbf{x})+\lambda f(\mathbf{y})$$

把式 (3.18) 代入到上述不等式的左边，得到

$$\lambda f(\mathbf{y}) \geqslant \lambda f(\mathbf{x}) + \lambda \nabla f(\mathbf{x} + \theta\lambda(\mathbf{y} - \mathbf{x}))^{\mathrm{T}}(\mathbf{y} - \mathbf{x})$$

当 $\lambda > 0$，两边同除以 λ，又因为 f 是可微的凸函数（见注 3.13），则 ∇f 是连续的

$$\begin{aligned} f(\mathbf{y}) &\geqslant f(\mathbf{x}) + \nabla f(\mathbf{x} + \theta\lambda(\mathbf{y} - \mathbf{x}))^{\mathrm{T}}(\mathbf{y} - \mathbf{x}) \\ &= f(\mathbf{x}) + \nabla f(\mathbf{x})^{\mathrm{T}}(\mathbf{y} - \mathbf{x}) \ (\text{当 } \lambda \to 0^+) \end{aligned}$$

综上，式 (3.16) 得证。 □

- 必要性的另一种证明：设凸函数 $f: \mathbb{R} \to \mathbb{R}$，令 $x, y \in \mathbf{dom}\ f$（定义域为凸集），则对所有 $0 < t \leqslant 1$ 有 $x + t(y - x) \in \mathbf{dom}\ f$，且

$$\begin{aligned} & f(x + t(y - x)) \leqslant tf(y) + (1 - t)f(x) \\ \Rightarrow\ & f(y) \geqslant f(x) + \frac{f(x + t(y - x)) - f(x)}{t(y - x)}(y - x) \\ \Rightarrow\ & f(y) \geqslant f(x) + f'(x)(y - x) \ (\text{当 } t \to 0) \end{aligned} \tag{3.19}$$

基于上述想法，我们可以证明一般情况下（$f: \mathbb{R}^n \to \mathbb{R}$），一阶条件的必要性。令 $\mathbf{x}, \mathbf{y} \in \mathbf{dom}\ f \subset \mathbb{R}^n$，并考虑定义域限定在任一穿过 $\mathbf{dom}\ f$ 的直线时的情况，即考虑如下函数：

$$g(t) = f(t\mathbf{y} + (1 - t)\mathbf{x})$$

由于 $[0, 1] \subset \mathbf{dom}\ g$，有 $\mathbf{dom}\ g = \{t \mid t\mathbf{y} + (1-t)\mathbf{x} \in \mathbf{dom}\ f\} \neq \varnothing$。函数 $g(t)$ 的导数是

$$g'(t) = \nabla f(t\mathbf{y} + (1 - t)\mathbf{x})^{\mathrm{T}}(\mathbf{y} - \mathbf{x})$$

又因为 f 是凸的，故函数 $g(t)$ 也是凸的（由论据 3.1）可得，所以 $f(\mathbf{y}) \geqslant f(\mathbf{x}) + \nabla f(\mathbf{x})^{\mathrm{T}}(\mathbf{y} - \mathbf{x})$。 □

注 3.10 如果对任意两个不同的点 $\mathbf{x}, \mathbf{y} \in \mathbf{dom}\ f$，式 (3.16) 给定的一阶条件严格成立，那么函数 f 是严格凸的。 □

注 3.11 设函数 $f: \mathbb{R}^{m \times n} \to \mathbb{R}$ 是关于 $\mathbf{X} \in \mathbb{R}^{m \times n}$ 的可微矩阵函数，则 f 为凸的一阶条件为

$$f(\mathbf{Y}) \geqslant f(\mathbf{X}) + \mathrm{Tr}\big(\nabla f(\mathbf{X})^{\mathrm{T}}(\mathbf{Y} - \mathbf{X})\big),\ \forall \mathbf{X}, \mathbf{Y} \in \mathbf{dom}\ f \tag{3.20}$$

类似地，对任意两个不同的点 $\mathbf{X}, \mathbf{Y} \in \mathbf{dom}\ f$，如果式 (3.20) 严格成立，那么 f 是严格凸的。 □

注 3.12 对于一个凸的非光滑函数 f，对应的一阶条件为

$$f(\mathbf{y}) \geqslant f(\mathbf{x}) + \bar{\nabla} f(\mathbf{x})^{\mathrm{T}}(\mathbf{y} - \mathbf{x}), \quad \forall \mathbf{x}, \mathbf{y} \in \mathbf{dom}\ f \tag{3.21}$$

其中，$\bar{\nabla} f(\mathbf{x})$ 是函数 f 在点 $\mathbf{x}$ 处的次梯度（subgradient）。对于任意的 $\mathbf{y} \in \mathbf{dom}\ f$，如果式 (3.21) 成立，则称 $\bar{\nabla} f(\mathbf{x})$ 为 f 在点 $\mathbf{x}$ 处的**次梯度**。令

$$\mathcal{G}_f(\mathbf{x}) = \{\bar{\nabla} f(\mathbf{x})\}$$

表示 $f(\mathbf{x})$ 在点 $\mathbf{x}$ 处所有次梯度的集合，也称为 f 在 $\mathbf{x}$ 的次微分。当 $f(\mathbf{x})$ 在点 $\mathbf{x}$ 处可微，则 $\mathcal{G}_f(\mathbf{x})=\{\nabla f(\mathbf{x})\}$（即次梯度就是 $f(\mathbf{x})$ 的梯度）；否则 $f(\mathbf{x})$ 在点 $\mathbf{x}$ 处的次梯度不唯一。

次微分 $\mathcal{G}_f(\mathbf{x})=\{\bar{\nabla} f(\mathbf{x})\}$ 是一个凸集。以 $f(x)=|x|$ 这一简单凸函数为例可说明该结论。当 $f(x)=|x|$ 时，f 在 $x=0$ 处不可微，此时 $\mathcal{G}_f(0)=[-1,1]$ 是一个凸集，那么 $f(x)$ 在 $x=0$ 处的次梯度不唯一。 □

注 3.13 对于一个凸的可微函数 $f:\mathbb{R}\to\mathbb{R}$，由式 (3.16) 给定的一阶条件，可以很容易地推断

$$\frac{f(x)-f(x_0)}{x-x_0}\leqslant f'(x_0)\leqslant\frac{f(y)-f(x_0)}{y-x_0},\quad \forall\, x<x_0<y$$

$$\Rightarrow\begin{cases} f'(x)\leqslant\dfrac{f(y)-f(x)}{y-x}, & \text{当 } x_0\to x\\ \dfrac{f(y)-f(x)}{y-x}\leqslant f'(y), & \text{当 } x_0\to y\\ f'(x_0^-)=f'(x_0)=f'(x_0^+), & \text{当 } x\to x_0 \text{ 且 } y\to x_0\end{cases}$$

其中，两个等式是由于函数 $f(x)$ 在 $x=x_0$ 处可微，这意味着 $f'(x)$ 是一个非减连续函数，因此如果 f 二次可微，二阶导数 $f''(x)\geqslant 0$。同样地，可以推断如果 $f(x)$ 是严格凸的，$f'(x)$ 也是一个严格递增连续函数，反之亦然。当 $f:\mathbb{R}\to\mathbb{R}$ 是一个非光滑的凸函数，除了不可微的点 $f''(x)\geqslant 0$，在其定义域内仍然是成立的。例如，$f(x)=|x|$ 是一个非光滑的凸函数，当 $x\neq 0$ 时，$f'(x)=\mathrm{sgn}(x)$，因而对所有 $x\neq 0$ 是非减连续的。

而且，对于一个可微的凸函数 $f:\mathbb{R}^n\to\mathbb{R}$，由论据 3.1 得，$g(t)=f(\mathbf{x}_1+t\mathbf{v})$ 在 $t\in\mathbf{dom}\,g=\{t\mid \mathbf{x}_1+t\mathbf{v}\in\mathbf{dom}\,f\}$ 上是凸的且可微。设 $\mathbf{v}=\mathbf{x}_2-\mathbf{x}_1$，则 $[0,1]\subset\mathbf{dom}\,g$，且有 $g'(1)-g'(0)\geqslant 0$，根据上述证明，$g'(t)$ 必然是一个非递减可微函数，从而得到以下不等式：

$$(\nabla f(\mathbf{x}_2)-\nabla f(\mathbf{x}_1))^{\mathrm{T}}(\mathbf{x}_2-\mathbf{x}_1)\geqslant 0,\quad \forall \mathbf{x}_1,\mathbf{x}_2\in\mathbf{dom}\,f \tag{3.22}$$

式 (3.22) 意味着点 $\mathbf{x}\in\mathbf{dom}\,f$ 的任何变化和 $\nabla f(\mathbf{x})$ 相应变化的相关性是非负的，如图 3.3 所示。

下一步，我们证明对于一个凸的可微函数 $f:\mathbb{R}^n\to\mathbb{R}$，$\nabla f$ 在其定义域内部是连续的。假设 $\{\mathbf{x}_k\}\subset\mathbf{int}(\mathbf{dom}\,f)$ 是收敛于 $\mathbf{x}\in\mathbf{int}(\mathbf{dom}\,f)$ 的一个序列。证明 ∇f 的第一分量，即 $\partial f(\mathbf{x})/\partial x_1$ 是连续的，如下：

$$\begin{aligned}\lim_{k\to\infty}\frac{\partial f(\mathbf{x}_k)}{\partial x_1}&=\lim_{k\to\infty}\lim_{\varepsilon\to 0}\frac{f(\mathbf{x}_k+\varepsilon\mathbf{e}_1)-f(\mathbf{x}_k)}{\varepsilon}\\&=\lim_{\varepsilon\to 0}\lim_{k\to\infty}\frac{f(\mathbf{x}_k+\varepsilon\mathbf{e}_1)-f(\mathbf{x}_k)}{\varepsilon}\\&=\lim_{\varepsilon\to 0}\frac{f(\mathbf{x}+\varepsilon\mathbf{e}_1)-f(\mathbf{x})}{\varepsilon}=\frac{\partial f(\mathbf{x})}{\partial x_1}\end{aligned}$$

其中，$\mathbf{e}_1\in\mathbb{R}^n$ 是一个单位列向量，且第一个元素等于 1；而第二和第三个等式是由于凸函数 f 在 $\mathbf{int}(\mathbf{dom}\,f)$ 内是连续的。因此 $\partial f(\mathbf{x})/\partial x_1$ 是连续的。同样也可证明 ∇f 的其他 $n-1$ 个分量也是连续的，从而 ∇f 在其定义域 $\mathbf{dom}\,f$ 内是连续的。 □

注 3.14 若 $f(\mathbf{x})$ 是凸的、非光滑的或可微的，则集合 $C = \{\mathbf{x} \in \mathbb{R}^n \mid f(\mathbf{x}) \leqslant 0\}$（见式 (3.14)）是凸的闭集（见注 3.9）。假设 $\mathbf{int}\ C \neq \varnothing$，由凸函数的一阶条件和支撑超平面定理论可知，对于任意 $\mathbf{x}_0 \in \mathbf{bd}\ C$（即 $f(\mathbf{x}_0) = 0$），有

$$C \subset \mathcal{H}_-(\mathbf{x}_0) = \{\mathbf{x} \mid \bar{\nabla} f(\mathbf{x}_0)^{\mathrm{T}}(\mathbf{x} - \mathbf{x}_0) \leqslant 0\} \tag{3.23}$$

因此

$$C = \bigcap_{\mathbf{x}_0 \in \mathbf{bd}\ C} \mathcal{H}_-(\mathbf{x}_0) \tag{3.24}$$

当 $f(\mathbf{x})$ 是可微凸函数时，由于 $\bar{\nabla} f(\mathbf{x}_0) = \nabla f(\mathbf{x}_0)$，那么函数中的半空间 $\mathcal{H}_-(\mathbf{x}_{\prime})$ 是唯一的，所以 C 有光滑的边界。 □

注 3.15 对于函数 $f : \mathbb{C}^n \to \mathbb{R}$，式 (3.16) 和式 (3.22) 对应的一阶不等式为

$$\begin{aligned} & f(\mathbf{y}) \geqslant f(\mathbf{x}) + \mathrm{Re}\left\{\nabla f(\mathbf{x})^{\mathrm{H}}(\mathbf{y} - \mathbf{x})\right\}, \ \ \forall \mathbf{x}, \mathbf{y} \in \mathbf{dom}\ f \\ & \mathrm{Re}\left\{(\nabla f(\mathbf{x}_2) - \nabla f(\mathbf{x}_1))^{\mathrm{H}}(\mathbf{x}_2 - \mathbf{x}_1)\right\} \geqslant 0, \ \ \forall \mathbf{x}_1, \mathbf{x}_2 \in \mathbf{dom}\ f \end{aligned} \tag{3.25}$$

对于函数 $f : \mathbb{C}^{m \times n} \to \mathbb{R}$，式 (3.20) 对应的一阶不等式为

$$f(\mathbf{Y}) \geqslant f(\mathbf{X}) + \mathrm{Tr}\big(\mathrm{Re}\left\{\nabla f(\mathbf{X})^{\mathrm{H}}(\mathbf{Y} - \mathbf{X})\right\}\big), \ \forall \mathbf{X}, \mathbf{Y} \in \mathbf{dom}\ f \tag{3.26}$$

这与式 (3.20) 中实变量函数的相关定义类似。 □

3.1.3 二阶条件

假若函数 f 是二次可微，则函数 f 是凸函数当且仅当 $\mathbf{dom}\ f$ 是凸的，且 f 的 Hessian 矩阵是 PSD 矩阵，即

$$\nabla^2 f(\mathbf{x}) \succeq \mathbf{0}, \ \forall\ \mathbf{x} \in \mathbf{dom}\ f \tag{3.27}$$

证明

- 充分性（即若 $\nabla^2 f(\mathbf{x}) \succeq \mathbf{0}, \forall \mathbf{x} \in \mathbf{dom}\ f$，则 f 是凸的）：根据 $f(\mathbf{x})$ 的二阶 Taylor 级数展开（参考式 (1.54)），存在 $\theta \in [0, 1]$，有

$$\begin{aligned} f(\mathbf{x} + \mathbf{v}) &= f(\mathbf{x}) + \nabla f(\mathbf{x})^{\mathrm{T}}\mathbf{v} + \frac{1}{2}\mathbf{v}^{\mathrm{T}}\nabla^2 f(\mathbf{x} + \theta\mathbf{v})\mathbf{v} \\ &\geqslant f(\mathbf{x}) + \nabla f(\mathbf{x})^{\mathrm{T}}\mathbf{v} \quad \text{（根据式 (3.27)）} \end{aligned} \tag{3.28}$$

  令 $\mathbf{y} = \mathbf{x} + \mathbf{v}$，即 $\mathbf{v} = \mathbf{y} - \mathbf{x}$，有

$$f(\mathbf{y}) \geqslant f(\mathbf{x}) + \nabla f(\mathbf{x})^{\mathrm{T}}(\mathbf{y} - \mathbf{x})$$

  这实际上是 $f(\mathbf{x})$ 凸性的一阶条件，因而 f 是凸函数。

- 必要性：因为 $f(\mathbf{x})$ 是凸的，根据一阶条件有

$$f(\mathbf{x} + \mathbf{v}) \geqslant f(\mathbf{x}) + \nabla f(\mathbf{x})^{\mathrm{T}}\mathbf{v}$$

结合式 (3.28) 中 $f(\mathbf{x})$ 的二阶 Taylor 级数展开，有

$$\mathbf{v}^{\mathrm{T}}\nabla^2 f(\mathbf{x}+\theta\mathbf{v})\mathbf{v} \geqslant 0$$

令 $\|\mathbf{v}\|_2 \to 0$，因为二次可微凸函数 $f(\mathbf{x})$ 的二阶导数 $\nabla^2 f(\mathbf{x})$ 是连续的，则 $\nabla^2 f(\mathbf{x}) \succeq \mathbf{0}$。 □

注 3.16 对于任意 $\mathbf{x} \in \mathbf{dom}\, f$，如果式 (3.27) 中的二阶条件严格成立，那么函数 f 是严格凸的；此外，对于 $f:\mathbb{R}\to\mathbb{R}$ 的情况，式 (3.27) 给出的二阶条件表明，f 是凸函数时，f' 必须是连续的、非减的；当 f 是严格凸函数时，f' 是连续的、严格单调增的。 □

注 3.17（强凸性） 对于集合 C 上的凸函数 f，如果存在一个 $m>0$ 使得 $\nabla^2 f(\mathbf{x}) \succeq m\mathbf{I},\ \forall\, \mathbf{x}\in C$ 成立，或二阶条件

$$f(\mathbf{y}) \geqslant f(\mathbf{x}) + \nabla f(\mathbf{x})^{\mathrm{T}}(\mathbf{y}-\mathbf{x}) + \frac{m}{2}\|\mathbf{y}-\mathbf{x}\|_2^2,\ \ \forall \mathbf{x},\mathbf{y}\in C \tag{3.29}$$

成立，则称 f 是强凸的。如果 f 是强凸的，那么它一定是严格凸的，反之则不成立。 □

3.1.4 例子

下面介绍 $\mathbb{R}$ 上的一些凹函数和凸函数。

- 由二阶条件可得，对于任意非零 $a\in\mathbb{R}$，$f(x)=\mathrm{e}^{ax}$ 是严格凸的；对于任意 $a\neq 0$，$f'(x)=a\mathrm{e}^{ax}$ 是一个严格递增的连续函数，但凸函数 $g:\mathbb{R}_+\to\mathbb{R}$

  $$g(x)=\begin{cases} 2, & x=0 \\ \mathrm{e}^{ax}, & x>0 \end{cases}$$

  是连续的，且当 $a\neq 0$ 和 $x>0$（即 $\mathbf{dom}\, g$ 内部）时，$g'(x)$ 是严格递增的。因为 $g(x)$ 不连续的（所以不可微），所以利用式 (3.3) 证明其凸性。令 $x_1=0,\ x_2>0$ 且 $\theta\in[0,1)$，则

  $$\begin{aligned}\theta g(x_1)+(1-\theta)g(x_2) &= \theta\cdot 2+(1-\theta)\mathrm{e}^{ax_2} \\ &\geqslant 2^{\theta}\cdot \mathrm{e}^{(1-\theta)ax_2} \quad (\text{根据式 (3.67)}) \\ &\geqslant \mathrm{e}^{a(1-\theta)x_2} = g(\theta x_1+(1-\theta)x_2)\end{aligned}$$

  当 $x_1\neq 0$ 和 $x_2\neq 0$ 时，由于 e^{ax} 在 $\mathbb{R}_{++}$ 上是凸的，则式 (3.3) 成立，所以 g 是凸函数。
- 由二阶条件可知，$f(x)=\log x$ 在 $\mathbb{R}_{++}$ 上是严格凹的，$f'(x)=1/x$ 在 $\mathbb{R}_{++}$ 上是严格递减的连续函数。
- 由二阶条件可知，$f(x)=x\log x$ 在 $\mathbb{R}_+$（其中 $f(0)=0$）上是严格凸的，$f'(x)=1+\log x$ 在 $\mathbb{R}_{++}=\mathbf{int}\,\mathbb{R}_+$ 上是严格递增的连续函数。
- $\log Q(x)$ 在 $\mathbb{R}$ 上是严格凹的，其中

  $$Q(x)=\frac{1}{\sqrt{2\pi}}\int_x^{\infty}\mathrm{e}^{-t^2/2}\mathrm{d}t$$

  其一阶导数

  $$\frac{\mathrm{d}\log Q(x)}{\mathrm{d}x} = -\frac{\mathrm{e}^{-x^2/2}}{\sqrt{2\pi}Q(x)}$$

是严格递减的。其二阶导数可以表示为

$$\frac{\mathrm{d}^2 \log Q(x)}{\mathrm{d}x^2} = \frac{x\mathrm{e}^{-x^2/2}\int_x^{\infty} \mathrm{e}^{-t^2/2}\mathrm{d}t - \mathrm{e}^{-x^2}}{\left(\int_x^{\infty} \mathrm{e}^{-t^2/2}\mathrm{d}t\right)^2}$$

且分子小于零，这是因为

$$x\mathrm{e}^{-x^2/2}\int_x^{\infty} \mathrm{e}^{-t^2/2}\mathrm{d}t - \mathrm{e}^{-x^2} < \mathrm{e}^{-x^2/2}\int_x^{\infty} t\mathrm{e}^{-t^2/2}\mathrm{d}t - \mathrm{e}^{-x^2} = 0$$

由二阶条件可知，$\log Q(x)$ 是严格凹的。

在 $\mathbb{R}^n$ 上更多凸函数例子如下：

- 一个仿射函数 $f(\mathbf{x}) = \mathbf{a}^{\mathrm{T}}\mathbf{x} + b$ 既是凸函数又是凹函数。由一阶条件

$$f(\mathbf{y}) = \mathbf{a}^{\mathrm{T}}\mathbf{y} + b = \mathbf{a}^{\mathrm{T}}\mathbf{x} + b + \mathbf{a}^{\mathrm{T}}(\mathbf{y} - \mathbf{x}) \tag{3.30}$$

或者凸函数的定义可以很容易地证明，但 f 不是严格凸函数。

- $f(\mathbf{x}) = \mathbf{x}^{\mathrm{T}}\mathbf{P}\mathbf{x} + 2\mathbf{q}^{\mathrm{T}}\mathbf{x} + r$，其中 $\mathbf{P} \in \mathbb{S}^n$，$\mathbf{q} \in \mathbb{R}^n$ 和 $r \in \mathbb{R}$（二次函数），则

$$\nabla f(\mathbf{x}) = 2\mathbf{P}\mathbf{x} + 2\mathbf{q} \tag{3.31}$$

$$\nabla^2 f(\mathbf{x}) = 2\mathbf{P} \tag{3.32}$$

因此当且仅当 $\mathbf{P} \succeq \mathbf{0}$ 时，$f(\mathbf{x})$ 是凸的。

- 由于 $0 \leqslant \theta \leqslant 1$，在 $\mathbb{R}^n$ 上的任意范数 $\|\cdot\|$ 是凸函数，

$$\|\theta\mathbf{x} + (1-\theta)\mathbf{y}\| \leqslant \|\theta\mathbf{x}\| + \|(1-\theta)\mathbf{y}\| = \theta\|\mathbf{x}\| + (1-\theta)\|\mathbf{y}\| \tag{3.33}$$

其中，不等号成立是由于三角不等式，等号成立是由于范数算子的齐次性。

- $f(\mathbf{x}) = \max\{x_1, x_2, \ldots, x_n\}$ 是凸的，这是因为

$$\begin{aligned} f(\theta\mathbf{x} + (1-\theta)\mathbf{y}) &= \max_i\{\theta x_i + (1-\theta)y_i\} \\ &\leqslant \max_i\{\theta x_i\} + \max_i\{(1-\theta)y_i\} \\ &= \theta f(\mathbf{x}) + (1-\theta)f(\mathbf{y}) \end{aligned} \tag{3.34}$$

- 几何平均：

$$f(\mathbf{x}) = \left(\prod_{i=1}^{n} x_i\right)^{1/n} \tag{3.35}$$

在 $\mathbb{R}^n_{++}$ 上是凹函数（可通过二阶条件得以证明 [BV04]）。

- log-sum-exp 函数：

$$f(\mathbf{x}) = \log\left(\sum_{i=1}^{n} \mathrm{e}^{x_i}\right) \tag{3.36}$$

在 $\mathbb{R}^n$ 上是凸函数（可通过二阶条件得以证明）。

注 3.18 log-sum-exp 函数 $f(\mathbf{x})=\log(\sum_{i=1}^{n}\mathrm{e}^{x_i})$ 是 max 函数的一个近似估计：

$$
\begin{aligned}
\max\{x_1,x_2,\ldots,x_n\}&=\log\left(\max_i\{\mathrm{e}^{x_i}\}\right)\leqslant\log\left(\sum_{i=1}^{n}\mathrm{e}^{x_i}\right)\\
&\leqslant\log\left(n\mathrm{e}^{\max_i\{x_i\}}\right)\\
&=\log n+\max\{x_1,x_2,\ldots,x_n\}
\end{aligned}
\tag{3.37}
$$

近似误差不大于 $\log n$，可微的 log-sum-exp 函数近似不可微的 $\max\{x_1,\ldots,x_n\}$，已应用于通信中非相干解码 [YCM+12]。

运用 log-sum-exp 函数，近似 $\min\{a_1,\ldots,a_N\}$ 可以通过式 (3.37) 得到，具体如下：

对于任意正实 γ，

$$
\begin{aligned}
\min_{n\in\{1,\ldots,N\}}a_n&=-\frac{1}{\gamma}\max_{n\in\{1,\ldots,N\}}\{-\gamma a_n\}\geqslant-\frac{1}{\gamma}\log_2\left(\sum_{n=1}^{N}2^{-\gamma a_n}\right)\\
&\geqslant-\frac{1}{\gamma}\max_{n\in\{1,\ldots,N\}}\{-\gamma a_n\}-\frac{1}{\gamma}\log_2 N\\
&=\min_{n\in\{1,\ldots,N\}}a_n-\frac{1}{\gamma}\log_2 N
\end{aligned}
\tag{3.38}
$$

式 (3.38) 表明，$-\frac{1}{\gamma}\log_2\left(\sum_{n=1}^{N}2^{-\gamma a_n}\right)$ 可以用于近似 $\min\{a_1,\ldots,a_N\}$，且近似误差不大于 $\frac{1}{\gamma}\log_2 N$。在式 (3.38) 的第一行，log-sum-exp 函数被用来近似 K-用户协调波束成形中的加权最小速率 [LCC15]，如下：

$$
\min_{i\in\{1,\ldots,K\}}\frac{R_i}{\alpha_i}\approx-\frac{1}{\gamma}\log_2\left(\sum_{i=1}^{K}2^{-\gamma R_i/\alpha_i}\right)
\tag{3.39}
$$

其中，R_i 表示用户 i 的传输速率，$\alpha_i\in[0,1]$ 表示用户 i 的权重，且 $\sum_{i=1}^{K}\alpha_i=1$。为了获得最大最小公平（Max-Min Fairness，MMF）速率，最大化不可微的加权最小速率（即使是一个凹函数）难以处理；相反，关于式 (3.39)（一个可微凹函数）右边，最大化其逼近估计实际上已应用于协同波束形成设计。 □

下面给出了一些变量为矩阵的凸函数。

- 线性函数 $f(\mathbf{X})=\mathrm{Tr}(\mathbf{AX})$ 关于 $\mathbb{R}^{m\times n}$ 既是凸的也是凹的，其中 $\mathbf{A}\in\mathbb{R}^{n\times m}$。因为其一阶条件

$$
\begin{aligned}
f(\mathbf{Y})=\mathrm{Tr}(\mathbf{AY})&=\mathrm{Tr}(\mathbf{AX})+\mathrm{Tr}\big(\mathbf{A}(\mathbf{Y}-\mathbf{X})\big)\\
&=\mathrm{Tr}(\mathbf{AX})+\mathrm{Tr}\big(\nabla f(\mathbf{X})^{\mathrm{T}}(\mathbf{Y}-\mathbf{X})\big)
\end{aligned}
$$

等式成立，其中

$$
\nabla f(\mathbf{X})=\mathbf{A}^{\mathrm{T}}\quad\text{（根据式 (3.20)）}
\tag{3.40}
$$

所以 $f(\mathbf{X})$ 是凸的。

- 二次函数 $f(\mathbf{X}) = \mathrm{Tr}(\mathbf{X}^2)$ 在 $\mathbb{S}^n$ 上是严格凸的。由式 (3.20) 给出的一阶条件，易证，当 $\mathbf{X} \neq \mathbf{Y}$ 时 $\mathrm{Tr}((\mathbf{Y}-\mathbf{X})^2) > 0$，且 $\nabla f(\mathbf{X}) = 2\mathbf{X}$，所以一阶条件

$$\begin{aligned} f(\mathbf{Y}) = \mathrm{Tr}(\mathbf{Y}^2) &> \mathrm{Tr}(2\mathbf{Y}\mathbf{X}) - \mathrm{Tr}(\mathbf{X}^2) \\ &= f(\mathbf{X}) + \mathrm{Tr}(\nabla f(\mathbf{X})^{\mathrm{T}}(\mathbf{Y}-\mathbf{X})) \quad \forall \mathbf{X} \neq \mathbf{Y} \end{aligned}$$

严格成立。

- $f(\mathbf{X}) = -\log\det(\mathbf{X})$ 是 $\mathbb{S}^n_{++}$ 上的严格凸函数。

证明 我们将用论据 3.1 证明 $f(\mathbf{X})$ 的凸性。令

$$g(t) = -\log\det(\mathbf{X} + t\mathbf{V}) \tag{3.41}$$

其中，$\mathbf{X} \succ \mathbf{0}$, $\mathbf{V} \neq \mathbf{0}$, 且 $\mathbf{V} \in \mathbb{S}^n$，$\mathbf{dom}\, g = \{t \mid \mathbf{X} + t\mathbf{V} \succ \mathbf{0}\} \neq \varnothing$。因为 $\mathbf{X} \succ \mathbf{0}$，则 $\mathbf{X}$ 可分解 $\mathbf{X}^{1/2}\mathbf{X}^{1/2}$，其中 $\mathbf{X}^{1/2} \succ \mathbf{0}$ 是不可逆的。令

$$\mathbf{Z} = \mathbf{X}^{-1/2}\mathbf{V}\mathbf{X}^{-1/2} \in \mathbb{S}^n$$

对于 $\mathbf{X} \succ \mathbf{0}$ 和 $\mathbf{V} \in \mathbb{S}^n$ 易得

$$\mathbf{X} + t\mathbf{V} \succ \mathbf{0} \Leftrightarrow \mathbf{I}_n + t\mathbf{Z} \succ \mathbf{0} \quad \text{（见注 3.19 中式 (3.42) 的证明）} \tag{3.42}$$

则

$$\begin{aligned} g(t) &= -\log\det(\mathbf{X}^{1/2}(\mathbf{I}_n + t\mathbf{Z})\mathbf{X}^{1/2}) \\ &= -\log[\det(\mathbf{X}^{1/2}) \cdot \det(\mathbf{I}_n + t\mathbf{Z}) \cdot \det(\mathbf{X}^{1/2})] \\ &= -\log\det(\mathbf{X}^{1/2}) - \log\ \det(\mathbf{I}_n + t\mathbf{Z}) - \log\ \det(\mathbf{X}^{1/2}) \\ &= -\log\det(\mathbf{X}) - \log\ \det(\mathbf{I}_n + t\mathbf{Z}) \end{aligned}$$

因为 $\mathbf{Z} \in \mathbb{S}^n$，对 $\mathbf{Z}$ 进行 EVD 有

$$\mathbf{Z} = \mathbf{Q}\mathbf{\Lambda}\mathbf{Q}^{\mathrm{T}}$$

其中，$\mathbf{\Lambda} = \mathbf{Diag}\,(\lambda_1, \lambda_2, \ldots, \lambda_n)$ 且所有 λ_i 均为实数，$\mathbf{Q}\mathbf{Q}^{\mathrm{T}} = \mathbf{Q}^{\mathrm{T}}\mathbf{Q} = \mathbf{I}_n$。此外，由式 (1.99) 可知 $\mathbf{I}_n + t\mathbf{Z} \succ \mathbf{0} \Leftrightarrow 1 + t\lambda_i > 0,\ \forall\, i$，即

$$\mathbf{dom}\ g = \{t \mid \mathbf{X} + t\mathbf{V} \succ \mathbf{0}\} = \{t \mid 1 + t\lambda_i > 0,\ i = 1, \ldots, n\} \tag{3.43}$$

则 $g(t)$ 可以进一步简化为

$$\begin{aligned} g(t) &= -\log\det(\mathbf{X}) - \log\ \det(\mathbf{I}_n + t\mathbf{Q}\mathbf{\Lambda}\mathbf{Q}^{\mathrm{T}}) \\ &= -\log\det(\mathbf{X}) - \log\ \det(\mathbf{Q}(\mathbf{I}_n + t\mathbf{\Lambda})\mathbf{Q}^{\mathrm{T}}) \\ &= -\log\det(\mathbf{X}) - \log\det(\mathbf{I}_n + t\mathbf{\Lambda}) \quad (\text{因为 } \det(\mathbf{Q}) = 1\ ) \\ &= -\log\det(\mathbf{X}) - \log\prod_{i=1}^{n}(1 + t\lambda_i) \\ &= -\log\det(\mathbf{X}) - \sum_{i=1}^{n}\log(1 + t\lambda_i) \end{aligned} \tag{3.44}$$

且

$$\frac{\mathrm{d}g(t)}{\mathrm{d}t}=-\sum_{i=1}^{n}\frac{\lambda_i}{1+t\lambda_i}$$

$$\frac{\mathrm{d}^2g(t)}{\mathrm{d}t^2}=\sum_{i=1}^{n}\frac{\lambda_i^2}{(1+t\lambda_i)^2}>0$$

因为 $\mathbf{V}\neq\mathbf{0}$ 和 $\mathbf{X}\in\mathbb{S}_{++}^n$，则有 $\mathbf{Z}\neq\mathbf{0}$。由式 (1.97) 可得 $\mathrm{Tr}\big(\mathbf{Z}^{\mathrm{T}}\mathbf{Z}\big)=\sum_{i=1}^{n}\lambda_i^2>0$，表明至少有一个 λ_i 不等于 0。因此，通过二阶条件，我们证明了 $g(t)$ 是严格凸的，故 $f(\mathbf{X})$ 在 $\mathbb{S}_{++}^n$ 上是严格凸的。 □

注 3.19 式 (3.42) 可证明如下：

$$\begin{aligned}\mathbf{X}+t\mathbf{V}\succ\mathbf{0}&\Leftrightarrow\mathbf{a}^{\mathrm{T}}(\mathbf{X}+t\mathbf{V})\mathbf{a}>0\ \forall\mathbf{a}\neq\mathbf{0}\in\mathbb{R}^n\\&\Leftrightarrow\mathbf{a}^{\mathrm{T}}\mathbf{X}^{1/2}(\mathbf{I}_n+t\mathbf{Z})\mathbf{X}^{1/2}\mathbf{a}>0\ \forall\mathbf{a}\neq\mathbf{0}\in\mathbb{R}^n\\&\Leftrightarrow\mathbf{b}^{\mathrm{T}}(\mathbf{I}_n+t\mathbf{Z})\mathbf{b}>0\ \forall\mathbf{b}=\mathbf{X}^{1/2}\mathbf{a}\neq\mathbf{0}\ \ (\text{因为 }\mathbf{X}^{1/2}\succ\mathbf{0})\\&\Leftrightarrow\mathbf{I}_n+t\mathbf{Z}\succ\mathbf{0}\end{aligned}$$

□

注 3.20 上述 $-\log\ \det(\mathbf{X})$ 在 $\mathbb{S}_{++}^n$ 上凸性的证明中，如果用式 (3.41) 中的 $\Delta\mathbf{X}$ 取代 $t\mathbf{V}$（即 $t\mathbf{Z}=\mathbf{X}^{-1/2}(\Delta\mathbf{X})\mathbf{X}^{-1/2}$），并考虑 $t\lambda_i$s（$t\mathbf{Z}$ 的特征值）较小时，式 (3.44) 的一阶 Taylor 级数近似，有

$$\begin{aligned}-g(t)&=\log\ \det(\mathbf{X}+\Delta\mathbf{X})\\&\approx\log\ \det(\mathbf{X})+\sum_{i=1}^{n}t\lambda_i\quad(\text{一阶 Taylor 级数逼近估计})\\&=\log\ \det(\mathbf{X})+\mathrm{Tr}(\mathbf{X}^{-1/2}(\Delta\mathbf{X})\mathbf{X}^{-1/2})\\&=\log\ \det(\mathbf{X})+\mathrm{Tr}(\mathbf{X}^{-1}\Delta\mathbf{X})\end{aligned}\tag{3.45}$$

则

$$\nabla_{\mathbf{X}}\log\ \det(\mathbf{X})=(\mathbf{X}^{-1})^{\mathrm{T}}=\mathbf{X}^{-1},\quad\mathbf{X}\in\mathbb{S}_{++}^n\tag{3.46}$$

因此，由式 (3.45) 可知，$\det(\mathbf{X})=\exp\{\log\ \det(\mathbf{X})\}$ 的一阶 Taylor 级数近似为

$$\nabla_{\mathbf{X}}\det(\mathbf{X})=\det(\mathbf{X})\cdot\mathbf{X}^{-1},\quad\mathbf{X}\in\mathbb{S}_{++}^n\tag{3.47}$$

此外，由一阶条件式 (3.20) 和式 (3.46) 可知，$-\log\ \det(\mathbf{X})$ 在 $\mathbb{S}_{++}^n$ 上是严格凸的，如注 3.21 所述。 □

注 3.21 论据 3.1 证明了 $\log\det(\mathbf{X})$（或等价于 $-\log\det(\mathbf{X})$）在 $\mathbb{S}_{++}^n$ 上是严格凹（凸）的。由一阶条件式 (3.20) 和式 (3.46) 可以更简洁地证明

$$\begin{aligned}&\log\det(\mathbf{Y})<\log\det(\mathbf{X})+\mathrm{Tr}\big(\mathbf{X}^{-1}(\mathbf{Y}-\mathbf{X})\big)\\\Longleftrightarrow\ &\log\det(\mathbf{X}^{-1}\mathbf{Y})<\mathrm{Tr}\big(\mathbf{X}^{-1}\mathbf{Y}\big)-n,\ \forall\mathbf{X}\neq\mathbf{Y}\quad(\text{根据式 (1.83)})\end{aligned}$$

设 $\mathbf{X}^{1/2} \succ \mathbf{0}$ 是 $\mathbf{X}$ 的平方根矩阵，$\mathbf{Z} \triangleq \mathbf{X}^{-1/2}\mathbf{Y}\mathbf{X}^{-1/2} \neq \mathbf{I}_n$（由于 $\mathbf{X} \neq \mathbf{Y}$），那么上述不等式可进一步简化为

$$\begin{aligned} & \log\det(\mathbf{Z}) < \mathrm{Tr}(\mathbf{Z}) - n \quad （根据式 (1.84)） \\ \Longleftrightarrow & \sum_{i=1}^{n} \log\lambda_i < \sum_{i=1}^{n} \lambda_i - n \quad （根据式 (1.95) 和式 (1.96)） \end{aligned} \tag{3.48}$$

其中，$\lambda_i > 0, i = 1, \ldots, n$ 是 $\mathbf{Z}$ 的特征值。因为 $\mathbf{Z} \neq \mathbf{I}_n$，所以至少有一个 $\lambda_i \neq 1$。另一方面，$\log x$ 是一个严格凹函数，故在 $x = 1$ 处一定满足如下一阶不等式：

$$\log x < x - 1, \ \ \forall x \neq 1, \ x > 0$$

从上式可知，对于 $\mathbf{Z} \neq \mathbf{I}_n$，式 (3.48) 一定成立。因此 $\log\det(\mathbf{X})$ 在 $\mathbb{S}_{++}^n$ 上是严格凹的。 □

3.1.5 上境图

函数 $f: \mathbb{R}^n \to \mathbb{R}$ 的**上境图**（epigraph）定义为

$$\mathbf{epi}\ f = \{(\mathbf{x}, t) \mid \mathbf{x} \in \mathbf{dom}\ f,\ f(\mathbf{x}) \leqslant t\} \subseteq \mathbb{R}^{n+1} \tag{3.49}$$

“**epi**”表示“之上”，所以英文 epigraph 表示“在函数图像之上”。函数的上境图是由该函数定义的一个集合，该集合看起来像一个充满液体且面朝上的碗，如图 3.4 所示。

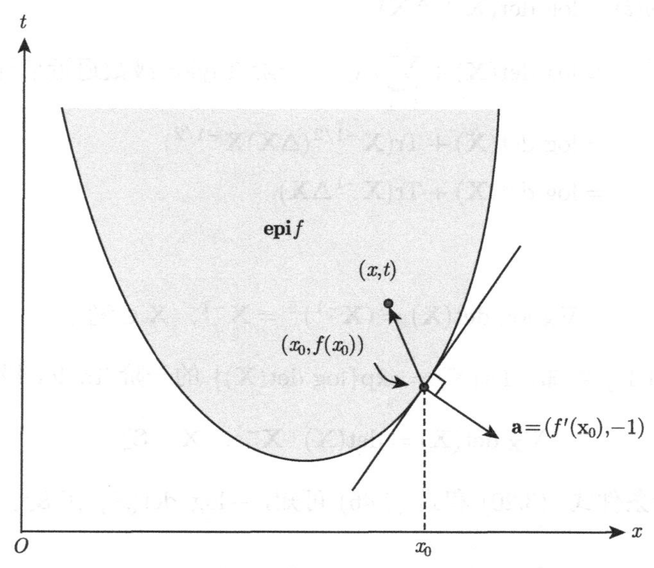

图 3.4 凸函数 $f: \mathbb{R} \to \mathbb{R}$ 的上境图和法向量为 $\mathbf{a} = (f'(x_0), -1)$ 的超平面，该超平面在边界点 $(x_0, f(x_0))$ 处支撑 $\mathbf{epi}\ f$

$\mathbf{epi}\ f$ 的凸性与相应的函数 f 的凸性有很强的关系，如下所述。

论据 3.2 当且仅当 $\mathbf{epi}\ f$ 是凸的，f 是凸函数。

证明

- 充分性：假设 f 是非凸的，则存在 $\mathbf{x}_1,\mathbf{x}_2\in\mathbf{dom}\,f$ 和 $\theta\in[0,1]$ 使得

$$f(\theta\mathbf{x}_1+(1-\theta)\mathbf{x}_2)>\theta f(\mathbf{x}_1)+(1-\theta)f(\mathbf{x}_2) \tag{3.50}$$

令 $(\mathbf{x}_1,t_1),(\mathbf{x}_2,t_2)\in\mathbf{epi}\,f$，则 $f(\mathbf{x}_1)\leqslant t_1$，$f(\mathbf{x}_2)\leqslant t_2$ 且

$$\theta(\mathbf{x}_1,t_1)+(1-\theta)(\mathbf{x}_2,t_2)=(\theta\mathbf{x}_1+(1-\theta)\mathbf{x}_2,\theta t_1+(1-\theta)t_2)\in\mathbf{epi}\,f$$

因为 $\mathbf{epi}\,f$ 是凸的，所以

$$f(\theta\mathbf{x}_1+(1-\theta)\mathbf{x}_2)\leqslant\theta t_1+(1-\theta)t_2$$

再结合式 (3.50) 可得

$$\theta f(\mathbf{x}_1)+(1-\theta)f(\mathbf{x}_2)<\theta t_1+(1-\theta)t_2$$

令不等式中 $t_1=f(\mathbf{x}_1)$，$t_2=f(\mathbf{x}_2)$，可得

$$\theta f(\mathbf{x}_1)+(1-\theta)f(\mathbf{x}_2)<\theta f(\mathbf{x}_1)+(1-\theta)f(\mathbf{x}_2)$$

上式不成立，故假设无效。因此，f 必为凸的。

- 必要性：因为 f 是凸的，则有

$$f(\theta\mathbf{x}_1+(1-\theta)\mathbf{x}_2)\leqslant\theta f(\mathbf{x}_1)+(1-\theta)f(\mathbf{x}_2),\ \forall\mathbf{x}_1,\mathbf{x}_2\in\mathbf{dom}\,f,\ \theta\in[0,1]$$

令 $(\mathbf{x}_1,t_1),(\mathbf{x}_2,t_2)\in\mathbf{epi}\,f$，那么 $f(\mathbf{x}_1)\leqslant t_1, f(\mathbf{x}_2)\leqslant t_2$，及

$$f(\theta\mathbf{x}_1+(1-\theta)\mathbf{x}_2)\leqslant\theta f(\mathbf{x}_1)+(1-\theta)f(\mathbf{x}_2)\leqslant\theta t_1+(1-\theta)t_2$$

利用上境图的定义，则有

$$\begin{aligned}&(\theta\mathbf{x}_1+(1-\theta)\mathbf{x}_2,\theta t_1+(1-\theta)t_2)\in\mathbf{epi}\,f\\ \Rightarrow\ &\theta(\mathbf{x}_1,t_1)+(1-\theta)(\mathbf{x}_2,t_2)\in\mathbf{epi}\,f\\ \Rightarrow\ &\mathbf{epi}\,f\text{ 是凸的}\end{aligned}$$

这样完成了论据 3.2 的证明。 □

注 3.22 这可以表明当且仅当 $\mathbf{epi}\,f$ 是一个严格凸集，f 是严格凸函数。 □

注 3.23 一个函数 $f:\mathbb{R}^n\to\mathbb{R}$，当其上境图 $\mathbf{epi}\,f\subseteq\mathbb{R}^{n+1}$ 是一个闭集，被称为是闭的。也就是，对于每个序列 $\{(\mathbf{x}_k,\alpha_k)\}\subset\mathbf{epi}\,f$ 收敛于某个 $(\widehat{\mathbf{x}},\widehat{\alpha})$，我们有 $(\widehat{\mathbf{x}},\widehat{\alpha})\in\mathbf{epi}\,f$。而且，具有闭定义域的任意连续函数都是闭的。相反不一定成立。例如，下半连续函数 $f_1(x)$ 和上半连续函数 $f_2(x)$ 定义为

$$f_1(x)=\begin{cases}1, & x<0\\ -1, & x\geqslant 0\end{cases},\quad f_2(x)=\begin{cases}1, & x\leqslant 0\\ -1, & x>0\end{cases}$$

可以看出 $\mathbf{epi}\,f_1=\{(x,t)\mid t\geqslant 1,x<0\}\cup\{(x,t)\mid t\geqslant -1,x\geqslant 0\}$ 是一个闭集，但 f_1 是不连续的；同理，$\mathbf{epi}\,f_2=\{(x,t)\mid t\geqslant 1,x\leqslant 0\}\cup\{(x,t)\mid t\geqslant -1,x>0\}$ 不是一个闭集，那 f_2 也是不连续的。 □

注 3.24 对于一个有闭定义域的可微凸函数，由注 3.23 得，式 (3.49) 定义的 $\mathbf{epi}\, f$ 是一个闭凸集（对于一维函数，如图 3.4 所示），f 是连续的。利用式 (3.16) 给定的一阶条件，对于任意 $\mathbf{x}_0 \in \mathbf{dom}\, f$，可以很容易地看出

$$\begin{aligned} & t \geqslant f(\mathbf{x}) \geqslant f(\mathbf{x}_0) + \nabla f(\mathbf{x}_0)^{\mathrm{T}}(\mathbf{x}-\mathbf{x}_0) \\ \Leftrightarrow\ & h(\mathbf{y}_0) \triangleq [\nabla f(\mathbf{x}_0)^{\mathrm{T}},\ -1] \left\{ \begin{bmatrix} \mathbf{x} \\ t \end{bmatrix} - \begin{bmatrix} \mathbf{x}_0 \\ f(\mathbf{x}_0) \end{bmatrix} \right\} \leqslant 0, \quad \forall (\mathbf{x}, t) \in \mathbf{epi}\, f \end{aligned} \tag{3.51}$$

在 $\mathbf{epi}\, f$（参考图 3.4）的任意边界点 $\mathbf{y}_0 = (\mathbf{x}_0, f(\mathbf{x}_0))$，这实际上定义了 $\mathbf{epi}\, f$ 的支持超平面

$$\mathcal{H}(\mathbf{y}_0) = \{\mathbf{y} = (\mathbf{x}, t) \in \mathbb{R}^{n+1} \mid h(\mathbf{y}_0) = 0\}$$

于是 $\mathbf{epi}\, f$ 可以用半空间的交集形式表达如下（参考式 (2.136)）：

$$\mathbf{epi}\, f = \bigcap_{\mathbf{y}_0 \in \mathbf{bd\ epi}\, f} \mathcal{H}_-(\mathbf{y}_0) \tag{3.52}$$

这里

$$\mathcal{H}_-(\mathbf{y}_0) = \left\{ \mathbf{y} \in \mathbb{R}^{n+1} \mid \mathbf{a}(\mathbf{y}_0)^{\mathrm{T}}(\mathbf{y}-\mathbf{y}_0) \leqslant 0 \right\} \quad \text{（根据式 (3.51)）} \tag{3.53}$$

其中，$\mathbf{a}(\mathbf{y}_0) = [\nabla f(\mathbf{x}_0)^{\mathrm{T}}, -1]^{\mathrm{T}}$。从而如果一阶条件成立，$\mathbf{epi}\, f$ 是凸的，反之亦然。此外，每个边界的超平面 $\mathcal{H}_-(\mathbf{y}_0)$ 是由 $\mathbf{y}_0$ 唯一定义的，所以 $\mathbf{epi}\, f$ 的边界是光滑的（参考注 2.25）。□

注 3.25（一个非凸函数的凸包络） 函数 $f: \mathbb{R}^n \to \mathbb{R}$ 的凸包络被定义为

$$g_f(\mathbf{x}) = \inf\{t \mid (\mathbf{x}, t) \in \mathbf{conv\ epi}\ f\}, \quad \mathbf{dom}\ g_f = \mathbf{dom}\ f \tag{3.54}$$

其中，$\mathbf{dom}\ f$ 是凸的。从式 (3.54) 可以推断，对于任意 $\mathbf{x}$，有 $\mathbf{epi}\ g_f = \mathbf{conv\ epi}\ f$ 和 $g_f(\mathbf{x}) \leqslant f(\mathbf{x})$。

图 3.5 给出了两个示例，其中两个非凸函数分别为

$$f_1(x) = \begin{cases} 2\sqrt{x}, & 0 \leqslant x \leqslant 1 \\ 2(x-1)^2 + 2, & x \geqslant 1 \end{cases} \qquad \mathbf{dom}\ f = \mathbb{R}_+ \tag{3.55}$$

$$f_2(x) = \begin{cases} 0, & x = 0 \\ 1, & -1 \leqslant x < 0,\ \text{或}\ 0 < x \leqslant 1 \end{cases} \qquad \mathbf{dom}\ f = [-1, 1] \tag{3.56}$$

根据式 (3.54) 可以证明

$$g_{f_1}(x) = \begin{cases} 4(\sqrt{2}-1)x, & 0 \leqslant x \leqslant \sqrt{2} \\ 2(x-1)^2 + 2, & x \geqslant \sqrt{2} \end{cases} \tag{3.57}$$

$$g_{f_2}(x) = |x|,\ -1 \leqslant x \leqslant 1 \tag{3.58}$$

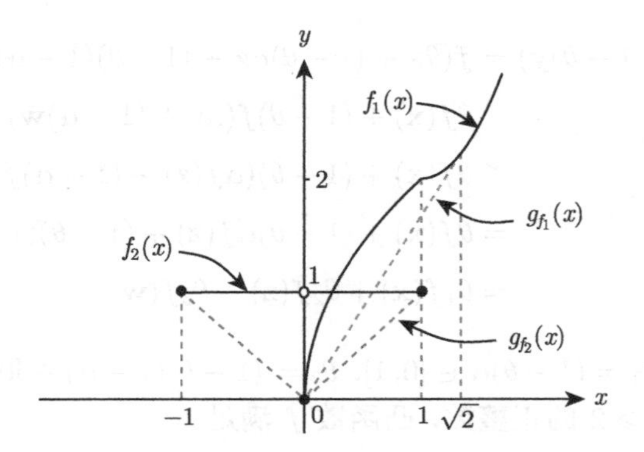

图 3.5　式 (3.55) 和式 (3.56) 分别定义的两个非凸函数 $f_1(x)$ 和 $f_2(x)$ 的凸包络 $g_{f_1}(x)$ 和 $g_{f_2}(x)$（参考式 (3.57) 和式 (3.58)）

注意，$f_2(x)$ 是既不连续也不可微，实际上是 $f(\mathbf{x}) = \|\mathbf{x}\|_0$（即 $\mathbf{x}$ 中非零元素的个数）的一维特例，$\mathbf{dom}\, f = \mathcal{B} \triangleq \{\mathbf{x} \in \mathbb{R}^n \mid \|\mathbf{x}\|_1 \leqslant 1\}$。因为非凸函数 $f(\mathbf{x}) = \|\mathbf{x}\|_0$ 是下半连续且非凸的，其凸包络除了运用凸包式 (3.54) 的定义，也可以通过计算双共扼得到（即 f 共轭的共轭）（参考注 9.1）。因此，

$$g_f(\mathbf{x}) = \|\mathbf{x}\|_1,\ \mathbf{x} \in \mathcal{B} \tag{3.59}$$

（在 9.1.2 节中将给出详细的证明，参考注 9.2 和式 (9.29)）

式 (3.59) 被用于刻画向量的稀疏度（稀疏性）。

另一个有趣的下半连续非凸函数是 $f(\mathbf{X}) = \text{rank}(\mathbf{X})$，$\mathbf{dom}\, f = \{\mathbf{X} \in \mathbb{R}^{M\times N} \mid \|\mathbf{X}\|_* = \|\mathbf{X}\|_{\mathcal{A}} \leqslant 1\} = \mathbf{conv}\,\mathcal{A}$（见式 (2.105)），其中 $\mathcal{A}$ 是式 (2.102) 定义的 秩-1 矩阵的集合。f 的凸包络可以表示为

$$g_f(\mathbf{X}) = \|\mathbf{X}\|_* = \sum_{i=1}^{\text{rank}(\mathbf{X})} \sigma_i(\mathbf{X}),\ \mathbf{X} \in \mathbf{conv}\,\mathcal{A} \quad \text{（参考式 (2.96)）} \tag{3.60}$$

式 (3.60) 已被用于压缩传感中高维数据矩阵的低秩近似。 □

我们将在后续章节中看到，上述上境图的概念及第 4 章的上境图表示在解决优化问题中具有非常重要的作用。

3.1.6　Jensen 不等式

对凸函数 $f : \mathbb{R}^n \to \mathbb{R}$，称不等式

$$f(\theta\mathbf{x} + (1-\theta)\mathbf{y}) \leqslant \theta f(\mathbf{x}) + (1-\theta) f(\mathbf{y}),\quad \theta \in [0,1] \tag{3.61}$$

为 **Jensen 不等式**。把 $\mathbf{y} = \alpha\mathbf{z} + (1-\alpha)\mathbf{w} \in \mathbf{dom}\, f$，$\mathbf{z}$, $\mathbf{w} \in \mathbf{dom}\, f$ 和 $\alpha \in [0,1]$ 代入式 (3.61) 可得

$$
\begin{aligned}
f(\theta\mathbf{x}+(1-\theta)\mathbf{y}) &= f(\theta\mathbf{x}+(1-\theta)\alpha\mathbf{z}+(1-\theta)(1-\alpha)\mathbf{w}) \\
&\leqslant \theta f(\mathbf{x})+(1-\theta)f(\alpha\mathbf{z}+(1-\alpha)\mathbf{w}) \\
&\leqslant \theta f(\mathbf{x})+(1-\theta)(\alpha f(\mathbf{z})+(1-\alpha)f(\mathbf{w})) \\
&= \theta f(\mathbf{x})+(1-\theta)\alpha f(\mathbf{z})+(1-\theta)(1-\alpha)f(\mathbf{w}) \\
&= \theta_1 f(\mathbf{x})+\theta_2 f(\mathbf{z})+\theta_3 f(\mathbf{w})
\end{aligned}
$$

其中，$\theta_1=\theta\in[0,1]$，$\theta_2=(1-\theta)\alpha\in[0,1]$，$\theta_3=(1-\theta)(1-\alpha)\in[0,1]$，且 $\theta_1+\theta_2+\theta_3=1$。由归纳法可知，对于 $k\geqslant 2$ 的正整数，凸函数 f 满足

$$
f\left(\sum_{i=1}^{k}\theta_i\mathbf{x}_i\right)\leqslant\sum_{i=1}^{k}\theta_i f(\mathbf{x}_i),\ \forall\theta_i\geqslant 0,\ \sum_{i=1}^{k}\theta_i=1 \tag{3.62}
$$

例 3.1 对于任意 $\mathbf{x}\in\mathbb{R}_{++}^n$，算数–几何平均不等式为

$$
\left(\prod_{i=1}^{n}x_i\right)^{1/n}\leqslant\frac{1}{n}\left(\sum_{i=1}^{n}x_i\right) \tag{3.63}
$$

其一般形式由式 (3.64) 给出。

式 (3.63) 的证明 因为 $\log x$ 是 $\mathbb{R}_{++}$ 上的凹函数，所以当 $\theta_i\geqslant 0$ 且 $\sum_{i=1}^{n}\theta_i=1$ 时有

$$
\begin{aligned}
&\log\left(\sum_{i=1}^{n}\theta_i x_i\right)\geqslant\sum_{i=1}^{n}\theta_i\log x_i=\sum_{i=1}^{n}\log x_i^{\theta_i}=\log\left(\prod_{i=1}^{n}x_i^{\theta_i}\right) \\
&\Rightarrow \sum_{i=1}^{n}\theta_i x_i\geqslant\prod_{i=1}^{n}x_i^{\theta_i}
\end{aligned} \tag{3.64}
$$

将 $\theta_i=\dfrac{1}{n}$，$\forall\, i$ 代入式 (3.64) 可得式 (3.63)。 □

注意，对于任意 $x_i>0$，$\theta_i\geqslant 0$，且 $\sum_{i=1}^{n}\theta_i=1$，式 (3.64) 均成立。在式 (3.64) 中，用 $x_i/\theta_i>0$ 替换 x_i，则另一种表达为

$$
\sum_{i=1}^{n}x_i\geqslant\prod_{i=1}^{n}\left(\frac{x_i}{\theta_i}\right)^{\theta_i} \tag{3.65}
$$

其中，$\theta_i\neq 0$，$\forall\, i$。式 (3.64) 和式 (3.65) 已广泛应用于各种优化问题。第 6 章、第 8 章中将给出一些具体例子。 □

例 3.2（Hölder 不等式）

$$
\mathbf{y}^{\mathrm{T}}\mathbf{x}\leqslant\|\mathbf{x}\|_p\cdot\|\mathbf{y}\|_q \tag{3.66}
$$

其中，$\dfrac{1}{p}+\dfrac{1}{q}=1$，$p\geqslant 1$，且 $q\geqslant 1$。因为 $\|\cdot\|_p$ 是 $\|\cdot\|_q$ 的对偶，所以式 (3.66) 实际上是式 (2.107) 的一个特例，反之亦然。但基于 Jensen 不等式，并对等式成立的情况加以讨论，从而这个例子给出了式 (3.66) 的另一种证明方法。

式 (3.66) 的证明 由式 (3.64)，对于 $a,b>0$ 和 $0\leqslant\theta\leqslant 1$ 有

$$\theta a+(1-\theta)b\geqslant a^{\theta}b^{1-\theta} \tag{3.67}$$

令

$$a_i=\frac{|x_i|^p}{\sum_{j=1}^{n}|x_j|^p},\ b_i=\frac{|y_i|^q}{\sum_{j=1}^{n}|y_j|^q},\ \theta=\frac{1}{p}$$

则

$$\begin{aligned}\sum_{i=1}^{n}\theta a_i+(1-\theta)b_i &=\sum_{i=1}^{n}\left(\frac{|x_i|^p/p}{\sum_{j=1}^{n}|x_j|^p}+\frac{|y_i|^q/q}{\sum_{j=1}^{n}|y_j|^q}\right)=\frac{1}{p}+\frac{1}{q}=1\\ &\geqslant\sum_{i=1}^{n}\left(\frac{|x_i|^p}{\sum_{j=1}^{n}|x_j|^p}\right)^{1/p}\left(\frac{|y_i|^q}{\sum_{j=1}^{n}|y_j|^q}\right)^{1/q}\\ &=\frac{\sum_{i=1}^{n}|x_i|\cdot|y_i|}{\left(\sum_{j=1}^{n}|x_j|^p\right)^{1/p}\left(\sum_{j=1}^{n}|y_j|^q\right)^{1/q}}\\ &\geqslant\frac{\mathbf{y}^{\mathrm{T}}\mathbf{x}}{\|\mathbf{x}\|_p\cdot\|\mathbf{y}\|_q}\end{aligned}$$

故 Hölder 不等式得证。 □

考虑 Cauchy-Schwartz 不等式 ($p=q=2$) 这一特例，即

$$\mathbf{y}^{\mathrm{T}}\mathbf{x}\leqslant\|\mathbf{x}\|_2\cdot\|\mathbf{y}\|_2$$

对于任意 $\alpha\geqslant 0$，当 $\mathbf{y}=\alpha\mathbf{x}$ 时等式成立。另一个有趣的例子 ($p=\infty,\ q=1$) 如下：

$$\mathbf{y}^{\mathrm{T}}\mathbf{x}\leqslant\|\mathbf{x}\|_{\infty}\cdot\|\mathbf{y}\|_1 \tag{3.68}$$

式 (3.68) 等式成立的条件：(i) 当 $\mathbf{x}=\alpha\mathbf{1}_n$，$\alpha>0$ 时，$\mathbf{y}\in\mathbb{R}_+^n$；(ii) 当 $\mathbf{y}=\alpha\mathbf{e}_i$，$\alpha>0$ 时，$\mathbf{x}\in\mathbb{R}_+^n$，以及对任意 $j\neq i, x_i\geqslant x_j$。 □

注 3.26 对于任意 $\mathbf{x}\in S\subseteq\mathbf{dom}\,f$，设 $p(\mathbf{x})\geqslant 0$。假设 $\mathbf{x}$ 是定义在 S 上的随机向量，其概率密度函数 $p(\mathbf{x})\geqslant 0$，即 $\int_S p(\mathbf{x})\mathrm{d}\mathbf{x}=1$，则对于凸函数 f 有

$$f(\mathbb{E}\{\mathbf{x}\})=f\left(\int_S \mathbf{x}p(\mathbf{x})\mathrm{d}\mathbf{x}\right)\leqslant\int_S f(\mathbf{x})p(\mathbf{x})\mathrm{d}\mathbf{x}=\mathbb{E}\{f(\mathbf{x})\} \tag{3.69}$$

这可直接通过 Jensen 不等式得到。 □

3.2 保凸运算

本节讨论函数保凸性概念或保凸性的一些运算，基于这些运算可进一步构造新的凸或凹函数。

3.2.1 非负加权和

设 $f_1,\ldots,f_m$ 是凸函数且 $w_1,\ldots,w_m \geqslant 0$，那么 $\sum_{i=1}^m w_i f_i$ 是凸函数。

证明 对于任意 i，$\mathbf{dom}\ f_i$ 是凸集，则 $\mathbf{dom}(\sum_{i=1}^m w_i f_i) = \bigcap_{i=1}^m \mathbf{dom}\ f_i$ 是凸的。对于 $0 \leqslant \theta \leqslant 1$，且 $\mathbf{x},\mathbf{y} \in \mathbf{dom}(\sum_{i=1}^m w_i f_i)$，有

$$\begin{aligned}\sum_{i=1}^m w_i f_i(\theta\mathbf{x}+(1-\theta)\mathbf{y}) &\leqslant \sum_{i=1}^m w_i(\theta f_i(\mathbf{x})+(1-\theta)f_i(\mathbf{y}))\\ &= \theta\sum_{i=1}^m w_i f_i(\mathbf{x})+(1-\theta)\sum_{i=1}^m w_i f_i(\mathbf{y})\end{aligned}$$

□

注 3.27 对于任意 $\mathbf{y}\in\mathcal{A}$ 和 $w(\mathbf{y})\geqslant 0$，$f(\mathbf{x},\mathbf{y})$ 在 $\mathbf{x}$ 是凸函数，那么

$$g(\mathbf{x}) = \int_{\mathcal{A}} w(\mathbf{y}) f(\mathbf{x},\mathbf{y})\mathrm{d}\mathbf{y} \tag{3.70}$$

在 $\bigcap_{\mathbf{y}\in\mathcal{A}}\mathbf{dom}\, f$ 上是凸函数。 □

3.2.2 仿射映射复合

如果 $f:\mathbb{R}^n\to\mathbb{R}$ 是凸函数，那么对于 $\mathbf{A}\in\mathbb{R}^{n\times m}$ 和 $\mathbf{b}\in\mathbb{R}^n$，函数 $g:\mathbb{R}^m\to\mathbb{R}$ 定义为

$$g(\mathbf{x}) = f(\mathbf{A}\mathbf{x}+\mathbf{b}) \tag{3.71}$$

式 (3.71) 也是凸函数，其定义域为

$$\begin{aligned}\mathbf{dom}\ g &= \{\mathbf{x}\in\mathbb{R}^m \mid \mathbf{A}\mathbf{x}+\mathbf{b}\in\mathbf{dom}\ f\}\\ &= \left\{\mathbf{A}^{\dagger}(\mathbf{y}-\mathbf{b}) \mid \mathbf{y}\in\mathbf{dom}\ f\right\}+\mathcal{N}(\mathbf{A}) \quad \text{（参考式 (2.62)）}\end{aligned} \tag{3.72}$$

由注 2.9 得，$\mathbf{dom}\ g$ 也是一个凸集。

证明方法一(利用上境图) 因为 $g(\mathbf{x})$=$f(\mathbf{A}\mathbf{x}+\mathbf{b})$ 和 $\mathbf{epi}\ f = \{(\mathbf{y},t)\mid f(\mathbf{y})\leqslant t\}$，有

$$\begin{aligned}\mathbf{epi}\ g &= \{(\mathbf{x},t)\in\mathbb{R}^{m+1} \mid f(\mathbf{A}\mathbf{x}+\mathbf{b})\leqslant t\}\\ &= \{(\mathbf{x},t)\in\mathbb{R}^{m+1} \mid (\mathbf{A}\mathbf{x}+\mathbf{b},t)\in\mathbf{epi}\ f\}\end{aligned}$$

定义

$$\mathcal{S} = \{(\mathbf{x},\mathbf{y},t)\in\mathbb{R}^{m+n+1} \mid \mathbf{y}=\mathbf{A}\mathbf{x}+\mathbf{b}, f(\mathbf{y})\leqslant t\}$$

则

$$\mathbf{epi}\ g = \left\{\begin{bmatrix}\mathbf{I}_m & \mathbf{0}_{m\times n} & \mathbf{0}_m\\ \mathbf{0}_m^{\mathrm{T}} & \mathbf{0}_n^{\mathrm{T}} & 1\end{bmatrix}(\mathbf{x},\mathbf{y},t) \mid (\mathbf{x},\mathbf{y},t)\in\mathcal{S}\right\}$$

为 $\mathcal{S}$ 经仿射映射后的像。由凸集定义，易证：若 f 是凸函数，则 $\mathcal{S}$ 是凸的。因此 $\mathbf{epi}\ g$ 是凸的，由于 $\mathbf{epi}\ g$ 是凸集 $\mathcal{S}$ 的仿射映射，故 $\mathbf{epi}\ g$ 为凸集，即表明 g 是凸函数（由论据 3.2 可得）。 □

证明方法二 对于 $0 \leqslant \theta \leqslant 1$ 有

$$\begin{aligned} g(\theta\mathbf{x}_1 + (1-\theta)\mathbf{x}_2) &= f(\mathbf{A}(\theta\mathbf{x}_1 + (1-\theta)\mathbf{x}_2) + \mathbf{b}) \\ &= f(\theta(\mathbf{A}\mathbf{x}_1 + \mathbf{b}) + (1-\theta)(\mathbf{A}\mathbf{x}_2 + \mathbf{b})) \\ &\leqslant \theta f(\mathbf{A}\mathbf{x}_1 + \mathbf{b}) + (1-\theta) f(\mathbf{A}\mathbf{x}_2 + \mathbf{b}) \\ &= \theta g(\mathbf{x}_1) + (1-\theta) g(\mathbf{x}_2) \end{aligned}$$

此外，$\mathbf{dom}\ g$（参考式 (3.72)）也是一个凸集，由此可得出结论，$f(\mathbf{A}\mathbf{x}+\mathbf{b})$ 是一个凸函数。□

3.2.3 复合函数

设 $h: \mathbf{dom}\ h \to \mathbb{R}$ 是一个凸（凹）函数，其定义域 $\mathbf{dom}\ h \subset \mathbb{R}^n$。记 h 的延拓函数为 $\tilde{h}$，$\mathbf{dom}\ \tilde{h} = \mathbb{R}^n$，即函数定义域扩展到整个 $\mathbb{R}^n$ 空间。当 $\mathbf{x} \in \mathbf{dom}\ h$ 时，延拓函数 $\tilde{h}$ 与 $h(\mathbf{x})$ 取相同值，否则值为 $+\infty$ $(-\infty)$。具体而言，当 h 为凸函数时，定义

$$\tilde{h}(\mathbf{x}) = \begin{cases} h(\mathbf{x}), & \mathbf{x} \in \mathbf{dom}\ h \\ +\infty, & \mathbf{x} \notin \mathbf{dom}\ h \end{cases} \tag{3.73}$$

当 h 为凹函数时，定义

$$\tilde{h}(\mathbf{x}) = \begin{cases} h(\mathbf{x}), & \mathbf{x} \in \mathbf{dom}\ h \\ -\infty, & \mathbf{x} \notin \mathbf{dom}\ h \end{cases} \tag{3.74}$$

因此延拓函数 $\tilde{h}$ 不影响原函数 h 的凹凸性，且 $\textbf{Eff-dom}\ \tilde{h} = \textbf{Eff-dom}\ h$。

下面给出几个例子说明延拓函数的性质。

- $h(x) = \log x$，$\mathbf{dom}\ h = \mathbb{R}_{++}$，则 $h(x)$ 是凹的，$\tilde{h}(x)$ 是凹且非减的。
- $h(x) = x^{1/2}$，$\mathbf{dom}\ h = \mathbb{R}_+$，则 $h(x)$ 是凹的，$\tilde{h}(x)$ 是凹且非减的。
- 函数

$$h(x) = x^2,\ x \geqslant 0 \tag{3.75}$$

即 $\mathbf{dom}\ h = \mathbb{R}_+$，$h(x)$ 是凸的，则 $\tilde{h}(x)$ 是凸的但既不增也不减。

设 $f(\mathbf{x}) = h(g(\mathbf{x}))$，其中 h : $\mathbb{R} \to \mathbb{R}$，$g$: $\mathbb{R}^n \to \mathbb{R}$，则关于 f 的凸性或凹性，有以下四个复合规则：

(a) 如果 h 是凸函数且 $\tilde{h}$ 非减，g 是凸函数，则 f 是凸函数 (3.76a)

(b) 如果 h 是凸函数且 $\tilde{h}$ 非增，g 是凹函数，则 f 是凸函数 (3.76b)

(c) 如果 h 是凹函数且 $\tilde{h}$ 非减，g 是凹函数，则 f 是凹函数 (3.76c)

(d) 如果 h 是凹函数且 $\tilde{h}$ 非增，g 是凸函数，则 f 是凹函数 (3.76d)

考虑 g 和 h 都是二次可微且 $\tilde{h}(x)=h(x)$ 的情况，此时有

$$\nabla f(\mathbf{x})=h'(g(\mathbf{x}))\nabla g(\mathbf{x}) \tag{3.77}$$

且

$$\begin{aligned}\nabla^2 f(\mathbf{x})&=D(\nabla f(\mathbf{x}))=D\big(h'(g(\mathbf{x}))\cdot\nabla g(\mathbf{x})\big)\quad(\text{根据式 (1.46)})\\&=\nabla g(\mathbf{x})D\big(h'(g(\mathbf{x}))\big)+h'(g(\mathbf{x}))\cdot D(\nabla g(\mathbf{x}))\\&=h''(g(\mathbf{x}))\nabla g(\mathbf{x})\nabla g(\mathbf{x})^{\mathrm{T}}+h'(g(\mathbf{x}))\nabla^2 g(\mathbf{x})\end{aligned} \tag{3.78}$$

对于复合规则 (a)（见式 (3.76a)）和复合规则 (b)（见式 (3.76b)），可以验证 $\nabla^2 f(\mathbf{x})\succeq\mathbf{0}$，故 f 为凸函数；对于复合规则 (c)（见式 (3.76c)）和复合规则 (d)（见式 (3.76d)），可以验证 $\nabla^2 f(\mathbf{x})\preceq\mathbf{0}$，故 f 为凹函数。下面给出一个简单的复合函数例子。

例 3.3 设 $g(\mathbf{x})=\|\mathbf{x}\|_2$（凸函数）和

$$h(x)=\begin{cases}x^2, & x\geqslant 0\\ 0, & x<0\end{cases}$$

是凸函数，所以 $\tilde{h}(x)=h(x)$ 是非减的。$x<0$ 时，由式 (3.76a) 可知，$f(\mathbf{x})=h(g(\mathbf{x}))=\|\mathbf{x}\|_2^2=\mathbf{x}^{\mathrm{T}}\mathbf{x}$ 是凸函数，也可由二阶条件 $\nabla^2 f(\mathbf{x})=2\mathbf{I}_n\succ\mathbf{0}$ 判断，f 确实是凸的。□

3.2.4 逐点最大和上确界

若 f_1 和 f_2 均为凸函数，则 $f(\mathbf{x})=\max\{f_1(\mathbf{x}),f_2(\mathbf{x})\}$ 也是凸函数，其定义域 $\mathbf{dom}\ f=\mathbf{dom}\ f_1\cap\mathbf{dom}\ f_2$ 一般不可微。f 的凸性很容易通过 $\mathbf{epi}\ f$ 的凸性加以证明。

例 3.4 分段线性函数（见图 3.6）

$$f(\mathbf{x})=\max_{i=1,\ldots,L}\{\mathbf{a}_i^{\mathrm{T}}\mathbf{x}+b_i\} \tag{3.79}$$

是凸函数，这是由于仿射函数是凸函数。因为 $f(\mathbf{x})$ 不可微，所以其凸性不能由一阶条件式 (3.16) 或二阶条件式 (3.27) 加以证明。对于该分段线性函数，$\mathbf{epi}\ f$（一个多面体）是凸的，但非严格凸，因此 $f(\mathbf{x})$ 是凸的，但非严格凸。□

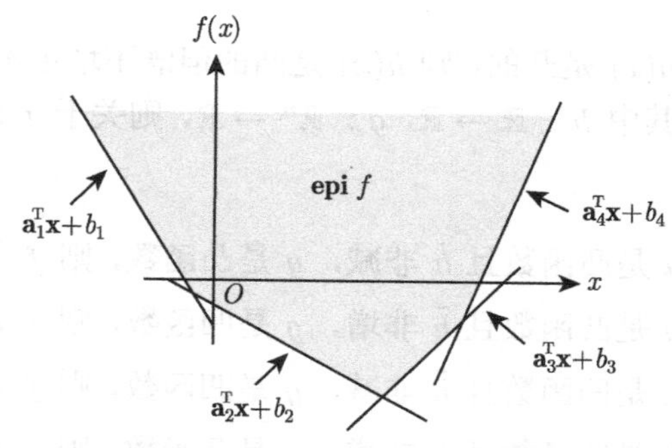

图 3.6 式 (3.79) 给出分段线性函数 $f(x)$ 的上境图，其中 $L=4$

如果对于任意 $\mathbf{y} \in \mathcal{A}$，$f(\mathbf{x},\mathbf{y})$ 关于 $\mathbf{x}$ 是凸函数，其定义域为 $\mathbf{dom}\ f_{\mathbf{y}}$，那么

$$g(\mathbf{x}) = \sup_{\mathbf{y}\in\mathcal{A}} f(\mathbf{x},\mathbf{y}) \tag{3.80}$$

在 $\mathbf{dom}\ g = \cap_{\mathbf{y}\in\mathcal{A}}\mathbf{dom}\ f_{\mathbf{y}}$ 上是凸函数。类似地，如果对于任意 $\mathbf{y} \in \mathcal{A}$，$f(\mathbf{x},\mathbf{y})$ 关于 $\mathbf{x}$ 是凹的，那么

$$\tilde{g}(\mathbf{x}) = \inf_{\mathbf{y}\in\mathcal{A}} f(\mathbf{x},\mathbf{y}) \tag{3.81}$$

在 $\mathbf{dom}\ \tilde{g} = \mathbf{dom}\ g$ 上也是凹的。下面证明式 (3.80)。

式 (3.80) 的证明　令 $S_{\mathbf{y}} = \{(\mathbf{x},t) \mid f(\mathbf{x},\mathbf{y}) \leqslant t\}$ 是凸函数 f 的上境图（其中 $\mathbf{y}$ 视为参数），因为 $f(\mathbf{x},\mathbf{y})$ 是关于 $\mathbf{x}$ 的凸函数，所以 $f(\mathbf{x})$ 是凸集。

$$\begin{aligned}\mathbf{epi}\ g &= \{(\mathbf{x},t) \mid \sup_{\mathbf{y}\in\mathcal{A}} f(\mathbf{x},\mathbf{y}) \leqslant t\} = \{(\mathbf{x},t) \mid f(\mathbf{x},\mathbf{y}) \leqslant t\ \forall \mathbf{y} \in \mathcal{A}\} \\ &= \bigcap_{\mathbf{y}\in\mathcal{A}} \{(\mathbf{x},t) \mid f(\mathbf{x},\mathbf{y}) \leqslant t\} = \bigcap_{\mathbf{y}\in\mathcal{A}} S_{\mathbf{y}}\end{aligned}$$

因为 $S_{\mathbf{y}}$ 是凸函数，所以 $\mathbf{epi}\ g$ 是凸集。 □

例 3.5（集合的支撑函数）　令非空集合 $C \subseteq \mathbb{R}^n$，则集合 C 的支撑函数定义为

$$S_C(\mathbf{x}) = \sup_{\mathbf{y}\in C} \mathbf{x}^{\mathrm{T}}\mathbf{y} \tag{3.82}$$

其定义域为 $\mathbf{dom}\ S_C = \{\mathbf{x} \mid \sup_{\mathbf{y}\in C} \mathbf{x}^{\mathrm{T}}\mathbf{y} < \infty\}$。因为对任意 $\mathbf{y} \in C$，线性函数 $\mathbf{x}^{\mathrm{T}}\mathbf{y}$ 均为凸函数，所以由逐点最大性质可知支撑函数 $S_C(\mathbf{x})$ 是一个凸函数。考虑单位半径的范数球，即 $C = \{\mathbf{y} \in \mathbb{R}^n \mid \|\mathbf{y}\| \leqslant 1\}$ 时，$S_C(\mathbf{x}) = \|\mathbf{x}\|_*$（见式 (2.88)），即在 $\|\cdot\|$ 在 $\mathbb{R}^n$ 上的对偶范数。□

例 3.6　利用逐点上确界和范数算子的凸性可得，$f(\mathbf{x}) = \sup_{\mathbf{y}\in\mathcal{A}} \|\mathbf{x}-\mathbf{y}\|$ 是凸函数，其中 $\|\cdot\|$ 表示范数（因为 $\|\mathbf{x}\|$ 是凸函数，对于给定的 $\mathbf{y}$，$\|\mathbf{x}-\mathbf{y}\|$ 也是关于 $\mathbf{x}$ 的凸函数。见 3.2.2 节）。 □

例 3.7　在 $\mathbb{S}^n$ 上，$\lambda_{\max}(\mathbf{X})$ 是凸的，而 $\lambda_{\min}(\mathbf{X})$ 是凹的。

证明　$\mathbf{X}$ 的最大特征值可以表达为

$$\lambda_{\max}(\mathbf{X}) = \sup\{\mathbf{y}^{\mathrm{T}}\mathbf{X}\mathbf{y} \mid \|\mathbf{y}\|_2 = 1\} \ = \sup_{\|\mathbf{y}\|_2=1} \mathrm{Tr}(\mathbf{X}\mathbf{y}\mathbf{y}^{\mathrm{T}}) \quad \text{（参考式 (1.91)）}$$

其中，对于任意 $\mathbf{y}$，$\mathrm{Tr}(\mathbf{X}\mathbf{y}\mathbf{y}^{\mathrm{T}})$ 关于 $\mathbf{X}$ 是线性的，故 $\lambda_{\max}(\mathbf{X})$ 是凸的，所以 $\lambda_{\min}(\mathbf{X}) = -\lambda_{\max}(-\mathbf{X})$ 是凹的。 □

通过上述例子，可以进一步表明

$$\lambda_{\max}(\mathbf{X}+\mathbf{Y}) \leqslant \lambda_{\max}(\mathbf{X}) + \lambda_{\max}(\mathbf{Y}) \ \ \forall \mathbf{X},\mathbf{Y} \in \mathbb{S}^n \tag{3.83}$$

$$\lambda_{\min}(\mathbf{X}+\mathbf{Y}) \geqslant \lambda_{\min}(\mathbf{X}) + \lambda_{\min}(\mathbf{Y}) \ \ \forall \mathbf{X},\mathbf{Y} \in \mathbb{S}^n \tag{3.84}$$

下面对本节进行总结。

注 3.28 由式 (3.84) 可以表明，$n \times n$ 对称 PSD 矩阵的内集为

$$\mathbf{int}\ \mathbb{S}_+^n = \mathbb{S}_{++}^n = \{\mathbf{X} \in \mathbb{S}^n \mid \lambda_{\min}(\mathbf{X}) > 0\} \tag{3.85}$$

于是，其边界为

$$\mathbf{bd}\ \mathbb{S}_+^n = \mathbb{S}_+^n \setminus \mathbb{S}_{++}^n = \{\mathbf{X} \in \mathbb{S}^n \mid \lambda_{\min}(\mathbf{X}) = 0\} \tag{3.86}$$

式 (3.85) 的证明 假设 $\mathbf{X} \in \mathbf{int}\ \mathbb{S}_+^n$。令 $\lambda_{\min}(\mathbf{X})$ 和 $\boldsymbol{\nu}_{\min}(\mathbf{X})$ 分别表示为 $\mathbf{X}$ 最小特征值和 $\|\boldsymbol{\nu}_{\min}(\mathbf{X})\|_2 = 1$ 的相关特征向量。球心为 $\mathbf{X}$、半径为 r 的范数球定义为

$$\mathcal{B}(\mathbf{X}, r) \triangleq \{\mathbf{Y} = \mathbf{X} + r\mathbf{U} \mid \|\mathbf{U}\|_{\mathrm{F}} \leqslant 1,\ \mathbf{U} \in \mathbb{S}^n\}$$

则

$$\begin{aligned}
\min_{\mathbf{Y} \in \mathcal{B}(\mathbf{X}, r)} \lambda_{\min}(\mathbf{Y}) &= \min_{\|\mathbf{U}\|_{\mathrm{F}} \leqslant 1, \mathbf{U} \in \mathbb{S}^n} \lambda_{\min}(\mathbf{X} + r\mathbf{U}) \\
&\geqslant \lambda_{\min}(\mathbf{X}) + r \min_{\|\mathbf{U}\|_{\mathrm{F}} \leqslant 1, \mathbf{U} \in \mathbb{S}^n} \lambda_{\min}(\mathbf{U}) \quad \text{（根据式 (3.84)）} \\
&= \lambda_{\min}(\mathbf{X}) - r \quad \text{（根据式 (1.97)）}
\end{aligned}$$

当 $\mathbf{U} = -\boldsymbol{\nu}_{\min}(\mathbf{X})\boldsymbol{\nu}_{\min}(\mathbf{X})^{\mathrm{T}}$ 时，等号成立。当且仅当 $\lambda_{\min}(\mathbf{X}) \geqslant r > 0$ 时，$\mathcal{B}(\mathbf{X}, r) \subset \mathbb{S}_+^n$，这表明当且仅当 $\lambda_{\min}(\mathbf{X}) > 0$ 时，$\mathbf{X} \in \mathbf{int}\ \mathbb{S}_+^n$。 □

3.2.5 逐点最小和下确界

如果 $f(\mathbf{x}, \mathbf{y})$ 关于 $(\mathbf{x}, \mathbf{y}) \in \mathbb{R}^m \times \mathbb{R}^n$ 是凸的，$C \subset \mathbb{R}^n$ 是非空凸集，且存在某个 $\mathbf{x}$，$g(\mathbf{x}) > -\infty$，则

$$g(\mathbf{x}) = \inf_{\mathbf{y} \in C} f(\mathbf{x}, \mathbf{y}) \tag{3.87}$$

是凸函数。类似地，如果 $f(\mathbf{x}, \mathbf{y})$ 关于 $(\mathbf{x}, \mathbf{y}) \in \mathbb{R}^m \times \mathbb{R}^n$ 是凹的，若 $C \subset \mathbb{R}^n$ 是非空凸集，且存在 $\mathbf{x}$ 使得 $\tilde{g}(\mathbf{x}) < \infty$，则

$$\tilde{g}(\mathbf{x}) = \sup_{\mathbf{y} \in C} f(\mathbf{x}, \mathbf{y}) \tag{3.88}$$

是凹的。

式 (3.87) 的证明 因为 f 在 $\mathbf{int}(\mathbf{dom}\ f)$ 上（参考注 3.7）是连续的，对于任意 $\epsilon > 0$，$\mathbf{x}_1, \mathbf{x}_2 \in \mathbf{dom}\ g$，存在 $\mathbf{y}_1, \mathbf{y}_2 \in C$（取决于 ϵ）有

$$f(\mathbf{x}_i, \mathbf{y}_i) \leqslant g(\mathbf{x}_i) + \epsilon,\ i = 1, 2 \tag{3.89}$$

令 $(\mathbf{x}_1, t_1), (\mathbf{x}_2, t_2) \in \mathbf{epi}\ g$，那么 $g(\mathbf{x}_i) = \inf_{\mathbf{y} \in C} f(\mathbf{x}_i, \mathbf{y}) \leqslant t_i$，$i = 1, 2$。接着对于任意 $\theta \in [0, 1]$，有

$$g(\theta\mathbf{x}_1 + (1-\theta)\mathbf{x}_2) = \inf_{\mathbf{y} \in C} f(\theta\mathbf{x}_1 + (1-\theta)\mathbf{x}_2, \mathbf{y})$$

$$
\begin{aligned}
&\leqslant f(\theta\mathbf{x}_1+(1-\theta)\mathbf{x}_2, \theta\mathbf{y}_1+(1-\theta)\mathbf{y}_2)\\
&\leqslant \theta f(\mathbf{x}_1,\mathbf{y}_1)+(1-\theta)f(\mathbf{x}_2,\mathbf{y}_2) \quad \text{(因为 } f \text{ 是凸的)}\\
&\leqslant \theta g(\mathbf{x}_1)+(1-\theta)g(\mathbf{x}_2)+\epsilon \quad \text{(根据式 (3.89))}\\
&\leqslant \theta t_1+(1-\theta)t_2+\epsilon
\end{aligned} \tag{3.90}
$$

可以看出，当 $\epsilon\to 0$ 时，$g(\theta\mathbf{x}_1+(1-\theta)\mathbf{x}_2)\leqslant \theta t_1+(1-\theta)t_2$，意味着 $(\theta\mathbf{x}_1+(1-\theta)\mathbf{x}_2, \theta t_1+(1-\theta)t_2)\in \mathbf{epi}\, g$。因此 $\mathbf{epi}\, g$ 是一个凸集，从而由论据 3.2 得到 $g(\mathbf{x})$ 是一个凸函数。 □

式 (3.87) 的另一种证明 因为 $\mathbf{dom}\, g=\{\mathbf{x}\mid(\mathbf{x},\mathbf{y})\in\mathbf{dom}\, f,\ \mathbf{y}\in C\}$ 是凸集 $\{(\mathbf{x},\mathbf{y})\mid(\mathbf{x},\mathbf{y})\in\mathbf{dom}\, f,\ \mathbf{y}\in C\}$ 在 $\mathbf{x}$- 坐标上的投影，故为凸集（见注 2.11）。

令 $\theta\in[0,1]$，若 $\epsilon>0$，$\mathbf{x}_1,\mathbf{x}_2\in\mathbf{dom}\, g$，及 $\mathbf{y}_1,\mathbf{y}_2\in C$ 使得式 (3.89) 成立，则设定 $\epsilon\to 0$，式 (3.90) 可得 $g(\theta\mathbf{x}_1+(1-\theta)\mathbf{x}_2)\leqslant\theta g(\mathbf{x}_1)+(1-\theta)g(\mathbf{x}_2)$，故 $g(\mathbf{x})$ 是凸函数。 □

下面举例说明式 (3.87) 所定义的逐点最小或下确界函数的凸性的作用。

- 点 $\mathbf{x}\in\mathbb{R}^n$ 与凸集 $C\subset\mathbb{R}^n$ 之间最小距离为

$$
\mathbf{dist}_C(\mathbf{x})=\inf_{\mathbf{y}\in C}\|\mathbf{x}-\mathbf{y}\|_2 \quad \text{(参考式 (2.124))} \tag{3.91}
$$

  由逐点下确界的性质可知它是一个凸函数，其中，由定义可知 $\|\mathbf{x}-\mathbf{y}\|_2$ 是关于 $(\mathbf{x},\mathbf{y})$ 的凸函数，由仿射映射 $\mathbf{x}-\mathbf{y}$ 和凸函数 $\|(\mathbf{x},\mathbf{y})\|_2$ 复合而成可知 $\|\mathbf{x}-\mathbf{y}\|_2$ 是凸函数。

- Schur 补：假设 $\mathbf{C}\in\mathbb{S}^m_{++}$，$\mathbf{A}\in\mathbb{S}^n$，则

$$
\mathbf{S}\triangleq\begin{bmatrix}\mathbf{A} & \mathbf{B}\\ \mathbf{B}^{\mathrm{T}} & \mathbf{C}\end{bmatrix}\succeq\mathbf{0},\quad \text{当且仅当}\quad \mathbf{S}_{\mathbf{C}}\triangleq\mathbf{A}-\mathbf{B}\mathbf{C}^{-1}\mathbf{B}^{\mathrm{T}}\succeq\mathbf{0} \tag{3.92}
$$

  其中，称 $\mathbf{S}_{\mathbf{C}}$ 为 $\mathbf{C}$ 关于 $\mathbf{S}$ 的 Schur 补。

证明 Schur 补的必要性可通过逐点下确界性质证明，因为 $\mathbf{S}\succeq\mathbf{0}$，故

$$
\begin{aligned}
f(\mathbf{x},\mathbf{y}) &= [\mathbf{x}^{\mathrm{T}}\ \mathbf{y}^{\mathrm{T}}]\ \mathbf{S}\begin{bmatrix}\mathbf{x}\\ \mathbf{y}\end{bmatrix}\\
&= [\mathbf{x}^{\mathrm{T}}\ \mathbf{y}^{\mathrm{T}}]\begin{bmatrix}\mathbf{A} & \mathbf{B}\\ \mathbf{B}^{\mathrm{T}} & \mathbf{C}\end{bmatrix}\begin{bmatrix}\mathbf{x}\\ \mathbf{y}\end{bmatrix}\geqslant 0,\ \forall(\mathbf{x},\mathbf{y})\in\mathbb{R}^{n+m}
\end{aligned} \tag{3.93}
$$

是关于 $(\mathbf{x},\mathbf{y})$ 的凸函数。考虑

$$
g(\mathbf{x})=\inf_{\mathbf{y}\in\mathbb{R}^m} f(\mathbf{x},\mathbf{y})\geqslant 0 \tag{3.94}
$$

因为函数 f 是关于 $(\mathbf{x},\mathbf{y})$ 的凸函数且 $\mathbb{R}^m$ 为非空凸集，所以 $g(\mathbf{x})$ 是关于 $\mathbf{x}$ 的凸函数。此外，若任意固定 $\mathbf{x}$，则 $f(\mathbf{x},\mathbf{y})$ 可视为关于 $\mathbf{y}$ 的目标函数，此时 $g(\mathbf{x})$ 的计算本身是一个最小化问题。与此同时，由于 $\mathbf{C}\in\mathbb{S}^m_{++}$，且

$$
f(\mathbf{x},\mathbf{y})=\mathbf{x}^{\mathrm{T}}\mathbf{A}\mathbf{x}+2\mathbf{x}^{\mathrm{T}}\mathbf{B}\mathbf{y}+\mathbf{y}^{\mathrm{T}}\mathbf{C}\mathbf{y}\geqslant g(\mathbf{x})\geqslant 0
$$

故 $f(\mathbf{x},\mathbf{y})$ 也是关于 $\mathbf{y}$ 的凸函数。

为了找出无约束凸问题式 (3.94)（将在第 4 章中介绍）的最优解 $\mathbf{y}^\star$（参考式 (4.28)），由一阶条件有

$$\nabla_{\mathbf{y}} f(\mathbf{x},\mathbf{y}) = 2\mathbf{B}^{\mathrm{T}}\mathbf{x} + 2\mathbf{C}\mathbf{y} = \mathbf{0} \Rightarrow \mathbf{y}^\star = -\mathbf{C}^{-1}\mathbf{B}^{\mathrm{T}}\mathbf{x}$$

及

$$\begin{aligned} g(\mathbf{x}) &= f(\mathbf{x},\mathbf{y}^\star) \\ &= \mathbf{x}^{\mathrm{T}}\mathbf{A}\mathbf{x} - 2\mathbf{x}^{\mathrm{T}}\mathbf{B}\mathbf{C}^{-1}\mathbf{B}^{\mathrm{T}}\mathbf{x} + \mathbf{x}^{\mathrm{T}}\mathbf{B}\mathbf{C}^{-1}\mathbf{B}^{\mathrm{T}}\mathbf{x} \\ &= \mathbf{x}^{\mathrm{T}}(\mathbf{A} - \mathbf{B}\mathbf{C}^{-1}\mathbf{B}^{\mathrm{T}})\mathbf{x} = \mathbf{x}^{\mathrm{T}}\mathbf{S}_{\mathbf{C}}\mathbf{x} \geqslant 0,\ \forall \mathbf{x} \in \mathbb{R}^n \end{aligned} \tag{3.95}$$

表明 Schur 补 $\mathbf{S}_{\mathbf{C}}$ 是一个 PSD 矩阵。

至于充分性的证明，可以很容易地看出，如果 $\mathbf{S}_{\mathbf{C}} \succeq \mathbf{0}$，从式 (3.95) 到式 (3.93) 的逆命题也成立，故 $\mathbf{S} \succeq \mathbf{0}$。 □

类似地，假设 $\mathbf{A} \in \mathbb{S}^n_{++}$，$\mathbf{C} \in \mathbb{S}^m$，则

$$\mathbf{S} \triangleq \begin{bmatrix} \mathbf{A} & \mathbf{B} \\ \mathbf{B}^{\mathrm{T}} & \mathbf{C} \end{bmatrix} \succeq \mathbf{0}, \qquad \text{当且仅当}\ \ \mathbf{S}_{\mathbf{A}} \triangleq \mathbf{C} - \mathbf{B}^{\mathrm{T}}\mathbf{A}^{-1}\mathbf{B} \succeq \mathbf{0} \tag{3.96}$$

注 3.29 当 $\mathbf{C} \in \mathbb{S}^m_+$，$\mathcal{R}(\mathbf{B}^T) \subset \mathcal{R}(\mathbf{C})$，且 $\mathbf{A} \in \mathbb{S}^n$ 时，除了 $\mathbf{S}_{\mathbf{C}} = \mathbf{A} - \mathbf{B}\mathbf{C}^{\dagger}\mathbf{B}^{\mathrm{T}}$，式 (3.92) 仍然成立；当 $\mathbf{A} \in \mathbb{S}^n_+$，$\mathcal{R}(\mathbf{B}) \subset \mathcal{R}(\mathbf{A})$，且 $\mathbf{C} \in \mathbb{S}^m$ 时，除了 $\mathbf{S}_{\mathbf{A}} = \mathbf{C} - \mathbf{B}^{\mathrm{T}}\mathbf{A}^{\dagger}\mathbf{B}$，式 (3.96) 仍然成立。 □

3.2.6 透视函数

函数 $f: \mathbb{R}^n \to \mathbb{R}$ 的**透视**定义为

$$g(\mathbf{x},t) = tf(\mathbf{x}/t) \tag{3.97}$$

其定义域为

$$\mathbf{dom}\ g = \{(\mathbf{x},t) \mid \mathbf{x}/t \in \mathbf{dom}\ f,\ t > 0\} \tag{3.98}$$

如果 $f(\mathbf{x})$ 是凸函数，则其透视函数 $g(\mathbf{x},t)$ 也是凸函数。

证明 $\mathbf{dom}\ g$ 是 $\mathbf{dom}\ f$ 在的透视映射 $\boldsymbol{p}(\mathbf{x},t) = \mathbf{x}/t,\ t > 0$ 下的原象（参考式 (2.72)），所以它是凸的。对于任意的两点 $(\mathbf{x},t), (\mathbf{y},s) \in \mathbf{dom}\ g$（即 $s,t > 0, \mathbf{x}/t$ 和 $\mathbf{y}/s \in \mathbf{dom}\ f$），且 $0 \leqslant \theta \leqslant 1$，有

$$\begin{aligned} g(\theta\mathbf{x} + (1-\theta)\mathbf{y}, \theta t + (1-\theta)s) &= (\theta t + (1-\theta)s) f\left(\frac{\theta\mathbf{x} + (1-\theta)\mathbf{y}}{\theta t + (1-\theta)s}\right) \\ &= (\theta t + (1-\theta)s)\ f\left(\frac{\theta t(\mathbf{x}/t) + (1-\theta)s(\mathbf{y}/s)}{\theta t + (1-\theta)s}\right) \\ &\leqslant \theta t f(\mathbf{x}/t) + (1-\theta)s f(\mathbf{y}/s)\ \ (\text{因为 } f \text{ 是凸的}) \\ &= \theta g(\mathbf{x},t) + (1-\theta) g(\mathbf{y},s) \end{aligned}$$

因此证明了 $g(\mathbf{x},t)$ 是凸函数。 □

另一种证明方法 通过证明函数的上境图为凸，从而证明该函数为凸，具体如下：

$$\begin{aligned}(\mathbf{x},t,s)\in\mathbf{epi}\ g &\Leftrightarrow tf(\mathbf{x}/t)\leqslant s\\ &\Leftrightarrow f(\mathbf{x}/t)\leqslant s/t\\ &\Leftrightarrow (\mathbf{x}/t,s/t)\in\mathbf{epi}\ f\end{aligned}$$

因此，$\mathbf{epi}\ g$ 是在透视映射下 $\mathbf{epi}\ f$ 的原像。因为 $\mathbf{epi}\ f$ 是凸的，所以 $\mathbf{epi}\ g$ 也是凸的。 □

注 3.30 如果由式 (3.97) 定义的 $g(\mathbf{x},t)$ 是凸（凹）函数，那么 $f(\mathbf{x})$ 也是凸（凹）函数，反之亦然。请注意，由于凸集 $\mathbf{epi}\ g$ 不包括原点 $\mathbf{0}_{n+2}$，因此它不是锥。但可以证明 $\mathbf{epi}\ g\cup\{\mathbf{0}_{n+2}\}$ 是一个凸锥，从而 $\mathbf{epi}\ g$ 的闭包是一个闭凸锥。此外，射线 $C=\{(t\mathbf{a},t),t>0\}\subset\mathbf{dom}\ g$，其中 $\mathbf{a}\neq\mathbf{0}_n$，及其像 $g(C)=\{tf(\mathbf{a}),t>0\}$ 与 C 一起，构成了在 $\mathbb{R}^{n+2}$ 上关于任意非零向量 $\mathbf{a}\in\mathbb{R}^n$ 的射线簇。 □

例 3.8 考虑凸函数

$$f(\mathbf{x})=\|\mathbf{x}\|_2^2=\mathbf{x}^{\mathrm{T}}\mathbf{x} \tag{3.99}$$

其透视函数

$$g(\mathbf{x},t)=t\cdot\frac{\|\mathbf{x}\|_2^2}{t^2}=\frac{\|\mathbf{x}\|_2^2}{t},\ t>0 \tag{3.100}$$

也是凸函数。图 3.7 给出了 $f(x)=x^2$ 的透视函数 $g(x,t)=x^2/t$ 和 非闭的凸锥 $\mathbf{epi}\ g\cup\{\mathbf{0}_3\}$。$\mathbf{epi}\ g\cup\{(0,0,s)\mid s\geqslant 0\}$（即 $\mathbf{epi}\ g$ 的闭包）是一个闭凸锥。 □

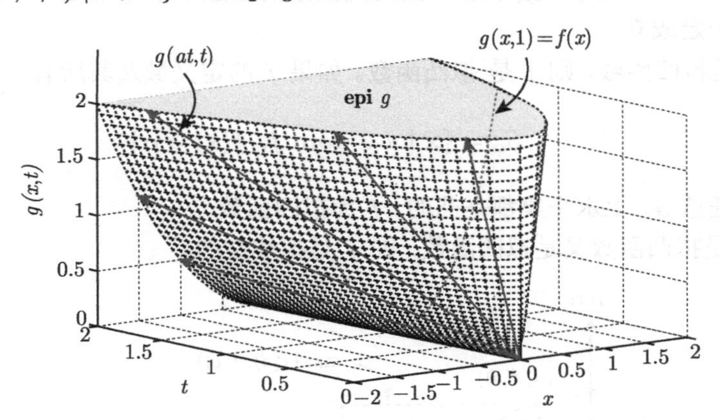

图 3.7 $g(x,t)=x^2/t$ 的上境图，$f(x)=x^2$ 的透视，其中虚曲线表示 $g(x,1)=f(x)$，每条实射线与取不同 a 值的 $g(at,t)=a^2t$ 相关

例 3.9 考虑

$$h(\mathbf{x})=\frac{\|\mathbf{A}\mathbf{x}+\mathbf{b}\|_2^2}{\mathbf{c}^{\mathrm{T}}\mathbf{x}+d} \tag{3.101}$$

其定义域为 $\mathbf{dom}\ h=\{\mathbf{x}\mid\mathbf{c}^{\mathrm{T}}\mathbf{x}+d>0\}$。因为式 (3.100) 给出的 $g(\mathbf{x},t)$ 是关于 $(\mathbf{x},t)$ 的凸函数，所以在仿射映射 $(\mathbf{y},t)=(\mathbf{A}\mathbf{x}+\mathbf{b},\mathbf{c}^{\mathrm{T}}\mathbf{x}+d)$ 下可知 $h(\mathbf{x})$ 也是凸函数。 □

例 3.10（相对熵或 KL 散度） 因为 $f(x)=-\log x$ 是 $\mathbf{dom}\ f=\mathbb{R}_{++}$ 上的凸函数，则其透视函数

$$g(x,t)=-t\log(x/t)=t\log(t/x) \tag{3.102}$$

在 $\mathbb{R}^2_{++}$ 上也是凸函数。此外，由于式 (3.102) 中的 $g(x,t)$ 是凸的，对于任意向量 $\boldsymbol{u},\boldsymbol{v}\in\mathbb{R}^n_{++}$，且 $\boldsymbol{u}^{\mathrm{T}}\mathbf{1}_n=\boldsymbol{v}^{\mathrm{T}}\mathbf{1}_n=1$，它们的相对熵或 KL 散度

$$D_{\mathrm{KL}}(\boldsymbol{u},\boldsymbol{v})=\sum_{i=1}^{n}u_i\log(u_i/v_i)\geqslant 0 \tag{3.103}$$

是关于 $(\boldsymbol{u},\boldsymbol{v})$ 的凸函数。相对熵被用于度量两个概率分布 $\boldsymbol{u}$ 和 $\boldsymbol{v}$ 的差异。 □

3.3 拟凸函数

3.3.1 定义和例子

如果 f 定义域及其所有 α-下水平集

$$S_\alpha=\{\mathbf{x}\mid\mathbf{x}\in\mathbf{dom}\ f,\ f(\mathbf{x})\leqslant\alpha\} \tag{3.104}$$

对于任意 α 都是凸的（见图 3.8），称函数 $f:\mathbb{R}^n\rightarrow\mathbb{R}$ 为 **拟凸函数**。其他情况如下。

- 若 f 是凸函数，则 f 是拟凸的。因为凸函数的任意下水平集是一个凸集（见注 3.5），反之不一定成立。
- 若 $-f$ 是拟凹函数，则 f 是 拟凸函数。如果 f 的定义域及其所有 α-上水平集定义为

$$S_\alpha=\{\mathbf{x}\mid\mathbf{x}\in\mathbf{dom}\ f,\ f(\mathbf{x})\geqslant\alpha\} \tag{3.105}$$

  则对于任意 α，上水平集都是凸的，f 为拟凹函数。
- 若 f 既是拟凸函数又是拟凹函数，则 f 是拟线性的。

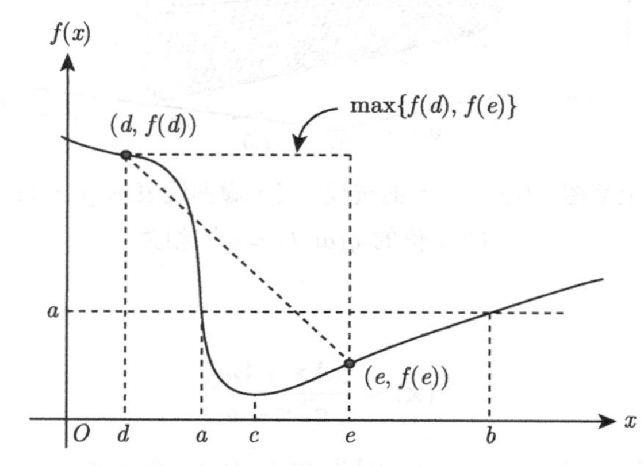

图 3.8 拟凸函数 $f:\mathbb{R}\rightarrow\mathbb{R}$ 和式 (3.106) 给出的修正 Jensen 不等式，其中下水平集 $S_\alpha=[a,b]$ 是凸的，$x=d$ 是一个鞍点，$x=c$ 是一个全局最小点

凸函数、拟凸函数、凹函数以及拟凹函数之间关系如图 3.9 所示。

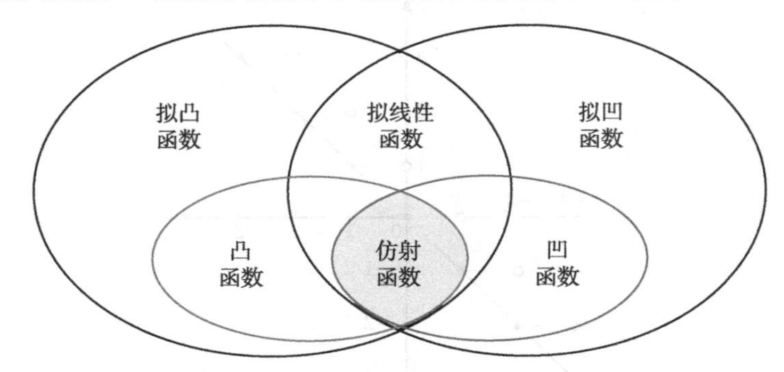

图 3.9　凸函数、拟凸函数、凹函数以及拟凹函数之间关系

注 3.31　根据论据 3.1，函数 f 是拟凸函数，当且仅当对于任意 $\mathbf{x} \in \mathbf{dom}\ f$ 和任意 $\mathbf{v}$，函数 $g(t) = f(\mathbf{x} + t\mathbf{v})$ 在其定义域 $\{t \mid \mathbf{x} + t\mathbf{v} \in \mathbf{dom}\ f\}$ 上是拟凸函数。 □

论据 3.3　当且仅当下列条件之一成立，连续函数 $f : \mathbb{R} \to \mathbb{R}$ 是拟凸函数。

- f 是非减的；
- f 是非增的；
- 存在点 $c \in \mathbf{dom}\ f$ 使得 $x \leqslant c$（且 $x \in \mathbf{dom}\ f$）时，f 是非增的；$x \geqslant c$（且 $x \in \mathbf{dom}\ f$）时，f 是非减的（见图 3.8），即 $x = c$ 是一个全局最小点。

证明　若论据 3.3 中的三个条件均不成立，则存在两点 a 和 b 使得连续函数 f 满足 $f(a) = f(b)$，且存在 $\epsilon > 0$，$(a + \epsilon, b - \epsilon) \in \mathbf{dom}\ f$，使得 $f(a + \epsilon) > f(a)$ 和 $f(b - \epsilon) > f(b)$ 均成立。令 $f(a) < \alpha < \min\{f(a + \epsilon), f(b - \epsilon)\}$，则显然有下水平集 $S_\alpha = \{x \mid f(x) \leqslant \alpha\}$ 是不相交的，因为 f 是非凸的，进而 f 不是拟凸的。 □

注 3.32　由论据 3.3 可得拟凸函数 $f : \mathbb{R} \to \mathbb{R}$ 的一些性质（见图 3.8）。显然，若 f 是非减函数或非增函数，则 f 是拟线性函数。如果 f 二次可微且 $f'(t) = 0$，那么 $f''(t) \geqslant 0$。确切地说，若 $f''(t) = 0$，t 一定是一个鞍点，或局部极小点，或局部极大点，或全局极小/极大点，若 $f''(t) > 0$，则 t 为唯一的、严格的全局极小点。 □

下面给出一些拟凸函数的例子，其凸性的证明有难有易。

- $f_1(x) = \mathrm{e}^{-x}$ 是 $\mathbb{R}$ 上的拟线性函数，$f_2(x) = \log x$ 是 $\mathbb{R}_{++}$ 上的拟线性函数。由拟凸函数的定义或论据 3.3 易证。
- Ceiling 函数：

$$\lceil x \rceil = \inf \{z \in \mathbb{Z} \mid z \geqslant x\}$$

是下半连续、非凸但拟凸的（也是拟凹的从而拟线性的），这是由于其下水平集

$$S_\alpha = \{x \mid \lceil x \rceil \leqslant \alpha\}$$

是凸的（见图 3.10）。该例也说明，虽然凸函数在其有效定义域内必须是连续的（参考式 (3.7)），但拟凸函数在其定义域内是可以不连续的。

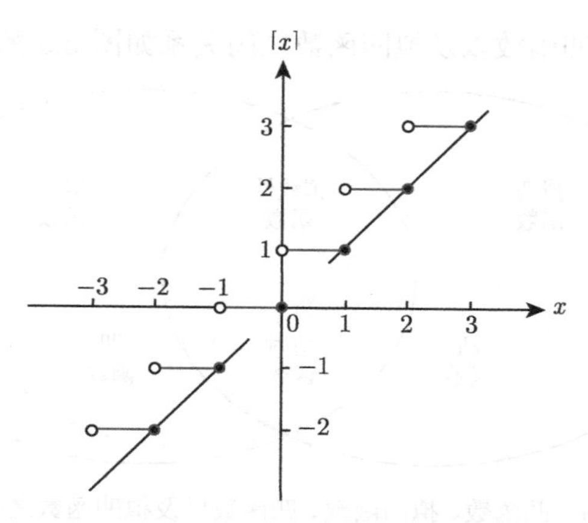

图 3.10 一个 Ceiling 函数

- 线性分式函数（参考式 (2.76)）

$$f(\mathbf{x})=\frac{\mathbf{a}^{\mathrm{T}}\mathbf{x}+b}{\mathbf{c}^{\mathrm{T}}\mathbf{x}+d}$$

在 $\{\mathbf{x}\mid \mathbf{c}^{\mathrm{T}}\mathbf{x}+d>0\}$ 上是拟凸函数。

证明 函数 f 的下水平集

$$\begin{aligned}S_\alpha&=\left\{\mathbf{x}\;\middle|\;\frac{\mathbf{a}^{\mathrm{T}}\mathbf{x}+b}{\mathbf{c}^{\mathrm{T}}\mathbf{x}+d}\leqslant\alpha,\mathbf{c}^{\mathrm{T}}\mathbf{x}+d>0\right\}\\&=\left\{\mathbf{x}\mid\mathbf{a}^{\mathrm{T}}\mathbf{x}+b\leqslant\alpha\mathbf{c}^{\mathrm{T}}\mathbf{x}+\alpha d,\mathbf{c}^{\mathrm{T}}\mathbf{x}+d>0\right\}\\&=\left\{\mathbf{x}\mid(\mathbf{a}-\alpha\mathbf{c})^{\mathrm{T}}\mathbf{x}+(b-\alpha d)\leqslant 0,\mathbf{c}^{\mathrm{T}}\mathbf{x}+d>0\right\}\end{aligned}$$

因为 S_α 是多面体，故它为凸集，因此由定义可得 $f(\mathbf{x})$ 是拟凸函数。 □

此外，也可证明线性分式函数是拟凹函数，从而线性分式函数是一个拟线性函数。

- $f(\mathbf{X})=\operatorname{rank}(\mathbf{X})$ 是 $\mathbb{S}_+^n$ 上的拟凹函数。

证明 $\operatorname{rank}(\mathbf{X})$ 的上水平集为

$$\mathcal{S}_\alpha=\{\mathbf{X}\mid\operatorname{rank}(\mathbf{X})\geqslant\alpha,\mathbf{X}\in\mathbb{S}_+^n\}$$

令 $\mathbf{z}\in\mathbb{R}^n$，$\mathbf{X}_1,\mathbf{X}_2\in\mathcal{S}_\alpha$，则 $\operatorname{rank}(\mathbf{X}_1)\geqslant\alpha$, $\operatorname{rank}(\mathbf{X}_2)\geqslant\alpha$。对任意 $0<\theta<1$ 有

$$\mathbf{z}^{\mathrm{T}}(\theta\mathbf{X}_1+(1-\theta)\mathbf{X}_2)\mathbf{z}=0,\ \text{当且仅当}\ \mathbf{z}^{\mathrm{T}}\mathbf{X}_1\mathbf{z}=0\ \text{且}\ \mathbf{z}^{\mathrm{T}}\mathbf{X}_2\mathbf{z}=0$$

因此

$$\mathcal{R}(\mathbf{U})^{\perp}=\mathcal{R}(\mathbf{U}_1)^{\perp}\cap\mathcal{R}(\mathbf{U}_2)^{\perp}$$

即

$$\mathcal{R}(\mathbf{U})=\mathcal{R}([\mathbf{U}_1,\mathbf{U}_2])$$

其中，$\mathbf{U}$, $\mathbf{U}_1$, $\mathbf{U}_2$ 均为半酉矩阵，是分别由 $\theta\mathbf{X}_1+(1-\theta)\mathbf{X}_2,\mathbf{X}_1,\mathbf{X}_2$ 的正特征值对应的特征向量构成的矩阵。因此，

$$\begin{aligned}&\operatorname{rank}(\mathbf{U})\geqslant\max\{\operatorname{rank}(\mathbf{U}_1),\operatorname{rank}(\mathbf{U}_2)\}\geqslant\alpha\\\Rightarrow\ &\operatorname{rank}(\theta\mathbf{X}_1+(1-\theta)\mathbf{X}_2)\geqslant\max\{\operatorname{rank}(\mathbf{X}_1),\operatorname{rank}(\mathbf{X}_2)\}\geqslant\alpha,\ \forall\,0<\theta<1\end{aligned}$$

同样，

$$\text{rank}(\theta\mathbf{X}_1+(1-\theta)\mathbf{X}_2)=\text{rank}(\mathbf{X}_2)\geqslant\alpha,\ \text{当}\ \theta=0$$
$$\text{rank}(\theta\mathbf{X}_1+(1-\theta)\mathbf{X}_2)=\text{rank}(\mathbf{X}_1)\geqslant\alpha,\ \text{当}\ \theta=1$$

因此，

$$\text{rank}(\theta\mathbf{X}_1+(1-\theta)\mathbf{X}_2)\geqslant\alpha\ \Rightarrow\ \theta\mathbf{X}_1+(1-\theta)\mathbf{X}_2\in\mathcal{S}_\alpha,\ \forall\theta\in[0,1]$$

意味着对于任意 α，上水平集 $\mathcal{S}_\alpha$ 都是凸的，于是 $f(\mathbf{X})=\text{rank}(\mathbf{X})$ 是 $\mathbb{S}_+^n$ 上的拟凹函数。 □

- $\text{card}(\mathbf{x})$ 表示为基数，即向量 $\mathbf{x}\in\mathbb{R}^n$ 的非零元素的个数。函数 $\text{card}(\mathbf{x})$ 是在 $\mathbb{R}_+^n$ 上的拟凹函数。

  证明 $\text{card}(\mathbf{x})$ 的上水平集为

$$\mathcal{S}_\alpha=\{\mathbf{x}\mid\text{card}(\mathbf{x})\geqslant\alpha,\mathbf{x}\in\mathbb{R}_+^n\}$$

  令 $\mathbf{x}_1,\mathbf{x}_2\in\mathcal{S}_\alpha$，则 $\text{card}(\mathbf{x}_1)\geqslant\alpha$，$\text{card}(\mathbf{x}_2)\geqslant\alpha$。那么对于任意 $0\leqslant\theta\leqslant1$，有 $\theta\mathbf{x}_1+(1-\theta)\mathbf{x}_2\in\mathbb{R}_+^n$ 及

$$\text{card}(\theta\mathbf{x}_1+(1-\theta)\mathbf{x}_2)\geqslant\min\{\text{card}(\mathbf{x}_1),\text{card}(\mathbf{x}_2)\}\geqslant\alpha$$

  即 $\theta\mathbf{x}_1+(1-\theta)\mathbf{x}_2\in\mathcal{S}_\alpha$。因此，$\mathcal{S}_\alpha$ 是一个凸集，也就表明 $\text{card}(\mathbf{x})$ 是 $\mathbb{R}_+^n$ 上的拟凹函数。 □

3.3.2 修正的 Jensen 不等式

函数 $f:\mathbb{R}^n\to\mathbb{R}$ 是拟凸函数，当且仅当

$$f(\theta\mathbf{x}+(1-\theta)\mathbf{y})\leqslant\max\{f(\mathbf{x}),f(\mathbf{y})\}\tag{3.106}$$

对任意 $\mathbf{x},\mathbf{y}\in\textbf{dom}\ f$，$0\leqslant\theta\leqslant1$ 均成立（见图 3.8）。

证明

- 必要性：设 $\mathbf{x},\mathbf{y}\in\textbf{dom}\ f$。令 $\alpha=\max\{f(\mathbf{x}),f(\mathbf{y})\}$，则 $\mathbf{x},\mathbf{y}\in S_\alpha$。由假设知 f 是拟凸函数，所以 S_α 是凸集，即对于 $\forall\,\theta\in[0,1]$，

$$\begin{aligned}&\theta\mathbf{x}+(1-\theta)\mathbf{y}\in S_\alpha\\&\Rightarrow f(\theta\mathbf{x}+(1-\theta)\mathbf{y})\leqslant\alpha=\max\{f(\mathbf{x}),f(\mathbf{y})\}\end{aligned}$$

- 充分性：对于任意 α，选定两个点 $\mathbf{x},\mathbf{y}\in S_\alpha\Rightarrow f(\mathbf{x})\leqslant\alpha$，$f(\mathbf{y})\leqslant\alpha$。对于 $0\leqslant\theta\leqslant1$，有 $f(\theta\mathbf{x}+(1-\theta)\mathbf{y})\leqslant\max\{f(\mathbf{x}),f(\mathbf{y})\}\leqslant\alpha$（根据式 (3.106)），则

$$\theta\mathbf{x}+(1-\theta)\mathbf{y}\in S_\alpha$$

  因此，S_α 是凸集，函数 f 是拟凸函数。 □

注 3.33 函数 f 是拟凹函数，当且仅当

$$f(\theta\mathbf{x}+(1-\theta)\mathbf{y}) \geqslant \min\{f(\mathbf{x}), f(\mathbf{y})\} \tag{3.107}$$

对任意 $\mathbf{x},\mathbf{y} \in \textbf{dom}\ f$，$0 \leqslant \theta \leqslant 1$ 均成立。式 (3.107) 也是关于拟凸函数的修正 Jensen 不等式。当 $0<\theta<1$ 时，如果不等式 (3.106) 严格成立，那么 f 是严格拟凸函数。类似地，当 $0<\theta<1$ 时，如果不等式 (3.107) 严格成立，那么 f 是严格拟凹函数。 □

注 3.34 因为一个 PSD 矩阵的秩是拟凹的，所以

$$\text{rank}(\mathbf{X}+\mathbf{Y}) \geqslant \min\{\text{rank}(\mathbf{X}), \text{rank}(\mathbf{Y})\},\ \ \mathbf{X},\mathbf{Y} \in \mathbb{S}_+^n \tag{3.108}$$

成立。这可由式 (3.107) 加以证明，即

$$\text{rank}(\theta\mathbf{X}+(1-\theta)\mathbf{Y}) \geqslant \min\{\text{rank}(\mathbf{X}), \text{rank}(\mathbf{Y})\} \tag{3.109}$$

对任意 $\mathbf{X} \in \mathbb{S}_+^n, \mathbf{Y} \in \mathbb{S}_+^n$，$0 \leqslant \theta \leqslant 1$ 均成立。再用 $\mathbf{X}/\theta$ 取代 $\mathbf{X}$，$\mathbf{Y}/(1-\theta)$ 取代 $\mathbf{Y}$，其中 $\theta \neq 0$，$\theta \neq 1$，即可得到式 (3.108)。 □

注 3.35 $\text{card}(\mathbf{x}+\mathbf{y}) \geqslant \min\{\text{card}(\mathbf{x}), \text{card}(\mathbf{y})\}$，$\mathbf{x},\mathbf{y} \in \mathbb{R}_+^n$。类似注 3.34 中式 (3.108) 的证明，因为 $\text{card}(\mathbf{x})$ 是拟凹函数，所以利用式 (3.107) 即可证明该不等式成立。 □

3.3.3 一阶条件

若 f 可微，则当且仅当 $\textbf{dom}\ f$ 是凸的，且对于任意 $\mathbf{x},\mathbf{y} \in \textbf{dom}\ f$，有

$$f(\mathbf{y}) \leqslant f(\mathbf{x}) \Rightarrow \nabla f(\mathbf{x})^{\mathrm{T}}(\mathbf{y}-\mathbf{x}) \leqslant 0 \tag{3.110}$$

时 f 是拟凸的，即 $\nabla f(\mathbf{x})$ 定义了 $\mathbf{x}$ 点处的下水平集（见图 3.11）

$$S_{\alpha=f(\mathbf{x})} = \{\mathbf{y} \mid f(\mathbf{y}) \leqslant \alpha = f(\mathbf{x})\} \tag{3.111}$$

的支撑超平面。此外，式 (3.110) 给出的一阶条件表明，若 $f(\mathbf{y}) \leqslant f(\mathbf{x})$，则 $f(\mathbf{y})$ 在 $\mathbf{x}$ 点处的一阶 Taylor 展开不大于零。

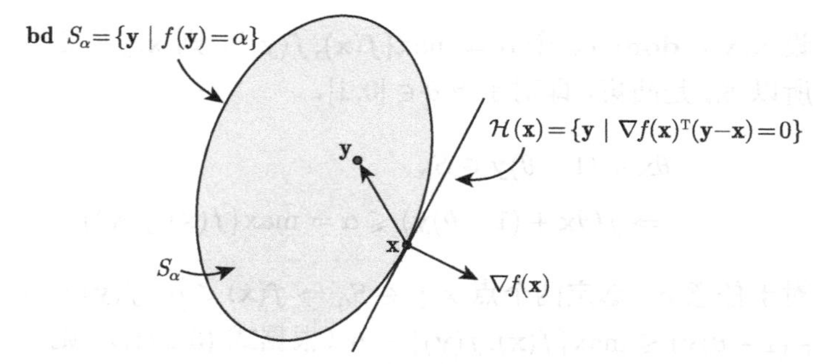

图 3.11 拟凸函数 f 的一阶条件式 (3.110)，其中 $\mathcal{H}(\mathbf{x})$ 是下水平集 S_α，$\alpha=f(\mathbf{x})$ 的支撑超平面

证明

- 必要性：若 $f(\mathbf{x}) \geqslant f(\mathbf{y})$，则由修正的 Jensen 不等式可知

$$f(t\mathbf{y} + (1-t)\mathbf{x}) \leqslant f(\mathbf{x}), \ \ \forall\, 0 \leqslant t \leqslant 1$$

因此，

$$\begin{aligned}\lim_{t\to 0^+} \frac{f(\mathbf{x} + t(\mathbf{y}-\mathbf{x})) - f(\mathbf{x})}{t} &= \lim_{t\to 0^+} \frac{1}{t}\Big(f(\mathbf{x}) + t\nabla f(\mathbf{x})^{\mathrm{T}}(\mathbf{y}-\mathbf{x}) - f(\mathbf{x})\Big) \\ &= \nabla f(\mathbf{x})^{\mathrm{T}}(\mathbf{y}-\mathbf{x}) \leqslant 0\end{aligned}$$

其中，第一个等式可用一阶 Taylor 级数近似得到。

- 充分性：若 $f(\mathbf{x})$ 不是拟凸函数，则 f 存在一个非凸的下水平集

$$S_\alpha = \{\mathbf{x} \mid f(\mathbf{x}) \leqslant \alpha\}$$

和两个互异的点 $\mathbf{x}_1, \mathbf{x}_2 \in S_\alpha$，且存在 $0 < \theta < 1$ 使得 $\theta\mathbf{x}_1 + (1-\theta)\mathbf{x}_2 \notin S_\alpha$，即

$$f(\theta\mathbf{x}_1 + (1-\theta)\mathbf{x}_2) > \alpha, \ \text{对于某个}\ 0 < \theta < 1 \tag{3.112}$$

因为 f 可微，故连续，则由式 (3.112) 可知，存在不同的 $\theta_1, \theta_2 \in (0,1)$ 使得

$$\begin{aligned}&f(\theta\mathbf{x}_1 + (1-\theta)\mathbf{x}_2) > \alpha, \ \ \forall\, \theta_1 < \theta < \theta_2 \\ &f(\theta_1\mathbf{x}_1 + (1-\theta_1)\mathbf{x}_2) = f(\theta_2\mathbf{x}_1 + (1-\theta_2)\mathbf{x}_2) = \alpha\end{aligned}$$

成立（见图 3.12）。令 $\mathbf{x} = \theta_1\mathbf{x}_1 + (1-\theta_1)\mathbf{x}_2$，$\mathbf{y} = \theta_2\mathbf{x}_1 + (1-\theta_2)\mathbf{x}_2$，则

$$f(\mathbf{x}) = f(\mathbf{y}) = \alpha \tag{3.113}$$

而

$$g(t) = f(t\mathbf{y} + (1-t)\mathbf{x}) > \alpha, \ \ \forall\, 0 < t < 1 \tag{3.114}$$

是关于 t 的可微函数，且对于 $t \in [0, \varepsilon)$，$0 < \varepsilon \ll 1$，有 $\partial g(t)/\partial t > 0$（见图 3.12）。这样，进而可以得到

$$\begin{aligned}(1-t)\frac{\partial g(t)}{\partial t} &= \nabla f(\mathbf{x} + t(\mathbf{y}-\mathbf{x}))^{\mathrm{T}}[(1-t)(\mathbf{y}-\mathbf{x})] > 0, \ \ \forall\, t \in [0,\varepsilon) \\ &= \nabla f(\boldsymbol{x})^{\mathrm{T}}(\mathbf{y}-\boldsymbol{x}) > 0, \ \ \forall\, t \in [0,\varepsilon)\end{aligned}$$

其中

$$\begin{aligned}&\boldsymbol{x} = \mathbf{x} + t(\mathbf{y}-\mathbf{x}), \ \ t \in [0,\varepsilon) \\ \Rightarrow\ & g(t) = f(\boldsymbol{x}) \geqslant f(\mathbf{y}) = \alpha \quad \text{（根据式 (3.113) 和式 (3.114)）}\end{aligned}$$

因此，如果 f 不是拟凸函数，则存在 $\boldsymbol{x}, \mathbf{y}$ 使得 $f(\mathbf{y}) \leqslant f(\boldsymbol{x}), \nabla f(\boldsymbol{x})^{\mathrm{T}}(\mathbf{y}-\boldsymbol{x}) > 0$，与式 (3.110) 的含义相矛盾。故充分性得证。 □

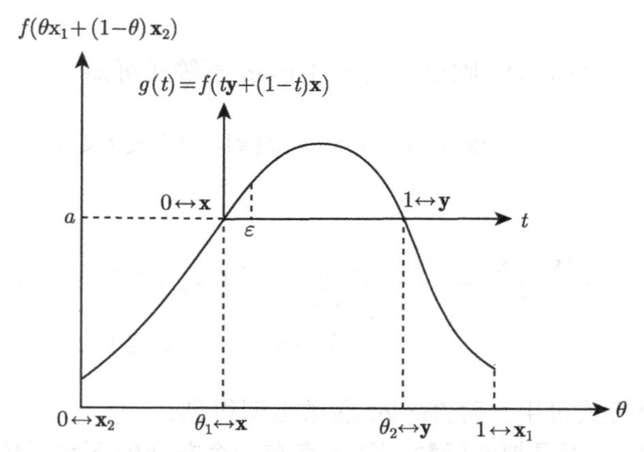

图 3.12 $f(\theta\mathbf{x}_1+(1-\theta)\mathbf{x}_2)$ 和 $g(t)=f(t\mathbf{y}+(1-t)\mathbf{x})$，其中 $\mathbf{x}=\theta_1\mathbf{x}_1+(1-\theta_1)\mathbf{x}_2$，$\mathbf{y}=\theta_2\mathbf{x}_1+(1-\theta_2)\mathbf{x}_2$

注 3.36 设 S_α 是可微函数 $f(\mathbf{y})$ 的下水平集。为简单起见，若 $\mathbf{dom}\,f=\mathbb{R}^n$，那么 S_α 是一个闭集且对于任意 $\mathbf{y}\in\mathbf{bd}\,S_\alpha$，有 $f(\mathbf{y})=\alpha$。于是函数 f 拟凸性条件式 (3.110) 中充分性的另一种证明比之前的证明更简单。证明如下。

设 $\mathbf{x}_0$ 是在 $\mathbf{bd}\,S_\alpha$ 上的任意点。当 $S_\alpha=\{\mathbf{x}_0\}$（一个单点集）且是一个凸集时，对于 $\mathbf{x}=\mathbf{y}=\mathbf{x}_0$，一阶条件亦成立。接下来，对于 $\mathbf{int}\,S_\alpha\neq\varnothing$ 的情况，证明式 (3.110) 的充分性。

由一阶条件式 (3.110)，对于任意 $\mathbf{y}\in S_\alpha$，有 $f(\mathbf{y})\leqslant f(\mathbf{x}_0)=\alpha$，可以推断 S_α 必须包含在下面的半空间中

$$\mathcal{H}_-(\mathbf{x}_0)=\left\{\mathbf{y}\mid\nabla f(\mathbf{x}_0)^{\mathrm{T}}(\mathbf{y}-\mathbf{x}_0)\leqslant 0\right\}$$ （参考图 3.11，其中 $\mathbf{x}$ 对应于 $\mathbf{x}_0$）

且

$$\mathcal{H}(\mathbf{x}_0)=\left\{\mathbf{y}\mid\nabla f(\mathbf{x}_0)^{\mathrm{T}}(\mathbf{y}-\mathbf{x}_0)=0\right\}$$

是经过 $\mathbf{x}_0$ 的 S_α 的支撑超平面。因此，我们有

$$S_\alpha\subseteq\tilde{S}_\alpha\triangleq\bigcap_{\mathbf{x}_0\in\mathbf{bd}\,S_\alpha}\mathcal{H}_-(\mathbf{x}_0) \tag{3.115}$$

其中，$\tilde{S}_\alpha$ 一定是闭凸集。但是，由注 2.24 可知，仅当 $\tilde{S}_\alpha=S_\alpha$ 为凸集时，式 (3.115) 成立。因此我们证明了对于任意 α，S_α 都是闭凸集，所以 f 是拟凸函数。□

3.3.4 二阶条件

假设 f 二次可微。不同于式 (3.110) 给出的一阶条件，拟凸函数的二阶条件并不是证明其拟凸性的充要条件，因而二阶条件在拟凸性证明中的有用性降低。下面分别介绍必要性（见式 (3.116)）和充分性（见式 (3.120)）（虽然看起来相似但不同）。

- 若 f 是拟凸函数，则对于任意 $\mathbf{x}\in\mathbf{dom}\,f,\mathbf{y}\in\mathbb{R}^n$，有

$$\mathbf{y}^{\mathrm{T}}\nabla f(\mathbf{x})=0\ \Rightarrow\mathbf{y}^{\mathrm{T}}\nabla^2 f(\mathbf{x})\mathbf{y}\geqslant 0,\forall\mathbf{y}\neq\mathbf{0} \tag{3.116}$$

式 (3.116) 的物理意义在下列两种情况进行描述。

情况 1：$\nabla f(\mathbf{x}) = \mathbf{0}$，则

$$\begin{aligned} &\mathbf{y}^{\mathrm{T}}\nabla^2 f(\mathbf{x})\mathbf{y} \geqslant 0, \forall \mathbf{y} \in \mathbb{R}^n \\ \Rightarrow &\nabla^2 f(\mathbf{x}) \succeq \mathbf{0} \end{aligned}$$

这表明 $\mathbf{x}$ 可能是鞍点、局部极小点、局部极大点或全局极小/极大点。

情况 2：$\nabla f(\mathbf{x}) \neq \mathbf{0}$，则 $\mathbf{y} \in \{\nabla f(\mathbf{x})\}^{\perp} = \{\mathbf{y} \mid \mathbf{y}^{\mathrm{T}}\nabla f(\mathbf{x}) = 0\}$。这表明 $\nabla^2 f(\mathbf{x})$ 在 $(n-1)$-维子空间 $\{\nabla f(\mathbf{x})\}^{\perp}$ 上是半正定的（参考式 (1.67)），意味着 $\nabla^2 f(\mathbf{x})$ 一定有 $n-1$ 个非负特征值，且由对应的 $n-1$ 个特征向量张成可得 $(n-1)$-维子空间 $\{\nabla f(\mathbf{x})\}^{\perp}$。因为 $\nabla^2 f(\mathbf{x}) \in \mathbb{S}^n$ 的 n 个特征向量相互正交（参考式 (1.87)），因此在由 $\{\nabla f(\mathbf{x})\}$ 张成的一维子空间中，$\nabla^2 f(\mathbf{x})$ 的第 n 个特征向量一定是非零向量（包含 $\nabla f(\mathbf{x})$ 本身），但是它的特征值可以是任意实数。换言之，$\nabla^2 f(\mathbf{x})$ 最多只有一个负的特征值。

式 (3.116) 的证明 如果 f 是拟凸函数，那么

$$g(t) = f(\mathbf{x} + t\mathbf{y}) \tag{3.117}$$

在 $\mathbf{dom}\, g = \{t \mid \mathbf{x} + t\mathbf{y} \in \mathbf{dom}\, f\}$（根据 3.3.1 节中注 3.31）上是拟凸函数，则

$$g'(t) = \mathbf{y}^{\mathrm{T}}\nabla f(\mathbf{x} + t\mathbf{y}) \tag{3.118}$$

$$g''(t) = \mathbf{y}^{\mathrm{T}}\nabla^2 f(\mathbf{x} + t\mathbf{y})\mathbf{y} \tag{3.119}$$

由 3.3.1 节中的注 3.32 可得，$g'(0) = \mathbf{y}^{\mathrm{T}}\nabla f(\mathbf{x}) = 0$，$g''(0) = \mathbf{y}^{\mathrm{T}}\nabla^2 f(\mathbf{x})\mathbf{y} \geqslant 0$。因此，

$$\mathbf{y}^{\mathrm{T}}\nabla f(\mathbf{x}) = 0 \;\Rightarrow\; \mathbf{y}^{\mathrm{T}}\nabla^2 f(\mathbf{x})\mathbf{y} \geqslant 0,\ \forall \mathbf{y} \neq \mathbf{0}$$

即式 (3.116) 成立。 □

- 如果 f 满足

$$\mathbf{y}^{\mathrm{T}}\nabla f(\mathbf{x}) = 0 \;\Rightarrow\; \mathbf{y}^{\mathrm{T}}\nabla^2 f(\mathbf{x})\mathbf{y} > 0 \tag{3.120}$$

对于任意 $\mathbf{x} \in \mathbf{dom}\, f$ 和 $\mathbf{y} \in \mathbb{R}^n, \mathbf{y} \neq \mathbf{0}$ 均成立，则 f 是拟凸函数。

式 (3.120) 的证明 仍然使用式 (3.116) 的证明中定义的 $g(t), g'(t), g''(t)$（参考式 (3.117)、式 (3.118)、式 (3.119)）。假设 $g'(t_1) = \mathbf{y}^{\mathrm{T}}\nabla f(\mathbf{x} + t_1\mathbf{y}) = 0$，则

$$g''(t_1) = \mathbf{y}^{\mathrm{T}}\nabla^2 f(\mathbf{x} + t_1\mathbf{y})\mathbf{y} > 0 \quad \text{（根据式 (3.120)）}$$

表明 $g(t)$ 在 $t = t_1$ 处取得严格局部最小值。利用反证法可以证明 $g(t)$ 只能有一个严格的局部最小值。

假设 $g(t)$ 在 $t = t_2 \neq t_1$ 处有另一个严格的局部最小值，则 t_1 与 t_2 之间一定存在一个局部极大点 t_3 使得

$$g'(t_3) = \mathbf{y}^{\mathrm{T}}\nabla f(\mathbf{x} + t_3\mathbf{y}) = 0, \quad g''(t_3) = \mathbf{y}^{\mathrm{T}}\nabla^2 f(\mathbf{x} + t_3\mathbf{y})\mathbf{y} \leqslant 0$$

令 $\boldsymbol{y}=\mathbf{y}$，$\boldsymbol{x}=\mathbf{x}+t_3\mathbf{y}$，有

$$g'(t_3)=\boldsymbol{y}^{\mathrm{T}}\nabla f(\boldsymbol{x})=0,\quad g''(t_3)=\boldsymbol{y}^{\mathrm{T}}\nabla^2 f(\boldsymbol{x})\boldsymbol{y}\leqslant 0$$

这与式 (3.120) 相矛盾。因此，当 $t<t_1$ 时，$g'(t)<0$，当 $t>t_1$ 时，$g'(t)>0$，这意味着 $t=t_1$ 是 $g(t)$ 的唯一全局最小值。当 $g(t)$ 没有局部极最小值，即 $g'(0)\neq 0$ 时，$g(t)$ 一定是严格单调减或严格单调增。由论据 3.3 知 $g(t)$ 是拟凸函数。由注 3.31，命题得证。 □

3.4 关于广义不等式的单调性

函数 $f:\mathbb{R}^n\to\mathbb{R}$ 若满足

$$\mathbf{x}\preceq_K\mathbf{y}\ (\text{即 }\mathbf{y}-\mathbf{x}\in K)\Rightarrow f(\mathbf{x})\leqslant f(\mathbf{y})$$

则它是 K-非减的；若满足

$$\mathbf{x}\preceq_K\mathbf{y},\ \mathbf{x}\neq\mathbf{y}\ (\text{即 }\mathbf{y}-\mathbf{x}\in K\setminus\{\mathbf{0}\})\Rightarrow f(\mathbf{x})<f(\mathbf{y})$$

则它是 K-增的，其中 $K\subseteq\mathbb{R}^n$ 是一个真锥；若满足

$$\mathbf{x}\preceq_K\mathbf{y}\Rightarrow f(\mathbf{x})\geqslant f(\mathbf{y})$$

则它是 K-非增的；若满足

$$\mathbf{x}\preceq_K\mathbf{y},\ \mathbf{x}\neq\mathbf{y}\Rightarrow f(\mathbf{x})>f(\mathbf{y})$$

则它是 K-减的。

下面将给出一些例子来说明广义不等式的单调性。

- $K=\mathbb{S}^n_+$，若 $\mathbf{W}\succeq\mathbf{0}$，则 $f(\mathbf{X})=\mathrm{Tr}(\mathbf{W}\mathbf{X})$ 在 $\mathbb{S}^n$ 上是 K-非减的。

  证明 假设 $\mathbf{W}=\mathbf{W}^{1/2}\mathbf{W}^{1/2}\succeq\mathbf{0}$，其中 $\mathbf{W}^{1/2}\succeq\mathbf{0}$，且

$$\mathbf{X}\preceq_K\mathbf{Y}\Rightarrow(\mathbf{Y}-\mathbf{X})\in K=\mathbb{S}^n_+$$

  则 $\mathbf{W}^{1/2}(\mathbf{Y}-\mathbf{X})\mathbf{W}^{1/2}\succeq\mathbf{0}$，且

$$\begin{aligned}f(\mathbf{Y})-f(\mathbf{X})&=\mathrm{Tr}(\mathbf{W}(\mathbf{Y}-\mathbf{X}))=\mathrm{Tr}(\mathbf{W}^{1/2}[\mathbf{W}^{1/2}(\mathbf{Y}-\mathbf{X})])\\&=\mathrm{Tr}(\mathbf{W}^{1/2}(\mathbf{Y}-\mathbf{X})\mathbf{W}^{1/2})\geqslant 0\quad(\text{因为 }\mathrm{Tr}(\mathbf{AB})=\mathrm{Tr}(\mathbf{BA}))\end{aligned}$$

  因此，当 $\mathbf{W}\succeq\mathbf{0}$ 时，$f(\mathbf{X})$ 是 K-非减的。 □

- $K=\mathbb{S}^n_+$，$\mathrm{Tr}(\mathbf{X}^{-1})$ 在 $\mathbb{S}^n_{++}$ 上是 K-减的。

  证明 假设 $\mathbf{Y}\succeq\mathbf{X}\succ\mathbf{0}$。由式 (2.80)，有 $\mathbf{X}^{-1}\succeq\mathbf{Y}^{-1}\succ\mathbf{0}$。令 $\mathbf{X}^{-1}=\mathbf{Y}^{-1}+\mathbf{Z}$，其中 $\mathbf{Z}\succeq\mathbf{0}$ 且 $\mathbf{Z}\neq\mathbf{0}$。那么，由于 $\mathrm{Tr}(\mathbf{Z})>0$，$\mathrm{Tr}(\mathbf{X}^{-1})=\mathrm{Tr}(\mathbf{Y}^{-1}+\mathbf{Z})>\mathrm{Tr}(\mathbf{Y}^{-1})$，所以 $\mathrm{Tr}(\mathbf{X}^{-1})$ 是 K-减的。 □

- $K=\mathbb{S}_+^n$，$\det(\mathbf{X})$ 在 $\mathbb{S}_{++}^n$ 上是 K-增的。

  证明 令 $\mathbf{X}\succ\mathbf{0}$ 且 $\mathbf{Y}=\mathbf{X}+\mathbf{Z}\succ\mathbf{0}$，其中 $\mathbf{Z}\succeq\mathbf{0}$，$\mathbf{Z}\neq\mathbf{0}$，可得

$$\begin{aligned}\det(\mathbf{Y})&=\det(\mathbf{X}+\mathbf{Z})\\&=\det\left(\mathbf{X}^{1/2}(\mathbf{I}+\mathbf{X}^{-1/2}\mathbf{Z}\mathbf{X}^{-1/2})\mathbf{X}^{1/2}\right)\\&=\det(\mathbf{X})\cdot\det(\mathbf{I}+\mathbf{X}^{-1/2}\mathbf{Z}\mathbf{X}^{-1/2})\\&=\det(\mathbf{X})\cdot\prod_{i=1}^{n}(1+\lambda_i(\mathbf{X}^{-1/2}\mathbf{Z}\mathbf{X}^{-1/2}))>\det(\mathbf{X})\quad\text{（参考式 (1.99)）}\end{aligned}$$

  其中不等式的成立是由于 $\mathbf{X}^{-1/2}\mathbf{Z}\mathbf{X}^{-1/2}\neq\mathbf{0}$ 且 $\mathbf{X}^{-1/2}\mathbf{Z}\mathbf{X}^{-1/2}\succeq\mathbf{0}$，所以 $\det(\mathbf{X})$ 是 K-增的。 □

注 3.37 因为由式 (3.40) 可知 $\nabla\mathrm{Tr}(\mathbf{W}\mathbf{X})=\mathbf{W}\succeq\mathbf{0}$，由式 (3.47) 可知 $\nabla\det(\mathbf{X})=\det(\mathbf{X})\cdot\mathbf{X}^{-1}\succ\mathbf{0},\ \forall\,\mathbf{X}\succ\mathbf{0}$ 成立，由 [PP08] 可知梯度：

$$\nabla\mathrm{Tr}(\mathbf{X}^{-1})=-\mathbf{X}^{-2}\prec\mathbf{0},\ \ \forall\,\mathbf{X}\succ\mathbf{0}\tag{3.121}$$

所以，由注 3.38 也可以证明，对于 $\mathbf{W}\succeq\mathbf{0}$，$\mathrm{Tr}(\mathbf{W}\mathbf{X})$ 在 $\mathbb{S}^n$ 上是 K-非减的；$\det(\mathbf{X})$ 是 K- 增的，以及 $\mathrm{Tr}(\mathbf{X}^{-1})$ 在 $\mathbb{S}_{++}^n$ 上是 K-减的。换言之，注 3.38 给出了判定函数是否 K-非减、K-增、K-非增或 K-减的一种方法。 □

注 3.38 (i) 其定义域为凸的可微函数 f 是 K-非减的，当且仅当对于任意 $\mathbf{x}\in\mathbf{dom}\,f$，有 $\nabla f(\mathbf{x})\succeq_{K^*}\mathbf{0}$；(ii) 如果对于任意 $\mathbf{x}\in\mathbf{dom}\,f$ 有 $\nabla f(\mathbf{x})\succ_{K^*}\mathbf{0}$，那么 f 是 K-增的，反之不一定成立。 □

(i) 的证明

必要性：我们用反证法证明。假设存在 $\mathbf{x}\in\mathbf{dom}\,f$，有 $\nabla f(\mathbf{x})\notin K^*$，则存在 $\mathbf{z}\in K,\mathbf{z}\neq\mathbf{0}$ 使得

$$\nabla f(\mathbf{x})^{\mathrm{T}}\mathbf{z}<0\tag{3.122}$$

令 $g:\mathbb{R}\to\mathbb{R}$，其定义域为 $\mathbf{dom}\,g\triangleq\{t\in\mathbb{R}\mid\mathbf{x}+t\mathbf{z}\in\mathbf{dom}\,f\}$，其中

$$g(t)\triangleq f(\mathbf{x}+t\mathbf{z})\tag{3.123}$$

那么根据式 (3.122) 和式 (3.123) 可得

$$g'(0)=\nabla f(\mathbf{x})^{\mathrm{T}}\mathbf{z}<0$$

另一方面，由于 $\mathbf{z}\in K$，则当 $t>0$ 时有 $\mathbf{x}\preceq\mathbf{x}+t\mathbf{z}$，当 $t<0$ 时有 $\mathbf{x}+t\mathbf{z}\preceq\mathbf{x}$，因此，若 $f(\mathbf{x})$ 是 K-非减的，则对所有 t，$g(t)$ 一定是一个非减函数。从而 $g'(0)\geqslant 0$，与上述推断结果相矛盾。因此，$\nabla f(\mathbf{x})\succeq_{K^*}\mathbf{0}$ 得证。

充分性：当 $\mathbf{y}=\mathbf{x}$ 时显然成立。下面证明 $\mathbf{x}\preceq_K\mathbf{y}$，$\mathbf{y}\neq\mathbf{x}$，且 $\mathbf{x},\mathbf{y}\in\mathbf{dom}\,f$ 的情况。

$$\mathbf{z}\triangleq\frac{\mathbf{y}-\mathbf{x}}{\|\mathbf{y}-\mathbf{x}\|_2}\in K\tag{3.124}$$

因为 $\mathbf{x}+t\mathbf{z}\in\mathbf{dom}\ f$，从而 $g'(t)=\nabla f(\mathbf{x}+t\mathbf{z})^{\mathrm{T}}\mathbf{z}$ 存在，有

$$f(\mathbf{y})-f(\mathbf{x})=g(\|\mathbf{y}-\mathbf{x}\|_2)-g(0)=\int_0^{\|\mathbf{y}-\mathbf{x}\|_2} g'(t)\ \mathrm{d}t \tag{3.125}$$

因为对于任意 $t\in[0,\|\mathbf{y}-\mathbf{x}\|]\subset\mathbf{dom}\ g$ 且 $\mathbf{z}\in K$，$\nabla f(\mathbf{x}+t\mathbf{z})\succeq_{K^*}\mathbf{0}$，有

$$g'(t)=\nabla f(\mathbf{x}+t\mathbf{z})^{\mathrm{T}}\mathbf{z}\geqslant 0,\ \forall t\in[0,\|\mathbf{y}-\mathbf{x}\|_2] \tag{3.126}$$

结合式 (3.125) 可得 $f(\mathbf{x})\leqslant f(\mathbf{y})$。 □

(ii) 的证明

考虑 $\mathbf{x}\preceq_K\mathbf{y}$，$\mathbf{x}\neq\mathbf{y}$，且 $\mathbf{x},\mathbf{y}\in\mathbf{dom}\ f$ 的情况，令

$$\mathbf{z}\triangleq\frac{\mathbf{y}-\mathbf{x}}{\|\mathbf{y}-\mathbf{x}\|_2}\in K\setminus\{\mathbf{0}\} \tag{3.127}$$

因为对于任意 $\boldsymbol{x}\in\mathbf{dom}\ f$，$\nabla f(\boldsymbol{x})\in\mathbf{int}\ K^*$，由 P2（见式 (2.121b)），有

$$\nabla f(\boldsymbol{x})^{\mathrm{T}}\mathbf{z}>0,\ \forall\boldsymbol{x}\in\mathbf{dom}\ f \tag{3.128}$$

类似式 (3.126) 的证明，也可得到

$$g'(t)=\nabla f(\mathbf{x}+t\mathbf{z})^{\mathrm{T}}\mathbf{z}>0,\ \forall t\in[0,\|\mathbf{y}-\mathbf{x}\|_2] \tag{3.129}$$

结合式 (3.125) 可得 $f(\mathbf{x})<f(\mathbf{y})$。

最后，给出一个反例来说明逆命题不成立。考虑 $f(\mathbf{x})=\|\mathbf{x}\|_2^2$，其定义域为 $\mathbf{dom}\ f=\mathbb{R}^n_+=K=K^*$。很容易证明 f 是 K-增的，但对于任意 $\mathbf{x}\in\mathbf{dom}\ f=\mathbb{R}^n_+$，$\nabla f=2\mathbf{x}\succ_{K^*}\mathbf{0}$ 不一定成立。 □

3.5 关于广义不等式的凸性

函数 $\boldsymbol{f}$: 如果 $\mathbf{dom}\ \boldsymbol{f}$ 是一个凸集且对于任意 $\mathbf{x},\mathbf{y}\in\mathbf{dom}\ \boldsymbol{f}$, $\forall\ \theta\in[0,1]$，有

$$\boldsymbol{f}(\theta\mathbf{x}+(1-\theta)\mathbf{y})\preceq_K\theta\boldsymbol{f}(\mathbf{x})+(1-\theta)\boldsymbol{f}(\mathbf{y}) \tag{3.130}$$

$\mathbb{R}^n\to\mathbb{R}^m$ 是 K-**凸函数**（其中 $K\subseteq\mathbb{R}^m$ 是一个真锥）；如果对于任意 $\mathbf{x}\neq\mathbf{y}\in\mathbf{dom}\ \boldsymbol{f}$, $\forall\ \theta\in(0,1)$，有

$$\boldsymbol{f}(\theta\mathbf{x}+(1-\theta)\mathbf{y})\prec_K\theta\boldsymbol{f}(\mathbf{x})+(1-\theta)\boldsymbol{f}(\mathbf{y}) \tag{3.131}$$

$\boldsymbol{f}$ 是 **严格** K-**凸函数**。

对于一般情况，比如之前定义的凹函数，如果 $-\boldsymbol{f}$ 是 K-**凸的**（严格 K-**凸的**），则 $\boldsymbol{f}$ 是 K-**凹的**（严格 K-**凹的**）。可以证明，当且仅当 $\boldsymbol{f}(\mathbf{x})$ 的上境图

$$\mathbf{epi}_K\ \boldsymbol{f}=\{(\mathbf{x},\boldsymbol{t})\in\mathbb{R}^{n+m}\mid\boldsymbol{f}(\mathbf{x})\preceq_K\boldsymbol{t}\} \tag{3.132}$$

是一个凸集，$\boldsymbol{f}(\mathbf{x})$ 是 K-凸函数。

注意，K-凸函数 $\boldsymbol{f}(\mathbf{x}) \in \mathbb{R}^m$ 满足式 (3.130)，对于 $m > 1$ 的情况可能不像 $m = 1$ 的情况一样容易想象。它在概念上如图 3.13 所示，其中 $\boldsymbol{f}: \mathbb{R}^n \to \mathbb{R}^2$ 是 K- 凸函数和真锥 $K = \mathbb{R}^2_+$，且 $\boldsymbol{f}$ 在 $\mathbb{R}^2$ 上看起来像面朝东北的一个碗；如果水平轴被 $\boldsymbol{f}$ 的定义域替换（也就是 $\mathbb{R}^n$），对于 $m = 1$ 其将面朝北，从而减少到一般情况（参考图 3.1）。

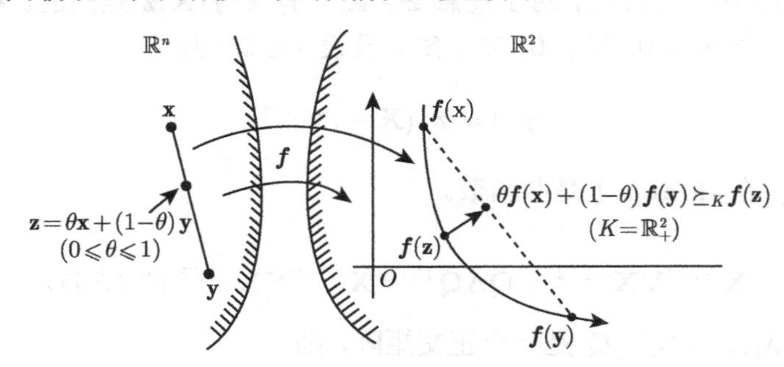

图 3.13 K-凸函数 $\boldsymbol{f}: \mathbb{R}^n \to \mathbb{R}^2$，其中 $K = \mathbb{R}^2_+$

例 3.11 令 $K = \mathbb{R}^m_+$，

$$\boldsymbol{f}(\mathbf{x}) = \begin{bmatrix} f_1(\mathbf{x}) \\ f_2(\mathbf{x}) \\ \vdots \\ f_m(\mathbf{x}) \end{bmatrix}$$

其中，f_i 是凸函数，即对于任意 $i = 1, \ldots, m$，有 $f_i(\theta\mathbf{x} + (1-\theta)\mathbf{y}) \leqslant \theta f_i(\mathbf{x}) + (1-\theta) f_i(\mathbf{y})$，则 $\boldsymbol{f}(\mathbf{x})$ 是 K-凸的。 □

例 3.12 令 $K = \mathbb{S}^n_+$，则 $\boldsymbol{f}(\mathbf{X}) = \mathbf{X}\mathbf{X}^{\mathrm{T}}$ 是 $\mathbb{R}^{n\times m}$ 上的 K-凸函数，其中 $\boldsymbol{f}: \mathbb{R}^{n\times m} \to \mathbb{R}^{n\times n}$。

证明 对任意的 $\mathbf{z} \in \mathbb{R}^n$，

$$\mathbf{z}^{\mathrm{T}}\boldsymbol{f}(\mathbf{X})\mathbf{z} = \mathbf{z}^{\mathrm{T}}\mathbf{X}\mathbf{X}^{\mathrm{T}}\mathbf{z} = \left\|\mathbf{X}^{\mathrm{T}}\mathbf{z}\right\|_2^2$$

因为 $\|\cdot\|_2^2$ 是凸的，则对于 $\theta \in [0,1]$ 和任意的 $\mathbf{z} \in \mathbb{R}^n$，均有

$$\begin{aligned} \mathbf{z}^{\mathrm{T}}\boldsymbol{f}(\theta\mathbf{X} + (1-\theta)\mathbf{Y})\mathbf{z} &= \left\|\theta\mathbf{X}^{\mathrm{T}}\mathbf{z} + (1-\theta)\mathbf{Y}^{\mathrm{T}}\mathbf{z}\right\|_2^2 \\ &\leqslant \theta\left\|\mathbf{X}^{\mathrm{T}}\mathbf{z}\right\|_2^2 + (1-\theta)\left\|\mathbf{Y}^{\mathrm{T}}\mathbf{z}\right\|_2^2 \text{（因为 } \|\cdot\|_2^2 \text{ 是凸的）} \\ &= \theta\mathbf{z}^{\mathrm{T}}\boldsymbol{f}(\mathbf{X})\mathbf{z} + (1-\theta)\mathbf{z}^{\mathrm{T}}\boldsymbol{f}(\mathbf{Y})\mathbf{z} \\ &= \mathbf{z}^{\mathrm{T}}\big(\theta\boldsymbol{f}(\mathbf{X}) + (1-\theta)\boldsymbol{f}(\mathbf{Y})\big)\mathbf{z} \end{aligned} \tag{3.133}$$

即 $\boldsymbol{f}(\theta\mathbf{X} + (1-\theta)\mathbf{Y}) \preceq_K \theta\boldsymbol{f}(\mathbf{X}) + (1-\theta)\boldsymbol{f}(\mathbf{Y})$。因此 $f(\mathbf{X}) = \mathbf{X}\mathbf{X}^{\mathrm{T}}$ 是 K-凸函数。 □

论据 3.4 令 $K = \mathbb{S}^n_+$，则 $\boldsymbol{f}$ 是 K-凸函数当且仅当对于任意 $\mathbf{z} \in \mathbb{R}^n$，$\mathbf{z}^{\mathrm{T}}\boldsymbol{f}(\mathbf{X})\mathbf{z}$ 是凸函数（见式 (3.133)）。

例 3.13 令 $K = \mathbb{S}^n_+$，则 $\boldsymbol{f}(\mathbf{X}) = \mathbf{X}^{-1}$ 是 $\mathbb{S}^n_{++}$ 上的 K-凸函数。证明 $\boldsymbol{f}$ 的 K-凸性之前，先证明 $n = 1$ 这一退化的情况，即 K-凸性退化为凸性。针对情况，对于 $x > 0$，有

$f(x)=1/x$，则

$$f'(x)=-\frac{1}{x^2};\ f''(x)=\frac{2}{x^3}>0,\ \forall x>0$$

由二阶条件知，$f(x)$ 是严格凸函数。接下来，证明 $n\geqslant 2$ 时 $\boldsymbol{f}$ 的 K-凸性。

证明 下面由论据 3.4 证明，对于任意 $\mathbf{z}\in\mathbb{R}^n$，有 $\mathbf{z}^{\mathrm{T}}\boldsymbol{f}(\mathbf{X})\mathbf{z}$ 是凸的。对于 $t\in\mathbf{dom}\ g=\{t\mid \mathbf{X}+t\mathbf{V}\succ\mathbf{0}\}$，令 $\mathbf{X}\succ\mathbf{0}$，$\mathbf{V}\neq\mathbf{0}$，$\mathbf{V}\in\mathbb{S}^n$，及设 $\mathbf{z}\in\mathbb{R}^n$ 且

$$g(t)=\mathbf{z}^{\mathrm{T}}(\mathbf{X}+t\mathbf{V})^{-1}\mathbf{z}$$

接下来证明 g 在 $\mathbf{dom}\ g$ 上是凸函数。

令

$$\mathbf{X}^{-1/2}\mathbf{V}\mathbf{X}^{-1/2}=\mathbf{Q}\boldsymbol{\Lambda}\mathbf{Q}^{\mathrm{T}}\quad（\mathbf{X}^{-1/2}\mathbf{V}\mathbf{X}^{-1/2}\text{ 的 EVD}）$$

其中，$\boldsymbol{\Lambda}=\mathbf{Diag}(\lambda_1,\ldots,\lambda_n)$，$\mathbf{Q}$ 是一个正交矩阵，则

$$\begin{aligned}
g(t)&=\mathbf{z}^{\mathrm{T}}\mathbf{X}^{-1/2}(\mathbf{I}_n+t\mathbf{X}^{-1/2}\mathbf{V}\mathbf{X}^{-1/2})^{-1}\mathbf{X}^{-1/2}\mathbf{z}\\
&=\mathbf{z}^{\mathrm{T}}\mathbf{X}^{-1/2}[\mathbf{Q}(\mathbf{I}_n+t\boldsymbol{\Lambda})\mathbf{Q}^{\mathrm{T}}]^{-1}\mathbf{X}^{-1/2}\mathbf{z}\\
&=\mathbf{z}^{\mathrm{T}}\mathbf{X}^{-1/2}\mathbf{Q}(\mathbf{I}_n+t\boldsymbol{\Lambda})^{-1}\mathbf{Q}^{\mathrm{T}}\mathbf{X}^{-1/2}\mathbf{z}\quad（\text{因为 }\mathbf{Q}^{-1}=\mathbf{Q}^{\mathrm{T}}）\\
&=\mathbf{y}^{\mathrm{T}}(\mathbf{I}_n+t\boldsymbol{\Lambda})^{-1}\mathbf{y}\\
&=\sum_{i=1}^{n}y_i^2\frac{1}{1+t\lambda_i}
\end{aligned}$$

其中，$\mathbf{y}=(y_1,\ldots,y_n)=\mathbf{Q}^{\mathrm{T}}\mathbf{X}^{-1/2}\mathbf{z}$，且 $1+t\lambda_i>0$，这是由于

$$\begin{aligned}
\mathbf{dom}\ g&=\{t\mid \mathbf{X}+t\mathbf{V}\succ\mathbf{0}\}\\
&=\{t\mid 1+t\lambda_i>0,\ i=1,\ldots,n\}\quad（\text{根据式 (3.43)}）
\end{aligned}$$

因为

$$\begin{aligned}
g'(t)&=\sum_{i=1}^{n}y_i^2\frac{-1}{(1+t\lambda_i)^2}\lambda_i\\
g''(t)&=\sum_{i=1}^{n}y_i^2\frac{2}{(1+t\lambda_i)^3}\lambda_i^2\geqslant 0,\ \forall t\in\mathbf{dom}\ g
\end{aligned}$$

所以对于任意 $\mathbf{X}$, $\mathbf{V}$ 和 $\mathbf{z}$（由二阶条件），$g(t)$ 均为 $\mathbf{dom}\ g$ 上的凸函数。因此由论据 3.1 可知，对于任意 $\mathbf{z}\in\mathbb{R}^n$，$\mathbf{z}^{\mathrm{T}}\mathbf{X}^{-1}\mathbf{z}$ 均为凸函数，那么由论据 3.4 可知 $\mathbf{X}^{-1}$ 是在 $\mathbb{S}_{++}^n$ 上的 K-凸函数。 □

为了验证函数 $\boldsymbol{f}$ 的 K-凸性，除了利用 K-凸函数的定义以外，也存在其他方法，比如 $\boldsymbol{w}\in K^*$ 时 $\boldsymbol{w}^{\mathrm{T}}\boldsymbol{f}$ 的凸性，或下面介绍的一阶条件。

注 3.39 当且仅当对于任意 $\boldsymbol{w}\succeq_{K^*}\mathbf{0}$，函数 $\boldsymbol{f}:\mathbb{R}^n\rightarrow\mathbb{R}^m$ 是 K-凸函数，由 P1（见式 (2.121a)）可知，实值函数 $\boldsymbol{w}^{\mathrm{T}}\boldsymbol{f}$ 在一般意义下是凸的。当且仅当对于任意非零 $\boldsymbol{w}\succeq_{K^*}\mathbf{0}$，$\boldsymbol{f}$ 是严格 K-凸函数，由 P2（见式 (2.121b)）可知，函数 $\boldsymbol{w}^{\mathrm{T}}\boldsymbol{f}$ 是严格凸函数。 □

注 3.40 当且仅当 $\mathbf{dom}\, \boldsymbol{f}$ 是凸的，可微函数 $\boldsymbol{f}: \mathbb{R}^n \to \mathbb{R}^m$ 是 K-凸函数，且对于任意 $\mathbf{x}, \mathbf{y} \in \mathbf{dom}\, \boldsymbol{f}$，有

$$\boldsymbol{f}(\mathbf{y}) \succeq_K \boldsymbol{f}(\mathbf{x}) + D\boldsymbol{f}(\mathbf{x})(\mathbf{y} - \mathbf{x}) \tag{3.134}$$

当且仅当对于任意 $\mathbf{x}, \mathbf{y} \in \mathbf{dom}\, \boldsymbol{f}$，函数 $\boldsymbol{f}$ 是严格 K-凸函数，且 $\mathbf{x} \neq \mathbf{y}$，

$$\boldsymbol{f}(\mathbf{y}) \succ_K \boldsymbol{f}(\mathbf{x}) + D\boldsymbol{f}(\mathbf{x})(\mathbf{y} - \mathbf{x}) \tag{3.135}$$

上述可微 K-凸函数 $\boldsymbol{f}$ 的一阶条件式 (3.134) 可以很容易地由式 (3.16) 给出的一阶条件和上述注 3.39 证得，同理可证式 (3.135)。当 $m = 1$ 时，广义不等式 (3.134) 和 (3.135) 退化为一般的不等式 (3.16) 或式 (3.20)。 □

例 3.14 例 3.13 已经证明 $\boldsymbol{f}(\mathbf{X}) = \mathbf{X}^{-1}$ 是 $\mathbb{S}_{++}^n$, $n \geqslant 2$ 上的 $\mathbb{S}_+^n$- 凸函数。本例基于注 3.39 给出另一种较为简单的证明。

真锥 $\mathbb{S}_+^n$ 是自对偶的，则根据注 3.39，仅需证明，$\mathrm{Tr}(\mathbf{W}\mathbf{X}^{-1})$ 对任意 PSD 矩阵 $\mathbf{W} \in \mathbb{S}_+^n$ 均是关于 $\mathbf{X} \in \mathbb{S}_{++}^n$ 的凸函数。根据式 (3.20)，证明如下的一阶条件即可。

$$\mathrm{Tr}(\mathbf{W}\mathbf{Y}^{-1}) \geqslant \mathrm{Tr}(\mathbf{W}\mathbf{X}^{-1}) + \mathrm{Tr}\left(D\big(\mathrm{Tr}(\mathbf{W}\mathbf{X}^{-1})\big)(\mathbf{Y} - \mathbf{X})\right) \tag{3.136}$$

其中，$\mathbf{X}, \mathbf{Y} \in \mathbb{S}_{++}^n$ 且 $\mathbf{W} \succeq \mathbf{0}$。将式 (3.137) [PP08]

$$D\big(\mathrm{Tr}(\mathbf{W}\mathbf{X}^{-1})\big) = -\mathbf{X}^{-1}\mathbf{W}\mathbf{X}^{-1} \tag{3.137}$$

代入式 (3.136) 可得

$$\mathrm{Tr}\big(\mathbf{W}(\mathbf{Y}^{-1} - 2\mathbf{X}^{-1} + \mathbf{X}^{-1}\mathbf{Y}\mathbf{X}^{-1})\big) = \mathrm{Tr}(\mathbf{W}\mathbf{A}\mathbf{A}^{\mathrm{T}}) = \mathrm{Tr}(\mathbf{A}^{\mathrm{T}}\mathbf{W}\mathbf{A}) \geqslant 0$$

其中，$\mathbf{A} = \mathbf{Y}^{-1/2} - \mathbf{X}^{-1}\mathbf{Y}^{1/2}$，$\mathbf{Y}^{1/2} \in \mathbb{S}_{++}^n$ 满足 $\mathbf{Y} = (\mathbf{Y}^{1/2})^2$。 □

3.6 总结与讨论

本章介绍了凸函数、拟凸函数和 K-凸函数相关的概念、各种性质与条件，并通过大量例子介绍了保凸运算，以及判定函数凹凸性的方法。函数凹凸性的判定方法往往不唯一。集合的凸性和函数的凸性在概念上完全不同，但函数的凸性可通过其上境图的凸性加以判定。第 3 章与本章介绍的凸集和凸函数是求解凸和拟凸优化问题的关键，这一点将在第 5 章中具体介绍。

参 考 文 献

[Ber09] D. P. Bertsekas, *Convex Optimization Theory.* Belmont, MA, USA: Athena Scientific, 2009.

[BV04] S. Boyd and L. Vandenberghe, *Convex Optimization.* Cambridge, UK: Cambridge University Press, 2004.

[LCC15] W.-C. Li, T.-H. Chang, and C.-Y. Chi, "Multicell coordinated beamforming with rate outage constraint–Part II: Efficient approximation algorithms," *IEEE Trans. Signal Process.*, vol. 63, no. 11, pp. 2763–2778, June 2015.

[PP08] K. B. Petersen and M. S. Pedersen, *The Matrix Cookbook*, Nov. 14, 2008.

[YCM+12] Y. Yang, T.-H. Chang, W.-K. Ma, J. Ge, C.-Y. Chi, and P.-C. Ching, "Noncoherent bit-interleaved coded OSTBC-OFDM with maximum spatial-frequency diversity," *IEEE Trans. Wireless Commun.*, vol. 11, no. 9, pp. 3335–3347, Sept. 2012.

第 4 章 CHAPTER 4 凸优化问题

第 2 章和第 3 章分别介绍了凸集和凸函数的概念。基于这些基础，接下来将学习凸优化的概念。由于目标函数或者约束集亦或两者的非凸性，待求解的优化问题可能是一个非凸问题。然而，有些非凸问题可能本质上是凸优化问题。本章重点关注此类问题如何转化为标准的凸优化问题，从而可以通过最优条件（本章和第 9 章的部分内容中介绍）或既有的凸问题求解程序来找到此类问题的最优解。本章也将给出拟凸问题及其最优性的充分条件，以及广泛用于解决拟凸问题的二分法。

若所研究的问题不能转化为凸或拟凸问题，则可以考虑如何获得问题的一个稳定点。为此，介绍了迭代分块连续上界最小化（Block Successive Upper bound Minimization，BSUM）算法和广泛使用的连续凸近似（Successive Convex Approximation，SCA）算法。BSUM 算法在满足一些收敛条件下可得到一个稳定点，SCA 算法根据问题的性质也可以产生一个稳定点。在后续 4 章中介绍的各种信号处理与无线通信问题中，都将大量使用本章所介绍的问题转换和近似方法。

为保证后续章节的内容一致性，除非另行说明，函数 f 总是定义为 $f:\mathbb{R}^n\rightarrow\mathbb{R}$。未知的优化变量表示为 $\mathbf{x}$，其第 i 个元素为 x_i。优化问题的最优解表示为 $\mathbf{x}^\star$ 或者 $\widehat{\mathbf{x}}$。一个标准的凸优化问题简称为凸问题。当约束集为 $\mathbb{R}^n$ 时（即无约束的最优化问题），为了描述简单，$\mathbb{R}^n$ 一般省略不写。

4.1 优化问题的标准型

优化问题一般可表示为如下的标准型：

$$\begin{aligned} \min \quad & f_0(\mathbf{x}) \\ \text{s.t.} \quad & f_i(\mathbf{x})\leqslant 0,\ i=1,\dots,m \\ & h_i(\mathbf{x})=0,\ i=1,\dots,p \end{aligned} \tag{4.1}$$

其中，f_0 是**目标函数**；$f_i,\ i=1,\dots,m$ 是**不等式约束函数**；$h_i,\ i=1,\dots,p$ 是**等式约束函数**；“s.t.” 表示为“受约束于”。

在详细介绍凸优化问题之前，首先说明一些凸优化问题讨论中经常使用的部分专业术语。

4.1.1 部分专业术语

- 集合

$$\mathcal{D} = \left\{ \bigcap_{i=0}^{m} \textbf{dom}\ f_i \right\} \bigcap \left\{ \bigcap_{i=1}^{p} \textbf{dom}\ h_i \right\} \tag{4.2}$$

称为优化问题式 (4.1) 的**定义域**。

- 集合

$$\mathcal{C} = \left\{ \mathbf{x} \mid \mathbf{x} \in \mathcal{D},\ f_i(\mathbf{x}) \leqslant 0,\ i = 1, \ldots, m,\ h_i(\mathbf{x}) = 0,\ i = 1, \ldots, p \right\} \tag{4.3}$$

称为**可行集**或者**约束集**。

- 如果 $\mathbf{x} \in \mathcal{C}$，则称 $\mathbf{x} \in \mathcal{D}$ 是**可行**的，否则称为**不可行**的。
- 如果 $f_i(\mathbf{x}) < 0,\ i = 1, \ldots, m,\ h_i(\mathbf{x}) = 0,\ i = 1, \ldots, p$，即所有的不等式约束中等式不成立，则称点 $\mathbf{x}$ 是**严格可行**的。
- 如果 $f_i(\mathbf{x}) = 0$，那么不等式约束 $f_i(\mathbf{x})$ 在 $\mathbf{x} \in \mathcal{C}$ 处是**有效约束**的。
- 如果至少存在一个点 $\mathbf{x} \in \mathcal{C}$，则称问题是**可行的**；如果 $\mathcal{C} = \varnothing$（空集），则称该问题是**不可行的**；如果存在一个严格可行点，则称该问题是**严格可行的**。
- 如果 $\mathcal{C} = \mathbb{R}^n$，则称该问题是**无约束**问题。

4.1.2 最优值和最优解

优化问题（即式 (4.1)）的最优（目标）值 $p^\star$ 定义为

$$p^\star = \inf_{\mathbf{x} \in \mathcal{C}} f_0(\mathbf{x}) = \inf \left\{ f_0(\mathbf{x}) \mid \mathbf{x} \in \mathcal{C} \right\} \tag{4.4}$$

- 如果问题是**不可行的**（也即 $\mathcal{C} = \varnothing$），由于

$$\inf\ \left\{ f_0(\mathbf{x}) \mid \mathbf{x} \in \mathcal{C} \right\} = \inf \varnothing = \infty$$

有 $p^\star = +\infty$。如果 $p^\star = -\infty$，那么该问题是**无下界**的。

- 如果 $\mathbf{x}^\star \in \mathcal{C}$ 且 $f_0(\mathbf{x}^\star) = p^\star$，那么点 $\mathbf{x}^\star$ 称为**全局最优点**，或者简称为**最优点**。如果 $\mathbf{x}^\star$ 存在，最优点也可以表示为

$$\mathbf{x}^\star = \arg\min \left\{ f_0(\mathbf{x}) \mid \mathbf{x} \in \mathcal{C} \right\} \tag{4.5}$$

也被称为**全局最小点**。

- 因为 f_0 连续且可行集 $\mathcal{C} \subset \mathbb{R}^n$ 是紧的，因此存在全局最小点 $\mathbf{x}^\star \in \mathcal{C}$（由连续函数的 Weierstrass 定理得到 [Ber09]）。因为 f_0 在 $\mathcal{C}$ 的内点上必须是连续的（参考注 3.7），当 f_0 是紧集 $\mathcal{C} \subset \mathbb{R}^n$ 上的凸函数时，此结论也成立。
- 如果最优点 $\mathbf{x}^\star$ 存在，那么此问题是**可解的**。图 4.1 展示了一个凸的但是不可解的优化（无约束）问题，然而，此问题是可行的。

- 如果存在 $r>0$ 使得

$$f_0(\boldsymbol{x})=\inf\left\{f_0(\mathbf{x}) \mid \mathbf{x}\in\mathcal{C}, \|\mathbf{x}-\boldsymbol{x}\|_2 \leqslant r\right\} \tag{4.6}$$

  点 $\boldsymbol{x}$ 被称为**局部最优点**（或者**局部最小点**）。
- 满足 $f_0(\mathbf{x})\leqslant p^\star+\epsilon$（其中 $\epsilon>0$）的可行点 $\mathbf{x}$ 被称为 **ϵ-次优点**，所有 ϵ-次优点构成的集合被称为优化问题的 ϵ-次优集。

目标函数的性质和优化问题最优解的存在性以及独特性之间的关系如下所示：

- 如果对每个序列 $\{\mathbf{x}_k\}$ 都有 $\lim_{\|\mathbf{x}_k\|\to+\infty} f_0(\mathbf{x}_k)=+\infty$，那么 f_0 是**强制函数**（**Coercive Function**）。例如，$f_0(x)=\mathrm{e}^{ax}$ 和 $h(\mathbf{x})=\mathbf{a}^{\mathrm{T}}\mathbf{x}$ 均不是强制函数（见图 4.1），$g(\mathbf{x})=\|\mathbf{x}\|_1$ 是强制函数。
- 如果 f_0 在无界域上是连续的强制函数，那么全局最小点集合 $\{\mathbf{x}^\star\}$ 是非空的。例如，$f_0(x)=\log|x|, x\neq 0$ 是强制函数但不连续，因此对于 $\mathcal{C}=\mathbb{R}$ 来说，不存在全局最小点 $\mathbf{x}^\star$。
- 如果 f_0 是严格凸且定义域中的内点是非空的（因此，在定义域的内点上连续），那么 $\{\mathbf{x}^\star\}$ 最多有一个元素；如果 f_0 是严格凸的强制函数，或者 f_0 是严格凸且存在全局最小点 $\mathbf{x}^\star$，那么最优点 $\mathbf{x}^\star$ 是唯一的；如果 f_0 在无界域上是严格凸的非强制函数，那么解集 $\{\mathbf{x}^\star\}=\varnothing$（见图 4.1）。

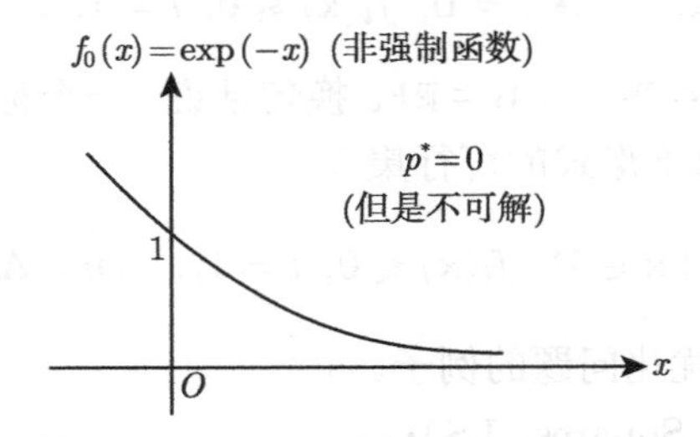

图 4.1 具有 $\mathcal{D}=\mathbb{R}$ 的不可解无约束凸优化问题，其中目标函数 f_0 是严格凸的但不是强制函数

4.1.3 等价问题和可行问题

在约束集 $\mathcal{C}$ 上最大化目标函数 $f_0(\mathbf{x})$ 等价于一个最小化问题，即

$$\max_{\mathbf{x}\in\mathcal{C}} f_0(\mathbf{x})=-\min_{\mathbf{x}\in\mathcal{C}}\left\{-f_0(\mathbf{x})\right\}\equiv\min_{\mathbf{x}\in\mathcal{C}}\left\{-f_0(\mathbf{x})\right\} \tag{4.7}$$

其中，"$\equiv$" 表明等式两边的问题有相同的解，但是对应的目标函数（以及相关联的最优值）不同。此外，如果 $f_0(\mathbf{x})>0,\ \forall\mathbf{x}\in\mathcal{C}$，可以很容易地看出

$$\max_{\mathbf{x}\in\mathcal{C}} f_0(\mathbf{x})=\frac{1}{\min_{\mathbf{x}\in\mathcal{C}}\left(\dfrac{1}{f_0(\mathbf{x})}\right)}\equiv\min_{\mathbf{x}\in\mathcal{C}}\frac{1}{f_0(\mathbf{x})} \tag{4.8}$$

$$\min_{\mathbf{x}\in\mathcal{C}} f_0(\mathbf{x})=\frac{1}{\max_{\mathbf{x}\in\mathcal{C}}\left(\dfrac{1}{f_0(\mathbf{x})}\right)}\equiv\max_{\mathbf{x}\in\mathcal{C}}\frac{1}{f_0(\mathbf{x})} \tag{4.9}$$

记优化问题的可行集为 $\mathcal{C}$，若仅仅关心该问题是否是可行的（即 $\mathcal{C}=\varnothing$ 是否为真），则可以考虑所谓的可行性问题，即

$$\begin{array}{ll} \text{find} & \mathbf{x} \\ \text{s.t.} & \mathbf{x} \in \mathcal{C} \end{array} \tag{4.10}$$

可行性问题实际上是目标函数 $f_0(\mathbf{x}) = 0$ 的约束优化问题。在这种情况下，

$$p^\star = 0 \text{ 若 } \mathcal{C} \neq \varnothing, \quad p^\star = +\infty \text{ 若 } \mathcal{C} = \varnothing$$

在设计一些迭代优化算法时，可能需要一个可行点作为迭代初始点，此时可行性问题就显得非常重要。例如，在解决拟凸问题时，可行性问题就发挥了核心作用，本章将对此进行具体的介绍。

4.2 凸优化问题

如果目标函数 f_0 是凸函数且式 (4.3) 定义的约束集 $\mathcal{C}$ 是凸集，那么称优化问题式 (4.1) 为**凸优化问题**。注意，如果 $f_1, \ldots, f_m$ 是凸的且 $h_1, \ldots, h_p$ 是仿射的，那么 $\mathcal{C}$ 是凸集。因此，凸问题的标准形式定义为

$$\begin{array}{ll} \min & f_0(\mathbf{x}) \\ \text{s.t.} & \mathbf{A}\mathbf{x} = \mathbf{b},\ f_i(\mathbf{x}) \leqslant 0,\ i = 1, \ldots, m \end{array} \tag{4.11}$$

其中，$f_0, \ldots, f_m$ 是凸的，$\mathbf{A} \in \mathbb{R}^{p \times n}$，$\mathbf{b} \in \mathbb{R}^p$。换句话说，一个标准形式的凸优化问题要求目标函数 f_0 是凸的，且具有如下形式的可行集

$$\mathcal{C} = \left\{\mathbf{x} \mid \mathbf{x} \in \mathcal{D},\ f_i(\mathbf{x}) \leqslant 0,\ i = 1, \ldots, m,\ \mathbf{A}\mathbf{x} = \mathbf{b}\right\} \tag{4.12}$$

也是凸的。下面给出一些凸优化问题的例子。

- 最小二乘问题（Least Squares，LS）：

$$\min \quad \|\mathbf{A}\mathbf{x} - \mathbf{b}\|_2^2 \tag{4.13}$$

  是一个无约束的凸优化问题，这是因为 $\|\cdot\|_2^2$ 是凸函数。称受约束的最小二乘问题为完全约束最小二乘问题（Fully Constrained Least Squares, FCLS），其中约束集为单位单纯形，而不仅仅是非负象限，具体定义为

$$\begin{array}{ll} \min & \|\mathbf{A}\mathbf{x} - \mathbf{b}\|_2^2 \\ \text{s.t.} & \mathbf{x} \succeq \mathbf{0}, \mathbf{1}_n^{\mathrm{T}}\mathbf{x} = 1 \end{array} \tag{4.14}$$

  在遥感领域中，进行丰度估计时，FCLS 已广泛应用于高光谱图像分解，具体内容将在第 6 章中介绍。由于约束集是多面体，所以 FCLS 问题是凸优化问题。

- 无约束二次规划（Quadratic Program，QP）：

$$\min \ \mathbf{x}^{\mathrm{T}}\mathbf{P}\mathbf{x} + 2\mathbf{q}^{\mathrm{T}}\mathbf{x} + r \tag{4.15}$$

  当且仅当 $\mathbf{P} \succeq \mathbf{0}$ 时，该问题是凸的。注意，令 $\mathbf{P} = \mathbf{A}^{\mathrm{T}}\mathbf{A} \succeq \mathbf{0}$，最小二乘问题（见式 (4.13)）就是一个无约束的二次规划问题。（思考：当 $\mathbf{P}$ 不定时式 (4.15) 为凸吗？）

- 线性规划（Linear Program，LP）问题：

$$\begin{aligned} \min \quad & \mathbf{c}^{\mathrm{T}}\mathbf{x} \\ \text{s.t.} \quad & \mathbf{x} \succeq \mathbf{0},\ \mathbf{A}\mathbf{x} = \mathbf{b} \end{aligned} \tag{4.16}$$

因为任何线性函数都是凸函数，并且约束集是一个多面体，所以线性规划问题是有约束的凸问题。

- 有界约束的最小范数近似：

$$\begin{aligned} \min \quad & \|\mathbf{A}\mathbf{x} - \mathbf{b}\| \\ \text{s.t.} \quad & l_i \leqslant x_i \leqslant u_i,\ \ i = 1, \ldots, n \end{aligned} \tag{4.17}$$

其中，x_i 表示为 $\mathbf{x} \in \mathbb{R}^n$ 的第 i 个分量。因为 $\|\cdot\|$ 是凸函数，且约束集是多面体，所以该问题对于任何范数 $\|\cdot\|$ 来说，都是有约束的凸问题。

注 4.1 令

$$C_i = \{\mathbf{x} \mid \mathbf{x} \in \mathcal{D},\ f_i(\mathbf{x}) \leqslant 0\},\ i = 1, \ldots, m \tag{4.18}$$

$$H = \{\mathbf{x} \mid \mathbf{x} \in \mathcal{D},\ \mathbf{A}\mathbf{x} = \mathbf{0}\} \tag{4.19}$$

则对于凸优化问题，C_i 和 H 均为凸集，并且式 (4.12) 定义的可行集可以表示为

$$\mathcal{C} = H\ \cap\ \left(\cap_{i=1}^{m} C_i\right) \tag{4.20}$$

显然该集合也为凸集。而且，当 f_i 为任意拟凸函数时，这一结论都成立。因为在这种情况下，C_i 是一个下水平集（凸集），所以 $f_i, \forall\, i$ 为凸函数这一条件是 $\mathcal{C}$ 为凸集的充分条件。然而，对于一个标准的凸问题，需要把非凸函数 f_i 转化为凸函数的形式且保持 C_i 不变。本章后续几节将详细介绍如何进行这种转换。 □

4.2.1 全局最优性

论据 4.1 对于式 (4.11) 定义的凸优化问题，任意局部最优解都是全局最优解。

证明 我们用反证法加以证明。令 $\mathbf{x}^\star$ 和 $\boldsymbol{x}$ 分别是凸优化问题的全局最优解和局部最优解，即 $\boldsymbol{x}$ 是局部最小点，且满足 $f_0(\mathbf{x}^\star) < f_0(\boldsymbol{x})$。

令

$$C \triangleq \{t\mathbf{x}^\star + (1-t)\boldsymbol{x} = \boldsymbol{x} + t(\mathbf{x}^\star - \boldsymbol{x}),\ 0 \leqslant t \leqslant 1\} \tag{4.21}$$

则 C 是具有端点为 $\mathbf{x}^\star$ 和 $\boldsymbol{x}$ 的线段构成的闭集。根据凸优化函数的定义（见式 (3.3) 和式 (3.4)）和 假设 $f_0(\boldsymbol{x}) > f_0(\mathbf{x}^\star)$，有

$$f_0(\mathbf{x}) \leqslant \frac{\|\mathbf{x} - \mathbf{x}^\star\|_2}{\|\mathbf{x}^\star - \boldsymbol{x}\|_2} f_0(\boldsymbol{x}) + \frac{\|\mathbf{x} - \boldsymbol{x}\|_2}{\|\mathbf{x}^\star - \boldsymbol{x}\|_2} f_0(\mathbf{x}^\star) < f_0(\boldsymbol{x}),\quad \forall \mathbf{x} \in C \setminus \{\boldsymbol{x}\} \tag{4.22}$$

令 $B(\mathbf{y}, r) \subset \mathbf{dom}\ f$ 表示圆心为 $\mathbf{y}$，半径为 r 的 ℓ_2-范数球。因为对于任意 $r > 0$，都有 $(C \setminus \{\boldsymbol{x}\}) \cap B(\boldsymbol{x}, r) \neq \varnothing$，所以由式 (4.22) 可知，存在 $\mathbf{x} \in B(\boldsymbol{x}, r)$ 以及任何 $r > 0$ 满足

$$f_0(\mathbf{x}) < f_0(\boldsymbol{x})$$

其与式 (4.6) 中 $\boldsymbol{x}$ 是局部最小点的假设相矛盾。因此，命题得证，即凸优化问题的局部最优解一定也是全局最优解。 □

4.2.2 最优准则

假设式 (4.11) 定义的优化问题是凸的，其约束集由式 (4.12) 给出，且 f_0 是可微的，当且仅当

$$\nabla f_0(\mathbf{x})^{\mathrm{T}}(\mathbf{y}-\mathbf{x}) \geqslant 0,\ \forall \mathbf{y} \in \mathcal{C} \tag{4.23}$$

则 $\mathbf{x} \in \mathcal{C}$ 是最优解。

式 (4.23) 的证明 不难证明最优准则的充分性条件。根据式 (3.16) 给出的一阶条件可知，

$$f_0(\mathbf{y}) \geqslant f_0(\mathbf{x}) + \nabla f_0(\mathbf{x})^{\mathrm{T}}(\mathbf{y}-\mathbf{x}),\ \forall \mathbf{y} \in \mathcal{C} \tag{4.24}$$

如果 $\mathbf{x}$ 满足式 (4.23)，则对所有 $\mathbf{y} \in \mathcal{C}$，均有 $f_0(\mathbf{y}) \geqslant f_0(\mathbf{x})$。

最优准则的必要性可用反证法加以证明。假设 $\mathbf{x}$ 是最优解，但存在 $\mathbf{y} \in \mathcal{C}$，使得 $\nabla f_0(\mathbf{x})^{\mathrm{T}}$ $(\mathbf{y}-\mathbf{x}) < 0$。令

$$\mathbf{z} = t\mathbf{y} + (1-t)\mathbf{x},\ t \in [0,1]$$

因为 $\mathcal{C}$ 是凸的，$\mathbf{z} \in \mathcal{C}$，目标函数 $f_0(\mathbf{z})$ 关于 t 可微且

$$\frac{\mathrm{d}f_0(\mathbf{z})}{\mathrm{d}t} = \frac{\mathrm{d}}{\mathrm{d}t} f_0(\mathbf{x}+t(\mathbf{y}-\mathbf{x})) = \nabla f_0(\mathbf{x}+t(\mathbf{y}-\mathbf{x}))^{\mathrm{T}}(\mathbf{y}-\mathbf{x}) \tag{4.25}$$

则

$$\left.\frac{\mathrm{d}f_0(\mathbf{z})}{\mathrm{d}t}\right|_{t=0} = \nabla f_0(\mathbf{x})^{\mathrm{T}}(\mathbf{y}-\mathbf{x}) < 0 \tag{4.26}$$

又因为当 $t=0$ 时，$\mathbf{z}=\mathbf{x}$，所以表明对于较小的 t，有 $f_0(\mathbf{z}) < f_0(\mathbf{x})$。这与 $\mathbf{x}$ 是全局最优解相矛盾。因此式 (4.23) 得证。□

当 $f_0: \mathbb{R}^{n\times m} \to \mathbb{R}$，即 f_0 是矩阵函数，当且仅当

$$\mathrm{Tr}\big(\nabla f_0(\mathbf{X})^{\mathrm{T}}(\mathbf{Y}-\mathbf{X})\big) \geqslant 0,\ \forall \mathbf{Y} \in \mathcal{C} \tag{4.27}$$

点 $\mathbf{X} \in \mathcal{C}$ 是最优的。

可以从式 (4.23) 和式 (4.27) 给出的一阶最优性条件中推断出如下两点。

- 对于无约束凸问题，当且仅当

  $$\nabla f_0(\mathbf{x}) = \mathbf{0}_n \tag{4.28}$$

  $\mathbf{x} \in \mathcal{C} = \mathbb{R}^n$ 是最优解。

  因为 $\mathbf{y}-\mathbf{x}$ 表示 $\mathbb{R}^n$ 中的任意向量，所以可由式 (4.23) 可得式 (4.28)。此时，由式 (4.28) 可能可以得到问题的最优闭式解。当 $f_0: \mathbb{R}^{n\times m} \to \mathbb{R}$ 时，式 (4.28) 给出的最优条件变为

  $$\nabla f_0(\mathbf{X}) = \mathbf{0}_{n\times m} \tag{4.29}$$

- 由式 (4.23) 给出的最优条件说明最优点 $\mathbf{x} \in \mathcal{C}$ 使得 $\nabla f_0(\mathbf{x}) = \mathbf{0}_n$（见图 4.2 中的情况 1），这实际上与无约束凸问题在式 (4.28) 中给出的结果相同，或者使得在最优点 $\mathbf{x} \in \mathbf{bd}\, \mathcal{C}$ 处，$-\nabla f_0(\mathbf{x}) \neq \mathbf{0}_n$ 构成 $\mathcal{C}$ 的支撑超平面满足

$$\mathcal{C} \subset \mathcal{H}_+(\mathbf{y}) = \{\mathbf{y} \mid \nabla f_0(\mathbf{x})^{\mathrm{T}}(\mathbf{y} - \mathbf{x}) \geqslant 0\} \tag{4.30}$$

即图 4.2 中的情况 2。在该情况下，如果式 (4.23) 是基于实际应用的复杂的非线性不等式，那么寻找最优解 $\mathbf{x}$ 往往十分困难。不过，仍然可以获得最优闭式解（我们期望得到的）而非数值解。

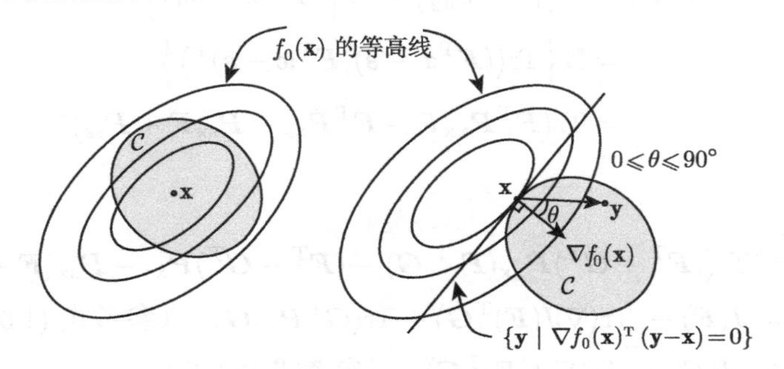

图 4.2 最优条件的几何解释。情况 1：$\nabla f_0(\mathbf{x}) = \mathbf{0}_n$。情况 2：$\nabla f_0(\mathbf{x}) \neq \mathbf{0}_n$

下面给出一些例子来说明式 (4.23) 和式 (4.28) 中最优条件的有效性。

例 4.1 无约束二次规划

$$\min_{\mathbf{x} \in \mathbb{R}^n} \ \mathbf{x}^{\mathrm{T}}\mathbf{P}\mathbf{x} + 2\mathbf{q}^{\mathrm{T}}\mathbf{x} + r \tag{4.31}$$

其中，$\mathbf{P} \in \mathbb{S}_+^n$，$\mathbf{q} \in \mathbb{R}^n$，$r \in \mathbb{R}$。该问题是一个无约束的凸问题，且由式 (4.28) 可得最优条件为

$$\nabla f_0(\mathbf{x}) = 2\mathbf{P}\mathbf{x} + 2\mathbf{q} = \mathbf{0} \tag{4.32}$$

如果式 (4.32) 的解存在（即 $\mathbf{q} \in \mathcal{R}(\mathbf{P})$），那么一定可以找到最优解 $\mathbf{x}^\star$；否则，为了得到最优解可能需要重新定义优化问题式 (4.31)。例如，若 $\mathbf{P}$ 可逆（或者 $\mathbf{P} \succ \mathbf{0}$），则

$$\mathbf{x}^\star = -\mathbf{P}^{-1}\mathbf{q} \tag{4.33}$$

是最优解。类似地，假设 $\mathbf{A}$ 是列满秩的，可以证明无约束最小二乘问题式 (4.13) 的最优解为（令 $\mathbf{P} = \mathbf{A}^{\mathrm{T}}\mathbf{A}$）

$$\mathbf{x}_{\mathrm{LS}} = (\mathbf{A}^{\mathrm{T}}\mathbf{A})^{-1}\mathbf{A}^{\mathrm{T}}\mathbf{b} = \mathbf{A}^{\dagger}\mathbf{b} \quad （参考式 (1.125)） \tag{4.34}$$

□

例 4.2（**随机向量的线性最小均方误差估计**） 给定观测向量 $\boldsymbol{x} \in \mathbb{R}^M$，其均值为零、自相关矩阵 $\boldsymbol{P}_{\mathrm{xx}} = \mathbb{E}\{\boldsymbol{x}\boldsymbol{x}^{\mathrm{T}}\} \succ \mathbf{0}$，我们想要通过 $\boldsymbol{x}$ 估计随机向量 $\boldsymbol{s} \in \mathbb{R}^N$。假设 $\boldsymbol{s}$ 的均值为零，

其自相关矩阵为 $\boldsymbol{P}_{\mathrm{ss}}$，且与观测向量的互相关矩阵为 $\boldsymbol{P}_{\mathrm{sx}}=\mathbb{E}\{\boldsymbol{s}\boldsymbol{x}^{\mathrm{T}}\}$。根据已知的观测向量 $\boldsymbol{x}$，令 $\widehat{\boldsymbol{s}}$ 表示 $\boldsymbol{s}$ 的线性估计，即

$$\widehat{\boldsymbol{s}}=\boldsymbol{F}^{\mathrm{T}}\boldsymbol{x} \tag{4.35}$$

其中，$\boldsymbol{F}\in\mathbb{R}^{M\times N}$ 是需要设计的线性估计量。

线性最小均方误差估计（LMMSE）[Men95, Kay13] 是基于最小化均方误差（MSE）设计的，均方误差为

$$\begin{aligned}J(\boldsymbol{F})&=\mathbb{E}\left\{\|\widehat{\boldsymbol{s}}-\boldsymbol{s}\|_2^2\right\}=\mathbb{E}\left\{\|\boldsymbol{F}^{\mathrm{T}}\boldsymbol{x}-\boldsymbol{s}\|_2^2\right\}\\&=\mathbb{E}\left\{\mathrm{Tr}\big((\boldsymbol{F}^{\mathrm{T}}\boldsymbol{x}-\boldsymbol{s})(\boldsymbol{F}^{\mathrm{T}}\boldsymbol{x}-\boldsymbol{s})^{\mathrm{T}}\big)\right\}\\&=\mathrm{Tr}\big(\boldsymbol{F}^{\mathrm{T}}\boldsymbol{P}_{\mathrm{xx}}\boldsymbol{F}-\boldsymbol{F}^{\mathrm{T}}\boldsymbol{P}_{\mathrm{xs}}-\boldsymbol{P}_{\mathrm{sx}}\boldsymbol{F}+\boldsymbol{P}_{\mathrm{ss}}\big)\end{aligned} \tag{4.36}$$

则有

$$\begin{aligned}J(\boldsymbol{F}+\boldsymbol{G})&=\mathrm{Tr}\big((\boldsymbol{F}^{\mathrm{T}}+\boldsymbol{G}^{\mathrm{T}})\boldsymbol{P}_{\mathrm{xx}}(\boldsymbol{F}+\boldsymbol{G})-(\boldsymbol{F}^{\mathrm{T}}+\boldsymbol{G}^{\mathrm{T}})\boldsymbol{P}_{\mathrm{xs}}-\boldsymbol{P}_{\mathrm{sx}}(\boldsymbol{F}+\boldsymbol{G})+\boldsymbol{P}_{\mathrm{ss}}\big)\\&=J(\boldsymbol{F})+\mathrm{Tr}\big(\nabla J(\boldsymbol{F})^{\mathrm{T}}\boldsymbol{G}\big)+\mathrm{Tr}(\boldsymbol{G}^{\mathrm{T}}\boldsymbol{P}_{\mathrm{xx}}\boldsymbol{G})\quad\text{（参考式 (1.56)）}\\&\geqslant J(\boldsymbol{F})+\mathrm{Tr}\big(\nabla J(\boldsymbol{F})^{\mathrm{T}}\boldsymbol{G}\big)\quad\text{（参考式 (3.20)）}\end{aligned}$$

其中

$$\nabla J(\boldsymbol{F})=-2\boldsymbol{P}_{\mathrm{xs}}+2\boldsymbol{P}_{\mathrm{xx}}\boldsymbol{F} \tag{4.37}$$

因此，$J(\boldsymbol{F})$ 是一个可微的凸函数。令 $\nabla J(\boldsymbol{F})=\boldsymbol{0}_{M\times N}$（根据式 (4.29)），可以得到最优的 LMMSE

$$\boldsymbol{F}^{\star}\triangleq\arg\min_{\boldsymbol{F}\in\mathbb{R}^{M\times N}}J(\boldsymbol{F})=\boldsymbol{P}_{\mathrm{xx}}^{-1}\boldsymbol{P}_{\mathrm{xs}} \tag{4.38}$$

和最小均方误差

$$J(\boldsymbol{F}^{\star})=\mathrm{Tr}(\boldsymbol{P}_{\mathrm{ss}})-\mathrm{Tr}(\boldsymbol{P}_{\mathrm{sx}}\boldsymbol{P}_{\mathrm{xx}}^{-1}\boldsymbol{P}_{\mathrm{xs}}) \tag{4.39}$$

这个例子也说明了可以通过一阶最优条件式 (4.29) 来获得 LMMSE。

让我们来考虑 LMMSE 的一个应用：

$$\boldsymbol{x}=\boldsymbol{H}\boldsymbol{s}+\boldsymbol{n} \tag{4.40}$$

其中，$\boldsymbol{H}$ 是已知的 MIMO 信道，$\boldsymbol{s}$ 是待估计的未知随机向量，$\boldsymbol{n}$ 是一个具有零均值及协方差矩阵为 $\boldsymbol{P}_{\mathrm{nn}}=\sigma_n^2\mathbf{I}$ 的随机噪声向量，且与 $\boldsymbol{s}$ 不相关，则

$$\boldsymbol{P}_{\mathrm{xx}}=\boldsymbol{H}\boldsymbol{P}_{\mathrm{ss}}\boldsymbol{H}^{\mathrm{T}}+\sigma_n^2\mathbf{I}_M,\quad\boldsymbol{P}_{\mathrm{xs}}=\boldsymbol{H}\boldsymbol{P}_{\mathrm{ss}}=\boldsymbol{P}_{\mathrm{sx}}^{\mathrm{T}}$$

最小均方误差可以表示为

$$J(\boldsymbol{F}^{\star})=\mathrm{Tr}\left((\boldsymbol{P}_{\mathrm{ss}}^{-1}+\boldsymbol{H}^{\mathrm{T}}\boldsymbol{H}/\sigma_n^2)^{-1}\right)\quad\text{（根据式 (4.39) 和式 (1.79)）} \tag{4.41}$$

当 $N=1$，$\boldsymbol{P}_{\mathrm{ss}}=\sigma_s^2$（即式 (4.40) 中的线性模型 $\boldsymbol{x}$ 是一个单输入多输出（SIMO）模型），$\boldsymbol{H}$ 和 $\boldsymbol{F}$ 分别退化为向量 $\boldsymbol{h}\in\mathbb{R}^M$ 和 $\boldsymbol{f}\in\mathbb{R}^M$。此时最优 $\boldsymbol{f}$ 和最小均方误差可以表示为

$$\boldsymbol{f}^\star=\frac{\sigma_s^2\boldsymbol{h}}{\sigma_s^2\|\boldsymbol{h}\|_2^2+\sigma_n^2}\quad\text{（根据式 (4.38) 和式 (1.79)）}\tag{4.42}$$

$$\begin{aligned}J(\boldsymbol{f}^\star)&=\min_{\boldsymbol{f}}\left\{\sigma_s^2|1-\boldsymbol{f}^{\mathrm{T}}\boldsymbol{h}|^2+\sigma_n^2\boldsymbol{f}^{\mathrm{T}}\boldsymbol{f}\right\}\quad\text{（无约束二次规划）}\\&=\frac{\sigma_s^2}{1+\sigma_s^2\|\boldsymbol{h}\|_2^2/\sigma_n^2}=\frac{\sigma_s^2}{1+\mathrm{SNR}}\quad\text{（根据式 (4.41)）}\end{aligned}\tag{4.43}$$

其中，SNR 表示 $\boldsymbol{x}\in\mathbb{R}^M$ 中的信噪比。可以看出对于单输入多输出的情况，最小均方误差随着 SNR 减小，且最优的 LMMSE $\boldsymbol{f}^\star$ 和 SNR 无关，但与信道 $\boldsymbol{h}$ 有关。□

注 4.2　考虑一个目标函数为 $f(\boldsymbol{x}=(\boldsymbol{y},\boldsymbol{z}))$，约束集为 $\mathcal{C}=\mathcal{C}_1\times\mathcal{C}_2=\{(\boldsymbol{y},\boldsymbol{z})\mid\boldsymbol{y}\in\mathcal{C}_1,\boldsymbol{z}\in\mathcal{C}_2\}$ 的优化问题，那么

$$\inf_{\boldsymbol{x}\in\mathcal{C}}f(\boldsymbol{x})=\inf_{\boldsymbol{y}\in\mathcal{C}_1}\left\{\inf_{\boldsymbol{z}\in\mathcal{C}_2}f(\boldsymbol{y},\boldsymbol{z})\right\}\tag{4.44}$$

换句话说，可以首先把 $\boldsymbol{y}$ 当作一个固定的参数来求解内层优化问题（这通常更容易解决）以获得内层最优值 $f(\boldsymbol{y},\boldsymbol{z}^\star(\boldsymbol{y}))$ 和与 $\boldsymbol{y}$ 有关的最优点 $\boldsymbol{z}^\star$，然后再求解外层优化问题以获得最优 $\boldsymbol{y}^\star$，从而可得最优 $\boldsymbol{x}^\star=(\boldsymbol{y}^\star,\boldsymbol{z}^\star(\boldsymbol{y}^\star))$。当 f 关于 $\boldsymbol{x}$ 不是凸的，但关于 $\boldsymbol{y}$ 和 $\boldsymbol{z}$ 分别为凸，或仅仅是 $\boldsymbol{z}$ 的凸函数时，这种方法是相当有效的。□

例 4.3（**用于降维和噪声抑制的仿射集拟合 [CMCW08，MCCW10]**）　首先考虑基于仿射集拟合的降维问题。给定一个高维数据集 $\{\mathbf{x}_1,\mathbf{x}_2,\ldots,\mathbf{x}_L\}\subset\mathbb{R}^M$，我们想要通过最小二乘误差的方法，来寻找一个仿射维数为 $N-1\ll M$（参考式 (2.7)）的仿射集 $\{\mathbf{x}=\mathbf{C}\boldsymbol{\alpha}+\mathbf{d}\mid\boldsymbol{\alpha}\in\mathbb{R}^{N-1}\}$ 去近似已知数据集。换句话说，在最小二乘近似误差准则下，找到高维数据集在低维仿射集上的投影。

令

$$\begin{aligned}\mathcal{X}&=\{\mathbf{x}_1,\ldots,\mathbf{x}_L\}\subset\mathbb{R}^M\quad\text{（数据集或者数据云）}\\\mathbf{X}&=[\mathbf{x}_1,\ldots,\mathbf{x}_L]\in\mathbb{R}^{M\times L}\quad\text{（数据矩阵）}\\q(\mathbf{X})&=\operatorname{affdim}(\mathcal{X})\leqslant M\quad\text{（即 }\mathcal{X}\text{ 的仿射维数）}\end{aligned}$$

该仿射集拟合问题可以定义为

$$\begin{aligned}p^\star=\min\quad&\|\mathbb{X}-\mathbf{X}\|_{\mathrm{F}}^2\\\text{s.t.}\quad&\mathbb{X}=\left[\boldsymbol{x}_1,\ldots,\boldsymbol{x}_L\right]\in\mathbb{R}^{M\times L},\ q(\mathbb{X})=N-1\\=\min_{\substack{\boldsymbol{\alpha}_i\in\mathbb{R}^{N-1},\mathbf{d}\in\mathbb{R}^M,\\\mathbf{C}^{\mathrm{T}}\mathbf{C}=\mathbf{I}_{N-1}}}&\sum_{i=1}^L\|(\mathbf{C}\boldsymbol{\alpha}_i+\mathbf{d})-\mathbf{x}_i\|_2^2\quad\text{（根据式 (2.7)）}\end{aligned}\tag{4.45}$$

其中，$L\gg N$，$M\gg N$ 且 $\mathbf{C}\in\mathbb{R}^{M\times(N-1)}$ 是一个半酉矩阵。式 (4.45) 的最优解可用降维后的数据集表示为

$$\mathcal{A}\triangleq\{\widehat{\boldsymbol{\alpha}}_1,\widehat{\boldsymbol{\alpha}}_2,\ldots,\widehat{\boldsymbol{\alpha}}_L\}\subset\mathbb{R}^{N-1}$$

其中，$\widehat{\boldsymbol{\alpha}}_i$ 与 $\mathbf{x}_i \in \mathcal{X}$ 一一对应。显然，当 $q(\mathbf{X}) \leqslant (N-1)$ 时，最优值 $p^\star = 0$ 和最优解 $\mathbb{X}^\star = \mathbf{X}$；否则，$p^\star > 0$ 和最优解 $\mathbb{X}^\star \neq \mathbf{X}$。

近年来，在遥感领域的高光谱图像处理中，高维图像数据 $\mathcal{X}$ 往往需要通过几百个频段 (M) 来获得，但其中感兴趣的端元数 (N) 一般是几十，而理想的高光谱图像数据在一个仿射维数 $N-1$ 的仿射锥内。因此，上述降维过程已经成功地应用于这一问题，从而使得后续处理（如高光谱分解、端元提取、丰度估计）的复杂度得以降低，具体在 6.3.2 节中加以介绍。值得注意的是，如果 $\mathbf{conv}\,\mathcal{X} \subset \mathbb{R}^M$ 是一个具有 N 个顶点的单纯形（假设 N 已知或可估计得到），则 $\mathbf{conv}\,\mathcal{A} \subset \mathbb{R}^{N-1}$ 就是这 N 个顶点的最简单纯形（见图 4.3）。M 维空间中数据云 $\mathcal{X}$ 的几何中心 $\widehat{\mathbf{d}}$ 映射到 $(N-1)$ 维空间中的原点，该点也是降维后数据云 $\mathcal{A}$ 的几何中心。相对于从原始的高光谱数据集 $\mathcal{X}$ 中提取内蕴的信息而言，从降维后的高光谱数据集 $\mathcal{A}$ 中提取信息具有更高的计算效率，并且没有信息损失，因此这已经成为高光谱分解算法的必要步骤。

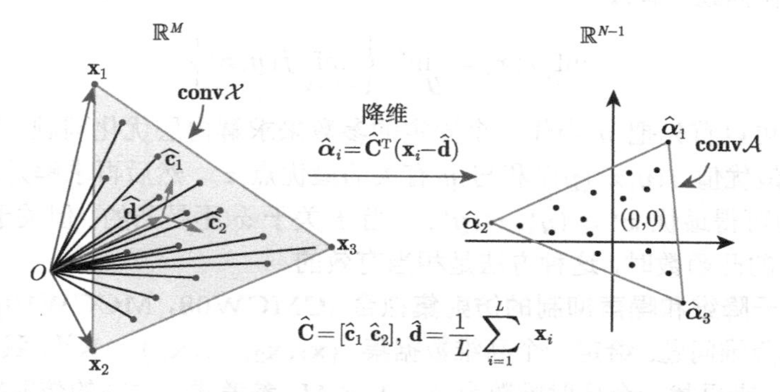

图 4.3 $N=3$ 时利用仿射集拟合进行降维的图示

式 (4.45) 的最优解为

$$\widehat{\mathbf{d}} = \frac{1}{L}\sum_{i=1}^{L}\mathbf{x}_i \tag{4.46}$$

$$\widehat{\boldsymbol{\alpha}}_i = \widehat{\mathbf{C}}^{\mathrm{T}}(\mathbf{x}_i - \widehat{\mathbf{d}}) \tag{4.47}$$

$$\widehat{\mathbf{C}} = [\widehat{\mathbf{c}}_1, \ldots, \widehat{\mathbf{c}}_{N-1}] \tag{4.48}$$

其中，记 $\lambda_i(\mathbf{U}\mathbf{U}^{\mathrm{T}})$ 为 $\mathbf{U}\mathbf{U}^{\mathrm{T}}$ 的第 i 个主特征值，$\widehat{\mathbf{c}}_i$ 是 $\lambda_i(\mathbf{U}\mathbf{U}^{\mathrm{T}})$ 对应的单位特征向量，$\mathbf{U}$ 是减掉均值后的数据矩阵

$$\mathbf{U} \triangleq \left[\mathbf{x}_1 - \widehat{\mathbf{d}}, \ldots, \mathbf{x}_L - \widehat{\mathbf{d}}\right] \in \mathbb{R}^{M \times L} \tag{4.49}$$

如果 $\mathcal{X}$ 中的数据同分布，则矩阵 $\frac{1}{L}\mathbf{U}\mathbf{U}^{\mathrm{T}}$ 等于**样本协方差矩阵**，即

$$\frac{1}{L}\mathbf{U}\mathbf{U}^{\mathrm{T}} = \frac{1}{L}\sum_{i=1}^{L}\left(\mathbf{x}_i - \widehat{\mathbf{d}}\right)\left(\mathbf{x}_i - \widehat{\mathbf{d}}\right)^{\mathrm{T}}$$

仿射集拟合问题式 (4.45) 的解即式 (4.46)、式 (4.47) 和式 (4.48)，也是众所周知的**主成分分析**（Principal Component Analysis, PCA）的解 [And63,WAR+09]。不过，与 PCA 相比，

我们特别强调上述仿射集拟合问题中对数据的随机性有前提假设。接下来，将利用最优化准则式 (4.28) 来推导问题式 (4.45) 的解，并证明其与 PCA 问题的等价性。

式 (4.45) 的最优解可以推导如下：

$$
\begin{aligned}
p^\star &= \min_{\mathbf{C}^{\mathrm{T}}\mathbf{C}=\mathbf{I}_{N-1}} \left\{ \min_{\mathbf{d}\in\mathbb{R}^M} \left(\sum_{i=1}^{L} \min_{\boldsymbol{\alpha}_i\in\mathbb{R}^{N-1}} \left\| \mathbf{C}\boldsymbol{\alpha}_i - (\mathbf{x}_i - \mathbf{d}) \right\|_2^2 \right) \right\} \\
&= \min_{\mathbf{C}^{\mathrm{T}}\mathbf{C}=\mathbf{I}_{N-1}} \left\{ \min_{\mathbf{d}\in\mathbb{R}^M} \sum_{i=1}^{L} \left\| \mathbf{C}\widehat{\boldsymbol{\alpha}}_i - (\mathbf{x}_i - \mathbf{d}) \right\|_2^2 \right\} \text{（根据式 (4.28)）} \\
&= \min_{\mathbf{C}^{\mathrm{T}}\mathbf{C}=\mathbf{I}_{N-1}} \left\{ \sum_{i=1}^{L} \left(\mathbf{x}_i - \widehat{\mathbf{d}}\right)^{\mathrm{T}} (\mathbf{I}_M - \mathbf{C}\mathbf{C}^{\mathrm{T}}) \left(\mathbf{x}_i - \widehat{\mathbf{d}}\right) \right\} \text{（根据式 (4.28)）} \\
&= \min_{\mathbf{C}^{\mathrm{T}}\mathbf{C}=\mathbf{I}_{N-1}} \operatorname{Tr}\left([\mathbf{I}_M - \mathbf{C}\mathbf{C}^{\mathrm{T}}]\mathbf{U}\mathbf{U}^{\mathrm{T}} \right) \text{（根据式 (4.49)）}
\end{aligned}
\tag{4.50}
$$

注意，式 (4.50) 正是尝试在许多信号处理应用中解决降维问题的统计方法 PCA。而且，式 (4.50) 可以进一步简化为

$$
\begin{aligned}
p^\star &= \min_{\mathbf{C}^{\mathrm{T}}\mathbf{C}=\mathbf{I}_{N-1}} \operatorname{Tr}(\mathbf{U}\mathbf{U}^{\mathrm{T}}) - \operatorname{Tr}\left(\mathbf{C}^{\mathrm{T}}(\mathbf{U}\mathbf{U}^{\mathrm{T}})\mathbf{C}\right) \\
&= \sum_{i=N}^{M} \lambda_i \left(\mathbf{U}\mathbf{U}^{\mathrm{T}}\right) \quad \text{（根据式 (1.94) 和式 (1.96)）}
\end{aligned}
\tag{4.51}
$$

因此，式 (4.45) 的最优解也可以表示为

$$
\mathbb{X}^\star = \left[\boldsymbol{x}_1^\star, \ldots, \boldsymbol{x}_L^\star\right] \in \mathbb{R}^{M\times L}
$$

其中

$$
\boldsymbol{x}_i^\star = \widehat{\mathbf{C}}\widehat{\boldsymbol{\alpha}}_i + \widehat{\mathbf{d}},\ i = 1, \ldots, L \tag{4.52}
$$

$\widehat{\mathbf{d}}$ 和 $\widehat{\boldsymbol{\alpha}}_i$ 分别由式 (4.46) 和式 (4.47) 给出。如果 $\dim(\mathcal{R}([\widehat{\mathbf{C}}, \widehat{\mathbf{d}}])) = N$（也即，$\widehat{\mathbf{C}}\widehat{\mathbf{C}}^{\mathrm{T}}\widehat{\mathbf{d}} \neq \widehat{\mathbf{d}}$），那么 $\operatorname{rank}(\mathbb{X}^\star) = N$；否则 $\operatorname{rank}(\mathbb{X}^\star) = N-1$。在原始数据空间中相关的“降噪”数据集 $\mathbb{R}^M$ 是

$$
\mathcal{X}^\star = \left\{\boldsymbol{x}_i^\star, i = 1, \ldots, L\right\} \subset \mathbb{R}^M
$$

其具有仿射维数 $q(\mathbb{X}^\star) = N-1$。

如果已知一组受噪声污染的数据 $\mathbf{Y} = \mathbf{X} + \mathbf{V}$，而不是具有 $q(\mathbf{X}) = N-1$ 的无噪声数据 $\mathbf{X}$，其中 $\mathbf{V}$ 是噪声矩阵，从而使得 $q(\mathbf{Y}) \gg N-1$，得到的 $\mathcal{X}^\star$ 也对应着 $\mathcal{X}$ 降噪之后的部分。当数据中存在加性噪声时，在高光谱影像中确定 N 本身就是一个具有挑战性的问题。6.5 节将介绍一些采用凸几何和凸优化方法估计 N 的前沿研究结果。这个例子也证明了仿射集拟合和 PCA 尽管在背后有不同的哲学意义，但事实上是等价的。 □

注 4.3（低秩矩阵近似） 数据矩阵 $\mathbf{X} \in \mathbb{R}^{M\times L}$（其中 $L \gg M$）的最佳低秩近似可以表示为

$$
\begin{aligned}
\widehat{\mathbf{Z}} = \arg\ \min \quad & \|\mathbf{Z} - \mathbf{X}\|_{\mathrm{F}}^2 \\
\text{s.t.} \quad & \operatorname{rank}(\mathbf{Z}) \leqslant N,\ \mathbf{Z} \in \mathbb{R}^{M\times L}
\end{aligned}
\tag{4.53}
$$

然而，由于约束集非凸导致该问题不是一个凸问题。尽管如此，可以通过使用一阶最优条件式 (4.29) 来解决它。因为，根据式 (1.63) 可知任何具有 $\mathrm{rank}(\mathbf{Z}) \leqslant N$ 的矩阵 $\mathbf{Z} \in \mathbb{R}^{M\times L}$ 都可以表示为

$$\mathbf{Z} = \mathbf{CY} \in \mathbb{R}^{M\times L},\ \mathbf{C}^{\mathrm{T}}\mathbf{C} = \mathbf{I}_N,\ \mathbf{C} \in \mathbb{R}^{M\times N},\ \mathbf{Y} \in \mathbb{R}^{N\times L}$$

式 (4.53) 的优化问题等价于

$$\begin{aligned}
(\widehat{\mathbf{C}}, \widehat{\mathbf{Y}}) &= \arg \min_{\mathbf{C}^{\mathrm{T}}\mathbf{C}=\mathbf{I}_N} \left\{ \min_{\mathbf{Y}\in\mathbb{R}^{N\times L}} \|\mathbf{CY} - \mathbf{X}\|_{\mathrm{F}}^2 \right\} \\
&= \arg \min_{\mathbf{C}^{\mathrm{T}}\mathbf{C}=\mathbf{I}_N} \left\{ \min_{\mathbf{Y}\in\mathbb{R}^{N\times L}} \mathrm{Tr}\big(\mathbf{Y}^{\mathrm{T}}\mathbf{Y} - 2\mathbf{Y}^{\mathrm{T}}\mathbf{C}^{\mathrm{T}}\mathbf{X} + \mathbf{X}^{\mathrm{T}}\mathbf{X}\big) \right\} \\
&\Rightarrow \left\{ \begin{array}{ll} \widehat{\mathbf{C}} & = \arg\min_{\mathbf{C}^{\mathrm{T}}\mathbf{C}=\mathbf{I}_N} \mathrm{Tr}\left([\mathbf{I}_M - \mathbf{CC}^{\mathrm{T}}]\mathbf{XX}^{\mathrm{T}}\right) \\ \widehat{\mathbf{Y}} & = \widehat{\mathbf{C}}^{\mathrm{T}}\mathbf{X} \end{array} \right. \quad \text{（根据式 (4.29)）}
\end{aligned}$$

（也即，为了得到 $\widehat{\mathbf{C}}$，用 $\mathbf{X}$ 代替式 (4.50) 和式 (4.51) 中的 $\mathbf{U}$）

其中，内部最小化是一个关于 $\mathbf{Y}$ 的无约束凸二次规划问题，因此可以应用式 (4.29) 的结果，并且 $\widehat{\mathbf{C}} = [\mathbf{u}_1, \ldots, \mathbf{u}_N]$ 包含 $\mathbf{XX}^{\mathrm{T}}$（参考式 (4.48)）的 N 个正交特征向量。因此，我们通过凸优化方法得到与最优低秩矩阵近似式 (1.121) 相同的结果，如下所示：

$$\widehat{\mathbf{Z}} = \widehat{\mathbf{C}}\widehat{\mathbf{Y}} = \widehat{\mathbf{C}}\widehat{\mathbf{C}}^{\mathrm{T}}\mathbf{X} = \widehat{\mathbf{C}}\widehat{\mathbf{C}}^{\mathrm{T}} \sum_{i=1}^{\mathrm{rank}(\mathbf{X})} \sigma_i \mathbf{u}_i \mathbf{v}_i^{\mathrm{T}} = \sum_{i=1}^{N} \sigma_i \mathbf{u}_i \mathbf{v}_i^{\mathrm{T}}$$

其中，σ_i 是对应 $\mathbf{X}$ 的左奇异向量 $\mathbf{u}_i$ 和右奇异向量 $\mathbf{v}_i$ 的第 i 个主奇异值。而且

$$\left\|\widehat{\mathbf{Z}} - \mathbf{X}\right\|_{\mathrm{F}}^2 = \sum_{i=N+1}^{\mathrm{rank}(\mathbf{X})} \sigma_i^2 \leqslant p^\star = \sum_{i=N}^{\mathrm{rank}(\mathbf{X})} \lambda_i\left(\mathbf{UU}^{\mathrm{T}}\right) \tag{4.54}$$

其中，$p^\star$ 是仿射集拟合问题式 (4.45) 的最小二乘近似误差，仅仅是因为式 (4.45) 的可行集，也即具有仿射维数为 $N-1$ 的仿射集 $\mathbf{aff}\,\{\boldsymbol{x}_1, \ldots, \boldsymbol{x}_L\} \subset \mathbb{R}^{M\times L}$，是优化问题式 (4.53) 的可行集的子集，也就是说 $\{\mathbf{Z} \in \mathbb{R}^{M\times L} \mid \mathrm{rank}(\mathbf{Z}) \leqslant N\}$。 □

例 4.4 考虑如下约束优化问题：

$$\begin{aligned}
p^\star &= \min_{\boldsymbol{\lambda}\in\mathbb{R}_+^n, \nu\in\mathbb{R}} \nu + \sum_{i=1}^{n} \mathrm{e}^{\lambda_i - \nu - 1} \\
&= \min_{\boldsymbol{\lambda}\succeq\mathbf{0}} \left\{ \min_{\nu\in\mathbb{R}} \nu + \sum_{i=1}^{n} \mathrm{e}^{\lambda_i - \nu - 1} \right\} \quad \text{（根据式 (4.44)）}
\end{aligned} \tag{4.55}$$

其中，内层无约束最小化问题是凸的，可以利用由式 (4.28) 给出的最优性条件来解决，其最优解为

$$\nu^\star = \log\left(\sum_{i=1}^{n} \mathrm{e}^{\lambda_i}\right) - 1$$

将最优解 $\nu^\star$ 代入式 (4.55) 可得

$$p^\star = \min_{\boldsymbol{\lambda} \succeq \mathbf{0}} \left(f_0(\boldsymbol{\lambda}) \triangleq \log \sum_{i=1}^{n} \mathrm{e}^{\lambda_i} \right)$$

很容易看出该问题是一个凸问题，因此可以直接得到

$$\nabla f_0(\boldsymbol{\lambda}) = \frac{1}{\sum_{i=1}^{n} \mathrm{e}^{\lambda_i}} [\mathrm{e}^{\lambda_1}, \ldots, \mathrm{e}^{\lambda_n}]^{\mathrm{T}} \succ \mathbf{0}_n, \ \forall\, \boldsymbol{\lambda} \in \mathbb{R}_+^n$$

根据式 (4.23) 给出的一阶最优条件，即

$$\nabla f_0(\boldsymbol{\lambda}^\star)^{\mathrm{T}}(\boldsymbol{\lambda} - \boldsymbol{\lambda}^\star) = (\boldsymbol{\lambda} - \boldsymbol{\lambda}^\star)^{\mathrm{T}} \nabla f_0(\boldsymbol{\lambda}^\star) \geqslant 0, \ \forall\, \boldsymbol{\lambda} \in \mathbb{R}_+^n \tag{4.56}$$

且 $\nabla f_0(\boldsymbol{\lambda}^\star) \in \textbf{int}\, K$（其中 $K = \mathbb{R}_+^n$ 是一个自对偶真锥），可以很容易通过 P2（参考式 (2.121b)）推出对于任何 $(\boldsymbol{\lambda} - \boldsymbol{\lambda}^\star) \in K^* \setminus \{\mathbf{0}_n\}$ 和 $\boldsymbol{\lambda}, \boldsymbol{\lambda}^\star \in K^* = \mathbb{R}_+^n$ 来说，不等式 (4.56) 严格成立，这意味着 $\boldsymbol{\lambda}^\star = \mathbf{0}_n$（这是 $\mathbb{R}_+^n$ 中的唯一最小点）。因此，最优值和最优解分别为

$$\begin{aligned} p^\star &= f_0(\boldsymbol{\lambda}^\star = \mathbf{0}_n) = \log n \\ (\boldsymbol{\lambda}^\star, \nu^\star) &= (\mathbf{0}_n, (\log n) - 1) \end{aligned} \tag{4.57}$$

本例也说明了广义不等式在一阶最优条件中的作用。 □

注 4.4（投影次梯度或梯度法） 考虑如下的凸优化问题：

$$\begin{aligned} &\min_{\mathbf{x} \in \mathbb{R}^n} \ f(\mathbf{x}) \\ &\text{s.t.} \ \mathbf{x} \in \mathcal{C} \end{aligned} \tag{4.58}$$

其中，$f(\mathbf{x}) : \mathbb{R}^n \to \mathbb{R}$ 是一个非平滑的凸函数且可行集 $\mathcal{C}$ 是闭集。因此，所有要求 f 可微的最优条件（例如，一阶最优条件和 KKT 条件①）均不能用于刻画式 (4.58) 的最优解。

但是可以利用次梯度迭代方法获得优化问题式 (4.58) 的解。在每次迭代中，未知变量 $\mathbf{x}$ 都沿着负梯度的方向更新，然后投影到可行集 $\mathcal{C}$ 上，从而逐步获得最优解。令 $\mathbf{x}^{(k)}$ 表示第 k 次迭代的结果，$\tilde{\nabla} f(\mathbf{x}^{(k)})$ 表示 f 在 $\mathbf{x}^{(k)}$ 处的次梯度，则 $\mathbf{x}^{(k+1)}$ 的更新公式为

$$\mathbf{x}^{(k+1)} = \mathbb{P}_{\mathcal{C}} \left\{ \mathbf{x}^{(k)} - s^{(k)} \tilde{\nabla} f(\mathbf{x}^{(k)}) \right\} \tag{4.59}$$

其中，$s^{(k)} > 0$ 表示步长，以及

$$\mathbb{P}_{\mathcal{C}}\{\mathbf{x}\} = \arg\, \textbf{dist}_{\mathcal{C}}(\mathbf{x}) = \arg \min_{\mathbf{v} \in \mathcal{C}} \|\mathbf{x} - \mathbf{v}\|_2 \quad \text{（参考式 (3.91)）} \tag{4.60}$$

这也是一个凸问题。如果 $\mathbf{x} \notin \mathcal{C}$，或者 $\|\mathbb{P}_{\mathcal{C}}\{\mathbf{x}\} - \mathbf{x}\|_2$ 表示点 $\mathbf{x}$ 和集合 $\mathcal{C}$ 之间的距离，那么投影算子 $\mathbb{P}_{\mathcal{C}}\{\cdot\}$ 就是利用最小二乘近似将已知点 $\mathbf{x}$ 映射到 $\mathcal{C}$ 中；当 $\mathbf{x} \in \mathcal{C}$ 时，$\mathbb{P}_{\mathcal{C}}\{\mathbf{x}\} = \mathbf{x}$。

① KKT 条件是一组等式和/或不等式。当目标函数和所有的约束函数均可微时，KKT 条件用来求解强对偶条件下的凸问题及其对偶问题，具体在第 9 章进行介绍。

为了保证 $\mathbf{x}^{(k)}$ 收敛到 ϵ-最优解，需要选择一个合适的步长 $s^{(k)}$，其中两种典型的步长选择分别是 $s^{(k)}=s$ 和 $s^{(k)}=s/\|\bar{\nabla}f(\mathbf{x}^{(k)})\|_2$。对于这两种步长来说，次梯度算法均可保证收敛到一个 ϵ-最优解，即

$$\lim_{k\to\infty} f(\mathbf{x}^{(k)})-\min_{\mathbf{x}\in\mathcal{C}} f(\mathbf{x})\leqslant\epsilon$$

其中，ϵ 是关于参数 s 的递减函数，依赖于具体问题。此外，当步长 $s^{(k)}$ 满足下列条件之一时，

- $\sum_{k=1}^{\infty}(s^{(k)})^2<\infty$ 且 $\sum_{k=1}^{\infty}s^{(k)}=\infty$
- $\lim_{k\to\infty}s^{(k)}=0$ 且 $\sum_{k=1}^{\infty}s^{(k)}=\infty$

次梯度算法可以保证收敛到优化问题式 (4.58) 的最优解。而且，当 f 可微的时候，次梯度方法简化为**投影梯度法**，该方法可以保证在步长足够小的情况下仍然可以得到最优解。已知若目标函数是 Lipschitz 连续且强凸的，则投影梯度法线性收敛 [Dun81]。 □

4.3 等价表示与变换

本节介绍如何以更多的变量和约束为代价将考虑的优化问题转化为凸问题（这是我们的目标）。该转化有利于使用所有可用的凸工具，在设计与执行高效算法之前进行性能评估。为此，随后介绍四种广泛使用的问题转换方法，分别是上境图形式、消除等式约束、函数变换和变量变换。

4.3.1 等价问题：上境图形式

一般而言，可以比较容易地将标准形式的凸优化问题转化为上境图形式（见 3.1.5 节），即

$$\begin{aligned}\min\quad & t\\ \text{s.t.}\quad & f_0(\mathbf{x})-t\leqslant 0,\\ & f_i(\mathbf{x})\leqslant 0,\ i=1,\ldots,m\\ & h_i(\mathbf{x})=0,\ i=1,\ldots,p\end{aligned}\tag{4.61}$$

我们引入新变量 t，称作**辅助变量**。现在最小化问题不仅只与 $\mathbf{x}$ 这一个变量有关，还与 $(\mathbf{x},t)$ 有关，也即 $\mathbf{x}$ 和 t 都是未知变量。注意，如果原始的优化问题式 (4.1) 和式 (4.11) 一样是凸的，额外的不等式约束函数 $f_0(\mathbf{x})-t$ 在 $(\mathbf{x},t)$ 上是凸的，且相应的约束集正好是 $\mathbf{epi}\ f_0$（也是凸的），那么上述的最小化问题仍然是凸的。可以看出，对于最优解 $(\mathbf{x}^\star,t^\star)$ 来说，额外的不等式必须是有效的，即

$$t^\star=f_0(\mathbf{x}^\star)$$

这说明了 $(\mathbf{x}^\star,t^\star)$ 正好分别是优化问题式 (4.11) 的最优解和最优值。

例 4.5 最小化无约束的分段线性目标函数（凸函数）可以用如下的上境图形式来表示。

$$\min_{\mathbf{x}\in\mathbb{R}^n} \max_{i=1,\ldots,m} \{\mathbf{a}_i^{\mathrm{T}}\mathbf{x}+b_i\} = \begin{cases} \min & t \\ \text{s.t.} & \max_{i=1,\ldots,m}\{\mathbf{a}_i^{\mathrm{T}}\mathbf{x}+b_i\} \leqslant t,\ \mathbf{x}\in\mathbb{R}^n \end{cases}$$
$$= \begin{cases} \min & t \\ \text{s.t.} & \mathbf{a}_i^{\mathrm{T}}\mathbf{x}+b_i \leqslant t,\ i=1,\ldots,m,\ \mathbf{x}\in\mathbb{R}^n \end{cases} \tag{4.62}$$

很明显，因为目标函数和所有的不等式约束函数都是仿射函数，因此该问题也是有约束的凸优化问题，该问题实际上是一个线性规划问题，将在第 6 章详细讨论。这个例子也说明了一个凸问题可以被描述为多个等价的形式。有些形式利于分析，而有些形式利于算法开发。□

4.3.2 等价问题：消除等式约束

凸问题式 (4.11) 中的线性等式可以等价地表示为

$$\begin{aligned} \mathbf{A}\mathbf{x}=\mathbf{b} &\Leftrightarrow \mathbf{x}=\mathbf{A}^{\dagger}\mathbf{b}+\mathbf{v},\quad \mathbf{v}\in\mathcal{N}(\mathbf{A}) \\ &\Leftrightarrow \mathbf{x}=\mathbf{A}^{\dagger}\mathbf{b}+\mathbf{F}\mathbf{z},\quad \mathbf{z}\in\mathbb{R}^d \end{aligned} \tag{4.63}$$

存在 $\mathbf{F}\in\mathbb{R}^{n\times d}$ 满足 $\mathcal{R}(\mathbf{F})=\mathcal{N}(\mathbf{A})$ 和 $d=\dim(\mathcal{N}(\mathbf{A}))=n-\mathrm{rank}(\mathbf{A})$（参考式 (1.71)），所以式 (4.11) 的标准凸问题可以重写为

$$\begin{aligned} \min \quad & f_0(\mathbf{A}^{\dagger}\mathbf{b}+\mathbf{F}\mathbf{z}) \\ \text{s.t.} \quad & f_i(\mathbf{A}^{\dagger}\mathbf{b}+\mathbf{F}\mathbf{z})\leqslant 0,\ i=1,\ldots,m,\ \mathbf{z}\in\mathbb{R}^d \end{aligned} \tag{4.64}$$

注意，式 (4.11) 中的目标函数 f_0 和所有的约束函数 f_i 在 $\mathbf{x}$ 上都是凸函数，这说明了由于 $\mathbf{x}$ 和 $\mathbf{z}$ 之间存在仿射映射的关系，使得重新定义的问题式 (4.64) 也是未知变量 $\mathbf{z}$ 的凸问题。通过求解问题式 (4.64) 得到最优 $\mathbf{z}^{\star}$ 之后，就可以得到式 (4.11) 的最优解为

$$\mathbf{x}^{\star}=\mathbf{A}^{\dagger}\mathbf{b}+\mathbf{F}\mathbf{z}^{\star} \tag{4.65}$$

例 4.6　考虑凸问题

$$\begin{aligned} \min \quad & \mathbf{x}^{\mathrm{T}}\mathbf{R}\mathbf{x} \\ \text{s.t.} \quad & \mathbf{A}\mathbf{x}=\mathbf{b} \end{aligned} \tag{4.66}$$

其中，$\mathbf{R}\in\mathbb{S}_{+}^{n}$。式 (4.66) 可以表示为如下无约束的凸优化问题：

$$\min_{\mathbf{z}\in\mathbb{R}^d} (\mathbf{x}_0+\mathbf{F}\mathbf{z})^{\mathrm{T}}\mathbf{R}(\mathbf{x}_0+\mathbf{F}\mathbf{z}) \tag{4.67}$$

其中，$\mathbf{x}_0=\mathbf{A}^{\dagger}\mathbf{b}$。假设 $\mathbf{F}^{\mathrm{T}}\mathbf{R}\mathbf{F}\succ\mathbf{0}$。由式 (4.28) 给出的最优条件，易得问题式 (4.67) 的最优解为

$$\mathbf{z}^{\star}=-(\mathbf{F}^{\mathrm{T}}\mathbf{R}\mathbf{F})^{-1}\mathbf{F}^{\mathrm{T}}\mathbf{R}\mathbf{x}_0 \tag{4.68}$$

因此，问题式 (4.66) 的最优解为

$$\mathbf{x}^{\star}=\mathbf{x}_0+\mathbf{F}\mathbf{z}^{\star}=\left(\mathbf{I}-\mathbf{F}\left(\mathbf{F}^{\mathrm{T}}\mathbf{R}\mathbf{F}\right)^{-1}\mathbf{F}^{\mathrm{T}}\mathbf{R}\right)\mathbf{A}^{\dagger}\mathbf{b} \tag{4.69}$$

□

4.3.3 等价问题：函数变换

假设 $\psi_0:\mathbb{R}\to\mathbb{R}$ 单调递增（即严格增），当且仅当 $u\leqslant 0$ 时，$\psi_i:\mathbb{R}\to\mathbb{R}$，$i=1,\ldots,m$ 满足 $\psi_i(u)\leqslant 0$；当且仅当 $u=0$ 时，$\psi_i:\mathbb{R}\to\mathbb{R}$，$i=m+1,\ldots,m+p$ 满足 $\psi_i(u)=0$。因此，优化问题式 (4.1) 可等价表示为如下标准型：

$$\begin{aligned}\min\quad & \psi_0(f_0(\mathbf{x}))\\ \text{s.t.}\quad & \psi_i(f_i(\mathbf{x}))\leqslant 0,\ i=1,\ldots,m\\ & \psi_{m+i}(h_i(\mathbf{x}))=0,\ i=1,\ldots,p\end{aligned}\tag{4.70}$$

通过函数变换可以将原优化问题式 (4.1) 转化为一个可求解的凸优化问题式 (4.70)。注意，下面的例子说明类似的变换方式不是唯一的。

- 不等式约束：

$$\log x\leqslant 1\tag{4.71}$$

是非凸的，但通过指数函数变换 $\psi(u)=\mathrm{e}(\mathrm{e}^u-1)\leqslant 0, u\leqslant 0$，并用 $(\log x)-1$ 替换 u，可得

$$\log x\leqslant 1\Leftrightarrow x\leqslant \mathrm{e}\tag{4.72}$$

从而使得非凸约束变为凸约束。

- 考虑如下的不等式约束：

$$1-x_1x_2\leqslant 0,\quad x_1\geqslant 0,\quad x_2\geqslant 0\tag{4.73}$$

其中，不等式约束函数 $1-x_1x_2$ 非凸（可以通过二阶条件来证明）。然而，通过函数变换 $\psi(u)=-\log(1-u)\leqslant 0, u\leqslant 0$，并用 $1-x_1x_2$ 替换 u，式 (4.73) 可重构为

$$-\log x_1-\log x_2\leqslant 0,\quad x_1\geqslant 0,\quad x_2\geqslant 0\tag{4.74}$$

从而使得约束集变为凸集。此外，非凸约束式 (4.73) 也可以重写为一个凸的 PSD 矩阵约束：

$$\begin{bmatrix}x_1 & 1\\ 1 & x_2\end{bmatrix}=x_1\begin{bmatrix}1 & 0\\ 0 & 0\end{bmatrix}+x_2\begin{bmatrix}0 & 0\\ 0 & 1\end{bmatrix}+\begin{bmatrix}0 & 1\\ 1 & 0\end{bmatrix}\succeq\mathbf{0}.\tag{4.75}$$

易证当且仅当式 (4.73) 中的三个不等式均成立时，广义不等式 (4.75) 左边的矩阵为 PSD 矩阵。注意，由式 (4.75) 给出的 PSD 矩阵约束实际上是一个线性矩阵不等式（Linear Matrix Inequality，LMI），约束函数由具有未知变量的 LMI 构成。许多通信问题涉及凸的 LMI 约束。

- 无约束的 ℓ_2-范数问题：

$$\min\ \|\mathbf{A}\mathbf{x}-\mathbf{b}\|_2\tag{4.76}$$

等价于最小二乘问题 $\min\|\mathbf{A}\mathbf{x}-\mathbf{b}\|_2^2$。实际上，由于式 (4.76) 的微分特性不理想，我们总是尽量避免利用式 (4.76) 的形式，而选择利用式 (4.28) 给出的最优条件求解该问题。

- 假设 $\mathbf{P} \succ \mathbf{0}$，且对于任意 $\mathbf{x} \in \mathcal{C}$ 有 $\mathbf{x}^{\mathrm{T}}\mathbf{P}\mathbf{x} > 0$，显然

$$\max_{\mathbf{x}\in\mathcal{C}} \frac{1}{\mathbf{x}^{\mathrm{T}}\mathbf{P}\mathbf{x}} \tag{4.77}$$

是一个非凸问题，并且等价于

$$\min_{\mathbf{x}\in\mathcal{C}} \mathbf{x}^{\mathrm{T}}\mathbf{P}\mathbf{x} \quad \text{（参考式 (4.8)）} \tag{4.78}$$

但如果 $\mathcal{C}$ 是凸集，那么该问题也是凸的。

- 均值的最大似然（Maximum-Likelihood，ML）估计 [Men95,Kay13]：假定 m 个高斯向量样本 $\mathbf{x}_i \in \mathbb{R}^n$ 独立同分布，均值为 $\boldsymbol{\mu}$，协方差矩阵为 $\boldsymbol{\Sigma}$，其似然函数可由联合概率密度函数定义为

$$L(\boldsymbol{\mu}, \boldsymbol{\Sigma}) = \frac{1}{(2\pi)^{\frac{nm}{2}}(\det \boldsymbol{\Sigma})^{\frac{m}{2}}} \exp\left\{ -\frac{1}{2}\sum_{i=1}^{m}(\mathbf{x}_i - \boldsymbol{\mu})^{\mathrm{T}}\boldsymbol{\Sigma}^{-1}(\mathbf{x}_i - \boldsymbol{\mu})\right\} \tag{4.79}$$

对于给定的 $\boldsymbol{\Sigma}$，$\boldsymbol{\mu}$ 的最大似然估计可以表示为如下的最大化问题：

$$\max_{\boldsymbol{\mu}} \ L(\boldsymbol{\mu}, \boldsymbol{\Sigma}) \tag{4.80}$$

对 $L(\boldsymbol{\mu}, \boldsymbol{\Sigma})$ 进行对数变换（单调递增函数），得到其等价问题为

$$\begin{aligned}\max_{\boldsymbol{\mu}} \log L(\boldsymbol{\mu}, \boldsymbol{\Sigma}) &\equiv \max_{\boldsymbol{\mu}} -\sum_{i=1}^{m}(\mathbf{x}_i - \boldsymbol{\mu})^{\mathrm{T}}\boldsymbol{\Sigma}^{-1}(\mathbf{x}_i - \boldsymbol{\mu}) \\ &= -\min_{\boldsymbol{\mu}} \sum_{i=1}^{m}(\mathbf{x}_i - \boldsymbol{\mu})^{\mathrm{T}}\boldsymbol{\Sigma}^{-1}(\mathbf{x}_i - \boldsymbol{\mu})\end{aligned} \tag{4.81}$$

其中，所有不包含 $\boldsymbol{\mu}$ 的项都是冗余的，因此可以被舍弃。这是一个关于 $\boldsymbol{\mu}$ 的无约束凸优化问题。根据最优条件式 (4.28)，可以很容易地将最优 $\widehat{\boldsymbol{\mu}}$ 表示为

$$\widehat{\boldsymbol{\mu}} = \frac{1}{m}\sum_{i=1}^{m}\mathbf{x}_i \tag{4.82}$$

即样本均值。

下面介绍一个无线通信和网络中的简单实例。

例 4.7（最优功率分配）　在本应用实例中，考虑具有 K 个发射机和 K 个接收机的场景（见图 4.4）。发射机 i 向接收机 i 发送信号，而其他发射机都是接收机 i 的干扰源。

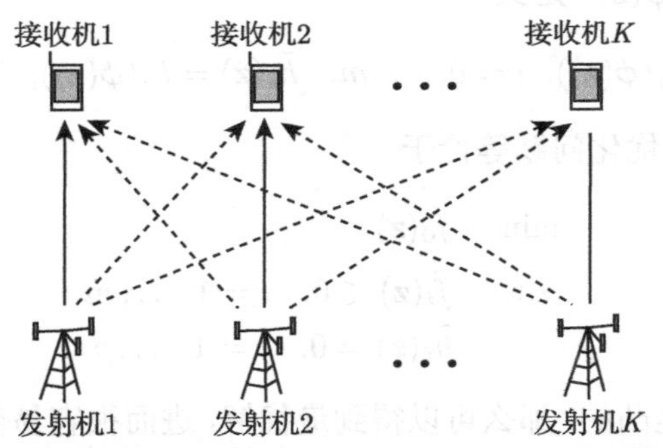

图 4.4　功率控制的图示：K 个发射机和 K 个接收机的例子

接收机 i 的信干噪比（Signal-to-Interference-plus-Noise Ratio，SINR）如下：

$$\gamma_i = \frac{G_{ii}p_i}{\sum_{j=1,j\neq i}^{K} G_{ij}p_j + \sigma_i^2} \tag{4.83}$$

其中，p_i 是发射机 i 的功率，G_{ij} 发射机 j 到接收机 i 的信道增益，σ_i^2 是接收机 i 的噪声功率。

我们关注的是**功率最小化问题**，即在所有信干噪比大于等于预先指定的阈值 γ_0 时，将平均发射功率最小化。该问题可以定义为以下优化问题：

$$\begin{aligned}
\min\ & \sum_{i=1}^{K} p_i \\
\text{s.t.}\ & \frac{G_{ii}p_i}{\sum_{j=1,j\neq i}^{K} G_{ij}p_j + \sigma_i^2} \geqslant \gamma_0,\ i=1,\ldots,K \\
& p_i \geqslant 0,\ i=1,\ldots,K
\end{aligned} \tag{4.84}$$

注意，式 (4.84) 第二行的不等式约束函数是非凸的，因此该问题不是一个凸优化问题。但通过对这些非凸约束进行等价变换，式 (4.84) 等价于

$$\begin{aligned}
\min\ & \sum_{i=1}^{K} p_i \\
\text{s.t.}\ & -G_{ii}p_i + \gamma_0 \sum_{j=1,j\neq i}^{K} G_{ij}p_j + \gamma_0\sigma_i^2 \leqslant 0,\ i=1,\ldots,K \\
& p_i \geqslant 0,\ i=1,\ldots,K
\end{aligned} \tag{4.85}$$

显然，式 (4.85) 是关于 p_i 的凸优化问题（更具体地说，式 (4.85) 是一个线性规划问题），因此可以得到最优解。 □

4.3.4 等价问题：变量变换

假设 $\phi : \mathbb{R}^n \to \mathbb{R}^n$ 是一一映射的函数，且映射结果包含问题的定义域。令式 (4.1) 中 $f_i(\mathbf{x})$ 和 $h_i(\mathbf{x})$ 中的 $\mathbf{x} = \phi(\mathbf{z})$，定义

$$\tilde{f}_i(\mathbf{z}) = f_i(\phi(\mathbf{z})),\ i=0,\ldots,m,\quad \tilde{h}_i(\mathbf{z}) = h_i(\phi(\mathbf{z})),\ i=1,\ldots,p \tag{4.86}$$

则式 (4.1) 给出的标准形优化问题等价于

$$\begin{aligned}
\min\quad & \tilde{f}_0(\mathbf{z}) \\
\text{s.t.}\quad & \tilde{f}_i(\mathbf{z}) \leqslant 0,\quad i=1,\ldots,m \\
& \tilde{h}_i(\mathbf{z}) = 0,\quad i=1,\ldots,p
\end{aligned} \tag{4.87}$$

如果问题式 (4.87) 是凸的，那么可以得到最优解，进而很容易获得原问题式 (4.1) 的最优解 $\mathbf{x}^\star = \phi(\mathbf{z}^\star)$。下面通过 ML 估计这一例子加以说明。正如下面的最大似然估计例子所示。

- 协方差矩阵的最大似然估计：
再次考虑式 (4.79) 中定义的对数似然函数。已知 $\boldsymbol{\mu}$，则 $\boldsymbol{\Sigma}$ 的最大似然估计就是求解如下问题：

$$\max_{\boldsymbol{\Sigma}\succ\mathbf{0}} -\frac{m}{2}\log(\det\boldsymbol{\Sigma})-\frac{1}{2}\sum_{i=1}^{m}(\mathbf{x}_i-\boldsymbol{\mu})^{\mathrm{T}}\boldsymbol{\Sigma}^{-1}(\mathbf{x}_i-\boldsymbol{\mu}) \tag{4.88}$$

其中，$-\dfrac{nm}{2}\log 2\pi$ 被省略不写是因为常数项不会影响 $\boldsymbol{\Sigma}$ 的最大似然估计结果。第 3 章中（见 3.5 节例 3.13）已经证明了 $\boldsymbol{\Sigma}^{-1}$ 在 $\mathbb{S}^n_{++}$ 上是 $\mathbb{S}^n_{+}$-凸的，也说明了 $\sum_{i=1}^{m}(\mathbf{x}_i-\boldsymbol{\mu})^{\mathrm{T}}\boldsymbol{\Sigma}^{-1}(\mathbf{x}_i-\boldsymbol{\mu})$ 关于 $\boldsymbol{\Sigma}$ 是凸的（由论据 3.4），并且 $-\log(\det\boldsymbol{\Sigma})$ 在 $\mathbb{S}^n_{++}$ 上是凸的（见 3.1.4 节）。因此，式 (4.88) 的目标函数既不是凸的也不是凹的，其求解较困难。然而，借助变量变换的方法可以有效地解决该问题。
令 $\boldsymbol{\Psi}=\boldsymbol{\Sigma}^{-1}\succ\mathbf{0}$，那么根据式 (4.7)，最大似然估计问题式 (4.88) 等价于

$$\max_{\boldsymbol{\Psi}\succ 0} \frac{m}{2}\log(\det\boldsymbol{\Psi})-\frac{1}{2}\sum_{i=1}^{m}(\mathbf{x}_i-\boldsymbol{\mu})^{\mathrm{T}}\boldsymbol{\Psi}(\mathbf{x}_i-\boldsymbol{\mu})\equiv\min_{\boldsymbol{\Psi}\succ 0} f_0(\boldsymbol{\mu},\boldsymbol{\Psi}) \tag{4.89}$$

其中

$$f_0(\boldsymbol{\mu},\boldsymbol{\Psi})\triangleq-\frac{m}{2}\log(\det\boldsymbol{\Psi})+\frac{1}{2}\sum_{i=1}^{m}(\mathbf{x}_i-\boldsymbol{\mu})^{\mathrm{T}}\boldsymbol{\Psi}(\mathbf{x}_i-\boldsymbol{\mu}) \tag{4.90}$$

注意，$f_0(\boldsymbol{\mu},\boldsymbol{\Psi})$ 在 $\boldsymbol{\Psi}\in\mathbb{S}^n_{++}$ 和 $\boldsymbol{\mu}$ 上均是凸的，但是在 $(\boldsymbol{\mu},\boldsymbol{\Psi})$ 中是非凸的。那么计算 $f_0(\boldsymbol{\mu},\boldsymbol{\Psi})$ 关于 $\boldsymbol{\Psi}$ 的梯度，即 $\nabla_{\boldsymbol{\Psi}} f_0(\boldsymbol{\mu},\boldsymbol{\Psi})$，并将其置为零（由式 (4.29) 可得），则对于任意给定的 $\boldsymbol{\mu}$，最优解是

$$\widehat{\boldsymbol{\Sigma}}=\widehat{\boldsymbol{\Psi}}^{-1}=\frac{1}{m}\sum_{i=1}^{m}(\mathbf{x}_i-\boldsymbol{\mu})(\mathbf{x}_i-\boldsymbol{\mu})^{\mathrm{T}} \tag{4.91}$$

称 $\widehat{\boldsymbol{\Sigma}}$ 为样本协方差，其中，$\nabla_{\boldsymbol{\Psi}} f_0$ 可由式 (3.40) 和式 (3.46) 推导得到。
- 均值和协方差矩阵的最大似然估计：
在前面的例子中分别单独考虑了均值 $\boldsymbol{\mu}$ 和协方差 $\boldsymbol{\Sigma}$ 的估计。现在考虑 $\boldsymbol{\mu}$ 和 $\boldsymbol{\Sigma}$ 的联合最大似然估计。根据式 (4.89)，联合最大似然估计问题可以写为

$$\min_{\boldsymbol{\mu}\in\mathbb{R}^n,\boldsymbol{\Psi}\succ\mathbf{0}} f_0(\boldsymbol{\mu},\boldsymbol{\Psi})=\min_{\boldsymbol{\Psi}\succ\mathbf{0}}\left(\min_{\boldsymbol{\mu}} f_0(\boldsymbol{\mu},\boldsymbol{\Psi})\right) \quad \text{（参考式 (4.44) 和注 4.2）} \tag{4.92}$$

尽管 $f_0(\boldsymbol{\mu},\boldsymbol{\Psi})$ 关于 $(\boldsymbol{\mu},\boldsymbol{\Psi})$ 是非凸的，但对于给定的 $\boldsymbol{\Psi}$ 时，可以先考虑内层最小化问题。因为 $f_0(\boldsymbol{\mu},\boldsymbol{\Psi})$ 关于 $\boldsymbol{\mu}$ 是凸的，所以由式 (4.28) 知最优条件为 $\nabla_{\boldsymbol{\mu}} f_0(\boldsymbol{\mu},\boldsymbol{\Psi})=\mathbf{0}$，有

$$\nabla_{\boldsymbol{\mu}} f_0(\boldsymbol{\mu},\boldsymbol{\Psi})=\frac{1}{2}\sum_{i=1}^{m}(-2\boldsymbol{\Psi}\mathbf{x}_i+2\boldsymbol{\Psi}\boldsymbol{\mu})=\mathbf{0} \tag{4.93}$$

给定 $\boldsymbol{\Psi}\succ\mathbf{0}$，式 (4.93) 给出的最优 $\boldsymbol{\mu}$ 的恰好就是式 (4.82) 给出的样本均值 $\widehat{\boldsymbol{\mu}}$。注意，$\widehat{\boldsymbol{\mu}}$ 与 $\boldsymbol{\Psi}$ 无关。现在，让我们研究外层最小化问题。

将最优 $\widehat{\boldsymbol{\mu}}$ 带入式 (4.92) 的 $f_0(\boldsymbol{\mu},\boldsymbol{\Psi})$ 中，可得

$$
\begin{aligned}
\min_{\boldsymbol{\Psi}\succ\mathbf{0}} f_0(\widehat{\boldsymbol{\mu}},\boldsymbol{\Psi}) &= \min_{\boldsymbol{\Psi}\succ\mathbf{0}} -\frac{m}{2}\log(\det\boldsymbol{\Psi}) + \frac{1}{2}\sum_{i=1}^{m}(\mathbf{x}_i-\widehat{\boldsymbol{\mu}})^{\mathrm{T}}\boldsymbol{\Psi}(\mathbf{x}_i-\widehat{\boldsymbol{\mu}}) \\
&= \min_{\boldsymbol{\Psi}\succ\mathbf{0}} -\frac{m}{2}\log(\det\boldsymbol{\Psi}) + \frac{1}{2}\mathrm{Tr}(\boldsymbol{\Psi}\mathbf{C})
\end{aligned}
\tag{4.94}
$$

其中

$$
\mathbf{C} = \sum_{i=1}^{m}(\mathbf{x}_i-\widehat{\boldsymbol{\mu}})(\mathbf{x}_i-\widehat{\boldsymbol{\mu}})^{\mathrm{T}} \succeq \mathbf{0}
$$

继续对 $f_0(\widehat{\boldsymbol{\mu}},\boldsymbol{\Psi})$ 应用最优条件式 (4.29)，可以得到

$$
\nabla_{\boldsymbol{\Psi}} f_0(\widehat{\boldsymbol{\mu}},\boldsymbol{\Psi}) = -\frac{m}{2}\boldsymbol{\Psi}^{-1} + \frac{1}{2}\mathbf{C} = \mathbf{0} \quad \text{（根据式 (3.40) 和式 (3.46)）} \tag{4.95}
$$

因此，$\boldsymbol{\Sigma}$ 的最优最大似然估计可以表示为

$$
\widehat{\boldsymbol{\Sigma}} = \widehat{\boldsymbol{\Psi}}^{-1} = \frac{1}{m}\mathbf{C} = \frac{1}{m}\sum_{i=1}^{m}(\mathbf{x}_i-\widehat{\boldsymbol{\mu}})(\mathbf{x}_i-\widehat{\boldsymbol{\mu}})^{\mathrm{T}} \tag{4.96}
$$

综上所述，我们已经证明了 $\widehat{\boldsymbol{\mu}}$ 和 $\widehat{\boldsymbol{\Sigma}}$ 的最大似然估计分别是由式 (4.82)（样本均值）和式 (4.96)（真实平均值被样本均值代替的样本协方差式 (4.91)）给出，这一广为人知的事实。

4.3.5 复变量问题的重构

考虑具有定义域 $\mathcal{D}$ 和可行集 $\mathcal{C}$ 的优化问题

$$
\begin{aligned}
\min_{\mathbf{x}\in\mathbb{C}^n}\ & f_0(\mathbf{x}) \\
\text{s.t.}\ & f_i(\mathbf{x}) \leqslant 0,\ i=1,\dots,m \\
& h_j(\mathbf{x}) = 0,\ j=1,\dots,p
\end{aligned}
\tag{4.97}
$$

其中，$f_i(\mathbf{x})$ 和 $h_j(\mathbf{x})$ 对于所有的 i 和 j 来说都是实值函数。下面的注释中给出了含有复变量的凸问题的一阶最优条件，其证明类似于实变量的情况。

注 4.5 当 $f_i(\mathbf{x})$ 对于所有的 i 都是凸的，并且 $h_j(\mathbf{x})$ 对于所有 j 都是仿射的时候，虽然未知变量 $\mathbf{x}$ 是复数，但是问题式 (4.97) 是一个凸问题。求解最优解 $\mathbf{x}^\star$ 的最优条件由下式给出。

$$
\begin{aligned}
&\mathrm{Re}\left\{\nabla f_0(\mathbf{x}^\star)^{\mathrm{H}}(\mathbf{y}-\mathbf{x}^\star)\right\} \geqslant 0,\ \forall \mathbf{y}\in\mathcal{C} \\
&\nabla f_0(\mathbf{x}^\star) = \mathbf{0},\ \text{如果 } \mathbf{x}^\star \in \mathbf{int}\ \mathcal{C}
\end{aligned}
\tag{4.98}
$$

式 (4.98) 对应着式 (4.23)。当决策变量是复矩阵 $\mathbf{X}$ 时，最优 $\mathbf{X}^\star$ 的最优条件由下式给出。

$$
\begin{aligned}
&\mathrm{Tr}\big(\mathrm{Re}\left\{\nabla f_0(\mathbf{X}^\star)^{\mathrm{H}}(\mathbf{Y}-\mathbf{X}^\star)\right\}\big) \geqslant 0,\ \forall \mathbf{Y}\in\mathcal{C} \\
&\nabla f_0(\mathbf{X}^\star) = \mathbf{0},\ \text{如果 } \mathbf{X}^\star \in \mathbf{int}\ \mathcal{C}
\end{aligned}
\tag{4.99}
$$

式 (4.99) 对应着式 (4.27)。 □

本节前面介绍的所有重构方法都可以应用于重构一个凸问题 [SBL12]，然后应用一阶最优条件或者 KKT 条件等进行求解。另一方面，考虑到复变量等效为两个实数变量的组合（即实部和虚部），具有变量 $\mathbf{x} \in \mathbb{C}^n$ 的问题式 (4.97) 可以转化为具有变量为 $\boldsymbol{x} \in \mathbb{R}^{2n}$ 的优化问题。然后，就可以把该问题重构为一个凸问题进行处理。接下来用一个简单的例子来说明这两种方法。

考虑下面的复变量二次规划问题：

$$\begin{aligned} \min_{\mathbf{w} \in \mathbb{C}^n} \ & \{f(\mathbf{w}) \triangleq \mathbf{w}^{\mathrm{H}}\mathbf{P}\mathbf{w}\} \\ \text{s.t. } & h(\mathbf{w}) \triangleq \mathbf{w}^{\mathrm{H}}\mathbf{a} - 1 = 0 \end{aligned} \tag{4.100}$$

其中，$\mathbf{P} \in \mathbb{H}_+^n$。接下来说明式 (4.100) 是一个凸问题；也就是说，f 在 $\mathbf{w} \in \mathbb{C}^n$ 上是实值且凸的，h（在 $\mathbf{w} \in \mathbb{C}^n$ 上不是实值）可以重新表示为 $\mathbf{w} \in \mathbb{C}^n$ 上的实值仿射函数集。

因为 f 已经是 $\mathbf{w} \in \mathbb{C}^n$ 上的实值函数，它的梯度可以很容易地获得

$$\nabla_{\mathbf{w}} f(\mathbf{w}) = 2\nabla_{\mathbf{w}^*} f(\mathbf{w}) = 2\mathbf{P}\mathbf{w} \text{（参考式 (1.43)）}$$

为证明 f 是否为凸函数，使用了一阶条件式 (3.25) 去判断，如下所示：

$$\begin{aligned} f(\mathbf{w} + \delta\mathbf{w}) &= (\mathbf{w} + \delta\mathbf{w})^{\mathrm{H}}\mathbf{P}(\mathbf{w} + \delta\mathbf{w}) \\ &= \mathbf{w}^{\mathrm{H}}\mathbf{P}\mathbf{w} + \mathrm{Re}\{(2\mathbf{P}\mathbf{w})^{\mathrm{H}}\delta\mathbf{w}\} + (\delta\mathbf{w})^{\mathrm{H}}\mathbf{P}\delta\mathbf{w} \\ &\geqslant \mathbf{w}^{\mathrm{H}}\mathbf{P}\mathbf{w} + \mathrm{Re}\{(2\mathbf{P}\mathbf{w})^{\mathrm{H}}\delta\mathbf{w}\} \quad \text{（因为 } \mathbf{P} \succeq \mathbf{0}\text{）} \\ &= f(\mathbf{w}) + \mathrm{Re}\{\nabla_{\mathbf{w}} f(\mathbf{w})^{\mathrm{H}}\delta\mathbf{w}\} \end{aligned}$$

这表明 f 在 $\mathbf{w} \in \mathbb{C}^n$ 是凸的。式 (4.100) 中的等式约束函数 h 可以等价为 $\mathbf{w} \in \mathbb{C}^n$ 上的两个实值仿射函数：

$$\begin{cases} h_1(\mathbf{w}) = \mathrm{Re}\{h(\mathbf{w})\} = \mathrm{Re}\{\mathbf{w}^{\mathrm{H}}\mathbf{a} - 1\} = \dfrac{1}{2}(\mathbf{w}^{\mathrm{H}}\mathbf{a} + \mathbf{a}^{\mathrm{H}}\mathbf{w}) - 1 \\ h_2(\mathbf{w}) = \mathrm{Im}\{h(\mathbf{w})\} = \mathrm{Im}\{\mathbf{w}^{\mathrm{H}}\mathbf{a} - 1\} = \dfrac{1}{2}(-\mathrm{j}\mathbf{w}^{\mathrm{H}}\mathbf{a} + \mathrm{j}\mathbf{a}^{\mathrm{H}}\mathbf{w}) \end{cases} \tag{4.101}$$

当且仅当 $h_1(\mathbf{w}) = 0$ 和 $h_2(\mathbf{w}) = 0$ 时，$h(\mathbf{w}) = 0$。因此式 (4.100) 是一个凸问题（参考注 4.5）。直接利用式 (4.98) 的一阶最优性条件求解式 (4.100) 较为困难，但基于 KKT 条件可得式 (4.98) 的闭式解（参考例 9.14）。

令 $\mathbf{P}_R = \mathrm{Re}\{\mathbf{P}\}$，$\mathbf{P}_I = \mathrm{Im}\{\mathbf{P}\}$，则有

$$\mathbf{P} = \mathbf{P}_R + \mathrm{j}\mathbf{P}_I = \mathbf{P}^{\mathrm{H}} = \mathbf{P}_R^{\mathrm{T}} - \mathrm{j}\mathbf{P}_I^{\mathrm{T}}$$

这表明

$$\begin{aligned} &\mathbf{P}_R = \mathbf{P}_R^{\mathrm{T}} \\ &\mathbf{P}_I = -\mathbf{P}_I^{\mathrm{T}} \ \Rightarrow \ [\mathbf{P}_I]_{ij} = -[\mathbf{P}_I]_{ji} \ \Rightarrow \ [\mathbf{P}_I]_{ii} = 0, \ \forall i \end{aligned}$$

令 $\mathbf{w}_R=\mathrm{Re}\{\mathbf{w}\}$，$\mathbf{w}_I=\mathrm{Im}\{\mathbf{w}\}$，则 $\mathbf{w}=\mathbf{w}_R+\mathrm{j}\mathbf{w}_I$。由于 $\mathbf{P}_I=-\mathbf{P}_I^{\mathrm{T}}$，且 $\mathbf{w}_R^{\mathrm{T}}\mathbf{P}_I\mathbf{w}_R=0$，$\mathbf{w}_I^{\mathrm{T}}\mathbf{P}_I\mathbf{w}_I=0$，故式 (4.100) 的目标函数转化为

$$\begin{aligned}\mathbf{w}^{\mathrm{H}}\mathbf{P}\mathbf{w}&=(\mathbf{w}_R^{\mathrm{T}}-\mathrm{j}\mathbf{w}_I^{\mathrm{T}})(\mathbf{P}_R+\mathrm{j}\mathbf{P}_I)(\mathbf{w}_R+\mathrm{j}\mathbf{w}_I)\\&=\mathbf{w}_R^{\mathrm{T}}\mathbf{P}_R\mathbf{w}_R-\mathbf{w}_R^{\mathrm{T}}\mathbf{P}_I\mathbf{w}_I+\mathbf{w}_I^{\mathrm{T}}\mathbf{P}_R\mathbf{w}_I+\mathbf{w}_I^{\mathrm{T}}\mathbf{P}_I\mathbf{w}_R\\&=\begin{bmatrix}\mathbf{w}_R^{\mathrm{T}} & \mathbf{w}_I^{\mathrm{T}}\end{bmatrix}\begin{bmatrix}\mathbf{P}_R & -\mathbf{P}_I\\ \mathbf{P}_I & \mathbf{P}_R\end{bmatrix}\begin{bmatrix}\mathbf{w}_R\\ \mathbf{w}_I\end{bmatrix}\geqslant 0\ \text{（因为 }\mathbf{P}\succeq\mathbf{0}\text{）}\end{aligned}$$

类似地，对式 (4.100) 的约束条件有

$$\begin{aligned}&\mathbf{w}^{\mathrm{H}}\mathbf{a}=(\mathbf{w}_R+\mathrm{j}\mathbf{w}_I)^{\mathrm{H}}(\mathrm{Re}\{\mathbf{a}\}+\mathrm{j}\mathrm{Im}\{\mathbf{a}\})=1\\&\Leftrightarrow \mathrm{Re}\{\mathbf{w}^{\mathrm{H}}\mathbf{a}\}=1,\ \mathrm{Im}\{\mathbf{w}^{\mathrm{H}}\mathbf{a}\}=0\\&\Leftrightarrow \begin{bmatrix}\mathbf{w}_R^{\mathrm{T}} & \mathbf{w}_I^{\mathrm{T}}\end{bmatrix}\begin{bmatrix}\mathrm{Re}\{\mathbf{a}\}\\ \mathrm{Im}\{\mathbf{a}\}\end{bmatrix}=1,\ \begin{bmatrix}\mathbf{w}_R^{\mathrm{T}} & \mathbf{w}_I^{\mathrm{T}}\end{bmatrix}\begin{bmatrix}\mathrm{Im}\{\mathbf{a}\}\\ -\mathrm{Re}\{\mathbf{a}\}\end{bmatrix}=0\end{aligned}$$

这分别表示式 (4.101) 中复变量等式约束 $h_1(\mathbf{w})=0$ 和 $h_2(\mathbf{w})=0$。因此，问题式 (4.100) 等价于一个实的凸二次规划问题，其定义域为 $\mathcal{D}=\mathbb{R}^{2n}$，具体表示如下：

$$\begin{aligned}\min_{\boldsymbol{w}\in\mathbb{R}^{2n}}\ &\{f(\boldsymbol{w})\triangleq\boldsymbol{w}^{\mathrm{T}}\boldsymbol{P}\boldsymbol{w}\}\\ \text{s.t.}\ &\boldsymbol{w}^{\mathrm{T}}\boldsymbol{a}_1=1,\ \boldsymbol{w}^{\mathrm{T}}\boldsymbol{a}_2=0\end{aligned}\tag{4.102}$$

其中

$$\boldsymbol{w}=\begin{bmatrix}\mathbf{w}_R\\ \mathbf{w}_I\end{bmatrix},\ \boldsymbol{P}=\begin{bmatrix}\mathbf{P}_R & -\mathbf{P}_I\\ \mathbf{P}_I & \mathbf{P}_R\end{bmatrix}=\begin{bmatrix}\mathbf{P}_R & \mathbf{P}_I^{\mathrm{T}}\\ \mathbf{P}_I & \mathbf{P}_R\end{bmatrix}\succeq\mathbf{0}\ \text{（参考注 1.20）}$$

且

$$\boldsymbol{a}_1=\begin{bmatrix}\mathrm{Re}\{\mathbf{a}\}\\ \mathrm{Im}\{\mathbf{a}\}\end{bmatrix},\ \boldsymbol{a}_2=\begin{bmatrix}\mathrm{Im}\{\mathbf{a}\}\\ -\mathrm{Re}\{\mathbf{a}\}\end{bmatrix}$$

显然，因为 $f(\boldsymbol{w})$ 的 Hessian 矩阵 $\boldsymbol{P}\succeq\mathbf{0}$ 且两个等式约束函数都是仿射的，故优化问题式 (4.102) 是凸的。虽然可以将复数形式的优化问题转化为实数形式的优化问题，但对非凸问题进行转化时可能会非常复杂。

下面给出了一些复数形式和实数形式之间的对应关系，这在对复变量优化问题的约束进行重构时非常有用。令

$$\begin{aligned}&\mathbf{A}=\mathbf{A}_R+\mathrm{j}\mathbf{A}_I\in\mathbb{C}^{m\times n},\ \ \mathcal{A}=\begin{bmatrix}\mathbf{A}_R & -\mathbf{A}_I\\ \mathbf{A}_I & \mathbf{A}_R\end{bmatrix}\in\mathbb{R}^{2m\times 2n}\\&\mathbf{X}=\mathbf{X}_R+\mathrm{j}\mathbf{X}_I\in\mathbb{H}^n,\ \ \mathcal{X}=\begin{bmatrix}\mathbf{X}_R & -\mathbf{X}_I\\ \mathbf{X}_I & \mathbf{X}_R\end{bmatrix}\in\mathbb{S}^{2n}\\&\mathbf{x}=\mathbf{x}_R+\mathrm{j}\mathbf{x}_I\in\mathbb{C}^n,\ \ \boldsymbol{x}=[\mathbf{x}_R^{\mathrm{T}},\mathbf{x}_I^{\mathrm{T}}]^{\mathrm{T}}\in\mathbb{R}^{2n}\end{aligned}$$

$$
\begin{aligned}
&\mathbf{b} = \mathbf{b}_R + \mathrm{j}\mathbf{b}_I \in \mathbb{C}^m, \quad \boldsymbol{b} = [\mathbf{b}_R^{\mathrm{T}}, \mathbf{b}_I^{\mathrm{T}}]^{\mathrm{T}} \in \mathbb{R}^{2m} \\
&\mathbf{c} = \mathbf{c}_R + \mathrm{j}\mathbf{c}_I \in \mathbb{C}^n, \quad \boldsymbol{c} = [\mathbf{c}_R^{\mathrm{T}}, \mathbf{c}_I^{\mathrm{T}}]^{\mathrm{T}} \in \mathbb{R}^{2n} \\
&d = d_R + \mathrm{j}d_I \in \mathbb{C}
\end{aligned}
$$

按照上述复变量二次规划中的转换，可以得到复二阶锥约束的实数形式：

$$
\begin{cases} \|\mathbf{Ax}+\mathbf{b}\|_2 \leqslant \mathbf{c}^{\mathrm{H}}\mathbf{x}+d \\ \mathrm{Im}\{\mathbf{c}^{\mathrm{H}}\mathbf{x}+d\} = 0 \end{cases} \iff \begin{cases} \|\mathcal{A}\boldsymbol{x}+\boldsymbol{b}\|_2 \leqslant \boldsymbol{c}^{\mathrm{T}}\boldsymbol{x}+d_R \\ \left[-\mathbf{c}_I^{\mathrm{T}}, \mathbf{c}_R^{\mathrm{T}}\right]\boldsymbol{x}+d_I = 0 \end{cases} \tag{4.103}
$$

一个复数线性矩阵不等式和复数线性矩阵等式的实数形式表示如下：

$$
\begin{cases} \mathbf{AXA}^{\mathrm{H}}+\mathbf{BYB}^{\mathrm{H}} \succeq \mathbf{0} \iff \mathcal{AXA}^{\mathrm{T}}+\mathcal{BYB}^{\mathrm{T}} \succeq \mathbf{0} \\ \mathrm{Tr}(\mathbf{CX}) = t \in \mathbb{R},\ \mathbf{C} \in \mathbb{H}^n \iff \mathrm{Tr}(\mathcal{CX}) = 2t \end{cases} \quad \text{（参考注 1.20）} \tag{4.104}
$$

其中，$\mathbf{X}$、$\mathbf{Y}$ 和 $\mathbf{x}$ 是复变量，$\mathbf{A}$、$\mathbf{B}$、$\mathbf{C}$、$\mathbf{b}$、$\mathbf{c}$ 和 d 是固定的复参数，$(\mathbf{B},\mathcal{B})$、$(\mathbf{C},\mathcal{C})$ 和 $(\mathbf{Y},\mathcal{Y})$ 的定义对分别与 $(\mathbf{A},\mathcal{A})$ 和 $(\mathbf{X},\mathcal{X})$ 的定义类似。注意，式 (4.103) 以复变量形式及其对应的实变量形式呈现了二阶锥与超平面，式 (4.104) 以复变量及其对应的实变量形式呈现了线性矩阵不等式和线性矩阵等式。总之，对于约束（如式 (4.103) 和式 (4.104)）及问题（如式 (4.100) 和式 (4.102)）来说，实变量和复变量的数学表达式在形式和类型上是相似的。换句话说，对复变量优化问题的处理方式和实变量优化问题一样，并不需要提前将问题从复数域转换到实数域。

下面给出一个利用一阶最优条件式 (4.98) 求解复变量凸优化问题的例子。3.2.5 节中介绍了实数情况下的 Schur 补，而对于相应的复数情况，其证明可以表示为一个复变量优化问题，如例 4.8 所示。

例 4.8（复 Schur 补） 假设 $\mathbf{C} \in \mathbb{H}_{++}^m$、$\mathbf{A} \in \mathbb{H}^n$ 和 $\mathbf{B} \in \mathbb{C}^{n\times m}$，则当且仅当 $\mathbf{S}_\mathbf{C} \triangleq \mathbf{A}-\mathbf{BC}^{-1}\mathbf{B}^{\mathrm{H}} \succeq \mathbf{0}$，

$$
\mathbf{S} \triangleq \begin{bmatrix} \mathbf{A} & \mathbf{B} \\ \mathbf{B}^{\mathrm{H}} & \mathbf{C} \end{bmatrix} \succeq \mathbf{0} \tag{4.105}
$$

因为充分性的证明相对必要性来说非常简单，因此只对必要性加以证明。

必要性证明 因为 $\mathbf{S} \succeq \mathbf{0}$，则

$$
\begin{aligned}
f(\mathbf{x},\mathbf{y}) &\triangleq [\mathbf{x}^{\mathrm{H}}\ \mathbf{y}^{\mathrm{H}}]\,\mathbf{S}\begin{bmatrix} \mathbf{x} \\ \mathbf{y} \end{bmatrix} \\
&= \mathbf{x}^{\mathrm{H}}\mathbf{Ax}+\mathbf{x}^{\mathrm{H}}\mathbf{By}+\mathbf{y}^{\mathrm{H}}\mathbf{B}^{\mathrm{H}}\mathbf{x}+\mathbf{y}^{\mathrm{H}}\mathbf{Cy} \geqslant 0, \quad \forall (\mathbf{x},\mathbf{y}) \in \mathbb{C}^{n+m}
\end{aligned}
$$

关于 $(\mathbf{x},\mathbf{y})$ 是凸的，并且因为 $\mathbf{C} \succ \mathbf{0}$，所以其关于 $\mathbf{y}$ 也是凸的（见式 (4.100)）。考虑复变量最小化问题

$$
\mathbf{y}^\star = \arg\inf_{\mathbf{y}\in\mathbb{C}^m} f(\mathbf{x},\mathbf{y})
$$

根据一阶最优条件式 (4.98)，有

$$\begin{aligned}\nabla_{\mathbf{y}} f(\mathbf{x},\mathbf{y}) = &\ 2\nabla_{\mathbf{y}^*} f(\mathbf{x},\mathbf{y}) = 2\mathbf{B}^{\mathrm{H}}\mathbf{x} + 2\mathbf{C}\mathbf{y} = \mathbf{0} \\ \Rightarrow \ \mathbf{y}^\star \ = &\ -\mathbf{C}^{-1}\mathbf{B}^{\mathrm{H}}\mathbf{x}\end{aligned}$$

则

$$\begin{aligned}\inf_{\mathbf{y}\in\mathbb{C}^m} f(\mathbf{x},\mathbf{y}) &= f(\mathbf{x},\mathbf{y}^\star) = \mathbf{x}^{\mathrm{H}}(\mathbf{A} - \mathbf{B}\mathbf{C}^{-1}\mathbf{B}^{\mathrm{H}})\mathbf{x} \\ &= \mathbf{x}^{\mathrm{H}}\mathbf{S}_{\mathbf{C}}\mathbf{x} \geqslant 0 \ \forall \mathbf{x} \in \mathbb{C}^n\end{aligned}$$

从而 $\mathbf{S}_{\mathbf{C}} \succeq \mathbf{0}$ 成立。 □

对于在无线通信和网络中的应用来说，一般人们感兴趣的优化问题不仅涉及实变量（如传输功率和传输速率），也涉及复变量（如波束成形向量）。在工程实际中，需要根据问题的性质来决定是否将复变量优化问题转化为实变量优化问题，第 7 章、第 8 章将介绍多个具体的应用实例。如果不能找到凸优化问题的闭式解，但需找到该问题的数值解时，现有的复变量凸问题转化为实变量凸问题往往可以让算法（如第 10 章的原-对偶内点法）更易于开发，也更实际可操作（特别是涉及到 Hessian 矩阵时）。目前既有的优化算法工具包，如 CVX 和 SeDuMi 均可来自这种转换方法。

4.4 广义不等式意义下的凸优化问题

本节介绍广义不等式意义下的凸优化问题，包括如可行集或目标函数涉及广义不等式的情况。当目标函数为一个向量或矩阵时，这种问题为**向量优化问题**。

4.4.1 广义不等式意义下的凸优化问题

广义不等式意义下的凸优化问题定义如下：

$$\begin{aligned}\min \quad & f_0(\mathbf{x}) \\ \text{s.t.} \quad & \boldsymbol{f}_i(\mathbf{x}) \preceq_{K_i} \mathbf{0},\ i = 1,\dots,m \\ & \mathbf{A}\mathbf{x} = \mathbf{b}\end{aligned} \tag{4.106}$$

其中，$\preceq_{K_i}$ 定义在真锥 $K_i \subset \mathbb{R}^{n_i}$ 上，f_0 是凸的，$\boldsymbol{f}_i$，$i = 1,2,\dots,m$ 是 K_i-凸的。如同式 (4.11) 定义的一般凸优化问题，式 (4.106) 的可行集

$$\mathcal{C} = \left\{\mathbf{x} \mid \mathbf{x} \in \mathcal{D},\ \boldsymbol{f}_i(\mathbf{x}) \preceq_{K_i} \mathbf{0},\ i = 1,\dots,m,\ \mathbf{A}\mathbf{x} = \mathbf{b}\right\}$$

也是凸的，并且式 (4.106) 的任意局部最优解也是全局最优解。4.22 节介绍的最优性条件同样也适用于问题式 (4.106)。下面给出一些常见广义不等式意义下的凸优化问题。

- 锥规划：标准形式为 [BV04]

$$\begin{aligned}\min \quad & \mathbf{c}^{\mathrm{T}}\mathbf{x} \\ \text{s.t.} \quad & \mathbf{x} \succeq_K \mathbf{0},\ \mathbf{A}\mathbf{x} = \mathbf{b}\end{aligned} \tag{4.107}$$

不等式形式为

$$\begin{aligned} \min \quad & \mathbf{c}^{\mathrm{T}}\mathbf{x} \\ \text{s.t.} \quad & \mathbf{F}\mathbf{x} + \mathbf{g} \preceq_K \mathbf{0} \end{aligned} \tag{4.108}$$

因为真锥是非负象限（即 $K = \mathbb{R}_+^n$），式 (4.107) 和式 (4.108) 分别被视为 LP 的标准形式和不等式形式。

- 二阶锥规划（Second-Order Cone Program，SOCP）（式 (4.107) 的特例）：

$$\begin{aligned} \min \quad & \mathbf{c}_0^{\mathrm{T}}\mathbf{x} \\ \text{s.t.} \quad & (\mathbf{A}_i\mathbf{x} + \mathbf{b}_i, \mathbf{c}_i^{\mathrm{T}}\mathbf{x} + d_i) \succeq_{K_i} \mathbf{0},\ i = 1, \ldots, m \\ & \mathbf{F}\mathbf{x} = \mathbf{g} \end{aligned} \tag{4.109}$$

其中

$$K_i = \{(\mathbf{y}, t) \in \mathbb{R}^{n_i+1} \mid \|\mathbf{y}\|_2 \leqslant t\}$$

是一个二阶锥。注意，上面与 K_i 有关的广义不等式约束表示 $(\mathbf{A}_i\mathbf{x} + \mathbf{b}_i, \mathbf{c}_i^{\mathrm{T}}\mathbf{x} + d_i) \in K_i$（参考式 (2.78a)），即 $\|\mathbf{A}_i\mathbf{x} + \mathbf{b}_i\|_2 \leqslant \mathbf{c}_i^{\mathrm{T}}\mathbf{x} + d_i$。

- 半正定规划 (SDP)：标准形式为

$$\begin{aligned} \min \quad & \mathrm{Tr}(\mathbf{C}\mathbf{X}) \\ \text{s.t.} \quad & \mathbf{X} \succeq_K \mathbf{0} \\ & \mathrm{Tr}(\mathbf{A}_i\mathbf{X}) = b_i,\ i = 1, \ldots, p \end{aligned} \tag{4.110}$$

其中，变量 $\mathbf{X} \in \mathbb{S}^n$，$\mathbf{C}, \mathbf{A}_1, \ldots, \mathbf{A}_p \in \mathbb{S}^n$，$K = \mathbb{S}_+^n$。SDP 的不等式形式为

$$\begin{aligned} \min \quad & \mathbf{c}^{\mathrm{T}}\mathbf{x} \\ \text{s.t.} \quad & x_1\mathbf{A}_1 + \cdots + x_n\mathbf{A}_n \preceq \mathbf{B} \end{aligned} \tag{4.111}$$

其中，变量 $\mathbf{x} \in \mathbb{R}^n$，$\mathbf{c} \in \mathbb{R}^n$，$\mathbf{B}, \mathbf{A}_1, \ldots, \mathbf{A}_n \in \mathbb{S}^k$。

第 6 章 ~第 8 章中将分别介绍如何将一个问题构造为线性规划或二阶锥规划或半正定规划问题，以及这些方法在通信和信号处理中的应用。

4.4.2 向量优化

向量优化问题定义为

$$\begin{aligned} \min\ (\text{w.r.t. } K) \quad & \boldsymbol{f}_0(\mathbf{x}) \\ \text{s.t.} \quad & f_i(\mathbf{x}) \leqslant 0,\ i = 1, \ldots, m \\ & h_i(\mathbf{x}) = 0,\ i = 1, \ldots, p \end{aligned} \tag{4.112}$$

其中，$\mathbf{x} \in \mathbb{R}^n$ 是优化变量，$K \subset \mathbb{R}^q$ 是真锥，目标函数是 $\boldsymbol{f}_0 : \mathbb{R}^n \to \mathbb{R}^q$，且 $f_i : \mathbb{R}^n \to \mathbb{R}$，$i = 1, \ldots, m$ 和 $h_i(\mathbf{x}), i = 1, \ldots, p$ 分别为不等式和等式约束函数。

问题式 (4.112) 的定义域记为 $\mathcal{D}$，可行集记为 $\mathcal{C}$（参考式 (4.3)），且 $\mathcal{O}$ 表示 $\mathcal{C}$ 中所有可行点 $\mathbf{x}$ 对应的可行值 $\boldsymbol{f}_0(\mathbf{x})$（$q\times 1$ 维向量）的集合，即

$$\begin{aligned}\mathcal{O}&=\boldsymbol{f}_0(\mathcal{C})\\&=\{\boldsymbol{f}_0(\mathbf{x})\mid \exists\mathbf{x}\in\mathcal{D},\ f_i(\mathbf{x})\leqslant 0,\ i=1,\ldots,m,\ h_i(\mathbf{x})=0,\ i=1,\ldots,p\}\subset\mathbb{R}^q\end{aligned}\tag{4.113}$$

这也是可实现的目标值的集合（参考图 4.5）。如果对于任意可行的 $\mathbf{y}$ 都有 $\boldsymbol{f}_0(\mathbf{x}^\star)\preceq_K \boldsymbol{f}_0(\mathbf{y})$，那么可行点 $\mathbf{x}^\star$ 是最优的，即 $\boldsymbol{f}_0(\mathbf{x}^\star)$ 是集合 $\mathcal{O}$ 中的最小元（参考图 4.5），或等价于

$$\mathcal{O}\subseteq\{\boldsymbol{f}_0(\mathbf{x}^\star)\}+K\ \Leftrightarrow\ \mathcal{O}-\{\boldsymbol{f}_0(\mathbf{x}^\star)\}\subseteq K\quad\text{（根据式 (2.83)）}\tag{4.114}$$

然而，问题式 (4.112) 可能不存在任何最优点和最优值。对于这种情况，如果 $\boldsymbol{f}_0(\mathbf{x}^\star)$ 是集合 $\mathcal{O}$ 的一个极小元（参考图 2.16），那么可行点 $\mathbf{x}^\star$ 是 **Pareto 最优**的（或称 Pareto 效率）。显然 Pareto 最优点的集合

$$\mathcal{C}_P\triangleq\{\mathbf{x}\in\mathcal{C}\mid \boldsymbol{f}_0(\mathbf{y})\not\preceq\boldsymbol{f}_0(\mathbf{x}),\ \forall\mathbf{y}\in\mathcal{C},\mathbf{y}\neq\mathbf{x}\}\quad\text{（参考式 (2.86)）}\tag{4.115}$$

是 $\mathcal{C}$ 的一个子集。当 $K=\mathbb{R}^q_+$ 时，$\mathbf{x}^\star\in\mathcal{C}_P$ 的 Pareto 最优可以解释为：不可能减少相关目标函数 $\boldsymbol{f}_0(\mathbf{x}^\star)$（$q\times 1$ 的向量）的任何元素，并且还能不增加 $\boldsymbol{f}_0(\mathbf{x}^\star)$ 的其他任意 $q-1$ 个元素的值。

点 $\mathbf{x}^\star\in\mathcal{C}_P$ 是 Pareto 最优，当且仅当它是可行的且

$$(\{\boldsymbol{f}_0(\mathbf{x}^\star)\}-K)\cap\mathcal{O}=\{\boldsymbol{f}_0(\mathbf{x}^\star)\}\quad\text{（参考式 (2.85) 和图 2.16）}\tag{4.116}$$

一个向量优化问题可以有许多 Pareto 最优值和最优点。记 Pareto 最优值的集合为 $\mathcal{P}$，则 $\mathcal{P}$ 必须满足

$$\mathcal{P}=\boldsymbol{f}_0(\mathcal{C}_P)\subseteq(\mathcal{O}\cap\mathbf{bd}\,\mathcal{O})\tag{4.117}$$

这是因为集合 $\mathcal{O}$ 可能既不是闭集也不是开集，即每个 Pareto 最优值是一个可实现的目标向量，该向量不仅属于集合 $\mathcal{O}$ 而且也位于集合 $\mathcal{O}$ 的边界上。因此在一些应用中，集合 $\mathcal{P}$ 被称为 **Pareto 边界**。图 4.5(a) 展示了 Pareto 边界 $\mathcal{P}$ 和 $K=\mathbb{R}^2_+$。

在某些应用中，寻找集合 $\mathcal{C}_P$ 和相关集合 $\mathcal{P}$ 非常重要。其中，寻找集合 $\mathcal{C}_P$ 中点的一种方式就是求解下面的标量优化问题：

$$\mathbf{x}^\diamond=\arg\min\left\{\boldsymbol{\lambda}^{\mathrm{T}}\boldsymbol{f}_0(\mathbf{x}),\ \mathbf{x}\in\mathcal{C}\right\}\tag{4.118}$$

其中，$\boldsymbol{\lambda}\succeq_{K^*}\mathbf{0}$ 和 $\boldsymbol{\lambda}\neq\mathbf{0}$（参考式 (2.121a) 中的 P_1）。令

$$\boldsymbol{y}^\diamond(\boldsymbol{\lambda})\triangleq\boldsymbol{f}_0(\mathbf{x}^\diamond)=\arg\min\left\{\boldsymbol{\lambda}^{\mathrm{T}}\boldsymbol{y}\mid\boldsymbol{y}\in\mathcal{O}\right\}\tag{4.119}$$

注意，可行集 $\mathcal{O}$ 可能非凸，故问题式 (4.119) 也可能非凸，且 $\boldsymbol{y}^\diamond(\boldsymbol{\lambda})$ 可能不唯一。但一般而言，$\boldsymbol{\lambda}\succeq_{K^*}\mathbf{0}$，$\boldsymbol{\lambda}\neq\mathbf{0}$（见图 4.5(b)，$K=K^*=\mathbb{R}^2_+$），则 $\boldsymbol{y}^\diamond(\boldsymbol{\lambda})$ 是 $\mathcal{O}$ 的最小元（即问题式 (4.112) 的 Pareto 最优解）。

确实，因为 $\mathcal{C}_P$ 通常是由高维集合中 $\mathcal{C}$ 的连续子集构成，所以为了寻找整个集合 $\mathcal{C}_P$，可以通过改变集合 $K^* \setminus \{\mathbf{0}\}$ 上的权重向量 $\boldsymbol{\lambda}$ 来求解问题式 (4.118) 得到，但这种方法往往具有较高的计算复杂度。设计高效的算法求解 $\mathcal{C}_P$ 仍然是无线通信与网络中一个具有挑战性的研究课题。在介绍说明性示例之前，下面将给出两个通过求解式 (4.118) 来得到 Pareto 最优解的注释。

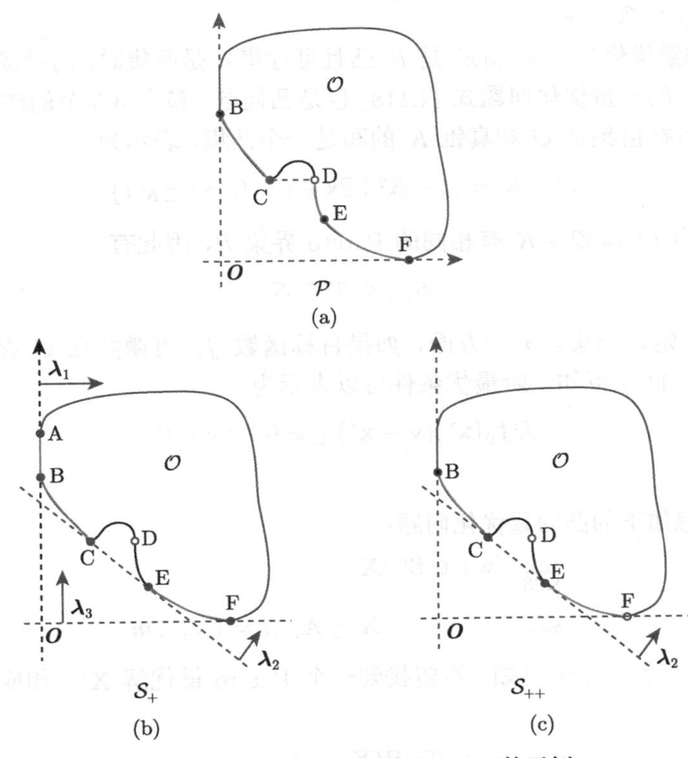

图 4.5　$\mathbf{x} \in \mathbb{R}^2$ 时问题式 (4.112) 的示例

注 4.6　令

$$\mathcal{S}_+ = \{\boldsymbol{y}^\diamond(\boldsymbol{\lambda}) \mid \boldsymbol{\lambda} \succeq_{K^*} \mathbf{0}, \boldsymbol{\lambda} \neq \mathbf{0}\} \tag{4.120}$$

$$\mathcal{S}_{++} = \{\boldsymbol{y}^\diamond(\boldsymbol{\lambda}) \mid \boldsymbol{\lambda} \succ_{K^*} \mathbf{0}\} \tag{4.121}$$

其中，$\boldsymbol{y}^\diamond(\boldsymbol{\lambda}) = \boldsymbol{f}_0(\mathbf{x}^\diamond)$（参考式 (4.119)），$\mathbf{x}^\diamond$ 是标量问题式 (4.118) 的最优解。然后有

$$\begin{aligned} &\mathcal{S}_{++} \subseteq \mathcal{P} \\ &\mathcal{P} \subseteq \mathcal{S}_+, \text{ 如果 } \mathcal{O} \text{ 是凸的} \end{aligned} \tag{4.122}$$

否则，$\mathcal{S}_+$ 或许只是包含 $\mathcal{P}$ 的一些点。换句话说，具有 $\boldsymbol{\lambda} \succ_{K^*} \mathbf{0}$ 的问题式 (4.118) 的每个解都是向量优化问题式 (4.112) 的 Pareto 最优解，但是其对于 $\boldsymbol{\lambda} \succeq_{K^*} \mathbf{0}$ 且 $\boldsymbol{\lambda} \neq \mathbf{0}$ 来说并不总成立。在 $\mathcal{S}_{++}$ 和 $\mathcal{S}_+$ 上，从 $\boldsymbol{\lambda}$ 到点 $\boldsymbol{y}^\diamond(\boldsymbol{\lambda})$ 的映射或许不是一一对应的，即根据实际考虑的问题，可以有多个甚至无穷多个 $\boldsymbol{y}^\diamond(\boldsymbol{\lambda})$ 与某个 $\boldsymbol{\lambda}$ 相关联。图 4.5 给出了在具有真锥 $K = \mathbb{R}^2_+$ 的 $\mathbb{R}^2$ 上的集合 $\mathcal{O}$（问题式 (4.112) 可实现的目标向量）、$\mathcal{P}$（Pareto 界）、$\mathcal{S}_+$ 和 $\mathcal{S}_{++}$ 的图

示，其中包含了 $\mathcal{S}_{++} \subseteq \mathcal{P}$ 但 $\mathcal{P} \not\subseteq \mathcal{S}_{+}$ 的情况。其中，真锥 $K = \mathbb{R}_{+}^{2}$ 和集合 $\mathcal{O} = \boldsymbol{f}_0(\mathcal{C})$ 由式 (4.113) 定义，Pareto 边界 $\mathcal{P} = \boldsymbol{f}_0(\mathcal{C}_P)$（图 (a) 线段 BC 和线段 DF 除 D 点的部分）和集合 $\mathcal{S}_{+}$ 由式 (4.120) 定义（图 (b) 线段 BC 和线段 EF 的部分），集合 $\mathcal{S}_{++}$ 由式 (4.121) 定义（图 (c) 中除了点 F 之外的线段 BC 和线段 EF 除 F 点的部分，这是因为 $\mathcal{P}$ 在 F 点是光滑的），其中从点 A 到点 B（$\mathcal{P}$ 在该点不光滑）的线段是集合 $\boldsymbol{y}^{\diamond}(\boldsymbol{\lambda}_1)$，集合 $\boldsymbol{y}^{\diamond}(\boldsymbol{\lambda}_2)$ 只包含点 C 和点 E，$\boldsymbol{y}^{\diamond}(\boldsymbol{\lambda}_3)$ 仅包含点 F。 □

注 4.7（凸向量优化） 当 $\boldsymbol{f}_0(\mathbf{x})$ 是 K-凸且可行集 $\mathcal{C}$ 是凸集时，向量优化问题式 (4.112) 是凸的，那么相关的标量优化问题式 (4.118) 也是凸问题（参考 3.5 节的注 3.39）。对于这种情况，可以看出目标值集合 $\mathcal{O}$ 和真锥 K 的和是一个凸集，表示为

$$\mathcal{O} + K = \{\boldsymbol{t} \in \mathbb{R}^q \mid \exists \mathbf{x} \in \mathcal{C},\ \boldsymbol{f}_0(\mathbf{x}) \preceq_K \boldsymbol{t}\} \tag{4.123}$$

这说明了两个集合 $\mathcal{O}$ 和 $\mathcal{O}+K$ 有相同的 Pareto 界集 $\mathcal{P}$，因此有

$$\mathcal{S}_{++} \subseteq \mathcal{P} \subseteq \mathcal{S}_{+} \tag{4.124}$$

尽管集合 $\mathcal{O}$ 不一定是凸集。另一方面，如果目标函数 $\boldsymbol{f}_0$ 可微并且 $\mathcal{O}$ 存在最小点，通过式 (3.134) 和式 (4.114) 可知一阶最优条件可以表示为

$$D\boldsymbol{f}_0(\mathbf{x}^{\star})(\mathbf{y} - \mathbf{x}^{\star}) \succeq_K \mathbf{0},\quad \forall \mathbf{y} \in \mathcal{C} \tag{4.125}$$

□

例 4.9 考虑如下的凸向量优化问题：

$$\begin{aligned} &\min_{\mathbf{X} \in \mathbb{S}^n}\ (\text{w,r,t. } \mathbb{S}_{+}^{n})\mathbf{X} \\ &\text{s.t.}\qquad\qquad \mathbf{X} \succeq \mathbf{A}_i,\ i = 1, \ldots, m \end{aligned} \tag{4.126}$$

其中，$\mathbf{A}_i \in \mathbb{S}^n$，$i = 1, \ldots, m$ 已知，希望找到一个 Pareto 最优解 $\mathbf{X}^{\star}$。相应的凸标量优化问题由下式给出。

$$\begin{aligned} &\min_{\mathbf{X} \in \mathbb{S}^n}\ \text{Tr}(\mathbf{WX}) \\ &\text{s.t. } \mathbf{X} \succeq \mathbf{A}_i,\ i = 1, \ldots, m \end{aligned} \tag{4.127}$$

这是一个半正定规划问题。注意式 (4.127) 的目标函数 $\text{Tr}(\mathbf{WX})$ 对于任意非零的权重矩阵 $\mathbf{W} \succeq \mathbf{0}$ 都是 $\mathbb{S}_{+}^{n}$- 非减的。可以通过求解式 (4.127) 获得 Pareto 最优解 $\mathbf{X}^{\star}$。

假设 $\mathbf{A}_i \succ \mathbf{0}$，则由其定义的单位椭球唯一，即

$$\mathcal{E}_{\mathbf{A}_i} = \{\mathbf{u} \mid \mathbf{u}^{\mathrm{T}} \mathbf{A}_i^{-1} \mathbf{u} \leqslant 1\} \quad \text{（参考式 (2.37)）}$$

图 4.6 针对 $n = 2$ 和 $m = 3$，给出了两个分别表示为 $\mathbf{X}_1$ 和 $\mathbf{X}_2$ 的 Pareto 最优解（分别求解针对式 (4.129) 中不同权重矩阵 $\mathbf{W}_1$ 和 $\mathbf{W}_2$ 的半正定规划问题式 (1.127) 可得）的两个椭圆，包含着对应式 (4.128) 中 $\mathbf{A}_1$、$\mathbf{A}_2$ 和 $\mathbf{A}_3$ 的 3 个椭圆：

$$\mathbf{A}_1 = \begin{bmatrix} 12 & -9 \\ -9 & 12 \end{bmatrix},\ \mathbf{A}_2 = \begin{bmatrix} 3 & 0 \\ 0 & 16 \end{bmatrix},\ \mathbf{A}_3 = \begin{bmatrix} 16 & 9 \\ 9 & 16 \end{bmatrix} \tag{4.128}$$

$$\mathbf{W}_1 = \begin{bmatrix} 1 & 0 \\ 0 & 1 \end{bmatrix},\ \mathbf{W}_2 = \begin{bmatrix} 1 & -1 \\ -1 & 5 \end{bmatrix} \tag{4.129}$$

其中，$\mathcal{E}_{\mathbf{A}_i} \subseteq \mathcal{E}_{\mathbf{X}_j}$，$i=1,\ldots,m$，$j=1,2$（根据 $\mathbf{X}_j \succeq \mathbf{A}_i$ 和参考式 (2.79)）。□

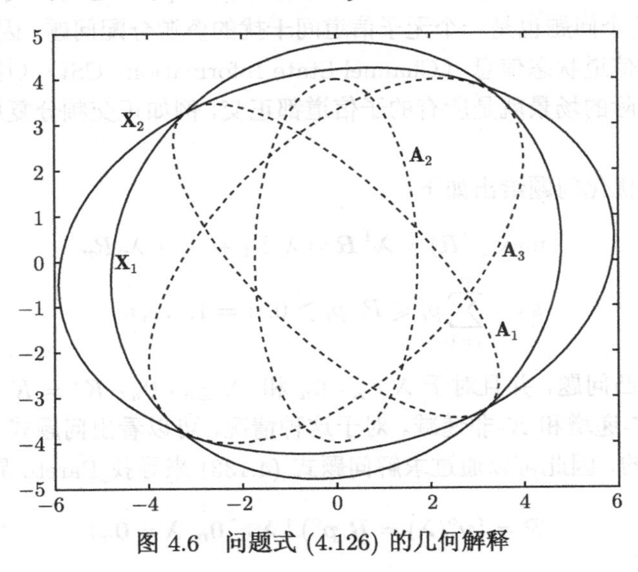

图 4.6　问题式 (4.126) 的几何解释

与式 (4.112) 的最小化标准向量优化问题不同，另一个向量优化问题是最大化问题，由式 (4.130) 给出。

$$
\begin{aligned}
\max(\text{w.r.t. } K) \quad & \boldsymbol{f}_0(\mathbf{x}) \\
\text{s.t.} \quad & f_i(\mathbf{x}) \leqslant 0,\ i=1,\ldots,m \\
& h_i(\mathbf{x}) = 0,\ i=1,\ldots,p
\end{aligned}
\tag{4.130}
$$

当目标函数 $\boldsymbol{f}_0: \mathbb{R}^n \to \mathbb{R}^q$ 是 K-凹的，即 $-\boldsymbol{f}_0$ 为 K-凸且可行集 $\mathcal{C}$ 为凸时，该问题是凸的。寻找唯一最大元（如果存在）或者集合 $\mathcal{O}$（即式 (4.113) 中定义的所有可行目标值的集合）的极大元。为了再次通过标量化的问题式 (4.112) 去获得 $\mathcal{O}$ 的极大元和相关的 Pareto 最优解 $\mathbf{x}^\star$，需要求解如下的标量优化问题：

$$
\begin{aligned}
\max \quad & \boldsymbol{\lambda}^{\mathrm{T}} \boldsymbol{f}_0(\mathbf{x}) \\
\text{s.t.} \quad & f_i(\mathbf{x}) \leqslant 0,\ i=1,\ldots,m \\
& h_i(\mathbf{x}) = 0,\ i=1,\ldots,p
\end{aligned}
\tag{4.131}
$$

其中，$\boldsymbol{\lambda} \succeq_{K^*} \mathbf{0}$ 和 $\boldsymbol{\lambda} \neq \mathbf{0}$。下面给出具体例子说明如何获得问题式 (4.130) 的 Pareto 最优解。

例 4.10　考虑如下的凸向量优化问题：

$$
\begin{aligned}
\max\ (\text{w.r.t. } \mathbb{R}^n_+)\ \boldsymbol{R}(\boldsymbol{p}) & \triangleq \left(R_1 = \log\left(1+\frac{p_1}{\sigma_1^2}\right), \ldots, R_n = \log\left(1+\frac{p_n}{\sigma_n^2}\right)\right) \\
\text{s.t.} \quad & \sum_{i=1}^{n} p_i \leqslant P,\ p_i \geqslant 0,\ i=1,\ldots,n
\end{aligned}
\tag{4.132}
$$

其中，目标函数 $\boldsymbol{R}(\boldsymbol{p})$ 在 $\boldsymbol{p}=(p_1,\ldots,p_n)\in\mathbb{R}^n$ 上是 $\mathbb{R}^n_+$-凸，$\sigma_i^2>0$，$i=1,\ldots,n$，是已知的参数。注意，在多信道无线通信中，R_i 表示子信道 i 上的可达传输速率（(bit/s)/Hz），是关

于底数为 2 的对数函数，可达传输速率取决于传输功率 p_i 和定义在式 (4.132) 中的相关信道噪声方差 σ_i^2。这个问题也是一个无子信道间干扰的资源分配问题，因为每个传输速率 R_i 只取决于它自己的信道状态信息（Channel State Information，CSI）（用 σ_i^2 来表征）。对于这种情况的一个实际的场景就是所有的子信道都正交，例如正交频分复用（OFDM）系统中的各个子信道。

对应的凸标量优化问题给出如下：

$$\begin{aligned}&\max\ f(\boldsymbol{R}) \triangleq \boldsymbol{\lambda}^{\mathrm{T}}\boldsymbol{R} = \lambda_1 R_1 + \cdots + \lambda_n R_n \\ &\text{s.t.}\ \ \sum_{i=1}^{n} p_i \leqslant P,\ p_i \geqslant 0,\ i = 1,\ldots,n\end{aligned} \tag{4.133}$$

这明显是一个凸问题，并且对于 $\boldsymbol{\lambda} \succ_{K^*} \mathbf{0}_n$ 和 $\boldsymbol{\lambda} \succeq_{K^*} \mathbf{0}_n$，$K^* = K = \mathbb{R}_+^n$ 来说，目标函数 $f(\boldsymbol{R})$ 分别是 K-递增和 K-非递减。对于这种情况，可以看出问题式 (4.132) 的可达目标值 $\mathcal{O}$ 的集合是凸的，因此可以通过求解问题式 (4.133) 来寻找 Pareto 界，即

$$\mathcal{P} = \{\boldsymbol{y}^{\diamond}(\boldsymbol{\lambda}) = \boldsymbol{R}(\boldsymbol{p}^{\diamond}) \mid \boldsymbol{\lambda} \succeq \mathbf{0}_n, \boldsymbol{\lambda} \neq \mathbf{0}_n\}$$

其中，$\boldsymbol{p}^{\diamond}$ 是凸问题式 (4.133) 的最优解，并且

$$S_{\mathcal{O}}(\boldsymbol{\lambda}) = \max\ \{\boldsymbol{\lambda}^{\mathrm{T}}\boldsymbol{R} \mid \boldsymbol{R} \in \mathcal{O}\} = f\big(\boldsymbol{y}^{\diamond}(\boldsymbol{\lambda})\big)$$

实际上是具有定义域为 $\{\boldsymbol{\lambda} \succeq \mathbf{0}_n, \boldsymbol{\lambda} \neq \mathbf{0}_n\}$（参考式 (3.82)）的集合 $\mathcal{O}$ 的支撑函数（关于 $\boldsymbol{\lambda}$）。

图 4.7 中示出了 $n = 2$ 的情况，其中每个包含 $\mathcal{O}$ 中所有最大元素的 Pareto 界（也即，集合 $\mathcal{P}$）和根据不同权重 λ_1 和 λ_2 得到的最大元素一起示出。其中，一条曲线表示 $\sigma_1^2 = \sigma_2^2 = 0.1$，一条曲线表示 $\sigma_1^2 = 10\sigma_2^2 = 0.1$。同时，在 Pareto 边界上分别给出了不同权重 $\lambda_1 = 0.5\lambda_2$，$\lambda_1 = \lambda_2$ 和 $\lambda_1 = 2\lambda_2$ 下的极大元（方形、菱形和圆）的两个集合。注意与 $\lambda_1 = \lambda_2 > 0$ 相关的每个最大元素也是最大和速率（即在总功率约束满足 $p_1 + p_2 \leqslant P$ 的情况下，$R_1 + R_2$ 是最大的）。对于这种情况，问题式 (4.133) 对应着注水问题式 (9.128)，其具有由第 9 章式 (9.133) 给出的解析最优功率控制解 $p_i^{\star}$。 □

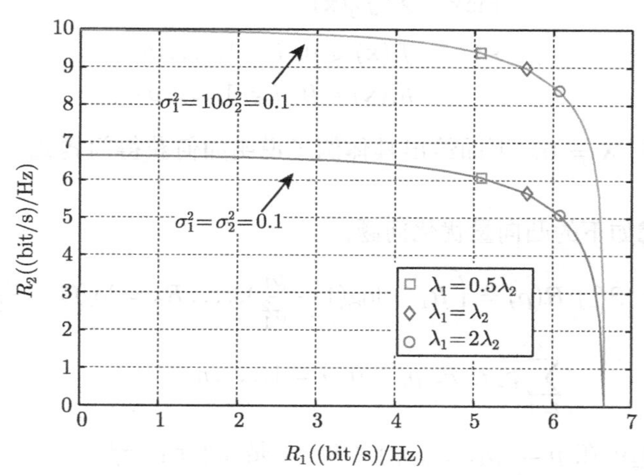

图 4.7 针对 $P = 10$ dB 和参数 σ_1^2 及 σ_2^2 的不同值，给出了问题式 (4.132) 的 Pareto 边界

注 4.8 虽然向量优化问题的可达目标值集合或许非凸，但是可以看出问题式 (4.132) 对应的集合 $\mathcal{O}$ 是凸的。

在进行证明之前，需要定义 **normal set** [Tuy00]。如果

$$\boldsymbol{R}_1 \in \mathcal{A} \implies \boldsymbol{R}_2 \in \mathcal{A}, \quad \forall \boldsymbol{0} \preceq_{\mathcal{K}} \boldsymbol{R}_2 \preceq_{\mathcal{K}} \boldsymbol{R}_1 \tag{4.134}$$

那么称集合 $\mathcal{A} \in \mathbb{R}^n$ 为真锥 $\mathcal{K}$ 的 normal set。例如，对于 $\mathcal{K} = \mathbb{R}_+^n$，问题式 (4.132) 的可达目标值 $\mathcal{O} = \boldsymbol{f}(\mathcal{C})$ 的集合可以看作是一个 normal set，这在接下来的凸性证明中是需要的。

令式 (4.132) 的凸可行集为 $\mathcal{C}$，

$$\boldsymbol{p}^{(i)} \triangleq (p_1^{(i)}, \ldots, p_n^{(i)}) \in \mathcal{C}, \quad i = 1, 2 \tag{4.135}$$

则 $\boldsymbol{p}^{(i)}$ 对应的速率向量为

$$\boldsymbol{R}^{(i)} = (R_1^{(i)}, \ldots, R_n^{(i)}) \in \mathcal{O} \tag{4.136}$$

其中

$$R_j^{(i)} = \log(1 + p_j^{(i)}/\sigma_j^2), \quad \forall i = 1, 2 \text{ 及 } j = 1, \ldots, n \tag{4.137}$$

因此有

$$\theta \boldsymbol{p}^{(1)} + (1-\theta)\boldsymbol{p}^{(2)} \in \mathcal{C}, \quad \forall \theta \in [0, 1] \tag{4.138}$$

这表明 $\mathcal{O}$ 必须包含相应的速率向量，记作 $\boldsymbol{R}^{(1,2)}$，即

$$\boldsymbol{R}^{(1,2)} \triangleq \begin{bmatrix} \log\left(1 + [\theta p_1^{(1)} + (1-\theta)p_1^{(2)}]/\sigma_1^2\right) \\ \vdots \\ \log\left(1 + [\theta p_n^{(1)} + (1-\theta)p_n^{(2)}]/\sigma_n^2\right) \end{bmatrix} \in \mathcal{O} \tag{4.139}$$

对于任意 $\theta \in [0, 1]$，有

$$\theta \boldsymbol{R}^{(1)} + (1-\theta)\boldsymbol{R}^{(2)} = \begin{bmatrix} \theta \log\left(1 + \dfrac{p_1^{(1)}}{\sigma_1^2}\right) + (1-\theta)\log\left(1 + \dfrac{p_1^{(2)}}{\sigma_1^2}\right) \\ \vdots \\ \theta \log\left(1 + \dfrac{p_n^{(1)}}{\sigma_n^2}\right) + (1-\theta)\log\left(1 + \dfrac{p_n^{(2)}}{\sigma_n^2}\right) \end{bmatrix} \tag{4.140a}$$

$$\preceq \begin{bmatrix} \log\left(1 + [\theta p_1^{(1)} + (1-\theta)p_1^{(2)}]/\sigma_1^2\right) \\ \vdots \\ \log\left(1 + [\theta p_n^{(1)} + (1-\theta)p_n^{(2)}]/\sigma_n^2\right) \end{bmatrix} = \boldsymbol{R}^{(1,2)} \in \mathcal{O} \tag{4.140b}$$

成立。其中，由式 (4.139) 可知式 (4.140b) 中的等号成立，由 $\log(1+x)$ 在 $x \in \mathbb{R}_+$ 上为凹可知式 (4.140b) 的不等式成立，这也说明 $\boldsymbol{R}$ 关于 $\boldsymbol{p}$ 是 $\mathbb{R}_+^n$-凹的。因为速率域 $\mathcal{O}$ 是一个 normal set，则结合式 (4.140) 可得，对于任意 $\boldsymbol{R}^{(1)}, \boldsymbol{R}^{(2)} \in \mathcal{O}$ 和 $0 \leqslant \theta \leqslant 1$，有 $\theta\boldsymbol{R}^{(1)} + (1-\theta)\boldsymbol{R}^{(2)} \in \mathcal{O}$，故集合 $\mathcal{O}$ 为凸集。 □

4.5 拟凸优化

拟凸优化问题标准形式如下:

$$\begin{aligned} p^\star = \min \quad & f_0(\mathbf{x}) \\ \text{s.t.} \quad & f_i(\mathbf{x}) \leqslant 0,\ i = 1, \ldots, m \\ & \mathbf{A}\mathbf{x} = \mathbf{b} \end{aligned} \tag{4.141}$$

其中，$f_0(\mathbf{x})$ 是拟凸的，且 $f_i(\mathbf{x})$, $i = 1, \ldots, m$ 都是凸的。虽然可行集为凸，但是拟凸问题可能存在局部最优点，因此寻找全局最优解的计算复杂度比较高。下面给出式 (4.141) 的一种最优性条件。

论据 4.2 假设 $f_0(\mathbf{x})$ 可微。对于式 (4.141) 定义的拟凸问题，如果

$$\nabla f_0(\mathbf{x})^{\mathrm{T}}(\mathbf{y} - \mathbf{x}) > 0,\ \forall \mathbf{y} \in \mathcal{C},\ \mathbf{y} \neq \mathbf{x} \tag{4.142}$$

成立（充分条件），点 $\mathbf{x} \in \mathcal{C} = \{\mathbf{x} \mid f_i(\mathbf{x}) \leqslant 0,\ i = 1, \ldots, m, \mathbf{A}\mathbf{x} = \mathbf{b}\}$ 是最优解，反之并不一定成立。

证明 回顾拟凸函数的一阶条件（见式 (3.110)），可知当且仅当对于所有的 $\mathbf{x}, \mathbf{y} \in \mathbf{dom}\ f_0$，都有

$$f_0(\mathbf{y}) \leqslant f_0(\mathbf{x}) \Rightarrow \nabla f_0(\mathbf{x})^{\mathrm{T}}(\mathbf{y} - \mathbf{x}) \leqslant 0$$

f_0 是拟凸的。已知 $\nabla f_0(\mathbf{x})^{\mathrm{T}}(\mathbf{y} - \mathbf{x}) > 0,\ \forall \mathbf{y} \in \mathcal{C}$，因此对于所有 $\mathbf{y} \in \mathcal{C}$，有 $f_0(\mathbf{x}) < f_0(\mathbf{y})$，所以 $\mathbf{x}$ 是最优的。 □

由于式 (4.23) 中凸优化问题的最优性条件是充要条件，但式 (4.142) 给出的最优性条件只是拟凸问题的充分条件，因此限制了其实用性。除了前者涉及闭的半空间，后者涉及开的半空间之外，两个最优性条件非常相似。

通过上境图表示，问题式 (4.141) 可等价表示为

$$\begin{aligned} p^\star = \min \quad & t \\ \text{s.t.} \quad & f_0(\mathbf{x}) \leqslant t,\ f_i(\mathbf{x}) \leqslant 0,\ i = 1, \ldots, m \\ & \mathbf{A}\mathbf{x} = \mathbf{b} \end{aligned} \tag{4.143}$$

由于式 f_0 不是凸的而是拟凸的，所以不等式约束集 $\{(\mathbf{x}, t) \mid f_0(\mathbf{x}) \leqslant t\} = \mathbf{epi}\ f_0$ 在 $(\mathbf{x}, t)$ 上是非凸的，因此问题式 (4.143) 也是非凸的。然而，通过固定 t，以下可行性问题是凸的。

$$\begin{aligned} \text{find} \quad & \mathbf{x} \\ \text{s.t.} \quad & f_0(\mathbf{x}) \leqslant t,\ f_i(\mathbf{x}) \leqslant 0,\quad i = 1, \ldots, m \\ & \mathbf{A}\mathbf{x} = \mathbf{b} \end{aligned} \tag{4.144}$$

可行性问题式 (4.144) 的凸约束集 $\mathcal{C}_t$ 可以表示为

$$\mathcal{C}_t = \{\mathbf{x} \mid f_0(\mathbf{x}) \leqslant t,\ f_i(\mathbf{x}) \leqslant 0, i = 1, \ldots, m,\ \mathbf{A}\mathbf{x} = \mathbf{b}\} \subseteq \mathcal{C}_s,\ \forall t \leqslant s \tag{4.145}$$

而且，对于 $t \geqslant p^\star$，有 $\mathcal{C}_t \neq \varnothing$；对于 $t < p^\star$，有 $\mathcal{C}_t = \varnothing$（参考图 4.8）。

求解式 (4.141) 的一种思路是反复地减小 t 直到可行性问题式 (4.144) 对于 $t \in [p^\star, p^\star+\epsilon]$ 是可行的，其中 ϵ 是一个预先分配的小的正数。假设 $p^\star \in [\ell, u]$，其中 ℓ 和 u 通常可以由相关的约束来确定（例如，无线通信中的最大或最小发射功率）。然后可以通过算法 4.1 中的二分法迭代求解问题式 (4.141)，从而得到一个 ϵ-次优解。

算法 4.1 求解拟凸问题式 (4.141) 的二分法

1: 已知 界 $\ell \leqslant p^\star \leqslant u$ 和收敛误差 ϵ。
2: **repeat**
3: 　更新 $t := (\ell + u)/2$;
4: 　求解凸可行性问题式 (4.144);
5: 　若 问题可行 $(\mathcal{C}_t \neq \varnothing)$，更新 $u := t$；否则更新 $\ell := t$；
6: **until** $u - \ell \leqslant \epsilon$。

图 4.8 在概念上说明了二分法的过程。迭代次数取决于给定的 ϵ 值和该拟凸问题的特性。当然，另一种有效解决拟凸问题的方法是，通过前述的变量变换、函数变换等方法，将原问题转化为凸优化问题（如果可以的话）。

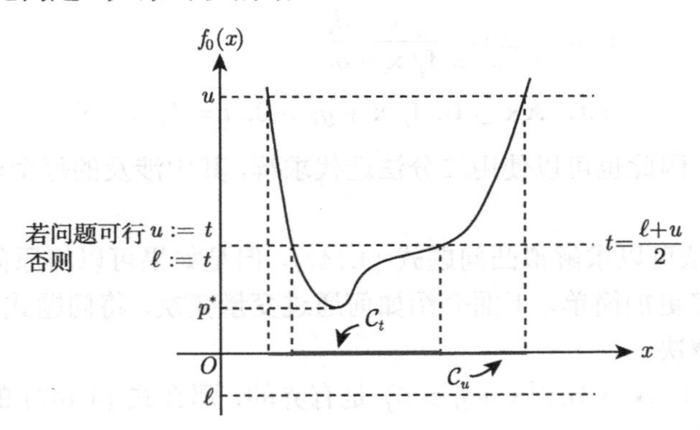

图 4.8 二分法求解一维无约束的拟凸优化问题

接下来，给出二分法求解拟凸问题的一个例子。如下的线性分式函数

$$f_0(\mathbf{x}) = \frac{\mathbf{c}^{\mathrm{T}}\mathbf{x} + d}{\mathbf{f}^{\mathrm{T}}\mathbf{x} + g} \tag{4.146}$$

是拟凸的，其定义域为 $\mathbf{dom}\ f_0 = \{\mathbf{x} \mid \mathbf{f}^{\mathrm{T}}\mathbf{x} + g > 0\}$。**线性分式规划**问题定义为

$$\begin{aligned} p^\star = \min\ & f_0(\mathbf{x}) \\ \text{s.t.}\ & \mathbf{f}^{\mathrm{T}}\mathbf{x} + g > 0,\ \mathbf{A}\mathbf{x} \preceq \mathbf{b} \end{aligned} \tag{4.147}$$

利用上境图将式 (4.147) 重构为

$$\begin{aligned} &\min\ t \\ &\text{s.t.}\ \frac{\mathbf{c}^{\mathrm{T}}\mathbf{x}+d}{\mathbf{f}^{\mathrm{T}}\mathbf{x}+g} \leqslant t \\ &\qquad \mathbf{f}^{\mathrm{T}}\mathbf{x}+g>0,\ \mathbf{A}\mathbf{x} \preceq \mathbf{b} \end{aligned} \tag{4.148}$$

式 (4.148) 等价于

$$\begin{aligned} \min \quad & t \\ \text{s.t.} \quad & \mathbf{c}^{\mathrm{T}}\mathbf{x}+d \leqslant t(\mathbf{f}^{\mathrm{T}}\mathbf{x}+g) \\ & \mathbf{f}^{\mathrm{T}}\mathbf{x}+g>0,\ \mathbf{A}\mathbf{x} \preceq \mathbf{b} \end{aligned} \tag{4.149}$$

上述问题可通过二分法求解。当 t 为某个固定值时，式 (4.149) 的可行性问题是一个如下线性规划问题：

$$\begin{aligned} \text{find} \quad & \mathbf{x} \\ \text{s.t.} \quad & \mathbf{c}^{\mathrm{T}}\mathbf{x}+d \leqslant t(\mathbf{f}^{\mathrm{T}}\mathbf{x}+g) \\ & \mathbf{f}^{\mathrm{T}}\mathbf{x}+g>0,\ \mathbf{A}\mathbf{x} \preceq \mathbf{b} \end{aligned} \tag{4.150}$$

如果可行性问题不可行，即 $\mathcal{C}_t=\varnothing$，那么 $t<p^{\star}$，反之则有 $p^{\star} \leqslant t$。

同样地，可以很容易地证明如下形式的**广义线性分式规划**：

$$\begin{aligned} \min \quad & \max_{i=1,\ldots,K} \frac{\mathbf{c}_i^{\mathrm{T}}\mathbf{x}+d_i}{\mathbf{f}_i^{\mathrm{T}}\mathbf{x}+g_i} \\ \text{s.t.} \quad & \mathbf{A}\mathbf{x} \preceq \mathbf{b},\ \mathbf{f}_i^{\mathrm{T}}\mathbf{x}+g_i>0,\ i=1,\ldots,K \end{aligned} \tag{4.151}$$

也是一个拟凸问题，因此也可以使用二分法迭代求解，其中涉及的每个可行性问题都是线性规划。

虽然使用二分法可以求解拟凸问题式 (4.147)，但是如果可以将原问题转化为凸优化问题，那么求解过程将更加简单。下面介绍如何通过变量变换，将问题式 (4.147) 转化为凸优化问题，从而得以解决。

如果可行集 $\{\mathbf{x} \mid \mathbf{A}\mathbf{x} \preceq \mathbf{b}, \mathbf{f}^{\mathrm{T}}\mathbf{x}+g>0\}$ 是有界的，那么式 (4.147) 的线性分式规划可以转换为线性规划。令

$$z=\frac{1}{\mathbf{f}^{\mathrm{T}}\mathbf{x}+g} \quad \text{（亦称 Charnes–Cooper 变换），}$$

$$\mathbf{y}=z\mathbf{x}$$

可得

$$\begin{aligned} \min_{\mathbf{y}\in\mathbb{R}^n,\ z\in\mathbb{R}} \quad & \mathbf{c}^{\mathrm{T}}\mathbf{y}+dz \\ \text{s.t.} \quad & \mathbf{A}\mathbf{y}-\mathbf{b}z \preceq \mathbf{0},\ z \geqslant 0,\ \mathbf{f}^{\mathrm{T}}\mathbf{y}+gz=1 \end{aligned} \tag{4.152}$$

显然，若 $\{\mathbf{x} \mid \mathbf{A}\mathbf{x} \preceq \mathbf{b}, \mathbf{f}^{\mathrm{T}}\mathbf{x}+g>0\}$ 是有界的，则对于任意 $(\mathbf{y}, z)$，都有 $z>0$。如果 $(\mathbf{y}, z)$ 是线性规划式 (4.152) 的一个可行解，那么 $\mathbf{x}=\mathbf{y}/z$ 就是线性分式规划式 (4.147) 的可行解 [BV04]。

最后，以最优功率分配为例说明二分法的应用。

例 4.11（**最优功率分配问题**） 考虑**最大最小公平问题**，即在功率约束 $0 \leqslant p_i \leqslant P_i$ 下，使得式 (4.83) 中的最小的 γ_i 值最大化，其中 P_i 表示发射机 i 的最大发射功率。功率分配问题可表示为

$$\begin{aligned}\gamma^{\star} &= \max_{p_i \in [0, P_i], i=1,\ldots,K} \ \min_{i=1,\ldots,K} \ \gamma_i \\ &= \max_{p_i \in [0, P_i], i=1,\ldots,K} \ \min_{i=1,\ldots,K} \ \frac{G_{ii} p_i}{\sum\limits_{j=1, j \neq i}^{K} G_{ij} p_j + \sigma_i^2}\end{aligned} \tag{4.153}$$

由式 (4.8) 或式 (4.9) 可知，上述问题可以等价表示为如下的广义线性分式规划：

$$\begin{aligned}\frac{1}{\gamma^{\star}} &= \min_{p_i \in [0, P_i], i=1,\ldots,K} \ \max_{i=1,\ldots,K} \ \frac{1}{\gamma_i} \\ &= \min_{p_i \in [0, P_i], i=1,\ldots,K} \ \max_{i=1,\ldots,K} \ \frac{\sum\limits_{j=1, j \neq i}^{K} G_{ij} p_j + \sigma_i^2}{G_{ii} p_i}\end{aligned} \tag{4.154}$$

该问题可通过二分法求解。注意，问题式 (4.153) 和式 (4.154) 虽然有相同的最优解，但是它们的最优值互为倒数。二分法每次迭代时，都执行了一次线性规划的可行性问题的求解，直至问题收敛至全局最优。 □

4.6 分块连续上界最小化

到目前为止，本章一直关注非凸问题转化为凸问题或拟凸起问题的一般方法，从而使得我们可以用多种方法来获取最优解，例如用一阶最优条件式 (4.23) 求解凸问题或利用二分法求解拟凸问题。当然，也有很多其他有效的方法来求解凸问题，该部分内容将在第 9 章介绍，特别是利用 KKT 条件进行求解。然而，将非凸问题转化为凸或拟凸问题往往比较困难，此时则可以优先考虑如何获得该问题的一个**稳定点**（**Stationary Point，又称驻点、平稳点**）。因此接下来，首先介绍非凸问题的稳定点概念，然后介绍 BSUM 算法，利用 BSUM 算法可有效获得非凸问题在某些条件下的稳定点。

4.6.1 稳定点

令 $f: \mathcal{C} \to \mathbb{R}$ 是一个连续的非凸函数，可能不可微，其中 $\mathcal{C} \subseteq \mathbb{R}^n$ 是一个闭凸集。考虑如下的最小化问题：

$$\min_{\mathbf{x} \in \mathcal{C}} f(\mathbf{x}) \tag{4.155}$$

f 关于点 $\mathbf{x}$ 在方向 $\mathbf{v}$ 上的**方向导数**定义为

$$\begin{aligned}f'(\mathbf{x}; \mathbf{v}) &\triangleq \liminf_{\lambda \downarrow 0} \ \frac{f(\mathbf{x} + \lambda \mathbf{v}) - f(\mathbf{x})}{\lambda} \\ &= \lim_{\lambda \to 0^+} \ \inf_{0 < \mu \leqslant \lambda} \ \frac{f(\mathbf{x} + \mu \mathbf{v}) - f(\mathbf{x})}{\mu}\end{aligned} \tag{4.156}$$

如果对于所有的 $\mathbf{v}$ 满足 $f'(\mathbf{x};\mathbf{v}) \geqslant 0$ 使得 $\mathbf{x}+\mathbf{v} \in \mathcal{C}$，那么点 $\mathbf{x}$ 被称作问题式 (4.155) 的稳定点 [RHL13]。

令 $\mathcal{C}=[a,b]$，其中 $a \in \mathbb{R}$，$b \in \mathbb{R}$，$a \leqslant b$，以及令 $f(x)=|x|$，该函数是不可微的凸函数。由式 (4.156) 很容易得到 f 的方向导数：

$$f'(x;v)=\begin{cases} |v|, & \text{若 } x=0 \\ |v|, & \text{若 } x>0, v>0 \text{ 或 } x<0, v<0 \\ -|v|, & \text{若 } x>0, v<0 \text{ 或 } x<0, v>0 \end{cases}$$

所以，如果 $a \leqslant 0 \leqslant b$，问题式 (4.155) 的稳定点是 $x=0$；如果 $a \geqslant 0$，则 $x=a$；如果 $b \leqslant 0$，则 $x=b$。注意对于该示例来说，稳定点也是最优解。

当 f 可微时，式 (4.156) 的定义可以简化为

$$\begin{aligned} f'(\mathbf{x};\mathbf{v}) = \lim_{\lambda \to 0^+} \frac{f(\mathbf{x}+\lambda\mathbf{v})-f(\mathbf{x})}{\lambda} &= \nabla f(\mathbf{x})^{\mathrm{T}}\mathbf{v} \geqslant 0, \quad \forall \mathbf{x}+\mathbf{v} \in \mathcal{C} \\ \Leftrightarrow \ \nabla f(\mathbf{x})^{\mathrm{T}}(\mathbf{y}-\mathbf{x}) \geqslant 0, &\quad \forall \mathbf{y} \in \mathcal{C} \end{aligned} \tag{4.157}$$

可以看出，其等价于式 (4.23) 给出的一阶最优条件。因此，对于 $\mathbf{x} \in \mathbf{int}\ \mathcal{C}$ 来说（参考式 (4.28)），$f'(\mathbf{x};\mathbf{v})$ 也等价于 $\nabla f(\mathbf{x})=\mathbf{0}$。一般来说，一个稳定点可以是局部最小点、局部最大点或者鞍点（参考图 4.9），当 f 为凸时，稳定点就是问题式 (4.155) 的全局最优解。

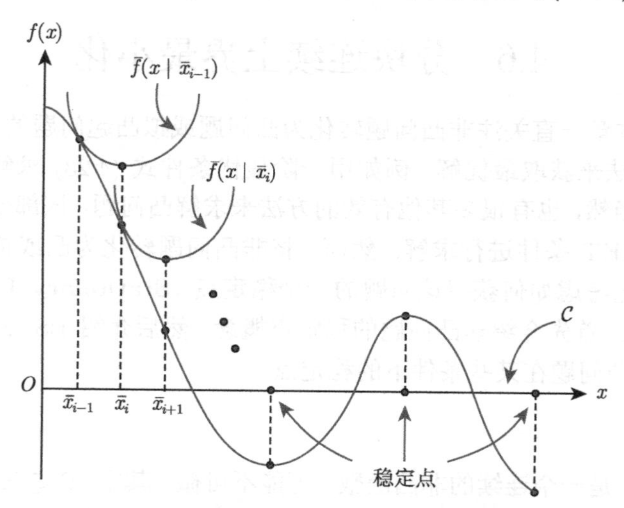

图 4.9 $m=n=1$ 的 BSUM 方法（即算法 4.2）可收敛到问题式 (4.155) 的稳定点。注意，因为 $m=1$，$\bar{x}_i$ 的下标 i 在这里表示迭代次数而不是块数目

注 4.9 目标函数 f 和所有不等式约束函数都可微时，凸问题式 (4.11) 可视为式 (4.155) 的一个特例。对于这种情况，在 Slater 条件下（参考 9.3.1 节），由式 (4.157) 给出的稳定点条件等价于该问题的 KKT 条件（参考注 9.14）。此外，问题式 (4.155)（其中 f 是非凸的）的稳定点和 KKT 点（满足 KKT 条件）的等价性在 Slater 条件下仍然有效（参考注 9.15）。下面要介绍的 BSUM 方法对于寻找非凸问题式 (4.155) 的稳定点非常有效。 □

结合上面定义的稳定点，先介绍**函数正则性**，从而方便介绍 BSUM 方法。令 $f:\mathbb{R}^n\rightarrow\mathbb{R}$ 和 $\mathbf{x}=(\mathbf{x}_1,\ldots,\mathbf{x}_m)\in\mathbf{dom}\,f$，其中 $\mathbf{x}_i\in\mathbb{R}^{n_i}$ 且 $n_1+\cdots+n_m=n$。如果对于所有

$$\begin{cases}\mathbf{v}\triangleq(\mathbf{v}_1,\ldots,\mathbf{v}_m)\in\mathbb{R}^{n_1}\times\cdots\times\mathbb{R}^{n_m}\\ \boldsymbol{v}_i\triangleq(\mathbf{0}_{n_1},\ldots,\mathbf{0}_{n_{i-1}},\mathbf{v}_i,\mathbf{0}_{n_{i+1}},\ldots,\mathbf{0}_{n_m}),\ \mathbf{v}_i\in\mathbb{R}^{n_i}\end{cases}\tag{4.158}$$

都有 $f'(\mathbf{x};\boldsymbol{v}_i)\geqslant 0$，其中 $i=1,\ldots,m$（即 $f'(\mathbf{x};\mathbf{v})\geqslant 0$），则称 $f:\mathbb{R}^n\rightarrow\mathbb{R}$ 在点 $\mathbf{x}$ 是正则的。可以推断出如果 f 在点 $\mathbf{x}$ 可微，则

$$\begin{aligned}f'(\mathbf{x};\mathbf{v})&=\nabla f(\mathbf{x})^{\mathrm{T}}\ \mathbf{v}=\nabla f(\mathbf{x})^{\mathrm{T}}\left\{\sum_{i=1}^{m}\boldsymbol{v}_i\right\}\quad\text{（根据式 (4.157) 和式 (4.158)）}\\&=\sum_{i=1}^{m}f'(\mathbf{x};\boldsymbol{v}_i)\geqslant 0,\ \text{如果}\ f'(\mathbf{x};\boldsymbol{v}_i)\geqslant 0,\ \forall i\end{aligned}\tag{4.159}$$

所以 $\mathbf{x}$ 一定是 f 的正则点。接下来介绍寻找非凸问题式 (4.155) 的稳定点的 BSUM 方法。

4.6.2 分块连续上界最小化

假设 $\mathcal{C}=\mathcal{C}_1\times\cdots\times\mathcal{C}_m$，其中 $\mathcal{C}_i\subseteq\mathbb{R}^{n_i}$，$i=1,\ldots,m$，是闭凸集，并且 $\sum_{i=1}^{m}n_i=n$。通过合理地利用这种块结构，BSUM 以轮询方式（Gauss–Seidel 更新规则）[Ber99] 迭代更新 m 个变量块，从而高效地得到问题式 (4.155) 的稳定点。具体来说，就是已知第 $(r-1)$ 次迭代中的一个可行点 $\bar{\mathbf{x}}=(\bar{\mathbf{x}}_1,\ldots,\bar{\mathbf{x}}_m)\in\mathcal{C}$，那么在第 r 次迭代中，第 i 个块 $\bar{\mathbf{x}}_i$ 的更新公式为

$$\bar{\mathbf{x}}_i=\arg\min_{\mathbf{x}_i\in\mathcal{C}_i}\ \bar{f}_i(\mathbf{x}_i\mid\bar{\mathbf{x}})\tag{4.160}$$

其中，$i=((r-1)\bmod m)+1$，$\bar{f}_i(\mathbf{x}_i\mid\bar{\mathbf{x}})$ 是 $f(\mathbf{x})$ 在参考点 $\mathbf{x}=\bar{\mathbf{x}}\in\mathcal{C}$ 处关于第 i 个块的一个上限近似值。算法 4.2 总结了 BSUM 方法的步骤。图 4.9 说明了算法 4.2 在 $m=n=1$ 的情况下的迭代操作，在接下来提到的一些收敛条件下，该操作可以得到非凸问题式 (4.155) 的稳定点。

算法 4.2 BSUM 方法

1: 已知一个可行点 $\bar{\mathbf{x}}=(\bar{\mathbf{x}}_1,\ldots,\bar{\mathbf{x}}_m)\in\mathcal{C}$ 和集合 $r=0$。
2: **repeat**
3: 　设置 $r:=r+1$ 以及 $i=((r-1)\bmod m)+1$；
4: 　根据式 (4.160) 更新 $\bar{\mathbf{x}}_i$；
5: **until** 满足一些收敛准则。
6: 将 $\bar{\mathbf{x}}$ 作为问题式 (4.155) 的近似解进行输出。

研究了 BSUM 方法的收敛性 [RHL13]，总结如下：

假设以下两个条件之一为真。

(a) 对任意 $i=1,\ldots,m$，$\bar{f}_i(\mathbf{x}_i \mid \bar{\mathbf{x}})$ 是关于 $\mathbf{x}_i$ 的拟凸函数，且 $f(\mathbf{x})$ 在每个点 $\mathbf{x}\in\mathcal{C}$ 处都是正则的。 (4.161a)

(b) 存在点 $\mathbf{x}'\in\mathcal{C}$ 使得下水平集 $\mathcal{S}=\{\mathbf{x}\in\mathcal{C}\mid f(\mathbf{x})\leqslant f(\mathbf{x}')\}$ 是紧的，并且 $f(\mathbf{x})$ 在每个点 $\mathbf{x}\in\mathcal{S}$ 处都是正则的。 (4.161b)

则对任意 $\mathbf{x}_i\in\mathcal{C}_i$, $\bar{\mathbf{x}}\in\mathcal{C}$，以及任意 $\mathbf{x}_i+\mathbf{v}_i\in\mathcal{C}_i$ 的 $\mathbf{v}_i$, $\forall i$，只要

$$\bar{f}_i(\bar{\mathbf{x}}_i \mid \bar{\mathbf{x}}) = f(\bar{\mathbf{x}}) \tag{4.162a}$$

$$\bar{f}_i(\mathbf{x}_i \mid \bar{\mathbf{x}}) \geqslant f(\bar{\mathbf{x}}_1,\ldots,\bar{\mathbf{x}}_{i-1},\mathbf{x}_i,\bar{\mathbf{x}}_{i+1},\ldots,\bar{\mathbf{x}}_m) \tag{4.162b}$$

$$\bar{f}_i'(\bar{\mathbf{x}}_i;\mathbf{v}_i \mid \bar{\mathbf{x}}) = f'(\bar{\mathbf{x}};\boldsymbol{v}_i) \ \text{（参考式 (4.158) 中的 } \mathbf{v}_i \text{ 和 } \boldsymbol{v}_i\text{）} \tag{4.162c}$$

$$\bar{f}_i(\mathbf{x}_i \mid \bar{\mathbf{x}}) \text{ 关于 } (\mathbf{x}_i,\bar{\mathbf{x}}) \text{ 是连续的} \tag{4.162d}$$

$$\text{问题式 (4.160) 有唯一解} \tag{4.162e}$$

成立，则 BSUM 算法产生的迭代序列 $\bar{\mathbf{x}}$ 收敛到问题式 (4.155) 的某个稳定点。使用 BSUM 算法时需要注意以下两点：

注 4.10 当 f 和 $\bar{f}_i$ 可微的时候，可以从式 (4.162a) 和式 (4.162b) 推导出

$$\begin{aligned}
&\bar{\mathbf{x}}_i = \arg\min\left\{\bar{f}_i(\mathbf{x}_i \mid \bar{\mathbf{x}}) - f(\bar{\mathbf{x}}_1,\ldots,\bar{\mathbf{x}}_{i-1},\mathbf{x}_i,\bar{\mathbf{x}}_{i+1},\ldots,\bar{\mathbf{x}}_m)\right\}\\
&\Rightarrow \nabla_{\mathbf{x}_i}\left(\bar{f}_i(\bar{\mathbf{x}}_i \mid \bar{\mathbf{x}}) - f(\bar{\mathbf{x}})\right) = \mathbf{0}\\
&\Rightarrow \nabla\bar{f}_i(\bar{\mathbf{x}}_i \mid \bar{\mathbf{x}}) = \nabla_{\mathbf{x}_i} f(\bar{\mathbf{x}})\\
&\Rightarrow \nabla\bar{f}_i(\bar{\mathbf{x}}_i \mid \bar{\mathbf{x}})^{\mathrm{T}}\mathbf{v}_i = \nabla_{\mathbf{x}_i} f(\bar{\mathbf{x}})^{\mathrm{T}}\mathbf{v}_i = \nabla f(\bar{\mathbf{x}})^{\mathrm{T}}\boldsymbol{v}_i\\
&\Rightarrow \bar{f}_i'(\bar{\mathbf{x}}_i;\mathbf{v}_i \mid \bar{\mathbf{x}}) = f'(\bar{\mathbf{x}};\boldsymbol{v}_i) \ \text{（参考式 (4.157)）}
\end{aligned}$$

也就是说，式 (4.162c) 一定为真。因此 BSUM 方法的收敛条件可以简化为式 (4.162a)、式 (4.162b)、式 (4.162d) 和式 (4.162e)。 □

注 4.11 式 (4.162e) 的收敛条件仅适用于 $m>1$ 的情况。对于 $m=1$，BSUM 方法简称为 SUM 方法，该方法在无需满足式 (4.162e) 的收敛条件下，就可以得到问题式 (4.155) 的稳定点解。 □

因此，通过 BSUM 方法来求解问题式 (4.155) 的关键是合适地设计或找到一个近似函数 $\bar{f}_i(\mathbf{x}_i \mid \bar{\mathbf{x}})$, $i=1,\ldots,m$，使得一方面满足式 (4.162) 中的所有条件，另一方面可以有效地解决问题式 (4.160)。最后，通过下面例子来说明如何运用 BSUM 方法。

例 4.12 考虑一个两用户的单输入单输出（Single-Input Single-Output，SISO）干扰信道（图 8.9 所示是 $K=3$ 的情况下 K 用户多输入单输出（Multiple-Input Single-Output，MISO）干扰信道的一个特例），其中两个单天线发射机同时同频地和各自的单天线接收机通信。因此，这两个收发对在信号接收端互相干扰彼此。该系统的信号模型可以表示为

$$y_1 = x_1 + h_{21}x_2 + n_1$$
$$y_2 = h_{12}x_1 + x_2 + n_2$$

其中，y_i 是接收机 i 上的接收信号，x_i 是发射机 i 的发射信号，$h_{ki} \in \mathbb{C}$ 是发射机 k 和接收机 i 之间的交叉连接信道增益，$n_i \sim \mathcal{CN}(0, \sigma_i^2)$ 是接收机 i，$i,k \in \{1,2\}$ 上的加性噪声。注意接收信号 y_i 已经用 h_{ii} 进行了归一化处理，因此在上面的信号模型中为了简单起见，令 $h_{ii}=1$。假设传输信号 x_i 经过了均值为零、方差为 p_i 的高斯编码，即对于 $i=1,2$，$x_i \sim \mathcal{CN}(0,p_i)$，接收机采用单用户检测方案对接收信号 y_i 进行解码，进而获得期望信号 x_i，根据每个接收信号 y_i 的 SINR，两个收发对的数据可达速率由下式给出

$$r_1(p_1,p_2) = \log_2\left(1+\frac{\mathbb{E}\{|x_1|^2\}}{\mathbb{E}\{|h_{21}x_2+n_1|^2\}}\right) = \log_2\left(1+\frac{p_1}{|h_{21}|^2p_2+\sigma_1^2}\right) \ \text{bit/transmission}$$

$$r_2(p_1,p_2) = \log_2\left(1+\frac{\mathbb{E}\{|x_2|^2\}}{\mathbb{E}\{|h_{12}x_1+n_2|^2\}}\right) = \log_2\left(1+\frac{p_2}{|h_{12}|^2p_1+\sigma_2^2}\right) \ \text{bit/transmission}$$

为了最大化和速率，考虑如下的功率控制问题：

$$\max_{p_1,p_2} r_1(p_1,p_2)+r_2(p_1,p_2) \tag{4.163a}$$
$$\text{s.t.}\ 0 \leqslant p_1 \leqslant P_1 \tag{4.163b}$$
$$0 \leqslant p_2 \leqslant P_2 \tag{4.163c}$$

其中，P_1 和 P_2 分别是接收机 1 和接收机 2 的最大发射功率。注意，可行集是闭的且为凸（参考式 (4.163b) 和式 (4.163c)），因为目标函数既不是凸的也不是凹的，所以该问题在 (p_1,p_2) 上是非凸的。而且，用本章之前介绍的方法不能将该问题转换为凸问题。

现在，将介绍如何利用 BSUM 方法得到问题式 (4.163) 的稳定点解。首先，将该问题重写为一个标准形式的优化问题：

$$\min_{p_1,p_2} f(p_1,p_2) \triangleq -r_1(p_1,p_2)-r_2(p_1,p_2) \tag{4.164a}$$
$$\text{s.t.}\ 0 \leqslant p_1 \leqslant P_1 \tag{4.164b}$$
$$0 \leqslant p_2 \leqslant P_2 \tag{4.164c}$$

由二阶条件可知 $-r_1(p_1,p_2)$ 在 p_1 处为凸，在 p_2 处为凹，而 $-r_2(p_1,p_2)$ 在 p_2 处为凸，在 p_1 处为凹。可以用凹函数的一阶近似来得到期望近似函数，分别表示为 $\bar{f}_1(p_1 \mid \bar{p}_1,\bar{p}_2)$ 和 $\bar{f}_2(p_2 \mid \bar{p}_1,\bar{p}_2)$，并且这两个函数满足条件式 (4.162)。因此，用于更新 p_1 和 p_2 的两个近似函数分别为

$$\begin{aligned}\bar{f}_1(p_1 \mid \bar{p}_1,\bar{p}_2) &\triangleq -r_1(p_1,\bar{p}_2)-r_2(\bar{p}_1,\bar{p}_2)+(p_1-\bar{p}_1)\left.\frac{\partial\{-r_2(p_1,\bar{p}_2)\}}{\partial p_1}\right|_{p_1=\bar{p}_1}\\ &= -r_1(p_1,\bar{p}_2)-r_2(\bar{p}_1,\bar{p}_2)+\frac{|h_{12}|^2\bar{p}_2(p_1-\bar{p}_1)/\log 2}{(\bar{p}_2+|h_{12}|^2\bar{p}_1+\sigma_2^2)(|h_{12}|^2\bar{p}_1+\sigma_2^2)}\\ &\geqslant f(p_1,\bar{p}_2)\end{aligned}$$

及

$$\begin{aligned}\bar{f}_2(p_2 \mid \bar{p}_1,\bar{p}_2) &\triangleq -r_2(\bar{p}_1,p_2)-r_1(\bar{p}_1,\bar{p}_2)+(p_2-\bar{p}_2)\frac{\partial\{-r_1(\bar{p}_1,p_2)\}}{\partial p_2}\bigg|_{p_2=\bar{p}_2}\\ &= -r_2(\bar{p}_1,p_2)-r_1(\bar{p}_1,\bar{p}_2)+\frac{|h_{21}|^2\bar{p}_1(p_2-\bar{p}_2)/\log 2}{(\bar{p}_1+|h_{21}|^2\bar{p}_2+\sigma_1^2)(|h_{21}|^2\bar{p}_2+\sigma_1^2)}\\ &\geqslant f(\bar{p}_1,p_2)\end{aligned}$$

其中，$\bar{p}_1$ 和 $\bar{p}_2$ 分别是满足功率约束式 (4.164b) 和式 (4.164c) 的任意点。不难证明上述近似函数满足 BSUM 的要求式 (4.162a)~式 (4.162d)。此外，两个相应的子问题（参考式 (4.160)）

$$\min_{0\leqslant p_1\leqslant P_1} \bar{f}_1(p_1 \mid \bar{p}_1,\bar{p}_2)$$

$$\min_{0\leqslant p_2\leqslant P_2} \bar{f}_2(p_2 \mid \bar{p}_1,\bar{p}_2)$$

均为凸问题，且具有唯一解（因为 $\bar{f}_1$ 和 $\bar{f}_2$ 分别是关于 p_1 和 p_2 的严格凸函数）。由一阶最优条件式 (4.23) 或求解相关的 KKT 条件可得

$$p_1^\star=\begin{cases} g_1(\bar{p}_1,\bar{p}_2), & 若\ 0\leqslant g_1(\bar{p}_1,\bar{p}_2)\leqslant P_1\\ P_1, & 若\ g_1(\bar{p}_1,\bar{p}_2)>P_1\\ 0, & 若\ g_1(\bar{p}_1,\bar{p}_2)<0\end{cases} \tag{4.165a}$$

$$p_2^\star=\begin{cases} g_2(\bar{p}_1,\bar{p}_2), & 若\ 0\leqslant g_2(\bar{p}_1,\bar{p}_2)\leqslant P_2\\ P_2, & 若\ g_2(\bar{p}_1,\bar{p}_2)>P_2\\ 0, & 若\ g_2(\bar{p}_1,\bar{p}_2)<0\end{cases} \tag{4.165b}$$

其中

$$\begin{aligned}g_1(\bar{p}_1,\bar{p}_2)&=\frac{(\bar{p}_2+|h_{12}|^2\bar{p}_1+\sigma_2^2)(|h_{12}|^2\bar{p}_1+\sigma_2^2)}{|h_{12}|^2\bar{p}_2}-(|h_{21}|^2\bar{p}_2+\sigma_1^2)\\ g_2(\bar{p}_1,\bar{p}_2)&=\frac{(\bar{p}_1+|h_{21}|^2\bar{p}_2+\sigma_1^2)(|h_{21}|^2\bar{p}_2+\sigma_1^2)}{|h_{21}|^2\bar{p}_1}-(|h_{12}|^2\bar{p}_1+\sigma_2^2)\end{aligned}$$

综上，算法 4.3 给出了求解式 (4.164) 中和速率最大化问题的 BSUM 算法。因为 $f(p_1,p_2)$ 可微，故其在任意点 (p_1,p_2) 处均是正则的；又因为 $\bar{f}_1(p_1 \mid \bar{p}_1,\bar{p}_2)$ 和 $\bar{f}_2(p_2 \mid \bar{p}_1,\bar{p}_2)$ 都是严格凸函数，则满足前提条件式 (4.161a)，此外，可行解集 $\{(p_1,p_2) \mid 0\leqslant p_1\leqslant P_1, 0\leqslant p_2\leqslant P_2\}$ 是紧的（意味着满足前提条件式 (4.161b)）。因此，算法 4.3 一定可以收敛到问题式 (4.164) 的稳定点。 □

BSUM 算法可应用于 MISO 干扰信道下中断约束的协作波束成形。BSUM 算法在这些波束成形算法设计中都具有很好的效果（包括系统性能和系统效率）。具体在 8.5.7 节中进行介绍。

算法 4.3 问题式 (4.164) 的 BSUM 算法

1: 初始化 点 $(\bar{p}_1, \bar{p}_2)$ 满足条件式 (4.164b) 和式 (4.164c)。
2: **repeat**
3: 由式 (4.165a) 更新 $\bar{p}_1$；
4: 由式 (4.165b) 更新 $\bar{p}_2$；
5: **until** 满足收敛性准则。
6: 输出 $(\bar{p}_1, \bar{p}_2)$，即为问题式 (4.164) 的最优近似解。

4.7 连续凸近似

对于可行集为凸但是目标函数非凸的优化问题式 (4.155)，4.6 节介绍的 BSUM 算法通过迭代方式可找到该问题的稳定点。本节考虑另一种形式的非凸问题：

$$p^\star = \min_{\mathbf{x} \in \mathcal{C}} f(\mathbf{x}) \tag{4.166}$$

其中，$f: \mathcal{C} \to \mathbb{R}$ 是一个凸函数，但是 $\mathcal{C} \subseteq \mathbb{R}^n$ 是一个闭的非凸闭集。下面介绍连续凸近似算法 [MW78]，这一算法被广泛应用于无线通信领域，并且可获得式 (4.166) 的稳定点。

SCA 算法的核心思想是连续地寻找求解式 (4.166) 的保守凸近似问题

$$\min_{\mathbf{x} \in C_i} f(\mathbf{x}) \tag{4.167}$$

其中，可行集 $C_i \subset \mathcal{C}$ 是凸的。令 $\mathbf{x}_i^\star \in C_i$ 表示凸问题式 (4.167) 的最优解，并定义凸集 C_{i+1} 使得 $\mathbf{x}_i^\star \in C_{i+1} \subset \mathcal{C}$，然后将 C_i 替换为 C_{i+1} 求解问题式 (4.167)，从而得到最优解 $\mathbf{x}_{i+1}^\star$。显然有

$$\begin{aligned} & f(\mathbf{x}_i^\star) \geqslant f(\mathbf{x}_{i+1}^\star) = \min_{\mathbf{x} \in \mathcal{C}_{i+1}} f(\mathbf{x}) \geqslant p^\star,\ \mathcal{C}_{i+1} \triangleq \cup_{j=1}^{i+1} C_j \subset \mathcal{C} \\ & C_i \cap C_{i+1} \neq \varnothing,\ \forall i \end{aligned} \tag{4.168}$$

当最优值 $f(\mathbf{x}_i^\star)$ 收敛到预先给定的误差时，根据问题的性质和凸集 C_i 的选择可以得到一个稳定点。注意，图 8.10（见第 8 章）不仅给出了算法收敛性的 $\mathbf{x}_i^\star \in C_i$，也给出了 $\mathbf{x}_i^\star \in \mathbf{bd}\, C_i$，其原因是，如果 $\mathbf{x}_i^\star \in \mathbf{int}\, C_i$，则 $\mathbf{x}_i^\star$ 一定是一个局部最优解，进而当 f 是凸的函数时（这种情况就比较幸运），$\mathbf{x}_i^\star$ 也是集合 $\mathcal{C}$ 内的全局最优解，此时，可以从理论上证明 SCA 算法获得的解就是全局最优解。然而，比较常见的一种情况是，SCA 算法收敛之后，仍然有 $\mathbf{x}_i^\star \in \mathbf{bd}\, C_i$，从而 $\mathbf{x}_i^\star \in \mathbf{bd}\, \mathcal{C}$。

接下来的问题是如何找到一个合适的 C_{i+1}，且包含 $\mathbf{x}_i^\star$。让我们用一个例子来回答这个问题。假设 $g(\mathbf{x}) \leqslant 0$ 是式 (4.166) 的一个非凸不等式约束函数，并假定 $g(\mathbf{x})$ 连续，但可能不可微，形式如下：

$$g(\mathbf{x}) = g_1(\mathbf{x}) + g_2(\mathbf{x}) \tag{4.169}$$

其中，$g_1(\mathbf{x})$ 是凸的，但 $g_2(\mathbf{x})$ 是凹的。在 $\mathbf{x}=\mathbf{x}_i^\star$ 处，对 $g_2(\mathbf{x})$ 应用凹函数一阶不等式，可以得到

$$\begin{aligned} &\widehat{g}(\mathbf{x}) = g_1(\mathbf{x}) + g_2(\mathbf{x}_i^\star) + \bar{\nabla} g_2(\mathbf{x}_i^\star)^{\mathrm{T}}(\mathbf{x}-\mathbf{x}_i^\star) \geqslant g(\mathbf{x}) \\ \Longrightarrow\ & C_{i+1} \triangleq \{\mathbf{x} \mid \widehat{g}(\mathbf{x}) \leqslant 0\} \subset \{\mathbf{x} \mid g(\mathbf{x}) \leqslant 0\} \end{aligned} \tag{4.170}$$

注意，式 (4.170) 中的 $\widehat{g}(\mathbf{x})$ 是凸的，并且是 $g(\mathbf{x})$ 的紧上界，从而可行集 C_{i+1} 可由式 (4.170) 定义的集合得到。其中不等式约束 $g(\mathbf{x}) \leqslant 0$ 被替换为更保守的凸约束 $\widehat{g}(\mathbf{x}) \leqslant 0$。

注 4.12 因为在式 (4.167) 中，对于所有的 i 都有 $C_i \subset \mathcal{C}$，所以 SCA 算法的本质是对非凸约束集进行保守的凸近似。有时，对于所考虑问题，如果其非凸可行集 $\mathcal{C}$ 既没有任何闭式表达，也没有易处理的表达式（例如 $\mathcal{C}$ 中涉及到的复杂概率函数），那么，所面临的挑战（甚至是瓶颈）是如何找到一个凸集 $C \subset \mathcal{C}$ 使得近似后的凸优化问题不会太保守，进而可使得 C 是 $\mathcal{C}$ 的一个好的凸近似。实际问题中，可能需要根据具体的应用，并利用各种不等式来获得合适的 C，对收敛后的解进行性能分析具有十分重要的工程意义，但往往会非常复杂。8.5.8 节和 8.5.9 节给出了概率不等式约束下进行保守凸近似的几个具体例子，涉及单小区 MISO 场景和多小区 MISO 场景下中断约束的鲁棒波束成形问题。 □

注 4.13 与 SCA 的保守凸近似相反，在无线通信中也会对非凸约束集 $\mathcal{C}$ 进行凸松弛，进而找到原非凸问题的一个近似解。例如，

$$\begin{aligned} &\mathcal{C} = \{-3,-1,+1,+3\} \text{ 放宽到 } \mathbf{conv}\,\mathcal{C} = [-3,3] \\ &\mathcal{C} = \{\mathbf{X} \in \mathbb{S}_+^n \mid \mathrm{rank}(\mathbf{X}) = 1\} \text{ 放宽到 } \mathbf{conv}\,\mathcal{C} = \mathbb{S}_+^n \end{aligned} \tag{4.171}$$

第二种情况称为半正定松弛（ SemiDefinite Relaxation，SDR）。但是，松弛后的凸问题最优解 $\boldsymbol{x}^\star$ 不一定是原非凸问题的可行解，因此，$\boldsymbol{x}^\star$ 找到原问题的一个较好的近似解，具体在 8.4 节中进行介绍。当然在一定条件或者场景下，由此获得的解有可能是原问题的稳定解。事实上，在处理非常具有挑战性的非凸问题时，经常需要混合地使用保守、松弛和问题重构，如 MIMO 无线通信的发射波束成形问题。在第 8 章将对部分问题进行介绍。 □

4.8 总结与讨论

本章介绍了凸优化问题的基本概念、一阶最优性条件（充要条件）及其等价形式，给出了大量凸优化问题的例子，并通过等价表示、函数变换和变量变换等典型方法对原始的优化问题进行转换，进而利用一阶最优性条件找到问题的最优解。第 9 章将进一步介绍凸优化问题的最优性条件，即 KKT 条件。本章也介绍了拟凸优化问题、一阶最优性条件（仅为充分条件）和解决拟凸问题的二分法。需要注意的是，如果需要处理的问题是一个凸优化问题，那么就可以利用既有的凸优化工具找到问题的全局最优数值解。

如果不能利用本章介绍的等价转换方法把优化问题变成一个凸优化问题，还可以找到或对目标函数，或对约束函数，或对两者的近似（例如向约束集的保守和松弛，对目标函数或约束函数的一阶近似），从而获得优化问题的近似解。除 4.7 节介绍的 SCA 算法外，第 5 章将介绍的**迭代缩合**算法也是对可行集进行保守凸近似的有效算法，特别是用于几何规划

问题。本章介绍的 BSUM 算法是另一种获得稳定解的有效算法。有了算法之后，需要对所获得的近似解或算法进行性能分析和复杂度分析，从而确定解的特性和性质（如稳定解、与最优解的性能差距、收敛性条件、复杂度量级和算法实现问题）。对实际工程而言，这些分析都具有其实际意义（见图 1.6）。这一算法设计流程在许多应用中已经被证明行之有效，特别是在无线通信和网络这一领域中（见第 8 章）。

参 考 文 献

[And63] T. W. Anderson, "Asymptotic theory for principal component analysis," *Ann. Math. Statist.*, vol. 34, no. 1, pp. 122–148, Mar. 1963.

[Ber99] D. P. Bertsekas, *Nonlinear Programming*, 2nd ed. Belmont, MA, USA: Athena Scientific, 1999.

[Ber09] D. P. Bertsekas, *Convex Optimization Theory.* Belmont, MA, USA: Athena Scientific, 2009.

[BV04] S. Boyd and L. Vandenberghe, *Convex Optimization.* Cambridge, UK: Cambridge University Press, 2004.

[CMCW08] T.-H. Chan, W.-K. Ma, C.-Y. Chi, and Y. Wang, "A convex analysis framework for blind separation of non-negative sources," *IEEE Trans. Signal Processing*, vol. 56, no. 10, pp. 5120–5134, Oct. 2008.

[Dun81] J. C. Dunn, "Global and asymptotic convergence rate estimates for a class of projected gradient processes," *SIAM J. Contr. Optimiz.*, vol. 19, no. 3, pp. 368–400, 1981.

[Kay13] S. Kay, *Fundamentals of Statistical Signal Processing, Volume III: Practical Algorithm Development.* Pearson Education, 2013.

[MCCW10] W.-K. Ma, T.-H. Chan, C.-Y. Chi, and Y. Wang, "Convex analysis for non-negative blind source separation with application in imaging," in *Convex Optimization in Signal Processing and Communications*, D. P. Palomar and Y. C. Eldar, Eds. Cambridge University Press, 2010, ch. 7.

[Men95] J. M. Mendel, *Lessons in Estimation Theory for Signal Processing, Communications, and Control.* Pearson Education, 1995.

[MW78] B. R. Marks and G. P. Wright, "A general inner approximation algorithm for nonconvex mathematical programs," *Operations Research*, vol. 26, no. 4, pp. 681–683, 1978.

[RHL13] M. Razaviyayn, M. Hong, and Z.-Q. Luo, "A unified convergence analysis of block successive minimization methods for nonsmooth optimization," *SIAM J. Optimization*, vol. 23, no. 2, pp. 1126–1153, 2013.

[SBL12] L. Sorber, M. V. Barel, and L. Lathauwer, "Unconstrained optimization of real function in complex variables," *SIAM J.Optimization*, vol. 22, no. 3, pp. 879–898, Jul. 2012.

[Tuy00] H. Tuy, "Monotonic optimization: Problems and solution approaches," *SIAM J. Optimization*, vol. 11, no. 2, pp. 464–49, 2000.

[WAR+09] J. Wright, G. Arvind, S. Rao, Y. Peng, and Y. Ma, "Robust principal component analysis: Exact recovery of corrupted low-rank matrices via convex optimization," in *Advances in Neural Information Processing Systems 22.* Curran Associates, Inc., 2009, pp. 2080–2088.

第5章
CHAPTER 5
几何规划

本章将介绍一类被称为几何规划（Geometric Programming，GP）的优化问题。在通信与网络中，GP 可用于处理资源分配问题，其中所有未知变量为正值，如功率、可达传输率、安全速率等。GP 本身是非凸的，但是通过第 4 章的变量变换和函数变换，GP 可由非凸优化问题重构为凸优化问题。本章还将介绍缩合法的概念，以及如何通过对具体问题的约束进行保守近似，并利用 GP 有效地实现缩合法。最后将介绍缩合法在物理层秘密通信中的应用。

5.1 一些基础知识

- 函数 $f:\mathbb{R}^n\rightarrow\mathbb{R}$, $\mathbf{dom}\ f=\mathbb{R}^n_{++}$，定义为

$$f(\mathbf{x})=cx_1^{a_1}x_2^{a_2}\cdots x_n^{a_n} \tag{5.1}$$

其中，$c>0$，$a_i\in\mathbb{R}$。式 (5.1) 被称为**单项式函数**，一般是非凸的。

- 单项式的和：

$$f(\mathbf{x})=\sum_{k=1}^{K}c_k x_1^{a_{1k}}x_2^{a_{2k}}\cdots x_n^{a_{nk}} \tag{5.2}$$

其中，$c_k>0$，$a_{ik}\in\mathbb{R}$。式 (5.2) 被称为**正项式函数**，一般是非凸的。

- log-sum-exp 函数定义为（见 3.1.4 节）

$$f(\mathbf{x})=\log(\mathrm{e}^{x_1}+\cdots+\mathrm{e}^{x_n}) \tag{5.3}$$

在 $\mathbb{R}^n$ 上是凸的，其中 $\mathbf{dom}\ f\subseteq\mathbb{R}^n$。由式 (3.27) 给出的二阶条件，可证明其凸性。

- 下面是延拓 log-sum-exp 函数：

$$f(\mathbf{x})=\log(\mathrm{e}^{\mathbf{a}_1^{\mathrm{T}}\mathbf{x}+b_1}+\cdots+\mathrm{e}^{\mathbf{a}_m^{\mathrm{T}}\mathbf{x}+b_m}) \tag{5.4}$$

其中，$\mathbf{a}_i\in\mathbb{R}^n$，$b_i\in\mathbb{R}$。它在 $\mathbb{R}^n$ 上也是凸函数。

证明 因为 log-sum-exp 函数是凸的，在仿射变换 $\mathbf{a}_1^{\mathrm{T}}\mathbf{x}+b_1$ 下，函数的凸性得以保留（见 3.2.2 节），因此式 (5.4) 中的函数是凸的。设 $g(\mathbf{y})=\log(\mathrm{e}^{y_1}+\cdots+\mathrm{e}^{y_m})$，已

知它在 $\mathbb{R}^m$ 上是凸的，令 $\mathbf{A}=[\mathbf{a}_1,\ldots,\mathbf{a}_m]^{\mathrm{T}}\in\mathbb{R}^{m\times n}$，$\mathbf{b}=[b_1,\cdots,b_m]^{\mathrm{T}}\in\mathbb{R}^m$，则 $f(\mathbf{x})=g(\mathbf{A}\mathbf{x}+\mathbf{b})$ 是凸的。 □

5.2 几何规划

几何规划的一般结构如下：

$$
\begin{aligned}
\min\ & \sum_{k=1}^{K_0} c_{0k} x_1^{a_{0,1k}} x_2^{a_{0,2k}} \cdots x_n^{a_{0,nk}} \\
\text{s.t.}\ & \sum_{k=1}^{K_i} c_{ik} x_1^{a_{i,1k}} x_2^{a_{i,2k}} \cdots x_n^{a_{i,nk}} \leqslant 1,\ i=1,\ldots,m \\
& d_i x_1^{g_{i1}} \cdots x_n^{g_{in}} = 1,\ i=1,\ldots,p
\end{aligned}
\tag{5.5}
$$

其中，对于任意 i,j,k，有 $c_{ik}>0, d_i>0$，且 $a_{i,jk}, g_{ij}\in\mathbb{R}$，其定义域为 $\mathcal{D}=\mathbb{R}_{++}^n$。该问题的一些特点如下：

- 目标函数和不等式约束函数都是正项式；
- 等式约束函数是单项式；
- 几何规划一般不是凸优化问题。

式 (5.5) 定义的 GP 显然是非凸问题，但通过变量变换和函数变换，它可以被转化为凸优化问题，具体将在 5.3 节中进行介绍。

5.3 凸几何规划

令

$$
x_i = \mathrm{e}^{y_i}\ （变量变换）
$$
$$
\mathbf{y}=[y_1,\ldots,y_n]^{\mathrm{T}}
$$

则单项式可以表示为

$$
c x_1^{a_1} x_2^{a_2} \cdots x_n^{a_n} = \mathrm{e}^{\mathbf{a}^{\mathrm{T}}\mathbf{y}+b} \tag{5.6}
$$

其中，$b=\log c$，$\mathbf{a}=[a_1,\ldots,a_n]^{\mathrm{T}}$。类似地，正项式可以表示为

$$
\sum_{k=1}^{K} c_k x_1^{a_{1k}} x_2^{a_{2k}} \cdots x_n^{a_{nk}} = \sum_{k=1}^{K} \mathrm{e}^{\mathbf{a}_k^{\mathrm{T}}\mathbf{y}+b_k} \tag{5.7}
$$

其中

$$
b_k=\log c_k,\quad \mathbf{a}_k=[a_{1k},\ldots,a_{nk}]^{\mathrm{T}}
$$

定义

$$
\mathbf{g}_i=[g_{i1},\ldots,g_{in}]^{\mathrm{T}},\quad h_i=\log d_i
$$

则式 (5.5) 定义的 GP 可以转化为

$$\begin{aligned} \min\ & \sum_{k=1}^{K_0} \mathrm{e}^{\mathbf{a}_{0k}^{\mathrm{T}}\mathbf{y}+b_{0k}} \\ \text{s.t.}\ & \sum_{k=1}^{K_i} \mathrm{e}^{\mathbf{a}_{ik}^{\mathrm{T}}\mathbf{y}+b_{ik}} \leqslant 1,\ i=1,\ldots,m \\ & \mathrm{e}^{\mathbf{g}_i^{\mathrm{T}}\mathbf{y}+h_i} = 1,\ i=1,\ldots,p \end{aligned} \tag{5.8}$$

其中，$\mathbf{a}_{ik}$ 和 b_{ik} 与式 (5.7) 中 $\mathbf{a}_k$ 和 b_k 的定义相类似。为了简洁起见，分别使用式 (5.7) 中的 $\mathbf{a}_k$ ($n\times 1$ 向量) 和 b_k，以及式 (5.8) 中的 $\mathbf{a}_{ik}$ ($n\times 1$ 向量) 和 b_{ik} 表示相关参数。对式 (5.8) 中目标函数和约束函数取对数（即函数变换），可得等价问题：

$$\begin{aligned} \min\ & \log\sum_{k=1}^{K_0} \mathrm{e}^{\mathbf{a}_{0k}^{\mathrm{T}}\mathbf{y}+b_{0k}} \\ \text{s.t.}\ & \log\sum_{k=1}^{K_i} \mathrm{e}^{\mathbf{a}_{ik}^{\mathrm{T}}\mathbf{y}+b_{ik}} \leqslant 0,\ i=1,\ldots,m \\ & \mathbf{g}_i^{\mathrm{T}}\mathbf{y}+h_i = 0,\ i=1,\ldots,p \end{aligned} \tag{5.9}$$

这是一个凸优化问题，其中 $\mathbf{y}\in\mathbb{R}^n$ 是未知向量变量。虽然式 (5.8) 是非凸的，但式 (5.8)、式 (5.9) 中的目标函数与不等式约束都是凸的，通过求解式 (5.9) 的最优解 $\mathbf{y}^\star$ 后，可得原 GP 问题式 (5.5) 的最优解为

$$\mathbf{x}^\star = (\mathrm{e}^{y_1^\star},\ldots,\mathrm{e}^{y_n^\star})$$

例 5.1（最优功率分配问题） 再次考虑第 4 章中最大最小公平的功率分配问题式 (4.154)：

$$\begin{aligned} \min_{p_i,i=1,\ldots,K}\ \max_{i=1,\ldots,K}\ & \frac{\sum_{j=1,j\neq i}^{K} G_{ij}p_j + \sigma_i^2}{G_{ii}p_i} \\ \text{s.t.}\ & 0 < p_i \leqslant P_i,\ i=1,\ldots,K \end{aligned} \tag{5.10}$$

这是一个拟凸优化问题，其定义域为 $\mathcal{D}\subseteq\mathbb{R}_{++}^K$。在 4.5 节中，式 (5.10) 可由迭代二分法求解，其中相关的可行性问题是一个线性规划。本章将这个问题转换为几何规划，从而更高效地得到最优解。

利用上境图将问题式 (5.10) 重构为

$$\begin{aligned} \min_{t,p_i,i=1,\ldots,K}\ & t \\ \text{s.t.}\ & \frac{\sum_{j=1,j\neq i}^{K} G_{ij}p_j + \sigma_i^2}{G_{ii}p_i} \leqslant t,\ i=1,\ldots,K \\ & 0 < p_i \leqslant P_i,\ i=1,\ldots,K \end{aligned} \tag{5.11}$$

该问题可以进一步表示为

$$\min_{t,p_i,i=1,\ldots,K} \ t \tag{5.12a}$$

$$\text{s.t.} \quad \sum_{j=1,j\neq i}^{K} G_{ij}G_{ii}^{-1}p_jp_i^{-1}t^{-1} + \sigma_i^2 G_{ii}^{-1}p_i^{-1}t^{-1} \leqslant 1, \ i=1,\ldots,K \tag{5.12b}$$

$$P_i^{-1}p_i \leqslant 1, \ i=1,\ldots,K \tag{5.12c}$$

其中，目标函数式 (5.12a) 中的 t 是单项式，对于任意 i，式 (5.12b) 和式 (5.12c) 分别是正项式不等式和单项式不等式。式 (5.12) 是一个定义域为 $\mathcal{D} \subseteq \mathbb{R}_{++}^{K+1}$ 的几何规划，则该非凸几何规划可转换为凸优化问题。这个例子说明一个优化问题可能转换成不同类型的凸优化问题，从而给出了原问题的不同解决方案。 □

5.4 缩 合 法

在某些应用中（如无线通信中的功率分配），可能遇到以下优化问题：

$$\begin{aligned} &\min q(\mathbf{x}) \\ &\text{s.t.} \ \frac{f(\mathbf{x})}{g(\mathbf{x})} \leqslant 1 \\ &\quad\ \ h(\mathbf{x}) = 1 \end{aligned} \tag{5.13}$$

其中，$q(\mathbf{x})$、$f(\mathbf{x})$、$g(\mathbf{x})$ 都是正项式，$h(\mathbf{x})$ 是单项式。因为不等式约束是两个正项式的比率，而不是一个正项式，所以它不是标准形式的 GP，但通过连续 GP 近似方法可以解决这样的问题，这种方法称为**缩合法**。

5.4.1 连续 GP 近似

在缩合法中，我们用单项式函数近似正项式函数 $g(\mathbf{x})$，因此式 (5.13) 中不等式约束的左边将是正项式（因为正项式与单项式之比仍是正项式）。然后，我们连续地进行“用单项式近似正项式”（posynomial-by-monomial）。

用单项式近似正项式的一个常见方法是算术几何平均不等式近似。回顾第 3 章的式 (3.65)，对于 $\alpha_i > 0$, $u_i > 0$, $i=1,\cdots,n$，且 $\sum_{i=1}^{n}\alpha_i = 1$，算术几何平均不等式如下：

$$\sum_{i=1}^{n} u_i \geqslant \prod_{i=1}^{n}\left(\frac{u_i}{\alpha_i}\right)^{\alpha_i} \tag{5.14}$$

设 $\{u_i(\mathbf{x})\}$ 是正项式 $g(\mathbf{x})$ 中的单项式。基于式 (5.14)，有

$$g(\mathbf{x}) = \sum_{i=1}^{n} u_i(\mathbf{x}) \geqslant \prod_{i=1}^{n}\left(\frac{u_i(\mathbf{x})}{\alpha_i}\right)^{\alpha_i} \tag{5.15}$$

其中，不等式的右边显然是单项式（因为单项式的乘积仍是单项式）。在给定的可行点 $\mathbf{x}_0$ 处，选择 α_i 的一个常见方法是

$$\alpha_i = \frac{u_i(\mathbf{x}_0)}{g(\mathbf{x}_0)} \tag{5.16}$$

其满足 $\alpha_i > 0, \sum_{i=1}^{n} \alpha_i = 1$。将式 (5.16) 中的 α_i 代入式 (5.15) 得

$$\tilde{g}(\mathbf{x}, \mathbf{x}_0) = \prod_{i=1}^{n} \left(\frac{u_i(\mathbf{x})}{\alpha_i} \right)^{\alpha_i} \leqslant g(\mathbf{x}) \tag{5.17}$$

它是正项式函数 $g(\mathbf{x})$ 在给定可行点 $\mathbf{x}_0$ 处的单项式近似，则有

$$\tilde{g}(\mathbf{x}_0, \mathbf{x}_0) = g(\mathbf{x}_0) \tag{5.18}$$

换言之，$\tilde{g}(\mathbf{x}_0, \mathbf{x}_0)$ 是 $g(\mathbf{x})$ 的紧下界。令 $\mathcal{C}$ 是问题式 (5.13) 的可行集且 $\mathbf{x}_0 \in \mathcal{C}$，则

$$\begin{aligned} \mathcal{C}(\mathbf{x}_0) &\triangleq \{\mathbf{x} \mid f(\mathbf{x})/\tilde{g}(\mathbf{x}, \mathbf{x}_0) \leqslant 1, h(\mathbf{x}) = 1\} \\ &\subseteq \mathcal{C} \triangleq \{\mathbf{x} \mid f(\mathbf{x})/g(\mathbf{x}) \leqslant 1, h(\mathbf{x}) = 1\} \quad \text{（根据式 (5.17)）} \end{aligned} \tag{5.19}$$

现在，我们用下列约束近似问题式 (5.13) 的不等式约束

$$\frac{f(\mathbf{x})}{\tilde{g}(\mathbf{x}, \mathbf{x}_0)} \leqslant 1 \tag{5.20}$$

得到

$$\begin{aligned} &\min\ q(\mathbf{x}) \\ &\text{s.t. } \frac{f(\mathbf{x})}{\tilde{g}(\mathbf{x}, \mathbf{x}_0)} \leqslant 1 \\ &\qquad h(\mathbf{x}) = 1 \end{aligned} \tag{5.21}$$

它是一个标准的几何规划（其聚合约束集（condensed constraint set）$\mathcal{C}(\mathbf{x}_0) \subseteq \mathcal{C}$）。通过算法 5.1 给出的连续近似法（缩合法），可以得到问题式 (5.13) 的解。

算法 5.1 缩合法的伪代码

1: 给定一个可行点 $\mathbf{x}_0^{(0)} \in \mathcal{C}$。
2: 设 $k := 0$。
3: **repeat**
4: 利用式 (5.17) 中的单项式函数 $\tilde{g}(\mathbf{x}, \mathbf{x}_0^{(k)})$ 近似正项式函数 $g(\mathbf{x})$；
5: 求解近似问题式 (5.21)，令最优解是 $\mathbf{x}_0^{(k+1)} \in \mathcal{C}(\mathbf{x}_0^{(k)}) \subseteq \mathcal{C}$；
6: 设 $k := k + 1$。
7: **until** 达到最优解收敛的停止条件。

目标值 $q(\mathbf{x}_0^{(k)})$ 随迭代次数 k 单调递减，直至收敛（迭代次数为 N），由上述连续近似方法找到的解 $\mathbf{x}_0^{(N)}$ 可以表示为

$$\mathbf{x}_0^{(N)} = \arg\ \min \left\{ q(\mathbf{x}) \mid \mathbf{x} \in \cup_{k=0}^{N-1} \mathcal{C}(\mathbf{x}_0^{(k)}) \subseteq \mathcal{C} \right\} \tag{5.22}$$

其是问题式 (5.13) 的近似解，即次优解。下面用注 5.1 总结本节内容。

注 5.1 对于诸如式 (5.13) 的非凸问题，要将其重构为凸优化问题是非常难的，想要找到它的近似解也十分复杂。缩合法通过对非凸问题式 (5.13) 约束集的连续保守近似可有效地得到较好的近似解。另一方面，4.7 节的 SCA 算法也一种被广泛使用的保守近似方法，它对原问题的非凸约束进行保守的凸近似，以便利用合适的凸优化工具或算法迭代处理。虽然凸近似法得到的解是次优的，但相关 KKT 条件证明，它是原问题的一个稳定点（见 4.7 节）。如果能够以低复杂度高效地计算出原问题的一个稳定点，并且满足性能要求，那么实际上也就找到了原问题的实际解。8.5.6 节将介绍用于 MISO 干扰信道的协同发射波束成形的一些更有趣的保守近似。 □

5.4.2 物理层秘密通信

物理层秘密通信的一个实例是多级训练序列设计，其在无线 MIMO 系统中用于判断信道估计 [CCHC10]。考虑如图 5.1 所示的系统。设计训练信号时，既要考虑叠加在训练信号的人工噪声，同时也要考虑附加在合法接收机中估计信道零空间的人工噪声。在发射总能量约束和未经授权接收机（比如窃听者）中信道估计的归一化均方误差约束下，设计目标是尽量减少合法接收机中信道估计的归一化均方误差。这个问题可以构造问题式 (5.13) 的形式，因此在每个阶段训练信号功率分配和人工噪声功率分配采用上述连续 GP 近似方法可以得到近似解。文献 [CCHC10] 中有详述。

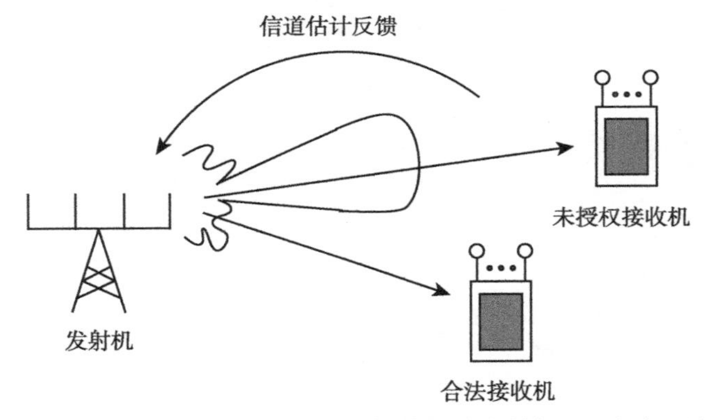

图 5.1 一个无线 MIMO 系统：由一个多天线发射机、一个多天线合法接收机及一个多天线未经授权接收机组成

5.5 总结与讨论

本章介绍了一类简单但有效的优化问题，即几何规划问题。单项式函数和正项式函数表示的几何规划一般是非凸的。本章详细阐述了非凸问题转化为凸问题的过程。最后，对缩合法（即连续 GP 近似法）进行了简单介绍，该算法利用第 3 章介绍的约束集近似中的 Jensen 不等式，将形如式 (5.13) 的非凸优化问题（由单项式或正项式函数表示）转化为几何规划问题。缩合法是用于处理形如式 (5.13) 的非凸问题的实用方法。虽然缩合法仅仅能保证收敛到问题的次优解保收敛，但它还是被有效地应用于无线通信领域的功率配置和分配问题，以及

物理层秘密通信。第 8 章将介绍用于处理非凸优化问题的更有趣的凸近似方法，包括处理非凸 MIMO 通信问题时通过凸近似得到的 SDP 方法。

参 考 文 献

[CCHC10] T.-H. Chang, W.-C. Chiang, Y.-W. P. Hong, and C.-Y. Chi, "Training sequence design for discriminatory channel estimation in wireless MIMO systems," *IEEE Trans. Signal Process.*, vol. 58, no. 12, pp. 6223–6237, Dec. 2010.

第 6 章 CHAPTER 6 线性规划和二次规划

本章将介绍两种重要的凸优化问题，即线性规划（Linear Programming，LP）和二次规划（Quadratic Programming，QP）（包括二次约束二次规划（Quadratic Constrained Quadratic Program，QCQP））。这两类优化问题已经被广泛应用于处理科学和工程问题。本章将通过实例说明 LP 和 QP 在信号处理及通信领域的前沿应用，如生物医学成像和高光谱成像中的盲源分离，无线通信领域中的功率分配、接收或发射波束成形等。通过这些例子和应用，可以发现许多优化问题可能存在闭式解或解析解，但求解过程通常比较困难，而利用变量变换、等价变换等方法可将原问题转化为 LP 或 QP 问题，从而得以解决。

6.1 线性规划（LP）

线性规划问题的一般形式为

$$\begin{aligned} \min \quad & \mathbf{c}^{\mathrm{T}}\mathbf{x} \\ \text{s.t.} \quad & \mathbf{G}\mathbf{x} \preceq \mathbf{h} \end{aligned} \tag{6.1}$$

这也称为 LP 的**不等式形式**。

简而言之，LP 就是在多面体上找到一个可行解，使得线性目标函数最小化。如图 6.1 所示，如果可行集（多面体）是紧的，那么可行集中的某个极值点是式 (6.1) 和式 (6.4) 的最优点。若 $\mathbf{c}$ 与可行集（多面体）的侧面垂直，则可能存在多个解。

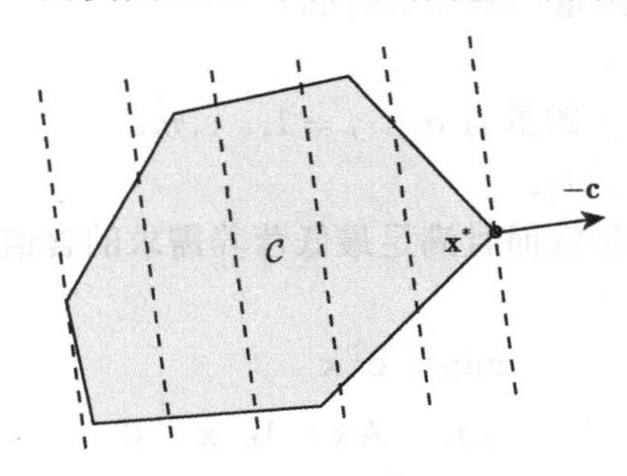

图 6.1 线性规划的图解

LP 的一般形式（即式 (6.1)）可转换为**标准形式**（见式 (6.4)），即引入**松弛变量**

$$\mathbf{s} \triangleq \mathbf{h} - \mathbf{G}\mathbf{x}$$

作为辅助变量，类似于协作通信系统或网络中的中继，将式 (6.1) 表示为

$$\begin{aligned} \min \quad & \mathbf{c}^{\mathrm{T}}\mathbf{x} \\ \text{s.t.} \quad & \mathbf{s} \succeq \mathbf{0},\ \mathbf{h} - \mathbf{G}\mathbf{x} = \mathbf{s} \end{aligned} \tag{6.2}$$

令 $\mathbf{x} = \mathbf{x}_+ - \mathbf{x}_-$，$\mathbf{x}_+, \mathbf{x}_- \succeq \mathbf{0}$，从而问题式 (6.2) 可等价为

$$\begin{aligned} \min \quad & \begin{bmatrix} \mathbf{c}^{\mathrm{T}} & -\mathbf{c}^{\mathrm{T}} & \mathbf{0}^{\mathrm{T}} \end{bmatrix} \begin{bmatrix} \mathbf{x}_+ \\ \mathbf{x}_- \\ \mathbf{s} \end{bmatrix} \\ \text{s.t.} \quad & \begin{bmatrix} \mathbf{x}_+ \\ \mathbf{x}_- \\ \mathbf{s} \end{bmatrix} \succeq \mathbf{0},\ \begin{bmatrix} \mathbf{G} & -\mathbf{G} & \mathbf{I} \end{bmatrix} \begin{bmatrix} \mathbf{x}_+ \\ \mathbf{x}_- \\ \mathbf{s} \end{bmatrix} = \mathbf{h} \end{aligned} \tag{6.3}$$

将式 (6.3) 表示为标准形式的 LP：

$$\begin{aligned} \min \quad & \boldsymbol{c}^{\mathrm{T}}\boldsymbol{x} \\ \text{s.t.} \quad & \boldsymbol{x} \succeq \mathbf{0},\ \boldsymbol{A}\boldsymbol{x} = \boldsymbol{b} \end{aligned} \tag{6.4}$$

$$\boldsymbol{A} = \begin{bmatrix} \mathbf{G} & -\mathbf{G} & \mathbf{I} \end{bmatrix},\ \boldsymbol{b} = \mathbf{h},\ \boldsymbol{c} = [\mathbf{c}^{\mathrm{T}}\ -\mathbf{c}^{\mathrm{T}}\ \ \mathbf{0}^{\mathrm{T}}]^{\mathrm{T}},\ \boldsymbol{x} = [\mathbf{x}_+^{\mathrm{T}}\ \ \mathbf{x}_-^{\mathrm{T}}\ \ \mathbf{s}^{\mathrm{T}}]^{\mathrm{T}}$$

其中，$\boldsymbol{x}$ 是未知变量。

LP 问题的最大化和最小化是等价的，只要目标函数（线性函数）取负号即可，因而 LP 的最大化和最小化问题都可以看作 LP 问题。

6.2 LP 应用实例

一个有趣的 LP 实例是分段线性最小化问题（见式 (4.62) 的定义），该问题已在 4.3.1 节中进行了讨论。下面给出一些典型的例子。

6.2.1 食谱问题

定义以下变量和约束条件：

- $x_i \geqslant 0$ 表示食品 i 的数量：$i = 1, \ldots, n$。
- 食品 i 的单位价格为 c_i。
- 单位食品 i 含有营养 j 的量为 a_{ji}，$j = 1, \ldots, m$。
- 营养 i 的需求量不低于 b_i。

我们希望设计出一份最便宜而且满足最低营养需求的食谱，这一问题可以描述为线性规划：

$$\begin{aligned} \min \quad & \mathbf{c}^{\mathrm{T}}\mathbf{x} \\ \text{s.t.} \quad & \mathbf{A}\mathbf{x} \succeq \mathbf{b},\ \mathbf{x} \succeq \mathbf{0} \end{aligned} \tag{6.5}$$

其中，$\mathbf{x} \in \mathbb{R}^n$，$\mathbf{A} = \{a_{ji}\}_{m \times n}$，$\mathbf{c} = [c_1, \ldots, c_n]^{\mathrm{T}}$，以及 $\mathbf{b} = [b_1, \ldots, b_m]^{\mathrm{T}}$。

6.2.2 Chebyshev 中心

考虑欧氏球 $B(\mathbf{x}_c, r) = \{\mathbf{x} \mid \|\mathbf{x}-\mathbf{x}_c\|_2 \leqslant r\}$，以及多面体 $\mathcal{P} = \{\mathbf{x} \mid \mathbf{a}_i^{\mathrm{T}}\mathbf{x} \leqslant b_i,\ i = 1, \ldots, m\}$。

Chebyshev 中心问题　在多面体 $\mathcal{P}$ 中找到最大的欧氏球（见图 6.2），该问题可构造为最大化问题：

$$\begin{aligned} &\max_{\mathbf{x}_c, r}\ r \\ &\text{s.t. } B(\mathbf{x}_c, r) \subseteq \mathcal{P} = \left\{\mathbf{x} \mid \mathbf{a}_i^{\mathrm{T}}\mathbf{x} \leqslant b_i,\ i = 1, \ldots, m\right\} \end{aligned} \tag{6.6}$$

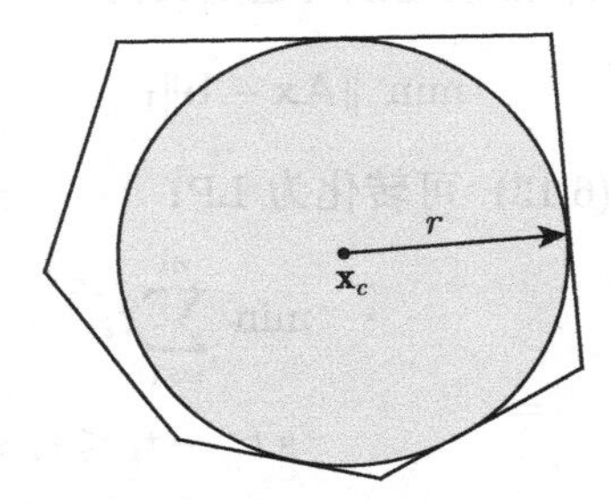

图 6.2　多面体内部的中心为 $\mathbf{x}_c$、半径为 r 的最大欧氏球

看起来问题式 (6.6) 是非凸的，实际上，该问题可转化为线性规划。欧氏球（ℓ_2-范数球）$B(\mathbf{x}_c, r)$ 表示为

$$B(\mathbf{x}_c, r) = \{\mathbf{x}_c + \mathbf{u} \mid \|\mathbf{u}\|_2 \leqslant r\} \quad \text{（根据式 (2.36)）} \tag{6.7}$$

现在回顾一下 Cauchy–Schwartz 不等式

$$\mathbf{a}_i^{\mathrm{T}}\mathbf{u} \leqslant \|\mathbf{a}_i\|_2 \cdot \|\mathbf{u}\|_2 \tag{6.8}$$

取等时，存在某个 $\alpha \geqslant 0$，使得 $\mathbf{u} = \alpha\mathbf{a}_i$。基于此，式 (6.6) 的约束集就可以简化为

$$\begin{aligned} B(\mathbf{x}_c, r) \subseteq \mathcal{P} &\iff \sup\left\{\mathbf{a}_i^{\mathrm{T}}(\mathbf{x}_c + \mathbf{u}) \mid \|\mathbf{u}\|_2 \leqslant r\right\} \leqslant b_i,\ \ \forall i \\ &\iff \mathbf{a}_i^{\mathrm{T}}\mathbf{x}_c + r\|\mathbf{a}_i\|_2 \leqslant b_i,\ \ \forall\, i \ \ \text{（即 } \mathbf{u} = r\frac{\mathbf{a}_i}{\|\mathbf{a}_i\|_2}\text{）} \end{aligned} \tag{6.9}$$

因此，Chebyshev 中心问题等价为下面的 LP 问题：

$$\begin{aligned} &\max_{\mathbf{x}_c, r}\ r \\ &\text{s.t. } \mathbf{a}_i^{\mathrm{T}}\mathbf{x}_c + r\|\mathbf{a}_i\|_2 \leqslant b_i,\ i = 1, \ldots, m \end{aligned} \tag{6.10}$$

6.2.3 ℓ_∞-范数近似问题

ℓ_∞-范数近似问题定义为

$$\min\ \|\mathbf{A}\mathbf{x} - \mathbf{b}\|_\infty \tag{6.11}$$

其中，$\mathbf{A} \in \mathbb{R}^{m\times n}$，$\mathbf{b} \in \mathbb{R}^m$。利用上境图，问题式 (6.11) 可以转化为线性规划：

$$\begin{aligned} &\min\ t \\ &\text{s.t.}\ \max_{i=1,\ldots,m} |r_i| \leqslant t \\ &\qquad \mathbf{r} = \mathbf{Ax} - \mathbf{b} \end{aligned} \quad = \quad \begin{aligned} &\min\ t \\ &\text{s.t.}\ -t\mathbf{1}_m \preceq \mathbf{r} \preceq t\mathbf{1}_m \\ &\qquad \mathbf{r} = \mathbf{Ax} - \mathbf{b} \end{aligned} \tag{6.12}$$

其中，$\mathbf{r}$ 是新定义的辅助变量，$\mathbf{x}$、$\mathbf{r}$ 和 t 均为未知变量。

6.2.4 ℓ_1-范数近似问题

与 ℓ_∞-范数近似问题类似，ℓ_1-范数近似问题定义为

$$\min\ \|\mathbf{Ax} - \mathbf{b}\|_1 \tag{6.13}$$

其中，$\mathbf{A} \in \mathbb{R}^{m\times n}$，$\mathbf{b} \in \mathbb{R}^m$。式 (6.13) 可转化为 LP：

$$\begin{aligned} &\min\ \sum_{i=1}^{m} |r_i| \\ &\text{s.t.}\ \mathbf{r} = \mathbf{Ax} - \mathbf{b} \end{aligned} \quad = \quad \begin{aligned} &\min\ \sum_{i=1}^{m} t_i \\ &\text{s.t.}\ -t_i \leqslant r_i \leqslant t_i,\ i = 1,\ldots,m \\ &\qquad \mathbf{r} = \mathbf{Ax} - \mathbf{b} \end{aligned} \tag{6.14}$$

其中，$\mathbf{r}$ 为新定义的辅助变量，$\mathbf{x}$、$\mathbf{r}$ 和 $t_i, i = 1,\ldots,m$ 均为未知变量。显然，我们可以得到最优解 $t_i^\star = |r_i^\star|$，$\forall\ i$。

6.2.5 行列式最大化

在盲源分离应用中，经常出现如下优化问题：

$$\max_{\mathbf{w}_j \in \mathcal{F},\ j=1,\ldots,N} \det(\mathbf{W}) \tag{6.15}$$

其中，$\mathbf{w}_j$ 是矩阵 $\mathbf{W} = \{w_{ij}\}_{N\times N} \in \mathbb{R}^{N\times N}$ 的第 j 列向量，$\mathcal{F}$ 是一个多面体（凸集）。从问题式 (6.15) 的形式中不难看出，虽然约束集合是凸的，但由于目标函数非凸，因此式 (6.15) 是一个非凸问题。

然而，仍然可以利用 LP 进行迭代最大化处理，从而对问题式 (6.15) 进行简单的处理。处理程序的基本想法源于行列式的代数余子式展开（参考式 (1.76)）。对矩阵 $\mathbf{W}$ 的第 j 列（$\mathbf{w}_j = [w_{1j}, w_{2j}, \ldots, w_{Nj}]^{\mathrm{T}}$）进行代数余子式展开，即

$$\det(\mathbf{W}) = \sum_{i=1}^{N} (-1)^{i+j} w_{ij} \det(\boldsymbol{\mathcal{W}}_{ij}) \tag{6.16}$$

其中，$\boldsymbol{\mathcal{W}}_{ij} \in \mathbb{R}^{(N-1)\times(N-1)}$ 是删去 $\mathbf{W}$ 的第 i 行和第 j 列后的子矩阵，且当 j 固定时，它与 $\mathbf{w}_j$ 无关。那么，当 $\boldsymbol{\mathcal{W}}_{ij}$ 固定时（与 $\mathbf{w}_j$ 无关），行列式 $\det(\mathbf{W})$ 变为关于 $\mathbf{w}_j$ 的线性函数。因此，通过固定 $\mathbf{W}$ 中除 $\mathbf{w}_j$ 以外的列向量，问题式 (6.15) 退化为

$$\max_{\mathbf{w}_j \in \mathcal{F}}\ \sum_{i=1}^{N} (-1)^{i+j} w_{ij} \det(\boldsymbol{\mathcal{W}}_{ij}) = \max_{\mathbf{w}_j \in \mathcal{F}}\ \mathbf{b}_j^{\mathrm{T}} \mathbf{w}_j \tag{6.17}$$

其中，$\mathbf{b}_j \in \mathbb{R}^N$，关于第 i 个元素的表达式为

$$[\mathbf{b}_j]_i = (-1)^{i+j}\det(\boldsymbol{\mathcal{W}}_{ij}), \quad i = 1, \ldots, N$$

因此，可以通过轮询方式求解线性规划问题式 (6.17) 从而解决式 (6.15) 问题，这里所谓轮询方式指逐行或者逐列更新 $\mathbf{W}$，直到 $\det(\mathbf{W})$ 收敛。虽然这样得到的解只是问题式 (6.15) 的近似解，但是在本章后续部分介绍的生物和高光谱图像分析中，已经证明了这一近似解是十分有用的。值得一提的是，上述过程也适用于式 (6.15) 对应的最小化问题。

6.3 线性规划/凸几何在盲源分离中的应用

本节将介绍我们基于线性规划所做的一些前沿研究。第一个应用是非负盲源分离（non-negative Blind Source Separation，nBSS）[CZPA09,LS99,CMCW08]，即给出一组信源未知信号的线性混合观测值，目标是提取其中的非负源信号（如生物医学图像信号），其中所谓“盲”是指事先无法获知源信号混迭方式（这是数据采集中常见的实际场景）；另一个应用是高光谱图像信号。与传统的基于 [Plu03] 的独立主成分分析（Independent Component Analysis，ICA）方法相反，nBSS 算法具有其独特的优势：无须未知源信号的统计假设（即放松了对源信号的独立性假设），无须训练过程，无须归一化和参数调整，对初始条件不敏感，严格的理论分析和可识别性保证，以及优越的计算效率。

6.3.1 基于 LP 的独立信源 nBSS

考虑具有 N 个输入（源信号）的线性混合模型，输出（观测信号）个数 $M \geqslant N$。每个输出观测信号向量为 $\boldsymbol{x}_i = [x_i[1], \ldots, x_i[L]] \in \mathbb{R}_+^L$（如生物医学或高光谱成像中 L 像素的图像），表示为

$$\boldsymbol{x}_i = \sum_{j=1}^{N} a_{ij}\boldsymbol{s}_j \succeq \mathbf{0}_L,\ i = 1, \ldots, M \tag{6.18}$$

其中，源信号 $\boldsymbol{s}_j \in \mathbb{R}_+^L$ 是非负的（可以是统计相关的，即受控源），未知混合矩阵 $\mathbf{A} = \{a_{ij}\}_{M\times N} \in \mathbb{R}_+^{M\times N}$ 是列满秩矩阵，且该矩阵各行元素和为 1，即

$$\mathbf{A}\mathbf{1}_N = \mathbf{1}_M \tag{6.19}$$

行元素和为 1 的假设看起来非常严苛，其实通过对所有观测向量 $\boldsymbol{x}_i$ 进行归一化处理即可得以满足。一般而言，生物医学成像中的目标源信号是相关的，因此，现有的绝大多数基于独立主成分分析的信号处理算法几乎不可能获得源图像的准确估计。

为了简单起见，假设源信号个数与观测信号相同，即 $M = N$。盲源信号分离问题的关键在于设计分离矩阵 $\mathbf{W} = \{w_{ij}\}_{N\times N} \in \mathbb{R}^{N\times N}$，使之满足

$$\{\boldsymbol{y}_i, i = 1, \ldots, N\} = \{\boldsymbol{s}_i, i = 1, \ldots N\}$$

（允许排序模糊有所不同）

混合矩阵 $\mathbf{A}$ 的信息未知，$\boldsymbol{y}_i$ 表示分离或提取出的第 i 个源信号，表示为

$$\begin{aligned}\boldsymbol{y}_i &= \sum_{j=1}^{N} w_{ij}\boldsymbol{x}_j = \sum_{j=1}^{N} w_{ij}\left(\sum_{k=1}^{N} a_{jk}\boldsymbol{s}_k\right) \qquad \text{（根据式 (6.18)）} \\ &= \sum_{k=1}^{N}\left(\sum_{j=1}^{N} w_{ij}a_{jk}\right)\boldsymbol{s}_k = \sum_{k=1}^{N} p_{ik}\boldsymbol{s}_k\end{aligned}$$

其中，$p_{ik} = \sum_{j=1}^{N} w_{ij}a_{jk}$。问题的实质是使得混合矩阵 $\mathbf{A}$ 与分离矩阵 $\mathbf{W}$ 的积，$\mathbf{WA} = \mathbf{P} = \{p_{ik}\}_{N\times N}$ 是一个 $N\times N$ 的置换矩阵（即 $\mathbf{P}$ 的每一行和每一列中只有一个非零元素等于 1）。在 MIMO 无线通信中，与分离矩阵作用类似的矩阵被称为**盲线性迫零均衡器**。

分离矩阵 $\mathbf{W}$ 可以通过最大化单纯形 $\textbf{conv}\{\mathbf{0}, \boldsymbol{y}_1, \ldots, \boldsymbol{y}_N\}$（分离后）的体积来获得，该单纯形体积与 $\textbf{conv}\{\mathbf{0}, \boldsymbol{x}_1, \ldots, \boldsymbol{x}_N\}$（分离前）的体积相关，即

$$\operatorname{vol}\big(\textbf{conv}\{\mathbf{0}, \boldsymbol{y}_1, \ldots, \boldsymbol{y}_N\}\big) = |\det(\mathbf{W})| \cdot \operatorname{vol}\big(\textbf{conv}\{\mathbf{0}, \boldsymbol{x}_1, \ldots, \boldsymbol{x}_N\}\big) \tag{6.20}$$

文献 [WCCW10] 指出，解决体积最大化问题就可以得到最优解：

$$\{\boldsymbol{y}_i, i = 1, \ldots, N\} = \{\boldsymbol{s}_i, i = 1, \ldots, N\} \tag{6.21}$$

即实现了源信号的识别，只要每个源图像 $\boldsymbol{s}_i$ 都存在纯像素 l_i，即 $s_i[l_i] > 0$ 且 $s_j[l_i] = 0, \forall j \neq i$。因此，盲源分离问题可以转化为下面的非凸优化问题：

$$\begin{aligned}\max_{\mathbf{W}\in\mathbb{R}^{N\times N}} \quad & |\det(\mathbf{W})| \\ \text{s.t.} \quad & \mathbf{W}\mathbf{1}_N = \mathbf{1}_N,\ \boldsymbol{y}_i = \sum_{j=1}^{N} w_{ij}\boldsymbol{x}_j \succeq \mathbf{0}\end{aligned} \tag{6.22}$$

一般情况下，式 (6.22) 是一个 NP-hard 问题。接下来，将讨论如何找到该问题较好的一个近似解。

虽然式 (6.22) 是一个非凸问题，但是，当 $M = N = 2$ 时仍然可以通过解析法求其**闭式解**。首先，将式 (6.22) 中的等式约束整合到目标函数中，得到

$$\det(\mathbf{W}) = \det\begin{bmatrix} w_{11} & 1-w_{11} \\ w_{21} & 1-w_{21}\end{bmatrix} = w_{11} - w_{21}$$

考虑 $\det(\mathbf{W}) \geqslant 0$ 的情况，则式 (6.22) 转化为

$$\max \quad w_{11} - w_{21} \tag{6.23a}$$
$$\text{s.t.} \quad w_{11}x_1[n] + (1-w_{11})x_2[n] \geqslant 0 \tag{6.23b}$$
$$w_{21}x_1[n] + (1-w_{21})x_2[n] \geqslant 0,\ \forall n = 1, \ldots, L \tag{6.23c}$$

约束条件式 (6.23b) 和式 (6.23c) 等价为

$$\beta \leqslant w_{11}, w_{21} \leqslant \alpha \tag{6.24}$$

其中

$$\alpha = \min_n \left\{ \frac{-x_2[n]}{x_1[n]-x_2[n]} \,\middle|\, x_1[n] < x_2[n] \right\} > 0 \tag{6.25}$$

$$\beta = \max_n \left\{ \frac{-x_2[n]}{x_1[n]-x_2[n]} \,\middle|\, x_1[n] > x_2[n] \right\} < 0 \tag{6.26}$$

因此，问题式 (6.23) 最终转化为以下形式：

$$\max_{\beta \leqslant w_{11} \leqslant \alpha} w_{11} - \min_{\beta \leqslant w_{21} \leqslant \alpha} w_{21} \tag{6.27}$$

最优解为 $w_{11}^\star = \alpha$ 且 $w_{21}^\star = \beta$，因此，最优值为 $\det(\mathbf{W}^\star) = \alpha - \beta > 0$。与之类似，可以证明 $\det(\mathbf{W}^\star) \leqslant 0$ 的情况，最优值（最小值）为 $\det(\mathbf{W}^\star) = \beta - \alpha < 0$。

优化问题的闭式解一般很难得到，然而，对于某些具有特殊性质的优化问题，仍然有可能得到其闭式解。第 9 章将对这一问题进行重点介绍，如基于 KKT 条件，虽然往往只能找到问题的数值解，但也还是有可能获得凸优化问题的闭式解或解析解。

对于一般情况（$M = N > 2$）下的问题式 (6.22)，可利用 6.3.5 节中的方法处理。考虑对 $\mathbf{W}$ 的任一行进行 $\det(\mathbf{W})$ 的代数余子式展开，不妨对 $\mathbf{W}$ 的第 i 行进行操作，记 $\mathbf{w}_i^{\mathrm{T}} = [w_{i1}, w_{i2}, \ldots, w_{iN}]$，则行列式为

$$\det(\mathbf{W}) = \sum_{j=1}^{N} (-1)^{i+j} w_{ij} \det\left(\boldsymbol{\mathcal{W}}_{ij}\right) \tag{6.28}$$

其中，$\boldsymbol{\mathcal{W}}_{ij}$ 是删去 $\mathbf{W}$ 的第 i 行和第 j 列的子矩阵。显然，当 $\boldsymbol{\mathcal{W}}_{ij}$ 关于 $j = 1, 2, \cdots, N$ 固定时，行列式 $\det(\mathbf{W})$ 变为关于 $\mathbf{w}_i$ 的线性函数。因此，通过固定 $\mathbf{W}$ 的其他行向量，问题式 (6.22) 转化为如下的非凸最大化问题：

$$\begin{aligned} &\max_{\mathbf{w}_i} \left| \sum_{j=1}^{N} (-1)^{i+j} w_{ij} \det(\boldsymbol{\mathcal{W}}_{ij}) \right| \\ &\text{s.t.} \;\; \mathbf{w}_i^{\mathrm{T}} \mathbf{1}_N = 1, \; \boldsymbol{y}_i = \sum_{j=1}^{N} w_{ij} \boldsymbol{x}_j \succeq \mathbf{0} \end{aligned} \tag{6.29}$$

注意，式 (6.29) 中的目标函数仍然是非凸的，然而通过求解以下两个线性规划问题，可以得到该局部最大化问题的全局最优解：

$$\begin{aligned} p^\star = &\max_{\mathbf{w}_i} \sum_{j=1}^{N} (-1)^{i+j} w_{ij} \det(\boldsymbol{\mathcal{W}}_{ij}) \\ &\text{s.t.} \;\; \mathbf{w}_i^{\mathrm{T}} \mathbf{1}_N = 1, \; \boldsymbol{y}_i = \sum_{j=1}^{N} w_{ij} \boldsymbol{x}_j \succeq \mathbf{0} \end{aligned} \tag{6.30}$$

以及

$$
\begin{aligned}
q^\star = \min_{\mathbf{w}_i} \quad & \sum_{j=1}^{N}(-1)^{i+j} w_{ij}\det(\boldsymbol{\mathcal{W}}_{ij}) \\
\text{s.t.} \quad & \mathbf{w}_i^{\mathrm{T}}\mathbf{1}_N = 1,\ \boldsymbol{y}_i = \sum_{j=1}^{N} w_{ij}\boldsymbol{x}_j \succeq \mathbf{0}
\end{aligned} \tag{6.31}
$$

算法 6.1 是迭代非负盲源分离算法（我们称之为 nLCA-IVM 算法），可以用来寻找目标分离矩阵 $\mathbf{W}^\star$。在该算法中，每次迭代逐行更新矩阵 $\mathbf{W}$，直到收敛。

算法 6.1 nLCA-IVM 算法伪代码

1: 设定收敛容限 $\varepsilon > 0$，$\mathbf{W} := \mathbf{I}_N$，$\text{Iter} := 0$；
2: **repeat**
3: 　令 $\text{Iter} := \text{Iter}+1$，以及 $\upsilon := |\det(\mathbf{W})|$；
4: 　**for** $i = 1, \ldots, N$ **do**
5: 　　求解线性规划式 (6.30) 和式 (6.31)，其最优解分别表示为 $(p^\star, \bar{\mathbf{w}}_i)$ 和 $(q^\star, \widehat{\mathbf{w}}_i)$；
6: 　　若 $|p^\star| > |q^\star|$，则更新 $\mathbf{w}_i := \bar{\mathbf{w}}_i$；否则，更新 $\mathbf{w}_i := \widehat{\mathbf{w}}_i$；
7: 　**end for**
8: **until** $|\max\{|p^\star|, |q^\star|\} - \upsilon|/\upsilon < \varepsilon$
9: 得 $\mathbf{W}^\star = \mathbf{W}$。

“Iter”表示获取最优解 $\mathbf{W}^\star$ 所需的迭代次数，每次迭代意味着同时更新 $\mathbf{W}$ 的 N 个行向量，每次迭代中，若 $|p^\star| > |q^\star|$，选择式 (6.30) 的解作为问题式 (6.29) 的解；若 $|q^\star| > |p^\star|$，选择式 (6.31) 的解。这样就可以利用线性规划有效解决 nBSS 问题。

实际上，将问题式 (6.22) 的目标函数 $|\det(\mathbf{W})|$ 替换为 $\det(\mathbf{W})$，可以提高 nLCA-IVM 算法的收敛速度，这是因为

$$|\det(\mathbf{W})| = \det(\mathbf{PW})$$

其中，$\mathbf{P} \in \mathbb{R}^{N\times N}$ 是置换矩阵，其行列式的值为 1 或 −1。此外，求解式 (6.22) 之前，在保证约束集（单纯形）不变的前提下，可以去掉其中的冗余不等式，再利用内点法（第 10 章中有详细介绍）求解线性规划，最终算法（与 nLCA-IVM 算法具有相同的解）的运行速率将显著提高，明显优于常用的凸问题工具，如 SeDuMi 或 CVX。文献 [CSA+11] 中详细讨论了这一方法的实现。

下面介绍 nLCA-IVM 算法在多光谱图像分析中的一个应用。荧光显微术利用光学传感器阵列（如 CCD 相机）产生多光谱图像，并利用不同的荧光探针来标记样本中的目标。标记多光谱图像时，探针之间的光谱会产生重叠，从而导致信息从一个光通道泄漏到另一个光通道，进而限制了光谱标记物的识别能力。为了解决这种信息泄露问题，考虑将荧光显微图分离成与特定生物标记物相关的单个图谱，此时，原问题可被重构为一个 nBSS 问题。nLCA-IVM 算法已经被用于分析一组分裂的蝾螈肺细胞图像，参考网址为 http://publications.nigms.nih.gov/insidethecell/chapter1.html。图 6.3(a) 中，从上到下分别展示了观察到的中间丝、纺锤纤维和染色体。由于荧光探针所造成的光谱重叠，图中光谱标记物也是重叠的。观测图像中的感兴趣区域（regions of interest，ROI）如图 6.3(b) 所示，最

终图像如图 6.3(c) 所示。可以明显看出，相较于分解前观测图像中的 ROIs，图 6.3(c) 所示的中间丝、纺锤纤维和染色体的分离光谱图像清晰了很多，可以清楚地观察到所提取染色体的绳索形状以及纺锤纤维的纺锤形状，这些结果与生物预期是一致的。

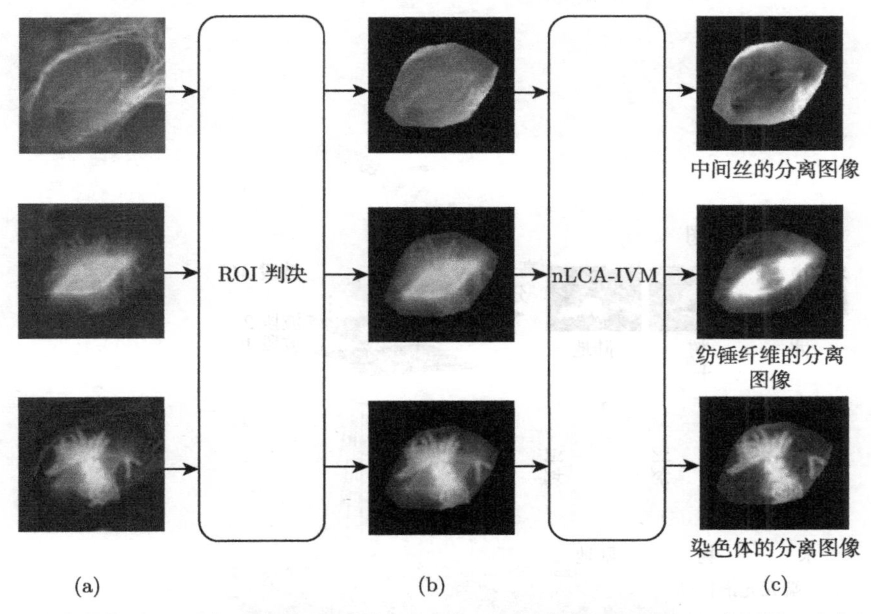

图 6.3　荧光显微图像：(a) 蝾螈肺细胞测定图，(b) 图 (a) 的感兴趣区域，(c) 中间丝（上方）、纺锤纤维（中间）及染色体（下方）经由 nLCA-IVM 算法获得的分离光谱图像 [WCCW10]

6.3.2 基于线性规划的高光谱分解

高光谱图像包含材料的电磁散射模式，覆盖从可见光到短波近红外波段的数百个光谱波段。用于高光谱成像的传感器的有限空间分辨率必须具有高效的高光谱分解（Hyperspectral Unmixing，HU）机制以提取潜在的端元，以及观察视图中的各端元的丰度图（Abundance Maps）（或丰度分数（Abundance Fractions））[KM02,BDPCV+13,MBDCG14]。端元光谱特征对应着不同矿物或物质在不同波长下的反射模式，即一个端元对应一种地物的光谱信息，丰度表征该混合像素中某矿物（或物质）的分布情况。图 6.4 [ACMC11] 展示的场景可用来说明纯像素和混合像素的概念，其中左边方框中的像素对应混合像素（陆地、树和水），右边方框中的像素对应纯像素（仅仅由水体产生）。

所测量的高光谱图像三维数据（也称为高光谱图像立方体）中的每一个像素向量都可以由 $M\times N$ 的线性混合模型来描述：

$$\mathbf{x}[n]=\mathbf{A}\mathbf{s}[n]=\sum_{i=1}^{N}s_i[n]\mathbf{a}_i,\ \forall n=1,\ldots,L \tag{6.32}$$

其中，M 表示光谱波段数目，N 表示高光谱图像中的端元数目。进一步地，$\mathbf{x}[n]=[\,x_1[n],\ldots,x_M[n]\,]^{\mathrm{T}}$ 表示高光谱数据中第 n 个像素向量；$\mathbf{A}=[\,\mathbf{a}_1,\ldots,\mathbf{a}_N\,]\in\mathbb{R}^{M\times N}$ 表示端元光谱特征矩阵，它的第 i 列向量 $\mathbf{a}_i$ 是第 i 个端元特征（或简称为端元）；$\mathbf{s}[n]=[\,s_1[n],\ldots,s_N[n]\,]^T\in$

$\mathbb{R}^N$ 表示包含 N 个分数丰度（Fractional Abundance）的第 n 个丰度向量，L 为观测像素向量的总数。本节将重点关注端元光谱特征和各端元丰度的估计。高光谱应用场景下，物质数量 N 的估计对应于模型阶次的确定问题，利用二次规划和凸几何性质可以解决（参考 6.5 节）。

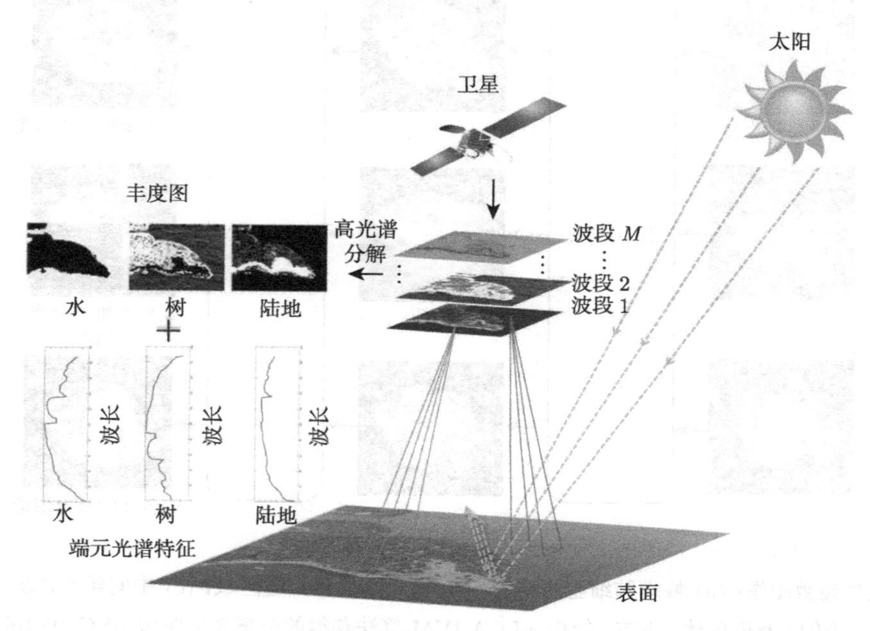

图 6.4 高光谱分解案例

假设在高光谱观测数据中，N 是已知的，高光谱分解的目标就是找到端元特征矩阵 $\mathbf{A}$ 和丰度向量 $\mathbf{s}[n]$, $\forall n=1,\ldots,L$，假设 [CCHM09]：

(A1) 源（即丰度）非负性：对于每个丰度图，有 $\boldsymbol{s}_j=[s_j[1],s_j[2],\ldots,s_j[L]]^T\succeq\mathbf{0}_L$, $j\in\{1,\ldots,N\}$。

(A2) $\mathbf{A}=[\ \mathbf{a}_1,\ldots,\mathbf{a}_N\ ]\in\mathbb{R}^{M\times N}$ 为列满秩矩阵，且 $\mathbf{a}_j\succeq\mathbf{0}_M$, $\forall j$。

(A3) 丰度分数成比例地分布在每个观测像素中，即 $\sum_{j=1}^N s_j[n]=\mathbf{1}_N^{\mathrm{T}}\mathbf{s}[n]=1$, $\forall n$。

(A4) 纯像素假设：对于任意 $i\in\{1,\ldots,N\}$，存在（未知）索引 l_i 满足 $s_i[l_i]=1$ 以及 $s_j[l_i]=0, \forall j\neq i$（例如，图 6.4 中左边方框表示水体的纯像素）。

由于 M 通常远大于 N，因此预处理时，需要对观测高光谱三维数据进行降维。应用例 4.3 中的仿射集拟合方法可以降低数据的维度。基于式 (6.33) 的仿射变换可得降维的（Dimension-Reduced，DR）数据 $\tilde{\mathbf{x}}[n]$：

$$\tilde{\mathbf{x}}[n]=\mathbf{C}^{\mathrm{T}}(\mathbf{x}[n]-\mathbf{d})=\sum_{j=1}^N s_j[n]\boldsymbol{\alpha}_j\in\mathbb{R}^{N-1} \tag{6.33}$$

其中，$\mathbf{d}$（$\mathbf{x}[n],n=1,\ldots,L$ 的均值）和 $M\times(N-1)$ 的半酉矩阵 $\mathbf{C}$ 由式 (4.46) 和式 (4.48) 分别给出，

$$\boldsymbol{\alpha}_j=\mathbf{C}^{\mathrm{T}}(\mathbf{a}_j-\mathbf{d})\in\mathbb{R}^{N-1},\ j=1,\ldots,N,\quad\text{（根据式 (4.47)）} \tag{6.34}$$

表示第 j 个 DR 端元。DR 高光谱数据 $\tilde{\mathbf{x}}[n]$ 包含的信息与端元 $\mathbf{a}_i, i=1,\ldots,N$ 一致（通过式 (6.34) 给出的仿射映射），在上述假设下，丰度图 $\boldsymbol{s}_i, i=1,\ldots,N$ 为原高维的高光谱数据 $\mathbf{x}[n]$（参考图 4.3）。

高光谱分解的重要准则是 Craig 准则，该准则要求，包含高光谱数据的最小体积单纯形的顶点必须产生相关数据云的高保真端元特征估计。图 6.5 给出了一个例子，原始数据 $\mathbf{x}[n]$ 的均值 $\mathbf{d}$（不是一个数据像素）映射到 DR 空间中变成原点。DR 数据 $\tilde{\mathbf{x}}[n]$ 的散射点 $N=3$，高光谱分解的 Craig 准则可以重构为一个单纯形体积最小化问题如式 (6.35)，其中单纯形 $\mathbf{conv}\{\boldsymbol{\beta}_1,\boldsymbol{\beta}_2,\boldsymbol{\beta}_3\}$ 是近似解，而实际单纯形 $\{\boldsymbol{\alpha}_1,\boldsymbol{\alpha}_2,\boldsymbol{\alpha}_3\}$ 为最优解。

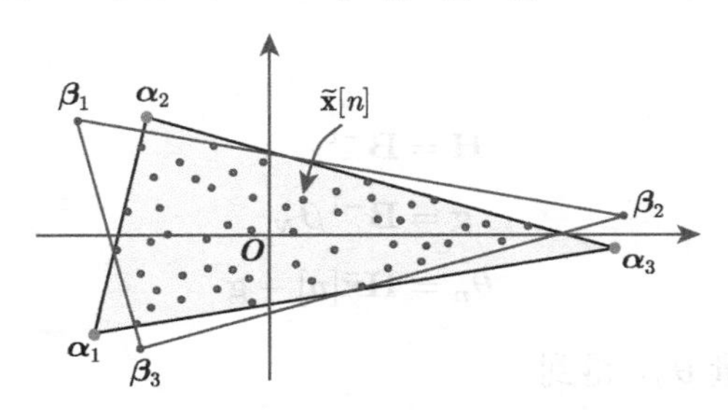

图 6.5　高光谱分解的 Craig 准则的图示

基于 Craig 准则，想要完成高光谱分解，需要找到包含全部 DR 数据的最小体积单纯形，该问题可以转化为以下优化问题：

$$\begin{aligned}\min_{\boldsymbol{\beta}_1,\ldots,\boldsymbol{\beta}_N\in\mathbb{R}^{N-1}} \quad & V(\boldsymbol{\beta}_1,\ldots,\boldsymbol{\beta}_N)\\ \text{s.t.} \quad & \tilde{\mathbf{x}}[n]\in\mathbf{conv}\{\boldsymbol{\beta}_1,\ldots,\boldsymbol{\beta}_N\},\ \forall n\end{aligned} \tag{6.35}$$

其中，$V(\boldsymbol{\beta}_1,\ldots,\boldsymbol{\beta}_N)$ 表示单纯形 $\mathbf{conv}\{\boldsymbol{\beta}_1,\ldots,\boldsymbol{\beta}_N\}$ 的体积 [Str06]，定义为

$$V(\boldsymbol{\beta}_1,\ldots,\boldsymbol{\beta}_N)=\frac{|\det(\mathbf{B})|}{(N-1)!} \tag{6.36}$$

$$\mathbf{B}=[\ \boldsymbol{\beta}_1-\boldsymbol{\beta}_N,\ldots,\boldsymbol{\beta}_{N-1}-\boldsymbol{\beta}_N\ ]\in\mathbb{R}^{(N-1)\times(N-1)} \tag{6.37}$$

易知 $\{\boldsymbol{\beta}_1,\ldots,\boldsymbol{\beta}_N\}$ 的最优解与 $\{\boldsymbol{\alpha}_1,\ldots,\boldsymbol{\alpha}_N\}$ 的最优解一致。虽然该问题的约束集为凸，但由于 $V(\boldsymbol{\beta}_1,\ldots,\boldsymbol{\beta}_N)$ 是非凸的，因此问题式 (6.35) 也是非凸的。下面讨论如何将该问题转化为可解线性规划问题。

由式 (2.22) 知，式 (6.35) 的约束条件可表示为

$$\tilde{\mathbf{x}}[n]=\boldsymbol{\beta}_N+\mathbf{B}\boldsymbol{\theta}_n \tag{6.38}$$

其中

$$\boldsymbol{\theta}_n=[s_1[n],\ldots,s_{N-1}[n]]^{\mathrm{T}}\succeq\mathbf{0}_{N-1} \tag{6.39}$$

$$\mathbf{1}_{N-1}^{\mathrm{T}}\boldsymbol{\theta}_n\leqslant 1 \tag{6.40}$$

因此，问题式 (6.35) 等价为

$$\begin{aligned}\min_{\substack{\mathbf{B}\in\mathbb{R}^{(N-1)\times(N-1)},\\ \boldsymbol{\beta}_N,\boldsymbol{\theta}_1,\ldots,\boldsymbol{\theta}_L\in\mathbb{R}^{N-1}}} \quad & |\det(\mathbf{B})| \\ \text{s.t.} \quad & \boldsymbol{\theta}_n \succeq \mathbf{0}_{N-1},\ \mathbf{1}_{N-1}^{\mathrm{T}}\boldsymbol{\theta}_n \leqslant 1 \\ & \tilde{\mathbf{x}}[n] = \boldsymbol{\beta}_N + \mathbf{B}\boldsymbol{\theta}_n,\ \forall n\end{aligned} \tag{6.41}$$

上面问题的不等式约束为凸，等式约束非凸，不过，通过以下方法可将非凸约束转化为凸约束。

首先进行变量变换：

$$\mathbf{H} = \mathbf{B}^{-1} \tag{6.42}$$

$$\mathbf{g} = \mathbf{B}^{-1}\boldsymbol{\beta}_N \tag{6.43}$$

$$\boldsymbol{\theta}_n = \mathbf{H}\tilde{\mathbf{x}}[n] - \mathbf{g} \tag{6.44}$$

消除式 (6.41) 中所有变量 $\boldsymbol{\theta}_n$，得到

$$\begin{aligned}\max_{\boldsymbol{H}\in\mathbb{R}^{(N-1)\times(N-1)},\boldsymbol{g}\in\mathbb{R}^{N-1}} \quad & |\det(\mathbf{H})| \\ \text{s.t.} \quad & \mathbf{1}_{N-1}^{\mathrm{T}}(\mathbf{H}\tilde{\mathbf{x}}[n]-\mathbf{g}) \leqslant 1 \\ & \mathbf{H}\tilde{\mathbf{x}}[n]-\mathbf{g} \succeq \mathbf{0}_{N-1},\ \forall n\end{aligned} \tag{6.45}$$

在上述优化问题中，约束集是一个凸多面体。

至此，问题式 (6.45) 转化为与式 (6.22) 相似的形式，6.3.1 节中的迭代局部最大化策略可用来估计最优 $\mathbf{H}^\star$ 和 $\mathbf{g}^\star$。这样的分解算法称为最小体积包围单纯形算法（Minimum-Volume Enclosing Simplex，MVES）[CCHM09]。端元光谱特征可由

$$\widehat{\mathbf{a}}_i = \mathbf{C}\widehat{\boldsymbol{\alpha}}_i + \mathbf{d},\ i = 1,\ldots,N \quad \text{（根据式 (6.34)）} \tag{6.46}$$

获得。式中，$\widehat{\boldsymbol{\alpha}}_i$ 表示式 (6.35) 的最优解，它可以通过变量变化得到

$$\widehat{\boldsymbol{\alpha}}_N = (\mathbf{H}^\star)^{-1}\mathbf{g}^\star \quad \text{（根据式 (6.42) 和式 (6.43)）} \tag{6.47}$$

$$[\widehat{\boldsymbol{\alpha}}_1,\ldots,\widehat{\boldsymbol{\alpha}}_{N-1}] = \widehat{\boldsymbol{\alpha}}_N\mathbf{1}_{N-1}^{\mathrm{T}} + (\mathbf{H}^\star)^{-1} \quad \text{（根据式 (6.37) 和式 (6.42)）} \tag{6.48}$$

最终，对于 $n = 1,\ldots,L$，丰度向量估计值如下：

$$\begin{aligned}\widehat{\mathbf{s}}[n] &= [\ \widehat{\boldsymbol{\theta}}_n^{\mathrm{T}} \quad 1 - \mathbf{1}_{N-1}^{\mathrm{T}}\widehat{\boldsymbol{\theta}}_n\ ]^{\mathrm{T}} \quad \text{（根据式 (6.39)、式 (6.40) 和 (A3)）} \\ &= [\ (\mathbf{H}^\star\tilde{\mathbf{x}}[n]-\mathbf{g}^\star)^{\mathrm{T}} \quad 1 - \mathbf{1}_{N-1}^{\mathrm{T}}(\mathbf{H}^\star\tilde{\mathbf{x}}[n]-\mathbf{g}^\star)\ ]^{\mathrm{T}} \quad \text{（根据式 (6.44)）}\end{aligned} \tag{6.49}$$

在满足 (A1) 到 (A4) 的充分性条件下，MVES 算法已经被证明能够完美识别真实端元信息（即 $\{\widehat{\boldsymbol{\alpha}}_1,\ldots,\widehat{\boldsymbol{\alpha}}_N\} = \{\boldsymbol{\alpha}_1,\ldots,\boldsymbol{\alpha}_N\}$）。

注意，在噪声存在的情况下，丰度估计值 $\widehat{\mathbf{s}}[n]$（式 (6.49)）和端元估计值 $\widehat{\mathbf{a}}_i$（式 (6.46)）可能不满足 (A1) 和 (A2) 的非负性假设。对于 $\widehat{\mathbf{s}}[n]$ 和 $\widehat{\mathbf{a}}_i$ 中的负元素，只需将其置零，仍然利用 MVES 算法。

最后介绍一个实际案例：将 MVES 算法应用于 AVIRIS① 高光谱数据（来自内华达州赤铜矿遗址）。选择高光谱数据中的一个 200×200 的子图像作为 ROI，该区域中有 224 条光谱波段，由于强噪声干扰或浓厚的水蒸气含量，波段 1~2、104~113、148~167 和 221~224 数据不予考虑。第 100 个波段的子图图像如图 6.6 所示，据报道，该区域包含 $N = 14$ 个端元。

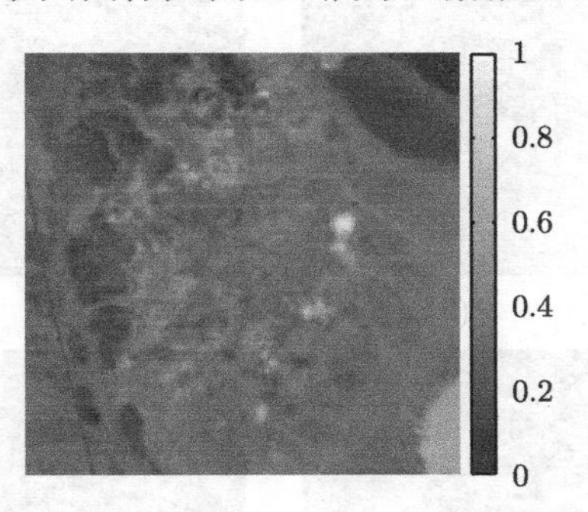

图 6.6 AVIRIS 高光谱图像数据中的 200×200 的子图象（第 100 个波段）

图 6.7 给出了由 MVES 算法估测的端元特征图像，以及对应的来自美国地质勘探局

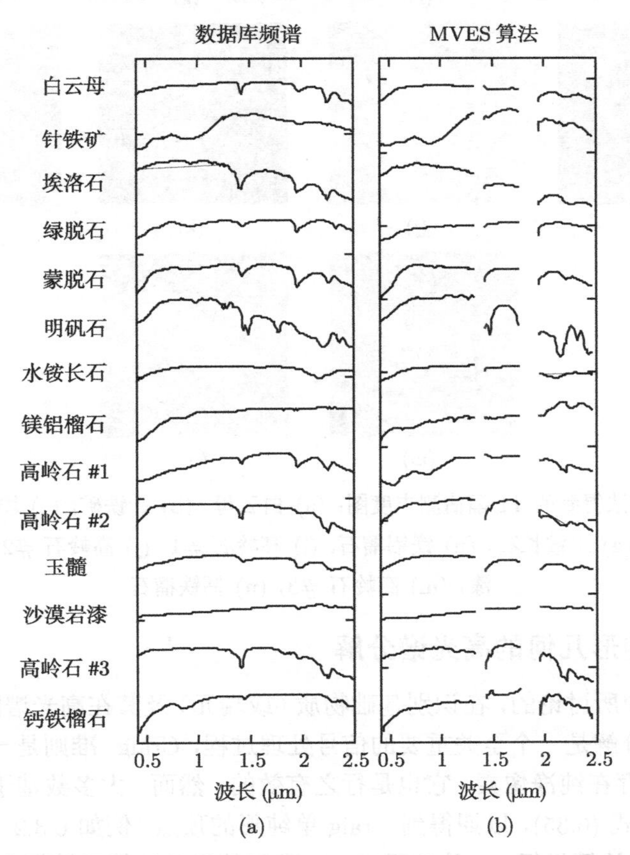

图 6.7 (a) USGS 数据库提供的端元特征图；(b) 由 MVES 算法得到的端元特征估计图

① http://speclab.cr.usgs.gov/PAPERS/cuprite.gr.truth.1992/swayze.1992.html.

（United States Geological Survey，USGS）数据库的地表实况端元特征图像（来自 [CCHM09]），该图表明真实特征与估计特征之间具有很强的相关性；图 6.8 给出了由 MVES 算法得到的矿物丰度图 $\boldsymbol{s}_i, i=1,\ldots,N$（来自 [CCHM09]），与地表实况高度一致。

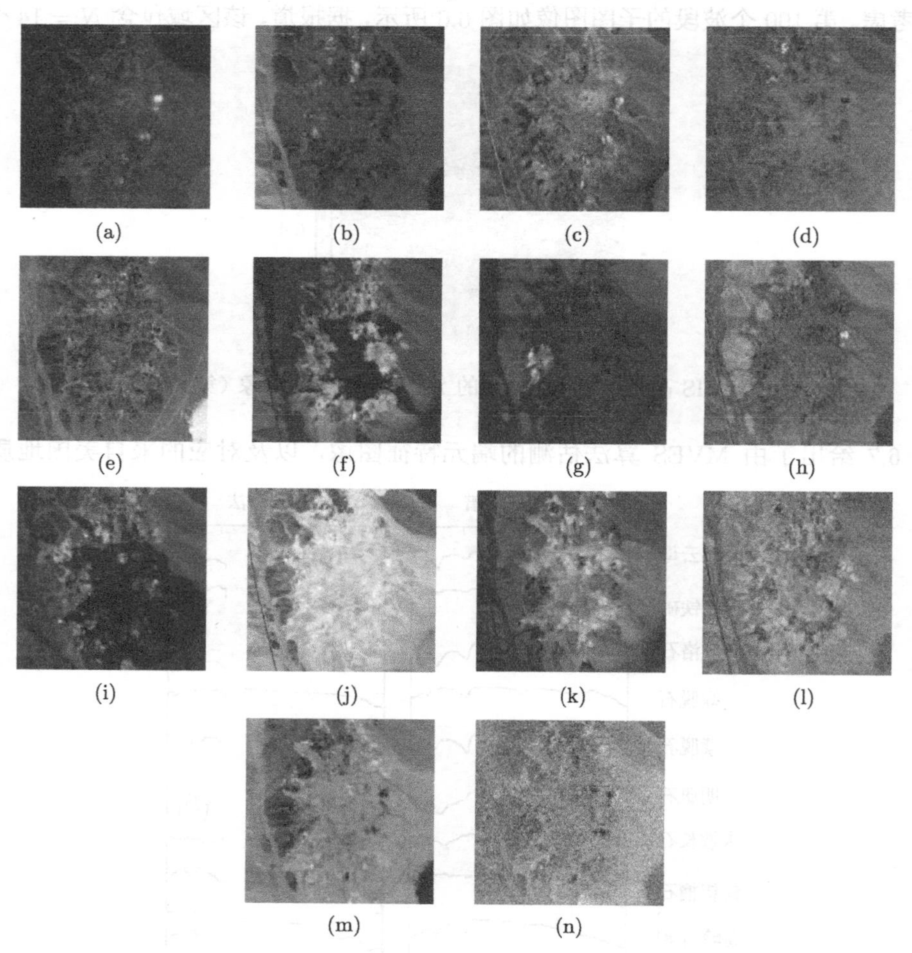

图 6.8　由 MVES 算法得到的 14 幅估测丰度图：(a) 白云母，(b) 针铁矿，(c) 埃洛石，(d) 绿脱石，(e) 蒙脱石，(f) 明矾石，(g) 水铵长石，(h) 镁铝榴石，(i) 高岭石 #1，(j) 高岭石 #2，(k) 玉髓，(l) 沙漠岩漆，(m) 高岭石 #3，(n) 钙铁榴石

6.3.3　基于单纯形几何的高光谱分解

正如 6.3.2 节中所讨论的，在识别基础物质（或端元）及其在高光谱图像中所占比例（或丰度）时，高光谱分解是一个至关重要的信号处理过程，Craig 准则是一种重要的盲高光谱分解准则，即使不存在纯净像素，它也是行之有效的。然而，大多数基于 Craig 准则的算法都是直接求解问题式 (6.35)，以期得到 Craig 单纯形的顶点（例如 6.3.2 节介绍的 MVES 算法），这种方法所需计算量很大，故基于 Craig 准则的算法计算开销很大。

在实践中，我们发现丰度 $\mathbf{s}[n]$ 经常是稀疏的，很多像素位于 Craig 单纯形的边界超平面上。根据丰度的稀疏性及单纯形的性质：具有 N 个极值点的最简单纯形的边界超平面可由

超平面上任意 $N-1$ 个仿射无关点唯一决定，Craig 单纯形的高保真识别可以通过对其边界超平面的精确估计有效地实现。下面将介绍基于上述思想的快速盲 HU 算法，即"基于超平面的 Craig 单纯形识别（Hyperplane-based Craig Simplex Identification，HyperCSI）"算法，该算法不再涉及任何单纯性体积的计算。

将问题式 (6.35) 重构为 N 个超平面估计的子问题（参考第 2 章性质 2.7）。不需要借助数值优化，HyperCSI 算法 [LCWC16] 绕过了繁琐的单纯形体积计算，只需要通过简单的线性代数运算就可以找到特定的"有源 (active)"数据像素集 $\mathbf{x}[n]$，大大提高了计算效率。

由 (A2) 可知 DR 端元集 $\{\boldsymbol{\alpha}_1,\ldots,\boldsymbol{\alpha}_N\}\subseteq\mathbb{R}^{N-1}$ 是仿射无关的。由性质 2.7 可知，包含端元的单纯形 $\mathbf{conv}\{\boldsymbol{\alpha}_1,\ldots,\boldsymbol{\alpha}_N\}\subseteq\mathbb{R}^{N-1}$ 是 DR 空间 $\mathbb{R}^{N-1}$ 中的最简单纯形，用 N 个超平面 $\{\mathcal{H}_1,\ldots,\mathcal{H}_N\}$ 对其进行重构，其中超平面表示为

$$\mathcal{H}_i \triangleq \mathbf{aff}(\{\boldsymbol{\alpha}_1,\ldots,\boldsymbol{\alpha}_N\}\setminus\{\boldsymbol{\alpha}_i\}) \equiv \{\ \mathbf{x}\in\mathbb{R}^{N-1}\mid \mathbf{b}_i^{\mathrm{T}}\mathbf{x}=h_i\ \} \tag{6.50}$$

然后，对式 (6.35) 进行解耦，将其拆分为 N 个关于超平面估计的子问题，或者说拆分为对 N 个参数向量 $(\mathbf{b}_i,h_i)$ 的估计问题。下面将根据 DR 数据集

$$\mathcal{X}\triangleq\{\ \tilde{\mathbf{x}}[1],\ldots,\tilde{\mathbf{x}}[L]\ \} \tag{6.51}$$

分别讨论法向量 $\mathbf{b}_i$ 和内积常数 h_i 的估计方法。

♦ 法向量的估计

首先介绍利用 HyperCSI 算法 [LCWC16] 估计法向量的方法，注意到法向量 $\mathbf{b}_i$ 可以由任意仿射无关集合 $\{\mathbf{p}_1^{(i)},\ldots,\mathbf{p}_{N-1}^{(i)}\}\subseteq\mathcal{H}_i$ 表示。具体来说，$\mathbf{0}_{N-1}$ 为 DR 空间 $\mathbb{R}^{N-1}$ 中数据的均值（参考式 (6.33)），因此有 [LCWC16]

$$\mathbf{b}_i=\boldsymbol{v}_i(\mathbf{p}_1^{(i)},\ldots,\mathbf{p}_{i-1}^{(i)},\mathbf{0}_{N-1},\mathbf{p}_i^{(i)},\ldots,\mathbf{p}_{N-1}^{(i)}) \tag{6.52}$$

其中，$\boldsymbol{v}_i(\cdot)$ 是由式 (2.52) 定义的向量。$(N-2)$-维超平面的"仿射无关"子集定义为

$$\mathcal{P}_i\triangleq\{\mathbf{p}_1^{(i)},\ldots,\mathbf{p}_{N-1}^{(i)}\}\subseteq\mathcal{H}_i \tag{6.53}$$

因此，需要找到 $N-1$ 个仿射无关的像素（称为 $\mathcal{X}$ 中的有源像素），要求这些像素尽可能接近相关超平面 $\mathcal{H}_i$。

假设给定 N 个最纯净的像素 $\{\widetilde{\boldsymbol{\alpha}}_1,\ldots,\widetilde{\boldsymbol{\alpha}}_N\}\subseteq\mathcal{X}$（由连续投影算法（Successive Projection Algorithm，SPA）识别 [AGH+12]），定义 N 个不相交的合适区域，且各个区域的中心位于不同的纯净像素处（见图 6.9）。对于 Craig 单纯形的每个超平面 $\mathcal{H}_i$，$N-1$ 个目标有源像素 $\mathcal{P}_i$（要求其尽可能接近该超平面）可分别从 $\mathcal{X}$ 的 $N-1$ 子集中筛选得到，且每个像素数据对应不同的区域。如图 6.9 所示，其中 $N=3$，$\widetilde{\boldsymbol{\alpha}}_3$ 表示 $\mathcal{X}$ 中的最纯净像素（最纯净像素 $\widetilde{\boldsymbol{\alpha}}_i$ 可以理解为距离 $\boldsymbol{\alpha}_i$ 最近的像素）。该像素不必非常靠近超平面 $\mathcal{H}_1=\mathbf{aff}\{\boldsymbol{\alpha}_2,\boldsymbol{\alpha}_3\}$，这使得 $\widetilde{\mathbf{b}}_1$ 与 $\mathbf{b}_1$ 间具有非平凡方向差。而有源像素 $\mathbf{p}_1^{(1)}$ 和 $\mathbf{p}_2^{(1)}$ 则与 $\mathcal{H}_1$ 非常靠近（特别是 L 比较大的情况下），因此，$\widehat{\mathbf{b}}_1$ 与 $\mathbf{b}_1$ 的方向几乎相同。具体地，$\mathcal{P}_i$ 中的仿射无关点 $\{\mathbf{p}_1^{(i)},\ldots,\mathbf{p}_{N-1}^{(i)}\}$ 来自

$$\mathbf{p}_k^{(i)}\ \in\ \arg\max\ \{\widetilde{\mathbf{b}}_i^{\mathrm{T}}\mathbf{p}\mid\mathbf{p}\in\mathcal{X}\cap\mathcal{R}_k^{(i)}\},\ \ \forall k\in\mathcal{I}_{N-1} \tag{6.54}$$

其中

$$\begin{cases}\mathcal{I}_n \triangleq \{1,\ldots,n\} \\ \widetilde{\mathbf{b}}_i \triangleq \boldsymbol{v}_i(\widetilde{\boldsymbol{\alpha}}_1,\ldots,\widetilde{\boldsymbol{\alpha}}_N) \quad \text{（参考式 (2.52)）}\end{cases} \tag{6.55}$$

$\mathcal{R}_1^{(i)},\ldots,\mathcal{R}_{N-1}^{(i)}$ 表示 $N-1$ 个不相交集合，定义为

$$\mathcal{R}_k^{(i)} \equiv \mathcal{R}_k^{(i)}(\widetilde{\boldsymbol{\alpha}}_1,\ldots,\widetilde{\boldsymbol{\alpha}}_N) \triangleq \begin{cases}\mathcal{B}(\widetilde{\boldsymbol{\alpha}}_k, r), & k < i \\ \mathcal{B}(\widetilde{\boldsymbol{\alpha}}_{k+1}, r), & k \geqslant i\end{cases} \tag{6.56}$$

其中，$r \triangleq (1/2)\cdot\min\{\|\widetilde{\boldsymbol{\alpha}}_i-\widetilde{\boldsymbol{\alpha}}_j\|_2 \mid 1\leqslant i<j\leqslant N\}>0$ 是“开的”欧氏范数球$\mathcal{B}(\widetilde{\boldsymbol{\alpha}}_k, r)$ 的半径。满足条件的 r 需保证区域 $\mathcal{R}_1^{(i)},\ldots,\mathcal{R}_{N-1}^{(i)}$ 互不重叠，进而确保由式 (6.54) 得到的 $N-1$ 个点互不相同且总是仿射无关的（详细证明见定理 6.1）。此外，因为每个超球（hyperball）$\mathcal{R}_k^{(i)}$ 包含最纯净像素 $\widetilde{\boldsymbol{\alpha}}_k$ 或 $\widetilde{\boldsymbol{\alpha}}_{k+1}$，所以它一定包含至少一个像素（参考式 (6.56)），即 $\mathcal{X}\cap\mathcal{R}_k^{(i)}\neq\varnothing$，这样，问题式 (6.54) 必然是可行问题。

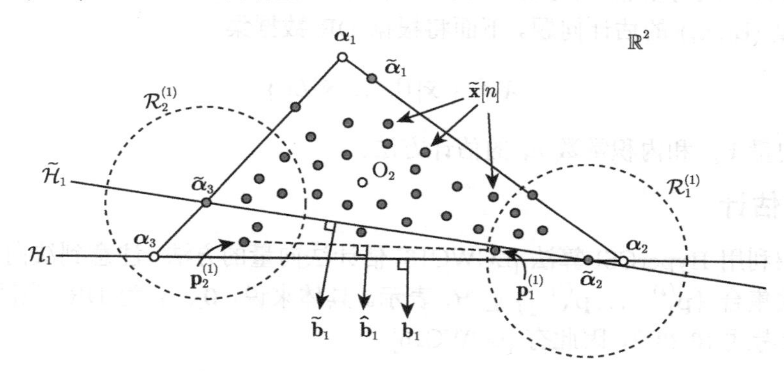

图 6.9 $\mathbb{R}^2$ 中超平面和 DR 数据的例子

若从式 (6.54) 中筛选的 $N-1$ 个点是仿射无关的，那么超平面 $\mathcal{H}_i$ 的法向量估计值将由式 (6.52) 唯一决定（以正缩放因子（up to a positive scale factor））：

$$\widehat{\mathbf{b}}_i = \boldsymbol{v}_i(\mathbf{p}_1^{(i)},\ldots,\mathbf{p}_{i-1}^{(i)},\mathbf{0}_{N-1},\mathbf{p}_i^{(i)},\ldots,\mathbf{p}_{N-1}^{(i)}) \tag{6.57}$$

补充一条假设 (A5)，可证式 (6.54) 的 $\mathcal{P}_i \triangleq \{\mathbf{p}_1^{(i)},\ldots,\mathbf{p}_{N-1}^{(i)}\}$ 总是仿射无关的（见定理 6.1）。

(A5) 丰度向量 $\{\mathbf{s}[n]\}\subseteq\mathbb{R}^N$（定义见式 (6.32)）是独立同分布（independent and identically distributed，i.i.d.）的，则关于参数 $\boldsymbol{\gamma}=[\gamma_1,\ldots,\gamma_N]\in\mathbb{R}_{++}^N$ 的 **Dirichlet 分布概率密度函数为**

$$f(\mathbf{s}) = \begin{cases}\dfrac{\Gamma(\gamma_0)}{\prod_{i=1}^N\Gamma(\gamma_i)}\cdot\prod_{i=1}^N s_i^{\gamma_i-1}, & \mathbf{s}\in\textbf{dom}\,f \\ 0, & \mathbf{s}\notin\textbf{dom}\,f\end{cases} \tag{6.58}$$

其中，$\mathbf{s}=(s_1,\ldots,s_N)\in\mathbb{R}^N$，$\gamma_0=\sum_{i=1}^N\gamma_i$，$\textbf{dom}\,f=\{\mathbf{s}\in\mathbb{R}_{++}^N \mid \mathbf{1}_N^T\mathbf{s}=1\}$

$$\Gamma(\gamma)=\int_0^\infty x^{\gamma-1}\mathrm{e}^{-x}\,\mathrm{d}x \tag{6.59}$$

为 Gamma 函数。

定理 6.1　假设 (A1)~(A3) 及 (A5) 成立，令 $\mathbf{p}_k^{(i)}$ 为式 (6.54) 的一个解，对应区域 $\mathcal{R}_k^{(i)}$，$i \in \mathcal{I}_N$ 且 $k \in \mathcal{I}_{N-1}$，则集合 $\mathcal{P}_i \triangleq \{\mathbf{p}_1, \ldots, \mathbf{p}_{N-1}\}$ 仿射无关的概率为 1。

证明　对于给定的 $i \in \mathcal{I}_N$，由式 (6.56) 可知 $\mathcal{R}_k^{(i)} \cap \mathcal{R}_\ell^{(i)} = \varnothing$, $\forall k \neq \ell$，这表明由式 (6.54) 得到的 $N-1$ 个像素 $\mathbf{p}_k^{(i)}$, $\forall k \in \mathcal{I}_{N-1}$ 必定互不相同，因此，$\mathcal{P} \triangleq \{\mathbf{p}_1, \ldots, \mathbf{p}_{N-1}\} \subseteq \mathcal{X}$ 为仿射无关的概率为 1，其中

$$\mathbf{p}_k \neq \mathbf{p}_\ell,\ \forall\, 1 \leqslant k < \ell \leqslant N-1 \tag{6.60}$$

已知 $\mathbf{p}_k \in \mathcal{X}$, $\forall k \in \mathcal{I}_{N-1}$，由 (A4) 和式 (6.60) 可得，存在满足独立同分布的 Dirichlet 分布随机向量 $\{\mathbf{s}_1, \ldots, \mathbf{s}_{N-1}\} \subseteq \mathbf{dom}\ f$ 满足

$$\mathbf{p}_k = [\boldsymbol{\alpha}_1 \cdots \boldsymbol{\alpha}_N]\ \mathbf{s}_k, \quad \forall\ k \in \mathcal{I}_{N-1} \tag{6.61}$$

为了方便起见，定义几个事件：

E1：集合 $\mathcal{P}$ 是仿射相关的。

E2：集合 $\{\mathbf{s}_1, \ldots, \mathbf{s}_{N-1}\}$ 是仿射相关的。

E3$^{(k)}$：$\mathbf{s}_k \in \mathbf{aff}\,\{\{\mathbf{s}_1, \ldots, \mathbf{s}_{N-1}\} \setminus \{\mathbf{s}_k\}\}$, $\forall k \in \mathcal{I}_{N-1}$。

由于 $\mathcal{P}_i$ 是 $\mathcal{P}$ 的一个特例，要想证明 $\mathcal{P}_i$ 仿射无关的概率为 1，只需证明 $\text{Prob}\{\text{E1}\} = 0$。

下面证明 E1 成立意味着 E2 也成立。假设 E1 成立，则存在 $k \in \mathcal{I}_{N-1}$ 使得 $\mathbf{p}_k \in \mathbf{aff}\{\mathcal{P} \setminus \{\mathbf{p}_k\}\}$ 成立。不失一般性，假设 $k=1$，则

$$\mathbf{p}_1 = \theta_2 \cdot \mathbf{p}_2 + \cdots + \theta_{N-1} \cdot \mathbf{p}_{N-1} \tag{6.62}$$

其中，$\theta_i, i = 2, \ldots, N-1$ 满足以下条件：

$$\theta_2 + \cdots + \theta_{N-1} = 1 \tag{6.63}$$

将式 (6.61) 代入式 (6.62) 可得

$$[\boldsymbol{\alpha}_1, \ldots, \boldsymbol{\alpha}_N]\ \mathbf{s}_1 = [\boldsymbol{\alpha}_1, \ldots, \boldsymbol{\alpha}_N]\ \mathbf{t} \tag{6.64}$$

其中

$$\mathbf{t} \triangleq \sum_{m=2}^{N-1} \theta_m \cdot \mathbf{s}_m$$

已知 $\mathbf{1}_N^{\mathrm{T}}\mathbf{s}_1 = 1$ 和 $\mathbf{1}_N^{\mathrm{T}}\mathbf{t} = 1$（根据式 (6.63)），则由性质 2.2 可得 $\mathbf{s}_1 = \mathbf{t} = \sum_{m=2}^{N-1} \theta_m \cdot \mathbf{s}_m$，或等价于 $\mathbf{s}_1 \in \mathbf{aff}\{\mathbf{s}_2, \ldots, \mathbf{s}_{N-1}\}$（根据式 (6.63)），这表明 E2 也成立，命题得证，因此有

$$\text{Prob}\{\text{E1}\} \leqslant \text{Prob}\{\text{E2}\} \tag{6.65}$$

由于具有 $(N-1)$-维定义域的 Dirichlet 分布是随机向量 $\mathbf{s} \in \mathbb{R}^N$ 的连续多元分布，且满足 (A1) 和 (A2)，则任意给定的仿射包 $\mathcal{A} \subseteq \mathbb{R}^N$ 的仿射维度 P 一定满足

$$\text{Prob}\{\ \mathbf{s} \in \mathcal{A}\ \} = 0,\ \text{如果}\ P < N-1 \tag{6.66}$$

此外，由于 $\{\mathbf{s}_1,\ldots,\mathbf{s}_{N-1}\}$ 是独立同分布的随机向量，且仿射包 $\textbf{aff}\{\{\mathbf{s}_1,\ldots,\mathbf{s}_{N-1}\}\backslash\{\mathbf{s}_k\}\}$ 的仿射维度 $P<N-1$，由式 (6.66)，可得

$$\text{Prob}\{\text{E3}^{(k)}\}=0,\ \forall\ k\in\mathcal{I}_{N-1} \tag{6.67}$$

综上可推知

$$\begin{aligned}0&\leqslant \text{Prob}\{\text{E1}\}\leqslant \text{Prob}\{\text{E2}\}\quad\text{（根据式 (6.65)）}\\&=\text{Prob}\{\cup_{k=1}^{N-1}\text{E3}^{(k)}\}\quad\text{（根据 E2 和 E3}^{(k)}\text{ 的定义）}\\&\leqslant\sum_{k=1}^{N-1}\text{Prob}\{\text{E3}^{(k)}\}\ =\ 0\quad\text{（根据一致限定理及式 (6.67)）}\end{aligned}$$

即 $\text{Prob}\{\text{E1}\}=0$。 □

由定理 6.1 可知，法向量估计值 $\widehat{\mathbf{b}}_i$ 存在唯一的概率且为 1，估计的精度将在注 6.1 中进一步讨论。

♦ 内积常量的估计

下面讨论如何利用 HyperCSI 算法估计内积常量 h_i。对于 Craig 单纯形（具有最小体积的数据包围单纯形（Minimum-Volume Data-Enclosing Simplex）），$\mathcal{X}$ 中的所有数据均位于超平面 $\mathcal{H}_i$ 的同一侧（否则，它不是数据包围的），且 $\mathcal{H}_i$ 应当尽可能紧密地靠近数据云 $\mathcal{X}$（否则，它不是体积最小的），满足条件的唯一可能性是超平面 $\mathcal{H}_i$ 与数据云相外切。换句话说，$\mathcal{H}_i$ 包含与 $\widehat{\mathbf{b}}_i$ 内积最大的像素，因此，$\mathcal{H}_i$ 可表示为 $\mathcal{H}_i(\widehat{\mathbf{b}}_i,\widehat{h}_i)$，其中 $\widehat{h}_i$ 可通过

$$\widehat{h}_i\ =\ \max\ \{\ \widehat{\mathbf{b}}_i^{\mathrm{T}}\mathbf{p}\mid\mathbf{p}\in\mathcal{X}\ \} \tag{6.68}$$

求解。然而，研究显示，如果观测像素受到噪声污染，那么随机噪声将使数据云扩大，Craig 数据包单纯形也会随之膨胀 [ACMC11]，最终使得估计超平面被推离原点（即降维空间中的数据均值），因此由式 (6.68) 得到的估计内积常量往往会大于实际内积。为了减轻噪声污染的影响，被估计的超平面必须适当靠近原点，因此引入 $c\geqslant 1$，采用 $\mathcal{H}_i(\widehat{\mathbf{b}}_i,\widehat{h}_i/c)$, $\forall i\in\mathcal{I}_N$ 作为估计超平面，对应的 DR 端元估计值为（参考性质 2.7 的证明式 (2.50)）

$$\widehat{\boldsymbol{\alpha}}_i=\widehat{\mathbf{B}}_{-i}^{-1}\cdot\frac{\widehat{\mathbf{h}}_{-i}}{c},\quad\forall i\in\mathcal{I}_N \tag{6.69}$$

用 $\widehat{\mathbf{b}}_j$ 和 $\widehat{h}_j$ 分别替换式 (2.49) 中的 $\mathbf{b}_j$ 和 h_j, $\forall j\neq i$ 就得到式 (6.69) 中的 $\widehat{\mathbf{B}}_{-i}$ 和 $\widehat{\mathbf{h}}_{-i}$。此外，还需要选择合适的 c 使得原空间中相关的端元估计值非负，即

$$\widehat{\mathbf{a}}_i=\mathbf{C}\ \widehat{\boldsymbol{\alpha}}_i+\mathbf{d}\succeq\mathbf{0}_M,\ \forall i\in\mathcal{I}_N\quad\text{（参考式 (6.34)）} \tag{6.70}$$

根据式 (6.69) 和式 (6.70)，超平面应当移近原点至少 $c=c'$，

$$c'\ \triangleq\ \min_{c''\geqslant 1}\left\{c''\mid\mathbf{C}\ (\widehat{\mathbf{B}}_{-i}^{-1}\cdot\widehat{\mathbf{h}}_{-i})+c''\cdot\mathbf{d}\succeq\mathbf{0}_M,\ \forall i\right\} \tag{6.71}$$

式 (6.71) 写成闭式解形式为

$$c' = \max\{1, \max\{-v_{ij}/d_j \mid i \in \mathcal{I}_N,\ j \in \mathcal{I}_M\}\} \tag{6.72}$$

其中，v_{ij} 是 $\mathbf{C}\,(\widehat{\mathbf{B}}_{-i}^{-1} \cdot \widehat{\mathbf{h}}_{-i}) \in \mathbb{R}^M$ 的第 j 个元素，且 d_j 表示 $\mathbf{d}$ 的第 j 个元素。

注意，c' 只是保证非负端元估计的 c 的最小值，实际上，通常设 $c = c'/\eta \geqslant c'$，$\eta \in (0,1]$。经验证明，$\eta = 0.9$ 是一个很好的选择。

下面的定理 6.2 可保证 HyperCSI 算法的渐进可识别性。

定理 6.2 在满足 (A1)~(A3) 以及 (A5) 下，假设无噪声污染且 $L \to \infty$，则 HyperCSI 算法（$c = 1$）所确定的单纯形实际上就是 Craig 最小体积单纯形（即为式 (6.35) 的解），且实际端元的单纯形为 $\mathbf{conv}\{\boldsymbol{\alpha}_1, \ldots, \boldsymbol{\alpha}_N\}$ 的概率为 1。

定理 6.2 的详细证明可参考 [LCWC16]，这里，仅仅利用以下两个注释给出该定理证明背后的哲理和直觉。

注 6.1 丰度向量的分布满足条件 (A5)，由于像素个数 $L \to \infty$，且像素以概率 1 满足仿射无关条件（参考定理 6.1），故 $\mathcal{P}_i$ 中有 $N-1$ 个像素可以任意接近 $\mathcal{H}_i$。因此，$\widehat{\mathbf{b}}_i$ 可由式 (6.57) 唯一确定，而且 $\widehat{\mathbf{b}}_i$ 的方向以概率 1 接近 $\mathbf{b}_i$ 的方向。 □

注 6.2 注 6.1 与式 (6.51) 表明，$\widehat{h}_i$ 为 h_i 上限的概率为 1（不失一般性，假设 $\|\widehat{\mathbf{b}}_i\| = \|\mathbf{b}_i\|$），且当 $L \to \infty$ 时取得上界值，因此，当 $c = 1$，$\widehat{h}_i/c = h_i$ 必然成立。 □

从上面两个注中可以进一步推断，在无噪声情况下，当 $L \to \infty$ 时，$\widehat{\boldsymbol{\alpha}}_i$ 实际上就是真实的 $\boldsymbol{\alpha}_i$（参考式 (6.69)）。虽然定理 6.2 中的可识别性分析是在无噪声影响且 $L \to \infty$ 的假设下进行的，但实践证明，在适当 L 值和有限信噪比（SNR）的情况下，HyperCSI 算法仍然可以获得高保真的端元估计，后面将通过仿真结果证明这一结论。

注 6.3 满足 (A5) 中的 Dirichlet 分布的 $\mathbf{s}[n]$ 必然满足非负性和全加性，该分布特性已经被广泛应用于各种高光谱分解算法的性能评估。但是，统计假设 (A5) 仅仅适用于 HyperCSI 算法的分析而不是算法开发。因此，即使丰度向量既不满足独立同分布，也不满足 Dirichlet 分布，HyperCSI 算法仍然能取得较好的工作性能（参考本章最后的 Monte Carlo 仿真）。 □

◆丰度估计

由于法向量和内积常量容易获得，因此基于以下性质，利用 HyperCSI 算法 [LCWC16] 可计算丰度 $s_i[n]$。

性质 6.1 假设 (A1)~(A3) 成立，则 $\mathbf{s}[n] = [s_1[n] \cdots s_N[n]]^{\mathrm{T}}$ 的闭式表达如下：

$$s_i[n] = \frac{h_i - \mathbf{b}_i^{\mathrm{T}}\tilde{\mathbf{x}}[n]}{h_i - \mathbf{b}_i^{\mathrm{T}}\boldsymbol{\alpha}_i},\ \ \forall i \in \mathcal{I}_N,\ \forall n \in \mathcal{I}_L \tag{6.73}$$

证明 给定 $i \in \mathcal{I}_N$ 及 $n \in \mathcal{I}_L$。对于 $s_i[n] = 1$ 的情况，由 (A1) 和 (A2) 可得 $\tilde{\mathbf{x}}[n] = \boldsymbol{\alpha}_i$，因此式 (6.73) 也成立。对于 $s_i[n] < 1$ 的情况，定义

$$\mathbf{q}_i[n] \triangleq \sum_{j=1, j\neq i}^{N} \frac{s_j[n]}{1 - s_i[n]} \cdot \boldsymbol{\alpha}_j = \sum_{j=1, j\neq i}^{N} s'_j[n]\boldsymbol{\alpha}_j \tag{6.74}$$

其中，系数 $s'_j[n] \triangleq \dfrac{s_j[n]}{1-s_i[n]}$ 满足 $\sum_{j\neq i} s'_j[n]=1$（根据 (A2)），因此有

$$\mathbf{q}_i[n] \in \mathbf{aff}(\ \{\boldsymbol{\alpha}_1,\ldots,\boldsymbol{\alpha}_N\} \setminus \{\boldsymbol{\alpha}_i\}\ ) = \mathcal{H}_i \tag{6.75}$$

由式 (6.74) 可知

$$\tilde{\mathbf{x}}[n] = \sum_{j=1}^{N} s_j[n]\boldsymbol{\alpha}_j = s_i[n]\boldsymbol{\alpha}_i + (1-s_i[n])\mathbf{q}_i[n] \tag{6.76}$$

对式 (6.76) 左右两边求 $\tilde{\mathbf{x}}[n]$ 与 $\mathbf{b}_i$ 的内积，参考式 (2.45) 和式 (6.75) 可得

$$\begin{aligned}\mathbf{b}_i^{\mathrm{T}}\tilde{\mathbf{x}}[n] &= s_i[n]\mathbf{b}_i^{\mathrm{T}}\boldsymbol{\alpha}_i + (1-s_i[n])\mathbf{b}_i^{\mathrm{T}}\mathbf{q}_i[n] \\ &= s_i[n]\mathbf{b}_i^{\mathrm{T}}\boldsymbol{\alpha}_i + (1-s_i[n])h_i\end{aligned}$$

等价于

$$s_i[n](h_i - \mathbf{b}_i^{\mathrm{T}}\boldsymbol{\alpha}_i) = h_i - \mathbf{b}_i^{\mathrm{T}}\tilde{\mathbf{x}}[n] \tag{6.77}$$

注意，$h_i - \mathbf{b}_i^{\mathrm{T}}\boldsymbol{\alpha}_i \neq 0$，否则，$\boldsymbol{\alpha}_i \in \mathbf{aff}(\ \{\boldsymbol{\alpha}_1,\ldots,\boldsymbol{\alpha}_N\} \setminus \{\boldsymbol{\alpha}_i\}\ )$（参考式 (2.45)），这与 (A3) 相矛盾。因此，证明了式 (6.77) 可以写成式 (6.73) 形式，命题得证。 □

基于式 (6.73)，HyperCSI 算法估计出的丰度向量表示形式如下：

$$\widehat{s}_i[n] = \left[\frac{\widehat{h}_i - \widehat{\mathbf{b}}_i^{\mathrm{T}}\tilde{\mathbf{x}}[n]}{\widehat{h}_i - \widehat{\mathbf{b}}_i^{\mathrm{T}}\widehat{\boldsymbol{\alpha}}_i}\right]^+, \quad \forall i \in \mathcal{I}_N,\ \forall n \in \mathcal{I}_L \tag{6.78}$$

其中，$[y]^+ \triangleq \max\{y,0\}$，其目的在于增强丰度 $\mathbf{s}[n]$ 的非负性。

♦ HyperCSI 算法的计算复杂度

下面讨论 HyperCSI 算法的计算复杂度，该算法的伪代码见算法 6.2。算法的复杂度主要由以下几个部分组成：算法第 4 步中可行集 $\mathcal{X} \cap \mathcal{R}_k^{(i)}$ 的计算，为 $\mathcal{O}(N(N+1)L)$；第 5 步 $\mathcal{P}_i$ 中的有源像素的计算，为 $\mathcal{O}(N(N+1)L)$；算法第 8 步中丰度 $\widehat{s}_i[n]$ 的计算，为 $\mathcal{O}(N^2L)$。因此，该算法总的计算复杂度为 $\mathcal{O}(2N(N+1)L+N^2L)=\mathcal{O}(N^2L)$ [LCWC16]。

令人惊讶的是，HyperCSI 算法的复杂度 $\mathcal{O}(N^2L)$（包括端元和丰度估计）与基于纯净像素假设的高光谱分解算法复杂度相同，而非前者远大于后者。此外，据我们所知，MVES 算法 [CCHM09] 是现下具有最低复杂度的基于 Craig 准则的算法，其复杂度为 $\mathcal{O}(\tau N^2 L^{1.5})$，其中 τ 表示迭代次数 [CCHM09]。因此，“超平面识别方法”（不涉及单纯形体积计算）的复杂度较“顶点识别方法”（其他基于 Craig 准则的算法所利用的）确实显著减低。

♦ Monte Carlo 仿真

为了验证 HyperCSI 算法的优越性，将对该算法进行性能评估，并与其他五种基于 Craig 准则的最优性能算法进行对比，作为对比的算法包括 MVC-NMF [MQ07]、MVSA

算法 6.2 HyperCSI 算法的伪代码

1: **给定** 高光谱数据 $\{\mathbf{x}[1],\ldots,\mathbf{x}[L]\}$，端元数目为 N，$\eta = 0.9$；
2: 根据式 (6.33) 计算 DR 数据集 $\mathcal{X} = \{\tilde{\mathbf{x}}[1],\ldots,\tilde{\mathbf{x}}[L]\}$；
3: 获得最纯净像素 $\{\tilde{\boldsymbol{\alpha}}_1,\ldots,\tilde{\boldsymbol{\alpha}}_N\}$ [AGH+12]；
4: 根据式 (6.56) 求出 $\tilde{\mathbf{b}}_i$, $\forall i$ 及 $\mathcal{X} \cap \mathcal{R}_k^{(i)}$, $\forall i, k$；
5: 由式 (6.54)、式 (6.57) 及式 (6.68)，得到 $(\mathcal{P}_i, \widehat{\mathbf{b}}_i, \widehat{h}_i)$, $\forall i$；
6: 由式 (6.72) 求得 c'，得到 $c = c'/\eta$；
7: 由式 (6.69) 得 $\widehat{\boldsymbol{\alpha}}_i$，并由式 (6.70) 得 $\widehat{\mathbf{a}}_i = \mathbf{C}\,\widehat{\boldsymbol{\alpha}}_i + \mathbf{d}$, $\forall i$；
8: 根据式 (6.78) 得到 $\widehat{\mathbf{s}}[n] = [\widehat{s}_1[n] \cdots \widehat{s}_N[n]]^T$, $\forall n$；
9: **输出** 端元估计 $\{\widehat{\mathbf{a}}_1,\ldots,\widehat{\mathbf{a}}_N\}$ 及丰度估计 $\{\widehat{\mathbf{s}}[1],\ldots,\widehat{\mathbf{s}}[L]\}$。

[LBD08]、MVES [CCHM09]、SISAL [BD09] 和 ipMVSA [LAZ+15]。实际端元 $\{\mathbf{a}_1,\ldots,\mathbf{a}_N\}$ 与其估计值 $\{\widehat{\mathbf{a}}_1,\ldots,\widehat{\mathbf{a}}_N\}$ 之间的光谱角均方根定义为

$$\phi_{en} = \min_{\boldsymbol{\pi}\in\Pi_N} \sqrt{\frac{1}{N}\sum_{i=1}^{N}\left[\arccos\left(\frac{\mathbf{a}_i^{\mathrm{T}}\widehat{\mathbf{a}}_{\pi_i}}{\|\mathbf{a}_i\|\cdot\|\widehat{\mathbf{a}}_{\pi_i}\|}\right)\right]^2} \tag{6.79}$$

将其作为端元估计的性能测量标准，其中，$\Pi_N = \{\boldsymbol{\pi} = (\pi_1,\ldots,\pi_N) \in \mathbb{R}^N \mid \pi_i \in \{1,\ldots,N\}, \pi_i \neq \pi_j \text{ for } i \neq j\}$ 表示 $\{1,\ldots,N\}$ 的所有排列的集合。所有算法均使用 Mathworks Matlab R2013a 进行仿真，台式计算机配置 i7-4790K、主频为 4.00GHz 的 CPU，16GB 随机存取存储器（RAM），性能表现用 ϕ_{en}、ϕ_{ab} 衡量，计算时间 T 是 100 次独立实现的时间均值。

A. 满足 (A5) 的丰度

在第一次 Monte Carlo 仿真中，端元个数为 $N = 6$（即黄钾矾、镁铝榴石、蓝线石、水铵长石、白云母和针铁矿）；从 USGS 数据库中随机选取 $M = 224$ 个光谱波段，按照 [LCWC16] 所描述的标准数据生成过程，基于 (A5) 产生 $L = 10000$ 个复合高光谱数据 $\mathbf{x}[n]$。这些数据对应不同的信噪比和数据纯度级别 $\rho \in [1/\sqrt{N}, 1]$ [CCHM09]。仿真结果 ϕ_{en}、ϕ_{ab} 及计算时间 T 见表 6.1，其中黑体数据对应最优的性能（即最小 ϕ_{en} 和 T 值），使用的所有 HU 算法建立在相同的 (ρ, SNR) 下。

观察表 6.1 可以得到以下一些一般性结论。对于给定的纯度级别 ρ，所有算法在高信噪比下的表现都比较好。正如所预料的那样，HyperCSI 算法在高纯度像素级别下的表现更好，但是这种特性在其他五种算法中并未发现，或许是因为对于不同的数据纯度，复杂单纯形体积的非凸性使它们的性能表现受到影响。当数据深度混合（$\rho = 0.8$）或中度混合（$\rho = 0.9$）时，HyperCSI 算法的性能明显优于其他几种算法。对于数据纯度很高的情况，如 $\rho = 1$（对应纯像素），HyperCSI 算法的性能表现仍然是最好的（除了 $(\rho, \mathrm{SNR}) = (1, 40\ \mathrm{dB})$ 的情况）。另一方面，该算法的计算效率较其他几种算法提升 $1 \sim 4$ 个数量级。

B. 不满足 (A5) 的丰度

考虑到实际应用中丰度图一般具有稀疏性，并不满足 Dirichlet 分布，图 6.10 给出了两

表 6.1　在不同数据纯度级别 ρ 和不同信噪比（SNR）下，多个基于 Craig 准则的算法的性能比较。性能表征变量为 ϕ_{en}、ϕ_{ab}，平均运行时间为 T，丰度是独立同分布的，且满足 Dirichlet 分布

算法	ρ	$\phi_{en}(°)$			$\phi_{ab}(°)$			T(s)
		SNR (dB)			SNR (dB)			
		20	30	40	20	30	40	
MVC-NMF	0.8	2.87	1.63	1.14	13.18	7.14	5.04	1.68E+2
	0.9	2.98	0.98	0.40	12.67	4.64	2.16	
	1	3.25	1.00	**0.21**	12.30	4.14	**1.11**	
MVSA	0.8	11.08	3.41	1.03	21.78	8.71	2.85	3.54E+0
	0.9	11.55	3.48	1.05	21.89	8.63	2.82	
	1	11.64	3.54	1.06	21.67	8.49	2.72	
MVES	0.8	10.66	3.39	1.16	21.04	9.04	3.33	2.80E+1
	0.9	10.17	3.48	1.12	21.51	9.28	3.45	
	1	9.95	3.55	1.30	22.50	10.32	4.49	
SISAL	0.8	3.97	1.59	0.53	13.70	5.22	1.80	2.59E+0
	0.9	4.18	1.64	0.54	13.55	5.11	1.75	
	1	4.49	1.73	0.54	13.40	5.03	1.66	
ipMVSA	0.8	12.03	4.04	1.16	21.81	9.58	2.23	9.86E-1
	0.9	12.63	4.04	1.25	22.33	9.37	3.31	
	1	12.89	4.00	1.28	22.16	9.06	3.28	
HyperCSI	0.8	**1.65**	**0.79**	**0.37**	**11.17**	**4.32**	**1.64**	**5.39E-2**
	0.9	**1.37**	**0.64**	**0.32**	**10.08**	**3.62**	**1.38**	
	1	**1.21**	**0.57**	0.27	**9.28**	**3.23**	1.15	

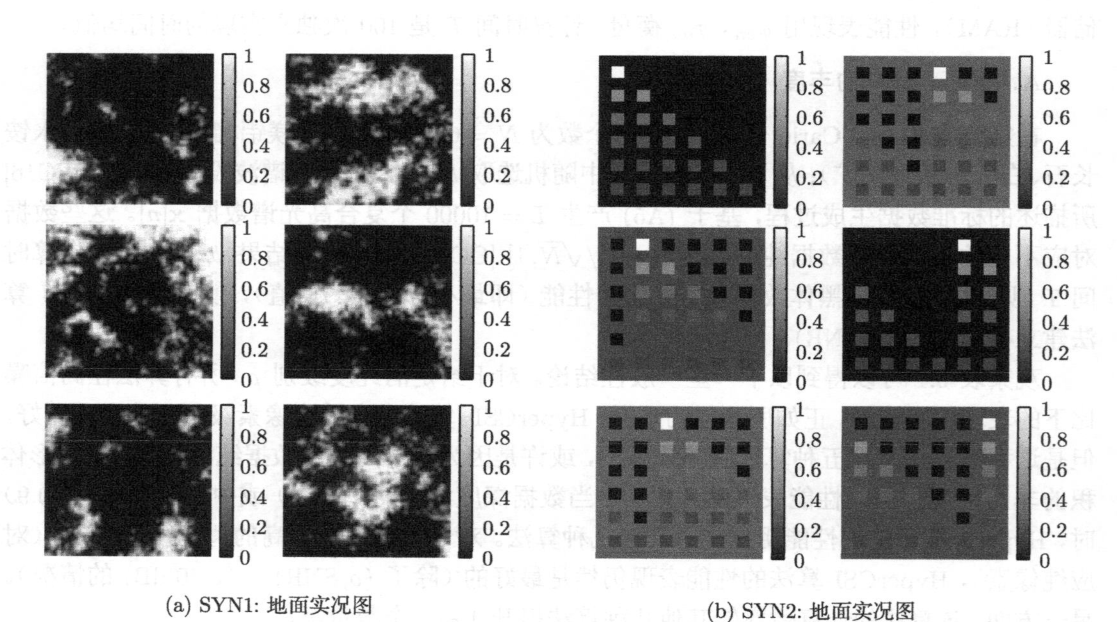

(a) SYN1: 地面实况图　　(b) SYN2: 地面实况图

图 6.10　两组稀疏集与其对应的丰度图

组稀疏集与其对应的丰度图，这两组数据用于生成两个合成高光谱图像，分别表示为 SYN1（$L = 100 \times 100$）和 SYN2（$L = 130 \times 130$）。仍然利用表格 6.1 中的算法进行仿真测试，所不同的是，这次丰度向量与 (A5) 相矛盾（即既不是独立同分布的，也不满足 Dirichlet 分布）。

仿真结果见表 6.2，其中黑体数据对应性能最优情况。正如我们所预料的，对于两个数据集，所有算法都是在大信噪比情况下表现更好，相较于其他几种算法，HyperCSI 算法得到的端元估计比较精确（除了 SNR= 40(dB) 的情况）。至于丰度估计，对于数据集 SYN1，HyperCSI 算法表现最优秀；而对于 SYN2，MVC-NMF 算法表现最好。不过，无论对于哪一组数据，HyperCSI 算法的计算效率都比其他几种算法快至少一个数量级。以上仿真结果说明，在估计精度和计算效率两个方面，HyperCSI 算法的性能都优于其他基于 Craig 准则的算法。

表 6.2　针对两个合成数据集 SYN1、SYN2，多个基于 Craig ，准则的算法在不同信噪比（SNR）下的性能比较。性能表征变量为 ϕ_{en}、ϕ_{ab}，平均运行时间为 T，丰度是稀疏的，且既不独立同分布，也不满足 Dirichlet 分布

	算法	$\phi_{en}(°)$			$\phi_{ab}(°)$			T(s)
		SNR (dB)			SNR (dB)			
		20	30	40	20	30	40	
SYN1	MVC-NMF	3.23	1.05	**0.25**	13.87	4.79	**1.34**	1.74E+2
	MVSA	10.65	3.38	1.05	22.93	9.34	3.19	3.53E+0
	MVES	9.55	3.60	1.22	23.89	14.49	5.66	3.42E+1
	SISAL	4.43	1.81	0.86	15.85	6.89	4.65	2.66E+0
	ipMVSA	11.62	3.38	1.05	24.05	9.34	3.19	1.65E+0
	HyperCSI	**1.55**	**0.79**	0.35	**12.03**	**4.16**	1.46	**5.56E-2**
SYN2	MVC-NMF	2.86	0.97	**0.23**	22.86	**9.39**	**2.67**	2.48E+2
	MVSA	10.21	3.08	0.95	29.86	15.57	5.83	5.65E+0
	MVES	10.12	3.15	3.77	29.43	15.66	13.17	2.22E+1
	SISAL	3.25	1.48	0.63	24.79	11.51	4.21	4.45E+0
	ipMVSA	11.34	3.34	1.01	30.23	16.29	6.39	8.14E-1
	HyperCSI	**1.48**	**0.71**	0.31	**22.64**	11.10	4.40	**7.48E-2**

总结 HyperCSI 算法的若干特性如下：

- 该算法在仅满足 (A1)~(A3) 的情况下就能获得优秀的性能表现，即使 (A4) 和 (A5) 均不满足。
- 该算法不涉及任何有关单纯形体积的计算，因为该算法利用 N 个超平面估计对 Craig 单纯形进行了重构，也就是说，N 个估计量 $(\widehat{\mathbf{b}}_i, \widehat{h}_i)$ 可以通过并行搜索数据集 $\mathcal{X}$ 中的 $N(N-1)$ 个有源像素获得。
- 该算法的所有处理步骤，都可以通过简单的线性代数公式或者闭式表达表达式进行处理，计算复杂度（非并行实现）为 $\mathcal{O}(N^2L)$，这与当下许多最优的高光谱分解算法的复杂度是一样的。
- 该算法得到的丰度估计很容易满足一个闭式表达式，因此计算效率很高。
- 该算法所估计的端元是非负的，当 $L \to \infty$ 且无噪声污染时，识别的单纯形既是 Craig 单纯形又是实际端元的单纯形，此外，它是可重复的，不涉及随机初始化问题。

6.4 二次规划

本节将讨论第二类常见的优化问题，即二次规划，其形式如下：

$$
\begin{aligned}
&\min\ \frac{1}{2}\mathbf{x}^{\mathrm{T}}\mathbf{P}\mathbf{x}+\mathbf{q}^{\mathrm{T}}\mathbf{x}+r \\
&\text{s.t. } \mathbf{A}\mathbf{x}=\mathbf{b},\ \mathbf{G}\mathbf{x}\preceq\mathbf{h}
\end{aligned}
\tag{6.80}
$$

其中，$\mathbf{P}\in\mathbb{S}^n$，$\mathbf{G}\in\mathbb{R}^{m\times n}$，$\mathbf{A}\in\mathbb{R}^{p\times n}$。当且仅当 $\mathbf{P}\succeq\mathbf{0}$ 时，二次规划是凸的。简单来说，二次规划的目标是在多面体集合上求二次函数的最小值。由图 6.11 可知，最优解 $\mathbf{x}^{\star}$可能位于极值点处，或者如果目标函数的无约束全局最小值位于可行集（多面体）之外，那么最优解也可能在多面体的侧面上。

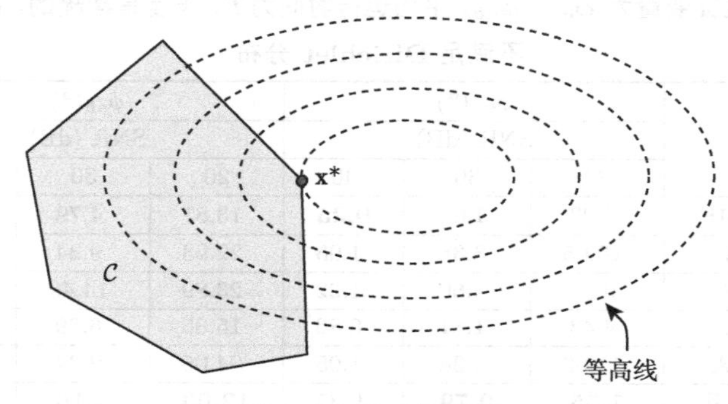

图 6.11　凸二次规划

考虑以下无约束二次规划问题：

$$
\min\ \frac{1}{2}\mathbf{x}^{\mathrm{T}}\mathbf{P}\mathbf{x}+\mathbf{q}^{\mathrm{T}}\mathbf{x}+r \tag{6.81}
$$

当 $\mathbf{P}$ 为 PSD 矩阵时，由式 (4.28) 给出的最优性条件可得

$$
\mathbf{P}\mathbf{x}=-\mathbf{q}
$$

如果存在最优解 $\mathbf{x}^{\star}$，就可以通过式 (6.81) 解出来，针对不同情况讨论如下：

- 若 $\mathbf{P}\succ\mathbf{0}$，则唯一解为 $\mathbf{x}^{\star}=-\mathbf{P}^{-1}\mathbf{q}$。
- 若 $\mathbf{P}\succeq\mathbf{0}$ 但 $\mathbf{q}\notin\mathcal{R}(\mathbf{P})$，则 $\mathbf{P}\mathbf{x}=-\mathbf{q}$ 无解。对于这种情况，有

$$
\widehat{\mathbf{q}}\triangleq\mathbf{q}-\mathbf{P}\mathbf{P}^{\dagger}\mathbf{q}\neq\mathbf{0},\ \widehat{\mathbf{q}}\in\mathcal{R}(\mathbf{P})^{\perp}=\mathcal{N}(\mathbf{P})\quad\text{（根据式 (1.120) 和式 (1.90)）}
$$

存在一个 $\tilde{\mathbf{x}}\in\mathcal{R}(\mathbf{P})^{\perp}$ 满足 $\widehat{\mathbf{q}}^{\mathrm{T}}\tilde{\mathbf{x}}\neq 0$，但 $\mathbf{P}^{\mathrm{T}}\tilde{\mathbf{x}}=\mathbf{P}\tilde{\mathbf{x}}=\mathbf{0}$。式 (6.81) 的目标函数 $\mathbf{x}=\tilde{\mathbf{x}}$ 转化为 $\mathbf{q}^{\mathrm{T}}\tilde{\mathbf{x}}+r=\widehat{\mathbf{q}}^{\mathrm{T}}\tilde{\mathbf{x}}+r$，这表明该目标函数是无解的，这是因为在 $\widehat{\mathbf{q}}^{\mathrm{T}}\tilde{\mathbf{x}}<0$ 的情况下，随着 $\alpha\to\infty$，$\widehat{\mathbf{q}}^{\mathrm{T}}(\alpha\tilde{\mathbf{x}})+r$ 趋向于 $-\infty$；在 $\widehat{\mathbf{q}}^{\mathrm{T}}\tilde{\mathbf{x}}>0$ 的情况下，随着 $\alpha\to-\infty$，$\widehat{\mathbf{q}}^{\mathrm{T}}(\alpha\tilde{\mathbf{x}})+r$ 也会趋向于 $-\infty$。因此 $p^{\star}=-\infty$，故最优解 $\mathbf{x}^{\star}$ 不存在，或者说这种情况下该问题不可解。

- 若 $\mathbf{P} \succeq \mathbf{0}$，其最小特征值 $\lambda_{\min}(\mathbf{P}) = 0$ 且 $\mathbf{q} \in \mathcal{R}(\mathbf{P})$，则有

$$\mathbf{x}^\star = -\mathbf{P}^\dagger \mathbf{q} + \boldsymbol{\nu},\ \boldsymbol{\nu} \in \mathcal{N}(\mathbf{P}) \quad \text{（根据式 (1.119)）}$$

由于 $\dim(\mathcal{N}(\mathbf{P})) \geqslant 1$，故最优解不唯一。

下面是一些 QP 的例子。

- 有界约束的最小二乘问题：

$$\begin{aligned} &\min \ \|\mathbf{Ax} - \mathbf{b}\|_2^2 \\ &\text{s.t. } \boldsymbol{\ell} \preceq \mathbf{x} \preceq \mathbf{u} \end{aligned} \tag{6.82}$$

是一个 QP，这是因为

$$\|\mathbf{Ax} - \mathbf{b}\|_2^2 = \mathbf{x}^{\mathrm{T}} \left(\mathbf{A}^{\mathrm{T}}\mathbf{A}\right) \mathbf{x} - 2\mathbf{b}^{\mathrm{T}}\mathbf{Ax} + \mathbf{b}^{\mathrm{T}}\mathbf{b}$$

是关于 $\mathbf{x}$ 的二次函数。

- 多面体之间的距离：

$$\begin{aligned} &\min \ \|\mathbf{x}_1 - \mathbf{x}_2\|_2^2 \\ &\text{s.t. } \mathbf{A}_1\mathbf{x}_1 \preceq \mathbf{b}_1,\ \mathbf{A}_2\mathbf{x}_2 \preceq \mathbf{b}_2 \end{aligned} \tag{6.83}$$

其中，$\mathbf{x}_1,\ \mathbf{x}_2 \in \mathbb{R}^n$，令 $\mathbf{x} = [\mathbf{x}_1^{\mathrm{T}}, \mathbf{x}_2^{\mathrm{T}}]^{\mathrm{T}} \in \mathbb{R}^{2n}$，则问题式 (6.83) 转化为

$$\begin{aligned} &\min \ \left\|[\mathbf{I}_n,\ -\mathbf{I}_n]\mathbf{x}\right\|_2^2 \\ &\text{s.t. } \begin{bmatrix} \mathbf{A}_1 & \mathbf{0} \\ \mathbf{0} & \mathbf{A}_2 \end{bmatrix} \mathbf{x} \preceq \begin{bmatrix} \mathbf{b}_1 \\ \mathbf{b}_2 \end{bmatrix} \end{aligned} \tag{6.84}$$

这是一个 QP，因为

$$\left\|[\mathbf{I}_n,\ -\mathbf{I}_n]\mathbf{x}\right\|_2^2 = \mathbf{x}^{\mathrm{T}} \begin{bmatrix} \mathbf{I}_n & -\mathbf{I}_n \\ -\mathbf{I}_n & \mathbf{I}_n \end{bmatrix} \mathbf{x}$$

是关于 $\mathbf{x}$ 的二次函数。

- FCLS 问题（参考式 (4.14)）：

$$\begin{aligned} &\min \ \|\mathbf{Ax} - \mathbf{b}\|_2^2 \\ &\text{s.t. } \mathbf{x} \succeq \mathbf{0}, \mathbf{1}_n^{\mathrm{T}}\mathbf{x} = 1 \end{aligned} \tag{6.85}$$

是一个 QP。该问题已经被广泛应用于基于线性混合模型（见式 (6.32)）的高光谱分解中，首先利用端元提取算法估计 N 种未知物质的端元特征 $\mathbf{a}_i, i = 1, \ldots, N$，然后通过求解式 (6.85) 得到丰度图 $\boldsymbol{s}_i, i = 1, \ldots, N$，其中 $\mathbf{A} = [\widehat{\mathbf{a}}_1, \ldots, \widehat{\mathbf{a}}_N]$。实际上，在端元和丰度估计之前需要先估计 N 的值，而且在高光谱图像分析中，估计 N 也是一项有挑战性的研究。

6.5 高光谱图像分析中的 QP 和凸几何理论应用

6.3.2 节介绍了高光谱分解的概念，其中几种分解算法都要预先知晓端元数目。然而在实际应用中，对于研究人员来说，在多种信号或图像处理领域中（而不仅限于 HU 算法），对端元数目的估计（也被称为模型阶次选择）[BA02,KMB07] 都是一项艰巨的任务。有趣的是，在线性混合模型（见式 (6.32)）和标准假设 (A1)~(A4) 下，高光谱数据的几何结构可以帮助我们估计端元数目。文献 [ACCK13] 中提出了两种基于高光谱数据几何结构的算法，被称为基于几何的端元数目凸包估计算法（Geometry-Based Estimation of Number of Endmembers Convex Hull，GENE-CH）和仿射包估计算法（Geometry-Based Estimation of Number of Endmembers Affine Hull，GENE-AH）。基于几何的估计算法（GENE-CH 和 GENE-AH）利用某种可靠和可重复的基于纯净像素的端元提取算法（Endmember Extraction Algorithm，EEA）的估计连续性（如 TRI-P 算法 [ACCK11]），旨在确定 EEA 在何时停止对下一个端元的估计，这种算法要用到二元假设检验方法。

GENE-CH 和 GENE-AH 算法均基于观测像素的几何特征基，要求观测像素向量分别位于端元的凸包和仿射包上。EEA 算法提取的端元来自观测像素向量的集合，即与数据几何结构有关，这表明端元估计必须位于事先已知的端元凸包和仿射包上，此时端元估计是为了获得端元数目的估计（一般是过度估计）。在加性高斯白噪声影响下（噪声服从 $\mathcal{N}(\mathbf{0},\mathbf{D})$ 分布），每个观测像素向量 $\mathbf{x}[n]$（见式 (6.32)）表示为

$$\mathbf{x}[n]=\mathbf{A}\mathbf{s}[n]+\mathbf{w}[n],\ n=1,\ldots,L \tag{6.86}$$

在这种有噪声的情况下，如何确定当前端元估计是否位于预先得到的端元的 CH/AH 内，这个问题可以阐述为一个二元假设检验问题，并利用 Neyman-Pearson 检测理论解决。GENE 算法中，假设检验的决策参数可以通过求解基于数据几何的 QP 问题得到。

首先，要降低观测数据的维度，与式 (6.33) 类似，假设 $N_{\max}$ 为端元数目的上限值且满足 $N\leqslant N_{\max}\leqslant M$，由如下仿射变换可将 $\mathbf{x}[n]$ 映射为受噪声干扰的 DR 观测像素 $\tilde{\mathbf{x}}[n]$，即

$$\tilde{\mathbf{x}}[n]=\widehat{\boldsymbol{\mathcal{C}}}^{\mathrm{T}}(\mathbf{x}[n]-\widehat{\mathbf{d}})\in\mathbb{R}^{N_{\max}-1} \tag{6.87}$$

其中，$\widehat{\boldsymbol{\mathcal{C}}}$ 和 $\widehat{\mathbf{d}}$ 的推导参考 [ACMC11]，表达式如下：

$$\widehat{\mathbf{d}}=\frac{1}{L}\sum_{n=1}^{L}\mathbf{x}[n]=\frac{1}{L}\sum_{n=1}^{L}\mathbf{A}\mathbf{s}[n]+\frac{1}{L}\sum_{n=1}^{L}\mathbf{w}[n] \tag{6.88}$$

$$\widehat{\boldsymbol{\mathcal{C}}}=[\ \boldsymbol{q}_1(\mathbf{U}\mathbf{U}^{\mathrm{T}}-L\widehat{\mathbf{D}}),\ldots,\boldsymbol{q}_{N_{\max}-1}(\mathbf{U}\mathbf{U}^{\mathrm{T}}-L\widehat{\mathbf{D}})\ ] \tag{6.89}$$

其中，$\mathbf{U}$ 是减掉均值后的数据矩阵，定义见式 (4.49)，$\boldsymbol{q}_i(\mathbf{R})$ 表示矩阵 $\mathbf{R}$ 的第 i 个主特征值对应的正交特征向量，$\widehat{\mathbf{D}}$ 是给定的噪声协方差矩阵 $\mathbf{D}$ 的估计。

进一步地，由 (A3)、式 (6.32)、式 (6.86) 可得

$$\tilde{\mathbf{x}}[n]=\sum_{i=1}^{N}s_i[n]\boldsymbol{\alpha}_i+\tilde{\mathbf{w}}[n],\ n=1,\ldots,L \tag{6.90}$$

其中

$$\boldsymbol{\alpha}_i = \widehat{\mathcal{C}}^{\mathrm{T}}(\mathbf{a}_i - \widehat{\mathbf{d}}) \in \mathbb{R}^{N_{\max}-1},\ i = 1, \ldots, N \tag{6.91}$$

是第 i 个 DR 端元，$\tilde{\mathbf{w}}[n] \triangleq \widehat{\mathcal{C}}^{\mathrm{T}}\mathbf{w}[n] \sim \mathcal{N}(\mathbf{0}, \boldsymbol{\Sigma})$，其中

$$\boldsymbol{\Sigma} = \widehat{\mathcal{C}}^{\mathrm{T}}\mathbf{D}\widehat{\mathcal{C}} \in \mathbb{R}^{(N_{\max}-1)\times(N_{\max}-1)} \tag{6.92}$$

在纯净像素假设 (A4) 下，由式 (6.90) 的形式可得

$$\tilde{\mathbf{x}}[l_i] = \boldsymbol{\alpha}_i + \tilde{\mathbf{w}}[l_i],\ \forall i = 1, \ldots, N \tag{6.93}$$

将在 GENE 算法中得到应用。

GENE 算法源于以下两个与无噪高光谱数据有关的重要几何特征。

(F1) 无噪声情况下，由 (A1)~(A4) 可得，任意 DR 像素向量 $\tilde{\mathbf{x}}[n]$ 都位于 DR 端元的凸包上，且有

$$\mathbf{conv}\,\mathcal{X} = \mathbf{conv}\,\{\tilde{\mathbf{x}}[n], n = 1, \ldots, L\} = \mathbf{conv}\,\{\boldsymbol{\alpha}_1, \ldots, \boldsymbol{\alpha}_N\} \tag{6.94}$$

其中，$\mathbf{conv}\,\{\boldsymbol{\alpha}_1, \ldots, \boldsymbol{\alpha}_N\}$ 是具有 N 个极值点 $\boldsymbol{\alpha}_1, \ldots, \boldsymbol{\alpha}_N$ 的单纯形。

(F2) 无噪声情况下，由 (A2) 和 (A3)（即放松 (A1) 和 (A2)）可知，任意 DR 像素向量 $\tilde{\mathbf{x}}[n]$ 都位于 DR 端元的仿射包上，且有

$$\mathbf{aff}\,\mathcal{X} = \mathbf{aff}\,\{\boldsymbol{\alpha}_1, \ldots, \boldsymbol{\alpha}_N\} \tag{6.95}$$

图 6.12 给出了 (F1) 和 (F2) 的简单例子，端元数目 $N = 3$。此外，只要 (F1) 或 (F2) 成立，则

$$\mathrm{affdim}(\mathcal{X}) = N - 1 \tag{6.96}$$

也成立。

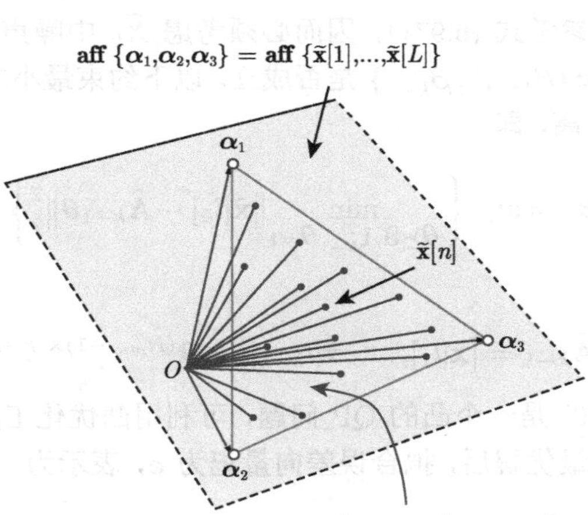

$\mathbf{aff}\,\{\boldsymbol{\alpha}_1,\boldsymbol{\alpha}_2,\boldsymbol{\alpha}_3\} = \mathbf{aff}\,\{\tilde{\mathbf{x}}[1],\ldots,\tilde{\mathbf{x}}[L]\}$

$\boldsymbol{\alpha}_1$ $\tilde{\mathbf{x}}[n]$ $\boldsymbol{\alpha}_3$ O $\boldsymbol{\alpha}_2$

$\mathbf{conv}\{\boldsymbol{\alpha}_1,\boldsymbol{\alpha}_2,\boldsymbol{\alpha}_3\} = \mathbf{conv}\mathcal{X}$

图 6.12 (F1) 和 (F2) 的例子，$N = 3$

6.5.1 端元数目估计的 GENE-CH 算法

基于 (F1) 的 GENE-CH 算法服从纯净像素假设 (A4)。假设一个可靠的连续端元提取算法已经找到了像素索引 $l_1,\ldots,l_N,l_{N+1},\ldots,l_{k-1},l_k$，其中，索引 $l_1,\ldots,l_N$ 表示纯净像素，剩余的则不是。设 l_k 为当前索引估计，$\{l_1,l_2,\ldots,l_{k-1}\}$ 是提前获知的像素索引估计，且 $k\leqslant N_{\max}$。为了以后叙述的方便，令

$$\widetilde{X}_k=\{\tilde{\mathbf{x}}[l_1],\ldots,\tilde{\mathbf{x}}[l_k]\}$$

再由式 (6.90) 和式 (6.93) 可知

$$\tilde{\mathbf{x}}[l_i]=\boldsymbol{\beta}_i+\tilde{\mathbf{w}}[l_i],\ i=1,\ldots,k \tag{6.97}$$

其中

$$\boldsymbol{\beta}_i=\begin{cases}\boldsymbol{\alpha}_i, & i=1,\ldots,N\\ \displaystyle\sum_{j=1}^{N}s_j[l_i]\boldsymbol{\alpha}_j, & i=N+1,\ldots,k\end{cases} \tag{6.98}$$

为了很好地解释 GENE-CH 算法背后的思想，首先考虑无噪声场景，即式 (6.97) 中的 $\tilde{\mathbf{w}}[l_i]=\mathbf{0},\ \forall i=1,\ldots,k$。由 (F1) 可知，$\mathbf{conv}\,\mathcal{X}$ 的极值点总数为 N，也就是说，如果 $\tilde{\mathbf{x}}[l_k]=\boldsymbol{\beta}_k$ 不能产生 $\mathbf{conv}\,\widetilde{X}_k$ 上新的极值点，则有

$$\mathbf{conv}\,\widetilde{X}_k=\mathbf{conv}\,\widetilde{X}_{k-1}=\mathbf{conv}\,\{\boldsymbol{\beta}_1,\ldots,\boldsymbol{\beta}_{k-1}\} \tag{6.99}$$

再由式 (6.98) 可知所有 DR 端元都被找出来了，而且它们均属于凸集 $\mathbf{conv}\,\widetilde{X}_{k-1}$。因此，满足 $\mathbf{conv}\,\widetilde{X}_k=\mathbf{conv}\,\widetilde{X}_{k-1}$（$k-1=N$ 个顶点的单纯形）的最小 k 值一定是 $N+1$，所以，端元数目 N 可被估计为 $k-1$，当然，前提是这个最小 k 值必须是一个可靠估计。

然而，对于实际情况，在估计端元数目的过程中，只有受噪声干扰的 $\widetilde{X}_k$ 是可得到的，而 $\boldsymbol{\beta}_1,\ldots,\boldsymbol{\beta}_k$ 不可得（参考式 (6.97)），因而必须考虑 $\widetilde{X}_k$ 中噪声的存在。换句话说，现在的问题是确定 $\boldsymbol{\beta}_k\in\mathbf{conv}\,\{\boldsymbol{\beta}_1,\ldots,\boldsymbol{\beta}_{k-1}\}$ 是否成立。以下约束最小二乘问题可用来衡量 $\tilde{\mathbf{x}}[l_k]$ 与 $\mathbf{conv}\,\widetilde{X}_{k-1}$ 之间的距离，即

$$\boldsymbol{\theta}^\star=\arg\left\{\min_{\boldsymbol{\theta}\succeq\mathbf{0},\mathbf{1}_{k-1}^T\boldsymbol{\theta}=1}\left\|\tilde{\mathbf{x}}[l_k]-\widehat{\mathbf{A}}_{k-1}\boldsymbol{\theta}\right\|_2^2\right\} \tag{6.100}$$

其中

$$\widehat{\mathbf{A}}_{k-1}=\left[\tilde{\mathbf{x}}[l_1],\ldots,\tilde{\mathbf{x}}[l_{k-1}]\right]\in\mathbb{R}^{(N_{\max}-1)\times(k-1)} \tag{6.101}$$

最优化问题式 (6.100) 是一个凸的 QP 问题，可利用凸优化工具 SeDuMi 或 CVX 得以解决。求出式 (6.100) 的最优解后，拟合误差向量记为 $\boldsymbol{e}$，表示为

$$\boldsymbol{e}=\tilde{\mathbf{x}}[l_k]-\widehat{\mathbf{A}}_{k-1}\boldsymbol{\theta}^\star \tag{6.102}$$

当 $\boldsymbol{\beta}_k\in\mathbf{conv}\{\boldsymbol{\beta}_1,\ldots,\boldsymbol{\beta}_{k-1}\}$ 时，误差向量 $\boldsymbol{e}$ 近似于一个零均值高斯随机向量，即

$$e \sim \mathcal{N}(\mathbf{0}, \xi^\star \mathbf{\Sigma})$$
$$\xi^\star = 1 + \theta_1^{\star 2} + \theta_2^{\star 2} + \cdots + \theta_{k-1}^{\star 2}$$

其中，$\mathbf{\Sigma}$ 的定义见式 (6.92)。而当 $\boldsymbol{\beta}_k \notin \mathbf{conv}\,\{\boldsymbol{\beta}_1, \ldots, \boldsymbol{\beta}_{k-1}\}$ 时，误差向量服从分布 $e \sim \mathcal{N}(\boldsymbol{\mu}_k, \xi^\star \mathbf{\Sigma})$，其均值 $\boldsymbol{\mu}_k$ 未知。定义决策统计量 r 为

$$r = e^{\mathrm{T}}(\xi^\star \mathbf{\Sigma})^{-1} e \tag{6.103}$$

若 $\boldsymbol{\beta}_k \in \mathbf{conv}\,\{\boldsymbol{\beta}_1, \ldots, \boldsymbol{\beta}_{k-1}\}$，则 r 服从中心卡方分布（central chi-square distribution）；否则，r 不服从中心卡方分布。因此，若给定虚警概率 P_{FA}，则 Neyman-Pearson 二元假设检验方法可用于高光谱数据中端元真实数目的估计，具体细节可参考 [ACCK13]。GENE-CH 算法的全部流程见算法 6.3，其中第 8~11 步对应 Neyman-Pearson 二元假设检验方法。

算法 6.3 GENE-CH 和 GENE-AH 算法伪代码

1: 给定受噪声干扰的高光谱数据 $\mathbf{x}[n]$，端元数目最大值满足 $N \leqslant N_{\max} \leqslant M$，给定虚警概率 P_{FA}，干扰协方差矩阵估计为 $\widehat{\mathbf{D}}$；
2: 由式 (6.88) 和式 (6.89) 计算 $(\widehat{\mathcal{C}}, \widehat{\mathbf{d}})$；
3: 使用连续端元提取算法获取第一个像素索引 l_1，并计算 $\tilde{\mathbf{x}}[l_1] = \widehat{\mathcal{C}}^{\mathrm{T}}(\mathbf{x}[l_1] - \widehat{\mathbf{d}}) \in \mathbb{R}^{N_{\max}-1}$；
4: **repeat**
5: 　令 $k := k + 1$；
6: 　使用连续端元提取算法获取第 k 个像素索引 l_k，计算 $\tilde{\mathbf{x}}[l_k] = \widehat{\mathcal{C}}^{\mathrm{T}}(\mathbf{x}[l_k] - \widehat{\mathbf{d}}) \in \mathbb{R}^{N_{\max}-1}$，并得到 $\widehat{\mathbf{A}}_{k-1} = [\tilde{\mathbf{x}}[l_1], \ldots, \tilde{\mathbf{x}}[l_{k-1}]] \in \mathbb{R}^{(N_{\max}-1)\times(k-1)}$。
7: 　求解以下二次规划问题：

$$\text{GENE}-\text{CH}: \boldsymbol{\theta}^\star = \arg \min_{\boldsymbol{\theta} \succeq \mathbf{0}, \mathbf{1}_{k-1}^T \boldsymbol{\theta} = 1} \|\tilde{\mathbf{x}}[l_k] - \widehat{\mathbf{A}}_{k-1}\boldsymbol{\theta}\|_2^2$$

$$\text{GENE}-\text{AH}: \boldsymbol{\theta}^\star = \arg \min_{\mathbf{1}_{k-1}^T \boldsymbol{\theta} = 1} \|\tilde{\mathbf{x}}[l_k] - \widehat{\mathbf{A}}_{k-1}\boldsymbol{\theta}\|_2^2$$

　并计算误差向量 $e = \tilde{\mathbf{x}}[l_k] - \widehat{\mathbf{A}}_{k-1}\boldsymbol{\theta}^\star$；
8: 　计算决策统计量 $r = e^{\mathrm{T}}(\xi^\star \mathbf{\Sigma})^{-1} e$，其中 $\xi^\star = 1 + \boldsymbol{\theta}^{\mathrm{T}}\boldsymbol{\theta}^\star$，$\mathbf{\Sigma} = \widehat{\mathcal{C}}^{\mathrm{T}}\widehat{\mathbf{D}}\widehat{\mathcal{C}}$；
9: 　计算

$$\psi = 1 - \frac{\gamma(r/2, (N_{\max} - 1)/2)}{\Gamma((N_{\max} - 1)/2)}$$

　$\Gamma(x)$ 是 Gamma 函数（参考式 (6.59)）

$$\gamma(s, x) = \int_0^x t^{s-1} \mathrm{e}^{-t} \mathrm{d}t$$

　是下不完全 Gamma 函数；
10: **until** $\psi > P_{\mathrm{FA}}$ 或 $k = N_{\max}$；
11: 如果 $\psi > P_{\mathrm{FA}}$，输出 $k - 1$，即为端元数目的估计值；否则，输出 k，即为端元数目的估计值。

6.5.2 端元数目估计的 GENE-AH 算法

GENE-CH 算法建立在纯净像素假设 (A4) 的基础上。但是，对于实际高光谱数据来说，并不能确保纯净像素的存在，在这种情况下，EEA 所估计的 DR 端元可以由式 (6.97) 表示，其中

$$\boldsymbol{\beta}_i = \sum_{j=1}^{N} s_j[l_i]\boldsymbol{\alpha}_j,\ \forall i = 1, \ldots, k \tag{6.104}$$

因此，GENE-CH 算法对端元数目的估计可能并不精确，尤其是在观测数据高度混合的情况下。如图 6.13 所示，$N = 3$ 个真实端元 $\boldsymbol{\alpha}_1, \boldsymbol{\alpha}_2, \boldsymbol{\alpha}_3$ 在无噪声高光谱数据中不存在。对于这种情况，由 EEA 得到的端元估计如图 6.13(a) 所示，记为 $\boldsymbol{\beta}_i, i = 1, \ldots, N_{\max} = 6$，表示为

$$\boldsymbol{\beta}_i = \tilde{\mathbf{x}}[l_i] = \sum_{j=1}^{3} s_j[l_i]\boldsymbol{\alpha}_j,\ i = 1, \ldots, N_{\max} = 6 \quad \text{（根据式 (6.97) 和式 (6.104)）} \tag{6.105}$$

其中，$l_1, \ldots, l_6$ 是由 EEA 得到的像素索引。则由图 6.13(a) 可知，对于 $\textbf{conv}\{\boldsymbol{\beta}_1, \ldots, \boldsymbol{\beta}_6\} = \textbf{conv}\,\mathcal{X}$ 的情况，存在超过 3 个极值点（实际上是 6 个）。因此，使用基于 (F2) 的 GENE-CH 算法将导致对端元数目的过度估计。由图 6.13(b) 可知

$$\boldsymbol{\beta}_k \notin \textbf{aff}\{\boldsymbol{\beta}_1, \ldots, \boldsymbol{\beta}_{k-1}\},\ k = 2, 3,\ \text{且}$$
$$\boldsymbol{\beta}_k \in \textbf{aff}\{\boldsymbol{\beta}_1, \ldots, \boldsymbol{\beta}_{k-1}\},\ k = 4, 5, 6$$

GENE-AH 算法建立在 (F2) 的基础上，这意味着在无噪声情况下，如果 $\tilde{\mathbf{x}}[l_k] = \boldsymbol{\beta}_k$ 不能使 $\textbf{aff}\,\widetilde{X}_k$ 的仿射维度增大，即

$$\textbf{aff}\,\widetilde{X}_k = \textbf{aff}\,\widetilde{X}_{k-1} = \textbf{aff}\{\boldsymbol{\beta}_1, \ldots, \boldsymbol{\beta}_{k-1}\} \tag{6.106}$$

也即 $\boldsymbol{\beta}_k \in \textbf{aff}\{\boldsymbol{\beta}_1, \ldots, \boldsymbol{\beta}_{k-1}\}$，则有

$$\text{affdim}(\widetilde{X}_k) = \text{affdim}(\widetilde{X}_{k-1}) = \text{affdim}(\mathcal{X}) = N - 1 \quad \text{（根据式 (6.96)）}$$

换句话说，$\widetilde{X}_{k-1}$ 是仿射无关的，其维度是 $k - 2 = N - 1$，而 $\widetilde{X}_k$ 是仿射相关的，因此，满足 $\textbf{aff}\,\widetilde{X}_k = \textbf{aff}\,\widetilde{X}_{k-1}$ 的最小 k 值一定等于 $N + 1$，故端元数目 N 可估计为 $k - 1$。

由于噪声的存在，现在的问题是确定 $\boldsymbol{\beta}_k \in \textbf{aff}\{\boldsymbol{\beta}_1, \ldots, \boldsymbol{\beta}_{k-1}\}$ 是否成立，$\widetilde{X}_k$ 受到噪声影响。因此，用以下约束最小二乘问题来衡量 $\tilde{\mathbf{x}}[l_k]$ 与 $\textbf{aff}\,\widetilde{X}_{k-1}$ 之间的距离，即

$$\boldsymbol{\theta}^{\star} = \arg\left\{\min_{\mathbf{1}_{k-1}^T\boldsymbol{\theta}=1} \left\|\tilde{\mathbf{x}}[l_k] - \widehat{\mathbf{A}}_{k-1}\boldsymbol{\theta}\right\|_2^2\right\} \tag{6.107}$$

其中，$\widehat{\mathbf{A}}_{k-1}$ 的定义见式 (6.101)。最优化问题式 (6.107) 也是一个凸 QP 问题，利用常见的凸优化工具，如 SeDuMi 或 CVX，可以得到最优解 $\boldsymbol{\theta}^{\star}$。与前面介绍的 GENE-CH 算法类似，拟合误差向量 $\boldsymbol{e}$ 由式 (6.102) 定义，决策统计量 r 也可由式 (6.103) 表示，设计类似的 Neyman-Pearson 二元假设检验流程，可估计出高光谱数据中存在的端元数目，具体细节可

参考 [ACCK13]。除了第 7 步中的最优解 $\boldsymbol{\theta}^\star$ 是由式 (6.107) 解出的，GENE-AH 算法的流程与 GENE-CH 算法基本一致。

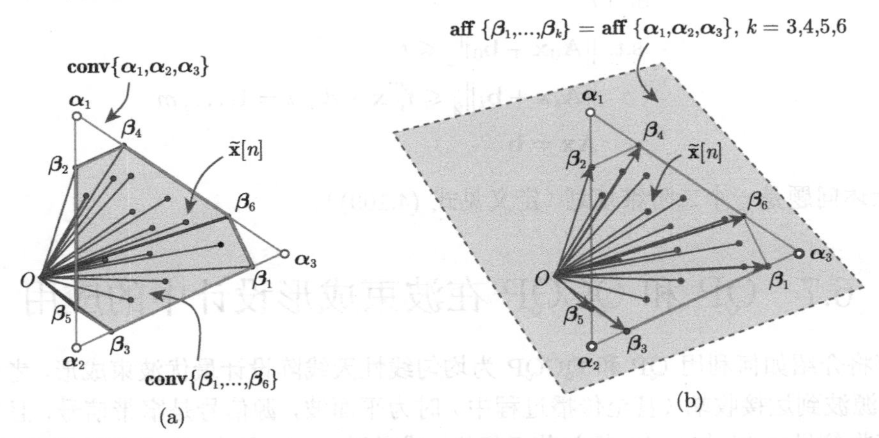

图 6.13　当无噪声高光谱数据中不存在纯净像素（$N=3$）时，GENE-CH 算法的图例：(a) 端元估计表示为 $\boldsymbol{\beta}_i, i=1,\ldots,N_{\max}=6$，但 $\mathbf{conv}\{\boldsymbol{\beta}_1,\ldots,\boldsymbol{\beta}_6\}\neq\mathbf{conv}\{\boldsymbol{\alpha}_1,\boldsymbol{\alpha}_2,\boldsymbol{\alpha}_3\}$，因为真实端元 $\boldsymbol{\alpha}_1,\boldsymbol{\alpha}_2,\boldsymbol{\alpha}_3$ 在数据云中并不存在；与之相反，如图 (b) 所示，$\mathbf{aff}\{\boldsymbol{\beta}_1,\ldots,\boldsymbol{\beta}_k\}=\mathbf{aff}\{\boldsymbol{\alpha}_1,\boldsymbol{\alpha}_2,\boldsymbol{\alpha}_3\}$，$k=3,4,5,6$

6.6　二次约束二次规划

二次约束二次规划的一般形式如下：

$$\begin{aligned}&\min\ \frac{1}{2}\mathbf{x}^{\mathrm{T}}\mathbf{P}_0\mathbf{x}+\mathbf{q}_0^{\mathrm{T}}\mathbf{x}+r_0\\&\text{s.t.}\ \frac{1}{2}\mathbf{x}^{\mathrm{T}}\mathbf{P}_i\mathbf{x}+\mathbf{q}_i^{\mathrm{T}}\mathbf{x}+r_i\leqslant 0,\ i=1,\ldots,m\\&\qquad\mathbf{A}\mathbf{x}=\mathbf{b}\end{aligned}\tag{6.108}$$

其中，$\mathbf{P}_i\in\mathbb{S}^n$, $i=0,1,\ldots,m$，$\mathbf{A}\in\mathbb{R}^{p\times n}$。上述问题具有一些特殊情况和特点，如下：

- 若 $\mathbf{P}_i\succeq\mathbf{0}$, $\forall i$，则 QCQP 是凸的。
- 当 $\mathbf{P}_i\succ\mathbf{0}$, $i=1,\ldots,m$ 时，QCQP 是 m 个椭球交集上的二次最小化问题（参考式 (2.37)），且仿射集为 $\{\mathbf{x}\mid\mathbf{A}\mathbf{x}=\mathbf{b}\}$。
- 若 $\mathbf{P}_i=\mathbf{0}$, $i=1,\ldots,m$，则 QCQP 可退化为 QP。
- 若 $\mathbf{P}_i=\mathbf{0}$, $i=0,1,\ldots,m$，则 QCQP 可退化为 LP。
- 对于 $\forall i=0,\ldots,m$，因为

$$\frac{1}{2}\mathbf{x}^{\mathrm{T}}\mathbf{P}_i\mathbf{x}+\mathbf{q}_i^{\mathrm{T}}\mathbf{x}+r_i=\left\|\mathbf{A}_i\mathbf{x}+\mathbf{b}_i\right\|_2^2-\left(\mathbf{f}_i^{\mathrm{T}}\mathbf{x}+d_i\right)^2$$

对于问题定义域内的任意 $\mathbf{x}$ 有 $\mathbf{f}_0=\mathbf{0}_n$ 且 $\mathbf{f}_i^{\mathrm{T}}\mathbf{x}+d_i>0$，则式 (6.108) 等价于

$$\begin{aligned}&\min\ \left\|\mathbf{A}_0\mathbf{x}+\mathbf{b}_0\right\|_2\\&\text{s.t.}\ \left\|\mathbf{A}_i\mathbf{x}+\mathbf{b}_i\right\|_2\leqslant\mathbf{f}_i^{\mathrm{T}}\mathbf{x}+d_i,\ i=1,\ldots,m\\&\qquad\mathbf{A}\mathbf{x}=\mathbf{b}\end{aligned}\tag{6.109}$$

或者写成上境图形式：

$$
\begin{aligned}
&\min\ t \\
&\text{s.t.}\ \left\|\mathbf{A}_0\mathbf{x}+\mathbf{b}_0\right\|_2 \leqslant t \\
&\qquad \left\|\mathbf{A}_i\mathbf{x}+\mathbf{b}_i\right\|_2 \leqslant \mathbf{f}_i^{\mathrm{T}}\mathbf{x}+d_i,\ i=1,\dots,m \\
&\qquad \mathbf{A}\mathbf{x}=\mathbf{b}
\end{aligned}
\tag{6.110}
$$

上述问题是一个二阶锥规划（定义见式 (4.109)）。

6.7 QP 和 QCQP 在波束成形设计中的应用

本节将介绍如何利用 QP 和 QCQP 为均匀线性天线阵设计最优波束成形。考虑远场情况，因此源波到达接收端（甚至传播过程中）时为平面波，源信号是窄带信号，且第 i 的传感器的接收信号 $x_i(t)$ 与 $x_j(t)$ 相差若干相位，或者说 $x_i(t)$ 是由 $x_j(t)$ 相移得到的，即

$$x_i(t)=x_j(t-(i-j)d\sin\theta/c)$$

其中，θ 和 c 分别表示波达方向（也称为波达角，Direction Of Arrival，DoA）和源波的传播速度，d 表示均匀线性阵列天线元件之间的间隔（见图 6.14）。

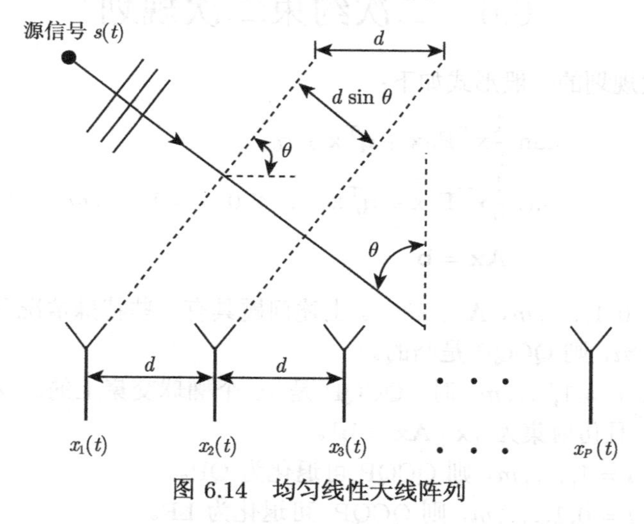

图 6.14 均匀线性天线阵列

如果源信号 $s(t)\in\mathbb{C}$ 的方向是 θ，且接收端配置 P 个线性传感器阵列，记接收信号向量为 $\mathbf{y}(t)=[y_1(t),\dots,y_P(t)]^{\mathrm{T}}$，则有

$$\mathbf{y}(t)=\mathbf{a}(\theta)s(t) \tag{6.111}$$

其中

$$\mathbf{a}(\theta)=[1,\mathrm{e}^{-\mathrm{j}2\pi d\sin(\theta)/\lambda},\dots,\mathrm{e}^{-\mathrm{j}2\pi d(P-1)\sin(\theta)/\lambda}]^{\mathrm{T}}\in\mathbb{C}^P \tag{6.112}$$

表示导向矢量，λ 是信号波长。

源信号的估计值为

$$\hat{s}(t) = \mathbf{w}^{\mathrm{H}}\mathbf{y}(t) = \mathbf{w}^{\mathrm{H}}\mathbf{a}(\theta)s(t) \tag{6.113}$$

其中，$\mathbf{w} \in \mathbb{C}^P$ 是波束成形权重向量。令 $\theta_{\text{des}} \in [-\pi/2, \pi/2]$ 为期望方向，并假设它是完全已知的。一个简单的波束成形可表示为 $\mathbf{w} = \mathbf{a}(\theta_{\text{des}})$，但它对旁瓣的抑制效果很差（见图 6.15，天线元件数目 $P = 20$，天线元件间距与信号波长的比值 $d/\lambda = 0.5$，且 $\theta_{\text{des}} = 10°$）。

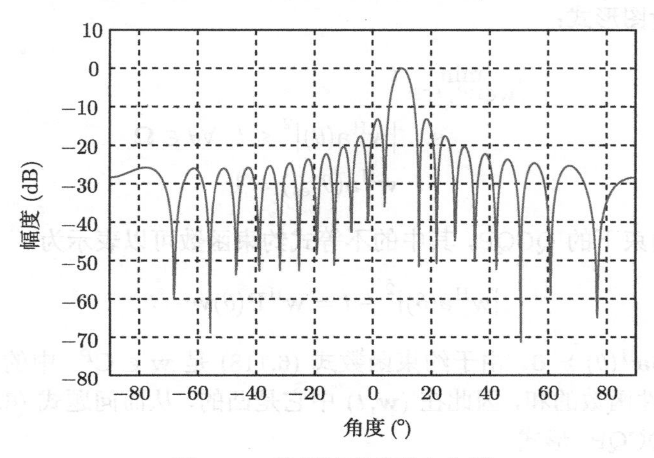

图 6.15 常规波束成形方向图

6.7.1 接收波束成形：平均旁瓣能量最小化

令

$$\mathbf{\Omega} = [-\pi/2, \theta_\ell] \cup [\theta_u, \pi/2]$$

表示旁瓣带（存在 θ_ℓ，θ_u）。我们要找到一个权向量 $\mathbf{w}$ 使旁瓣能量最小化，并且满足响应约束 $\mathbf{w}^{\mathrm{H}}\mathbf{a}(\theta_{\text{des}}) = 1$，其中 $\theta_{\text{des}} \in [\theta_\ell, \theta_u]$。下面介绍两个接收波束成形设计的例子来说明 QP 的应用。

旁瓣总能量最小化问题表示为

$$\begin{aligned} &\min_{\mathbf{w}\in\mathbb{C}^P} \int_{\Omega} \left|\mathbf{w}^{\mathrm{H}}\mathbf{a}(\theta)\right|^2 \mathrm{d}\theta \\ &\text{s.t. } \mathbf{w}^{\mathrm{H}}\mathbf{a}(\theta_{\text{des}}) = 1 \end{aligned} \tag{6.114}$$

当 $\theta = \theta_{\text{des}}$ 时，所设计波束成形的输出 $\hat{s}(t)$ 就是实际源信号 $s(t)$，而当 $\theta \neq \theta_{\text{des}}$ 时，虽然我们尝试最小化 $\mathbf{\Omega}$ 上的残差总功率，但是源信号估计值与实际值之间仍然存在非零残差，该问题等价于一个等式约束的二次规划：

$$\begin{aligned} &\min_{\mathbf{w}\in\mathbb{C}^P} \ \{f(\mathbf{w}) \triangleq \mathbf{w}^{\mathrm{H}}\mathbf{P}\mathbf{w}\} \\ &\text{s.t. } \mathbf{w}^{\mathrm{H}}\mathbf{a}(\theta_{\text{des}}) = 1 \end{aligned} \tag{6.115}$$

其中，

$$\mathbf{P} = \int_{\Omega} \mathbf{a}(\theta)\mathbf{a}^{\mathrm{H}}(\theta)\mathrm{d}\theta = \mathbf{P}^{\mathrm{H}} \succeq \mathbf{0}$$

可以通过数值积分求解。上述问题在第 4 章中已经被证明是一个凸问题（参考式 (4.100)）。

6.7.2 接收波束成形：最大旁瓣能量最小化

最大旁瓣能量最小化问题定义为

$$\begin{aligned} \min_{\mathbf{w}\in\mathbb{C}^P} \ & \max_{\theta\in\boldsymbol{\Omega}} \left|\mathbf{w}^{\mathrm{H}}\mathbf{a}(\theta)\right|^2 \\ \text{s.t.} \ & \mathbf{w}^{\mathrm{H}}\mathbf{a}(\theta_{\mathrm{des}}) = 1 \end{aligned} \tag{6.116}$$

它可被转化为上境图形式：

$$\begin{aligned} \min_{\mathbf{w}\in\mathbb{C}^P,\, t\in\mathbb{R}} \ & t \\ \text{s.t.} \ & \left|\mathbf{w}^{\mathrm{H}}\mathbf{a}(\theta)\right|^2 \leqslant t, \ \forall\theta\in\boldsymbol{\Omega} \\ & \mathbf{w}^{\mathrm{H}}\mathbf{a}(\theta_{\mathrm{des}}) = 1 \end{aligned} \tag{6.117}$$

它是一个无穷多约束下的 QCQP，其中的不等式约束函数可以表示为

$$\left|\mathbf{w}^{\mathrm{H}}\mathbf{a}(\theta)\right|^2 - t = \mathbf{w}^{\mathrm{H}}\mathbf{P}(\theta)\mathbf{w} - t \tag{6.118}$$

其中，$\mathbf{P}(\theta) = \mathbf{a}(\theta)\mathbf{a}^{\mathrm{H}}(\theta) \succeq \mathbf{0}$。由于约束函数式 (6.118) 是 $\mathbf{w}\in\mathbb{C}^P$ 中的一个二次凸函数与 $t\in\mathbb{R}$ 中的一个线性函数的和，因此在 $(\mathbf{w}, t)$ 中它是凸的，从而问题式 (6.117) 也是凸的，将其表示为标准的 QCQP 形式：

$$\begin{aligned} \min_{\mathbf{w},t} \ & \begin{bmatrix} \mathbf{0}_P^{\mathrm{T}} & 1 \end{bmatrix} \begin{bmatrix} \mathbf{w} \\ t \end{bmatrix} \\ \text{s.t.} \ & \begin{bmatrix} \mathbf{w}^{\mathrm{H}} & t \end{bmatrix} \begin{bmatrix} \mathbf{P}(\theta) & \mathbf{0}_P \\ \mathbf{0}_P^{\mathrm{T}} & 0 \end{bmatrix} \begin{bmatrix} \mathbf{w} \\ t \end{bmatrix} + \begin{bmatrix} \mathbf{0}_P^{\mathrm{T}} & -1 \end{bmatrix} \begin{bmatrix} \mathbf{w} \\ t \end{bmatrix} \leqslant 0, \ \forall\theta\in\boldsymbol{\Omega} \\ & \begin{bmatrix} \mathbf{w}^{\mathrm{H}} & t \end{bmatrix} \begin{bmatrix} \mathbf{a}(\theta_{\mathrm{des}}) \\ 0 \end{bmatrix} = 1 \end{aligned} \tag{6.119}$$

注意，虽然上述问题是凸的，但是它还是一个半无限优化问题（即该问题具有有限个变量和无限个约束）。

最大情况的旁瓣能量最小化问题可利用离散方式近似。令 $\theta_1, \theta_2, \ldots, \theta_L$ 为 $\boldsymbol{\Omega}$ 中的采样点集合，问题式 (6.117) 可近似为式 (6.120)：

$$\begin{aligned} \min_{\mathbf{w},t} \ & t \\ \text{s.t.} \ & \left|\mathbf{w}^{\mathrm{H}}\mathbf{a}(\theta_i)\right|^2 \leqslant t, \ i = 1, \ldots, L \\ & \mathbf{w}^{\mathrm{H}}\mathbf{a}(\theta_{\mathrm{des}}) = 1 \end{aligned} \tag{6.120}$$

图 6.16 给出了平均旁瓣能量最小化和最大旁瓣能量最小化的仿真结果，其中天线元件数目 $P = 20$，$\theta_{\mathrm{des}} = 10°$。旁瓣抑制作用于 $[0°, 20°]$ 以外的方向。虽然一维参数空间中（如式 (6.117) 中的 $\boldsymbol{\Omega}$）的离散化可能有效地将半无限优化问题转化为有限约束的近似优化问题，但是由于参数空间是高维空间，所以这种方法可能有些不切实际。在第 8 章中将重新讨论这个问题。

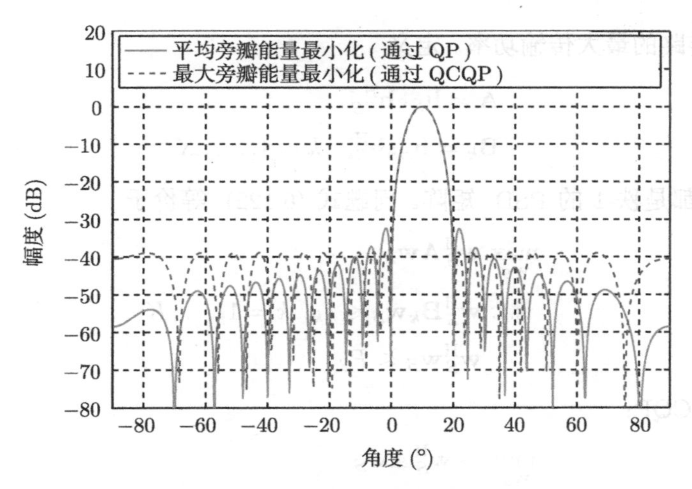

图 6.16　两种波束成形设计的方向图

6.7.3 QCQP 在认知无线电发射波束成形设计中的应用

本节考虑认知无线电网络应用场景 [ALLP12]，并讨论该场景下如何利用 QCQP 进行发射波束成形设计。认知无线电需要解决的问题可以简单描述为：某次用户（未授权用户）想要使用 K 个主用户（已授权用户）已经使用的频谱资源。当次用户发现频谱空洞，使用已授权用户的频谱资源时，必须保证它的通信不会影响到已授权用户的通信，一旦该频段被主用户使用，次用户需要切换到其他空闲频段通信，或者继续使用该频段，但是改变发射频率或调制方案，避免对主用户的干扰。假设第 k 个主发射机的天线数目为 N_k，次发射机的发射天线数目为 N_S，所有预期接收机都只有单天线。假设 $\mathbf{h}_{SS}$、$\mathbf{h}_{Sk}$、$\mathbf{h}_{kS}$ 都是完全已知的，符号 $\mathbf{h}_{SS}\in\mathbb{C}^{N_S}$、$\mathbf{h}_{Sk}\in\mathbb{C}^{N_S}$ 和 $\mathbf{h}_{kS}\in\mathbb{C}^{N_k}$ 分别表示次发射机到次接收机的信道向量次发射机到第 k 个主接收机的信道向量和第 k 个主发射机到次接收机的信道向量。为了简单起见，假设发射信号都是单位功率的，次接收机接收到的信号 SINR 为

$$\gamma_S=\frac{|\mathbf{h}_{SS}^{\mathrm{H}}\mathbf{w}_S|^2}{\sum\limits_{k=1}^{K}|\mathbf{h}_{kS}^{\mathrm{H}}\mathbf{w}_k|^2+\sigma_S^2}\tag{6.121}$$

其中，$\mathbf{w}_k\in\mathbb{C}^{N_k}$ 和 $\mathbf{w}_S\in\mathbb{R}^{N_S}$ 分别表示第 k 个主发射机和次发射机的波束成形向量，σ_S^2 表示次接收机处的噪声功率。第 k 个主发射机受到来自次发射机的干扰，设其信号功率为 $|\mathbf{h}_{Sk}^{\mathrm{H}}\mathbf{w}_S|^2$。我们的目标是设计一个次发射波束成形向量 $\mathbf{w}_S$ 使得 γ_S 最大化，同时，第 k 个主发射机的干扰功率小于阈值 ϵ_k。

因此，上述设计目标可以被描述为优化问题：

$$\begin{aligned}&\max_{\mathbf{w}_S}\ \gamma_S\\&\text{s.t.}\ \left|\mathbf{h}_{Sk}^{\mathrm{H}}\mathbf{w}_S\right|^2\leqslant\epsilon_k,\ k=1,\ldots,K\\&\quad\ \ \left\|\mathbf{w}_S\right\|_2^2\leqslant P_S\end{aligned}\tag{6.122}$$

其中，P_S 是次链路的最大传输功率。定义

$$\mathbf{A} = \mathbf{h}_{SS}\mathbf{h}_{SS}^{\mathrm{H}}$$
$$\mathbf{B}_k = \mathbf{h}_{Sk}\mathbf{h}_{Sk}^{\mathrm{H}},\ k = 1, \ldots, K$$

其中，$\mathbf{A}$ 和 $\mathbf{B}_k$ 都是秩-1 的 PSD 矩阵。问题式 (6.122) 等价于

$$\begin{aligned} \max_{\mathbf{w}_S}\ & \mathbf{w}_S^{\mathrm{H}}\mathbf{A}\mathbf{w}_S \\ \text{s.t.}\ & \mathbf{w}_S^{\mathrm{H}}\mathbf{B}_k\mathbf{w}_S \leqslant \epsilon_k,\ k = 1, \ldots, K \\ & \mathbf{w}_S^{\mathrm{H}}\mathbf{w}_S \leqslant P_S \end{aligned} \tag{6.123}$$

或等价于以下 QCQP：

$$\begin{aligned} \min_{\mathbf{w}_S}\ & -\mathbf{w}_S^{\mathrm{H}}\mathbf{A}\mathbf{w}_S \\ \text{s.t.}\ & \mathbf{w}_S^{\mathrm{H}}\mathbf{B}_k\mathbf{w}_S \leqslant \epsilon_k,\ k = 1, \ldots, K \\ & \mathbf{w}_S^{\mathrm{H}}\mathbf{w}_S \leqslant P_S \end{aligned} \tag{6.124}$$

由于目标函数是非凸的，因此该问题也是非凸的。为了解决非凸性带来的问题，需要进一步将该问题转化为凸问题，8.5.2 节中介绍的 SDR 方法可以达到这个目的（[ZS11] 中提供了一些例子）。

6.8 总结与讨论

本章讨论了两种重要的凸优化问题，即线性规划（LP）和二次规划（QP），并且介绍了二次规划的特例：二次约束二次规划（QCQP）。另外，还介绍了生物医学图像分析中的非负盲源分离问题以及高光谱分解问题，并通过实例阐释了如何通过问题转化，将 LP 和 QP 有效地应用于上述问题中。此外，还介绍了 QP 和 QCQP 在波束成形设计问题中的应用。虽然 QCQP 不一定是凸优化问题，但是通过一些转化方式，比如半正定规划（SDP），可将原问题转化为凸问题从而得以解决。通过求解最优性条件式 (4.32) 可能得到上述问题的闭式最优解。在实际应用中，闭式解和解析解必然优于通过凸优化工具或算法的得到的“全局最优解”，特别是对于那些便于处理的凸优化问题。在一些实际应用中，可以通过解凸问题的 KKT 条件来获得该问题闭式解，这个问题将在第 9 章中详细讨论。

参考文献

[ACCK11] A. Ambikapathi, T.-H. Chan, C.-Y. Chi, and K. Keizer, “Two effective and computationally efficient pure-pixel based algorithms for hyperspectral endmember extraction,” in *Proc. 2011 IEEE ICASSP*, Prague, Czech Republic, May 22–27, 2011, pp. 1369–1372.

[ACCK13] A. Ambikapathi, T.-H. Chan, C.-Y. Chi, and K. Keizer, “Hyperspectral data geometry based estimation of number of endmembers using p-norm based pure pixel identification,” *IEEE Trans. Geoscience and Remote Sensing*, vol. 51, no. 5, pp. 2753–2769, May 2013.

[ACMC11] A. Ambikapathi, T.-H. Chan, W.-K. Ma, and C.-Y. Chi, "Chance constrained robust minimum volume enclosing simplex algorithm for hyperspectral unmixing," *IEEE Trans. Geoscience and Remote Sensing*, vol. 49, no. 11, pp. 4194–4209, Nov. 2011.

[AGH+12] S. Arora, R. Ge, Y. Halpern, D. Mimno, A. Moitra, D. Sontag, Y. Wu, and M. Zhu, "A practical algorithm for topic modeling with provable guarantees," *arXiv preprint arXiv:1212.4777*, 2012.

[ALLP12] E. Axell, G. Leus, E. G. Larsson, and H. V. Poor, "Spectrum sensing for cognitive radio: State-of-the-art and recent advances," *IEEE Signal Process. Mag.*, vol. 29, no. 3, pp. 101–116, May 2012.

[BA02] K. P. Burnham and D. R. Anderson, *Model Selection and Multimodel Inference: A Practical Information Theoretic Approach.* New York, USA: Springer-Verlag, 2002.

[BD09] J. M. Bioucas-Dias, "A variable splitting augmented Lagrangian approach to linear spectral unmixing," in *Proc. IEEE WHISPERS*, Grenoble, France, Aug. 26-28, 2009, pp. 1–4.

[BDPCV+13] J. M. Bioucas-Dias, A. Plaza, G. Camps-Valls, P. Scheunders, N. Nasrabadi, and J. Chanussot, "Hyperspectral remote sensing data analysis and future challenges," *IEEE Geosci. Remote Sens. Mag.*, vol. 1, no. 2, pp. 6–36, Jun. 2013.

[CCHM09] T.-H. Chan, C.-Y. Chi, Y.-M. Huang, and W.-K. Ma, "A convex analysis based minimum-volume enclosing simplex algorithm for hyperspectral unmixing," *IEEE Trans. Signal Process.*, vol. 57, no. 11, pp. 4418–4432, Nov. 2009.

[CMCW08] T.-H. Chan, W.-K. Ma, C.-Y. Chi, and Y. Wang, "A convex analysis framework for blind separation of non-negative sources," *IEEE Trans. Signal Processing*, vol. 56, no. 10, pp. 5120–5134, Oct. 2008.

[CSA+11] T.-H. Chan, C.-J. Song, A. Ambikapathi, C.-Y. Chi, and W.-K. Ma, "Fast alternating volume maximization algorithm for blind separation of non-negative sources," in *Proc. 2011 IEEE International Workshop on Machine Learning for Signal Processing (MLSP)*, Beijing, China, Sept. 18–21, 2011.

[CZPA09] A. Cichocki, R. Zdunek, A. H. Phan, and S. I. Amari, *Nonnegative Matrix and Tensor Factorizations: Applications to Exploratory Multi-Way Data Analysis and Blind Source Separation.* United Kingdom: John Wiley & Son, 2009.

[KM02] N. Keshava and J. F. Mustard, "Spectral unmixing," *IEEE Signal Processing Magazine*, vol. 19, no. 1, pp. 44–57, Jan 2002.

[KMB07] O. Kuybeda, D. Malah, and M. Barzohar, "Rank estimation and redundancy reduction of high-dimensional noisy signals with preservation of rare vectors," *IEEE Trans. Signal Processing*, vol. 55, no. 12, pp. 5579–5592, 2007.

[LAZ+15] J. Li, A. Agathos, D. Zaharie, J. M. Bioucas-Dias, A. Plaza, and X. Li, "Minimum volume simplex analysis: A fast algorithm for linear hyperspectral unmixing," *IEEE Trans. Geosci. Remote Sens.*, vol. 53, no. 9, pp. 5067–5082, Apr. 2015.

[LBD08] J. Li and J. M. Bioucas-Dias, "Minimum volume simplex analysis: A fast algorithm to unmix hyperspectral data," in *Proc. IEEE IGARSS*, vol. 4, Boston, MA, Aug. 8–12, 2008, pp. 2369–2371.

[LCWC16] C.-H. Lin, C.-Y. Chi, Y.-H. Wang, and T.-H. Chan, "A fast hyperplane-based minimum-volume enclosing simplex algorithm for blind hyperspectral unmixing," *IEEE Trans. Signal Processing*, vol. 64, no. 8, pp. 1946–1961, Apr. 2016.

[LS99] D. Lee and H. Seung, "Learning the parts of objects by nonnegative matrix factorization," *Nature*, vol. 401, pp. 788–791, Oct. 1999.

[MBDCG14] W.-K. Ma, J. M. Bioucas-Dias, J. Chanussot, and P. Gader, "Special issue on signal and image processing in hyperspectral remote sensing," *IEEE Signal Process. Mag.*, vol. 31, no. 1, Jan. 2014.

[MQ07] L. Miao and H. Qi, "Endmember extraction from highly mixed data using minimum volume constrained nonnegative matrix factorization," *IEEE Trans. Geosci. Remote Sens.*, vol. 45, no. 3, pp. 765–777, 2007.

[Plu03] M. D. Plumbley, "Algorithms for non-negative independent component analysis," *IEEE Trans. Neural Netw.*, vol. 14, no. 3, pp. 534–543, 2003.

[Str06] G. Strang, *Linear Algebra and Its Applications*, 4th ed. San Diego, CA: Thomson, 2006.

[WCCW10] F.-Y. Wang, C.-Y. Chi, T.-H. Chan, and Y. Wang, "Nonnegative least correlated component analysis for separation of dependent sources by volume maximization," *IEEE Trans. Pattern Analysis and Machine Intelligence*, vol. 32, no. 5, pp. 875–888, May 2010.

[ZS11] Y.-J. Zhang and A. M.-C. So, "Optimal spectrum sharing in MIMO cognitive radio networks via semidefinite programming," *IEEE J. Sel. Area Commun.*, vol. 29, no. 2, pp. 362–373, Feb. 2011.

第 7 章 CHAPTER 7 二阶锥规划

本章介绍另一类凸优化问题，即所谓的二阶锥规划（Second-Order Cone Programming，SOCP）问题。SOCP 已经被广泛应用于通信和信号处理领域中，例如系统仅仅具有非理想的信道状态信息时，需要设计鲁棒接收波束成形、鲁棒发射波束成形等各类鲁棒算法。这些问题经过恰当的等价变换后均涉及 SOCP，我们将以此说明 SOCP 的应用。

7.1 二阶锥规划

如 4.4.1 节所述，二阶锥规划问题的标准型如下：

$$\begin{aligned}&\min\ \mathbf{c}^{\mathrm{T}}\mathbf{x}\\&\text{s.t.}\ \left\|\mathbf{A}_i\mathbf{x}+\mathbf{b}_i\right\|_2\leqslant\mathbf{f}_i^{\mathrm{T}}\mathbf{x}+d_i,\ i=1,\ldots,m\\&\qquad\mathbf{F}\mathbf{x}=\mathbf{g}\end{aligned}\tag{7.1}$$

其中，$\mathbf{A}_i\in\mathbb{R}^{n_i\times n}$。式 (7.1) 中的每个不等式约束都是一个二阶锥上的广义不等式，即 $K_i=\{(\mathbf{y},t)\in\mathbb{R}^{n_i+1}\mid\|\mathbf{y}\|_2\leqslant t\}$，或者

$$(\mathbf{A}_i\mathbf{x}+\mathbf{b}_i,\mathbf{f}_i^{\mathrm{T}}\mathbf{x}+d_i)\succeq_{K_i}\mathbf{0}\Longleftrightarrow\begin{bmatrix}\mathbf{A}_i\mathbf{x}+\mathbf{b}_i\\\mathbf{f}_i^{\mathrm{T}}\mathbf{x}+d_i\end{bmatrix}\in K_i\quad\text{（参考式 (2.78a)）}\tag{7.2}$$

有些二次约束二次规划问题是二阶锥规划问题的特例。例如在 6.6 节介绍的二次约束二次规划，其形式如下：

$$\begin{aligned}&\min\ \left\|\mathbf{A}_0\mathbf{x}+\mathbf{b}_0\right\|_2^2\quad(\equiv\min\ \left\|\mathbf{A}_0\mathbf{x}+\mathbf{b}_0\right\|_2)\\&\text{s.t.}\ \left\|\mathbf{A}_i\mathbf{x}+\mathbf{b}_i\right\|_2^2\leqslant r_i,\ i=1,\ldots,L\end{aligned}\tag{7.3}$$

这一问题也可以等价为

$$\begin{aligned}&\min\ t\\&\text{s.t.}\ \left\|\mathbf{A}_0\mathbf{x}+\mathbf{b}_0\right\|_2\leqslant t\\&\qquad\left\|\mathbf{A}_i\mathbf{x}+\mathbf{b}_i\right\|_2\leqslant\sqrt{r_i},\ i=1,\ldots,L\end{aligned}\tag{7.4}$$

这就是一个二阶锥规划。

7.2 鲁棒线性规划

对系统进行优化设计时，如果存在某些参数具有不确定性，只需要考虑鲁棒优化设计。本节将介绍鲁棒线性规划。我们将会看到该问题经过转换后是一个二阶锥规划问题。

考虑线性规划：

$$\begin{aligned}&\min\ \mathbf{c}^{\mathrm{T}}\mathbf{x}\\&\text{s.t.}\ \mathbf{a}_i^{\mathrm{T}}\mathbf{x}\leqslant b_i,\ i=1,\ldots,m\end{aligned}\tag{7.5}$$

显然最优解 $\mathbf{x}^{\star}(\mathbf{a}_i)$ 和最优值 $\mathbf{c}^{\mathrm{T}}\mathbf{x}^{\star}$ 都由 $\mathbf{a}_i$ 的值决定。

假设 $\mathbf{c}$ 的精确值可知，但 $\mathbf{a}_i$ 存在不确定性，例如其不确定性为

$$\mathbf{a}_i\in\Upsilon_i\triangleq\{\bar{\mathbf{a}}_i+\mathbf{P}_i\mathbf{u}\mid\|\mathbf{u}\|_2\leqslant 1\}\tag{7.6}$$

其中，$\bar{\mathbf{a}}_i$ 和 $\mathbf{P}_i$（置换矩阵）是已知的系统参数，但实际的系统向量 $\mathbf{a}_i$ 未知。显然，由这些真实但未知的 $\mathbf{a}_i$ 所构成的可行集与 $\bar{\mathbf{a}}_i$ 所确定的可行集之间存在较大的差异，进而由 $\bar{\mathbf{a}}_i$ 得到的最优解 $\mathbf{x}^{\star}(\bar{\mathbf{a}}_i)$ 与真实值对应的最优解 $\mathbf{x}^{\star}(\mathbf{a}_i)$ 可能截然不同，甚至完全不满足系统的约束条件。

♦ 鲁棒线性规划的转换

我们需要寻找最优的 $\mathbf{x}^{\star}$，使得在任意不确定性对应的系统参数 $\mathbf{a}_i$ 下，均可满足所有的不等式约束。因此，对应的优化问题可以描述为

$$\begin{aligned}&\min\ \mathbf{c}^{\mathrm{T}}\mathbf{x}\\&\text{s.t.}\ \mathbf{a}_i^{\mathrm{T}}\mathbf{x}\leqslant b_i,\ \forall\mathbf{a}_i\in\Upsilon_i,\ i=1,\ldots,m\end{aligned}\tag{7.7}$$

这是一个半无穷优化问题。因为

$$\mathbf{a}_i^{\mathrm{T}}\mathbf{x}\leqslant b_i,\forall\mathbf{a}_i\in\Upsilon_i\Longleftrightarrow\sup_{\|\mathbf{u}\|_2\leqslant 1}\left(\bar{\mathbf{a}}_i+\mathbf{P}_i\mathbf{u}\right)^{\mathrm{T}}\mathbf{x}=\bar{\mathbf{a}}_i^{\mathrm{T}}\mathbf{x}+\left\|\mathbf{P}_i^{\mathrm{T}}\mathbf{x}\right\|_2\leqslant b_i\tag{7.8}$$

式 (7.8) 利用了 Schwartz 不等式，即令 $\mathbf{u}=\mathbf{P}_i^{\mathrm{T}}\mathbf{x}/\|\mathbf{P}_i^{\mathrm{T}}\mathbf{x}\|_2$，故鲁棒线性规划等价于

$$\begin{aligned}&\min\ \mathbf{c}^{\mathrm{T}}\mathbf{x}\\&\text{s.t.}\ \bar{\mathbf{a}}_i^{\mathrm{T}}\mathbf{x}+\left\|\mathbf{P}_i^{\mathrm{T}}\mathbf{x}\right\|_2\leqslant b_i,\ i=1,\ldots,m\end{aligned}\tag{7.9}$$

这是一个二阶锥规划。

7.3 概率约束的线性规划

处理涉及不确定性的系统的另一种方法是使用概率约束。再次考虑式 (7.5) 中的优化问题。假设不等式约束中的参数 $\mathbf{a}_i$ 是独立的高斯随机向量，且均值向量 $\bar{\mathbf{a}}_i$ 和协方差矩阵 $\mathbf{\Sigma}_i$

已知。因为不等式约束包含随机变量，所以要求这些约束至少以概率（置信度）η 获得满足，即

$$\text{Prob}\left\{\mathbf{a}_i^{\mathrm{T}}\mathbf{x} \leqslant b_i\right\} \geqslant \eta \tag{7.10}$$

其中，参数 $\eta \in [0,1]$ 是一个给定的设计指标。式 (7.10) 可以被看作一个软约束，而约束式 (7.8) 是一个硬约束。

包含概率约束的优化问题被称为概率约束优化问题。与式 (7.5) 相对应，概率约束优化问题可以表示为

$$\begin{aligned} &\min\ \mathbf{c}^{\mathrm{T}}\mathbf{x} \\ &\text{s.t. } \text{Prob}\left\{\mathbf{a}_i^{\mathrm{T}}\mathbf{x} \leqslant b_i\right\} \geqslant \eta,\ i=1,\ldots,m \end{aligned} \tag{7.11}$$

由于 $\mathbf{a}_i^{\mathrm{T}}\mathbf{x}$ 是一个均值为 $\bar{\mathbf{a}}_i^{\mathrm{T}}\mathbf{x}$ 和方差为 $\mathbf{x}^{\mathrm{T}}\boldsymbol{\Sigma}_i\mathbf{x}$ 的高斯随机变量，所以式 (7.11) 等价于

$$\begin{aligned} &\min\ \mathbf{c}^{\mathrm{T}}\mathbf{x} \\ &\text{s.t. } \Phi^{-1}(\eta)\left\|\boldsymbol{\Sigma}_i^{1/2}\mathbf{x}\right\|_2 + \bar{\mathbf{a}}_i^{\mathrm{T}}\mathbf{x} \leqslant b_i,\ i=1,\ldots,m \end{aligned} \tag{7.12}$$

其中，$\Phi(\cdot)$ 是零均值单位方差的高斯随机变量的累积分布函数，表达式为

$$\Phi(v) = \frac{1}{\sqrt{2\pi}}\int_{-\infty}^{v} \mathrm{e}^{-x^2/2}\mathrm{d}x \tag{7.13}$$

$\Phi^{-1}(\cdot)$ 表示 $\Phi(\cdot)$ 的逆。通过观察可知当 $\eta > 0.5$（即 $\Phi^{-1}(\eta) > 0$）时，式 (7.12) 是一个二阶锥规划；当 $\eta < 0.5$（即 $\Phi^{-1}(\eta) < 0$）时，式 (7.12) 是一个非凸问题；当 $\eta = 0.5$（即 $\Phi^{-1}(\eta) = 0$）时，它简化为原问题式 (7.5)（用 $\bar{\mathbf{a}}_i$ 代替 $\mathbf{a}_i$）。

目前，概率约束优化已经被应用于发射波束成形，尤其是在无线通信中的鲁棒波束成形中，由于使用有限长的训练信号，或者是接收端采用有限比特数进行状态信息的反馈，所以发射波束成形所需的信道状态信息存在不确定性，此外概率约束优化目前也已经被应用于遥感图像的高光谱分解 [ACMC11]，通过对噪声的有效处理可以改善端元提取的性能。

7.4 鲁棒最小二乘逼近

对于标准形式的最小二乘问题：

$$\min_{\mathbf{x}} \|\mathbf{A}\mathbf{x}-\mathbf{b}\|_2^2 \equiv \min_{\mathbf{x}} \|\mathbf{A}\mathbf{x}-\mathbf{b}\|_2 \tag{7.14}$$

如果 $\mathbf{A}$ 存在不确定性，如

$$\mathbf{A} \in \mathcal{A} \triangleq \{\bar{\mathbf{A}} + \mathbf{U} \mid \|\mathbf{U}\|_2 \leqslant \alpha\} \tag{7.15}$$

并且我们只有 $\bar{\mathbf{A}}$ 和 α 的信息。

♦ 最差鲁棒最小二乘

考虑到系统矩阵 $\mathbf{A}$ 的不确定性，最小二乘问题可以定义为

$$\min_{\mathbf{x}} \sup_{\mathbf{A}\in\mathcal{A}} \|\mathbf{A}\mathbf{x}-\mathbf{b}\|_2 \tag{7.16}$$

因为 $\mathbf{A}=\bar{\mathbf{A}}+\mathbf{U}$，$\|\mathbf{U}\|_2=\sup\{\|\mathbf{U}\mathbf{u}\|_2 \mid \|\mathbf{u}\|_2\leqslant 1\}\leqslant\alpha$（参考式 (1.7)），

$$\begin{aligned}\|\mathbf{A}\mathbf{x}-\mathbf{b}\|_2 &= \|\bar{\mathbf{A}}\mathbf{x}-\mathbf{b}+\mathbf{U}\mathbf{x}\|_2\\ &\leqslant \|\bar{\mathbf{A}}\mathbf{x}-\mathbf{b}\|_2+\|\mathbf{U}\mathbf{x}\|_2 \quad \text{（参考三角不等式）}\\ &\leqslant \|\bar{\mathbf{A}}\mathbf{x}-\mathbf{b}\|_2+\|\mathbf{U}\|_2\cdot\|\mathbf{x}\|_2 \quad \text{（参考式 (1.7)）}\\ &\leqslant \|\bar{\mathbf{A}}\mathbf{x}-\mathbf{b}\|_2+\alpha\|\mathbf{x}\|_2\end{aligned} \tag{7.17}$$

且存在 $\mathbf{U}$ 满足 $\|\mathbf{U}\|_2\leqslant\alpha$，并可以取等号。因此，鲁棒最小二乘问题式 (7.16) 可以表示为

$$\min\ \|\bar{\mathbf{A}}\mathbf{x}-\mathbf{b}\|_2+\alpha\|\mathbf{x}\|_2 \ = \ \begin{array}{ll}\min & t_1+\alpha t_2\\ \text{s.t.} & \|\bar{\mathbf{A}}\mathbf{x}-\mathbf{b}\|_2\leqslant t_1,\ \|\mathbf{x}\|_2\leqslant t_2\end{array} \tag{7.18}$$

这是一个二阶锥规划问题。

7.5 基于二阶锥规划的鲁棒接收波束成形

为了方便起见，下面重新给出式 (6.115) 所表述的平均旁瓣能量最小化问题：

$$\begin{aligned}&\min\ \mathbf{w}^{\mathrm{H}}\mathbf{P}\mathbf{w}\\ &\text{s.t. } \mathbf{w}^{\mathrm{H}}\mathbf{a}(\theta_{\mathrm{des}})=1\end{aligned} \tag{7.19}$$

其中，$\mathbf{P}=\sum_{i=1}^{K}\mathbf{a}(\theta_i)\mathbf{a}^{\mathrm{H}}(\theta_i)$，$\theta_i$ 表示干扰信号的方向角。但实际上，不需要知道 θ_i 就可以在 $\mathbf{w}^{\mathrm{H}}\mathbf{a}(\theta_{\mathrm{des}})=1$ 的约束下，即给定方向上的波束输出的能量确定，使得波束输出的总能量最小化。换言之，只要 θ_{des} 精确已知，则最优波束可以抑制所有 $\theta\neq\theta_{\mathrm{des}}$ 方向上的干扰信号。

7.5.1 最小方差波束设计

接收信号模型表示如下：

$$\mathbf{y}(t)=\mathbf{a}(\theta_{\mathrm{des}})s(t)+\sum_{i=1}^{K}\mathbf{a}(\theta_i)u_i(t)+\mathbf{v}(t) \tag{7.20}$$

其中，源信 $s(t)$ 和干扰信号 $u_i(t)$ 假设互不相关并且广义平稳，其均值为零，方差分别为 σ_s^2 和 $\sigma_{u_i}^2$；$\mathbf{v}(t)$ 是均值为零，方差为 σ_v^2 的白噪声向量。接收信号 $\mathbf{y}(t)$ 的协方差矩阵表示如下：

$$\begin{aligned}\mathbf{R}&=\mathbb{E}\{\mathbf{y}(t)\mathbf{y}^{\mathrm{H}}(t)\}\\ &=\sigma_s^2\mathbf{a}(\theta_{\mathrm{des}})\mathbf{a}^{\mathrm{H}}(\theta_{\mathrm{des}})+\sum_{i=1}^{K}\sigma_{u_i}^2\mathbf{a}(\theta_i)\mathbf{a}^{\mathrm{H}}(\theta_i)+\sigma_v^2\mathbf{I}\end{aligned} \tag{7.21}$$

对 $\mathbf{y}(t)$ 进行时间平均是一种广泛使用的协方差矩阵估计方法，即

$$\widehat{\mathbf{R}}=\frac{1}{N}\sum_{t=1}^{N}\mathbf{y}(t)\mathbf{y}^{\mathrm{H}}(t) \tag{7.22}$$

波束输出 $\hat{s}(t) = \mathbf{w}^{\mathrm{H}}\mathbf{y}(t)$ 的平均功率为 $\mathbb{E}[|\hat{s}(t)|^2] = \mathbf{w}^{\mathrm{H}}\mathbf{R}\mathbf{w}$，其中，根据式 (7.19) 的等式约束下，波束输出的信号功率为 σ_s^2。$\mathbf{y}(t)$ 的协方差 $\mathbf{R}$ 是已知的或者是提前估计得到的，所以能量最小化的波束成形问题可以建模为如下的二次规划问题：

$$\begin{aligned} &\min\ \mathbf{w}^{\mathrm{H}}\mathbf{R}\mathbf{w} \\ &\text{s.t. } \mathbf{w}^{\mathrm{H}}\mathbf{a}(\theta_{\text{des}}) = 1 \end{aligned} \tag{7.23}$$

其等价问题是

$$\begin{aligned} &\min\ \sum_{i=1}^{K} \sigma_{u_i}^2 \left|\mathbf{w}^{\mathrm{H}}\mathbf{a}(\theta_i)\right|^2 + \sigma_v^2 \left\|\mathbf{w}\right\|_2^2 \quad \text{（根据式 (7.21)）} \\ &\text{s.t. } \mathbf{w}^{\mathrm{H}}\mathbf{a}(\theta_{\text{des}}) = 1 \end{aligned} \tag{7.24}$$

在式 (7.24) 中，我们实际上是使输出的干扰与噪声功率之和最小化。在信号处理文献中，称式 (7.23) 为**最小方差波束**设计。

QP 问题式 (7.23) 存在闭式解，可以通过第 9 章介绍的 KKT 条件获得。令

$$\mathbf{R} = \mathbf{V}^{\mathrm{H}}\mathbf{V} \tag{7.25}$$

其中，$\mathbf{V}$ 是 $\mathbf{R}$ 的平方根，问题式 (7.23) 也可以转化为一个二阶锥规划问题，如下（参考式 (4.103)）：

$$\begin{aligned} &\min\ t \\ &\text{s.t. } \left\|\mathbf{V}\mathbf{w}\right\|_2 \leqslant t \\ &\quad\ \ \mathbf{w}^{\mathrm{H}}\mathbf{a}(\theta_{\text{des}}) = 1 \end{aligned} \tag{7.26}$$

7.5.2 基于二阶锥规划的鲁棒波束成形

考虑以下两种情况：实际方向 θ_{des} 存在不确定性，或实际导向向量 $\mathbf{a}(\theta_{\text{des}})$ 存在不确定性。假设 $\bar{\theta}_{\text{des}}$ 表示标称的波达方向（Nominal Arrival Direction），$\mathbf{a}(\bar{\theta}_{\text{des}})$ 表示对应的导向向量，则不确定性的影响可以被建模为 [VGL03]

$$\mathbf{a}(\theta_{\text{des}}) = \mathbf{a}(\bar{\theta}_{\text{des}}) + \mathbf{u} \tag{7.27}$$

其中，$\mathbf{u}$ 为不确定性向量。基于 $\mathbf{a}(\bar{\theta}_{\text{des}})$ 的最小方差波束设计对不确定性非常灵敏（见图 7.1，实线表示无方向误差时的最小方差波束图，虚线表示方向误差为 0.5° 时的最小方差波束图）。

为了表述简单，令 $\boldsymbol{a} = \mathbf{a}(\bar{\theta}_{\text{des}})$，构造鲁棒波束成形问题如下：

$$\begin{aligned} &\min\ \mathbf{w}^{\mathrm{H}}\mathbf{R}\mathbf{w} \\ &\text{s.t. } \left|\mathbf{w}^{\mathrm{H}}(\boldsymbol{a} + \mathbf{u})\right| \geqslant 1,\ \forall \|\mathbf{u}\|_2 \leqslant \epsilon \end{aligned} \tag{7.28}$$

这也是一个半无穷优化问题。式 (7.28) 也可以描述为

$$\begin{aligned} &\min\ \mathbf{w}^{\mathrm{H}}\mathbf{R}\mathbf{w} \\ &\text{s.t. } \inf_{\|\mathbf{u}\|_2 \leqslant \epsilon} \left|\mathbf{w}^{\mathrm{H}}(\boldsymbol{a} + \mathbf{u})\right| \geqslant 1 \end{aligned} \tag{7.29}$$

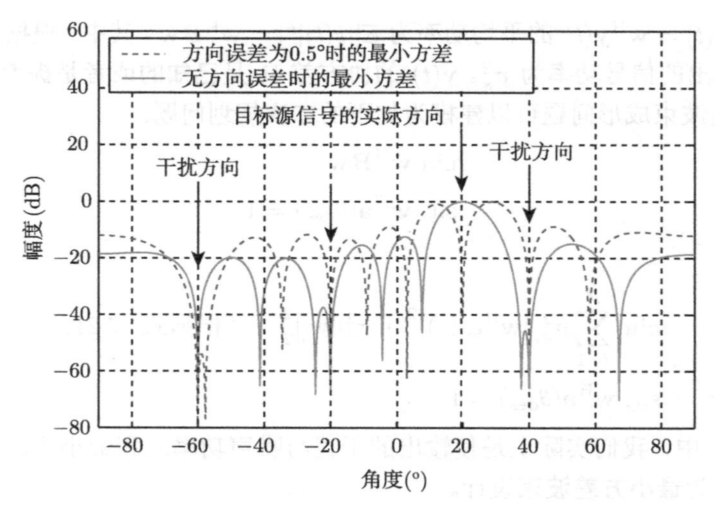

图 7.1　具有 $P=10$ 根天线的系统的最小方差波束方向图

它是非凸的，其中，非凸约束本身是一个最小化问题，由三角不等式可知

$$\begin{aligned}\left|\mathbf{w}^{\mathrm{H}}(\boldsymbol{a}+\mathbf{u})\right| &\geqslant \left|\mathbf{w}^{\mathrm{H}}\boldsymbol{a}\right|-\left|\mathbf{w}^{\mathrm{H}}\mathbf{u}\right| \\ &\geqslant \left|\mathbf{w}^{\mathrm{H}}\boldsymbol{a}\right|-\epsilon\|\mathbf{w}\|_{2},\ \forall\ \|\mathbf{u}\|_{2}\leqslant\epsilon\end{aligned} \tag{7.30}$$

其中，第二个不等式可由 Cauchy-Schwartz 不等式得到，并假设 $|\mathbf{w}^{\mathrm{H}}\boldsymbol{a}|>\epsilon\|\mathbf{w}\|_2$。（如果 $|\mathbf{w}^{\mathrm{H}}\boldsymbol{a}|\leqslant\epsilon\|\mathbf{w}\|_2$，原问题将不可行，即约束集为空，$\inf_{\|\mathbf{u}\|_2\leqslant\epsilon}|\mathbf{w}^{\mathrm{H}}(\boldsymbol{a}+\mathbf{u})|=0\not\geqslant 1$。）令

$$\mathbf{u}=-\frac{\epsilon \mathrm{e}^{j\angle(\mathbf{w}^{H}\boldsymbol{a})}}{\|\mathbf{w}\|_{2}}\mathbf{w} \tag{7.31}$$

则式 (7.30) 中的等式成立，因此

$$\inf_{\|\mathbf{u}\|_{2}\leqslant\epsilon}\left|\mathbf{w}^{\mathrm{H}}(\boldsymbol{a}+\mathbf{u})\right|=\left|\mathbf{w}^{\mathrm{H}}\boldsymbol{a}\right|-\epsilon\|\mathbf{w}\|_{2} \tag{7.32}$$

鲁棒波束成形问题可以重新表示为

$$\begin{aligned}&\min\ \mathbf{w}^{\mathrm{H}}\mathbf{R}\mathbf{w}\\ &\text{s.t.}\ \left|\mathbf{w}^{\mathrm{H}}\boldsymbol{a}\right|-\epsilon\|\mathbf{w}\|_{2}\geqslant 1\end{aligned} \tag{7.33}$$

由于不等式约束非凸，因此式 (7.33) 仍然是非凸的。注意，若 $\mathbf{w}^{\star}$ 是问题的最优解，则对于任意相位旋转 ψ，$\mathrm{e}^{j\psi}\mathbf{w}^{\star}$ 也是一个解。因而可据此将式 (7.33) 转化为凸优化问题，即对问题式 (7.33) 添加两个额外的约束：

$$\mathrm{Re}\{\mathbf{w}^{\mathrm{H}}\boldsymbol{a}\}\geqslant 0,\ \mathrm{Im}\{\mathbf{w}^{\mathrm{H}}\boldsymbol{a}\}=0 \tag{7.34}$$

则式 (7.33) 变为

$$\begin{aligned}&\min\ \|\mathbf{V}\mathbf{w}\|_{2} \qquad\qquad (\text{参考式 (7.25)})\\ &\text{s.t.}\ \mathbf{w}^{\mathrm{H}}\boldsymbol{a}\geqslant 1+\epsilon\|\mathbf{w}\|_{2}\\ &\qquad \mathrm{Im}\{\mathbf{w}^{\mathrm{H}}\boldsymbol{a}\}=0\end{aligned} \tag{7.35}$$

最后，利用上境图将原鲁棒波束设计问题重构为 SOCP（参考式 (4.103)）：

$$\begin{aligned}&\min\ t\\&\text{s.t. } \|\mathbf{Vw}\|_2 \leqslant t,\ \epsilon\|\mathbf{w}\|_2 \leqslant \mathbf{w}^{\mathrm{H}}\boldsymbol{a}-1\\&\quad\ \mathrm{Im}\{\mathbf{w}^{\mathrm{H}}\boldsymbol{a}\}=0\end{aligned} \tag{7.36}$$

当 $\bar{\theta}_{\mathsf{des}}=20.5°$，$\theta_{\mathsf{des}}=20°$ 且 $\epsilon=0.2\|\boldsymbol{a}\|_2$ 时，图 7.2 从数值仿真的角度给出了鲁棒波束成形和最小方差波束成形的性能比较，其中天线数量为 $P=10$ 及 $\bar{\theta}_{\mathrm{des}}=20.5°$, $\theta_{\mathrm{des}}=20°$ 和 $\epsilon=0.2\|\boldsymbol{a}\|_2$ 。通过观察可知前者性能较好，尤其当 DoA 为 20° 时，后者无法提取信号。

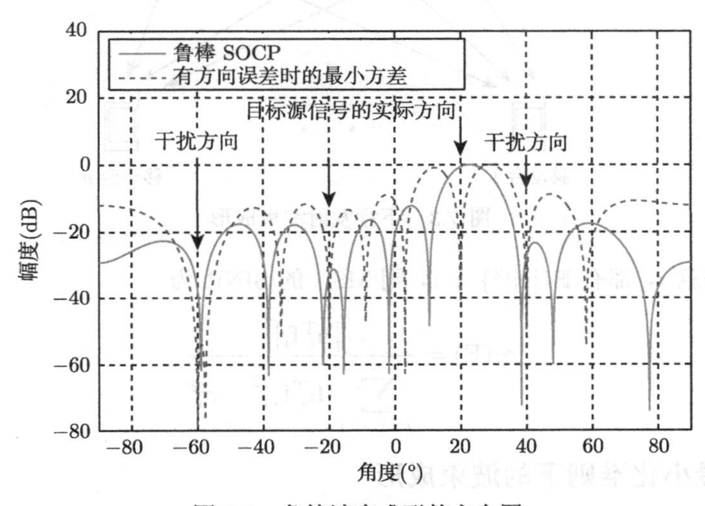

图 7.2　鲁棒波束成形的方向图

7.6　基于二阶锥规划的下行波束成形

如图 7.3 所示，考虑以下情况：

- 基站（base station，BS）有 m 根天线。
- BS 向 n 个移动台（mobile stations，MS）发送数据，且每个 MS 配置一根天线。
- BS 使用发射波束成形在同一信道上，同时向 n 个 MS 发射信号。

假设传输信道为频率平坦衰落信道，MS i 的接收信号表示为

$$y_i=\mathbf{h}_i^{\mathrm{T}}\mathbf{x}+v_i \tag{7.37}$$

其中，$\mathbf{h}_i\in\mathbb{C}^m$ 是第 i 个 MS 的 MISO 信道向量；$v_i\in\mathbb{C}$ 是均值为零方差为 σ_i^2 的加性高斯白噪声（Additive White Gaussian Noise，AWGN）；$\mathbf{x}\in\mathbb{C}^m$ 是 BS 发射信号向量，第 i 个分量 x_i 表示由 BS 的第 i 根天线发射的信号。

式 (7.37) 中的接收信号模型也可以建模为 $y_i=\mathbf{h}_i^{\mathrm{H}}\mathbf{x}+v_i$，在后文中将根据需要选择使用。若 BS 采用波束成形，则 $\mathbf{x}$ 可以表示为

$$\mathbf{x}=\sum_{i=1}^{n}\mathbf{f}_i s_i=\mathbf{Fs} \tag{7.38}$$

其中，$s_i \in \mathbb{C}$ 是发送给第 i 个 MS 的信息符号，$\mathbf{f}_i \in \mathbb{C}^m$ 是发送给第 i 个 MS 相应的的发射波束成形向量，$\mathbf{F} = [\mathbf{f}_1, \mathbf{f}_2, \ldots, \mathbf{f}_n] \in \mathbb{C}^{m \times n}$，$\mathbf{s} = [s_1, \ldots, s_n]^{\mathrm{T}} \in \mathbb{C}^n$。

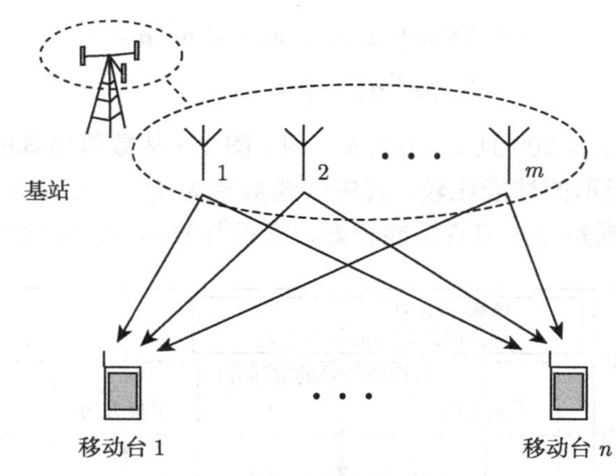

图 7.3　下行发射波束成形

假设对于任意 i，都有 $\mathbb{E}\{|s_i|^2\} = 1$，则 MS i 的 SINR 为

$$\gamma_i(\mathbf{F}) = \frac{\left|\mathbf{h}_i^{\mathrm{T}} \mathbf{f}_i\right|^2}{\sum\limits_{j=1, j \neq i}^{n} \left|\mathbf{h}_i^{\mathrm{T}} \mathbf{f}_j\right|^2 + \sigma_i^2} \tag{7.39}$$

7.6.1　功率最小化准则下的波束成形

假定最低 SINR 的要求为 γ_0，我们的目标是找到一个波束成形矩阵 $\mathbf{F}$ 使总发射功率最小 [BO02,WES06]，即

$$\begin{aligned} \min \ & \sum_{i=1}^{n} \|\mathbf{f}_i\|_2^2 \\ \text{s.t.} \ & \gamma_i(\mathbf{F}) \geqslant \gamma_0, \ i = 1, \ldots, n \end{aligned} \tag{7.40}$$

由于不等式约束函数非凸，因此从形式上看上述问题非凸。下面将其转化成 SOCP 形式。

式 (7.40) 中的不等式约束可以重新表示为

$$\left(1 + \frac{1}{\gamma_0}\right) \left|\mathbf{h}_i^{\mathrm{T}} \mathbf{f}_i\right|^2 \geqslant \sum_{j=1}^{n} \left|\mathbf{h}_i^{\mathrm{T}} \mathbf{f}_j\right|^2 + \sigma_i^2, \ i = 1, \ldots, n \tag{7.41}$$

对 f_i 进行相位旋转，即对式 (7.40) 添加以下额外约束：

$$\operatorname{Re}\{\mathbf{h}_i^{\mathrm{T}} \mathbf{f}_i\} \geqslant 0, \ \operatorname{Im}\{\mathbf{h}_i^{\mathrm{T}} \mathbf{f}_i\} = 0, \ i = 1, \ldots, n \tag{7.42}$$

因此式 (7.41) 可以重新表述为

$$\|\mathbf{H}_i \mathbf{f} + \mathbf{b}_i\|_2 \leqslant \sqrt{1 + \frac{1}{\gamma_0}} \mathbf{h}_i^{\mathrm{T}} \mathbf{f}_i \tag{7.43}$$

其中

$$\mathbf{f} = [\mathbf{f}_1^{\mathrm{T}}, \mathbf{f}_2^{\mathrm{T}}, \ldots, \mathbf{f}_n^{\mathrm{T}}]^{\mathrm{T}} \in \mathbb{C}^{nm} \tag{7.44}$$

$$\mathbf{b}_i = [\mathbf{0}_n^{\mathrm{T}}, \sigma_i]^{\mathrm{T}} \in \mathbb{R}^{n+1} \tag{7.45}$$

$$\mathbf{H}_i = \begin{bmatrix} \mathbf{DIAG}\left(\mathbf{h}_i^{\mathrm{T}}, \mathbf{h}_i^{\mathrm{T}}, \ldots, \mathbf{h}_i^{\mathrm{T}}\right) \\ \mathbf{0}_{nm}^{\mathrm{T}} \end{bmatrix} \in \mathbb{C}^{(n+1)\times nm} \tag{7.46}$$

因此，发射波束成形设计问题式 (7.40) 可等价为如下的 SOCP（参考式 (4.102)）：

$$\begin{aligned} &\min\ t \\ &\text{s.t.}\ \|\mathbf{f}\|_2 \leqslant t \\ &\quad\ \ \mathrm{Im}\{\mathbf{h}_i^{\mathrm{T}}\mathbf{f}_i\} = 0,\ i = 1, \ldots, n \\ &\quad\ \ \left\|\mathbf{H}_i\mathbf{f} + \mathbf{b}_i\right\|_2 \leqslant \sqrt{1 + \frac{1}{\gamma_0}}\mathbf{h}_i^{\mathrm{T}}\mathbf{f}_i,\ i = 1, \ldots, n \end{aligned} \tag{7.47}$$

式 (7.40) 除了可以转化为 SOCP 式 (7.47) 以外，也可以转化为半正定规划（SDP 将在 9.8.3 节进行介绍）。此外，对于单小区的 MISO 情况，对式 (7.40) 的最差鲁棒波束设计将会在 8.5.4 节中介绍，且 8.5.8 节将重点介绍中断约束下的鲁棒波束设计问题。

7.6.2　最大最小公平准则下的波束成形

给定功率 P_0，最大最小公平性准则下的波束成形设计是需要找到一个波束成形矩阵 $\mathbf{F}$ 使最差情况下的 SINR 最大（参考式 (4.152) 和式 (4.153)），即

$$\begin{array}{ll} \max & \min_{i=1,\ldots,n} \gamma_i(\mathbf{F}) \\ \text{s.t.} & \displaystyle\sum_{i=1}^{n} \left\|\mathbf{f}_i\right\|_2^2 \leqslant P_0 \end{array} \equiv \begin{array}{ll} \min & \max_{i=1,\ldots,n} \left\{\dfrac{1}{\gamma_i(\mathbf{F})}\right\} \\ \text{s.t.} & \displaystyle\sum_{i=1}^{n} \left\|\mathbf{f}_i\right\|_2^2 \leqslant P_0 \end{array} \tag{7.48}$$

由于目标函数非凸，所以上述问题也是非凸的，而且它也不是拟凸的。按照之前使用二分法解决拟凸问题的思路，此处使用二分法 把问题式 (7.48) 转化为可解问题。

引入辅助变量 t，式 (7.48) 可重构为

$$\begin{aligned} &\min\ t \\ &\text{s.t.}\ \frac{1}{\gamma_i(\mathbf{F})} \leqslant t,\ i = 1, 2, \ldots, n \\ &\quad\ \ \sum_{i=1}^{n} \left\|\mathbf{f}_i\right\|_2^2 \leqslant P_0 \end{aligned} \tag{7.49}$$

其中，前 n 个不等式约束可表示为

$$\frac{1}{\gamma_i(\mathbf{F})} = \frac{\displaystyle\sum_{j=1, j\neq i}^{n} \left|\mathbf{h}_i^{\mathrm{T}}\mathbf{f}_j\right|^2 + \sigma_i^2}{\left|\mathbf{h}_i^{\mathrm{T}}\mathbf{f}_i\right|^2} \leqslant t,\ i = 1, 2, \ldots, n \tag{7.50}$$

$$\Rightarrow \sum_{j=1}^{n} \left|\mathbf{h}_i^{\mathrm{T}}\mathbf{f}_j\right|^2 + \sigma_i^2 \leqslant (1 + t) \cdot \left|\mathbf{h}_i^{\mathrm{T}}\mathbf{f}_i\right|^2,\ i = 1, 2, \ldots, n \tag{7.51}$$

用 $1/\gamma_0$ 代替 t 可知式 (7.51) 与式 (7.41) 具有相同形式，但要注意的是 γ_0 是一个预先给定的 SINR 阈值（一个常量），而 t 是一个未知的优化变量。此外式 (7.49) 中的最后一个不等式约束等价于

$$\|\mathbf{f}\|_2 \leqslant \sqrt{P_0} \tag{7.52}$$

因此问题式 (7.49) 可以转化为

$$\begin{aligned} &\min\ t \\ &\text{s.t.}\ \sum_{j=1}^{n} \left|\mathbf{h}_i^{\mathrm{T}}\mathbf{f}_j\right|^2 + \sigma_i^2 \leqslant (1+t)\cdot\left|\mathbf{h}_i^{\mathrm{T}}\mathbf{f}_i\right|^2,\ i=1,2,\ldots,n \\ &\quad\ \ \|\mathbf{f}\|_2 \leqslant \sqrt{P_0} \end{aligned} \tag{7.53}$$

因为关于 t 的 n 个不等式约束函数是非凸的，所以式 (7.53) 也是非凸的。但在拟凸优化框架下，它是可解的。由于式 (7.53) 中第二行的每个不等式都可以进一步转化为一个二阶锥约束（与在式 (7.43) 中用 t 取代 $1/\gamma_0$ 相似），对于任意给定的 t，问题可以表示为以下 SOCP：

$$\begin{aligned} &\min\ t \\ &\text{s.t.}\ \left\|\mathbf{H}_i\mathbf{f}+\mathbf{b}_i\right\|_2 \leqslant \sqrt{1+t}\cdot\mathbf{h}_i^{\mathrm{T}}\mathbf{f}_i,\ i=1,2,\ldots,n \\ &\quad\ \ \mathrm{Im}\left\{\mathbf{h}_i^{\mathrm{T}}\mathbf{f}_i\right\}=0,\ i=1,\ldots,n \\ &\quad\ \ \|\mathbf{f}\|_2 \leqslant \sqrt{P_0} \end{aligned} \tag{7.54}$$

利用第 4 章介绍的二分法（参考算法 4.1）求解问题式 (7.54)，步骤与算法 4.1 相同，只不过第 4 步中的凸可行性问题此时是一个 SOCP，描述如下（参考式 (4.102)）：

$$\begin{aligned} &\text{find}\ \mathbf{f} \\ &\text{s.t.}\ \left\|\mathbf{H}_i\mathbf{f}+\mathbf{b}_i\right\|_2 \leqslant \sqrt{1+t}\cdot\mathbf{h}_i^{\mathrm{T}}\mathbf{f}_i,\ i=1,2,\ldots,n \\ &\quad\ \ \mathrm{Im}\left\{\mathbf{h}_i^{\mathrm{T}}\mathbf{f}_i\right\}=0,\ i=1,\ldots,n \\ &\quad\ \ \|\mathbf{f}\|_2 \leqslant \sqrt{P_0} \end{aligned} \tag{7.55}$$

7.6.3 多小区波束成形

考虑如图 7.4 所示的包含 N_c 个小区的无线通信系统，其中，每个小区包含一个复用同一频带的基站，而基站有 N_t 个天线和 K 个单天线移动台。令 $s_{ik}(t)$ 表示在第 i 个小区的第 k 个移动台（用 MS_{ik} 表示）的信息信号，且 $\mathbb{E}\{|s_{ik}(t)|^2\}=1$，令 $\mathbf{w}_{ik}\in\mathbb{C}^{N_t}$ 表示相应的波束成形向量，则第 i 个 BS 发射信号表示为

$$\mathbf{x}_i(t) = \sum_{k=1}^{K} \mathbf{w}_{ik}s_{ik}(t) \tag{7.56}$$

其中，$i=1,\ldots,N_c$。令 $\mathbf{h}_{jik}\in\mathbb{C}^{N_t}$ 表示从第 j 个 BS 到第 k 个移动台 MS_{ik} 的信道向量，则 MS_{ik} 的接收信号可以表示为

$$
\begin{aligned}
y_{ik}(t) &= \sum_{j=1}^{N_c} \mathbf{h}_{jik}^{\mathrm{T}} \mathbf{x}_j(t) + z_{ik}(t) \\
&= \sum_{j=1}^{N_c} \mathbf{h}_{jik}^{\mathrm{T}} \left(\sum_{\ell=1}^{K} \mathbf{w}_{j\ell} s_{j\ell}(t) \right) + z_{ik}(t) \\
&= \mathbf{h}_{iik}^{\mathrm{T}} \mathbf{w}_{ik} s_{ik}(t) + \sum_{\ell \neq k}^{K} \mathbf{h}_{iik}^{\mathrm{T}} \mathbf{w}_{i\ell} s_{i\ell}(t) + \sum_{j \neq i}^{N_c} \mathbf{h}_{jik}^{\mathrm{T}} \sum_{\ell=1}^{K} \mathbf{w}_{j\ell} s_{j\ell}(t) + z_{ik}(t)
\end{aligned} \tag{7.57}
$$

其中，第一项是感兴趣的有用信号，第二项和第三项分别是小区内干扰和小区间干扰，$z_{ik}(t)$ 是均值为零方差为 $\sigma_{ik}^2 > 0$ 的加性噪声。

由式 (7.57) 可知，MS_{ik} 的 SINR 可以表示为

$$
\mathrm{SINR}_{ik}\left(\mathbf{w}_{11}, \ldots, \mathbf{w}_{N_c K}\right) = \frac{\left|\mathbf{h}_{iik}^{\mathrm{T}} \mathbf{w}_{ik}\right|^2}{\sum_{\ell \neq k}^{K} \left|\mathbf{h}_{iik}^{\mathrm{T}} \mathbf{w}_{i\ell}\right|^2 + \sum_{j \neq i}^{N_c} \sum_{\ell=1}^{K} \left|\mathbf{h}_{jik}^{\mathrm{T}} \mathbf{w}_{j\ell}\right|^2 + \sigma_{ik}^2} \tag{7.58}
$$

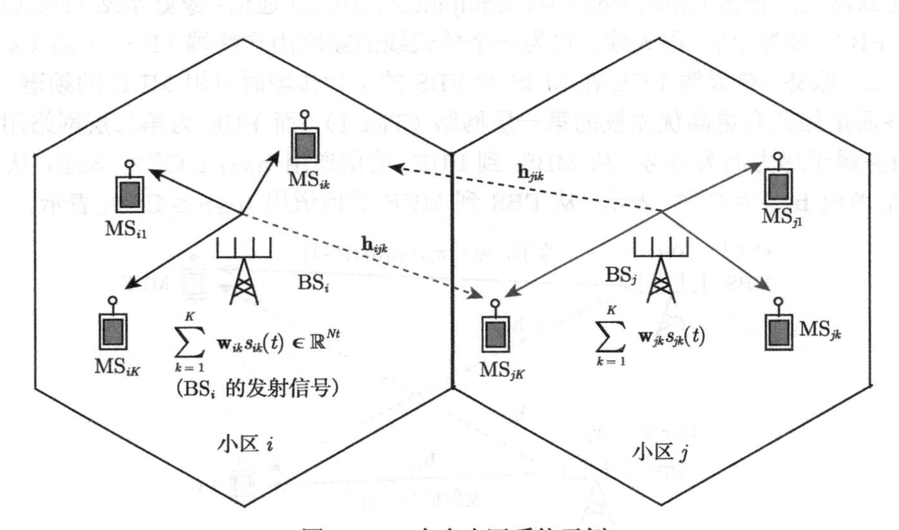

图 7.4　一个多小区系统示例

若将式 (7.58) 中的 SINR 作为衡量移动台的服务质量（QoS）指标，那么多小区波束成形（Multi-Cell BeamForming，MCBF）设计问题可以被定义为

$$
\begin{aligned}
&\min \sum_{i=1}^{N_c} \sum_{k=1}^{K} \|\mathbf{w}_{ik}\|_2^2 \\
&\text{s.t. } \mathrm{SINR}_{ik}\left(\mathbf{w}_{11}, \ldots, \mathbf{w}_{N_c K}\right) \geqslant \gamma_{ik},\ k = 1, \ldots, K,\ i = 1, \ldots, N_c
\end{aligned} \tag{7.59}
$$

其中，$\gamma_{ik} > 0$ 是 MS_{ik} 的目标 SINR。从式 (7.59) 中可以看出 N_c 个基站共同优化它们的波束成形向量，使得基站的总功率达到最小，且保证每个 MS_{ik} 的 SINR 不小于 γ_{ik}。虽然问题式 (7.59) 是非凸的，但它可以通过 7.6.1 节介绍的变换过程转化为一个凸二阶锥规划，如下：

$$
\begin{aligned}
&\min\ t \\
&\text{s.t.}\ \left(\sum_{i=1}^{N_c}\sum_{k=1}^{K}\left\|\mathbf{w}_{ik}\right\|_2^2\right)^{1/2} \leqslant t \\
&\mathbf{h}_{iik}^{\mathrm{T}}\mathbf{w}_{ik} \geqslant \sqrt{\gamma_{ik}\left(\sum_{\ell\neq k}^{K}\left|\mathbf{h}_{iik}^{\mathrm{T}}\mathbf{w}_{i\ell}\right|^2+\sum_{j\neq i}^{N_c}\sum_{\ell=1}^{K}\left|\mathbf{h}_{jik}^{\mathrm{T}}\mathbf{w}_{j\ell}\right|^2+\sigma_{ik}^2\right)},\ \forall\, k,i \\
&\mathrm{Im}\{\mathbf{h}_{iik}^{\mathrm{T}}\mathbf{w}_{ik}\}=0,\ k=1,\ldots,K,\ i=1,\ldots,N_c
\end{aligned}
\tag{7.60}
$$

问题式 (7.59) 的多小区波束成形设计也被称为非鲁棒性设计。8.5.5 节将重点介绍最坏情况下的鲁棒设计。

7.6.4 家庭基站波束成形

考虑图 7.5 所示的双层异构网络，包含一个宏蜂窝基站和一个本地化的家庭基站（Femtocell），其中，宏蜂窝基站（Macrocell Base Station，MBS）装配 N_M 根天线，它与单天线的宏蜂窝用户设备（Macrocell User Equipment，MUE）通信；家庭基站（Femtocell Base Station，FBS）装配 N_F 根天线，它为一个单天线的家庭用户终端（Femtocell User Equipment，FUE）服务，单天线 FUE 在 MBS 和 FBS 的下行传输时复用 MUE 的频谱。MUE 属于对服务质量保证有更高优先权的第一层网络（Tier 1），而 FUE 为第二层网络用户（Tier 2），其服务属于尽力而为业务，从 MBS 到 FUE 的信道用 $\mathbf{h}_{FM}\in\mathbb{C}^{N_M}$ 表示，从 FBS 到 FUE 的信道用 $\mathbf{h}_{FF}\in\mathbb{C}^{N_F}$ 表示，从 FBS 到 MUE 的信道用 $\mathbf{h}_{MF}\in\mathbb{C}^{N_F}$ 表示。

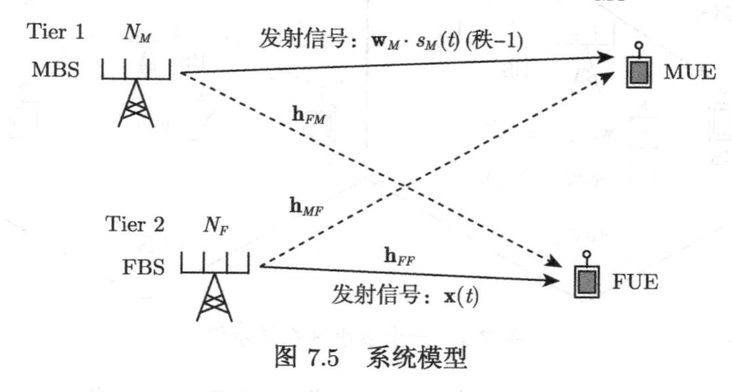

图 7.5 系统模型

FBS 的发射信号表示为

$$
\mathbf{x}(t)=\mathbf{w}_F\cdot s_F(t) \tag{7.61}
$$

其中，$s_F(t)\in\mathbb{C}$ 是向 FUE 传输的承载信息的信号，它是由高斯随机码本产生的零均值信号，$\mathbf{w}_F\in\mathbb{C}^{N_F}$ 是相应的波束成形向量。

令 MBS 的发射信号为 $\mathbf{w}_M\cdot s_M(t)$，则 FUE 的接收信号为

$$
y(t)=\mathbf{h}_{FF}^{\mathrm{H}}\mathbf{w}_F s_F(t)+\mathbf{h}_{FM}^{\mathrm{H}}\mathbf{w}_M s_M(t)+n_F(t) \tag{7.62}
$$

其中，第一项是 FUE 的目标信号，第二项是来自于宏蜂窝的干扰，$n_F(t)\in\mathbb{C}$ 是功率为 $\sigma_F^2>0$ 的 FUE 的加性噪声。FUE 的 QoS 由 SINR 度量。不失一般性，假设 $\mathbb{E}[|s_F(t)|^2]=1$，

且 $\mathbb{E}[|s_M(t)|^2]=1$，则 FUE 的 SINR 为

$$\mathrm{SINR}_F=\frac{\left|\mathbf{h}_{FF}^{\mathrm{H}}\mathbf{w}_F\right|^2}{\left|\mathbf{h}_{FM}^{\mathrm{H}}\mathbf{w}_M\right|^2+\sigma_F^2} \tag{7.63}$$

宏蜂窝用户 MUE 受到的干扰功率为 $|\mathbf{h}_{MF}^{\mathrm{H}}\mathbf{w}_F|^2$。

问题的目标是设计 FBS 的波束成形向量 $\mathbf{w}_F$ 使发射功率最小化，要求 FUE 的 SINR 约束不少于 $\gamma_F\geqslant 0$，且 MUE 的干扰功率约束不大于 $\epsilon_M\geqslant 0$，这个优化问题可以建模为

$$\begin{aligned}
&\min_{\mathbf{w}_F\in\mathbb{C}^{N_F}} \left\|\mathbf{w}_F\right\|_2^2\\
&\quad\text{s.t.}\ \frac{\left|\mathbf{h}_{FF}^{\mathrm{H}}\mathbf{w}_F\right|^2}{\left|\mathbf{h}_{FM}^{\mathrm{H}}\mathbf{w}_M\right|^2+\sigma_F^2}\geqslant\gamma_F\\
&\qquad\ \left|\mathbf{h}_{MF}^{\mathrm{H}}\mathbf{w}_F\right|^2\leqslant\epsilon_M
\end{aligned} \tag{7.64}$$

虽然式 (7.64) 是非凸的，但可以通过 7.6.1 节所介绍变换方法等价地转化为一个凸的二阶锥规划，如下：

$$\begin{aligned}
&\min\ t\\
&\ \text{s.t.}\ \left\|\mathbf{w}_F\right\|_2\leqslant t\\
&\qquad \mathbf{h}_{FF}^{\mathrm{H}}\mathbf{w}_F\geqslant\sqrt{\gamma_F\left(\left|\mathbf{h}_{FM}^{\mathrm{H}}\mathbf{w}_M\right|^2+\sigma_F^2\right)}\\
&\qquad \left|\mathbf{h}_{MF}^{\mathrm{H}}\mathbf{w}_F\right|\leqslant\sqrt{\epsilon_M}\\
&\qquad \mathrm{Im}\left\{\mathbf{h}_{FF}^{\mathrm{H}}\mathbf{w}_F\right\}=0
\end{aligned} \tag{7.65}$$

其中，第一个和第三个不等式约束是二阶锥约束，而当 $\mathbf{w}_M$ 是一个未知变量时，第二个包含 $\mathbf{w}_M$ 的不等式约束是一个二阶锥约束。但是对 FBS 来说，$\mathbf{w}_M$ 通常是预先已知的，因为它可以由 MBS 通过一个宽带回程链路提供。这个不等式约束实际上可以转化为一个线性不等式约束。

8.5.9 节将重点介绍问题式 (7.64) 对应的中断约束鲁棒波束设计，为了解决该问题需要将其转化为一个半正定规划。

7.7 总结与讨论

本章讨论了一类重要的凸优化问题，即二阶锥规划（SOCP），同时介绍了其在通信领域中的部分应用。通过问题的等价变换，鲁棒接收波束成形以及单小区、多小区场景下的下行发射波束成形都可以转化为 SOCP 问题。SOCP 问题的闭式解通常比较难以得到，所以一般通过现有的凸优化工具包获得最优的数值解。当然，也需要注意到，对于近年来无线通信和网络领域的很多前沿挑战性问题，如信道状态信息不确定时的多用户下行鲁棒波束成形、异构网络下的下行干扰管理和资源配置等，半正定规划（SDP）比 SOCP 更加有效、强大。我们将在第 8 章具体介绍 SDP。

参 考 文 献

[ACMC11] A. Ambikapathi, T.-H. Chan, W.-K. Ma, and C.-Y. Chi, "Chance constrained robust minimum volume enclosing simplex algorithm for hyperspectral unmixing," *IEEE Trans. Geoscience and Remote Sensing*, vol. 49, no. 11, pp. 4194–4209, Nov. 2011.

[BO02] M. Bengtsson and B. Ottersten, "Optimal and suboptimal transmit beamforming," in *Handbook of Antennas in Wireless Communications*, L. C. Godara, Ed. CRC Press, 2002.

[VGL03] S. Vorobyov, A. Gershman, and Z.-Q. Luo, "Robust adaptive beamforming using worst-case performance optimization: A solution to the signal mismatch problem," *IEEE Trans. Signal Process.*, vol. 52, no. 2, pp. 313–324, Feb. 2003.

[WES06] A. Wiesel, Y. C. Eldar, and S. Shamai, "Linear precoding via conic optimization for fixed MIMO receivers," *IEEE Trans. Signal Process.*, vol. 54, no. 1, pp. 161–176, Jan. 2006.

第 8 章
CHAPTER 8
半正定规划

本章介绍一类应用广泛的优化问题——半正定规划（SDP）。SDP 已经被广泛地应用于 MIMO 无线通信相关的信号处理中。然而，我们感兴趣的问题通常都是 NP-hard 问题，因此需要对问题的目标函数或约束函数，或同时对二者进行改写或凸近似。这些近似方法有的已经在前面章节中做过介绍（如 4.7 节中介绍的 SCA 方法），有的将在本章进行介绍（如已经取得广泛应用的半正定松弛方法）。最终，我们可以得到一个可解的 SDP 问题，并且得到的解是原问题的次优解。然而，在某些实际场景下，我们可以分析证明 SDP 得到的解是原问题的全局最优解或者稳定点。虽然本章的重点是 SDP，但是为了找到优化问题的一个稳定点，4.7 节介绍的 BSUM 方法可能是一个更加有效的方法。本章将介绍 SDP 和 BSUM 方法在一些问题中的应用，并比较这两种方法的复杂度和解的精度。

通常求解一个优化问题的方法不是唯一的。首先简要介绍如何将 LP、QP、QCQP、SOCP 转化成 SDP 问题；然后介绍 S-引理（S-procedure），通过它可以将无穷多个二次约束转化为一个线性矩阵不等式（Linear Matrix Inequality，LMI）约束；此外还将结合半正定松弛介绍一些实际的例子以说明 SDP 的有效性。本章给出了一些在 MIMO 无线通信领域使用 SDP 的前沿研究成果，包括相干/非相干检测物理层安全通信，最坏情况下单小区和多小区的鲁棒发射波束成形设计，中断约束下的多小区协作波束成形设计，单小区和多小区下中断约束鲁棒发射波束成形设计等。为简化符号，本章中，$\mathbf{X} \succeq \mathbf{0}$ 表示 $\mathbf{X}$ 是 PSD 矩阵，$\mathbf{x} \succeq \mathbf{0}$ 表示列向量 $\mathbf{x}$ 的所有元素均大于等于 0。

8.1 半正定规划

SDP 问题的结构如下：

- 不等式形式：

$$\begin{aligned} \min \quad & \mathbf{c}^{\mathrm{T}}\mathbf{x} \\ \text{s.t.} \quad & \mathbf{F}(\mathbf{x}) \preceq \mathbf{0} \end{aligned} \tag{8.1}$$

其中，$\mathbf{c} \in \mathbb{R}^n$，变量为 $\mathbf{x} \in \mathbb{R}^n$，而

$$\mathbf{F}(\mathbf{x}) = \mathbf{F}_0 + x_1\mathbf{F}_1 + \cdots + x_n\mathbf{F}_n \tag{8.2}$$

是一个 LMI，其中 $\mathbf{F}_i \in \mathbb{S}^k$。

- 标准形式：

$$\begin{aligned} \min \quad & \operatorname{Tr}(\mathbf{CX}) \\ \text{s.t.} \quad & \mathbf{X} \succeq \mathbf{0} \\ & \operatorname{Tr}(\mathbf{A}_i\mathbf{X}) = b_i \in \mathbb{R},\ i = 1, \ldots, m \end{aligned} \tag{8.3}$$

其中，$\mathbf{A}_i \in \mathbb{S}^n$，$\mathbf{C} \in \mathbb{S}^n$，变量 $\mathbf{X} \in \mathbb{S}^n$。

我们可以证明不等式形式和标准形式是等价的（参考第 9 章）。具有多个线性矩阵不等式约束的 SDP 问题：

$$\begin{aligned} \min \quad & \mathbf{c}^{\mathrm{T}}\mathbf{x} \\ \text{s.t.} \quad & \mathbf{F}_i(\mathbf{x}) \preceq \mathbf{0},\ i = 1, \ldots, m \end{aligned} \tag{8.4}$$

可以归结为只有一个线性矩阵不等式的 SDP 问题，这是因为 $\mathbf{F}_i(\mathbf{x}) \preceq \mathbf{0},\ \forall\, i = 1, \cdots, m$ 等价于

$$\mathbf{DIAG}(\mathbf{F}_1(\mathbf{x}), \ldots, \mathbf{F}_m(\mathbf{x})) \preceq \mathbf{0} \tag{8.5}$$

例 8.1（最大特征值最小化） 令 $\lambda(\mathbf{X})$ 和 $\lambda_{\max}(\mathbf{X})$ 分别表示矩阵 $\mathbf{X} \in \mathbb{S}^m$ 的任意特征值和最大特征值，则最大特征值最小化问题定义为

$$\min_{\mathbf{x}}\ \lambda_{\max}(\mathbf{A}(\mathbf{x})) \tag{8.6}$$

其中

$$\mathbf{A}(\mathbf{x}) = \mathbf{A}_0 + x_1\mathbf{A}_1 + \cdots + x_n\mathbf{A}_n \in \mathbb{S}^m$$

由于 $\lambda_{\max}(\mathbf{A}(\mathbf{x}))$ 关于 $\mathbf{A}(\mathbf{x})$ 是凸的，且 $\mathbf{A}(\mathbf{x})$ 关于 $\mathbf{x}$ 是仿射的，因此，这个无约束问题是一个凸优化问题。

对于任意给定的 $\mathbf{x}$，

$$\lambda(\mathbf{A}(\mathbf{x}) - t\mathbf{I}_m) = \lambda(\mathbf{A}(\mathbf{x})) - t$$

均成立，因此有

$$\lambda_{\max}(\mathbf{A}(\mathbf{x})) \leqslant t \iff \mathbf{A}(\mathbf{x}) - t\mathbf{I}_m \preceq \mathbf{0} \tag{8.7}$$

故通过上境图变换，式 (8.6) 等价于如下的 SDP 问题：

$$\begin{aligned} \min_{\mathbf{x},t} \quad & t \\ \text{s.t.} \quad & \mathbf{A}(\mathbf{x}) - t\mathbf{I}_m \preceq \mathbf{0} \end{aligned} \tag{8.8}$$

注 8.1 注意到式 (8.2) 给出的矩阵函数 $\mathbf{F}(\mathbf{x})$ 是关于 $\mathbf{x}$ 的仿射函数，即 $\mathbf{F}(\mathbf{x})$ 的每个元素关于 $\mathbf{x}$ 都是仿射的。当 $\mathbf{F}(\mathbf{x})$ 的所有系数矩阵 $\mathbf{F}_i(\mathbf{x})$ 都是对角阵时，SDP 问题退化为 LP 问题，也就是说，LP 实际上是 SDP 的一个特例。因此，一个 LP 问题也可以等价地写成 SDP 问题。LP 问题的标准形式为

$$\begin{aligned} \min \quad & \mathbf{c}^{\mathrm{T}}\mathbf{x} \\ \text{s.t.} \quad & \mathbf{x} \succeq \mathbf{0} \\ & \mathbf{a}_i^{\mathrm{T}}\mathbf{x} = b_i,\ i=1,\ldots,m \end{aligned} \tag{8.9}$$

令 $\mathbf{C} = \mathbf{Diag}(\mathbf{c}) \in \mathbb{S}^n$，$\mathbf{A}_i = \mathbf{Diag}(\mathbf{a}_i) \in \mathbb{S}^n$，则式 (8.9) 等价为如下标准形式的 SDP 问题：

$$\begin{aligned} \min \quad & \mathrm{Tr}(\mathbf{CX}) \quad (\text{因为 } [\mathbf{X}]_{ii} = x_i) \\ \text{s.t.} \quad & \mathbf{X} \succeq \mathbf{0} \\ & \mathrm{Tr}(\mathbf{A}_i\mathbf{X}) = b_i,\ i=1,\ldots,m \end{aligned} \tag{8.10}$$

其中，$\mathbf{X} \succeq \mathbf{0}$ 保证了对任意的 i 都有 $[\mathbf{X}]_{ii} = x_i \geqslant 0$。 □

8.2 利用 Schur 补将 QCQP 和 SOCP 转化为 SDP

Schur 补已经被广泛应用于二次不等式约束到 LMI 约束的等价转换，利用 Schur 补可将原问题转化为 SDP 问题。3.2.5 节（参考式 (3.92) 和式 (3.96)）及例 4.8（参考式 (4.105)）分别介绍了 Schur 补的实变量和复变量情况。本节将重点讨论在实变量的情况下，如何将二次约束二次规划和二阶锥规划转化为半正定规划。复变量情况下的转化方法与之类似，不再赘述。

首先，根据 Schur 补式 (3.96) 易知凸二次不等式

$$(\mathbf{Ax}+\mathbf{b})^{\mathrm{T}}(\mathbf{Ax}+\mathbf{b}) - \mathbf{c}^{\mathrm{T}}\mathbf{x} - d \leqslant 0,\ \forall \mathbf{x} \in \mathbb{R}^n \tag{8.11}$$

成立的充要条件是线性矩阵不等式

$$\begin{bmatrix} \mathbf{I} & \mathbf{Ax}+\mathbf{b} \\ (\mathbf{Ax}+\mathbf{b})^{\mathrm{T}} & \mathbf{c}^{\mathrm{T}}\mathbf{x}+d \end{bmatrix} \succeq \mathbf{0},\ \forall \mathbf{x} \in \mathbb{R}^n \tag{8.12}$$

成立。也就是说，式 (8.11) 和式 (8.12) 形成的约束集是完全相同的。

接下来考虑如下的凸 QCQP 问题：

$$\begin{aligned} \min_{\mathbf{x}\in\mathbb{R}^n} \quad & \left\|\mathbf{A}_0\mathbf{x}+\mathbf{b}_0\right\|_2^2 - \mathbf{c}_0^{\mathrm{T}}\mathbf{x} - d_0 \\ \text{s.t.} \quad & \left\|\mathbf{A}_i\mathbf{x}+\mathbf{b}_i\right\|_2^2 - \mathbf{c}_i^{\mathrm{T}}\mathbf{x} - d_i \leqslant 0,\ i=1,\ldots,m \end{aligned} \tag{8.13}$$

由式 (3.96) 和上镜图形式，可知 QCQP 问题可以等价为如下的 SDP：

$$\begin{aligned} \min_{\mathbf{x}\in\mathbb{R}^n, t\in\mathbb{R}} \quad & t \\ \text{s.t.} \quad & \begin{bmatrix} \mathbf{I} & \mathbf{A}_0\mathbf{x}+\mathbf{b}_0 \\ (\mathbf{A}_0\mathbf{x}+\mathbf{b}_0)^{\mathrm{T}} & \mathbf{c}_0^{\mathrm{T}}\mathbf{x}+d_0+t \end{bmatrix} \succeq \mathbf{0} \\ & \begin{bmatrix} \mathbf{I} & \mathbf{A}_i\mathbf{x}+\mathbf{b}_i \\ (\mathbf{A}_i\mathbf{x}+\mathbf{b}_i)^{\mathrm{T}} & \mathbf{c}_i^{\mathrm{T}}\mathbf{x}+d_i \end{bmatrix} \succeq \mathbf{0},\ i=1,\ldots,m \end{aligned} \tag{8.14}$$

最后，考虑二阶锥不等式

$$\|\mathbf{A}\mathbf{x}+\mathbf{b}\|_2 \leqslant \mathbf{f}^{\mathrm{T}}\mathbf{x}+d,\ \mathbf{x}\in\mathbb{R}^n \tag{8.15}$$

其中，$\mathbf{A}\in\mathbb{R}^{m\times n}$，$\mathbf{b}\in\mathbb{R}^m$。如果式 (8.15) 成立，那么 $\|\mathbf{A}\mathbf{x}+\mathbf{b}\|_2^2\leqslant(\mathbf{f}^{\mathrm{T}}\mathbf{x}+d)^2$，不等式 (8.15) 可以表示为

$$\mathbf{f}^{\mathrm{T}}\mathbf{x}+d-\frac{1}{\mathbf{f}^{\mathrm{T}}\mathbf{x}+d}(\mathbf{A}\mathbf{x}+\mathbf{b})^{\mathrm{T}}(\mathbf{A}\mathbf{x}+\mathbf{b})\geqslant 0,\quad \mathbf{x}\in\mathbb{R}^n \tag{8.16}$$

再次根据式 (3.96) 可知该约束等价于 LMI 约束：

$$\begin{bmatrix} (\mathbf{f}^{\mathrm{T}}\mathbf{x}+d)\mathbf{I}_m & \mathbf{A}\mathbf{x}+\mathbf{b} \\ (\mathbf{A}\mathbf{x}+\mathbf{b})^{\mathrm{T}} & \mathbf{f}^{\mathrm{T}}\mathbf{x}+d \end{bmatrix}\succeq \mathbf{0},\quad \mathbf{x}\in\mathbb{R}^n \tag{8.17}$$

也就是说，SOCP 也可以转化为 SDP。注意，当 $\mathbf{f}^{\mathrm{T}}\mathbf{x}+d=0$ 时，$\mathbf{A}\mathbf{x}+\mathbf{b}=0$，从而式 (8.15) 和式 (8.17) 仍然等价。

8.3 S-引理（S-procedure）

Schur 补可以有效地将一个二次不等式转化为一个半正定矩阵不等式。与之对应，S-引理可通过引入一个未知的非负参数将无穷多个二次约束有效地转化成一个半正定矩阵不等式。

S-引理：令 $\mathbf{F}_1,\mathbf{F}_2\in\mathbb{S}^n$，$\mathbf{g}_1,\ \mathbf{g}_2\in\mathbb{R}^n$，$h_1,\ h_2\in\mathbb{R}$，则

$$\mathbf{x}^{\mathrm{T}}\mathbf{F}_1\mathbf{x}+2\mathbf{g}_1^{\mathrm{T}}\mathbf{x}+h_1\leqslant 0,\quad \forall\mathbf{x}\in\mathbb{R}^n \tag{8.18a}$$

$$\Longrightarrow \mathbf{x}^{\mathrm{T}}\mathbf{F}_2\mathbf{x}+2\mathbf{g}_2^{\mathrm{T}}\mathbf{x}+h_2\leqslant 0,\quad \forall\mathbf{x}\in\mathbb{R}^n \tag{8.18b}$$

即 $\{\mathbf{x}\in\mathbb{R}^n\mid \mathbf{x}^{\mathrm{T}}\mathbf{F}_1\mathbf{x}+2\mathbf{g}_1^{\mathrm{T}}\mathbf{x}+h_1\leqslant 0\}\subseteq\{\mathbf{x}\in\mathbb{R}^n\mid \mathbf{x}^{\mathrm{T}}\mathbf{F}_2\mathbf{x}+2\mathbf{g}_2^{\mathrm{T}}\mathbf{x}+h_2\leqslant 0\}$ 成立的充要条件是存在一个 $\lambda>0$ 使得

$$\begin{bmatrix} \mathbf{F}_2 & \mathbf{g}_2 \\ \mathbf{g}_2^{\mathrm{T}} & h_2 \end{bmatrix}\preceq\lambda\begin{bmatrix} \mathbf{F}_1 & \mathbf{g}_1 \\ \mathbf{g}_1^{\mathrm{T}} & h_1 \end{bmatrix} \tag{8.19}$$

且至少存在一个点 $\widehat{\mathbf{x}}$ 满足 $\widehat{\mathbf{x}}^{\mathrm{T}}\mathbf{F}_1\widehat{\mathbf{x}}+2\mathbf{g}_1^{\mathrm{T}}\widehat{\mathbf{x}}+h_1<0$。

后面的 9.9.3 节将证明基于择一性定理的 S-引理，9.3.2 节将给出一个与 S-引理等价的引理，并通过凸问题的强对偶性予以证明。注 8.2 是 S-引理的另一种解释，有助于我们理解 S-引理的实际应用。

注 8.2 假设存在一个点 $\widehat{\mathbf{x}}$ 满足 $\widehat{\mathbf{x}}^{\mathrm{T}}\mathbf{F}_1\widehat{\mathbf{x}}+2\mathbf{g}_1^{\mathrm{T}}\widehat{\mathbf{x}}+h_1<0$，那么，所有满足二阶不等式 (8.18a) 的 $\mathbf{x}$ 都可以使式 (8.18b) 成立的充要条件是存在 $\lambda\geqslant 0$ 使得式 (8.19) 成立。 □

与式 (8.11) 给出的凸二次不等式和式 (8.12) 给出的半正定矩不等式的等价性不同，式 (8.19) 给出的等价的半正定矩阵不等式与 $\mathbf{x}$ 无关。需要注意的是，在一个半无限优化问题中，如果式 (8.18) 中的不等式可由 $\mathbf{x}$ 参数化（即 $\mathbf{x}$ 不是优化变量，而 $\mathbf{F}_i$、$\mathbf{g}_i$ 和 h_i，其

中 $i=1,2$，包含未知的优化变量），那么该优化问题有无穷多个不等式约束。而等价的半正定矩阵约束式 (8.19) 仅引入了一个非负变量 λ。目前，S-引理被广泛地应用于 MIMO 无线通信系统鲁棒发射波束成形的设计中。下面给出复数形式的 S-引理。

注 8.3（**复数形式的 S-引理**） 令 $\mathbf{F}_1, \mathbf{F}_2 \in \mathbb{H}^n$，$\mathbf{g}_1$，$\mathbf{g}_2 \in \mathbb{C}^n$，$h_1, h_2 \in \mathbb{R}$。

$$\mathbf{x}^{\mathrm{H}}\mathbf{F}_1\mathbf{x} + 2\mathrm{Re}\{\mathbf{g}_1^{\mathrm{H}}\mathbf{x}\} + h_1 \leqslant 0 \implies \mathbf{x}^{\mathrm{H}}\mathbf{F}_2\mathbf{x} + 2\mathrm{Re}\{\mathbf{g}_2^{\mathrm{H}}\mathbf{x}\} + h_2 \leqslant 0 \tag{8.20}$$

式 (8.20) 成立的充要条件是存在 $\lambda \geqslant 0$ 使得

$$\begin{bmatrix} \mathbf{F}_2 & \mathbf{g}_2 \\ \mathbf{g}_2^{\mathrm{H}} & h_2 \end{bmatrix} \preceq \lambda \begin{bmatrix} \mathbf{F}_1 & \mathbf{g}_1 \\ \mathbf{g}_1^{\mathrm{H}} & h_1 \end{bmatrix} \tag{8.21}$$

且至少存在一个点 $\hat{\mathbf{x}}$ 满足 $\hat{\mathbf{x}}^{\mathrm{H}}\mathbf{F}_1\hat{\mathbf{x}} + 2\mathrm{Re}\{\mathbf{g}_1^{\mathrm{H}}\hat{\mathbf{x}}\} + h_1 < 0$。 □

S-引理的复数形式（即式 (8.20) 和式 (8.21)）可以转化为实数形式（即式 (8.18) 和式 (8.19)），转化过程需要用到相应的实数 $\boldsymbol{F}_i$、$\boldsymbol{g}_i$ 和 $\boldsymbol{x}$，它们的定义如下：

$$\begin{aligned}
&\mathbf{F}_i = \mathbf{F}_{iR} + \mathrm{j}\mathbf{F}_{iI} \in \mathbb{H}^n && \boldsymbol{F}_i \triangleq \begin{bmatrix} \mathbf{F}_{iR} & -\mathbf{F}_{iI} \\ \mathbf{F}_{iI} & \mathbf{F}_{iR} \end{bmatrix} \in \mathbb{S}^{2n}, \quad i=1,2 \\
&\mathbf{x} = \mathbf{x}_R + \mathrm{j}\mathbf{x}_I \in \mathbb{C}^n, && \boldsymbol{x} \triangleq [\mathbf{x}_R^{\mathrm{T}}, \mathbf{x}_I^{\mathrm{T}}]^{\mathrm{T}} \in \mathbb{R}^{2n} \\
&\mathbf{g}_i = \mathbf{g}_{iR} + \mathrm{j}\mathbf{g}_{iI} \in \mathbb{C}^n, && \boldsymbol{g}_i \triangleq [\mathbf{g}_{iR}^{\mathrm{T}}, \mathbf{g}_{iI}^{\mathrm{T}}]^{\mathrm{T}} \in \mathbb{R}^{2n}, \quad i=1,2
\end{aligned}$$

因此，S-引理的实数形式成立意味着其复数形式也成立。

8.4 SDP 在组合优化中的应用

8.4.1 Boolean 二次规划

考虑如下的 Boolean 二次规划（Boolean Quadratic Program，BQP）：

$$\begin{aligned}
\max \quad & \mathbf{x}^{\mathrm{T}}\mathbf{C}\mathbf{x} \\
\text{s.t.} \quad & x_i \in \{-1,+1\},\ i=1,\ldots,n\ (\text{即 } \mathbf{x} \in \{-1,+1\}^n)
\end{aligned} \tag{8.22}$$

其中，$\mathbf{C} \in \mathbb{S}^n$。当且仅当 $\mathbf{C} \succeq \mathbf{0}$ 时，二次目标函数为凸。另外，由 $\mathbf{x} \in \{-1,+1\}^n$ 形成的可行集等价于由非仿射等式约束 $x_i^2 = 1, i=1,\ldots,n$ 形成的集合。因此，即使 $\mathbf{C}$ 是半正定矩阵，BQP 仍然不是凸问题。用穷举法求解 BQP 问题的复杂度是 2^n。事实上，BQP 问题通常都是 NP-Hard 问题。不严格地说，当 n 较大时，NP-Hard 问题在最差情况下的复杂度至少是 $\mathcal{O}(r^n) \geqslant \mathcal{O}(n^k)$，其中，$r>1$，$k$ 是正实数，n 是优化变量的个数。接下来，先介绍一些 BQP 问题的实例，然后介绍如何通过 BQP 的变形和松弛来获得一个多项式时间可解的凸问题，并且可以有效地得到高精度的近似解。

8.4.2 实例 I：MAXCUT

考虑图 $G=(V,E)$，其中 V 表示节点集合，E 表示带有权重 w_{ij} 的边的集合（或等价地表示 V 中有序连接的节点 i，j 的集合），若 $(i,j) \in E$，则 $w_{ij} \geqslant 0$。假设如果 $(i,j) \notin E$，

则 $w_{ij}=0$（见图 8.1）。图 $G=(V,E)$ 的一个分割（cut）把所有节点分成两个不相交的集合 K 和 $V\setminus K$。令 $\mathcal{C}(K)$ 表示集合 K 的分割，即

$$\mathcal{C}(K)=\{(i,j)\in E \mid i\in K, j\in V\setminus K\}$$

分割的总权重定义为

$$\mathsf{w}(\mathcal{C}(K))=\sum_{(i,j)\in\mathcal{C}(K)} w_{ij}$$

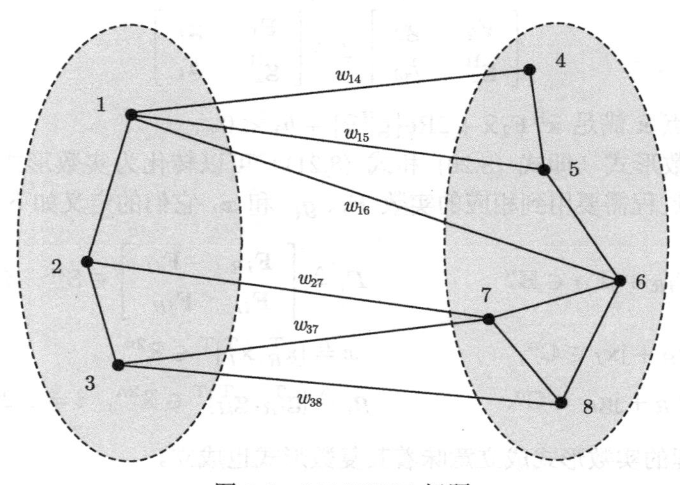

图 8.1 MAXCUT 问题

MAXCUT 问题是在所有可能的分割 $\mathcal{C}(K)$ 中，寻找最大的分割总权重。因此，该问题可表述为如下优化问题：

$$\begin{aligned} \max \quad & \mathsf{w}(\mathcal{C}(K)) \\ \text{s.t.} \quad & K\subset V \end{aligned} \tag{8.23}$$

令 $V=\{1,2,\ldots,n\}$（图 8.1 给出了 $n=8$ 的例子）。引入变量 x_i, $i=1,\ldots,n$，当 $i\in K$ 时 $x_i=+1$，否则 $x_i=-1$。那么，我们可以得到

$$1-x_ix_j=\begin{cases} 2, & \text{若 } i\in K \text{ 且 } j\in V\setminus K \text{ 或 } j\in K \text{ 且 } i\in V\setminus K \\ 0, & \text{其他} \end{cases}$$

因此，

$$\mathsf{w}(\mathcal{C}(K))=\sum_{i=1}^{n}\sum_{j=i+1}^{n} w_{ij}\frac{1-x_ix_j}{2} \tag{8.24}$$

根据式 (8.23) 和式 (8.24)，上面的 MAXCUT 问题可以等价地表示为

$$\begin{aligned} \max \quad & \sum_{i=1}^{n}\sum_{j=i+1}^{n} w_{ij}\frac{1-x_ix_j}{2} \\ \text{s.t.} \quad & x_i\in\{-1,+1\},\ i=1,\ldots,n \end{aligned} \tag{8.25}$$

该问题可以表示成如下的 BQP 问题：

$$\begin{aligned} \max \quad & \mathbf{x}^{\mathrm{T}}\mathbf{C}\mathbf{x} \\ \text{s.t.} \quad & x_i \in \{-1, +1\},\ i = 1, \ldots, n \\ & \mathbf{x} = (x_1, \ldots, x_n) \end{aligned} \tag{8.26}$$

其中，

$$\begin{aligned} \mathbf{C} &= \{c_{ij}\}_{n\times n} \in \mathbb{S}^n \\ c_{ij} &= c_{ji} = -\frac{1}{4}w_{ij} \leqslant 0,\ i \neq j \\ c_{ii} &= \frac{1}{2}\sum_{j=i+1}^{n} w_{ij} \geqslant 0 \end{aligned}$$

因此，最优解一定包括所有满足 $x_i = 1$ 的节点（集合 K 中的节点）和 $x_i = -1$ 的节点（集合 $V \setminus K$ 中的节点），而且这两个互不相交的集合是互补的，且它们之间的边界的权重的和最大。

8.4.3 实例 II：ML MIMO 检测

假设一个空间复用的多天线无线通信系统中，发射机有 n 根天线，接收机有 m 根天线（见图 8.2），其中每根发射天线只传输自己的符号序列。假设信道平坦衰落并采用双极性调制，则接收信号模型可以表示为

$$\mathbf{y} = \mathbf{H}\mathbf{s} + \mathbf{v} \tag{8.27}$$

其中，$\mathbf{y} \in \mathbb{C}^m$ 是接收（信道输出）向量，$\mathbf{s} \in \{-1, +1\}^n$ 是包含 n 个发送符号的信号向量，$\mathbf{H} = \{h_{ij}\}_{m\times n} \in \mathbb{C}^{m\times n}$ 是 MIMO（多天线）信道，$\mathbf{v} \in \mathbb{C}^m$ 是均值为 $\mathbf{0}$、协方差矩阵为 $\sigma^2\mathbf{I}_m$ 的高斯噪声向量。

对应的实信号模型可简化为

$$\boldsymbol{y} = \begin{bmatrix} \mathrm{Re}\{\mathbf{y}\} \\ \mathrm{Im}\{\mathbf{y}\} \end{bmatrix} = \mathcal{H}\mathbf{s} + \boldsymbol{v} \tag{8.28}$$

其中

$$\mathcal{H} = \begin{bmatrix} \mathrm{Re}\{\mathbf{H}\} \\ \mathrm{Im}\{\mathbf{H}\} \end{bmatrix} \in \mathbb{R}^{2m\times n},\ \ \boldsymbol{v} = \begin{bmatrix} \mathrm{Re}\{\mathbf{v}\} \\ \mathrm{Im}\{\mathbf{v}\} \end{bmatrix} \in \mathbb{R}^{2m}$$

信号 $\mathbf{s}$ 的最大似然检测可表示为

$$\min_{\mathbf{s}\in\{\pm 1\}^n} \|\boldsymbol{y} - \mathcal{H}\mathbf{s}\|_2^2 \equiv \min_{\mathbf{s}\in\{\pm 1\}^n} \mathbf{s}^{\mathrm{T}}\mathcal{H}^{\mathrm{T}}\mathcal{H}\mathbf{s} - 2\mathbf{s}^{\mathrm{T}}\mathcal{H}^{\mathrm{T}}\boldsymbol{y} \tag{8.29}$$

显然，这是一个非齐次 BQP 问题，并且可以齐次化为

$$\begin{aligned} & \min_{\mathbf{s}\in\{\pm 1\}^n} \mathbf{s}^{\mathrm{T}}\mathcal{H}^{\mathrm{T}}\mathcal{H}\mathbf{s} - 2\mathbf{s}^{\mathrm{T}}\mathcal{H}^{\mathrm{T}}\boldsymbol{y} \\ = & \min_{\tilde{\mathbf{s}}\in\{\pm 1\}^n, c\in\{\pm 1\}} (c\tilde{\mathbf{s}})^{\mathrm{T}}\mathcal{H}^{\mathrm{T}}\mathcal{H}(c\tilde{\mathbf{s}}) - 2(c\tilde{\mathbf{s}})^{\mathrm{T}}\mathcal{H}^{\mathrm{T}}\boldsymbol{y} \qquad (\text{令 } \mathbf{s} = c\tilde{\mathbf{s}}) \end{aligned}$$

$$= \min_{(\tilde{\mathbf{s}},c)\in\{\pm1\}^{n+1}} \tilde{\mathbf{s}}^{\mathrm{T}}\mathcal{H}^{\mathrm{T}}\mathcal{H}\tilde{\mathbf{s}} - 2c\tilde{\mathbf{s}}^{\mathrm{T}}\mathcal{H}^{\mathrm{T}}\boldsymbol{y} \quad (因为\ c^2=1)$$

$$= \min_{(\tilde{\mathbf{s}},c)\in\{\pm1\}^{n+1}} \begin{bmatrix} \tilde{\mathbf{s}}^{\mathrm{T}} & c \end{bmatrix} \begin{bmatrix} \mathcal{H}^{\mathrm{T}}\mathcal{H} & -\mathcal{H}^{\mathrm{T}}\boldsymbol{y} \\ -\boldsymbol{y}^{\mathrm{T}}\mathcal{H} & 0 \end{bmatrix} \begin{bmatrix} \tilde{\mathbf{s}} \\ c \end{bmatrix} \tag{8.30}$$

因此，上述的最大似然检测问题就退化成了 BQP 问题。下面讨论如何找到这个非凸 BQP 问题的近似解，其中涉及 SDP 问题的求解。

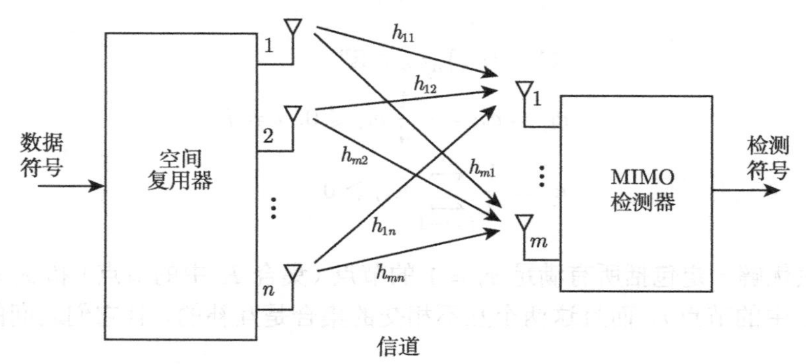

图 8.2 多天线空间复用系统，其中，h_{ij} 表示从发射天线 j 到接收天线 i 的信道

8.4.4 基于半正定松弛的 BQP 近似

现在重新考虑标准的 BQP 问题式 (8.22)。为了解决该问题，首先通过**半正定松弛** [LMS+10] 放松其中的非凸约束（不属于等价变换），然后再讨论如何从变形后的凸问题的最优解得到原非凸问题的近似解。

由于 $\mathbf{x}^{\mathrm{T}}\mathbf{C}\mathbf{x} = \mathrm{Tr}(\mathbf{C}\mathbf{x}\mathbf{x}^{\mathrm{T}})$，故定义辅助变量：

$$\mathbf{X} = \mathbf{x}\mathbf{x}^{\mathrm{T}}$$

则式 (8.22) 可以变换为

$$\begin{aligned} \max_{\mathbf{x},\mathbf{X}} \quad & \mathrm{Tr}(\mathbf{C}\mathbf{X}) \\ \text{s.t.} \quad & \mathbf{X} = \mathbf{x}\mathbf{x}^{\mathrm{T}} \\ & [\mathbf{X}]_{ii} = 1,\ i = 1,\ldots,n \end{aligned} \tag{8.31}$$

对于任意的 $\mathbf{C}$，目标函数是关于 $\mathbf{X}$ 的线性函数（因此也是凸的）。原始问题中关于 $\mathbf{x}$ 的非凸约束转化为关于 $\mathbf{X}$ 的凸约束（即所有对角线上的元素等于 1），但是等式约束 $\mathbf{X} = \mathbf{x}\mathbf{x}^{\mathrm{T}}$（即 $\mathbf{X}$ 一定是秩-1 的 PSD 矩阵）是非凸的，也就是说 $\{(\mathbf{x},\mathbf{X}) \mid \mathbf{X} = \mathbf{x}\mathbf{x}^{\mathrm{T}}\}$ 是非凸的。

由于

$$\mathbf{X} = \mathbf{x}\mathbf{x}^{\mathrm{T}} \iff \mathbf{X} \succeq \mathbf{0}\ 且\ \mathrm{rank}(\mathbf{X}) = 1 \tag{8.32}$$

因此将式 (8.31) 中的非凸约束 $\mathbf{X} = \mathbf{x}\mathbf{x}^{\mathrm{T}}$ 放松为 $\mathbf{X} \succeq \mathbf{0}$（即去掉 $\mathbf{X}$ 为秩-1 矩阵的约束），可得如下的 SDP 问题：

$$\begin{aligned} \max \quad & \mathrm{Tr}(\mathbf{C}\mathbf{X}) \\ \text{s.t.} \quad & \mathbf{X} \succeq \mathbf{0} \\ & [\mathbf{X}]_{ii} = 1,\ i = 1,\ldots,n \end{aligned} \tag{8.33}$$

这种松弛被称作半正定松弛（SemiDefinite Relaxation，SDR）。问题式 (8.33) 被称作式 (8.31) 的 SDR，二者有相同的目标函数 $\mathrm{Tr}(\mathbf{CX})$，并且前者的约束集包含后者的约束集。式 (8.33) 的最优值不小于式 (8.31)（或式 (8.22)）的最优值，后者任意一个可行解一定是前者的可行解，这表明可以根据前者的最优解找到后者较好的近似解。

一旦 SDP 式 (8.33) 得以解决，其最优解 $\mathbf{X}^\star$ 可用于寻找式 (8.22) 的近似解。如果最优解 $\mathbf{X}^\star$ 的秩为 1，通过特征值分解 $\mathbf{X}^\star = \mathbf{x}^\star \mathbf{x}^{\star\mathrm{T}}$ 可以直接得到式 (8.22) 的最优解 $\mathbf{x}^\star$。如果最优解 $\mathbf{X}^\star$ 的秩不为 1，那么往往需要用以下两种方法得到近似解 [LMS+10]。

- **秩-1 近似**：可以简单地选取 $\mathbf{X}^\star$ 的主特征向量 $\tilde{\mathbf{x}}$，对于任意 i，再利用 $[\widehat{\mathbf{x}}]_i = \mathrm{sgn}([\tilde{\mathbf{x}}]_i)$ 将其量化为 $\widehat{\mathbf{x}} \in \{\pm 1\}^n$，所得解 $\widehat{\mathbf{x}}$ 即为原 BQP 问题式 (8.22) 的近似解。
- **高斯随机化**：利用这种方法会产生 L 个服从均值为 $\mathbf{0}$、协方差矩阵为 $\mathbf{X}^\star$ 的高斯随机向量的实现 $\{\boldsymbol{\xi}^{(\ell)}, \ell = 1, \ldots, L\}$，再将 $\boldsymbol{\xi}^{(\ell)}$ 量化为集合 $\{\pm 1\}^n$ 中的一个向量，记作 $\widehat{\mathbf{x}}^{(\ell)}$，量化方法如下：

$$[\widehat{\mathbf{x}}^{(\ell)}]_i = \mathrm{sgn}([\boldsymbol{\xi}^{(\ell)}]_i), \quad \forall\, i \tag{8.34}$$

最终得到 $\widehat{\mathbf{x}} = \widehat{\mathbf{x}}^{(\ell^\star)}$，即为式 (8.22) 的近似解，其中

$$\ell^\star = \arg \max_{\ell=1,\ldots,L} \left(\widehat{\mathbf{x}}^{(\ell)}\right)^{\mathrm{T}} \mathbf{C}\widehat{\mathbf{x}}^{(\ell)} \tag{8.35}$$

一般而言，在很多无线通信系统的应用中，利用高斯随机化方法得到的近似解优于秩-1 近似得到的近似解。

注 8.4 高斯随机化的原理是，SDP 问题式 (8.33) 和如下的随机优化问题有共同的解 $\mathbf{X}^\star$：

$$\begin{aligned}
\max \quad & \mathbb{E}\left\{\boldsymbol{\xi}^{\mathrm{T}}\mathbf{C}\boldsymbol{\xi}\right\} \\
\text{s.t.} \quad & \boldsymbol{\xi} \sim \mathcal{N}(\mathbf{0}, \mathbf{X}) \\
& \mathbf{X} = \mathbb{E}\{\boldsymbol{\xi}\boldsymbol{\xi}^{\mathrm{T}}\} \succeq \mathbf{0},\ [\mathbf{X}]_{ii} = 1,\ i = 1, \ldots, n
\end{aligned} \tag{8.36}$$

高斯随机化寻找问题式 (8.22) 的近似解 $\widehat{\mathbf{x}}$ 的方法可以概括为如下不等式：

$$\begin{aligned}
\widehat{\mathbf{x}}^{\mathrm{T}}\mathbf{C}\widehat{\mathbf{x}} &= \max_{\ell=1,\ldots,L} \left(\widehat{\mathbf{x}}^{(\ell)}\right)^{\mathrm{T}} \mathbf{C}\widehat{\mathbf{x}}^{(\ell)} \quad \text{（参考式 (8.34) 和式 (8.35)）} \\
&\leqslant (\mathbf{x}^\star)^{\mathrm{T}}\mathbf{C}\mathbf{x}^\star \quad \text{（其中 } \mathbf{x}^\star \text{ 是问题式 (8.22) 的最优解）} \\
&\leqslant \mathrm{Tr}(\mathbf{C}\mathbf{X}^\star) = \mathbb{E}\left\{\boldsymbol{\xi}^{\mathrm{T}}\mathbf{C}\boldsymbol{\xi}\right\} \quad \text{（式 (8.33) 和式 (8.36) 的最优解）}
\end{aligned}$$

其中，$\boldsymbol{\xi} \sim \mathcal{N}(\mathbf{0}, \mathbf{X}^\star)$。当 $\boldsymbol{\xi} \sim \mathcal{N}(\mathbf{0}, \mathbf{X}^\star)$ 时，可以得到合适的 L，也就是说，由于 $\boldsymbol{\xi} \notin \{\pm 1\}^n$ 的概率为 1，通过非线性量化得到的解 $\widehat{\mathbf{x}}$ 可以很好地近似 $\mathbf{x}^\star$。（注意，如果 $\mathbf{X}^\star$ 的秩为 1，那么上面第二个不等式取等号，而如果不进行量化，那么随着 L 的增加，则有 $\sum_{\ell=1}^{L} (\widehat{\mathbf{x}}^{(\ell)})^{\mathrm{T}}\mathbf{C}\widehat{\mathbf{x}}^{(\ell)}/L \to \mathrm{Tr}(\mathbf{C}\mathbf{X}^\star)$。）当然，$L$ 越大，解的精度越高。由经验知，L 取值为 100（不是一个很大的数）时即可达到较好效果。图 8.3 给出了 $n = 12$ 和 $L = 100$ 的高斯随机化方法的仿真结果，其中 $\widehat{\mathbf{x}} = \mathbf{x}^\star$ 或 $\widehat{\mathbf{x}} = -\mathbf{x}^\star$，这是因为对于 $\mathbf{x} = \pm\mathbf{x}^\star$ 而言，问题式 (8.22) 的最优值保持不变；6 张

子图中的黑点和圆圈表示生成的 $L=100$ 个随机向量 $\boldsymbol{\xi}\in\mathbb{R}^n$（每个子图分别显示了 $\boldsymbol{\xi}\in\mathbb{R}^n$ 的两个分量）；BQP 问题的最优解 $\mathbf{x}^\star=(1,-1,-1,-1,-1,-1,-1,-1,1,1,1,1)$ 用实心方框表示，黑点表示 $\hat{\mathbf{x}}=\mathbf{x}^\star$（用实心方框表示）或 $\hat{\mathbf{x}}=-\mathbf{x}^\star$。 □

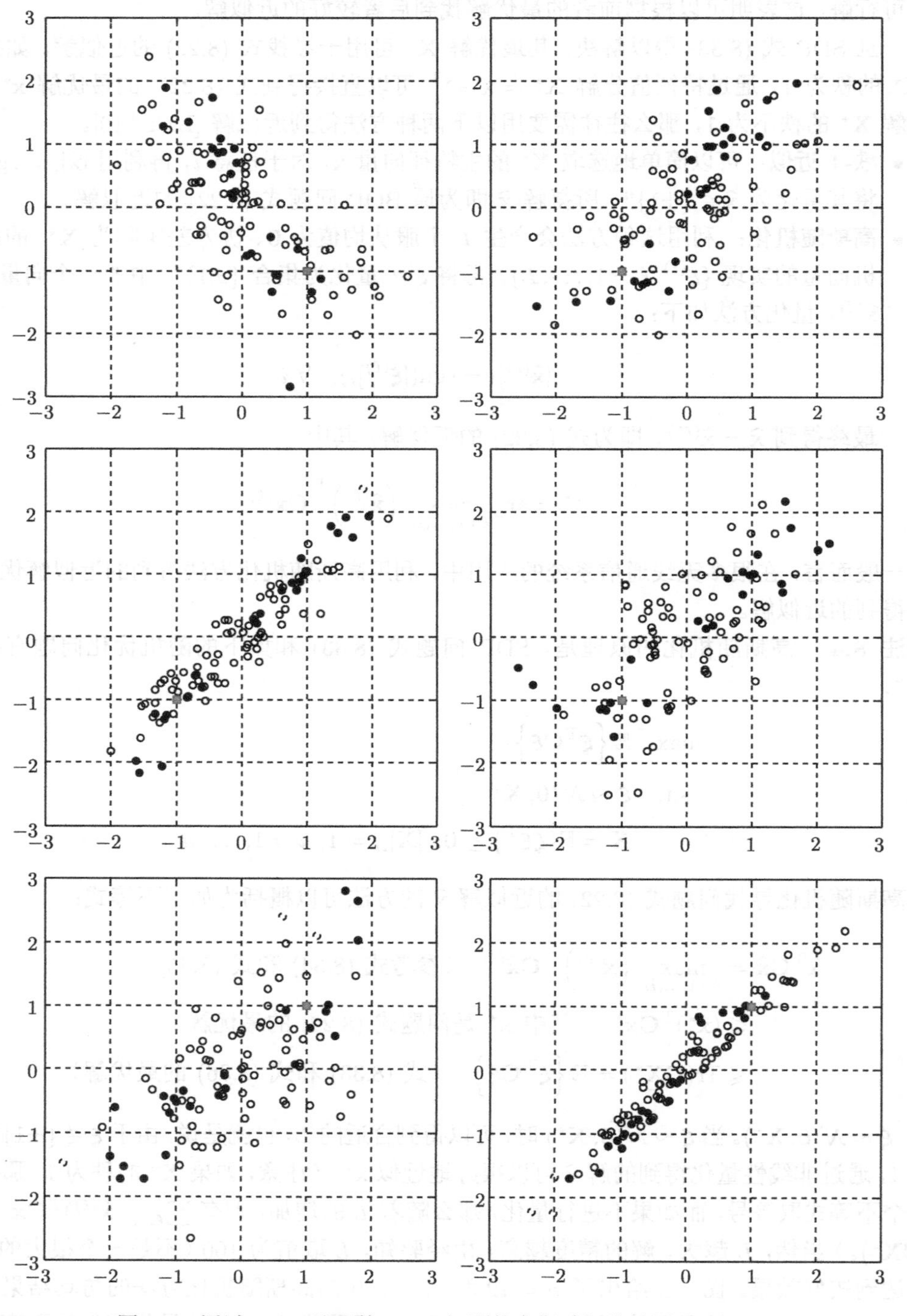

图 8.3 通过 SDR 处理的 BQP 问题的高斯随机化结果（$n=12$）

注 8.5（凸包松弛） SDR 旨在将一个非凸约束 $\{\mathbf{X} = \mathbf{x}\mathbf{x}^{\mathrm{T}} \mid \mathbf{x} \in \mathbb{R}^n\}$ [参考式 (8.31)] 放松为它的凸包：

$$\mathbf{conv}\,\{\mathbf{X} = \mathbf{x}\mathbf{x}^{\mathrm{T}} \mid \mathbf{x} \in \mathbb{R}^n\} = \mathbb{S}_+^n \quad \text{（参考式 (8.32)）} \tag{8.37}$$

广泛应用的高斯随机化方法被证实是一种有效的 SDR 处理程序，可以借此找到原问题式 (8.22) 的一个较好的近似解。这表明通过对问题的非凸约束进行凸包松弛，可能有助于找到原问题的近似解，但是 SDR 仅仅是凸包松弛的一个特殊情况。在实际应用中，为了使感兴趣的非凸问题放松为凸问题，可能同时需要 SDR 和其他非凸约束松弛方法。□

注 8.6（复半正定松弛） 复数形式的 BQP，其中二次目标函数是 $\mathbf{x}^{\mathrm{H}}\mathbf{C}\mathbf{x}$ 且 $\mathbf{C} \in \mathbb{H}^n$，$\mathbf{x} \in \{\alpha \pm \mathrm{j}\beta \in \mathbb{C}\}^n$ 且 $\alpha, \beta \in \mathbb{R}$。SDR 使用 PSD 约束 $\mathbf{X} = \mathbf{X}^{\mathrm{H}} \succeq \mathbf{0}$ 代替等式约束 $\mathbf{X} = \mathbf{x}\mathbf{x}^{\mathrm{H}}$ 且对任意 i，$[\mathbf{X}]_{ii} = \alpha^2 + \beta^2$。当然半正定松弛和高斯随机化可以直接扩展应用于 $\mathbf{x} \in \mathcal{A}^n$，其中 $\mathcal{A}$ 是模非固定常数的实/复数构成的有限集合，如数字通信中的星座符号集合。8.4.5 节将介绍半正定松弛和凸包松弛在非相干检测中的应用。□

注 8.7 如前面 ML MIMO 检测中所介绍的，在使用 SDR 之前，需要将问题建模为齐次二次形式。SDR 技术在解决无线通信中包含二次项的非凸问题中已经取得了广泛的应用。根据所考虑的问题，秩-1 解可能存在，这个结论可以从理论上证明，甚至无需高斯随机化就可得到原问题的最优解。但是，若不存在秩-1 解，则前述秩-1 近似以及高斯随机化方法的性能取决于具体的问题，也因此需要进行恰当的变换。8.5 节将介绍 SDR 在发射波束成形设计中的一些应用。□

8.4.5 实例 III：高阶 QAM OSTBC 非相干 LFSDR 方法

考虑一个 MIMO 正交空时块编码（OSTBC）系统，如图 8.2 所示，系统有 $n = N_t$ 根发射天线及 $m = N_r$ 根接收天线。假设信道是频率平坦衰落信道并在 P 个连续符号块中保持不变，接收信号可以表示为 [CHMC10]

$$\mathbf{Y}_p = \mathbf{H}\mathbf{C}(\mathbf{u}_p) + \mathbf{W}_p,\ p = 1, \ldots, P \tag{8.38}$$

其中，$\mathbf{Y}_p \in \mathbb{C}^{N_r \times T}$ 为第 p 块接收到的码矩阵，T 表示 OSTBC 块的长度；$\mathbf{u}_p \in \mathcal{U}^K$ 为第 p 块的发射符号向量，$\mathcal{U} \subset \mathbb{C}$ 表示星座符号集合，K 表示每个块中符号个数；$\mathbf{C}:\ \mathbb{C}^K \to \mathbb{C}^{N_t \times T}$ 为把给定符号映射到 OSTBC 块的函数；$\mathbf{H} \in \mathbb{C}^{N_r \times N_t}$ 为 MIMO 信道矩阵；$\mathbf{W}_p \in \mathbb{C}^{N_r \times T}$ 为每个元素平均功率为 σ_w^2 的加性白高斯噪声矩阵。

OSTBC 映射函数 $\mathbf{C}(\cdot)$ 可以表示成线性形式：

$$\mathbf{C}(\mathbf{u}_p) = \sum_{k=1}^{K} \mathrm{Re}\{[\mathbf{u}_p]_k\}\mathbf{A}_k + \mathrm{j}\sum_{k=1}^{K} \mathrm{Im}\{[\mathbf{u}_p]_k\}\mathbf{B}_k \tag{8.39}$$

其中，$[\mathbf{u}_p]_k$ 表示 $\mathbf{u}_p$ 的第 k 个元素，$\mathbf{A}_k, \mathbf{B}_k \in \mathbb{R}^{N_t \times T}$ 是码基（Code Bases）矩阵。码基矩阵的设计准则是对任意 $\mathbf{u}_p \in \mathcal{U}^K$ 满足正交条件 [TJC99] [GS01]：

$$\mathbf{C}(\mathbf{u}_p)\mathbf{C}^{\mathrm{H}}(\mathbf{u}_p) = \|\mathbf{u}_p\|_2^2 \cdot \mathbf{I}_{N_t} \tag{8.40}$$

我们感兴趣的问题是如何在不知道 $\mathbf{H}$ 的情况下从 $\{\mathbf{Y}_p\}_{p=1}^P$ 中检测 $\{\mathbf{u}_p\}_{p=1}^P$（也就是非相干 OSTBC 检测）。4^q-QAM（$q \geqslant 2$）情况下的盲 ML OSTBC 检测问题可以简化为如下的实离散最大化问题：

$$\mathbf{s}^\star = \arg\max_{\mathbf{s}\in\mathcal{U}^{2PK}} \frac{\mathbf{s}^{\mathrm{T}}\mathbf{F}\mathbf{s}}{\mathbf{s}^{\mathrm{T}}\mathbf{s}} \tag{8.41}$$

其中

$$\mathcal{U} = \{\pm 1, \pm 3, \ldots, \pm(2^q - 1)\} \tag{8.42}$$

且 $2PK \times 1$ 的实向量 $\mathbf{s}$ 包含 $\{\mathbf{u}_p\}_{p=1}^P$ 所有的实部和虚部，矩阵 $\mathbf{F} \in \mathbb{S}^{2PK}$ 是 $\mathbf{Y}_p$、基矩阵 $\mathbf{A}_k$、$\mathbf{B}_k$ 的函数。注意，问题式 (8.41) 的目标函数是瑞利商（Rayleigh Quotient）函数。

我们可以把 $\mathbf{F}$ 和 $\mathbf{s}$ 写成如下形式：

$$\mathbf{F} = \begin{bmatrix} u & \mathbf{v}^{\mathrm{T}} \\ \mathbf{v} & \mathbf{R} \end{bmatrix}, \quad \mathbf{s} = \begin{bmatrix} s_1 \\ \tilde{\mathbf{x}} \end{bmatrix} \tag{8.43}$$

其中，$u \in \mathbb{R}$，$\mathbf{v} \in \mathbb{R}^{2PK-1}$，$\mathbf{R} \in \mathbb{R}^{(2PK-1)\times(2PK-1)}$，$\tilde{\mathbf{x}} \in \mathcal{U}^{2PK-1}$。定义 $n = 2PK$，且

$$\mathbf{G} = \begin{bmatrix} \mathbf{R} & s_1\mathbf{v} \\ s_1\mathbf{v}^{\mathrm{T}} & s_1^2 u \end{bmatrix}, \quad \mathbf{D} = \begin{bmatrix} \mathbf{I}_{n-1} & \mathbf{0} \\ \mathbf{0}^{\mathrm{T}} & s_1^2 \end{bmatrix} \tag{8.44}$$

因为式 (8.41) 中，瑞利商目标函数对 $\mathbf{s}$ 的缩放保持不变，为此假设接收机已知 s_1（导频符号），从而可解决这一问题。故式 (8.41) 可被重新写作

$$\max_{\mathbf{x}\in\mathbb{R}^n} \frac{\mathbf{x}^{\mathrm{T}}\mathbf{G}\mathbf{x}}{\mathbf{x}^{\mathrm{T}}\mathbf{D}\mathbf{x}} \tag{8.45a}$$

$$\text{s.t.} \quad x_k \in \mathcal{U}, \; k = 1, \ldots, n-1 \tag{8.45b}$$

$$x_n \in \{\pm 1\} \tag{8.45c}$$

如果 $\mathbf{x}^\star = [x_1^\star, \ldots, x_{n-1}^\star, x_n^\star]^{\mathrm{T}}$ 是问题式 (8.45) 的解，那么

$$\tilde{\mathbf{x}}^\star = [x_1^\star x_n^\star, \ldots, x_{n-1}^\star x_n^\star]^{\mathrm{T}}$$

是问题式 (8.41) 的解。

下面讨论如何用 LFSDR 求解式 (8.45)。定义 $\mathbf{X} = \mathbf{x}\mathbf{x}^{\mathrm{T}}$，式 (8.45) 可写成关于 $\mathbf{X}$ 的优化问题：

$$\max_{\mathbf{X}\in\mathbb{R}^{n\times n}} \frac{\mathrm{Tr}(\mathbf{G}\mathbf{X})}{\mathrm{Tr}(\mathbf{D}\mathbf{X})} \tag{8.46a}$$

$$\text{s.t.} \quad [\mathbf{X}]_{k,k} \in \{1, 9, \ldots, (2^q - 1)^2\}, \; k = 1, \ldots, n-1 \tag{8.46b}$$

$$[\mathbf{X}]_{n,n} = 1 \tag{8.46c}$$

$$\mathbf{X} \succeq \mathbf{0} \tag{8.46d}$$

$$\mathrm{rank}(\mathbf{X}) = 1 \tag{8.46e}$$

这是一个非凸问题。

利用 SDR（即去掉式 (8.46e)，对式 (8.46b) 做凸包松弛（见注 8.5））得到如下 LFSDR 问题：

$$\begin{aligned}\mathbf{X}^\star = \arg \max_{\mathbf{X}\in\mathbb{R}^{n\times n}} \quad & \frac{\mathrm{Tr}(\mathbf{GX})}{\mathrm{Tr}(\mathbf{DX})} && (8.47a)\\ \text{s.t.} \quad & 1 \leqslant [\mathbf{X}]_{k,k} \leqslant (2^q-1)^2,\ k=1,\ldots,n-1 && (8.47b)\\ & [\mathbf{X}]_{n,n} = 1 && (8.47c)\\ & \mathbf{X} \succeq \mathbf{0} && (8.47d)\end{aligned}$$

该问题是拟凸的，可以用第 4 章介绍的二分法解决。但是从降低问题求解的复杂度来说，一般更倾向于将其转化为一个凸问题，再进行求解。这可以通过 Charnes–Cooper 变换来完成 [CC62]。令

$$\mathbf{Z} = \frac{\mathbf{X}}{\mathrm{Tr}(\mathbf{DX})} \tag{8.48}$$

这要求 $[\mathbf{Z}]_{n,n} = 1/\mathrm{Tr}(\mathbf{DX})$，则拟凸问题式 (8.47) 可以进一步转化为如下凸 SDP 问题：

$$\begin{aligned}\mathbf{Z}^\star = \arg \max_{\mathbf{Z}\in\mathbb{R}^{n\times n}} \quad & \mathrm{Tr}(\mathbf{GZ}) && (8.49a)\\ \text{s.t.} \quad & \mathrm{Tr}(\mathbf{DZ}) = 1 && (8.49b)\\ & [\mathbf{Z}]_{n,n} \leqslant [\mathbf{Z}]_{k,k} \leqslant (2^q-1)^2[\mathbf{Z}]_{n,n},\ k=1,\ldots,n-1 && (8.49c)\\ & \mathbf{Z} \succeq \mathbf{0} && (8.49d)\end{aligned}$$

那么原问题的解为

$$\mathbf{X}^\star = \mathbf{Z}^\star \cdot \mathrm{Tr}(\mathbf{DX}^\star) = \frac{\mathbf{Z}^\star}{[\mathbf{Z}^\star]_{n,n}} \quad \text{（根据式 (8.48)）}$$

它可用于寻找式 (8.45) 的近似解（如通过秩-1 近似和高斯随机化的方法）。

下面给出一些仿真结果来说明基于 LFSDR 的高阶 QAM 盲 ML OSTBC 检测器的性能。$\mathbf{H}$ 中的每一个信道系数均是满足均值为 0、方差为 1 的独立同分布复高斯随机变量。定义 SNR 为

$$\mathrm{SNR} = \frac{\mathbb{E}\{\|\mathbf{HC}(\mathbf{s}_p)\|_\mathrm{F}^2\}}{\mathbb{E}\{\|\mathbf{W}_p\|_\mathrm{F}^2\}} = \frac{\gamma N_t K}{T\sigma_w^2}$$

其中，在 16-QAM 情况下，$\gamma = 10$；在 64-QAM 情况下，$\gamma = 42$。仿真中使用的 3×4 的复 OSTBC（$N_t = 3$, $T = 4$, $K = 3$）为 [TJC99]

$$\mathbf{C}(\mathbf{s}) = \begin{bmatrix} s_1 + \mathrm{j}s_2 & -s_3 + \mathrm{j}s_4 & -s_5 + \mathrm{j}s_6 & 0 \\ s_3 + \mathrm{j}s_4 & s_1 - \mathrm{j}s_2 & 0 & -s_5 + \mathrm{j}s_6 \\ s_5 + \mathrm{j}s_6 & 0 & s_1 - \mathrm{j}s_2 & s_3 - \mathrm{j}s_4 \end{bmatrix} \tag{8.50}$$

LFSDR 问题式 (8.49) 可以用内点法求解。问题式 (8.41) 的近似解可以通过量化 $\mathbf{X}^\star$ 的主特征向量来获得，也可以由 8.4.4 节介绍的高斯随机化方法生成 100（$L = 100$）个随机向

量得到。检测器的性能用平均误符号率（Symbol Error Rate, SER）来衡量，并且每次仿真至少产生 10000 个点。图 8.4 给出了 16-QAM OSTBC 和 64-QAM OSTBC 的仿真结果。

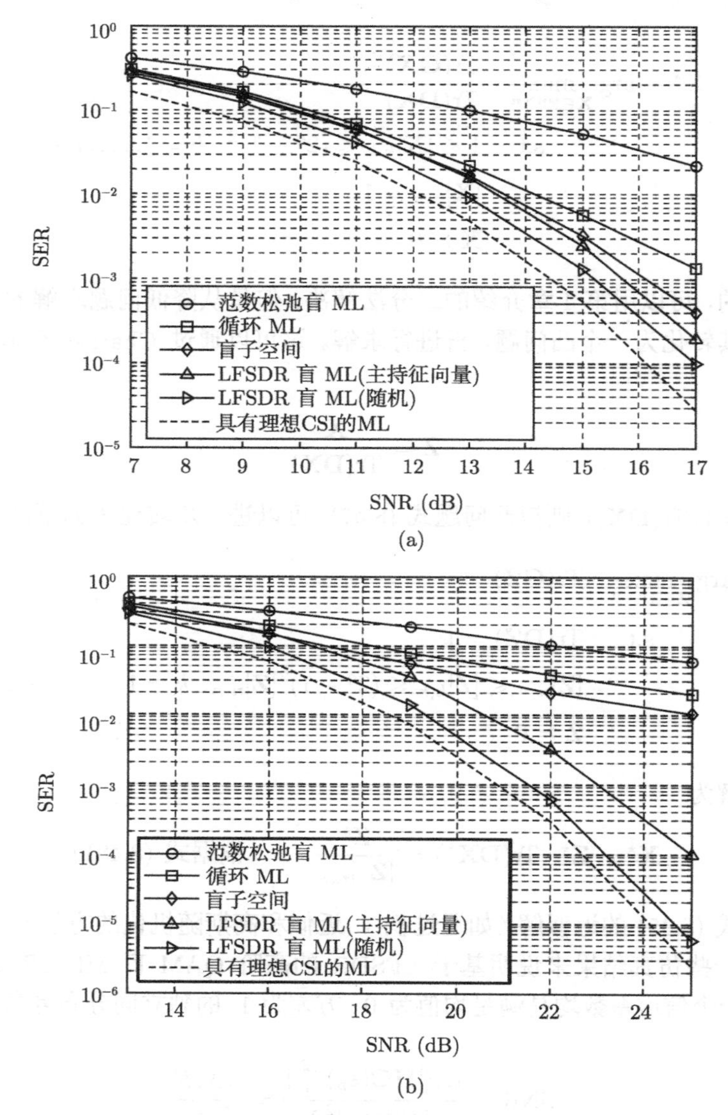

图 8.4 LFSDR 盲 ML 检测器的与现有方法性能的对比（SER vs SNR），其中 $N_r = 4$, $P = 8$, 3×4 OSTBC。(a) 16-QAM，(b) 64-QAM（©2010 IEEE. Reprinted, with permission, from T.-H. Chang, C.-W. Hsin, W.-K. Ma, and C.-Y. Chi, "A Linear Fractional Semidefinite Relaxation Approach to Maximum-Likelihood Detection of Higher-Order QAM OSTBC in Unknown Channels," Apr. 2010.）

图 8.4 给出了 LFSDR 盲 ML 检测器、范数松弛盲 ML 检测器（参考下面的注 8.8）、Shahbazpanahi 等提出的盲子空间信道估计器 [SGM05]、循环 ML 方法（用范数松弛盲 ML 检测器进行初始化）[LSL03]，以及相干 ML 检测器（假定系统可以获得理想的信道状态信息）的误符号率性能。这些结果表明 $N_r = 4$ 时，对于 16-QAM 或 64-QAM 的 OSTBC 情

况，LFSDR 方法均可以精确地近似盲 ML 的解，而且高斯随机化方法相较于秩-1 近似方法可以获得更优性能。

注 8.8　令 $\boldsymbol{v}^\star \in \mathbb{R}^{2PK}$ 表示 $\mathbf{F}$ 的主特征向量，实际上 $\boldsymbol{v}^\star$ 是原问题式 (8.41) 的最优解，其中非凸的可行集 $\mathcal{U}^{2PK}$ 被凸可行集 $\mathbb{R}^{2PK}$ 代替。范数松弛盲 ML 检测器通过下式得到问题的近似解

$$\widehat{\mathbf{s}}_{\mathrm{NR}} = \sigma_{\mathrm{PAM}}\left(\frac{s_1}{v_1^\star}\boldsymbol{v}^\star\right) \tag{8.51}$$

其中，函数 $\sigma_{\mathrm{PAM}}:\mathbb{R}^{2PK} \to \mathcal{U}^{2PK}$ 映射后的第 i 个分量 x_i 是将输入向量取整到星座符号集 $\mathcal{U}$（根据式 (8.42)）而得到的，$i = 1, 2, \cdots, 2PK$。 □

8.5　SDR 在发射波束成形设计中的应用

本节将介绍 SDR 在发射波束成形设计中的不同应用 [GSS+10]，其中每个应用都是关于复变量的优化问题。我们直接基于复变量对问题进行构造而不用将问题转化为实变量形式，从而最大程度上保留原问题的结构。在问题求解的过程中也会对前几章介绍的基础理论进行适当的说明。本节还将给出部分必要的仿真结果以说明所设计的波束成形算法的有效性。通过本节也可以了解到如何将之前介绍的基础理论以各种组合的形式应用于一系列的实际例子中。

8.5.1　下行广播信道的波束成形

除了发射机（即 BS）向 n 个接收机（即 MS）发送相同的信息之外，本节考虑的下行广播信道的波束成形问题与 7.6 节中的定义相同，第 i 个接收机接收到的信号形式保持不变，即

$$y_i = \mathbf{h}_i^{\mathrm{T}}\mathbf{x} + v_i,\ i = 1, \ldots, n\ \text{（参考式 (7.37)）} \tag{8.52}$$

其中，$\mathbf{h}_i$ 是从发射机到接收机 i 的信道向量，v_i 是均值为 0、方差为 σ_i^2 的噪声，但发射信号现在建模为

$$\mathbf{x} = \mathbf{f}s \tag{8.53}$$

其中，$\mathbf{f} \in \mathbb{C}^m$ 是发送波束成形向量，$s \in \mathbb{C}$ 是满足 $\mathbb{E}\{|s|^2\} = 1$ 的信息承载信号。

♦ 功率最小化问题

该问题对发射功耗最小化，并保证每个接收端的 SNR 不小于阈值 γ_0，即

$$\gamma_i = \frac{|\mathbf{h}_i^{\mathrm{T}}\mathbf{f}|^2}{\sigma_i^2} \geqslant \gamma_0,\ i = 1, \ldots, n \tag{8.54}$$

注意，$|\mathbf{h}_i^{\mathrm{T}}\mathbf{f}|^2 = (\mathbf{h}_i^{\mathrm{T}}\mathbf{f})\mathbf{f}^{\mathrm{H}}\mathbf{h}_i^* = \mathrm{Tr}(\mathbf{f}\mathbf{f}^{\mathrm{H}}\mathbf{h}_i^*\mathbf{h}_i^{\mathrm{T}})$。令 $\mathbf{Q}_i = \mathbf{h}_i^*\mathbf{h}_i^{\mathrm{T}}/(\gamma_0\sigma_i^2)$，问题可以形式化为

$$\begin{aligned} \min\quad & \|\mathbf{f}\|_2^2 \\ \text{s.t.}\quad & \mathrm{Tr}(\mathbf{f}\,\mathbf{f}^{\mathrm{H}}\mathbf{Q}_i) \geqslant 1,\ i = 1, \ldots, n \end{aligned} \tag{8.55}$$

然而，该发射波束成形设计问题是非凸的，并且实际上是 NP-hard 问题 [SDL06]，但此问题可用 SDR 进行近似。原问题的等价形式为

$$\begin{aligned}\min_{\mathbf{f}\in\mathbb{C}^m,\mathbf{F}\in\mathbb{H}^m}\quad & \mathrm{Tr}(\mathbf{F})\\ \text{s.t.}\quad & \mathbf{F}=\mathbf{f}\mathbf{f}^{\mathrm{H}},\ \mathrm{Tr}(\mathbf{F}\mathbf{Q}_i)\geqslant 1,\ i=1,\dots,n\end{aligned} \tag{8.56}$$

则上述问题的 SDR 近似可表示为

$$\begin{aligned}\min\quad & \mathrm{Tr}(\mathbf{F})\\ \text{s.t.}\quad & \mathbf{F}\succeq\mathbf{0},\ \mathrm{Tr}(\mathbf{F}\mathbf{Q}_i)\geqslant 1,\ i=1,\dots,n\end{aligned} \tag{8.57}$$

♦ 最大最小公平问题

该问题是在保证发射机的发射功率不大于 P_0 的约束下，最大化各个接收机的最小 SNR，即

$$\begin{aligned}\max\ \min_{i=1,\dots,n}\quad & \frac{\left|\mathbf{h}_i^{\mathrm{T}}\mathbf{f}\right|^2}{\sigma_i^2}\\ \text{s.t.}\quad & \|\mathbf{f}\|_2^2\leqslant P_0\end{aligned} \tag{8.58}$$

相应的 SDR 近似问题可表示为

$$\begin{aligned}\max\quad & t\\ \text{s.t.}\quad & \frac{1}{\sigma_i^2}\mathrm{Tr}(\mathbf{h}_i^*\mathbf{h}_i^{\mathrm{T}}\mathbf{F})\geqslant t,\ i=1,\dots,n\\ & \mathbf{F}\succeq\mathbf{0},\ \mathrm{Tr}(\mathbf{F})\leqslant P_0\end{aligned} \tag{8.59}$$

这里再次指出，求解 SDR 问题式 (8.57)、式 (8.59) 后，原非凸问题式 (8.55) 或问题式 (8.58) 的近似解可由秩-1 近似和高斯随机化方法得到。

8.5.2 认知无线电的发射波束成形

重新考虑 6.7.3 节中的例子，并通过 SDR 把式 (6.124) 转化为凸优化问题。令 $\mathbf{W}_S=\mathbf{w}_S\mathbf{w}_S^{\mathrm{H}}$，并去掉秩-1 的约束，则式 (6.124) 可以松弛为 SDP 问题：

$$\begin{aligned}\min\quad & -\mathrm{Tr}(\mathbf{A}\mathbf{W}_S)\\ \text{s.t.}\quad & \mathrm{Tr}(\mathbf{B}_k\mathbf{W}_S)\leqslant\epsilon_k,\ k=1,\dots,K\\ & \mathrm{Tr}(\mathbf{W}_S)\leqslant P_S,\ \mathbf{W}_S\succeq\mathbf{0}\end{aligned} \tag{8.60}$$

最优解 $\mathbf{W}_S^\star$ 的秩可能不为 1，则可利用 $\mathbf{W}_S^\star$ 找到原 QCQP 问题的近似解。当然，如果 $\mathbf{W}_S^\star$ 的秩为 1，那么相应的秩-1 解也是式 (6.124) 的最优解，否则，就要去找一个秩-1 近似解。

8.5.3 安全通信中的发射波束成形设计：人工噪声辅助法

在开放的无线媒介中，使用密码加密（网络层）的信息安全可能会存在漏洞，比如密钥分发与管理问题。为此，基于物理层传输设计（目前研究中称其为物理层安全）的信息安全最近受到广泛关注。物理层安全通信可以看作密码加密的替代或补充。

考虑一个商用的无线下行传输场景，系统中存在一个发射机（Alice）、一个合法的单天线接收机（Bob）和 M 个独立的单天线窃听者（Eves）。Alice 配备 N_t 根发射天线，并需要将数据流安全地发送给 Bob，如图 8.5 所示。基站已知 Eves 的全部或部分的 CSI。这一假设在用户参与系统中有效，如接入系统的用户试图接收额外收费（如高清视频）的服务，此时用户的 CSI 完全可知。通过发射波束成形，可以利用空间自由度（Degree of Freedom，DoF）来阻止窃听用户的渗入。

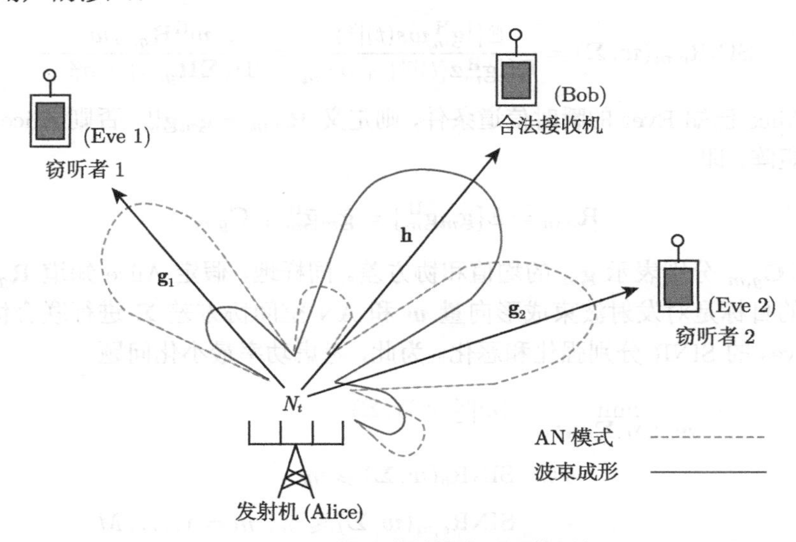

图 8.5　AN-辅助发射波束成形的图解

图 8.5 所描述的系统中，Alice 的发射信号为

$$\mathbf{x}(t)=\boldsymbol{w}s(t)+\mathbf{z}(t)\in\mathbb{C}^{N_t} \tag{8.61}$$

其中，$s(t)\in\mathbb{C}$ 是要发给 Bob 的数据流，并假设 $\mathbb{E}\{|s(t)|^2\}=1$；$\boldsymbol{w}\in\mathbb{C}^{N_t}$ 是与 $s(t)$ 相关的发射波束成形向量；$\mathbf{z}(t)\in\mathbb{C}^{N_t}$ 是由 Alice 人为产生并用以干扰 Eves 的噪声向量，即所谓的人工噪声（Artificial Noise，AN）。

假设

$$\mathbf{z}(t)\sim\mathcal{CN}(\mathbf{0},\boldsymbol{\Sigma}) \tag{8.62}$$

其中，$\boldsymbol{\Sigma}\succeq\mathbf{0}$ 表示 AN 空间协方差。Bob 和 Eves 接收到的信号分别为

$$y_b(t)=\mathbf{h}^{\mathrm{H}}\mathbf{x}(t)+n(t) \tag{8.63}$$

$$y_{e,m}(t)=\mathbf{g}_m^{\mathrm{H}}\mathbf{x}(t)+v_m(t),\ m=1,\dots,M \tag{8.64}$$

其中，$\mathbf{h}\in\mathbb{C}^{N_t}$ 是从 Alice 到 Bob 的信道向量；$\mathbf{g}_m\in\mathbb{C}^{N_t}$ 是从 Alice 到第 m 个 Eve 的信道向量；$n(t)$ 和 $v_m(t)$ 是独立同分布的复圆高斯噪声，方差分别为 $\sigma_n^2>0$ 和 $\sigma_{v,m}^2>0$。

假设 Alice 到 Bob 的信道 $\mathbf{h}$ 是随机的，且均值为 $\bar{\mathbf{h}}$，协方差矩阵为 $\mathbf{C}_h$。根据 Bob 的模型式 (8.63) 和 AN 问题的发射结构式 (8.61)，Bob 的 SINR 可以定义为

$$\mathrm{SINR}_b(\boldsymbol{w},\boldsymbol{\Sigma})=\frac{\mathbb{E}\{|\mathbf{h}^{\mathrm{H}}\boldsymbol{w}s(t)|^2\}}{\mathbb{E}\{|\mathbf{h}^{\mathrm{H}}\mathbf{z}(t)|^2\}+\sigma_n^2}=\frac{\boldsymbol{w}^{\mathrm{H}}\mathbf{R}_h\boldsymbol{w}}{\mathrm{Tr}(\boldsymbol{\Sigma}\mathbf{R}_h)+\sigma_n^2} \tag{8.65}$$

其中

$$\mathbf{R}_h = \mathbb{E}\{\mathbf{h}\mathbf{h}^{\mathrm{H}}\} = \bar{\mathbf{h}}\bar{\mathbf{h}}^{\mathrm{H}} + \mathbf{C}_h \tag{8.66}$$

是 $\mathbf{h}$ 的相关矩阵。

假设 Alice 知道 $\mathbf{R}_h$，同时 Alice 知道 Bob 的瞬时信道条件，则 $\mathbf{R}_h = \mathbf{h}\mathbf{h}^{\mathrm{H}}$。同样，基于模型式 (8.64) 可知 Eve 的 SINR 为

$$\mathrm{SINR}_{e,m}(\boldsymbol{w}, \boldsymbol{\Sigma}) = \frac{\mathbb{E}\{|\mathbf{g}_m^{\mathrm{H}}\boldsymbol{w}s(t)|^2\}}{\mathbb{E}\{|\mathbf{g}_m^{\mathrm{H}}\mathbf{z}(t)|^2\} + \sigma_{v,m}^2} = \frac{\boldsymbol{w}^{\mathrm{H}}\mathbf{R}_{g,m}\boldsymbol{w}}{\mathrm{Tr}(\boldsymbol{\Sigma}\mathbf{R}_{g,m}) + \sigma_{v,m}^2} \tag{8.67}$$

其中，如果 Alice 已知 Eves 的瞬时信道条件，则定义 $\mathbf{R}_{g,m} = \mathbf{g}_m\mathbf{g}_m^{\mathrm{H}}$，否则 Alice 只知道 Eves 的信道相关矩阵，即

$$\mathbf{R}_{g,m} = \mathbb{E}\{\mathbf{g}_m\mathbf{g}_m^{\mathrm{H}}\} = \bar{\mathbf{g}}_m\bar{\mathbf{g}}_m^{\mathrm{H}} + \mathbf{C}_{g,m} \tag{8.68}$$

其中，$\bar{\mathbf{g}}_m$ 和 $\mathbf{C}_{g,m}$ 分别表示 $\mathbf{g}_m$ 的均值和协方差。同样地，假定 Alice 知道 $\mathbf{R}_{g,m}$，$\forall m$。

发射机的目标是对发射波束成形向量 $\boldsymbol{w}$ 和 AN 空间协方差 $\boldsymbol{\Sigma}$ 进行联合优化，从而使得 Bob 和 Eves 的 SINR 分别强化和恶化。为此，考虑功率最小化问题

$$\begin{aligned}
\min_{\boldsymbol{w}\in\mathbb{C}^{N_t}, \boldsymbol{\Sigma}\in\mathbb{H}^{N_t}} \quad & \|\boldsymbol{w}\|_2^2 + \mathrm{Tr}(\boldsymbol{\Sigma}) \\
\text{s.t.} \quad & \mathrm{SINR}_b(\boldsymbol{w}, \boldsymbol{\Sigma}) \geqslant \gamma_b \\
& \mathrm{SINR}_{e,m}(\boldsymbol{w}, \boldsymbol{\Sigma}) \leqslant \gamma_e,\ m = 1, \ldots, M \\
& \boldsymbol{\Sigma} \succeq \mathbf{0}
\end{aligned} \tag{8.69}$$

其中，$\gamma_b > 0$ 表示预先设定的 Bob 所需的最小 SINR 阈值，$\gamma_e > 0$ 表示允许 Eves 的最大 SINR 阈值。功率最小化问题式 (8.69) 可表示为

$$\min_{\boldsymbol{w}, \boldsymbol{\Sigma}} \quad \|\boldsymbol{w}\|_2^2 + \mathrm{Tr}(\boldsymbol{\Sigma}) \tag{8.70a}$$

$$\text{s.t.} \quad \frac{1}{\gamma_b}\boldsymbol{w}^{\mathrm{H}}\mathbf{R}_h\boldsymbol{w} \geqslant \mathrm{Tr}(\boldsymbol{\Sigma}\mathbf{R}_h) + \sigma_n^2 \tag{8.70b}$$

$$\frac{1}{\gamma_e}\boldsymbol{w}^{\mathrm{H}}\mathbf{R}_{g,m}\boldsymbol{w} \leqslant \mathrm{Tr}(\boldsymbol{\Sigma}\mathbf{R}_{g,m}) + \sigma_{v,m}^2,\ m = 1, \ldots, M \tag{8.70c}$$

$$\boldsymbol{\Sigma} \succeq \mathbf{0} \tag{8.70d}$$

问题式 (8.70) 的最优功率比不用 AN（即 $\boldsymbol{\Sigma} = \mathbf{0}$）和利用各向同性 AN 的功率要小，但是 AN 问题式 (8.70) 是一个非凸二次优化问题，这是由于式 (8.70b) 中的 Bob 受非凸 SINR 约束造成的。该问题已经被证明是 NP-hard 问题，因此该问题不可直接求解。

对问题式 (8.70) 使用 SDR，得到

$$\min_{\mathbf{W}, \boldsymbol{\Sigma}} \quad \mathrm{Tr}(\mathbf{W}) + \mathrm{Tr}(\boldsymbol{\Sigma}) \tag{8.71a}$$

$$\text{s.t.} \quad \frac{1}{\gamma_b}\mathrm{Tr}(\mathbf{W}\mathbf{R}_h) - \mathrm{Tr}(\mathbf{R}_h\boldsymbol{\Sigma}) \geqslant \sigma_n^2 \tag{8.71b}$$

$$\frac{1}{\gamma_e}\mathrm{Tr}(\mathbf{W}\mathbf{R}_{g,m}) - \mathrm{Tr}(\mathbf{R}_{g,m}\boldsymbol{\Sigma}) \leqslant \sigma_{v,m}^2,\ m = 1, \ldots, M \tag{8.71c}$$

$$\boldsymbol{\Sigma} \succeq \mathbf{0},\ \mathbf{W} \succeq \mathbf{0} \tag{8.71d}$$

这是一个 SDP 问题，从而得以有效解决。

因为式 (8.71) 并不保证在任意 $\mathbf{R}_h, \mathbf{R}_{g,1}, \ldots, \mathbf{R}_{g,M} \succeq \mathbf{0}$, $\gamma_b, \gamma_e > 0$ 取值时一定有秩-1 的最优解 $\mathbf{W}$，所以 SDR 问题式 (8.71) 通常只是原问题式 (8.70) 的近似。但只要满足下述条件，则可通过相应的 KKT 条件证明 SDR 问题式 (8.71) 一定可以产生一个秩-1 的最优解 [LCMC11]。

(C1) Bob 知道瞬时 CSI，即 $\mathbf{R}_h = \mathbf{h}\mathbf{h}^{\mathrm{H}}$，而 $\mathbf{R}_{g,1}, \ldots, \mathbf{R}_{g,M} \succeq \mathbf{0}$ 是任意的 PSD 矩阵。

(C2) Bob 和 Eves 知道统计 CSI，且信道的协方差矩阵为对角矩阵，即 $N_t > M$，信道相关矩阵如下：

$$
\begin{aligned}
\mathbf{R}_h &= \bar{\mathbf{h}}\bar{\mathbf{h}}^{\mathrm{H}} + \sigma_h^2 \mathbf{I}_{N_t} \\
\mathbf{R}_{g,m} &= \bar{\mathbf{g}}_m \bar{\mathbf{g}}_m^{\mathrm{H}} + \sigma_{g,m}^2 \mathbf{I}_{N_t},\ m = 1, \ldots, M
\end{aligned}
$$

其中，$\sigma_h^2, \sigma_{g,1}^2, \ldots, \sigma_{g,M}^2 \geqslant 0$，$\bar{\mathbf{h}}, \bar{\mathbf{g}}_1, \ldots, \bar{\mathbf{g}}_M \in \mathbb{C}^{N_t}$，且满足 $\bar{\mathbf{h}} \notin \mathrm{span}[\bar{\mathbf{g}}_1, \ldots, \bar{\mathbf{g}}_M]$。

(C3) Eves 的个数不大于 2，即 $M \leqslant 2$，$\mathbf{R}_h, \mathbf{R}_{g,1}, \ldots, \mathbf{R}_{g,M}$ 是任意的。

如果某问题满足上述三个条件的任意一个，那么一定存在一个最优 SDR 解 $(\mathbf{W}^\star, \mathbf{\Sigma}^\star)$ 使得 $\mathbf{W}^\star$ 的秩为 1，即 $\mathbf{W}^\star = \boldsymbol{w}^\star (\boldsymbol{w}^\star)^{\mathrm{H}}$，因此它也是原问题式 (8.69) 的最优解。注意，上述三个条件都是充分不必要条件，可以通过 SDP 问题式 (8.71) 的 KKT 条件来证明。实际上也可能存一些其他条件使式 (8.71) 问题的解秩为 1。

下面给出一些仿真结果来说明功率最小化问题式 (8.71) 下的 AN 问题设计的性能。仿真中，$\mathbf{R}_h = \mathbf{h}\mathbf{h}^{\mathrm{H}}$ 且 $\forall m$，$\mathbf{R}_{g,m} = \mathbf{g}_m \mathbf{g}_m^{\mathrm{H}}$（即 (C1) 中的瞬时 CSI 情况）。信道 $\mathbf{h}, \mathbf{g}_1, \ldots, \mathbf{g}_M$ 服从独立同分布的复高斯分布，均值为 $\mathbf{0}$、协方差矩阵为 $\mathbf{I}_{N_t}/N_t$。令 Bob 的噪声功率为 $\sigma_n^2 = 0$ dB，且所有的 Eves 有相同的噪声功率 $\sigma_{v,1}^2 = \cdots = \sigma_{v,M}^2 \triangleq \sigma_v^2$。

为了进行性能比较，仿真中给出了通过求解 SDR 问题（即问题式 (8.71)）得到的设计，以及无 AN 设计和各向同性 AN 设计，后两者也是基于功率最小化问题式 (8.70) 设计的，但是对发射信号的结构进行不同的限制。具体而言，无 AN 设计中令式 (8.70) 的 $\mathbf{\Sigma} = \mathbf{0}$，这可以被转化成一个凸二阶锥规划；各向同性 AN 设计固定 $(\boldsymbol{w}, \mathbf{\Sigma})$ 的结构为 [LCMC11]

$$
\boldsymbol{w} = \sqrt{\rho} \cdot \mathbf{h}, \quad \mathbf{\Sigma} = \beta \mathbf{P}_{\mathbf{h}}^{\perp} \tag{8.72}
$$

其中，$\mathbf{P}_{\mathbf{h}}^{\perp} = \mathbf{I} - \mathbf{h}\mathbf{h}^{\mathrm{H}}/\|\mathbf{h}\|_2^2$（这是一个 PSD 矩阵，且秩为 $N_t - 1$，所有非零特征值为 1）是 $\mathbf{h}$ 的互补正交投影，且

$$
\rho = \frac{\sigma_n^2 \gamma_b}{\|\mathbf{h}\|_2^4}, \quad \beta = \max\left\{0, \max_{m=1,\ldots,M} \frac{(\rho/\gamma_e)\mathbf{h}^{\mathrm{H}}\mathbf{R}_{g,m}\mathbf{h} - \sigma_{v,m}^2}{\mathrm{Tr}(\mathbf{P}_{\mathbf{h}}^{\perp}\mathbf{R}_{g,m})}\right\}
$$

上面关于 (ρ, β) 的功率分配可以得到各向同性 AN 结构式 (8.72) 下的最小总传输功率。其他的仿真参数设置为 $\gamma_e = 0$ dB，$\gamma_b = 10$ dB。仿真结果如图 8.6 和图 8.7 所示，该结果是通过对 1000 次独立仿真求平均得到的，所有优化问题用 SeDuMi（http://sedumi.ie.lehigh.edu/）求解 [Stu99]。

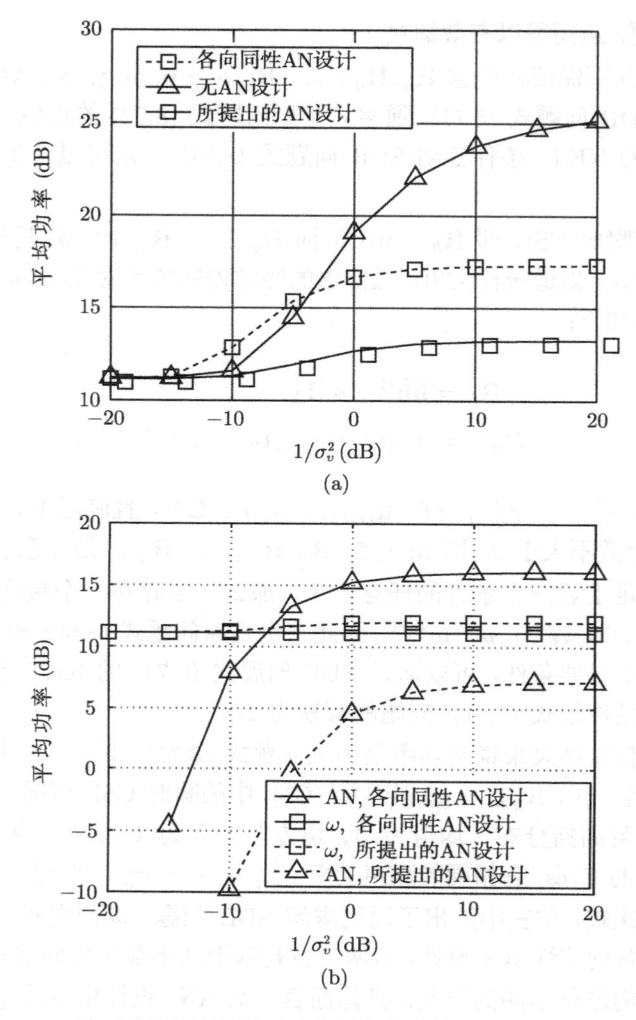

图 8.6 当 $N_t = 4$，$M = 3$ 时，不同传输设计下功率最小化的性能比较。(a) 发射功率关于 Eve 的接收噪声功率；(b) 问题式 (8.71) 中各向同性设计和 AN 辅助设计的功率分配（© 2011 IEEE. Reprinted, with permission, from W.-C. Liao, T.-H. Chang,W.-K. Ma, and C.-Y. Chi, "Qos-Based Transmit Beamforming in the Presence of Eavesdroppers: An Optimized Artificial- Noise-Aided Approach," Mar. 2011.）

图 8.6 给出了 $N_t = 4$ 和 $M = 3$ 时，不同 $1/\sigma_v^2$ 下三种设计的平均发射功率。注意到较大的 $1/\sigma_v^2$ 意味着 Eves 的窃听能力强，较小的 $1/\sigma_v^2$ 意味着 Eves 的窃听能力弱。从图 8.6(a) 可以看出，当 $1/\sigma_v^2 < -10$dB 时，所有的设计所获得的功率非常相似，因为不需要花费太多的资源来阻止窃听者。然而，当 $1/\sigma_v^2 > 0$ dB 时，AN 问题式 (8.71) 得到的功率最小，并且随着 $1/\sigma_v^2 > 0$ 的增加，与其他设计的性能差异增加。例如，当 $1/\sigma_v^2 = 20$ dB 时，AN 问题和无 AN 设计在功率上的性能差距是 12 dB，而 AN 问题和各向同性 AN 设计的性能差距是 4 dB。该图也揭示了在 Eves 较强的情况下（即 $1/\sigma_v^2 > 0$ dB），即使利用 AN 各向同性的方法，也能得到比不用 AN 时更好的性能。

为了获得更多性能上的性质，图 8.6(b) 给出了发射波束成形和 AN 问题的功率。从中可以看出，AN 分配的功率随着 $1/\sigma_v^2$ 的增加而增加，这也证实了使用 AN 是 AN 辅助设计式 (8.71) 可以得到更好性能的背后原因。此外，分配给这个设计中的 AN 功率远低于各向同性的设计。

令 $N_t = 20$，$1/\sigma_v^2 = 15$ dB，而其他仿真参数设置保持不变，图 8.7 给出了不同的设计下发射功率与 Eves 数量的关系。图 8.7(a) 给出了问题式 (8.71) 的 AN 问题设计，结果显示该设计可以得到最好的性能。此外，除了 $M = 18$ 的情况，无 AN 设计的性能优于各向同性 AN 设计。我们已经知道，无 AN 设计的关键是通过控制发射 DoF 来处理 Eves，而各

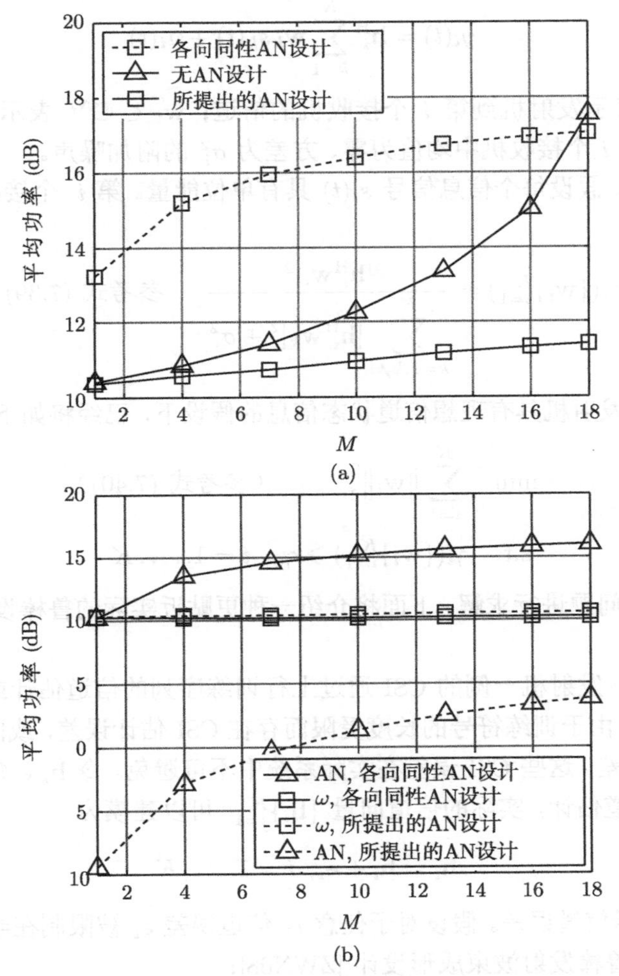

图 8.7　当 $N_t = 20$，$1/\sigma_v^2 = 15$ dB 时，不同传输设计下功率最小化的性能比较。(a) 发射功率关于 Eve 的个数；(b) 问题式 (8.71) 中各向同性设计和 AN 问题设计的功率分配（© 2011 IEEE. Reprinted, with permission, from W.-C. Liao, T.-H. Chang, W.-K. Ma, and C.-Y. Chi, “Qos-Based Transmit Beamforming in the Presence of Eavesdroppers: An Optimized Artificial- Noise-Aided Approach,” Mar. 2011.）

向同性 AN 设计则不是这样。相应地，图 8.7(b) 给出了发射波束成形功率和 AN 功率的分配结果，可以看出，M 越小，AN 问题设计所需功率也越小。前面提到的，在知道瞬时 CSI 的情况下，AN 问题设计可以得到秩-1 解，这一结论通过图 8.6 和图 8.7 中也得到了证实。

8.5.4 最坏情况鲁棒发射波束成形：单小区 MISO 场景

本节将考虑多用户 MISO 通信系统中的鲁棒发射波束成形问题。在该场景中，发射机配备 N_t 根天线，同时向 K 个单天线接收机传输 K 个独立信息信号（携带有效信息的信号）$s_i(t) \in \mathbb{C}, i=1,\ldots,K$。第 i 个接收机的接收信号为

$$y_i(t) = \mathbf{h}_i^{\mathrm{H}} \sum_{k=1}^{K} \mathbf{w}_k s_k(t) + n_i(t)$$

其中，$\mathbf{h}_i \in \mathbb{C}^{N_t}$ 表示发射机到第 i 个接收机的信道；$\mathbf{w}_i \in \mathbb{C}^{N_t}$ 表示 $s_i(t)$ 的波束成形向量；$n_i(t) \in \mathbb{C}$ 是第 i 个接收机中均值为零、方差为 σ_i^2 的附加噪声。

为了简化分析，假设每个信息信号 $s_i(t)$ 具有单位能量。第 i 个接收机的 SINR 可以表示为

$$\gamma_i(\{\mathbf{w}_i\}_{i=1}^{K}) = \frac{|\mathbf{h}_i^{\mathrm{H}} \mathbf{w}_i|^2}{\sum\limits_{k=1,k\neq i}^{K} |\mathbf{h}_i^{\mathrm{H}} \mathbf{w}_k|^2 + \sigma_i^2} \quad \text{（参考式 (7.39)）}$$

7.6.1 节中，在发射机具有理想信道状态信息的假设下，已经将如下发射波束成形问题

$$\begin{aligned} \min \quad & \sum_{i=1}^{K} \|\mathbf{w}_i\|_2^2 \qquad \text{（参考式 (7.40)）} \\ \text{s.t.} \quad & \gamma_i(\{\mathbf{w}_i\}_{i=1}^{K}) \geqslant \gamma_0, \ i=1,\ldots,K \end{aligned}$$

转化为一个 SOCP 问题进行求解。下面将介绍一种更贴近实际的鲁棒设计来克服 CSI 不确定问题。

在无线系统中，发射机一侧的 CSI 通过上行训练序列的信道估计或通过接收机反馈获得。在实际应用中，由于训练符号的长度受限而存在 CSI 估计误差，或因上行反馈信道受限而存在 CSI 量化误差，这些 CSI 误差在实际系统中不可避免。令 $\bar{\mathbf{h}}_i \in \mathbb{C}^{N_t}$, $i=1,\ldots,K$, 表示发射机获得的信道估计，实际的信道向量 $\{\mathbf{h}_i\}_{i=1}^{K}$ 可以建模为

$$\mathbf{h}_i = \bar{\mathbf{h}}_i + \mathbf{e}_i, \ i=1,\ldots,K$$

其中，$\mathbf{e}_i \in \mathbb{C}^{N_t}$ 表示信道误差。假设对于任意 i，信道误差 $\mathbf{e}_i$ 被限制在半径为 r_i 的球内，考虑如下最坏情况的鲁棒发射波束成形设计 [ZWN08]：

$$\min \quad \sum_{k=1}^{K} \|\mathbf{w}_k\|_2^2 \tag{8.73a}$$

$$\text{s.t.} \quad \frac{|(\bar{\mathbf{h}}_i + \mathbf{e}_i)^{\mathrm{H}} \mathbf{w}_i|^2}{\sum\limits_{k=1,k\neq i}^{K} |(\bar{\mathbf{h}}_i + \mathbf{e}_i)^{\mathrm{H}} \mathbf{w}_k|^2 + \sigma_i^2} \geqslant \gamma_0, \ \forall \|\mathbf{e}_i\|_2^2 \leqslant r_i^2, \ i=1,\ldots,K \tag{8.73b}$$

其中，γ_0 是预设的目标 SINR。由于约束集非凸，故式 (8.73) 是非凸问题，但我们可以通过 SDR 解决此问题，即令 $\mathbf{W}_i=\mathbf{w}_i\mathbf{w}_i^{\mathrm{H}}$，并忽略秩-1 约束，约束式 (8.73b) 可以表示为

$$\mathbf{e}_i^{\mathrm{H}}\left(-\Big[1+\frac{1}{\gamma_0}\Big]\mathbf{W}_i+\sum_{k=1}^{K}\mathbf{W}_k\right)\mathbf{e}_i+2\mathrm{Re}\left\{\bar{\mathbf{h}}_i^{\mathrm{H}}\left(-\Big[1+\frac{1}{\gamma_0}\Big]\mathbf{W}_i+\sum_{k=1}^{K}\mathbf{W}_k\right)\mathbf{e}_i\right\}$$
$$+\bar{\mathbf{h}}_i^{\mathrm{H}}\left(-\Big[1+\frac{1}{\gamma_0}\Big]\mathbf{W}_i+\sum_{k=1}^{K}\mathbf{W}_k\right)\bar{\mathbf{h}}_i+\sigma_i^2\leqslant 0,\ \forall\|\mathbf{e}_i\|_2^2\leqslant r_i^2,\ i=1,\ldots,K \tag{8.74}$$

可见，式 (8.74) 包含无限多个约束，因此，问题式 (8.73) 是很难求解的。但是由于式 (8.74) 实际上涉及两个关于 $\mathbf{e}_i$ 的不等式，并且其中一个不等式蕴含另一个不等式，因此利用 S-引理（见 8.3 节），该约束式 (8.74) 可以被等效地转化成一个半正定约束。具体来说，式 (8.74) 中的二次不等式

$$\|\mathbf{e}_i\|_2^2\leqslant r_i^2 \iff \mathbf{e}_i^{\mathrm{H}}\mathbf{I}_{N_t}\mathbf{e}_i-r_i^2\leqslant 0$$

对应于式 (8.20) 中第一个不等式，其中

$$\mathbf{F}_1=\mathbf{I}_{N_t},\quad \mathbf{g}_1=\mathbf{0},\quad h_1=-r_i^2$$

式 (8.74) 中的另一个二次不等式对应于式 (8.20) 中的第二个不等式，其中

$$\begin{aligned}\mathbf{F}_2&=-\left(1+\frac{1}{\gamma_0}\right)\mathbf{W}_i+\sum_{k=1}^{K}\mathbf{W}_k\\ \mathbf{g}_2&=\mathbf{F}_2\bar{\mathbf{h}}_i\\ h_2&=\bar{\mathbf{h}}_i^{\mathrm{H}}\mathbf{F}_2\bar{\mathbf{h}}_i+\sigma_i^2\end{aligned}$$

因此，将上述参数代入式 (8.21) 可得到下述 LMI 约束（参考式 (4.104)）：

$$\begin{bmatrix}\mathbf{I}_{N_t}\\ \bar{\mathbf{h}}_i^{\mathrm{H}}\end{bmatrix}\left\{\left(1+\frac{1}{\gamma_0}\right)\mathbf{W}_i-\sum_{k=1}^{K}\mathbf{W}_k\right\}\begin{bmatrix}\mathbf{I}_{N_t}\\ \bar{\mathbf{h}}_i^{\mathrm{H}}\end{bmatrix}^{\mathrm{H}}+\begin{bmatrix}\lambda_i\mathbf{I}_{N_t} & \mathbf{0}_{N_t}\\ \mathbf{0}_{N_t}^{\mathrm{H}} & -\sigma_i^2-\lambda_i r_i^2\end{bmatrix}\succeq\mathbf{0}$$
$$\lambda_i\geqslant 0,\ i=1,\ldots,K$$

因此，问题式 (8.73) 的 SDR 近似可表示为

$$\begin{aligned}\min\ & \sum_{k=1}^{K}\mathrm{Tr}(\mathbf{W}_k)\\ \text{s.t.}\ & \begin{bmatrix}\mathbf{I}_{N_t}\\ \bar{\mathbf{h}}_i^{\mathrm{H}}\end{bmatrix}\left\{\left(1+\frac{1}{\gamma_0}\right)\mathbf{W}_i-\sum_{k=1}^{K}\mathbf{W}_k\right\}\begin{bmatrix}\mathbf{I}_{N_t}\\ \bar{\mathbf{h}}_i^{\mathrm{H}}\end{bmatrix}^{\mathrm{H}}+\begin{bmatrix}\lambda_i\mathbf{I}_{N_t} & \mathbf{0}_{N_t}\\ \mathbf{0}_{N_t}^{\mathrm{H}} & -\sigma_i^2-\lambda_i r_i^2\end{bmatrix}\succeq\mathbf{0}\\ & \lambda_i\geqslant 0,\ \mathbf{W}_i\succeq\mathbf{0},\ i=1,\ldots,K\end{aligned} \tag{8.75}$$

这是一个可被高效求解的半正定问题。然而，最优解 $\{\mathbf{W}_i^{\star}\}_{i=1}^{K}$ 的秩可能不为 1，因此为了得到一个秩-1 的次优解 $\{\mathbf{w}_i^{\star}\}_{i=1}^{K}$，需要考虑秩-1 近似问题。

此时高斯随机化过程（参考 [WSC+14]）操作如下。首先，根据 $\mathbf{u}_i \sim \mathcal{CN}(\mathbf{0}, \mathbf{W}_i^\star)$ 随机生成波束成形方向集 $\mathbf{u}_1, \ldots, \mathbf{u}_K$，并利用 $\|\mathbf{u}_i\|_2^2 = 1$ 对 $\mathbf{u}_i$ 进行归一化。其次，定义 p_i 为第 i 个接收机的发送功率，则将 $\mathbf{W}_i = p_i \mathbf{u}_i \mathbf{u}_i^{\mathrm{H}}$ 代入问题式 (8.75) 可得一个求解 $p_1, \ldots, p_K \geqslant 0$ 的 SDP 问题。若该问题可行，则由功率 $p_i^\star$ 和波束方向 $\mathbf{u}_i$ 可得问题式 (8.73) 的一个近似可行解 $\{\mathbf{w}_i = \sqrt{p_i^\star}\mathbf{u}_i\}_{i=1}^K$。最后，多次重复上述步骤，以获得多组波束成形方向的集合及相应的解，记作 $\{\mathbf{w}_i^\star\}_{i=1}^K$。其中对应最低总功率 $\sum_{i=1}^K p_i^\star$ 的解就是满足要求的秩-1 近似解。

8.5.5 最坏情况鲁棒发射波束成形：多小区 MISO 场景

式 (7.60) 给出的多小区波束成形 SOCP 问题中，假设对于任意的 i, j, k，所有基站都具有理想信道状态信息 $\mathbf{h}_{jik}$。若 CSI 存在误差，则式 (7.60) 的最优解不一定满足 SINR 要求。为解决这一问题，下面再次考虑最坏情况下的鲁棒设计 [SCW+12]。

假设 $\bar{\mathbf{h}}_{jik}$ 是给定的信道估计，且 CSI 误差向量 $\mathbf{e}_{jik}$ 是椭圆有界的，则在移动台 MS_{ik} 处最坏情况的 SINR 约束定义为

$$\begin{aligned}
&\mathrm{SINR}_{ik}\left(\{\mathbf{w}_{j\ell}\}, \{\bar{\mathbf{h}}_{jik} + \mathbf{e}_{jik}\}_{j=1}^{N_c}\right) \\
&\triangleq \frac{\left|\left(\bar{\mathbf{h}}_{iik}+\mathbf{e}_{iik}\right)^{\mathrm{H}}\mathbf{w}_{ik}\right|^2}{\sum\limits_{\ell\neq k}^{K}\left|\left(\bar{\mathbf{h}}_{iik}+\mathbf{e}_{iik}\right)^{\mathrm{H}}\mathbf{w}_{i\ell}\right|^2+\sum\limits_{j\neq i}^{N_c}\sum\limits_{\ell=1}^{K}\left|\left(\bar{\mathbf{h}}_{jik}+\mathbf{e}_{jik}\right)^{\mathrm{H}}\mathbf{w}_{j\ell}\right|^2+\sigma_{ik}^2} \geqslant \gamma_{ik} \\
&\qquad \forall\ \mathbf{e}_{jik}^{\mathrm{H}}\mathbf{C}_{jik}\mathbf{e}_{jik} \leqslant 1,\ j = 1, \ldots, N_c
\end{aligned} \tag{8.76}$$

其中，$\mathbf{C}_{jik} \succ \mathbf{0}$ 决定了误差椭球的尺寸及形状。由式 (8.76) 可知在所有可能的 CSI 误差下都必须满足 SINR 的最低标准 γ_{ik}。在最差 SINR 约束式 (8.76) 的情况下，我们得到如下的鲁棒 MCBF 设计问题：

$$\min \quad \sum_{i=1}^{N_c}\sum_{k=1}^{K}\|\mathbf{w}_{ik}\|_2^2 \tag{8.77a}$$

$$\begin{aligned}
\text{s.t.}\quad & \mathrm{SINR}_{ik}\left(\{\mathbf{w}_{j\ell}\}, \{\bar{\mathbf{h}}_{jik} + \mathbf{e}_{jik}\}_{j=1}^{N_c}\right) \geqslant \gamma_{ik},\ \ \forall \mathbf{e}_{jik}^{\mathrm{H}}\mathbf{C}_{jik}\mathbf{e}_{jik} \leqslant 1 \\
& i, j = 1, \ldots, N_c,\ k = 1, \ldots, K
\end{aligned} \tag{8.77b}$$

该问题对应于式 (7.60) 的最坏情况鲁棒问题。由于式 (8.77b) 存在无穷多非凸 SINR 约束，所以式 (8.77) 难以求解。为了解决此问题，我们通过 SDR 和 S-引理提供一个次优算法。

将问题式 (8.77) 的目标函数表示为 $\sum_{i=1}^{N_c}\sum_{k=1}^{K}\mathrm{Tr}(\mathbf{w}_{ik}\mathbf{w}_{ik}^{\mathrm{H}})$，并将式 (8.76) 中 MS_{ik} 处的最坏情况 SINR 约束表示为

$$\begin{aligned}
&\left(\bar{\mathbf{h}}_{iik}^{\mathrm{H}} + \mathbf{e}_{iik}^{\mathrm{H}}\right)\left(\frac{1}{\gamma_{ik}}\mathbf{w}_{ik}\mathbf{w}_{ik}^{\mathrm{H}} - \sum_{\ell\neq k}^{K}\mathbf{w}_{i\ell}\mathbf{w}_{i\ell}^{\mathrm{H}}\right)\left(\bar{\mathbf{h}}_{iik} + \mathbf{e}_{iik}\right) \\
&\geqslant \sum_{j\neq i}^{N_c}\left(\bar{\mathbf{h}}_{jik}^{\mathrm{H}} + \mathbf{e}_{jik}^{\mathrm{H}}\right)\left(\sum_{\ell=1}^{K}\mathbf{w}_{j\ell}\mathbf{w}_{j\ell}^{\mathrm{H}}\right)\left(\bar{\mathbf{h}}_{jik} + \mathbf{e}_{jik}\right) + \sigma_{ik}^2 \\
&\qquad \forall\ \mathbf{e}_{jik}^{\mathrm{H}}\mathbf{C}_{jik}\mathbf{e}_{jik} \leqslant 1,\ j = 1, \ldots, N_c
\end{aligned} \tag{8.78}$$

然后对式 (8.77) 使用 SDR，则得到如下问题：

$$\min \quad \sum_{i=1}^{N_c}\sum_{k=1}^{K}\mathrm{Tr}(\mathbf{W}_{ik}) \tag{8.79a}$$

$$\begin{aligned}\text{s.t.}\quad & (\bar{\mathbf{h}}_{iik}^{\mathrm{H}}+\mathbf{e}_{iik}^{\mathrm{H}})\left(\frac{1}{\gamma_{ik}}\mathbf{W}_{ik}-\sum_{\ell\neq k}^{K}\mathbf{W}_{i\ell}\right)(\bar{\mathbf{h}}_{iik}+\mathbf{e}_{iik})\\ & \geqslant \sum_{j\neq i}^{N_c}(\bar{\mathbf{h}}_{jik}^{\mathrm{H}}+\mathbf{e}_{jik}^{\mathrm{H}})\left(\sum_{\ell=1}^{K}\mathbf{W}_{j\ell}\right)(\bar{\mathbf{h}}_{jik}+\mathbf{e}_{jik})+\sigma_{ik}^2 \\ & \forall\ \mathbf{e}_{jik}^{\mathrm{H}}\mathbf{C}_{jik}\mathbf{e}_{jik}\leqslant 1,\ i,j=1,\ldots,N_c,\ k=1,\ldots,K\end{aligned} \tag{8.79b}$$

该问题同样存在无穷多凸约束。尽管不等式约束式 (8.79b) 右侧的 CSI 误差相互耦合，但是该不等式可以很好地解耦为如下的 N_c 个约束：

$$\begin{aligned}&(\bar{\mathbf{h}}_{iik}^{\mathrm{H}}+\mathbf{e}_{iik}^{\mathrm{H}})\left(\frac{1}{\gamma_{ik}}\mathbf{W}_{ik}-\sum_{\ell\neq k}^{K}\mathbf{W}_{i\ell}\right)(\bar{\mathbf{h}}_{iik}+\mathbf{e}_{iik})\\ &\geqslant \sum_{j\neq i}^{N_c}t_{jik}+\sigma_{ik}^2,\ \forall \mathbf{e}_{iik}^{\mathrm{H}}\mathbf{C}_{iik}\mathbf{e}_{iik}\leqslant 1\end{aligned} \tag{8.80}$$

$$(\bar{\mathbf{h}}_{jik}^{\mathrm{H}}+\mathbf{e}_{jik}^{\mathrm{H}})\left(\sum_{\ell=1}^{K}\mathbf{W}_{j\ell}\right)(\bar{\mathbf{h}}_{jik}+\mathbf{e}_{jik})\leqslant t_{jik},\quad \forall\ \mathbf{e}_{jik}^{\mathrm{H}}\mathbf{C}_{jik}\mathbf{e}_{jik}\leqslant 1,\ j\neq i \tag{8.81}$$

其中，$\{t_{jik}\}_{j\neq i}$ 是辅助变量。注意式 (8.80) 仅与 CSI 误差 $\mathbf{e}_{jik}$ 有关，且式 (8.81) 中的每一个约束仅与一个 CSI 误差 $\mathbf{e}_{jik}$ 相关。此外，利用 S-引理，式 (8.80) 及式 (8.81) 可分别由如下的有限个 LMI 等价表示（参考式 (4.104)）：

$$\begin{aligned}&\mathbf{\Phi}_{ik}\left(\{\mathbf{W}_{i\ell}\}_{\ell=1}^{K},\{t_{jik}\}_{j\neq i},\lambda_{iik}\right)\triangleq\\ &\begin{bmatrix}\mathbf{I}_{N_t}\\ \bar{\mathbf{h}}_{iik}^{\mathrm{H}}\end{bmatrix}\left(\frac{1}{\gamma_{ik}}\mathbf{W}_{ik}-\sum_{\ell\neq k}^{K}\mathbf{W}_{i\ell}\right)\begin{bmatrix}\mathbf{I}_{N_t}\\ \bar{\mathbf{h}}_{iik}^{\mathrm{H}}\end{bmatrix}^{\mathrm{H}}+\begin{bmatrix}\lambda_{iik}\mathbf{C}_{iik} & \mathbf{0}_{N_t}\\ \mathbf{0}_{N_t}^{\mathrm{H}} & -\sum_{j\neq i}^{N_c}t_{jik}-\sigma_{ik}^2-\lambda_{iik}\end{bmatrix}\succeq\mathbf{0}\end{aligned} \tag{8.82}$$

及

$$\begin{aligned}&\mathbf{\Psi}_{jik}\left(\{\mathbf{W}_{j\ell}\}_{\ell=1}^{K},t_{jik},\lambda_{jik}\right)\triangleq\\ &\begin{bmatrix}\mathbf{I}_{N_t}\\ \bar{\mathbf{h}}_{jik}^{\mathrm{H}}\end{bmatrix}\left(-\sum_{\ell=1}^{K}\mathbf{W}_{j\ell}\right)\begin{bmatrix}\mathbf{I}_{N_t}\\ \bar{\mathbf{h}}_{jik}^{\mathrm{H}}\end{bmatrix}^{\mathrm{H}}+\begin{bmatrix}\lambda_{jik}\mathbf{C}_{jik} & \mathbf{0}_{N_t}\\ \mathbf{0}_{N_t}^{\mathrm{H}} & t_{jik}-\lambda_{jik}\end{bmatrix}\succeq\mathbf{0},\ j\neq i\end{aligned} \tag{8.83}$$

其中，对于任意 $i,j=1,\ldots,N_c$ 和 $k=1,\ldots,K$，有 $\lambda_{jik}\geqslant 0$。

用式 (8.82) 和式 (8.83) 替代式 (8.79b)，可得如下的 SDR 问题：

$$
\begin{aligned}
\min \quad & \sum_{i=1}^{N_c}\sum_{k=1}^{K} \mathrm{Tr}(\mathbf{W}_{ik}) \\
\text{s.t.} \quad & \mathbf{\Phi}_{ik}\left(\{\mathbf{W}_{i\ell}\}_{\ell=1}^{K}, \{t_{jik}\}_{j\neq i}, \lambda_{iik}\right) \succeq \mathbf{0} \\
& \mathbf{\Psi}_{jik}\left(\{\mathbf{W}_{j\ell}\}_{\ell=1}^{K}, t_{jik}, \lambda_{jik}\right) \succeq \mathbf{0},\ j\neq i \\
& t_{jik} \geqslant 0,\ j \neq i \\
& \mathbf{W}_{ik} \succeq \mathbf{0},\ \lambda_{jik} \geqslant 0,\ j=1,\ldots,N_c \\
& i=1,\ldots,N_c,\ k=1,\ldots,K
\end{aligned} \tag{8.84}
$$

显然上述问题是凸的 SDP，因此可以有效地加以求解。

剩下的工作是分析 SDR 问题式 (8.84) 是否可以产生秩-1 解，即是否存在一个最优解满足 $\mathbf{W}_{ik}^{\star} = \mathbf{w}_{ik}^{\star}(\mathbf{w}_{ik}^{\star})^{\mathrm{H}}$，其中 $\mathbf{w}_{ik}^{\star} \in \mathbb{C}^{N_t}$，$\forall\, i, j$。若上述命题为真，则 $\{\mathbf{w}_{ik}^{\star}\}$ 为原鲁棒 MCBF 问题式 (8.77) 的最优解。假设 SDR 问题式 (8.84) 可行，在某些条件下，SDR 问题式 (8.84) 已经被证明可以产生秩-1 解 [SCW+12]。这些条件如下：

(C1) $K=1$，即在每个小区中只有一个 MS；

(C2) 对于任意的 i, k，都有 $\mathbf{C}_{iik} = \infty \mathbf{I}_{N_t}$，即对于任意 i, k，都有 $\mathbf{e}_{iik} = \mathbf{0}$，即对小区内用户具有理想 CSI $\{\mathbf{h}_{iik}\}$；

(C3) 对于球模型，即满足 $\|\mathbf{e}_{jik}\|_2^2 \leqslant \varepsilon_{jik}^2$，$\forall\, i, j, k$，且 CSI 误差参数 $\{\varepsilon_{jik}\}$ 满足

$$
\varepsilon_{jik} \leqslant \bar{\varepsilon}_{jik} \text{ 和 } \varepsilon_{iik} < \sqrt{\sigma_{ik}^2 \gamma_{ik}/f^{\star}} \tag{8.85}
$$

其中，$\{\bar{\varepsilon}_{jik}\}$ 是使得问题式 (8.84) 可行的误差界，$f^{\star} > 0$ 定义为相应的最优值。

若满足上述三个条件之一，则 SDR 问题式 (8.84) 一定产生一个秩-1 解。上述三个条件可以通过问题式 (8.84) 的 KKT 条件一一证明，但它们仅仅是充分条件。寻找秩-1 解的其他充分条件依然具有很大的挑战性。

下面将通过一些仿真结果说明式 (8.84) SDR 处理鲁棒 MCBF 问题式 (8.77) 的性能，并与文献 [TPW11] 提出的保守凸近似法进行性能比较，它们以非鲁棒 MCBF 设计式 (7.59) 的性能为基准。所有设计方法通过 SeDuMi 求解。

在仿真中，我们考虑如下信道模型 [DY10]：

$$
\mathbf{h}_{ijk} = 10^{-(128.1+37.6\cdot\log_{10} d_{ijk})/20} \cdot \psi_{ijk} \cdot \varphi_{ijk} \cdot \left[\widehat{\mathbf{h}}_{ijk} + \mathbf{e}_{ijk}\right] \tag{8.86}
$$

其中，指数项源于第 i 个基站及 MS_{jk} 之间的距离（定义为 d_{ijk} km）造成的路径损耗，ψ_{ijk} 反映了阴影衰落的影响，φ_{ijk} 表示发送–接收天线增益，式 (8.86) 方括号内部项表示小尺度衰落，包含假定的 CSI $\{\widehat{\mathbf{h}}_{ijk}\}$ 及 CSI 误差 $\mathbf{e}_{ijk}$。从式 (8.86) 中可以看出，基站可以精确追踪大尺度衰落，且仅受到小尺度 CSI 误差的影响。

基站间距离为 500m，每个小区中的 MSs 位置随机产生且距离服务基站至少 35m，即对于任意 i, k，有 $d_{iik} \geqslant 0.035$。阴影衰落系数 ψ_{ijk} 服从均值为零、标准差为 8 的对数正态分布。假定 CSI $\{\widehat{\mathbf{h}}_{ijk}\}$ 是独立同分布的复高斯随机变量，且均值为零、方差为 1；假设所有 MS 具有相同的噪声功率谱密度 -162 dBm/Hz（即在 10 MHz 频带上，对于任意 i, k，有

$\sigma_{ik}^2 = -92$ dBm)，且每个基站的最大总功率限制为 46 dBm（这是仿真测试时出于实际考虑而增加的一个额外的功率约束）。各 MS 的 SINR 需求相同，即 $\gamma_{ik} \triangleq \gamma$，并且每条链路具有相同的天线增益 $\varphi_{ijk} = 15$ dBi。对于 CSI 误差，我们考虑球误差模型，即对于任意 i, j, k，有 $\mathbf{C}_{ijk} = (1/\epsilon^2)\mathbf{I}_{N_t}$，其中 ϵ 表示误差球的半径。

图 8.8 的仿真结果分别表示平均和功率（dBm）与 SINR 指标 γ 之间的关系（见图 8.8(a)），以及平均和功率与 CSI 误差半径 ϵ 的关系（见图 8.8(b)）。注意，在生成的

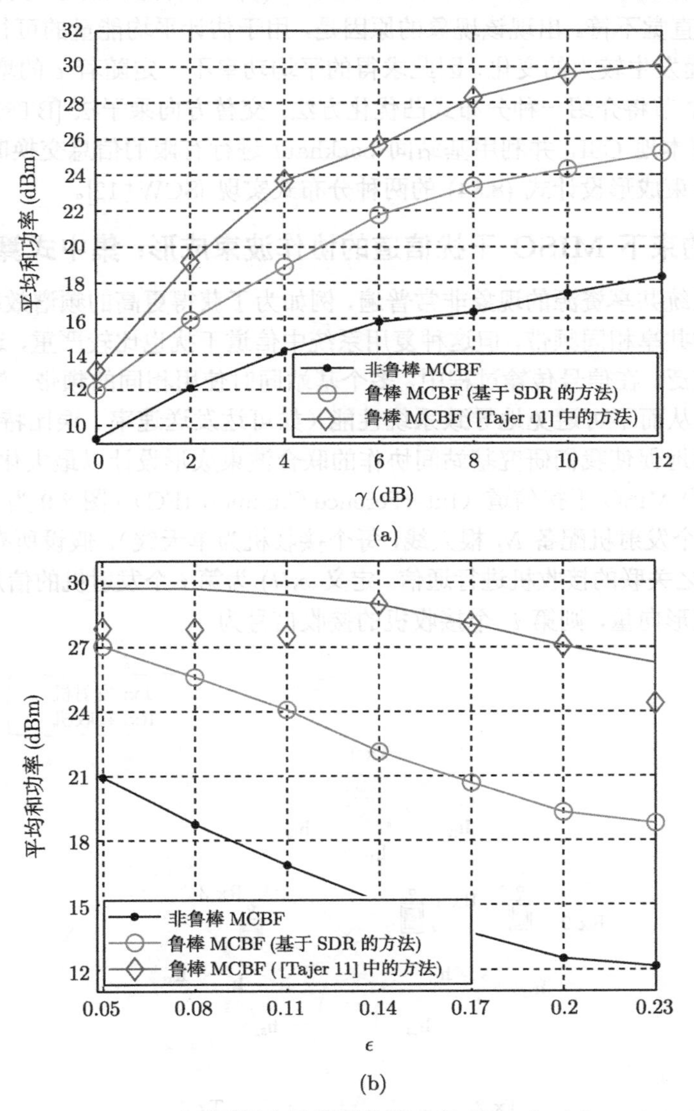

图 8.8　$N_c = 2$、$K = 4$、$N_t = 6$ 时不同方法的平均和功率（dBm）。(a) $\epsilon = 0.1$，(b) $\gamma = 10$ dB（©2012 IEEE. Reprinted, with permission, from C. Shen, T.-H. Chang, K.-Y. Wang, Z. Qiu, and C.-Y. Chi, "Distributed Robust Multi-Cell Coordinated Beamforming with Imperfect CSI: An ADMM Approach," Jun. 2012.）

7000 个信道实现中，图 8.8 中每个结果由三种方法均可行的信道实现求平均获得。需要强调的是，在该图给出的所有结果中，SDR 问题式 (8.84) 都产生秩-1 解。从图 8.8 中可以看出，相对于非鲁棒设计，鲁棒 MCBF 设计需要更高的平均发射功率，这是最坏情况下保证优良性能的代价。同时，基于 SDR 的方法比文献 [TPW11] 中的方法具有更高的能量效率。例如，对于图 8.8(a) 中 $\gamma = 10$ dB 的情况，基于 SDR 方法需要大约 24 dBm 的功率，而文献 [TPW11] 方法需要 29 dBm。另一方面，对于图 8.8(b)，三种方法的平均功率均随着 ϵ 的增大而降低，这与直觉不符。出现该现象的原因是，用于估计平均能量的可行信道实现的总数随着 ϵ 的改变而发生较大的变化，因此求得的平均功率不一定随着 ϵ 的增加而增大。

注 8.9 9.7 节将介绍一种分布式凸优化方法：交替方向乘子法 [BT89][BPC+10]。当每个基站仅仅具有本地 CSI，并利用基站间 backhaul 进行有限的信息交换时，利用该方法可以得到集中式波束成形设计式 (8.84) 的两种分布式实现 [SCW+12]。 □

8.5.6 中断约束下 MISO 干扰信道的协作波束成形：集中式算法

多个通信系统共享资源的现象非常普遍，例如为了获得更高的频谱效率，蜂窝无线通信系统中多个基站共享相同频带，但这种复用系统中信道干扰也比较严重，近年来，关于这方面的研究非常广泛。在信号传输过程中，多个基站同时使用相同的频带（资源）将产生严重的小区内干扰，从而不可避免地导致系统性能（如可达发送速率、误比特率或 QoS）下降。这也就自然而然地促使我们研究基站间协作的联合波束成形设计以最大化频谱效率。

考虑 K-用户 MISO 干扰信道（InterFerence Channel，IFC）（图 8.9 为 3-用户 MISO IFC 示意图，其中每个发射机配备 N_t 根天线，每个接收机为单天线）。假设所有发射机使用发射波束成形，同与之关联的接收机进行通信。定义 $s_i(t)$ 为第 i 个发射机的信息信号，$\boldsymbol{w}_i \in \mathbb{C}^{N_t}$ 为相应的波束成形向量，则第 i 个接收机的接收信号为

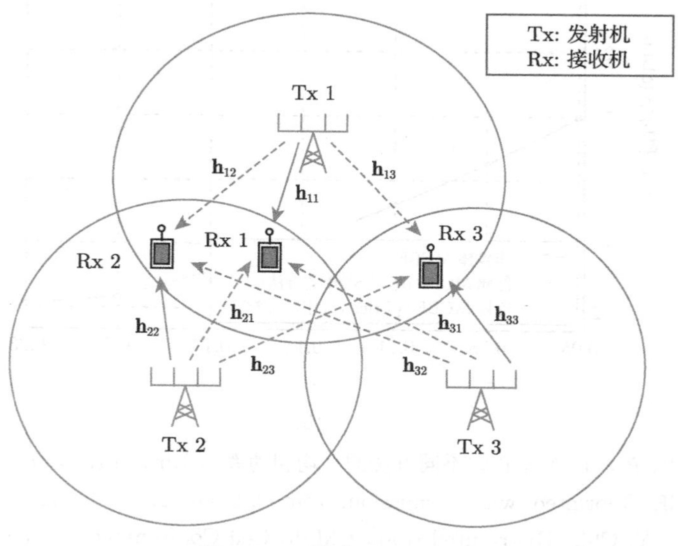

图 8.9 3-用户 MISO IFC

$$x_i(t) = \mathbf{h}_{ii}^{\mathrm{H}} \boldsymbol{w}_i s_i(t) + \sum_{k=1,k\neq i}^{K} \mathbf{h}_{ki}^{\mathrm{H}} \boldsymbol{w}_k s_k(t) + n_i(t) \tag{8.87}$$

其中，$\mathbf{h}_{ki} \in \mathbb{C}^{N_t}$ 表示从第 k 个发射机到第 i 个接收机的信道向量，$n_i(t) \sim \mathcal{CN}(0, \sigma_i^2)$ 为第 i 个接收机处均值为 0、方差为 $\sigma_i^2 > 0$ 的加性噪声。假设所有接收机使用单用户检测，即将链路间干扰视为背景噪声。若发射信号服从高斯分布，即 $s_i(t) \sim \mathcal{CN}(0,1)$，则第 i 个发射–接收机对的瞬时可达速率为

$$\begin{aligned} r_i(\{\mathbf{h}_{ki}\}_k, \{\boldsymbol{w}_k\}) &= \log_2(1 + \mathrm{SINR}_i) \\ &= \log_2\left(1 + \frac{\left|\mathbf{h}_{ii}^{\mathrm{H}} \boldsymbol{w}_i\right|^2}{\sum_{k\neq i} \left|\mathbf{h}_{ki}^{\mathrm{H}} \boldsymbol{w}_k\right|^2 + \sigma_i^2}\right) \text{bps/Hz} \end{aligned} \tag{8.88}$$

其中，$\{\mathbf{h}_{ki}\}_k$ 表示集合 $\{\mathbf{h}_{1i}, \ldots, \mathbf{h}_{Ki}\}$，$\{\boldsymbol{w}_k\}$ 表示集合 $\{\boldsymbol{w}_1, \ldots, \boldsymbol{w}_K\}$；$\mathrm{SINR}_i$ 表示用户 i 的 SINR（参考式 (8.87)），为式 (8.88) 圆括号中的第二项。

假设信道系数 $\mathbf{h}_{ki}$ 是快衰落的，且发射机只知道信道的统计信息，即信道分布信息（Channel Distribution Information, CDI）。假设对于任意的 $k, i = 1, \ldots, K$，都有 $\mathbf{h}_{ki} \sim \mathcal{CN}(\mathbf{0}, \mathbf{Q}_{ki})$，其中 $\mathbf{Q}_{ki} \succeq \mathbf{0}$ 表示所有发射机均已知的信道协方差矩阵。因为在 CSI 未知的情况下难以得到发射速率 R_i，因此当发射速率 R_i 高于系统可以容忍的瞬时容量时，通信将会中断。对于一组已知的中断概率要求 $(\epsilon_1, \ldots, \epsilon_K)$，为了保证系统的可靠性，波束成形向量集 $\{\boldsymbol{w}_k\}$ 需满足 $\mathrm{Prob}\{r_i(\{\mathbf{h}_{ki}\}_k, \{\boldsymbol{w}_k\}) < R_i\} \leqslant \epsilon_i$。

已知一组中断要求 $(\epsilon_1, \ldots, \epsilon_K)$ 及基站各自的功率预算 $(P_1, \ldots, P_K)$，我们想要设计最优的 $\{\boldsymbol{w}_k\}$ 使得前面定义的系统效用函数 $U(R_1, \ldots, R_K)$ 最大化。为此，我们考虑如下**中断约束下的协作波束成形设计问题**：

$$\max_{\substack{\boldsymbol{w}_i \in \mathbb{C}^{N_t}, R_i \geqslant 0, \\ i=1,\ldots,K}} \quad U(R_1, \ldots, R_K) \tag{8.89a}$$

$$\text{s.t.} \quad \mathrm{Prob}\{r_i(\{\mathbf{h}_{ki}\}_k, \{\boldsymbol{w}_k\}) < R_i\} \leqslant \epsilon_i, \ i = 1, \ldots, K \tag{8.89b}$$

$$\|\boldsymbol{w}_i\|_2^2 \leqslant P_i, \quad i = 1, \ldots, K \tag{8.89c}$$

注意，因为每个用户各自都更倾向于获得更高发射速率，因此效用函数 $U(R_1, \ldots, R_K)$ 应当分别关于 $R_1, \ldots, R_K$ 单调递增。另外，当考虑到用户公平性时，效用函数 $U(R_1, \ldots, R_K)$ 应当是关于 $R_1, \ldots, R_K$ 的联合凹函数。因此，假设 $U(R_1, \ldots, R_K)$ 为 $\mathbb{R}_+^K$ 上递增的凹函数。在这种情况下，求解式 (8.89) 问题的难点在于概率约束式 (8.89b)。在无线通信和计算网络中，广泛应用的三个系统效用函数分别如下。

- 加权和速率：

$$U_S(R_1, \ldots, R_K) = \sum_{i=1}^{K} \alpha_i R_i$$

- 加权几何平均速率：

$$U_G(R_1, \ldots, R_K) = \prod_{i=1}^{K} R_i^{\alpha_i}$$

- 加权调和平均速率：

$$U_H(R_1,\ldots,R_K)=\frac{1}{\sum\limits_{i=1}^{K}\alpha_i R_i^{-1}}$$

其中，系数 $\alpha_1,\ldots,\alpha_K$ 表示用户优先级，对于任意 $i=1,\ldots,K$ 满足 $\alpha_i\in[0,1]$ 且 $\sum_{i=1}^{K}\alpha_i=1$。可以看出，对于任意 i，只要 $\alpha_i>0$，则 U_S、U_G 及 U_H 均关于 R_i 严格递增（即 $\mathbb{R}_+^K$ 增）；此外，U_S 是凹函数，且最大化 U_G 及 U_H 分别等价于最大化凹函数 $\sum_{i=1}^{K}\alpha_i\ln R_i$ 及 $-\sum_{i=1}^{K}\alpha_i R_i^{-1}$。此外仍需注意的是，最大化 U_S、U_G 及 U_H 分别等价于获得最大吞吐量准则、比例公平（Proportional Fairness）准则及用户潜在时延最小化准则 [BM01]。

根据文献 [KB02] 给出的概率函数式 (8.89b) 的闭式表达式，问题式 (8.89) 可表示为

$$\max_{\substack{\boldsymbol{w}_i\in\mathbb{C}^{N_t},R_i\geqslant 0,\\ i=1,\ldots,K}}\quad U(R_1,\ldots,R_K) \tag{8.90a}$$

$$\text{s.t.}\quad \rho_i\ \exp\left(\frac{(2^{R_i}-1)\sigma_i^2}{\boldsymbol{w}_i^{\mathrm{H}}\mathbf{Q}_{ii}\boldsymbol{w}_i}\right)\prod_{k\neq i}\left(1+\frac{(2^{R_i}-1)\boldsymbol{w}_k^{\mathrm{H}}\mathbf{Q}_{ki}\boldsymbol{w}_k}{\boldsymbol{w}_i^{\mathrm{H}}\mathbf{Q}_{ii}\boldsymbol{w}_i}\right)\leqslant 1 \tag{8.90b}$$

$$\|\boldsymbol{w}_i\|_2^2\leqslant P_i,\ i=1,\ldots,K \tag{8.90c}$$

其中，$\rho_i\triangleq 1-\epsilon_i$。由于式 (8.90b) 是一个复杂的非凸约束，问题式 (8.90) 很难求解，目前还没有得到有效的解决方法，直到最近，李威锖等人给出了一种近似解 [LCLC11][LCLC13]。

下面介绍如何通过 SDR 及其他关于式 (8.90b) 约束的凸近似方法得到近似解。

求解该问题的核心是找到式 (8.90b) 的一个凸近似。首先，利用 SDR 将式 (8.90) 近似为

$$\max_{\substack{\mathbf{W}_i\in\mathbb{H}^{N_t},R_i\geqslant 0,\\ i=1,\ldots,K}}\quad U(R_1,\ldots,R_K) \tag{8.91a}$$

$$\text{s.t.}\quad \rho_i\exp\left(\frac{(2^{R_i}-1)\sigma_i^2}{\mathrm{Tr}(\mathbf{W}_i\mathbf{Q}_{ii})}\right)\prod_{k\neq i}\left(1+\frac{(2^{R_i}-1)\mathrm{Tr}(\mathbf{W}_k\mathbf{Q}_{ki})}{\mathrm{Tr}(\mathbf{W}_i\mathbf{Q}_{ii})}\right)\leqslant 1 \tag{8.91b}$$

$$\mathrm{Tr}(\mathbf{W}_i)\leqslant P_i \tag{8.91c}$$

$$\mathbf{W}_i\succeq\mathbf{0},\ i=1,\ldots,K \tag{8.91d}$$

然而由于存在非凸约束式 (8.91b)，问题式 (8.91) 依然是非凸的。因此，需要对式 (8.91) 进一步近似。

显然，SDR 扩大了问题的可行集，与之相对，第二次近似是保守近似，即需要保证得到的解对于问题式 (8.91) 依然可行。为了得到近似的凸约束，首先定义如下辅助变量：对于任意 $i,k=1,\ldots,K$，令

$\mathrm{e}^{x_{ki}}\triangleq\mathrm{Tr}(\mathbf{W}_k\mathbf{Q}_{ki})$ （从发射机 k 到用户 i 的干扰功率）

$\mathrm{e}^{y_i}\triangleq 2^{R_i}-1$ （关于速率 R_i 的 SINR_i）

$z_i\triangleq\dfrac{2^{R_i}-1}{\mathrm{Tr}(\mathbf{W}_i\mathbf{Q}_{ii})}=e^{y_i-x_{ii}}$ （用户 i 的干扰和噪声功率之和的倒数）

上述辅助变量 x_{ki}、y_i 及 z_i 将使式 (8.91b) 转化为凸约束，但是它们也引入了一系列非凸不等式约束，需要继续进行近似处理，式 (8.91) 可等价为

$$\max_{\substack{(\mathbf{W}_1,\ldots,\mathbf{W}_K)\in\mathcal{S},\\ R_i\geqslant 0, x_{ki}, y_i, z_i\in\mathbb{R},\\ k,i=1,\ldots,K}} \quad U(R_1,\ldots,R_K) \tag{8.92a}$$

$$\text{s.t.} \quad \rho_i \mathrm{e}^{\sigma_i^2 z_i}\prod_{k\neq i}\left(1+\mathrm{e}^{-x_{ii}+x_{ki}+y_i}\right)\leqslant 1 \tag{8.92b}$$

$$\mathrm{Tr}(\mathbf{W}_k\mathbf{Q}_{ki})\leqslant \mathrm{e}^{x_{ki}}, \quad k\in\mathcal{K}_i^c \tag{8.92c}$$

$$\mathrm{Tr}(\mathbf{W}_i\mathbf{Q}_{ii})\geqslant \mathrm{e}^{x_{ii}} \tag{8.92d}$$

$$R_i\leqslant \log_2(1+\mathrm{e}^{y_i}) \tag{8.92e}$$

$$\mathrm{e}^{y_i-x_{ii}}\leqslant z_i \tag{8.92f}$$

其中，$\mathcal{K}_i^c\triangleq\{1,\ldots,i-1,i+1,\ldots,K\}$，$\mathcal{S}$ 的定义见式 (8.93)。注意，式 (8.92) 仅在不等式约束式 (8.92b)~ 式 (8.92f) 取等号时取得最优解，因此可以保证得到与式 (8.91) 相同的最优解。例如，若不等式 (8.92e) 等号不成立，则可以通过增加 R_i 使得效用函数 $U(R_1,\ldots,R_K)$ 进一步增加，直到等号成立；若最优解使得不等式 (8.92f) 等号不成立，则可以找到另一个可行点，其具有更小的 z_i，更大的 y_i 及 R_i，且保证式 (8.92b)、式 (8.92e)、式 (8.92f) 依然可行，但却可以得到更大 $U(R_1,\ldots,R_K)$。

仍需注意，若最优解在式 (8.92c) 及式 (8.92d) 中满足 $\mathrm{Tr}(\mathbf{W}_i\mathbf{Q}_{ik})=0$，则最优解 x_{ik} 将会是不可达的负无穷，因此在求解后面的问题式 (8.96) 时可能产生某些数值问题。为此，令式 (8.92) 中的 $\mathbf{W}_1,\ldots,\mathbf{W}_K$ 存在于以下子集内部

$$\mathcal{S}\triangleq\left\{(\mathbf{W}_1,\ldots,\mathbf{W}_K)\;\middle|\; \begin{array}{l}\mathbf{W}_i\succeq\mathbf{0}, \mathrm{Tr}(\mathbf{W}_i)\leqslant P_i,\\ \mathrm{Tr}(\mathbf{W}_i\mathbf{Q}_{ik})\geqslant\delta\ \forall i,k=1,\ldots,K\end{array}\right\} \tag{8.93}$$

其中，δ 是一个比较小的正数。可以看到，通过这一转换，式 (8.92b) 已经变为凸约束。此外，约束式 (8.92d) 和式 (8.92f) 也是凸的。尽管式 (8.92c) 和式 (8.92e) 仍旧非凸，但它们相较于原始约束式 (8.91b) 已经更容易处理了。

令 $\{\bar{\boldsymbol{w}}_i,\bar{R}_i\}_{i=1}^K$ 为式 (8.90) 的一个可行点。定义

$$\bar{x}_{ki}\triangleq\ln(\bar{\boldsymbol{w}}_k^{\mathrm{H}}\mathbf{Q}_{ki}\bar{\boldsymbol{w}}_k),\ k=1,\ldots,K \tag{8.94a}$$

$$\bar{y}_i\triangleq\ln(2^{\bar{R}_i}-1),\ i=1,\ldots,K \tag{8.94b}$$

分别为辅助变量 x_{ki} 及 y_i 在这个可行点的值。由凸函数 $\mathrm{e}^{x_{ki}}$ 及 $\log_2(1+\mathrm{e}^{y_i})$ 的一阶条件（参考式 (3.16)），可以分别得到式 (8.92c) 中 $\mathrm{e}^{x_{ki}}$ 及式 (8.92e) 中 $\log_2(1+\mathrm{e}^{y_i})$ 的下界，即

$$\mathrm{e}^{\bar{x}_{ki}}(x_{ki}-\bar{x}_{ki}+1)\leqslant \mathrm{e}^{x_{ki}} \tag{8.95a}$$

$$\frac{1}{\ln 2}\left(\ln(1+\mathrm{e}^{\bar{y}_i})+\frac{\mathrm{e}^{\bar{y}_i}(y_i-\bar{y}_i)}{1+\mathrm{e}^{\bar{y}_i}}\right)\leqslant\log_2(1+\mathrm{e}^{y_i}) \tag{8.95b}$$

那么，由式 (8.95) 可得式 (8.92) 的一个保守近似

$$\max_{\substack{(\mathbf{W}_1,\ldots,\mathbf{W}_K)\in\mathcal{S},R_i\geqslant 0,\\ x_{ki},y_i,z_i\in\mathbb{R},\\ k,i=1,\ldots,K}} \quad U(R_1,\ldots,R_K) \tag{8.96a}$$

$$\text{s.t.} \quad \rho_i \mathrm{e}^{\sigma_i^2 z_i}\prod_{k\neq i}\left(1+\mathrm{e}^{-x_{ii}+x_{ki}+y_i}\right)\leqslant 1 \tag{8.96b}$$

$$\mathrm{Tr}(\mathbf{W}_k\mathbf{Q}_{ki})\leqslant \mathrm{e}^{\bar{x}_{ki}}(x_{ki}-\bar{x}_{ki}+1),\quad k\in\mathcal{K}_i^c \tag{8.96c}$$

$$\mathrm{Tr}(\mathbf{W}_i\mathbf{Q}_{ii})\geqslant \mathrm{e}^{x_{ii}} \tag{8.96d}$$

$$R_i\leqslant \frac{1}{\ln 2}\left(\ln(1+\mathrm{e}^{\bar{y}_i})+\frac{\mathrm{e}^{\bar{y}_i}}{1+\mathrm{e}^{\bar{y}_i}}(y_i-\bar{y}_i)\right) \tag{8.96e}$$

$$\mathrm{e}^{y_i-x_{ii}}\leqslant z_i \tag{8.96f}$$

该问题是一个凸问题，我们可以得到它的最优解。

问题式 (8.96) 是对问题式 (8.92) 在式 (8.94) 中给出的可行点 $\{\bar{\boldsymbol{w}}_i,\bar{R}_i\}_{i=1}^K$ 处近似得到的。基于式 (8.96) 的最优解 $(\{\mathbf{W}_i\},\{R_i\})$ 连续地近似式 (8.92)，可以改善该算法近似的效果，这种方法就是 SCA 算法（参考 4.7 节），相关内容在算法 8.1 中进行了描述。此外，图 8.10 说明了 SCA 算法两次相邻迭代的过程。

算法 8.1 解决问题式 (8.89) 的 SCA 算法

1: 给定 $(\widehat{\boldsymbol{w}}_1\widehat{\boldsymbol{w}}_1^{\mathrm{H}},\ldots,\widehat{\boldsymbol{w}}_K\widehat{\boldsymbol{w}}_K^{\mathrm{H}})\in\mathcal{S}$ 及 $(\widehat{R}_1,\ldots,\widehat{R}_K)$ 为式 (8.91) 的可行解。
2: 设对于任意 $i=1,\ldots,K$，有 $\widehat{\mathbf{W}}_i=\widehat{\boldsymbol{w}}_i\widehat{\boldsymbol{w}}_i^{\mathrm{H}}$。
3: **repeat**
4: 　设 对于任意 $k\in\mathcal{K}_i^c$，$\bar{y}_i=\ln(2^{\widehat{R}_i}-1)$, $\forall\, i=1,\ldots,$，有 $\bar{x}_{ki}=\ln(\widehat{\mathbf{W}}_k\mathbf{Q}_{ki})$；
5: 　得到 问题式 (8.96) 的最优解 $(\{\widehat{\mathbf{W}}_i\},\{\widehat{R}_i\},\{\hat{x}_{ik}\},\{\hat{y}_i\},\{\hat{z}_i\})$；
6: **until** 达到预设的停止准则。
7: 若 $\widehat{\mathbf{W}}_i$ 是秩-1 的，则对于任意 i，可通过分解 $\widehat{\mathbf{W}}_i=\boldsymbol{w}_i^{\star}(\boldsymbol{w}_i^{\star})^{\mathrm{H}}$ 得到 $\boldsymbol{w}_i^{\star}$；否则，采用高斯随机化得到式 (8.89) 的秩-1 可行近似解。

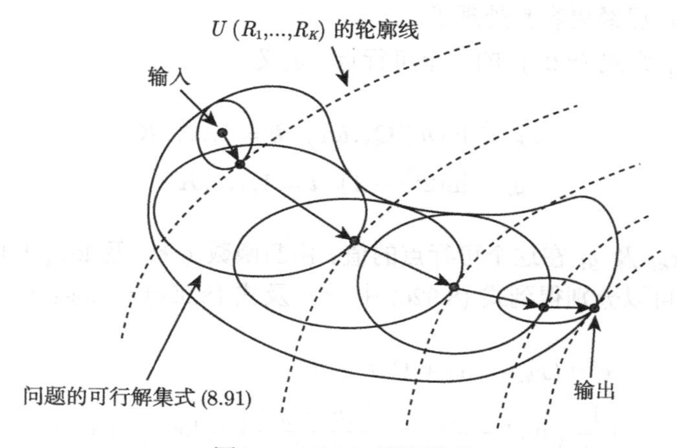

图 8.10　SCA 算法说明

问题式 (8.90) 的 Pareto 界由可达集合 $(R_1,\ldots,R_K)$ 的所有极大元构成，其中可达集合通过求解与式 (8.90) 具有相同可行集的向量最大化问题而得到。

$$
\begin{aligned}
\underset{\substack{\boldsymbol{w}_i\in\mathbb{C}^{N_t},R_i\geqslant 0,\\ i=1,\ldots,K}}{\text{maximize}}\quad & (\text{w.r.t. } \mathcal{K}=\mathbb{R}_+^K)\quad \boldsymbol{R}\triangleq(R_1,\ldots,R_K)\\
\text{s.t.}\quad & \rho_i\ \exp\left(\frac{(2^{R_i}-1)\sigma_i^2}{\boldsymbol{w}_i^{\mathrm{H}}\mathbf{Q}_{ii}\boldsymbol{w}_i}\right)\prod_{k\neq i}\left(1+\frac{(2^{R_i}-1)\boldsymbol{w}_k^{\mathrm{H}}\mathbf{Q}_{ki}\boldsymbol{w}_k}{\boldsymbol{w}_i^{H}\mathbf{Q}_{ii}\boldsymbol{w}_i}\right)\leqslant 1\\
& \|\boldsymbol{w}_i\|_2^2\leqslant P_i,\ i=1,\ldots,K
\end{aligned}
\tag{8.97}
$$

注意，目标函数 $R=(R_1,\ldots,R_K)$ 是 $\mathcal{K}$-凹的，但是由于具有非凸不等式约束，整个问题依然是非凸的。

从问题式 (8.97) 的中断概率约束中，可以得到关于可达速率集 $\mathcal{O}$（即可达目标值集合）及 Pareto 界 $\mathcal{P}$（即 $\mathcal{O}$ 的极大元集合）的一些非常有趣的性质：$\mathcal{O}$ 是一个 normal set（参考式 (4.134)），若 $\boldsymbol{R}_1\in\mathcal{O}$，则 $\boldsymbol{R}_2\in\mathcal{O}$ 对任意 $\mathbf{0}\preceq_{\mathcal{K}}\boldsymbol{R}_2\preceq_{\mathcal{K}}\boldsymbol{R}_1$ 均成立；$\mathcal{O}$ 可能不是一个凸集，与此同时 $\mathcal{O}$ 和 $\mathcal{P}$ 是连续的闭集。因此，当系统效用函数 $U(\boldsymbol{R})$ 为 $\mathcal{K}$-增时，问题式 (8.90) 的任意最优解 $\boldsymbol{R}$ 都是 Pareto 界上的点。这些性质可以在如下仿真中清晰地观察到。

下面给出一些仿真结果来说明 SCA 算法的效果。假设所有接收机具有相同的噪声功率，即 $\sigma_1^2=\cdots=\sigma_K^2=\sigma^2$；所有发射功率约束设为 1，即 $P_1=\cdots=P_K=1$。式 (8.93) 中的参数 δ 设为 10^{-5}，且信道协方差矩阵 $\mathbf{Q}_{ki}$ 随机生成。

对于一个随机产生的两用户 MISO IFC 系统，每个发射机具有 4 根天线（即 $K=2$，$N_t=4$），SCA 算法每次迭代产生的速率组 (R_1,R_2) 如图 8.11 所示，其中“Pareto 界”表示所有可达速率组的集合的右上界，可达速率集合可通过穷举搜索得到。由图 8.11 可得，三个效用函数和用户优先级权重 $(\alpha_1,\alpha_2)=(1/2,1/2)$（见图 8.11(a)）及 $(\alpha_1,\alpha_2)=(2/3,1/3)$（见图 8.11(b)）的 SCA 算法都收敛到了全局最优点。

我们还比较了在不同的相对交叉链路干扰强度下 SCA 算法的平均性能和该算法通过穷举搜索获得的全局最优解，定义相对交叉链路干扰强度为

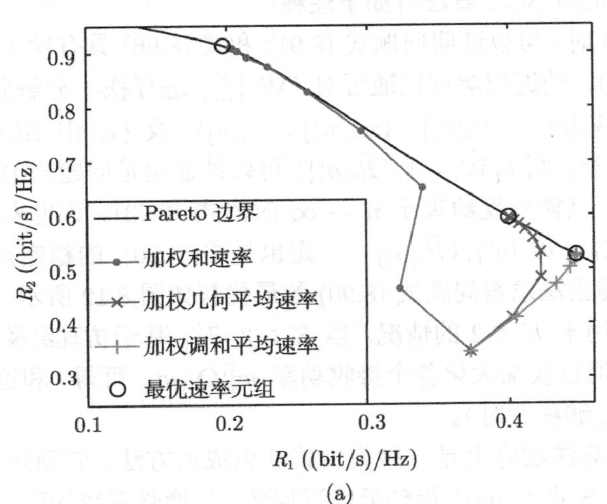

(a)

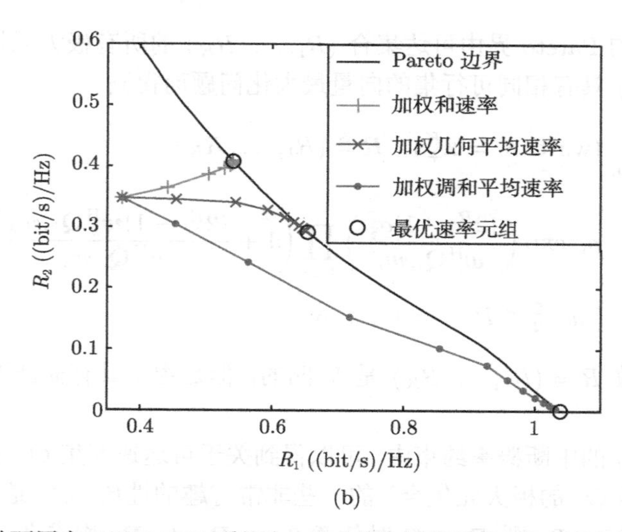

(b)

图 8.11 在 $N_t = 4$ 的两用户 MISO IFC 系统中，最大化加权和速率、加权几何平均速率和加权调和平均速率问题的 SCA 算法的收敛轨迹。图 (a) 的用户优先级权重为 $(\alpha_1, \alpha_2) = \left(\frac{1}{2}, \frac{1}{2}\right)$，图 (b) 的用户优先级的权重为 $(\alpha_1, \alpha_2) = \left(\frac{2}{3}, \frac{1}{3}\right)$（©2013 IEEE. Reprinted, with permission, from W.-C. Li, T.-H. Chang, C. Lin, and C.-Y. Chi, "Coordinated Beamforming for Multiuser MISO Interference Channel Under Rate Outage Constraints," Mar. 2013.）

$$\eta \triangleq \frac{\lambda_{\max}(\mathbf{Q}_{ki})}{\lambda_{\max}(\mathbf{Q}_{ii})}, \quad \forall\, i = 1, \ldots, K,\ k \neq i$$

从图 8.12(a) 中可以看出，对于不同的 $1/\sigma^2$ 值和干扰级别，SCA 算法实现了与穷举搜索方法几乎相同的平均加权和速率。同样，可以从图 8.12(b) 观察到，对于加权调和平均速率，SCA 算法也得到了最优近似解。

结束本节前，我们对 SCA 算法有如下注释：

注 8.10 $K \leqslant 3$ 时，可以证明问题式 (8.91) 和式 (8.96) 具有秩-1 最优解 $\{\mathbf{W}_i\}_{i=1}^K$。在这种情况下，式 (8.90) 的近似解可以通过对 $\{\mathbf{W}_i\}_{i=1}^K$ 进行秩-1 分解获得。 □

注 8.11 令 $\{\widehat{\mathbf{W}}_i[n]\}$、$\{\widehat{R}_i[n]\}$、$\{\hat{x}_{ik}[n]\}$、$\{\hat{y}_i[n]\}$ 及 $\{\hat{z}_i[n]\}$ 定义为 SCA 算法的第 n 次迭代中得到的最优解，则 $(\{\widehat{\mathbf{W}}_i[n]\}, \{\widehat{R}_i[n]\})$ 可以被证明是问题式 (8.91) 的稳定点，即式 (8.90) 的 SDR 问题，且额外受约束于 $n \to \infty$ 时的式 (8.93)。这也表明当 $n \to \infty$ 时，若 $\{\widehat{\mathbf{W}}_i[n]\}$ 的秩为 1，则 $(\{\widehat{\mathbf{W}}_i[n]\}, \{\widehat{R}_i[n]\})$ 一定也是式 (8.90) 的稳定点。 □

注 8.12 穷举搜索法求得问题式 (8.90) 的最优解如图 8.12 所示，由于计算复杂度相当高，因此该方法仅适用于 $K \leqslant 2$ 的情况。当 $K \geqslant 3$ 时，基于仿真经验，SCA 算法的性能优于最大比传输算法（通过仅最大化各个接收功率 $\boldsymbol{w}_i^{\mathrm{H}}\mathbf{Q}_{ii}\boldsymbol{w}_i$ 可得）和迫零波束形成器（当信道协方差矩阵 $\mathbf{Q}_{ki}$ 足够秩亏时）。 □

注 8.13 SCA 算法实际上是一种集中式波束成形方法，它通过求解一系列复杂度为 $\mathcal{O}(K^2)$ 的子问题（参考式 (8.96)）得到最优近似解。为增强系统的可扩展性，可开发分布式算法，其中每个发射机仅利用本地 CDI 设计其波束向量，这一分布式算法也可以得到问题

式 (8.91) 的稳定点（详见文献 [LCLC13]）。所得到的分布式 SCA（DSCA）算法，在每次迭代中需要求解的子问题的规模为 $\mathcal{O}(K)$。 □

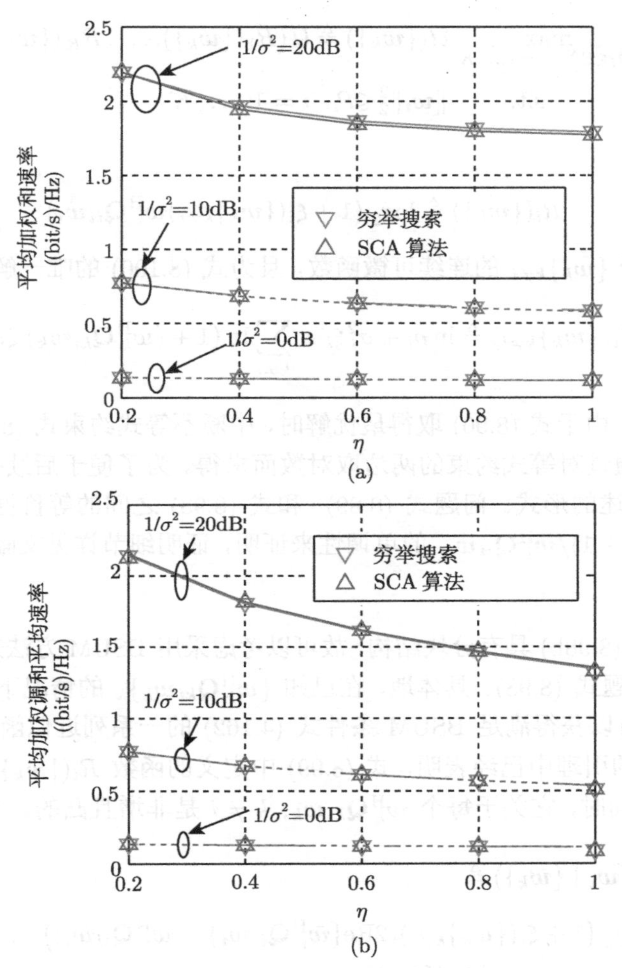

图 8.12 $K=2$，$N_t=4$，用户优先级权重 $(\alpha_1,\alpha_2)=\left(\frac{1}{2},\frac{1}{2}\right)$，SCA 算法在平均加权和速率（图 (a)）和平均加权调和平均速率（图 (b)）中的平均性能。其中每个结果通过对 500 次实现 $\{\mathbf{Q}_{ki}\}$ 的平均获得（©2013 IEEE. Reprinted, with permission, from W.-C. Li, T.-H. Chang, C. Lin, and C.-Y. Chi, "Coordinated Beamforming for Multiuser MISO Interference Channel Under Rate Outage Constraints," Mar. 2013.）

8.5.7 中断约束下 MISO 干扰信道的协作波束成形：基于 BSUM 的高效算法

虽然 SCA 算法（DSCA 算法）仅涉及求解一系列凸 SDP 问题（参考式 (8.96)），但子问题的结构往往比较复杂，此外，问题大小随 $\mathcal{O}(K^2)$（$\mathcal{O}(K)$）增加而增大。因此，在实际应用中需要进一步减少计算负荷，特别是对于 K 值很大的情况。本节将介绍两种基于 BSUM 的方法（参考 4.7 节），且不需要求解任何 SDP 问题。作为 SCA 算法的一种，它们也可以得到中断约束下的协作波束形成问题式 (8.89) 的稳定点 [LCC15b]。

这两种有效算法的核心是如何将式 (8.89) 等价变换为

$$\max_{\boldsymbol{w}_i\in\mathbb{C}^{N_t},\ i=1,\ldots,K} \ \mathcal{U}(\{\boldsymbol{w}_k\})\triangleq U\big(R_1(\{\boldsymbol{w}_k\}),\ldots,R_K(\{\boldsymbol{w}_k\})\big) \tag{8.98a}$$

$$\text{s.t.} \quad \|\boldsymbol{w}_i\|_2^2\leqslant P_i,\ i=1,\ldots,K \tag{8.98b}$$

其中

$$R_i(\{\boldsymbol{w}_k\})\triangleq\log_2\big(1+\xi_i(\{\boldsymbol{w}_k\}_{k\neq i})\boldsymbol{w}_i^{\mathrm{H}}\mathbf{Q}_{ii}\boldsymbol{w}_i\big) \tag{8.99}$$

$\xi_i(\{\boldsymbol{w}_k\}_{k\neq i})$ 是关于 $\{\boldsymbol{w}_k\}_{k\neq i}$ 的连续可微函数，且为式 (8.100) 的唯一解。

$$\Phi_i(\xi_i,\{\boldsymbol{w}_k\}_{k\neq i})\triangleq\ln\rho_i+\sigma_i^2\xi_i+\sum_{k\neq i}\ln\big(1+(\boldsymbol{w}_k^{\mathrm{H}}\mathbf{Q}_{ki}\boldsymbol{w}_k)\cdot\xi_i\big)=0 \tag{8.100}$$

其中，$i=1,\ldots,K$。由于式 (8.90) 取得最优解时，中断不等式约束式 (8.90b) 一定等号成立，因此式 (8.100) 可通过对等式约束的两边取对数而求得。为了便于后续推导，我们将中断约束函数写成如上所述的形式。问题式 (8.89) 和式 (8.98) 之间的等价性可以利用式 (8.90b) 左侧函数关于 $(2^{R_i}-1)/\boldsymbol{w}_i^{\mathrm{H}}\mathbf{Q}_{ii}\boldsymbol{w}_i$ 的单调性来证明，证明细节详见文献 [LCC15a]。

A. BSUM 方法

由于约束集式 (8.98b) 具有分块结构，故可以考虑采用 BSUM 方法来设计分布式的低复杂度算法以处理问题式 (8.98)。具体地，在已知 $\{\boldsymbol{w}_k^{\mathrm{H}}\mathbf{Q}_{ki}\boldsymbol{w}_k\}_k$ 的情况下，利用 $R_i(\{\boldsymbol{w}_k\})$ 的单调性和凸/凹性可以获得满足 BSUM 条件式 (4.162) 的一系列近似函数（参考式 (8.99)）。在文献 [LCC15b] 的引理中已经表明，式 (8.99) 中定义的函数 $R_i(\{\boldsymbol{w}_k\})$ 关于 $\boldsymbol{w}_i^{\mathrm{H}}\mathbf{Q}_{ii}\boldsymbol{w}_i$ 严格递增且严格凹，同时，它关于每个 $\boldsymbol{w}_k^{\mathrm{H}}\mathbf{Q}_{ki}\boldsymbol{w}_k$，$k\neq i$ 是非增且凸的。令

$$\begin{aligned}&\bar{R}_j^{(i)}(\boldsymbol{w}_i\mid\{\bar{\boldsymbol{w}}_k\})\triangleq\\&\begin{cases}\log_2\big(1+\xi_i(\{\bar{\boldsymbol{w}}_k\}_{k\neq i})(2\mathrm{Re}\{\bar{\boldsymbol{w}}_i^{\mathrm{H}}\mathbf{Q}_{ii}\boldsymbol{w}_i\}-\bar{\boldsymbol{w}}_i^{\mathrm{H}}\mathbf{Q}_{ii}\bar{\boldsymbol{w}}_i)\big),\ j=i\\ R_j(\{\bar{\boldsymbol{w}}_k\})+\dfrac{\partial R_j(\{\bar{\boldsymbol{w}}_k\})}{\partial\boldsymbol{w}_i^{\mathrm{H}}\mathbf{Q}_{ij}\boldsymbol{w}_i}\big(\boldsymbol{w}_i^{\mathrm{H}}\mathbf{Q}_{ij}\boldsymbol{w}_i-\bar{\boldsymbol{w}}_i^{\mathrm{H}}\mathbf{Q}_{ij}\bar{\boldsymbol{w}}_i\big),\ j\neq i\end{cases}\end{aligned} \tag{8.101}$$

对于所有 i 以及所有 $j\neq i$，若 $\partial R_j(\{\bar{\boldsymbol{w}}_k\})/\partial\boldsymbol{w}_i^{\mathrm{H}}\mathbf{Q}_{ij}\boldsymbol{w}_i\leqslant0$，则 $\bar{R}_j^{(i)}(\boldsymbol{w}_i\mid\{\bar{\boldsymbol{w}}_k\})$ 是关于 $\boldsymbol{w}_i$ 的凹函数。注意，式 (8.101) 中定义的 $\bar{R}_i^{(i)}(\boldsymbol{w}_i\mid\{\bar{\boldsymbol{w}}_k\})$ 是对 $R_i(\{\boldsymbol{w}_k\})$ 中的平均信号功率 $\boldsymbol{w}_i^{\mathrm{H}}\mathbf{Q}_{ii}\boldsymbol{w}_i$ 关于 $\boldsymbol{w}_i$ 进行线性化而获得的（参考式 (3.25)）；$\bar{R}_j^{(i)}(\boldsymbol{w}_i\mid\{\bar{\boldsymbol{w}}_k\})$, $\forall\ j\neq i$ 是对中断约束下的可达速率 $R_j(\{\boldsymbol{w}_k\})$ 关于平均干扰功率 $\boldsymbol{w}_i^{\mathrm{H}}\mathbf{Q}_{ij}\boldsymbol{w}_i$ 进行线性化得到的。

此外，式 (8.101) 中的 $\partial R_j(\{\bar{\boldsymbol{w}}_k\})/\partial\boldsymbol{w}_i^{\mathrm{H}}\mathbf{Q}_{ij}\boldsymbol{w}_i$ 可表示为

$$\begin{aligned}\frac{\partial R_j(\{\bar{\boldsymbol{w}}_k\})}{\partial\boldsymbol{w}_i^{H}\mathbf{Q}_{ij}\boldsymbol{w}_i}&=\left.\frac{\partial\log_2(1+\xi_j\cdot\bar{\boldsymbol{w}}_j^{\mathrm{H}}\mathbf{Q}_{jj}\bar{\boldsymbol{w}}_j)}{\partial\xi_j}\right|_{\xi_j=\xi_j(\{\bar{\boldsymbol{w}}_k\}_{k\neq j})}\quad\text{（参考式 (8.99)）}\\&\quad\times\left.\frac{\partial\xi_j(\{\boldsymbol{w}_k\}_{k\neq j})}{\partial\boldsymbol{w}_i^{\mathrm{H}}\mathbf{Q}_{ij}\boldsymbol{w}_i}\right|_{\boldsymbol{w}_k=\bar{\boldsymbol{w}}_k,\forall k\neq i}\end{aligned} \tag{8.102}$$

其中，第二项 $\partial \xi_j(\{\boldsymbol{w}_k\}_{k\neq j})/\partial \boldsymbol{w}_i^{\mathrm{H}}\mathbf{Q}_{ij}\boldsymbol{w}_i$ 的计算并不容易，但可利用隐函数定理对式 (8.100) 进行微分得到。由此使得 $\partial R_j(\{\bar{\boldsymbol{w}}_k\})/\partial \boldsymbol{w}_i^{\mathrm{H}}\mathbf{Q}_{ij}\boldsymbol{w}_i \leqslant 0$ 有一个闭式表达式 [LCC15b]。因此，式 (8.101) 中定义的 $\bar{R}_j^{(i)}(\boldsymbol{w}_i \mid \{\bar{\boldsymbol{w}}_k\}),\ \forall\, i$ 确实是凹的。

因此，参考式 (3.76c)、式 (8.98) 中的可微目标函数 $\mathcal{U}(\{\boldsymbol{w}_i\})$，可用如下函数 $\bar{\mathcal{U}}^{(i)}(\boldsymbol{w}_i \mid \{\bar{\boldsymbol{w}}_k\})$ 近似：

$$\begin{aligned}\bar{\mathcal{U}}^{(i)}(\boldsymbol{w}_i \mid \{\bar{\boldsymbol{w}}_k\}) \triangleq U\left(\bar{R}_1^{(i)}(\boldsymbol{w}_i|\{\bar{\boldsymbol{w}}_k\}),\ldots,\bar{R}_K^{(i)}(\boldsymbol{w}_i|\{\bar{\boldsymbol{w}}_k\})\right)\\ -\frac{c}{2}\|\boldsymbol{w}_i-\bar{\boldsymbol{w}}_i\|_2^2,\ i=1,\ldots,K\end{aligned} \tag{8.103}$$

该近似函数是关于 $\boldsymbol{w}_i$ 的可微凹函数，其中 $c>0$ 是一个惩罚参数，满足 BSUM 条件式 (4.162)（因为式 (8.98) 是最大化问题，除非式 (4.162b) 中的“$\geqslant$”被“$\leqslant$”所替代）。注意式 (8.103) 中的第二项关于 $\bar{\mathcal{U}}^{(i)}(\boldsymbol{w}_i \mid \{\bar{\boldsymbol{w}}_k\})$ 严格凹，保证了问题式 (8.104) 具有唯一解（BSUM 方法的收敛性条件要求）。

由于式 (8.98b) 构成的约束集是一个凸的紧集，且实际上式 (8.98) 的目标函数在约束集的每个点都是正则的（从而满足式 (4.161b)），可以通过算法式 8.2 中总结的 BSUM 方法有效地获得问题式 (8.98) 的稳定点。需要注意的是优化问题：

$$\max_{\|\boldsymbol{w}_i\|_2^2\leqslant P_i}\ \bar{\mathcal{U}}^{(i)}(\boldsymbol{w}_i \mid \{\bar{\boldsymbol{w}}_k\}) \tag{8.104}$$

在算法 8.2 的每一次迭代中都是凸的，由于只有一个简单的 ℓ_2-范数约束，用投影梯度下降法替代内点法，可以有效地求解每次迭代所涉及的凸优化问题（参考注 4.4）。此外，问题式 (8.104) 的规模不再随着 K 的增大而增加。本节的仿真结果表明算法 8.2 不仅在计算效率上，也在性能上优于 DSCA 算法。

算法 8.2 处理问题式 (8.98) 的 BSUM 方法

1: **输入** 一组满足式 (8.98b) 的波束 $\{\bar{\boldsymbol{w}}_i\}$，令 $n:=0$。
2: **repeat**
3: 　令 $n:=n+1$ 且 $i:=(n-1 \bmod K)+1$；
4: 　更新 $\bar{\boldsymbol{w}}_i=\arg\max_{\|\boldsymbol{w}_i\|_2^2\leqslant P_i}\bar{\mathcal{U}}^{(i)}(\boldsymbol{w}_i \mid \{\bar{\boldsymbol{w}}_k\})$（如问题式 (8.104)）；
5: **until** 满足预先设定的收敛条件。
6: **输出** $\{\bar{\boldsymbol{w}}_i\}$ 作为问题式 (8.98) 的近似解。

B. 具有平行结构的 SUM 方法

算法 8.2 是 Gauss–Seidel 算法，依次更新波束。接下来，介绍一个 Jacobi 算法，它在每次迭代时并行更新所有的波束，特别适用于处理加权和速率（WSR）效用函数：

$$\mathcal{U}_{wsr}(\{\boldsymbol{w}_k\}) \triangleq \sum_{i=1}^{K}\alpha_i\log_2\left(1+\xi_i(\{\boldsymbol{w}_k\}_{k\neq i})\boldsymbol{w}_i^{\mathrm{H}}\mathbf{Q}_{ii}\boldsymbol{w}_i\right)$$

该算法基于 BSUM 方法，但只有一个块结构，故称为 SUM 方法（参考注 4.11），利用代理函数来近似 $\mathcal{U}_{wsr}(\{\boldsymbol{w}_k\})$，前者可以分解成 K 个变量块 $\boldsymbol{w}_1,\ldots,\boldsymbol{w}_K$，且在每次迭代中并行更新。

给定一个满足式 (8.98b) 的可行点 $\{\bar{\boldsymbol{w}}_k\}$，$\Phi_i(\zeta_i,\{\boldsymbol{w}_k\}_{k\neq i})$ 的上界如下：

$$\begin{aligned}
\Phi_i(\zeta_i,\{\boldsymbol{w}_k\}_{k\neq i}) &= \ln\rho_i+\sigma_i^2\zeta_i+\sum_{k\neq i}\ln\left(1+\boldsymbol{w}_k^{\rm H}\mathbf{Q}_{ki}\boldsymbol{w}_k\zeta_i\right) \\
&\leqslant \ln\rho_i+\sigma_i^2\zeta_i+\sum_{k\neq i}\ln\left(1+\bar{\boldsymbol{w}}_k^{\rm H}\mathbf{Q}_{ki}\bar{\boldsymbol{w}}_k\bar{\zeta}_i\right)+\sum_{k\neq i}\frac{\boldsymbol{w}_k^{\rm H}\mathbf{Q}_{ki}\boldsymbol{w}_k\zeta_i-\bar{\boldsymbol{w}}_k^{\rm H}\mathbf{Q}_{ki}\bar{\boldsymbol{w}}_k\bar{\zeta}_i}{1+\bar{\boldsymbol{w}}_k^{\rm H}\mathbf{Q}_{ki}\bar{\boldsymbol{w}}_k\bar{\zeta}_i} \\
&= \ln\rho_i+\sum_{k\neq i}\ln\left(1+\bar{\boldsymbol{w}}_k^{\rm H}\mathbf{Q}_{ki}\bar{\boldsymbol{w}}_k\bar{\zeta}_i\right)-\sum_{k\neq i}\frac{\bar{\boldsymbol{w}}_k^{\rm H}\mathbf{Q}_{ki}\bar{\boldsymbol{w}}_k\bar{\zeta}_i}{1+\bar{\boldsymbol{w}}_k^{\rm H}\mathbf{Q}_{ki}\bar{\boldsymbol{w}}_k\bar{\zeta}_i} \\
&\quad +\left(\sigma_i^2+\sum_{k\neq i}\frac{\boldsymbol{w}_k^{\rm H}\mathbf{Q}_{ki}\boldsymbol{w}_k}{1+\bar{\boldsymbol{w}}_k^{\rm H}\mathbf{Q}_{ki}\bar{\boldsymbol{w}}_k\bar{\zeta}_i}\right)\cdot\zeta_i \\
&\triangleq \Psi_i(\zeta_i,\{\boldsymbol{w}_k\}_{k\neq i}\mid\{\bar{\boldsymbol{w}}_k\}_{k\neq i})
\end{aligned} \tag{8.105}$$

其中，$\bar{\zeta}_i=\xi_i(\{\bar{\boldsymbol{w}}_k\}_{k\neq i})$，不等式约束可由凹对数函数的一阶近似得到，即 $\ln(y)\leqslant\ln(x)+(y-x)/x,\forall x,y>0$。与 $\Phi_i(\xi_i,\{\boldsymbol{w}_k\}_{k\neq i})$ 相同，存在唯一的连续可微函数——记作 $\zeta_i(\{\boldsymbol{w}_k\}_{k\neq i}\mid\{\bar{\boldsymbol{w}}_k\}_{k\neq i})$，满足

$$\Psi_i\big(\zeta_i(\{\boldsymbol{w}_k\}_{k\neq i}|\{\bar{\boldsymbol{w}}_k\}_{k\neq i}),\{\boldsymbol{w}_k\}_{k\neq i}\mid\{\bar{\boldsymbol{w}}_k\}_{k\neq i}\big)=0$$

对于任意 $\{\boldsymbol{w}_k\}_{k\neq i}$ 均成立。那么 $\zeta_i(\{\boldsymbol{w}_k\}_{k\neq i}\mid\{\bar{\boldsymbol{w}}_k\}_{k\neq i})$ 具有如下的闭式表达式：

$$\zeta_i(\{\boldsymbol{w}_k\}_{k\neq i}\mid\{\bar{\boldsymbol{w}}_k\}_{k\neq i})=\frac{\gamma_i(\{\bar{\boldsymbol{w}}_k\}_{k\neq i})}{\sigma_i^2+\displaystyle\sum_{j\neq i}\frac{\boldsymbol{w}_j^{\rm H}\mathbf{Q}_{ji}\boldsymbol{w}_j}{1+\bar{\boldsymbol{w}}_j^{\rm H}\mathbf{Q}_{ji}\bar{\boldsymbol{w}}_j\xi_i(\{\bar{\boldsymbol{w}}_k\}_{k\neq i})}} \tag{8.106}$$

其中

$$\begin{aligned}
\gamma_i(\{\bar{\boldsymbol{w}}_k\}_{k\neq i}) &\triangleq \sum_{j\neq i}\frac{\bar{\boldsymbol{w}}_j^{\rm H}\mathbf{Q}_{ji}\bar{\boldsymbol{w}}_j\cdot\xi_i(\{\bar{\boldsymbol{w}}_k\}_{k\neq i})}{1+\bar{\boldsymbol{w}}_j^{\rm H}\mathbf{Q}_{ji}\bar{\boldsymbol{w}}_j\cdot\xi_i(\{\bar{\boldsymbol{w}}_k\}_{k\neq i})}-\ln\rho_i- \\
&\quad \sum_{j\neq i}\ln\left(1+\bar{\boldsymbol{w}}_j^{\rm H}\mathbf{Q}_{ji}\bar{\boldsymbol{w}}_j\cdot\xi_i(\{\bar{\boldsymbol{w}}_k\}_{k\neq i})\right) \\
&= \sum_{j\neq i}\frac{\bar{\boldsymbol{w}}_j^{\rm H}\mathbf{Q}_{ji}\bar{\boldsymbol{w}}_j\cdot\xi_i(\{\bar{\boldsymbol{w}}_k\}_{k\neq i})}{1+\bar{\boldsymbol{w}}_j^{\rm H}\mathbf{Q}_{ji}\bar{\boldsymbol{w}}_j\cdot\xi_i(\{\bar{\boldsymbol{w}}_k\}_{k\neq i})}+\sigma_i^2\xi_i(\{\bar{\boldsymbol{w}}_k\}_{k\neq i}) \quad \text{（根据式 (8.100)）} \\
&> 0,\ \forall\{\bar{\boldsymbol{w}}_k\}_{k\neq i}
\end{aligned} \tag{8.107}$$

从式 (8.105)、式 (8.106) 中可以看到，$\zeta_i(\{\boldsymbol{w}_k\}_{k\neq i}\mid\{\bar{\boldsymbol{w}}_k\}_{k\neq i})$ 是 $\xi_i(\{\boldsymbol{w}_k\}_{k\neq i})$ 的局部紧下界，因为 $\Phi_i(x,\{\boldsymbol{w}_k\}_{k\neq i})$ 关于 x 严格单调递增，这表明函数

$$\widetilde{\mathcal{U}}_{wsr}(\{\boldsymbol{w}_k\}\mid\{\bar{\boldsymbol{w}}_k\})\triangleq\sum_{i=1}^{K}\alpha_i\log_2(1+\zeta_i(\{\boldsymbol{w}_k\}_{k\neq i}|\{\bar{\boldsymbol{w}}_k\}_{k\neq i})\cdot\boldsymbol{w}_i^{\rm H}\mathbf{Q}_{ii}\boldsymbol{w}_i) \tag{8.108}$$

同样是 WSR 效用函数 $\mathcal{U}_{wsr}(\{\boldsymbol{w}_k\})$ 的一个局部紧下界。对于 $i,j=1,\dots,K$，$j\neq i$ 定义

$$\bar{\mathbf{Q}}_{ii}(\{\bar{\boldsymbol{w}}_k\}_{k\neq i})\triangleq\gamma_i(\{\bar{\boldsymbol{w}}_k\}_{k\neq i})\cdot\mathbf{Q}_{ii} \tag{8.109a}$$

$$\bar{\mathbf{Q}}_{ji}(\{\bar{\boldsymbol{w}}_k\}_{k\neq i})\triangleq\left(1+\bar{\boldsymbol{w}}_j^{\rm H}\mathbf{Q}_{ji}\bar{\boldsymbol{w}}_j\xi_i(\{\bar{\boldsymbol{w}}_k\}_{k\neq i})\right)^{-1}\mathbf{Q}_{ji} \tag{8.109b}$$

再通过式 (8.106) 可以进一步将 $\widetilde{\mathcal{U}}_{wsr}(\cdot\mid\cdot)$ 表示为

$$\widetilde{\mathcal{U}}_{wsr}(\{\boldsymbol{w}_k\}\mid\{\bar{\boldsymbol{w}}_k\})=\sum_{i=1}^{K}-\alpha_i\log_2\left(1+\frac{\boldsymbol{w}_i^{\mathrm{H}}\bar{\mathbf{Q}}_{ii}\boldsymbol{w}_i}{\sigma_i^2+\sum_{j\neq i}\boldsymbol{w}_j^{\mathrm{H}}\bar{\mathbf{Q}}_{ji}\boldsymbol{w}_j}\right)^{-1} \tag{8.110}$$

为简化符号表达，将 $\bar{\mathbf{Q}}_{ji}(\{\bar{\boldsymbol{w}}_k\}_{k\neq i})$ 记作 $\bar{\mathbf{Q}}_{ji}$，$\forall\, i,j=1,\ldots,K$。此外，式 (4.42) 和式 (4.43) 给出了 LMMSE 和 SINR 之间的关系，其中

$$\sigma_s^2=1,\ \sigma_n^2=\sigma_i^2+\sum_{j\neq i}\boldsymbol{w}_j^{\mathrm{H}}\bar{\mathbf{Q}}_{ji}\boldsymbol{w}_j,\ \boldsymbol{h}=\bar{\mathbf{Q}}_{ii}^{1/2}\boldsymbol{w}_i \tag{8.111}$$

故利用式 (8.111) 可重写式 (8.110) 为

$$\begin{aligned}&\widetilde{\mathcal{U}}_{wsr}(\{\boldsymbol{w}_k\}\mid\{\bar{\boldsymbol{w}}_k\})\\&=\sum_{i=1}^{K}-\alpha_i\log_2\left(\min_{\boldsymbol{y}_i\in\mathbb{C}^{N_t}}\left|1-\boldsymbol{y}_i^{\mathrm{H}}\bar{\mathbf{Q}}_{ii}^{1/2}\boldsymbol{w}_i\right|^2+(\sigma_i^2+\sum_{j\neq i}\boldsymbol{w}_j^{\mathrm{H}}\bar{\mathbf{Q}}_{ji}\boldsymbol{w}_j)\boldsymbol{y}_i^{\mathrm{H}}\boldsymbol{y}_i\right)\end{aligned} \tag{8.112}$$

接下来，由凸函数 $-\ln(x)\geqslant-\ln\bar{x}+(1-x/\bar{x})$ 的一阶近似，进一步可得 $\tilde{\mathcal{U}}_{wsr}(\cdot\mid\cdot)$ 的局部下紧界：

$$\begin{aligned}&\bar{\mathcal{U}}_{wsr}(\{\boldsymbol{w}_k\}\mid\{\bar{\boldsymbol{w}}_k\})\triangleq\\&\sum_{i=1}^{K}-\alpha_i\log_2\left(\left|1-\bar{\boldsymbol{y}}_i^{\mathrm{H}}\bar{\mathbf{Q}}_{ii}^{1/2}\bar{\boldsymbol{w}}_i\right|^2+(\sigma_i^2+\sum_{j\neq i}\bar{\boldsymbol{w}}_j^{\mathrm{H}}\bar{\mathbf{Q}}_{ji}\bar{\boldsymbol{w}}_j)\bar{\boldsymbol{y}}_i^{\mathrm{H}}\bar{\boldsymbol{y}}_i\right)\\&+\frac{\alpha_i}{\ln 2}\left(1-\frac{|1-\bar{\boldsymbol{y}}_i^{\mathrm{H}}\bar{\mathbf{Q}}_{ii}^{1/2}\boldsymbol{w}_i|^2+(\sigma_i^2+\sum_{j\neq i}\boldsymbol{w}_j^{\mathrm{H}}\bar{\mathbf{Q}}_{ji}\boldsymbol{w}_j)\bar{\boldsymbol{y}}_i^{\mathrm{H}}\bar{\boldsymbol{y}}_i}{|1-\bar{\boldsymbol{y}}_i^{\mathrm{H}}\bar{\mathbf{Q}}_{ii}^{1/2}\bar{\boldsymbol{w}}_i|^2+(\sigma_i^2+\sum_{j\neq i}\bar{\boldsymbol{w}}_j^{\mathrm{H}}\bar{\mathbf{Q}}_{ji}\bar{\boldsymbol{w}}_j)\bar{\boldsymbol{y}}_i^{\mathrm{H}}\bar{\boldsymbol{y}}_i}\right)\end{aligned} \tag{8.113}$$

其中

$$\begin{aligned}\bar{\boldsymbol{y}}_i&=\arg\min_{\boldsymbol{y}_i\in\mathbb{C}^{N_t}}\left|1-\boldsymbol{y}_i^{\mathrm{H}}\bar{\mathbf{Q}}_{ii}^{1/2}\bar{\boldsymbol{w}}_i\right|^2+\left(\sigma_i^2+\sum_{j\neq i}\bar{\boldsymbol{w}}_j^{\mathrm{H}}\bar{\mathbf{Q}}_{ji}\bar{\boldsymbol{w}}_j\right)\boldsymbol{y}_i^{\mathrm{H}}\boldsymbol{y}_i\\&=\frac{\bar{\mathbf{Q}}_{ii}^{1/2}\bar{\boldsymbol{w}}_i}{\sigma_i^2+\sum_{j=1}^{K}\bar{\boldsymbol{w}}_j^{\mathrm{H}}\bar{\mathbf{Q}}_{ji}\bar{\boldsymbol{w}}_j},\ i=1,\ldots,K\quad\text{（根据式 (4.42) 和式 (8.111)）}\end{aligned}$$

这样，我们说明了由式 (8.113) 定义的 $\bar{\mathcal{U}}_{wsr}(\{\boldsymbol{w}_k\}\mid\{\bar{\boldsymbol{w}}_k\})$ 是 $\mathcal{U}_{wsr}(\{\boldsymbol{w}_k\})$ 的紧下界，且满足 SUM 方法的收敛条件 [RHL13] ①（参考注 4.11）；此外，$\bar{\mathcal{U}}_{wsr}(\{\boldsymbol{w}_k\}\mid\{\bar{\boldsymbol{w}}_k\})$ 可以等价表示为（移除所有常数项，并且在双重求和项中将 i 和 j 互换）

$$\bar{\mathcal{U}}_{wsr}(\{\boldsymbol{w}_k\}\mid\{\bar{\boldsymbol{w}}_k\})=\sum_{i=1}^{K}-\bar{\mathcal{U}}^{(i)}(\boldsymbol{w}_i\mid\{\bar{\boldsymbol{w}}_k\}) \tag{8.114}$$

① SUM 方法的收敛条件与 BSUM 方法的收敛条件几乎相同，只是近似函数 $\bar{\mathcal{U}}_{wsr}(\cdot\mid\cdot)$ 不需要有唯一的最大解。

其中

$$\bar{\mathcal{U}}^{(i)}(\boldsymbol{w}_i \mid \{\bar{\boldsymbol{w}}_k\}) = \eta_i|1-\bar{\boldsymbol{y}}_i^{\mathrm{H}}\bar{\mathbf{Q}}_{ii}^{1/2}\boldsymbol{w}_i|^2 + \sum_{j\neq i}\eta_j\big(\boldsymbol{w}_i^{\mathrm{H}}\bar{\mathbf{Q}}_{ij}\boldsymbol{w}_i\big)\bar{\boldsymbol{y}}_j^{\mathrm{H}}\bar{\boldsymbol{y}}_j$$

$$\eta_j \triangleq \frac{\alpha_j}{\ln 2}\left[|1-\bar{\boldsymbol{y}}_j^{\mathrm{H}}\bar{\mathbf{Q}}_{jj}^{1/2}\bar{\boldsymbol{w}}_j|^2 + \big(\sigma_j^2+\sum_{k\neq j}\bar{\boldsymbol{w}}_k^{\mathrm{H}}\bar{\mathbf{Q}}_{kj}\bar{\boldsymbol{w}}_k\big)\bar{\boldsymbol{y}}_j^{\mathrm{H}}\bar{\boldsymbol{y}}_j\right]^{-1}$$

注意，$\bar{\mathcal{U}}^{(i)}(\boldsymbol{w}_i \mid \{\bar{\boldsymbol{w}}_k\})$ 与 $\boldsymbol{w}_i$ 有关，这表明优化变量 $\boldsymbol{w}_1,\ldots,\boldsymbol{w}_K$ 关于 $\bar{\mathcal{U}}_{wsr}(\{\boldsymbol{w}_k\} \mid \{\bar{\boldsymbol{w}}_k\})$ 是全解耦的，因此在 $\{\boldsymbol{w}_k \mid \|\boldsymbol{w}_k\|_2^2 \leqslant P_k\}, k=1,\ldots,K$ 约束下最大化 $\bar{\mathcal{U}}_{wsr}(\{\boldsymbol{w}_k\} \mid \{\bar{\boldsymbol{w}}_k\})$ 的问题可以分解为 K 个凸 QCQP 子问题：

$$\min_{\|\boldsymbol{w}_i\|_2^2\leqslant P_i} \bar{\mathcal{U}}^{(i)}(\boldsymbol{w}_i \mid \{\bar{\boldsymbol{w}}_k\}),\ i=1,\ldots,K \tag{8.115}$$

由于式 (8.115) 是在 ℓ_2-范数约束条件下最小化一个凸二次函数的问题，可通过投影梯度法或 Lagrange 对偶法有效地求解（参考式 (9.151)）。并行算法总结在算法 8.3 中。注意问题式 (8.115) 的规模也不会随着 K 的增大而增加。最后将该算法与 SCA 算法的分布式版本（即 DSCA 算法）进行比较，说明算法 8.2 和算法 8.3 的有效性和高效性。仿真设定与 8.5.6 节相同。

算法 8.3 解决 WSR 效用函数问题式 (8.98) 的 SUM 方法（并行算法）

1: **输入** 一组满足式 (8.98b) 的波束 $\{\bar{\boldsymbol{w}}_i\}$。
2: **repeat**
3: 通过并行求解问题式 (8.115) 更新 $\{\bar{\boldsymbol{w}}_i\}$, $\forall\, i=1,\ldots,K$ ；
4: **until** 满足某预设的收敛准则。
5: **输出** $\{\bar{\boldsymbol{w}}_i\}$ 作为问题式 (8.98) 的近似解。

如图 8.13 所示，算法 8.2（DBSUM）和算法 8.3 （DWMMSE）的平均总和速率几乎相同，且随着用户数和发射天线数的增加而增大；当用户数量增加时，DBSUM 和 DWMMSE 优于 DSCA 算法性能，原因可能是当 $K\geqslant 4$ 时，DSCA 算法涉及 SDR，它的解相对容易陷在一些局部最大值中，因此需要高斯随机化来获得 $\boldsymbol{w}_i$ 的秩-1 解。TDMA 对应的曲线表示通过时分多址方式实现的和速率。显然，即使发射机只知道每个用户的 CDI 信息，允许所有用户同时访问频谱可以达到比 TDMA 更高的频谱效率；此外，性能增益也随着用户数量的增加而增加。

算法 8.2、算法 8.3（不使用并行处理）和 DSCA 算法的平均计算时间（以 s 为单位）如图 8.14 所示。在仿真中，算法 8.2、算法 8.3 和 DSCA 算法中涉及的凸子问题分别通过投影梯度法、Lagrange 对偶法和 CVX 求解。从图 8.14 中可以看出，算法 8.2 的平均计算时间是 $10^2\sim10^3$s，比 DSCA 算法快，算法 8.3 比算法 8.2 大概快 10 倍。这些仿真结果表明算法 8.2 和算法 8.3 的效率比 DSCA 算法更优越。这是因为算法 8.2 和算法 8.3 中涉及的凸子问题相比较简单，且与 DSCA 算法相比解决起来更加高效。

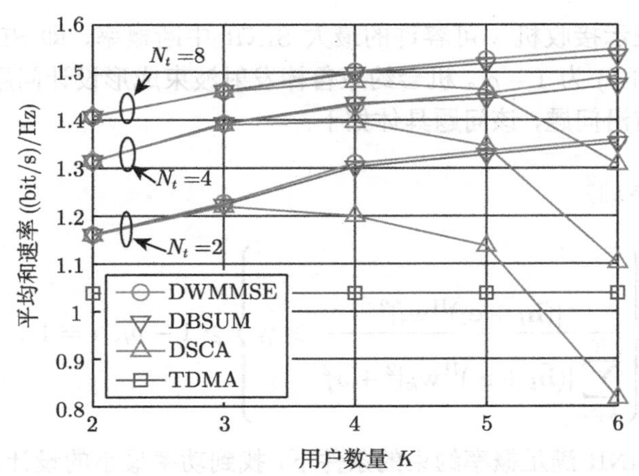

图 8.13 算法 8.2（DBSUM）、算法 8.3（DWMMSE）和 DSCA 算法的复杂度比较，其中 $1/\sigma^2=10$ dB，$\eta=0.5$，$\alpha_1=\cdots=\alpha_K=1$，$\text{rank}(\mathbf{Q}_{ki})=N_t$，对于任意 k,i 均成立（©2015 IEEE. Reprinted, with permission, from W.-C. Li, T.-H. Chang, and C.-Y. Chi, "Multicell Coordinated Beamforming with Rate Outage Constraint–Part II: Efficient Approximation Algorithms," Jun. 2015.）

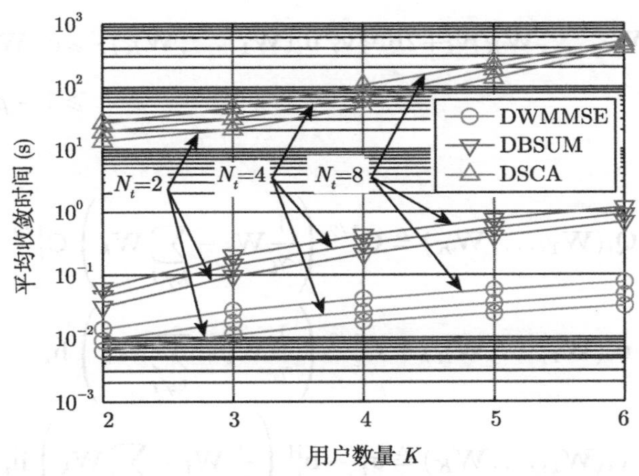

图 8.14 算法 8.2（DBSUM）、算法 8.3（DWMMSE）和 DSCA 算法的性能比较，其中 $1/\sigma^2=10$ dB，$\eta=0.5$，$\alpha_1=\cdots=\alpha_K=1$，$\text{rank}(\mathbf{Q}_{ki})=N_t$，对于任意 k,i 均成立（©2015 IEEE. Reprinted, with permission, from W.-C. Li, T.-H. Chang, and C.-Y. Chi, "Multicell Coordinated Beamforming with Rate Outage Constraint–Part II: Efficient Approximation Algorithms," Jun. 2015.）

8.5.8 中断约束下的鲁棒发射波束成形：单小区 MISO 场景

考虑一个 MISO 系统，其中每个信道误差向量 $\mathbf{e}_i\in\mathbb{C}^{N_t}$ 都是服从高斯分布 $\mathcal{CN}(\mathbf{0},\mathbf{C}_i)$（均值为零，协方差矩阵为 $\mathbf{C}_i$）的独立同分布随机向量。等价地，复高斯 CSI 误差 $\mathbf{e}_i\in\mathbb{C}^{N_t}$ 可以表示为

$$\mathbf{e}_i=\mathbf{C}_i^{1/2}\mathbf{v}_i,\ i=1,\ldots,K \tag{8.116}$$

其中，$\mathbf{C}_i^{1/2}\succeq\mathbf{0}$ 是 $\mathbf{C}_i$ 的 PSD 平方根矩阵，$\mathbf{v}_i\in\mathbb{C}^{N_t}$ 是服从高斯分布的归一化随机向量，即 $\mathbf{v}_i\sim\mathcal{CN}(\mathbf{0},\mathbf{I}_{N_t})$。

令 $\rho_i \in (0,1]$ 表示接收机 i 可容许的最大 SINR 中断概率，即 SINR 满足概率 (SINR Satisfaction Probability) 为 $1-\rho_i$。机会约束鲁棒发射波束成形设计问题 [SD08] 一直以来都是业界广泛研究的前沿问题，该问题具体如下：

$$\min \quad \sum_{k=1}^{K} \|\mathbf{w}_k\|_2^2 \tag{8.117a}$$

$$\text{s.t.} \quad \text{Prob}\left\{\frac{|(\bar{\mathbf{h}}_i+\mathbf{e}_i)^{\mathrm{H}}\mathbf{w}_i|^2}{\sum\limits_{k\neq i}^{K}|(\bar{\mathbf{h}}_i+\mathbf{e}_i)^{\mathrm{H}}\mathbf{w}_k|^2+\sigma_i^2} \geqslant \gamma_i\right\} \geqslant 1-\rho_i,\ i=1,\ldots,K \tag{8.117b}$$

该问题要求在 SINR 满足概率约束的条件下，找到功率最小的设计。求解问题式 (8.117) 是一项具有挑战性的任务，因为式 (8.117b) 中的每个概率 SINR 约束是非凸的，而且不存在任何易处理的闭式表达式。为了求解这个问题，必须将其转化为容易处理的关于 $\mathbf{C}_i$ 和未知变量的确定性约束。

利用 SDR 可将式 (8.117b) 中的机会约束表示为

$$\text{Prob}\Big\{\mathbf{v}_i^{\mathrm{H}}\mathbf{Q}_i(\mathbf{W}_1,\ldots,\mathbf{W}_K)\mathbf{v}_i+2\text{Re}\{\mathbf{v}_i^{\mathrm{H}}\mathbf{u}_i(\mathbf{W}_1,\ldots,\mathbf{W}_K)\}\geqslant c_i(\mathbf{W}_1,\ldots,\mathbf{W}_K)\Big\} \geqslant 1-\rho_i \tag{8.118}$$

其中，$i=1,\ldots,K$。

$$\mathbf{Q}_i(\mathbf{W}_1,\ldots,\mathbf{W}_K) \triangleq \mathbf{C}_i^{1/2}\left(\frac{1}{\gamma_i}\mathbf{W}_i-\sum_{k\neq i}\mathbf{W}_k\right)\mathbf{C}_i^{1/2} \tag{8.119a}$$

$$\mathbf{u}_i(\mathbf{W}_1,\ldots,\mathbf{W}_K) \triangleq \mathbf{C}_i^{1/2}\left(\frac{1}{\gamma_i}\mathbf{W}_i-\sum_{k\neq i}\mathbf{W}_k\right)\bar{\mathbf{h}}_i \tag{8.119b}$$

$$c_i(\mathbf{W}_1,\ldots,\mathbf{W}_K) \triangleq \sigma_i^2-\bar{\mathbf{h}}_i^{\mathrm{H}}\left(\frac{1}{\gamma_i}\mathbf{W}_i-\sum_{k\neq i}\mathbf{W}_k\right)\bar{\mathbf{h}}_i \tag{8.119c}$$

式 (8.119) 中各式都是关于 $\mathbf{W}_i$ 的仿射函数。注意，尽管存在非随机矩阵 $\mathbf{W}_i$ 的线性函数，但是在式 (8.118) 中的概率函数依然是关于随机向量 $\mathbf{v}_i \sim \mathcal{CN}(\mathbf{0},\mathbf{I}_{N_t})$ 的二次函数。所以概率约束式 (8.118) 不易处理，因为对于式 (8.118) 中的概率函数，几乎无法得到易处理的或解析的闭式表达式。

为此，我们可以用保守的方式处理约束式 (8.118)（参考注 4.12），其思想是找到一个新的凸概率约束使得式 (8.118) 成立，并用其替换问题式 (8.117) 中的概率约束，这样得到的解（假设它是秩 -1 的）就是问题式 (8.117) 的保守解。这也意味着由此得到的 SINR 满足概率会更大，而且可能远大于 $1-\rho_i$，与此同时，总发射功率也将高于问题式 (8.117) 的最优发射功率。

后续将分别介绍两种保守的方法，从中可以得出式 (8.118) 的保守凸近似，即如果相应的凸约束成立，那么约束式 (8.118) 也成立。

A. 球约束方法

球约束方法是基于以下引理得到的 [WSC+14]。

引理 8.1　令 $\mathbf{v} \in \mathbb{C}^{N_t}$ 表示服从特定统计分布的连续随机向量，$G(\mathbf{v}) : \mathbb{C}^{N_t} \to \mathbb{R}$ 表示关于 $\mathbf{v}$ 的函数，$r > 0$ 是球 $\{\mathbf{v} \mid \|\mathbf{v}\|_2^2 \leqslant r^2\}$ 的半径，且满足 $\text{Prob}\{\|\mathbf{v}\|_2^2 \leqslant r^2\} \geqslant 1-\rho$，其中 $\rho \in (0,1]$，若

$$G(\mathbf{v}) \geqslant 0, \ \ \forall \|\mathbf{v}\|_2^2 \leqslant r^2 \tag{8.120}$$

则 $\text{Prob}\{G(\mathbf{v}) \geqslant 0\} \geqslant 1-\rho$。

令

$$\begin{aligned} G(\mathbf{v}_i) = & \mathbf{v}_i^{\text{H}} \mathbf{Q}_i(\mathbf{W}_1, \ldots, \mathbf{W}_K)\mathbf{v}_i + 2\text{Re}\{\mathbf{v}_i^{\text{H}} \mathbf{u}_i(\mathbf{W}_1, \ldots, \mathbf{W}_K)\} \\ & - c_i(\mathbf{W}_1, \ldots, \mathbf{W}_K) \end{aligned} \tag{8.121}$$

对式 (8.118) 应用引理 8.1 可知，当

$$G(\mathbf{v}_i) \geqslant 0, \ \ \forall \|\mathbf{v}_i\|_2^2 \leqslant r_i^2 \tag{8.122}$$

成立时，式 (8.118) 也成立，其中 $r_i > 0$ 是球 $\{\mathbf{v}_i \mid \|\mathbf{v}_i\|_2^2 \leqslant r_i^2\}$ 的半径，且满足 $\text{Prob}\{\|\mathbf{v}_i\|_2^2 \leqslant r_i^2\} \geqslant 1-\rho_i$。然而，对于 $\mathbf{v}_i \sim \mathcal{CN}(\mathbf{0}, \mathbf{I}_{N_t})$ 这种情况，$2\|\mathbf{v}_i\|_2^2$ 是自由度为 $2N_t$ 的卡方随机变量。令 $\text{ICDF}(\cdot)$ 为 $2\|\mathbf{v}_i\|_2^2$ 的累积分布函数，则选择 r_i 为

$$r_i = \sqrt{\frac{\text{ICDF}(1-\rho_i)}{2}} \tag{8.123}$$

时足以保证对于 $i = 1, \ldots, K$ 有 $\text{Prob}\{\|\mathbf{v}_i\|_2^2 \leqslant r_i^2\} \geqslant 1-\rho_i$ 成立。因此，由引理 8.1 可知，$\text{Prob}\{G(\mathbf{v}_i) \geqslant 0\} \geqslant 1-\rho_i$ 成立，即约束式 (8.118) 成立。

然而式 (8.122) 包含无穷多个约束，仍然难以解决。那么根据 8.5.4 节所讨论的，我们可以利用 S-引理将约束式 (8.122) 等价为一个 PSD 约束和一个线性约束如下：

$$\begin{bmatrix} \mathbf{Q}_i(\mathbf{W}_1, \ldots, \mathbf{W}_K) + \lambda_i \mathbf{I}_{N_t} & \mathbf{u}_i(\mathbf{W}_1, \ldots, \mathbf{W}_K) \\ \mathbf{u}_i(\mathbf{W}_1, \ldots, \mathbf{W}_K)^{\text{H}} & -c_i(\mathbf{W}_1, \ldots, \mathbf{W}_K) - \lambda_i r_i^2 \end{bmatrix} \succeq \mathbf{0} \tag{8.124a}$$

$$\lambda_i \geqslant 0 \tag{8.124b}$$

因此，对式 (8.118) 先做保守的球约束近似，再进行 SDR 最终得到如下的凸问题（作为原始问题式 (8.117) 的近似）：

$$\begin{aligned} \min \ & \sum_{k=1}^{K} \text{Tr}(\mathbf{W}_k) \\ \text{s.t.} \ & \begin{bmatrix} \mathbf{Q}_i(\mathbf{W}_1, \ldots, \mathbf{W}_K) + \lambda_i \mathbf{I}_{N_t} & \mathbf{u}_i(\mathbf{W}_1, \ldots, \mathbf{W}_K) \\ \mathbf{u}_i(\mathbf{W}_1, \ldots, \mathbf{W}_K)^{\text{H}} & -c_i(\mathbf{W}_1, \ldots, \mathbf{W}_K) - \lambda_i r_i^2 \end{bmatrix} \succeq \mathbf{0}, \ i = 1, \ldots, K \\ & \lambda_i \geqslant 0, \ \mathbf{W}_i \succeq \mathbf{0}, \ i = 1, \ldots, K \end{aligned} \tag{8.125}$$

这是一个可以有效求解的 SDP 问题。不难看出，若最优解 $\{\mathbf{W}_i^\star\}_{i=1}^K$ 是秩-1 的，即 $\mathbf{W}_i^\star = \mathbf{w}_i^\star(\mathbf{w}_i^\star)^{\mathrm{H}}$，则它也是原问题式 (8.117) 的保守解。否则需要利用秩-1 近似方法找到秩-1 近似解。

B. Bernstein 型不等式方法

下面介绍另一种保守的概率不等式，由它可导出一种可处理的约束以取代不可处理的概率约束式 (8.118)。当然，前者的成立一定是后者成立的充分条件。这种保守的概率不等式基于以下引理 [Bec09]（该引理是涉及高斯随机向量的二次函数如式 (8.118) 的概率不等式）。

引理 8.2 令 $G = \mathbf{v}^{\mathrm{H}}\mathbf{Q}\mathbf{v} + 2\mathrm{Re}\{\mathbf{v}^{\mathrm{H}}\mathbf{u}\}$，其中 $\mathbf{Q} \in \mathbb{H}^{N_t}$，$\mathbf{u} \in \mathbb{C}^{N_t}$ 且 $\mathbf{v} \sim \mathcal{CN}(\mathbf{0}, \mathbf{I}_{N_t})$。则对于任意 $\delta > 0$，有

$$\mathrm{Prob}\left\{G \geqslant \mathrm{Tr}(\mathbf{Q}) - \sqrt{2\delta}\sqrt{\|\mathbf{Q}\|_{\mathrm{F}}^2 + 2\|\mathbf{u}\|_2^2} - \delta s^+(\mathbf{Q})\right\} \geqslant 1 - \mathrm{e}^{-\delta} \tag{8.126}$$

其中，$s^+(\mathbf{Q}) = \max\{\lambda_{\max}(-\mathbf{Q}), 0\}$，$\lambda_{\max}(-\mathbf{Q})$ 表示矩阵 $-\mathbf{Q}$ 的最大特征值。

令 $\delta \triangleq -\ln(\rho)$，其中 $\rho \in (0, 1]$。引理 8.2 表明若不等式

$$\mathrm{Prob}\left\{\mathbf{v}^{\mathrm{H}}\mathbf{Q}\mathbf{v} + 2\mathrm{Re}\{\mathbf{v}^{\mathrm{H}}\mathbf{u}\} \geqslant c\right\} \geqslant 1 - \rho \tag{8.127}$$

成立，则要求不等式

$$\mathrm{Tr}(\mathbf{Q}) - \sqrt{2\delta}\sqrt{\|\mathbf{Q}\|_{\mathrm{F}}^2 + 2\|\mathbf{u}\|_2^2} - \delta s^+(\mathbf{Q}) \geqslant c \tag{8.128}$$

一定成立。因此，式 (8.128) 是式 (8.127) 的保守形式。但此处最为关键的是式 (8.128) 可以表示为

$$\mathrm{Tr}\,(\mathbf{Q}) - \sqrt{2\delta}x - \delta y \geqslant c \tag{8.129a}$$

$$\sqrt{\|\mathbf{Q}\|_{\mathrm{F}}^2 + 2\|\mathbf{u}\|_2^2} \leqslant x \tag{8.129b}$$

$$y\mathbf{I}_{N_t} + \mathbf{Q} \succeq \mathbf{0} \tag{8.129c}$$

$$y \geqslant 0 \tag{8.129d}$$

其中，$x, y \in \mathbb{R}$ 是辅助变量。通过定义

$$\delta_i \triangleq -\ln\rho_i,\ i = 1, \ldots, K \tag{8.130}$$

且将式 (8.129) 应用于式 (8.118)，可以得到如下的优化问题：

$$\min \quad \sum_{k=1}^{K} \mathrm{Tr}(\mathbf{W}_k) \tag{8.131a}$$

$$\text{s.t.} \quad \mathrm{Tr}\,(\mathbf{Q}_i(\mathbf{W}_1, \ldots, \mathbf{W}_K)) - \sqrt{2\delta_i}x_i - \delta_i y_i \geqslant c_i(\mathbf{W}_1, \ldots, \mathbf{W}_K),\ i = 1, \ldots, K \tag{8.131b}$$

$$\left\|\begin{bmatrix} \mathbf{vec}\,(\mathbf{Q}_i(\mathbf{W}_1, \ldots, \mathbf{W}_K)) \\ \sqrt{2}\mathbf{u}_i(\mathbf{W}_1, \ldots, \mathbf{W}_K) \end{bmatrix}\right\|_2 \leqslant x_i,\ i = 1, \ldots, K \tag{8.131c}$$

$$y_i\mathbf{I}_{N_t} + \mathbf{Q}_i(\mathbf{W}_1, \ldots, \mathbf{W}_K) \succeq \mathbf{0},\ i = 1, \ldots, K \tag{8.131d}$$

$$y_i \geqslant 0,\ \mathbf{W}_i \succeq \mathbf{0},\ i = 1, \ldots, K \tag{8.131e}$$

注意，式 (8.131b)、式 (8.131c) 和式 (8.131d) 中的约束分别是线性不等式约束、凸 SOC 约束和凸 PSD 约束。因此问题式 (8.131) 是一个可有效求解的凸问题。

类似凸问题式 (8.125)，式 (8.131) 也是通过 SDR 得到的松弛问题。如果最优解 $\{\mathbf{W}_i^\star\}_{i=1}^K$ 不是秩-1 的，则必须找到秩 -1 近似解作为原始问题式 (8.117) 的保守解。然而，正如文献 [WSC+14] 中所介绍的，问题式 (8.131) 的最优解没有问题式 (8.125) 的最优解那么保守。而对于原始问题式 (8.117)，找到其他不那么保守且可以高效实现的解决方法仍然是机会约束鲁棒发射波束成形中一项具有挑战性的研究。

下面给出一些仿真结果说明式 (8.125)（称为方法 I）和式 (8.131)（称为方法 II）中的近似公式的性能，两种方法均用于处理机会约束鲁棒发射波束成形设计问题式 (8.117)。参数设置: $\sigma_1^2 = \cdots = \sigma_K^2 = 0.1$（系统具有相同的用户噪声功率），$\rho_1 = \cdots = \rho_K = \rho$（系统具有相同的用户中断概率要求），以及 $\gamma_1 = \cdots = \gamma_K \triangleq \gamma$（系统具有相同的用户 QoS 要求）。生成 500 次信道向量 $\{\bar{\mathbf{h}}_i\}_{i=1}^K$。在每次仿真中，依据标准对称复高斯分布 $\mathcal{CN}(\mathbf{0}, \mathbf{I}_{N_t})$，随机并独立地生成信道 $\{\bar{\mathbf{h}}_i\}_{i=1}^K$。CSI 误差在空间上服从独立同分布的复高斯分布 $\mathbf{C}_1 = \cdots = \mathbf{C}_K = \sigma_e^2 \mathbf{I}_{N_t}$，其中误差的方差为 $\sigma_e^2 = 0.002$。

除了方法 I 和方法 II 之外，我们还仿真了文献 [WSC+14]（该算法通过基于分解的大偏差不等式得到）中提出的方法 III 的性能以及文献 [SD08] 中提出的概率 SOCP 方法，因为这两个方法也可用于式 (8.117) 的近似处理。此外，通过假定 $\{\bar{\mathbf{h}}_i\}_{i=1}^K$ 就是理想 CSI，我们也测试了传统的基于理想 CSI 的 SINR 约束设计方法式 (7.40)，为了方便起见，简称为“非鲁棒方法”。仿真中涉及的所有凸问题都利用 CVX 内嵌的锥规划求解工具 SeDuMi 进行求解。

图 8.15 给出了当 $\gamma = 11$ dB 时，各种方法的平均发射功率。每个结果都是对 500 个信道中的 181 次信道实现 $\{\bar{\mathbf{h}}_i\}_{i=1}^K$，因为各方法对比 181 次信道实现，在 $\gamma = 11$ dB 处均可取得可行解。从该图可以看出，方法 II 的平均发射功率性能最好，其次是方法 I 和 III（方法 I 在 $\gamma > 15$ dB 时明显表现出更好的性能)，而概率 SOCP 方法性能最差。正如预期的那样，非鲁棒的方法产生最小的发射功率，这也说明为了满足中断概率的要求，鲁棒方法需要的额外发射功率。可以看出，对于 $\gamma \leqslant 11$ dB，方法 I~III 中任意一个与非鲁棒方法的发射功率差为 1.5 dB，而在 $\gamma > 11$ dB 时，非鲁棒性方法与概率 SOCP 相比，与和方法 I~III 比较，发射功率的差值更大，且增长更快。这些结果还表明，当用户的目标 SINR 变大时，非理想 CSI 对系统的影响更大，相应的鲁棒设计要求更难达到。

下面给出 $\mathbf{C}_1 = \cdots = \mathbf{C}_K = \mathbf{C}_e$ 下的一些仿真结果，其中

$$[\mathbf{C}_e]_{m,n} = \sigma_e^2 \times 0.9^{|m-n|}$$

$\sigma_e^2 = 0.01$，其他参数分别为 $N_t = 8$、$K = 6$ 及 $\rho = 0.01$。由于前面的概率 SOCP 方法会产生非常庞大的计算负荷，所以它不能求解本问题。仿真过程的设置同图 8.16 对应的方法，但此处信道实现的选择是设定在 $\gamma = 13$ dB 时，各方法均有可行解的情况。相关结果如图 8.16 所示。从该图可以看出，尽管方法 III 的性能表现比方法 I 略好，但是方法 II 展现出了优于其他两个鲁棒设计的性能。在图 8.15 和 8.16 所示的仿真结果中，方法 I~III 得到的所有最优解 $\mathbf{W}^\star$ 均为秩-1 的。

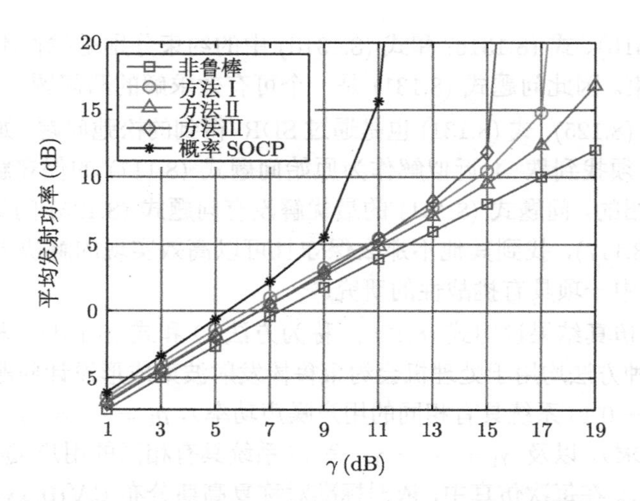

图 8.15 不同方法的发射功率性能比较。$N_t = K = 3$，$\rho = 0.1$，空间独立同分布的高斯 CSI 误差的方差为 $\sigma_e^2 = 0.002$（©2014 IEEE. Reprinted, with permission, from K.-Y. Wang, A. M.-C. So, T.-H. Chang, W.-K. Ma, and C.-Y. Chi, "Outage Constrained Robust Transmit Optimization for Multiuser MISO Downlinks: Tractable Approximations by Conic Optimization," Nov. 2014.）

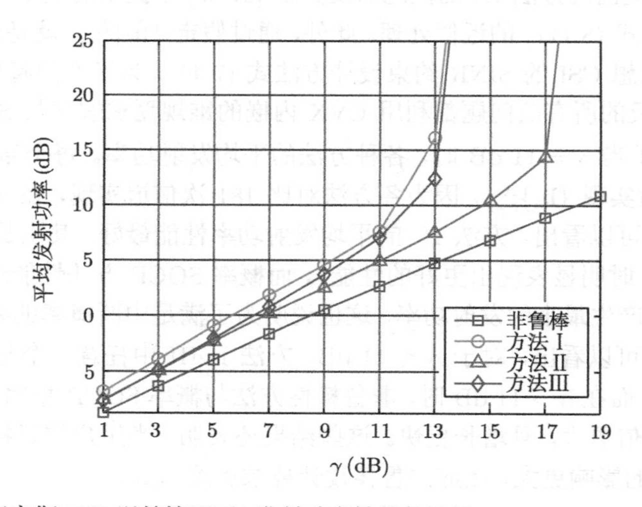

图 8.16 在空间相干高斯 CSI 误差情况下，发射功率性能的比较。$N_t = 8$，$K = 6$，$\rho = 0.01$，$\sigma_e^2 = 0.01$（©2014 IEEE. Reprinted, with permission, from K.-Y. Wang, A. M.-C. So, T.-H. Chang, W.-K. Ma, and C.-Y. Chi, "Outage Constrained Robust Transmit Optimization for Multiuser MISO Downlinks: Tractable Approximations by Conic Optimization," Nov. 2014.）

8.5.9 中断约束下的鲁棒发射波束成形：多小区 MISO 场景

重新考虑 7.6.4 节中图 7.5 所示的多小区场景。与传统问题式 (7.64) 中假设理想的 CSI（$\mathbf{h}_{FF}$、$\mathbf{h}_{FM}$ 和 $\mathbf{h}_{MF}$）相反，文献 [WJDC13] 考虑了 FBS 场景下的以下两种信道信息假设。

- **无 CSI 反馈**：FBS 不知道 FUE 反馈的瞬时信道信息，但知道信道的统计信息

$$\begin{cases} \mathbf{h}_{FF} \sim \mathcal{CN}(\mathbf{0}, \mathbf{C}_{h,FF}) \\ \mathbf{h}_{FM} \sim \mathcal{CN}(\mathbf{0}, \mathbf{C}_{h,FM}) \\ \mathbf{h}_{MF} \sim \mathcal{CN}(\mathbf{0}, \mathbf{C}_{h,MF}) \end{cases} \tag{8.132}$$

其中，信道协方差矩阵 $\mathbf{C}_{h,FF}$、$\mathbf{C}_{h,FM}$ 和 $\mathbf{C}_{h,MF}$ 是正定的。这种模型更适合快衰落系统，其反馈信道无法提供当前 CSI 的可靠估计。因此，不能将瞬时 CSI 反馈到 FBS。

- **部分 CSI 反馈**：FBS 从 FUE 获得 CSI $\mathbf{h}_{FF}$ 和 $\mathbf{h}_{FM}$ 的估计值，但只知道 $\mathbf{h}_{MF} \sim \mathcal{CN}(\mathbf{0}, \mathbf{C}_{h,MF})$ 的统计信息（因为 MUE 没有反馈链路给 FBS）。真正的 $\mathbf{h}_{FF}$ 和 $\mathbf{h}_{FM}$ 可以建模为

$$\mathbf{h}_{FF} = \widehat{\mathbf{h}}_{FF} + \mathbf{e}_{FF}, \quad \mathbf{h}_{FM} = \widehat{\mathbf{h}}_{FM} + \mathbf{e}_{FM} \tag{8.133}$$

其中，$\widehat{\mathbf{h}}_{FF} \in \mathbb{C}^{N_F}$ 和 $\widehat{\mathbf{h}}_{FM} \in \mathbb{C}^{N_M}$ 分别是 $\mathbf{h}_{FF}$ 和 $\mathbf{h}_{FM}$ 的信道估计。$\mathbf{e}_{FF} \in \mathbb{C}^{N_F}$ 和 $\mathbf{e}_{FM} \in \mathbb{C}^{N_M}$ 表示相应的估计误差向量。假设

$$\mathbf{e}_{FF} \sim \mathcal{CN}(\mathbf{0}, \mathbf{C}_{e,FF}), \quad \mathbf{e}_{FM} \sim \mathcal{CN}(\mathbf{0}, \mathbf{C}_{e,FM}) \tag{8.134}$$

式 (8.133) 给出的模型适合慢衰落信道。

通常，家庭基站通过诸如数字用户线有线的宽带回程链路连接到一个宏蜂窝网络，因此，不妨假设 FBS 知道完全的 MBS 的波束成形向量 $\mathbf{w}_M$。

当 CSI 具有不确定性的时候，多小区协作发射波束成形问题可建模如下：

$$\begin{aligned} \min_{\mathbf{w}_F \in \mathbb{C}^{N_F}} \quad & \|\mathbf{w}_F\|_2^2 \quad \text{（参考式 (7.64)）} \\ \text{s.t.} \quad & \frac{|\mathbf{h}_{FF}^{\mathrm{H}} \mathbf{w}_F|^2}{|\mathbf{h}_{FM}^{\mathrm{H}} \mathbf{w}_M|^2 + \sigma_F^2} \geqslant \gamma_F \\ & |\mathbf{h}_{MF}^{\mathrm{H}} \mathbf{w}_F|^2 \leqslant \epsilon_M \end{aligned}$$

假设 FBS 完全已知 CSI，则可以将上述问题转化成一个 SOCP 问题来求解。但是此时式 (7.64) 的解将不能保证 CSI 不确定时的 QoS 需求。为了避免这种 QoS 中断，我们考虑下面的机会约束鲁棒 FBS 发射波束成形设计问题 [WJDC13]，这一问题也一直是业界广泛研究的前沿问题：

$$\min_{\mathbf{w}_F \in \mathbb{C}^{N_F}} \quad \|\mathbf{w}_F\|_2^2 \tag{8.135a}$$

$$\text{s.t.} \quad \text{Prob}\left\{ \frac{|\mathbf{h}_{FF}^{\mathrm{H}} \mathbf{w}_F|^2}{|\mathbf{h}_{FM}^{\mathrm{H}} \mathbf{w}_M|^2 + \sigma_F^2} \geqslant \gamma_F \right\} \geqslant 1 - \rho_F \tag{8.135b}$$

$$\text{Prob}\left\{ |\mathbf{h}_{MF}^{\mathrm{H}} \mathbf{w}_F|^2 \leqslant \epsilon_M \right\} \geqslant 1 - \rho_M \tag{8.135c}$$

其中，ρ_F 和 ρ_M 分别表示 SINR 的预设最大容许中断概率和干扰功率约束。这一问题试图在概率 $1 - \rho_F$ 和 $1 - \rho_M$ 满足 QoS 约束的前提下，找到用于家庭基站的低功耗设计。因为

约束式 (8.135b) 和式 (8.135c) 可能不是凸的并且通常没有闭式表达式，所以问题式 (8.135) 几乎是不可解的。接下来分别讨论如何在**无 CSI 反馈**和**部分 CSI 反馈**这两种情况下求解问题式 (8.135)。

A. 无 CSI 反馈场景

对于式 (8.135b) 中的概率函数，可以看到 $|\mathbf{h}_{FF}^{\mathrm{H}}\mathbf{w}_F|^2$ 和 $|\mathbf{h}_{FM}^{\mathrm{H}}\mathbf{w}_M|^2$ 是分别关于参数 $1/(\mathbf{w}_F^{\mathrm{H}}\mathbf{C}_{h,FF}\mathbf{w}_F)$ 和 $1/(\mathbf{w}_M^{\mathrm{H}}\mathbf{C}_{h,FM}\mathbf{w}_M)$ 的指数分布随机变量且相互独立。在 [KB02] 中，已经证明其闭式表达式为

$$\exp\left(\frac{-\gamma_F\sigma_F^2}{\mathbf{w}_F^{\mathrm{H}}\mathbf{C}_{h,FF}\mathbf{w}_F}\right)\frac{\mathbf{w}_F^{\mathrm{H}}\mathbf{C}_{h,FF}\mathbf{w}_F}{\mathbf{w}_F^{\mathrm{H}}\mathbf{C}_{h,FF}\mathbf{w}_F+\gamma_F\mathbf{w}_M^{\mathrm{H}}\mathbf{C}_{h,FM}\mathbf{w}_M}\geqslant 1-\rho_F \tag{8.136}$$

式 (8.135c) 中的概率函数其实是关于参数 $1/(\mathbf{w}_F^{\mathrm{H}}\mathbf{C}_{h,MF}\mathbf{w}_F)$ 的指数随机变量的累积分布函数。因此，约束式 (8.135c) 可以表示为

$$\mathbf{w}_F^{\mathrm{H}}\mathbf{C}_{h,MF}\mathbf{w}_F\leqslant\frac{\epsilon_M}{\ln(1/\rho_M)} \tag{8.137}$$

那么，问题式 (8.135) 可以等价地表达为

$$\begin{aligned}
\min_{\mathbf{w}_F\in\mathbb{C}^{N_F}}\quad & \|\mathbf{w}_F\|_2^2 && (8.138\text{a})\\
\text{s.t.}\quad & \exp\left(\frac{-\gamma_F\sigma_F^2}{\mathbf{w}_F^{\mathrm{H}}\mathbf{C}_{h,FF}\mathbf{w}_F}\right)\frac{\mathbf{w}_F^{\mathrm{H}}\mathbf{C}_{h,FF}\mathbf{w}_F}{\mathbf{w}_F^{\mathrm{H}}\mathbf{C}_{h,FF}\mathbf{w}_F+\gamma_F\mathbf{w}_M^{\mathrm{H}}\mathbf{C}_{h,FM}\mathbf{w}_M}\geqslant 1-\rho_F && (8.138\text{b})\\
& \mathbf{w}_F^{\mathrm{H}}\mathbf{C}_{h,MF}\mathbf{w}_F\leqslant\epsilon_M/\ln(1/\rho_M) && (8.138\text{c})
\end{aligned}$$

尽管由于约束式 (8.138b) 是非凸的，导致问题式 (8.138) 是非凸问题，但是它依然比问题式 (8.135) 更容易求解。

对问题式 (8.138) 应用 SDR，松弛后的问题可以表达为

$$\begin{aligned}
\min_{\mathbf{W}_F\in\mathbb{H}^{N_F}}\quad & \mathrm{Tr}(\mathbf{W}_F) && (8.139\text{a})\\
\text{s.t.}\quad & \mathrm{Tr}(\mathbf{C}_{h,FF}\mathbf{W}_F)\geqslant(1-\rho_F)\left\{\mathrm{Tr}(\mathbf{C}_{h,FF}\mathbf{W}_F)\exp\left(\frac{\gamma_F\sigma_F^2}{\mathrm{Tr}(\mathbf{C}_{h,FF}\mathbf{W}_F)}\right)\right.\\
& \qquad\left.+\gamma_F\mathbf{w}_M^{\mathrm{H}}\mathbf{C}_{h,FM}\mathbf{w}_M\exp\left(\frac{\gamma_F\sigma_F^2}{\mathrm{Tr}(\mathbf{C}_{h,FF}\mathbf{W}_F)}\right)\right\} && (8.139\text{b})\\
& \mathrm{Tr}(\mathbf{C}_{h,MF}\mathbf{W}_F)\leqslant\epsilon_M/\ln(1/\rho_M) && (8.139\text{c})\\
& \mathbf{W}_F\succeq\mathbf{0} && (8.139\text{d})
\end{aligned}$$

现在松弛后的优化问题式 (8.139) 是凸问题，因此可以使用现成的优化软件有效地求解。

如果问题式 (8.139) 的解 $\mathbf{W}_F^\star$ 秩为 1，那么可以通过秩-1 分解 $\mathbf{W}_F^\star=\mathbf{w}_F^\star(\mathbf{w}_F^\star)^{\mathrm{H}}$ 得到问题式 (8.135)，或等价问题式 (8.138) 的最优波束成形解 $\mathbf{w}_F^\star$。如果 $\mathbf{W}_F^\star$ 的秩大于 1，可以用秩-1 近似程序得到问题的可行波束成形解。

B. 部分 CSI 反馈场景

接下来讨论部分 CSI 反馈情况的发射功率最小化问题，此时关于 $\mathbf{h}_{FF}$ 和 $\mathbf{h}_{FM}$ 的非理想信道估计如问题式 (8.133) 所示，对于 $\mathbf{h}_{MF}$ 仅知道其统计信息，即 $\mathbf{h}_{MF} \sim \mathcal{CN}(\mathbf{0}, \mathbf{C}_{h,MF})$。对于这种场景，问题式 (8.135) 可以写作

$$
\begin{aligned}
\min_{\mathbf{w}_F \in \mathbb{C}^{N_F}} \quad & \left\|\mathbf{w}_F\right\|_2^2 && \text{(8.140a)}\\
\text{s.t.} \quad & \operatorname{Prob}\left\{\frac{\left|(\widehat{\mathbf{h}}_{FF}+\mathbf{e}_{FF})^{\mathrm{H}}\mathbf{w}_F\right|^2}{\left|(\widehat{\mathbf{h}}_{FM}+\mathbf{e}_{FM})^{\mathrm{H}}\mathbf{w}_M\right|^2+\sigma_F^2} \geqslant \gamma_F\right\} \geqslant 1-\rho_F && \text{(8.140b)}\\
& \operatorname{Prob}\left\{\left|\mathbf{h}_{MF}^{\mathrm{H}}\mathbf{w}_F\right|^2 \leqslant \epsilon_M\right\} \geqslant 1-\rho_M && \text{(8.140c)}
\end{aligned}
$$

同样地，由于概率函数式 (8.140b) 没有闭合表达式且通常不是凸的，所以问题式 (8.140) 很难求解。因此，用 8.5.8 节介绍的 Bernstein-型不等式来处理问题式 (8.140)。

令

$$
\mathbf{e}_{FF} = \mathbf{C}_{e,FF}^{1/2}\mathbf{v}_{FF}, \quad \mathbf{e}_{FM} = \mathbf{C}_{e,FM}^{1/2}\mathbf{v}_{FM} \tag{8.141}
$$

其中，$\mathbf{C}_{e,FF}^{1/2} \succeq \mathbf{0}$ 和 $\mathbf{C}_{e,FM}^{1/2} \succeq \mathbf{0}$ 分别是 $\mathbf{C}_{e,FF}$ 和 $\mathbf{C}_{e,FM}$ 的半正定平方根矩阵，且 $\mathbf{v}_{FF} \sim \mathcal{CN}(\mathbf{0}, \mathbf{I}_{N_F})$，$\mathbf{v}_{FM} \sim \mathcal{CN}(\mathbf{0}, \mathbf{I}_{N_M})$。令

$$
\widehat{\mathbf{h}} = \begin{bmatrix} \widehat{\mathbf{h}}_{FF} \\ \widehat{\mathbf{h}}_{FM} \end{bmatrix}, \ \mathbf{C}^{1/2} = \begin{bmatrix} \mathbf{C}_{e,FF}^{1/2} & \mathbf{0} \\ \mathbf{0} & \mathbf{C}_{e,FM}^{1/2} \end{bmatrix}, \ \mathbf{v} = \begin{bmatrix} \mathbf{v}_{FF} \\ \mathbf{v}_{FM} \end{bmatrix} \tag{8.142}
$$

因为 $\mathbf{v}_{FF}$ 与 $\mathbf{v}_{FM}$ 是统计独立的，所以 $\mathbf{v} \sim \mathcal{CN}(\mathbf{0}, \mathbf{I}_{N_F+N_M})$ 。对问题式 (8.140) 使用 SDR，可以得到

$$
\begin{aligned}
\min_{\mathbf{W}_F \in \mathbb{H}^{N_F}} \quad & \operatorname{Tr}(\mathbf{W}_F) && \text{(8.143a)}\\
\text{s.t.} \quad & \operatorname{Prob}\left\{\mathbf{v}^{\mathrm{H}}\boldsymbol{\Phi}(\mathbf{W}_F)\mathbf{v}+2\operatorname{Re}\left\{\mathbf{v}^{\mathrm{H}}\boldsymbol{\eta}(\mathbf{W}_F)\right\}\geqslant s(\mathbf{W}_F)\right\} \geqslant 1-\rho_F && \text{(8.143b)}\\
& \operatorname{Tr}(\mathbf{C}_{h,MF}\mathbf{W}_F) \leqslant \frac{\epsilon_M}{\ln(1/\rho_M)} && \text{(8.143c)}\\
& \mathbf{W}_F \succeq \mathbf{0} && \text{(8.143d)}
\end{aligned}
$$

其中

$$
\begin{cases}
\boldsymbol{\Phi}(\mathbf{W}_F) \triangleq \mathbf{C}^{1/2}\mathbf{W}\mathbf{C}^{1/2}\\
\boldsymbol{\eta}(\mathbf{W}_F) \triangleq \mathbf{C}^{1/2}\mathbf{W}\widehat{\mathbf{h}}\\
s(\mathbf{W}_F) \triangleq \sigma_F^2 - \widehat{\mathbf{h}}^{\mathrm{H}}\mathbf{W}\widehat{\mathbf{h}}
\end{cases} \tag{8.144}
$$

均是关于 $\mathbf{W}_F$ 的仿射函数，

$$
\mathbf{W} \triangleq \begin{bmatrix} \dfrac{1}{\gamma_F}\mathbf{W}_F & \mathbf{0} \\ \mathbf{0} & -\mathbf{w}_M\mathbf{w}_M^{\mathrm{H}} \end{bmatrix} \tag{8.145}
$$

然而，由于 $\mathbf{W}$ 是不定矩阵，使得概率约束函数式 (8.143b) 没有闭式表达式，问题式 (8.143) 仍然不可解。根据引理 8.2 和 8.5.8 节中的讨论，约束式 (8.143b) 可以保守地近似为如下可处理的凸约束：

$$\operatorname{Tr}\left(\mathbf{\Phi}(\mathbf{W}_F)\right) - \sqrt{2\delta}x - \delta y \geqslant s(\mathbf{W}_F) \tag{8.146a}$$

$$\sqrt{\|\mathbf{\Phi}(\mathbf{W}_F)\|_{\mathrm{F}}^2 + 2\|\boldsymbol{\eta}(\mathbf{W}_F)\|_2^2} \leqslant x \tag{8.146b}$$

$$y\mathbf{I}_{N_F+N_M} + \mathbf{\Phi}(\mathbf{W}_F) \succeq \mathbf{0} \tag{8.146c}$$

$$y \geqslant 0 \tag{8.146d}$$

其中，$\delta \triangleq -\ln(\rho_F)$。特别地，式 (8.146) 中的约束可以表示为

$$\frac{1}{\gamma_F}\operatorname{Tr}\left(\left(\mathbf{C}_{e,FF} + \widehat{\mathbf{h}}_{FF}\widehat{\mathbf{h}}_{FF}^{\mathrm{H}}\right)\mathbf{W}_F\right) - \sqrt{2\delta}x - \delta y \geqslant \sigma_F^2 + \mathbf{w}_M^{\mathrm{H}}\left(\mathbf{C}_{e,FM} + \widehat{\mathbf{h}}_{FM}\widehat{\mathbf{h}}_{FM}^{\mathrm{H}}\right)\mathbf{w}_M \tag{8.147a}$$

$$\frac{1}{\gamma_F}\left\|\begin{bmatrix} \mathbf{vec}\left(\mathbf{C}_{e,FF}^{1/2}\mathbf{W}_F\mathbf{C}_{e,FF}^{1/2}\right) \\ \sqrt{2}\mathbf{vec}\left(\mathbf{C}_{e,FF}^{1/2}\mathbf{W}_F\widehat{\mathbf{h}}_{FF}\right) \\ \xi_{FM} \end{bmatrix}\right\|_2 \leqslant x \tag{8.147b}$$

$$y\mathbf{I}_{N_F+N_M} + \begin{bmatrix} \frac{1}{\gamma_F}\mathbf{C}_{e,FF}^{1/2}\mathbf{W}_F\mathbf{C}_{e,FF}^{1/2} & \mathbf{0} \\ \mathbf{0} & -\mathbf{C}_{e,FM}^{1/2}\mathbf{w}_M\mathbf{w}_M^{\mathrm{H}}\mathbf{C}_{e,FM}^{1/2} \end{bmatrix} \succeq \mathbf{0} \tag{8.147c}$$

$$y \geqslant 0 \tag{8.147d}$$

上述约束均是关于 $(\mathbf{W}_F, x, y)$ 的凸约束，其中式 (8.147b) 中的常数 ξ_{FM} 定义为

$$\xi_{FM} \triangleq \gamma_F\sqrt{\left\|\mathbf{C}_{e,FM}^{1/2}\mathbf{w}_M\mathbf{w}_M^{\mathrm{H}}\mathbf{C}_{e,FM}^{1/2}\right\|_{\mathrm{F}}^2 + 2\left\|\mathbf{C}_{e,FM}^{1/2}\mathbf{w}_M\mathbf{w}_M^{\mathrm{H}}\widehat{\mathbf{h}}_{FM}\right\|_2^2} \tag{8.148}$$

为了最小化发射功率 $\operatorname{Tr}(\mathbf{W}_F)$，从式 (8.147) 可知问题取得最优解时，$y$ 一定是 $\mathbf{C}_{e,FM}^{1/2}\mathbf{w}_M\mathbf{w}_M^{\mathrm{H}}\mathbf{C}_{e,FM}^{1/2}$ 的主特征值，即

$$y = \left\|\mathbf{C}_{e,FM}^{1/2}\mathbf{w}_M\right\|_2^2$$

此时根据式 (8.143) 和式 (8.147)，并用 $\|\mathbf{C}_{e,FM}^{1/2}\mathbf{w}_M\|_2^2$ 代替 y，就可以得到式 (8.140) 的一个近似问题：

$$\min_{\substack{\mathbf{W}_F\in\mathbb{H}^{N_F},\\ x\in\mathbb{R}}} \quad \operatorname{Tr}(\mathbf{W}_F) \tag{8.149a}$$

$$\text{s.t.} \quad \frac{1}{\gamma_F}\operatorname{Tr}\left(\left(\mathbf{C}_{e,FF}+\widehat{\mathbf{h}}_{FF}\widehat{\mathbf{h}}_{FF}^{\mathrm{H}}\right)\mathbf{W}_F\right)-\sqrt{2\delta}x \geqslant \sigma_F^2+\mathbf{w}_M^{\mathrm{H}}\left((1+\delta)\mathbf{C}_{e,FM}+\widehat{\mathbf{h}}_{FM}\widehat{\mathbf{h}}_{FM}^{\mathrm{H}}\right)\mathbf{w}_M \tag{8.149b}$$

$$\frac{1}{\gamma_F}\left\|\begin{bmatrix}\mathbf{vec}(\mathbf{C}_{e,FF}^{1/2}\mathbf{W}_F\mathbf{C}_{e,FF}^{1/2})\\ \sqrt{2}\mathbf{vec}(\mathbf{C}_{e,FF}^{1/2}\mathbf{W}_F\widehat{\mathbf{h}}_{FF})\\ \xi_{FM}\end{bmatrix}\right\|_2 \leqslant x \tag{8.149c}$$

$$\mathrm{Tr}(\mathbf{C}_{h,MF}\mathbf{W}_F) \leqslant \epsilon_M/\ln(1/\rho_M) \tag{8.149d}$$

$$\mathbf{W}_F \succeq \mathbf{0} \tag{8.149e}$$

其中，$\delta \triangleq -\ln(\rho_F)$ 和 ξ_{FM} 的定义见式 (8.148)。问题式 (8.149) 是凸的，并可以有效地获得其全局最优解 $\mathbf{W}_F^{\star}$。若 $\mathbf{W}_F^{\star}$ 的秩不为 1，则利用秩-1 近似法求解原问题式 (8.140) 的保守可行波束成形，所谓“保守”是指问题式 (8.149) 的约束集是式 (8.143) 的约束集的子集。

下面给出一些仿真结果来比较求解问题式 (8.139)（无 CSI 场景）和问题式 (8.149)（部分 CSI 场景）设计的鲁棒波束成形设计的性能。假定 FBS 和 MBS 都配备四根发射天线，即 $N_F = N_M = 4$，可容忍的中断概率 $\rho_F = \rho_M = 0.1$，噪声方差 $\sigma_F^2 = 0.01$，最大干扰功率 $\epsilon_M = -3$ dB。MBS 的波束成形向量 $\mathbf{w}_M$ 是在单位球表面 $\|\mathbf{w}_M\|_2 = 1$ 上随机生成的。

令式 (8.136) 中的信道协方差矩阵为

$$\mathbf{C}_{h,FF} = \sigma_{h,FF}^2\mathbf{C}_h,\ \mathbf{C}_{h,MF} = \sigma_{h,MF}^2\mathbf{C}_h,\ \mathbf{C}_{h,FM} = \sigma_{h,FM}^2\mathbf{C}_h$$
$$[\mathbf{C}_h]_{m,n} = \varrho^{|m-n|}$$

其中，$\sigma_{h,FF}^2 = 1$，$\sigma_{h,MF}^2 = \sigma_{h,FM}^2 = 0.01$，$\varrho$ 表示信道相关系数。另一方面，令式 (8.134) 中的信道误差协方差矩阵为

$$\mathbf{C}_{e,FF} = \sigma_e^2\mathbf{I}_{N_F},\ \mathbf{C}_{e,FM} = \sigma_e^2\mathbf{I}_{N_M}$$

其中，$\sigma_e^2 = 0.002$。对于部分 CSI 和非 CSI（非鲁棒设计）的情况，假定 CSI 通过 $\widehat{\mathbf{h}}_{FF} \sim \mathcal{CN}(\mathbf{0}, \mathbf{C}_{h,FF} - \sigma_e^2\mathbf{I}_{N_F})$、$\widehat{\mathbf{h}}_{MF} \sim \mathcal{CN}(\mathbf{0}, \mathbf{C}_{h,MF} - \sigma_e^2\mathbf{I}_{N_F})$ 和 $\widehat{\mathbf{h}}_{FM} \sim \mathcal{CN}(\mathbf{0}, \mathbf{C}_{h,FM} - \sigma_e^2\mathbf{I}_{N_M})$ 生成。求解问题式 (8.149) 和式 (7.65)，可以分别获得相关最优波束成形向量 $\mathbf{w}_F$（假定 CSI 被视作真实的信道向量）。对于无 CSI 的情况下，最优的波束成形向量可以通过求解式 (8.139) 得到（无需任何信道估计）。

图 8.17(a) 和 8.17(b) 分别展示了 $\varrho = 0.9$ 和 $\varrho = 0.01$ 下的平均发射功率。其中，部分 CSI 和 Naive CSI 这两种情况下的结果都是通过 500 个独立的 CSI 实现进行性能平均得到的。从这两个图可以得到，每个设计的发射功率都随 γ_F 线性增加。Naive CSI 情况下（非鲁棒设计）的发射功率性能是最好的，即每一个鲁棒的设计需要消耗更多的功率。部分 CSI 情况下的发射功率性能优于无 CSI 的情况。当 ϱ 很小时，无 CSI 情况和 Naive CSI 情况之间的性能差距很大（6 dB 左右、$\varrho = 0.9$，以及 15 dB 左右、$\varrho = 0.01$），而部分 CSI 和 Naive CSI 之间的差距增长缓慢（3 dB 左右、$\varrho = 0.9$，以及 4 dB 左右、$\varrho = 0.01$）。这也表明，可用的 CSI 信息越多，需要的发射功率就越小。在所有的仿真例子中，基于 SDR 的问题式 (8.139) 和式 (8.149) 都产生秩-1 解。

与两个鲁棒波束成形设计可保证中断概率的要求相反，非鲁棒设计的功率效率更高，但这并不能满足中断概率的要求。图 8.18 中，图 (a) 为 $\varrho = 0.9$，图 (b) 为 $\varrho = 0.01$，仿真了 FUE 的 SINR 分布（即柱状图），目标 SINR 为 $\gamma_F = 15$ dB（即在式 (7.63) 中 FUE 的值）。

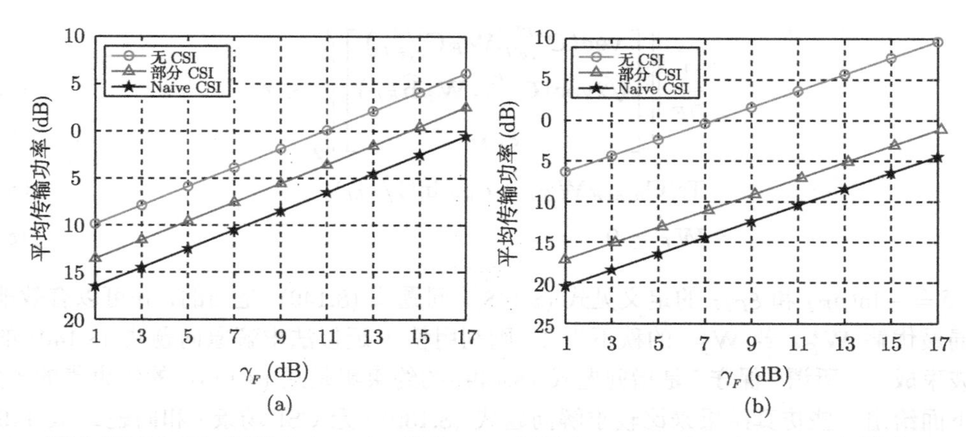

图 8.17 通过求解无 CSI 问题式 (8.139)、部分 CSI 问题式 (8.149) 和 Naive CSI 问题式 (7.65) 得到 (a) $\varrho = 0.9$ 和 (b) $\varrho = 0.01$ 条件下的平均传输功率（©2013 IEEE. Reprinted, with permission, from K.-Y. Wang, N. Jacklin, Z. Ding, and C.-Y. Chi, "Robust MISO Transmit Optimization Under Outage-Based QoS Constraints in Two-Tier Heterogeneous Networks," Apr. 2013.）

部分 CSI 和 Naive CSI 情况下的结果是将 10^5 次仿真结果的 CSI 误差（$\mathbf{e}_{FF} \sim \mathcal{CN}(\mathbf{0}, \sigma_e^2 \mathbf{I}_{N_F})$ 和 $\mathbf{e}_{FM} \sim \mathcal{CN}(\mathbf{0}, \sigma_e^2 \mathbf{I}_{N_M})$）加到一个预先假定的 CSI $\widehat{\mathbf{h}}_{FF} \sim \mathcal{CN}(\mathbf{0}, \mathbf{C}_{h,FF} - \sigma_e^2 \mathbf{I}_{N_F})$ 和 $\widehat{\mathbf{h}}_{FM} \sim \mathcal{CN}(\mathbf{0}, \mathbf{C}_{h,FM} - \sigma_e^2 \mathbf{I}_{N_M})$ 上后得到的。无 CSI 情况下是通过 10^5 次随机信道 $\mathbf{h}_{FF} \sim \mathcal{CN}(\mathbf{0}, \mathbf{C}_{h,FF})$、$\mathbf{h}_{MF} \sim \mathcal{CN}(\mathbf{0}, \mathbf{C}_{h,MF})$ 和 $\mathbf{h}_{FM} \sim \mathcal{CN}(\mathbf{0}, \mathbf{C}_{h,FM})$ 实现得到的。可以看到，两种鲁棒波束成形设计能够满足 10% 的中断概率要求，而非鲁棒波束成形设计只能够实现 55%的中断概率。这说明传统的非鲁棒波束成形设计对 CSI 误差非常敏感。从图 8.17 和图 8.18 中也可以看到，通过二分法可以进一步提高部分 CSI 情况下鲁棒波束成形设计的性能，因为得到的中断概率远低于 10% 的要求。二分法每次迭代都将 $\rho_F = \rho_M$ 设置为一个大于目标值 0.1 的数，使得最终的 SINR 中断概率增加但是会一直小于 10%，相较于部分 CSI 的情况，这会使复杂度增加。

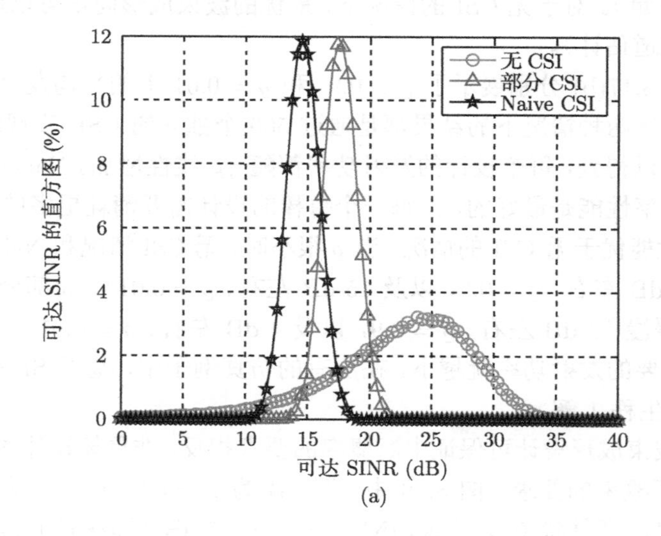

(a)

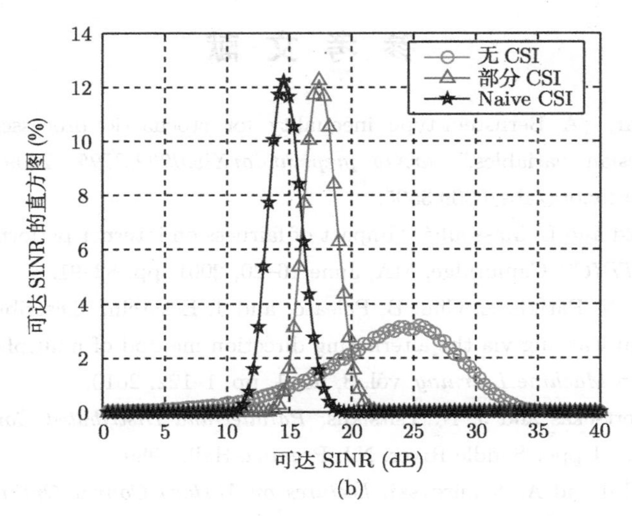

图 8.18 对于 $\varrho=0.9$（图 (a)）和 $\varrho=0.01$（图 (b)）在 $\gamma_F=15$ dB 和 $\rho_F=\rho_M=10\%$ 条件下，FUE 的可达 SINR 值的分布，表明对于 $\varrho=0.9$，无 CSI 情况、部分 CSI 情况和 Naive CSI 情况的 SINR 中断概率分别为 10%、1.24% 和 55.1%；当 $\varrho=0.01$ 时，上述概率分别变为 10%、1.28% 和 54.5%。

8.6 总结与讨论

本章介绍了 SDP 的概念及其在组合优化和发射波束成形中的应用。通过 SDR 解释了 SDP 近似方法以求解 BQP 问题，特别是相干和非相干检测问题。然后，介绍了 MIMO 无线通信中的各种发射波束成形设计，其中利用 SDR（以及 S- 引理，一些例子中也用到凸近似技巧）将感兴趣的非凸问题转化为 SDP 问题，但是并没有利用 KKT 条件对所得次优解的性能进行详细分析（例如，在一些实际情况下可以达到原始问题的最优解）。几乎所有和 SDP 相关的问题都没有闭式解，因此就需要用现成的求解工具，如 CVX 和 SeDuMi，来得到最优数值解（暂时不考虑计算效率）。此外，SDR 问题的秩是否为 1 依赖于第 9 章将要介绍的 KKT 条件。这里特意指出，SDP 问题被认为是解决问题的一个强有力的方法，其复杂度分析也非常充分 [BTN01][HRVW96][NN94][Ye97]。

另一方面，BSUM 算法展示了其可以在某些条件下求得非凸问题的稳定点解，这些条件可以在算法设计阶段考虑，因此算法的复杂度也可以提前进行控制。但是，相较于未知最优解，所得稳定点解的精度仍需进一步分析。

总之，在第 5~8 章，介绍了大量凸优化问题及其等价或近似形式。这在将一个问题变形成为一个可解问题并求出合理的解中是非常重要的。通过问题的变形，从问题的定义、建模以及 SDR 近似到求解凸优化问题，给出了许多在信号处理和通信中的例子和应用。当然，仅仅举出了一些例子来说明凸优化的有效性，相信不仅在通信和信号处理领域，在其他学科和工程领域也会不断出现更多成功和令人兴奋的应用 [PE10]。

参考文献

[Bec09] I. Bechar, "A Bernstein-type inequality for stochastic processes of quadratic forms of Gaussian variables," *arXiv preprint arXiv:0909.3595*, 2009. [Online]. Available: http://arxiv.org/abs/0909.3595.

[BM01] T. Bonald and L. Massoulié, "Impact of fairness on internet performance," in *Proc. ACM SIGMETRICS*, Cambridge, MA, June 16–20, 2001, pp. 82–91.

[BPC+10] S. Boyd, N. Parikh, E. Chu, B. Peleato, and J. Eckstein, "Distributed optimization and statistical learning via the alternating direction method of multipliers," *Foundations and Trends in Machine Learning*, vol. 3, no. 1, pp. 1–122, 2010.

[BT89] D. P. Bertsekas and J. N. Tsitsiklis, *Parallel and Distributed Computation: Numerical Methods.* Upper Saddle River, NJ: Prentice-Hall, 1989.

[BTN01] A. Ben-Tal and A. Nemirovski, *Lectures on Modern Convex Optimization: Analysis, Algorithms, and Engineering Applications.* Philadelphia, PA, USA: MPSSIAM Series on Optimization, 2001.

[CC62] A. Charnes and W. W. Cooper, "Programming with linear fractional functionals," *Naval Research Logistics Quarterly*, vol. 9, no. 3–4, pp. 181–186, Sept–Dec. 1962.

[CHMC10] T.-H. Chang, C.-W. Hsin, W.-K. Ma, and C.-Y. Chi, "A linear fractional semidefinite relaxation approach to maximum-likelihood detection of higher order QAM OSTBC in unknown channels," *IEEE Trans. Signal Process.*, vol. 58, no. 4, pp. 2315–2326, Apr. 2010.

[DY10] H. Dahrouj and W. Yu, "Coordinated beamforming for the multicell multi-antenna wireless system," *IEEE Trans. Wireless Commun.*, vol. 9, no. 5, pp. 1748–1759, May 2010.

[GS01] G. Ganasan and P. Stoica, "Space-time block codes: A maximum SNR approach," *IEEE Trans. Inf. Theory*, vol. 47, no. 4, pp. 1650–1656, May 2001.

[GSS+10] A. B. Gershman, N. D. Sidiropoulos, S. Shahbazpanahi, M. Bengtsson, and B. Ottersten, "Convex optimization-based beamforming," *IEEE Signal Process. Mag.*, vol. 27, no. 3, pp. 62–75, May 2010.

[HRVW96] C. Helmberg, F. Rendl, R. Vanderbei, and H. Wolkowicz, "An interior point method for semidefinite programming," *SIAM J. Optim.*, vol. 6, no. 2, pp. 342–361, 1996.

[KB02] S. Kandukuri and S. Boyd, "Optimal power control in interference-limited fading wireless channels with outage-probability specifications," *IEEE Trans. Wireless Commun.*, vol. 1, pp. 46–55, Jan. 2002.

[LCC15a] W.-C. Li, T.-H. Chang, and C.-Y. Chi, "Multicell coordinated beamforming with rate outage constraint–Part I: Complexity analysis," *IEEE Trans. Signal Process.*, vol. 63, no. 11, pp. 2749–2762, June 2015.

[LCC15b] W.-C. Li, T.-H. Chang, and C.-Y. Chi, "Multicell coordinated beamforming with rate outage constraint–Part II: Efficient approximation algorithms," *IEEE Trans. Signal Process.*, vol. 63, no. 11, pp. 2763–2778, June 2015.

[LCLC11] W.-C. Li, T.-H. Chang, C. Lin, and C.-Y. Chi, "A convex approximation approach to weighted sum rate maximization of multiuser MISO interference channel under outage constraints," in *Proc. 2011 IEEE ICASSP*, Prague, Czech, May 22–27, 2011, pp. 3368–

3371.

[LCLC13] W.-C. Li, T.-H. Chang, C. Lin, and C.-Y. Chi, "Coordinated beamforming for multiuser MISO interference channel under rate outage constraints," *IEEE Trans. Signal Process.*, vol. 61, no. 5, pp. 1087–1103, Mar. 2013.

[LCMC11] W.-C. Liao, T.-H. Chang, W.-K. Ma, and C.-Y. Chi, "QoS-based transmit beamforming in the presence of eavesdroppers: An optimized artificial-noise-aided approach," *IEEE Trans. Signal Process.*, vol. 59, no. 3, pp. 1202–1216, Mar. 2011.

[LMS+10] Z.-Q. Luo, W.-K. Ma, A. M.-C. So, Y. Ye, and S. Zhang, "Semidefinite relaxation of quadratic optimization problems," *IEEE Signal Process. Mag.*, vol. 27, no. 3, pp. 20–34, May 2010.

[LSL03] E. G. Larsson, P. Stoica, and J. Li, "Orthogonal space-time block codes: Maximum likelihood detection for unknown channels and unstructured interferences," *IEEE Trans. Signal Process.*, vol. 51, no. 2, pp. 362–372, Feb. 2003.

[NN94] Y. Nesterov and A. Nemirovskii, *Interior-Point Polynomial Algorithms in Convex Programming.* Philadelphia, US: SIAM, 1994.

[PE10] D. P. Palomar and Y. C. Eldar, *Convex Optimization in Signal Processing and Communications.* Cambridge, UK: Cambridge University Press, 2010.

[RHL13] M. Razaviyayn, M. Hong, and Z.-Q. Luo, "A unified convergence analysis of block successive minimization methods for nonsmooth optimization," *SIAM J. Optimization*, vol. 23, no. 2, pp. 1126–1153, 2013.

[SCW+12] C. Shen, T.-H. Chang, K.-Y. Wang, Z. Qiu, and C.-Y. Chi, "Distributed robust multi-cell coordinated beamforming with imperfect CSI: An ADMM approach," *IEEE Trans. Signal Process.*, vol. 60, no. 6, pp. 2988–3003, June 2012.

[SD08] M. B. Shenouda and T. N. Davidson, "Probabilistically-constrained approaches to the design of the multiple antenna downlink," in *Proc. 42nd Asilomar Conference*, Pacific Grove, Oct. 26–29, 2008, pp. 1120–1124.

[SDL06] N. D. Sidiropoulos, T. N. Davidson, and Z.-Q. Luo, "Transmit beamforming for physical layer multicasting," *IEEE Trans. Signal Process.*, vol. 54, no. 6, pp. 2239–2251, June 2006.

[SGM05] S. Shahbazpanahi, A. Gershman, and J. Manton, "Closed-form blind mimo channel estimation for orthogonal space-time block codes," *IEEE Trans. Signal Process.*, vol. 53, no. 12, pp. 4506–4517, Dec. 2005.

[Stu99] J. F. Sturm, "Using SeDuMi 1.02, a Matlab toolbox for optimization over symmetric cones," *Optimization Methods and Software*, vol. 11, no. 1–4, pp. 625–653, 1999.

[TJC99] V. Tarokh, H. Jafarkhani, and A. R. Calderbank, "Space-time block codes from orthogonal designs," *IEEE Trans. Inf. Theory*, vol. 45, no. 5, pp. 1456–1467, Jul. 1999.

[TPW11] A. Tajer, N. Prasad, and X.-D. Wang, "Robust linear precoder design for multi-cell downlink transmission," *IEEE Trans. Signal Process.*, vol. 59, no. 1, pp. 235–251, Jan. 2011.

[WJDC13] K.-Y. Wang, N. Jacklin, Z. Ding, and C.-Y. Chi, "Robust MISO transmit optimization under outage-based QoS constraints in two-tier heterogeneous networks," *IEEE Trans. Wireless Commun.*, vol. 12, no. 4, pp. 1883–1897, Apr. 2013.

[WSC+14] K.-Y. Wang, A. M.-C. So, T.-H. Chang, W.-K. Ma, and C.-Y. Chi, "Outage constrained robust transmit optimization for multiuser MISO downlinks: Tractable approximations by conic optimization," *IEEE Trans. Signal Process.*, vol. 62, no. 21, pp. 5690–5705, Nov. 2014.

[Ye97] Y. Ye, *Interior Point Algorithms: Theory and Analysis.* New York, US: John Wiley & Sons, 1997.

[ZWN08] G. Zheng, K.-K. Wong, and T.-S. Ng, "Robust linear MIMO in the downlink: A worst-case optimization with ellipsoidal uncertainty regions," *EURASIP Journal on Advances in Signal Processing*, vol. 2008, pp. 1–15, June 2008.

第9章 CHAPTER 9 对偶

本章将介绍对偶的概念，利用对偶可以从对偶问题最大化的角度来分析原始问题的最小化，或者反过来。与之类似的是在信号分析中，可以通过信号的频域表示来分析其时域特性。对偶在理解和求解优化问题中起着关键作用。

针对一般不等式约束的凸优化问题，本章对**强对偶性问题**（即原始问题和对偶问题具有相同最优值）的 Slater 条件及 KKT 条件进行了具体阐述。对于目标函数和约束函数均可微的凸问题，KKT 条件和一阶最优性条件是等价的，不同的是，KKT 条件可以同时推导出原始问题和对偶问题的最优解，但是一阶最优性条件只能推导出原始问题的最优解。对于具有强对偶性的凸问题，可以通过强对偶性有效地证明第 8 章中介绍的 S-引理（S-procedure）。

本章将介绍两种可用于求解具有强对偶性的凸问题的算法。一种方法是先求解原问题的对偶最大化问题，得到对偶问题的最优解，然后通过与之相关的 KKT 条件及最优对偶解求得原问题的最优解。另一种方法，即 Lagrange 对偶优化或对偶分解，通过迭代求解原问题和对偶问题的最优解，尤其适用于分布式算法的设计。本章对这种优化方法以及无线通信中广为使用的交替方向乘子法（Alternating Direction Method of Multiplier，ADMM）进行详细介绍（ADMM 也是一种对偶分解方法）。

随后，本章还将介绍强对偶性和基于真锥的广义不等式约束下的优化问题的对偶性，并通过实例说明对偶性及 KKT 条件在解决多种凸优化问题中的有效性。在第 10 章中将重点讨论如何利用对偶性推导内点法，以便找到凸优化问题的数值解。

最后，将介绍基于强对偶性或弱对偶性的由等式和不等式所组成的系统择一性，并通过择一性定理证明 S-引理。

9.1 Lagrange 对偶函数和共轭函数

考虑如式 (4.1) 定义的标准优化问题（不一定是凸的）：

$$\begin{aligned} p^\star = \min\ & f_0(\mathbf{x}) \\ \text{s.t.}\ & f_i(\mathbf{x}) \leqslant 0,\ i = 1, \ldots, m \\ & h_i(\mathbf{x}) = 0,\ i = 1, \ldots, p \end{aligned} \tag{9.1}$$

其定义域为

$$\mathcal{D}=\left(\bigcap_{i=0}^{m}\textbf{dom}\ f_i\right)\cap\left(\bigcap_{i=1}^{p}\textbf{dom}\ h_i\right) \tag{9.2}$$

这个问题被称作**原始问题**，未知变量 $\mathbf{x}$ 被称作**原始变量**。本节将定义问题式 (9.1) 的 Lagrange 对偶函数，它也是式 (9.1) 的对偶问题的目标函数。然后将给出 $f_0(\mathbf{x})$ 的共轭函数并讨论其与式 (9.1) 的对偶函数之间的关系。

9.1.1 Lagrange 对偶函数

定义式 (9.1) 的 Lagrange 定义为

$$\mathcal{L}(\mathbf{x},\boldsymbol{\lambda},\boldsymbol{\nu})=f_0(\mathbf{x})+\sum_{i=1}^{m}\lambda_i f_i(\mathbf{x})+\sum_{i=1}^{p}\nu_i h_i(\mathbf{x}) \tag{9.3}$$

其定义域 $\textbf{dom}\ \mathcal{L}=\mathcal{D}\times\mathbb{R}^m\times\mathbb{R}^p$，其中 $\boldsymbol{\lambda}=[\lambda_1,...,\lambda_m]^{\mathrm{T}}$，$\boldsymbol{\nu}=[\nu_1,...,\nu_p]^{\mathrm{T}}$ 被称作**对偶变量或 Lagrange 乘子**，分别对应 m 个不等式约束和 p 个等式约束。注意，对于任意给定的 $\mathbf{x}$，$\mathcal{L}(\mathbf{x},\boldsymbol{\lambda},\boldsymbol{\nu})$ 是关于 $(\boldsymbol{\lambda},\boldsymbol{\nu})$ 的仿射函数，借由 $\mathcal{L}(\mathbf{x},\boldsymbol{\lambda},\boldsymbol{\nu})$ 建立了原始问题式 (9.1) 与 9.2 节中将要介绍的对偶问题之间的联系。

相应的 Lagrange 对偶函数，或简称对偶函数，定义为

$$g(\boldsymbol{\lambda},\boldsymbol{\nu})\triangleq\inf_{\mathbf{x}\in\mathcal{D}}\mathcal{L}(\mathbf{x},\boldsymbol{\lambda},\boldsymbol{\nu}) \tag{9.4}$$

其定义域为

$$\textbf{dom}\ g=\{(\boldsymbol{\lambda},\boldsymbol{\nu})\mid g(\boldsymbol{\lambda},\boldsymbol{\nu})>-\infty\} \tag{9.5}$$

因为对偶函数是一族关于 $(\boldsymbol{\lambda},\boldsymbol{\nu})$ 的仿射函数（也是凹函数）的逐点下确界，由式 (3.81) 可知，即使原问题或原始问题非凸，对偶函数 g 也是关于 $(\boldsymbol{\lambda},\boldsymbol{\nu})$ 的凹函数。对于一个给定的优化问题，寻找 $g(\boldsymbol{\lambda},\boldsymbol{\nu})$ 本身是一个无约束的优化问题，当 $\boldsymbol{\lambda}\succeq\mathbf{0}$ 且原始问题式 (9.1) 是一个凸问题时，那么式 (9.4) 也是一个凸问题。

令

$$\mathcal{S}(\boldsymbol{\lambda},\boldsymbol{\nu})\triangleq\{\bar{\mathbf{x}}(\boldsymbol{\lambda},\boldsymbol{\nu})\mid g(\boldsymbol{\lambda},\boldsymbol{\nu})=\mathcal{L}(\bar{\mathbf{x}}(\boldsymbol{\lambda},\boldsymbol{\nu}),\boldsymbol{\lambda},\boldsymbol{\nu})\} \tag{9.6}$$

即无约束问题式 (9.4) 的解集。显然，若 $\mathcal{S}(\boldsymbol{\lambda},\boldsymbol{\nu})\neq\varnothing$，则

$$g(\boldsymbol{\lambda},\boldsymbol{\nu})=\mathcal{L}(\bar{\mathbf{x}}(\boldsymbol{\lambda},\boldsymbol{\nu}),\boldsymbol{\lambda},\boldsymbol{\nu}),\quad\forall\bar{\mathbf{x}}(\boldsymbol{\lambda},\boldsymbol{\nu})\in\mathcal{S}(\boldsymbol{\lambda},\boldsymbol{\nu}) \tag{9.7}$$

这里需要注意的是，$\bar{\mathbf{x}}(\boldsymbol{\lambda},\boldsymbol{\nu})\in\mathcal{S}(\boldsymbol{\lambda},\boldsymbol{\nu})$ 可能不是原始问题的可行点。当 $\mathcal{S}(\boldsymbol{\lambda},\boldsymbol{\nu})=\varnothing$ 时，Lagrange 对偶函数 $g(\boldsymbol{\lambda},\boldsymbol{\nu})$ 不可解，但其定义仍良好。例如，对于 $f_0(x)=\mathrm{e}^{-|x|}$，$f_1(x)=-x$，$\mathcal{D}=\mathbb{R}$，其 Lagrange 函数为

$$\mathcal{L}(x,\lambda)=\mathrm{e}^{-|x|}-\lambda x$$

Lagrange 对偶函数 $g(\lambda)=0$ 仅在 $\lambda=0$（即 $\textbf{dom}\ g=\{0\}$）时是一个凹函数，但是 $\mathcal{S}(\lambda=0)=\varnothing$ 且 $\min_{x\in\mathbb{R}}\mathcal{L}(x,\lambda=0)$ 不存在。下面两个例子说明了当 $\mathcal{S}(\boldsymbol{\lambda},\boldsymbol{\nu})\neq\varnothing$ 时，如何得到由式 (9.4) 定义的凹的 Lagrange 对偶函数 $g(\boldsymbol{\lambda},\boldsymbol{\nu})$。

例 9.1（线性约束下的的最小范数解） 考虑如下问题

$$\begin{aligned} &\min \|\mathbf{x}\|_2^2 \\ &\text{s.t. } \mathbf{A}\mathbf{x} = \mathbf{b} \end{aligned} \tag{9.8}$$

其中，$\mathbf{A} \in \mathbb{R}^{p\times n}$，$\text{rank}(\mathbf{A}) = p < n$（行满秩），则其 Lagrange 函数为

$$\mathcal{L}(\mathbf{x},\boldsymbol{\nu}) = \mathbf{x}^{\mathrm{T}}\mathbf{x} + \boldsymbol{\nu}^{\mathrm{T}}(\mathbf{A}\mathbf{x}-\mathbf{b}) = \mathbf{x}^{\mathrm{T}}\mathbf{x} + (\mathbf{A}^{\mathrm{T}}\boldsymbol{\nu})^{\mathrm{T}}\mathbf{x} - \boldsymbol{\nu}^{\mathrm{T}}\mathbf{b} \tag{9.9}$$

注意，对偶函数 $g(\boldsymbol{\nu}) = \inf_{\mathbf{x}} \mathcal{L}(\mathbf{x},\boldsymbol{\nu})$ 是一个无约束的凸二次规划。由于 $\mathcal{L}(\mathbf{x},\boldsymbol{\nu})$ 是一个关于 $\mathbf{x}$ 的凸二次方程，根据式 (4.28) 给出的最优性条件可知

$$\nabla_{\mathbf{x}}\mathcal{L}(\mathbf{x},\boldsymbol{\nu}) \ = 2\mathbf{x} + \mathbf{A}^{\mathrm{T}}\boldsymbol{\nu} = \mathbf{0} \tag{9.10}$$

进而得到 $\mathbf{x}$ 的最优解为

$$\bar{\mathbf{x}}(\boldsymbol{\nu}) = -\frac{1}{2}\mathbf{A}^{\mathrm{T}}\boldsymbol{\nu} \in \mathcal{S}(\boldsymbol{\nu}) \tag{9.11}$$

而且它是唯一的，即 $\mathcal{S}(\boldsymbol{\nu})$ 是一个单点集。因此，可以得到如式 (9.4) 定义的对偶函数，如下：

$$g(\boldsymbol{\nu}) = \mathcal{L}\left(\bar{\mathbf{x}}(\boldsymbol{\nu}) = -\frac{1}{2}\mathbf{A}^{\mathrm{T}}\boldsymbol{\nu}, \boldsymbol{\nu}\right) = -\frac{1}{4}\boldsymbol{\nu}^{\mathrm{T}}\mathbf{A}\mathbf{A}^{\mathrm{T}}\boldsymbol{\nu} - \mathbf{b}^{\mathrm{T}}\boldsymbol{\nu} \tag{9.12}$$

它在 $\mathbf{dom}\ g = \mathbb{R}^p$ 上是一个凹函数。 □

例 9.2（线性规划（LP）标准型） 考虑由式 (6.4) 给出的 LP 标准形式

$$\begin{aligned} &\min \mathbf{c}^{\mathrm{T}}\mathbf{x} \\ &\text{s.t. } \mathbf{x} \succeq \mathbf{0},\ \mathbf{A}\mathbf{x} = \mathbf{b} \end{aligned} \tag{9.13}$$

其 Lagrange 函数为

$$\mathcal{L}(\mathbf{x},\boldsymbol{\lambda},\boldsymbol{\nu}) = \mathbf{c}^{\mathrm{T}}\mathbf{x} - \boldsymbol{\lambda}^{\mathrm{T}}\mathbf{x} + \boldsymbol{\nu}^{\mathrm{T}}(\mathbf{A}\mathbf{x}-\mathbf{b}) = (\mathbf{c}-\boldsymbol{\lambda}+\mathbf{A}^{\mathrm{T}}\boldsymbol{\nu})^{\mathrm{T}}\mathbf{x} - \mathbf{b}^{\mathrm{T}}\boldsymbol{\nu}$$

注意，$\mathcal{L}(\mathbf{x},\boldsymbol{\lambda},\boldsymbol{\nu})$ 是关于 $\mathbf{x}$ 的仿射函数，因此除非 $\nabla_{\mathbf{x}}\mathcal{L}(\mathbf{x},\boldsymbol{\lambda},\boldsymbol{\nu}) = \mathbf{c}-\boldsymbol{\lambda}+\mathbf{A}^{\mathrm{T}}\boldsymbol{\nu} = \mathbf{0}$，否则 $\mathcal{L}(\mathbf{x},\boldsymbol{\lambda},\boldsymbol{\nu})$ 是下方无界的。因此对于那些满足 $\mathbf{c}-\boldsymbol{\lambda}+\mathbf{A}^{\mathrm{T}}\boldsymbol{\nu} = \mathbf{0}$ 的 $(\boldsymbol{\lambda},\boldsymbol{\nu})$，有 $\mathcal{S}(\boldsymbol{\lambda},\boldsymbol{\nu}) = \mathcal{D} = \mathbb{R}^n$，故其对偶函数为

$$\begin{aligned} g(\boldsymbol{\lambda},\boldsymbol{\nu}) &= \inf_{\mathbf{x}} \mathcal{L}(\mathbf{x},\boldsymbol{\nu},\boldsymbol{\lambda}) \\ &= \begin{cases} -\mathbf{b}^{\mathrm{T}}\boldsymbol{\nu}, & \mathbf{c}-\boldsymbol{\lambda}+\mathbf{A}^{\mathrm{T}}\boldsymbol{\nu} = \mathbf{0} \\ -\infty, & \text{其他} \end{cases} \end{aligned} \tag{9.14}$$

它是在 $\mathbf{dom}\ g = \{(\boldsymbol{\lambda},\boldsymbol{\nu}) \mid \mathbf{c}-\boldsymbol{\lambda}+\mathbf{A}^{\mathrm{T}}\boldsymbol{\nu} = \mathbf{0}\}$ 上的一个凹函数。 □

论据 9.1 对任意 $\boldsymbol{\lambda} \succeq \mathbf{0}$ 和 $\boldsymbol{\nu} \in \mathbb{R}^p$，有

$$g(\boldsymbol{\lambda},\boldsymbol{\nu}) \leqslant p^{\star} \tag{9.15}$$

即原始问题的最优值是其对偶函数的上界。

证明 假设 $\tilde{\mathbf{x}}$ 是一个可行解，则有 $f_i(\tilde{\mathbf{x}}) \leqslant 0$ 和 $h_i(\tilde{\mathbf{x}}) = 0$，则对于任意 $\boldsymbol{\lambda} \succeq \mathbf{0}$ 和 $\boldsymbol{\nu}$，有

$$\mathcal{L}(\tilde{\mathbf{x}}, \boldsymbol{\lambda}, \boldsymbol{\nu}) = f_0(\tilde{\mathbf{x}}) + \sum_{i=1}^{m} \lambda_i f_i(\tilde{\mathbf{x}}) + \sum_{i=1}^{p} \nu_i h_i(\tilde{\mathbf{x}}) \leqslant f_0(\tilde{\mathbf{x}})$$

$$\Longrightarrow f_0(\tilde{\mathbf{x}}) \geqslant \mathcal{L}(\tilde{\mathbf{x}}, \boldsymbol{\lambda}, \boldsymbol{\nu}) \geqslant \inf_{\mathbf{x} \in \mathcal{D}} \mathcal{L}(\mathbf{x}, \boldsymbol{\lambda}, \boldsymbol{\nu}) = g(\boldsymbol{\lambda}, \boldsymbol{\nu}) \tag{9.16}$$

因此，对于任意 $\boldsymbol{\lambda} \succeq \mathbf{0}$ 和 $\boldsymbol{\nu}$ 都有 $p^\star \geqslant g(\boldsymbol{\lambda}, \boldsymbol{\nu})$。 □

9.2 节将根据论据 9.1，把式 (9.4) 定义的凹函数 $g(\boldsymbol{\lambda}, \boldsymbol{\nu})$ 作为其对偶最大化问题的目标函数。接下来，讨论如何通过对原始问题中的目标函数 $f_0(\mathbf{x})$ 取共轭，得到其对偶函数 $g(\boldsymbol{\lambda}, \boldsymbol{\nu})$ 的方法。

9.1.2 共轭函数

函数 $f: \mathbb{R}^n \to \mathbb{R}$ 的共轭函数记作 $f^*: \mathbb{R}^n \to \mathbb{R}$，定义为

$$f^*(\mathbf{y}) = \sup_{\mathbf{x} \in \mathbf{dom}\, f} (\mathbf{y}^{\mathrm{T}}\mathbf{x} - f(\mathbf{x})) \tag{9.17}$$

其定义域 $\mathbf{dom}\, f^* = \{\mathbf{y} \mid f^*(\mathbf{y}) < \infty\}$，换句话说，$\mathbf{y}^{\mathrm{T}}\mathbf{x} - f(\mathbf{x})$ 在 $\mathbf{dom}\, f$ 上方上界。由式 (9.17) 知即使 $f(\mathbf{x})$ 非凸 $f^*(\mathbf{y})$ 也是关于 $\mathbf{y}$ 的凸函数，这是因为 $f^*(\mathbf{y})$ 是一族关于 $\mathbf{y}$ 的仿射函数的逐点上确界（见式 (3.80)）。下面给出关于共轭函数的两个例子。

例 9.3 假设 f 是任意范数，即

$$f(\mathbf{x}) = \|\mathbf{x}\|, \ \mathbf{dom}\, f = \mathbb{R}^n \tag{9.18}$$

f 是一个凸函数但不一定可微，其共轭函数为

$$\begin{aligned} f^*(\mathbf{y}) &= \max\left\{\sup_{\|\mathbf{x}\| \neq 0} \left\{\|\mathbf{x}\| \sup_{\|\mathbf{u}\|=1} (\mathbf{y}^{\mathrm{T}}\mathbf{u} - 1)\right\}, 0\right\} \quad \text{（其中 } \mathbf{u} = \mathbf{x}/\|\mathbf{x}\|\text{）} \\ &= \max\left\{\sup_{\|\mathbf{x}\| \neq 0} \{\|\mathbf{x}\|(\|\mathbf{y}\|_* - 1)\}, 0\right\} \quad \text{（参考式 (2.88)）} \\ &= I_{\mathcal{B}}(\mathbf{y}) \triangleq \begin{cases} 0, & \text{当 } \mathbf{y} \in \mathcal{B} \triangleq \{\mathbf{y} \in \mathbb{R}^n \mid \|\mathbf{y}\|_* \leqslant 1\} \\ \infty, & \text{当 } \mathbf{y} \notin \mathcal{B} \end{cases} \end{aligned} \tag{9.19}$$

是一个指示函数（凸函数）。

另一个例子：函数

$$f(\mathbf{x}) = \|\mathbf{x}\|_0, \ \mathbf{dom}\, f = \{\mathbf{x} \in \mathbb{R}^n \mid \|\mathbf{x}\|_1 \leqslant 1\} \tag{9.20}$$

是一个下半连续的（参考式 (1.31)）非凸函数。根据式 (9.17) 可得

$$\begin{aligned} f^*(\mathbf{y}) &= \max\left\{\sup_{0 < \|\mathbf{x}\|_1 \leqslant 1} \left\{\sup_{\|\mathbf{u}\|_1 = 1} (\|\mathbf{x}\|_1 \mathbf{y}^{\mathrm{T}}\mathbf{u} - \|\mathbf{u}\|_0)\right\}, 0\right\} \quad \text{（其中 } \mathbf{x} = \mathbf{u}\|\mathbf{x}\|_1\text{）} \\ &= \max\left\{\sup_{0 < \|\mathbf{x}\|_1 \leqslant 1} \{\|\mathbf{x}\|_1 \|\mathbf{y}\|_\infty - 1\}, 0\right\}, \ \mathbf{y} \in \mathbb{R}^n \\ &= \max\{\|\mathbf{y}\|_\infty - 1, 0\}, \ \mathbf{y} \in \mathbb{R}^n \end{aligned} \tag{9.21}$$

是一个非光滑的凸函数。注意式 (9.21) 的第二行推导过程中用到了一些结论，即 ℓ_1-范数的对偶是 ℓ_∞-范数，以及 $\|\mathbf{y}\|_\infty = \mathbf{y}^{\mathrm{T}}(\mathbf{e}_i\mathrm{sgn}(y_i))$（参考式 (2.90)），其中，$i = \arg\max_j\{|y_j|, j = 1,\ldots,n\}$。 □

注意，f^* 可能不存在。例如，考虑在 $\mathbf{dom}\ f = \mathbb{R}$ 上的凹函数 $f(x) = -x^2$，由于 $\mathbf{dom}\ f^* = \varnothing$，故共轭函数 f^* 不存在。假设 f^* 存在，则寻找 $f^*(\mathbf{y})$ 本身就是一个优化问题。此外，若 $f(\mathbf{x})$ 可微，则线性函数 $\mathbf{y}^{\mathrm{T}}\mathbf{x}$ 和函数 $f(\mathbf{x})$ 之间的最大差值在点 $\mathbf{x} \in \mathbf{dom}\ f$ 处取得，该点满足 $\nabla_{\mathbf{x}}(\mathbf{y}^{\mathrm{T}}\mathbf{x} - f(\mathbf{x})) = \mathbf{0}$，即

$$\mathbf{y} = \nabla_{\mathbf{x}} f(\mathbf{x}^\star) \in \mathbf{dom}\ f^* \tag{9.22}$$

这仅仅是获得 $f^*(\mathbf{y})$ 的必要条件。若 $f(\mathbf{x})$ 是一个凸函数，那么 $\nabla^2_{\mathbf{x}}(\mathbf{y}^{\mathrm{T}}\mathbf{x} - f(\mathbf{x})) = -\nabla^2_{\mathbf{x}} f(\mathbf{x}) \preceq \mathbf{0}$（即满足二阶条件），式 (9.22) 成为充分条件。这意味着，若 $f(\mathbf{x})$ 是可微的凸函数，则

$$f^*(\mathbf{y}) = (\mathbf{x}^\star)^{\mathrm{T}}\nabla_{\mathbf{x}} f(\mathbf{x}^\star) - f(\mathbf{x}^\star) \tag{9.23}$$

其中，$\mathbf{x}^\star$ 可由式 (9.22) 求得。进而对于 $\nabla_{\mathbf{x}} f(\boldsymbol{x}) \in \mathbf{dom}\ f^*$，根据式 (9.17) 可得

$$\begin{aligned}
f^*(\nabla_{\mathbf{x}} f(\boldsymbol{x})) &= \boldsymbol{x}^{\mathrm{T}}\nabla_{\mathbf{x}} f(\boldsymbol{x}) - f(\boldsymbol{x}) \qquad \text{（根据式 (9.23)）} \\
&= \sup_{\mathbf{x}\in\mathbf{dom}\ f} \left\{\mathbf{x}^{\mathrm{T}}\nabla_{\mathbf{x}} f(\boldsymbol{x}) - f(\mathbf{x})\right\} \\
&\geqslant \mathbf{x}^{\mathrm{T}}\nabla_{\mathbf{x}} f(\boldsymbol{x}) - f(\mathbf{x}),\ \ \forall \mathbf{x} \in \mathbf{dom} f \\
&\Leftrightarrow\ f(\mathbf{x}) \geqslant f(\boldsymbol{x}) + \nabla_{\mathbf{x}} f(\boldsymbol{x})^{\mathrm{T}}(\mathbf{x} - \boldsymbol{x}),\ \ \forall \mathbf{x} \in \mathbf{dom} f
\end{aligned} \tag{9.24}$$

由式 (9.24) 可知，无论 $f(\mathbf{x})$ 是否为凸函数，$f(\mathbf{x})$ 都被一个经过 $\boldsymbol{x}$ 的仿射函数限定了紧下界。图 9.1 给出了如何得到一个一维非凸可微函数的共轭函数，以及如何由式 (9.24) 得到紧下界的例子。下面将给出一些凸函数的共轭函数的例子。

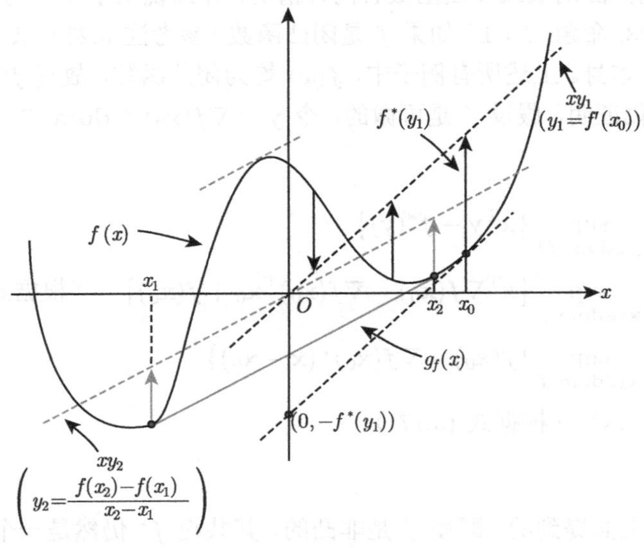

图 9.1 非凸函数 $f:\mathbb{R}\to\mathbb{R}$ 共轭函数 f^*，其中 $y_1, y_2 \in \mathbf{dom}\ f^* \subseteq \mathbb{R}$

- 仿射函数（凸函数）：$f(x) = ax + b$。因为 $f(x)$ 是可微的，且 $y = f'(x) = a$（根据式 (9.22)）是一个常数，所以 $\mathbf{dom}\ f^* = \{a\}$（单点集），则由式 (9.23) 有

$$f(x) = ax + b \leftrightarrow f^*(y) = -b,\ y \in \{a\} \tag{9.25}$$

其中，$f^*(y)$ 是凸函数。

- 负对数函数（凸函数）：$f(x) = -\log x$，其定义域为 $\mathbf{dom}\ f = \mathbb{R}_{++}$。因此，由式 (9.22) 及 $x^\star = -1/y$ 可得

$$f(x) = -\log x \leftrightarrow f^*(y) = -1 - \log(-y) \tag{9.26}$$

其中，$f^*(y) = -1 - \log(-y)$ 是凸函数。

- 负熵函数（凸函数）：$f(x) = x\log x$，$f(0) = 0$，其定义域为 $\mathbf{dom}\ f = \mathbb{R}_+$，则 $y = f'(x^\star) = 1 + \log x^\star$（根据式 (9.22) ）且 $\mathbf{dom}\ f^* = \mathbb{R}$。因此由式 (9.23) 及 $x^\star = \mathrm{e}^{y-1}$ 可得

$$f(x) = x\log x \leftrightarrow f^*(y) = y\mathrm{e}^{y-1} - \mathrm{e}^{y-1}(y-1) = \mathrm{e}^{y-1} \tag{9.27}$$

其中，$f^*(y) = \mathrm{e}^{y-1}$ 是凸函数。

- 严格凸二次函数：令 $\mathbf{Q} \in \mathbb{S}^n_{++}$，利用式 (9.22) 和式 (9.23) 可证明如下凸二次函数及其凸共轭函数：

$$f(\mathbf{x}) = \frac{1}{2}\mathbf{x}^{\mathrm{T}}\mathbf{Q}\mathbf{x} \leftrightarrow f^*(\mathbf{y}) = \frac{1}{2}\mathbf{y}^{\mathrm{T}}\mathbf{Q}^{-1}\mathbf{y} \tag{9.28}$$

定义域为 $\mathbf{dom}\ f = \mathbf{dom}\ f^* = \mathbb{R}^n$。

如果 f^* 存在，由于凸函数 f 的共轭函数 f^* 为凸函数，那么 f^* 的共轭函数 f^{**} 也是凸函数。显然，当 f 是非凸函数时，$f^{**} \neq f$，但当 f 为凸函数时，两者是否相等？下面两个注释针对 f 分别为凸函数或非凸函数者两种情况，详细说明了 f^{**} 与 f^* 的关系。

注 9.1 [Ber03, 命题 7.1.1] 如果 f 是闭凸函数（参考注 3.23），则有 $f^{**} = f$，即对 f 取两次共轭还是 f 本身。上述所有例子中，$f(\boldsymbol{x})$ 均为闭凸函数，故有 $f^{**} = f$。

证明 为了简化证明，假设 f 是可微的。令 $\mathbf{y} = \nabla f(\mathbf{x}_0) \in \mathbf{dom}\ f^*$，则 $f^*(\mathbf{y})$ 的共轭函数为

$$\begin{aligned}
f^{**}(\mathbf{x}) &= \sup_{\mathbf{y}\in\mathbf{dom}\ f^*} \left\{\mathbf{x}^{\mathrm{T}}\mathbf{y} - f^*(\mathbf{y})\right\} \\
&= \sup_{\mathbf{x}_0\in\mathbf{dom}\ f} \left\{\mathbf{x}^{\mathrm{T}}\nabla f(\mathbf{x}_0) - \nabla f(\mathbf{x}_0)^{\mathrm{T}}\mathbf{x}_0 + f(\mathbf{x}_0)\right\} \quad \text{（根据式 (9.23)）} \\
&= \sup_{\mathbf{x}_0\in\mathbf{dom}\ f} \left\{f(\mathbf{x}_0) + \nabla f(\mathbf{x}_0)^{\mathrm{T}}(\mathbf{x} - \mathbf{x}_0)\right\} \\
&= f(\mathbf{x}) \quad \text{（根据式 (3.17)）}
\end{aligned}$$

命题得证。 □

注 9.2 正如上面提到的，即使 f 是非凸的，其共轭 f^* 仍然是一个凸函数，因此凸函数 $f^{**} \neq f$，那么 f^* 和 f^{**} 是什么关系呢？如图 9.1 所示，考虑定义在 $\mathbb{R}$ 上的非凸可微函

数 $f(x)$。假设 g_f 是 f 的凸包络，显然

$$g_f(x) = \begin{cases} f(x), & x \notin (x_1, x_2) \\ f'(x_1)x + \dfrac{f(x_1)x_2 - f(x_2)x_1}{x_2 - x_1}, & x \in (x_1, x_2) \end{cases}$$

其中，$f'(x_1) = \dfrac{f(x_2) - f(x_1)}{x_2 - x_1} = f'(x_2)$。根据式 (9.24)，若 $f'(x_0) \in \mathbf{dom}\ f^*$，则

$$f(x) \geqslant f(x_0) + f'(x_0)(x - x_0),\ \forall x$$

仅在 $x_0 \notin (x_1, x_2)$ 时成立。这表明对于任意 $x_0 \notin (x_1, x_2)$，有 $f^*(f'(x_0)) = g_f^*(f'(x_0))$。此外，对所有 $x_0 \in (x_1, x_2)$，有 $g_f^*(g_f'(x_0)) = f^*(f'(x_1)) = f^*(f'(x_2))$，因此有 $f^* = g_f^*$ 以及

$$\mathbf{dom}\ g_f^* = \left\{g_f'(x) \mid x \in \mathbb{R}\right\} = \{f'(x) \mid x \in \mathbb{R} \setminus (x_1, x_2)\} = \mathbf{dom}\ f^*$$

所以在这种情形下，可以得到 $f^{**} = g_f^{**} = g_f$。

如果 $\mathbf{dom}\ f$ 是紧的且 f 是下半连续的（参考式 (1.31)），可以证明 $f^{**} = g_f$[Fal69]。再次考虑式 (9.20) 定义的非光滑、非凸的 ℓ_0-范数函数（其凸包络已在注 3.25 中给出）。由式 (9.21) 给出的该函数的共轭函数的共轭证明，根据式 (9.17) 有

$$\begin{aligned} g_f(\mathbf{x}) = f^{**}(\mathbf{x}) &= \sup_{\|\mathbf{y}\|_\infty \neq 0} \left\{ \|\mathbf{y}\|_\infty \sup_{\|\mathbf{u}\|_\infty = 1} \left(\mathbf{x}^{\mathrm{T}}\mathbf{u} - \max\left\{1 - \frac{1}{\|\mathbf{y}\|_\infty}, 0\right\} \right) \right\} \\ &= \sup_{\|\mathbf{y}\|_\infty \neq 0} \left\{ \|\mathbf{y}\|_\infty \|\mathbf{x}\|_1 - \max\{\|\mathbf{y}\|_\infty - 1, 0\} \right\} \\ &= \sup_{\|\mathbf{y}\|_\infty \neq 0} \min\{\|\mathbf{y}\|_\infty(\|\mathbf{x}\|_1 - 1) + 1, \|\mathbf{y}\|_\infty \|\mathbf{x}\|_1\} \\ &= \begin{cases} \|\mathbf{x}\|_1, & \text{如果 } \|\mathbf{x}\|_1 \leqslant 1 \\ \infty, & \text{如果 } \|\mathbf{x}\|_1 > 1 \end{cases} \end{aligned} \tag{9.29}$$

式 (9.29) 的推导用了 $\mathbf{u} = \mathbf{y}/\|\mathbf{y}\|_\infty$，以及如下几个事实：$\ell_\infty$-范数的对偶是 ℓ_1-范数；当 $\|\mathbf{x}\|_1 \leqslant 1$ 时，$\|\mathbf{y}\|_\infty(\|\mathbf{x}\|_1 - 1) + 1$ 是关于 $\|\mathbf{y}\|_\infty$ 的非增仿射函数，$\|\mathbf{y}\|_\infty \|\mathbf{x}\|_1$ 是关于 $\|\mathbf{y}\|_\infty$ 的非减线性函数，且当 $\|\mathbf{y}\|_\infty = 1$ 时，$\|\mathbf{y}\|_\infty(\|\mathbf{x}\|_1 - 1) + 1$ 和 $\|\mathbf{y}\|_\infty \|\mathbf{x}\|_1$ 的交集为 $\|\mathbf{x}\|_1$。注意，$\|\mathbf{y}\|_\infty = 0$ 在式 (9.29) 的推导过程中被忽略，这是因为对于所有的 $\|\mathbf{x}\|_1 \leqslant 1$，都有 $g_f(\mathbf{x}) \geqslant 0$。 □

9.1.3 Lagrange 对偶函数和共轭函数之间的关系

为说明仿射约束（即原问题的可行集是多面体）目标函数的 Lagrange 对偶函数和共轭函数之间的密切关系，考虑如下的简单问题：

$$\begin{aligned} &\min f_0(\mathbf{x}) \\ &\text{s.t. } \mathbf{x} = \mathbf{0} \end{aligned} \tag{9.30}$$

式 (9.30) 的 Lagrange 函数是 $\mathcal{L}(\mathbf{x}, \boldsymbol{\nu}) = f_0(\mathbf{x}) + \boldsymbol{\nu}^{\mathrm{T}}\mathbf{x}$，对应的对偶函数为

$$
\begin{aligned}
g(\boldsymbol{\nu}) &= \inf_{\mathbf{x}} \{f_0(\mathbf{x}) + \boldsymbol{\nu}^{\mathrm{T}}\mathbf{x}\} \\
&= -\sup_{\mathbf{x}} \{(-\boldsymbol{\nu})^{\mathrm{T}}\mathbf{x} - f_0(\mathbf{x})\} = -f_0^*(-\boldsymbol{\nu})
\end{aligned}
$$

其中，$\mathbf{dom}\ g = -\mathbf{dom}\ f_0^*$。由于 f_0^* 是凸的，故 $g(\boldsymbol{\nu})$ 是关于 $\boldsymbol{\nu}$ 的凹函数。类似地，考虑如下更一般的优化问题：

$$
\begin{aligned}
\min \quad & f_0(\mathbf{x}) \\
\text{s.t.} \quad & \mathbf{A}\mathbf{x} \preceq \mathbf{b},\ \mathbf{C}\mathbf{x} = \mathbf{d}
\end{aligned} \tag{9.31}
$$

即可行集仍然是一个多面体。式 (9.31) 的对偶函数可以表示为关于目标函数的共轭函数，如下：

$$
\begin{aligned}
g(\boldsymbol{\lambda}, \boldsymbol{\nu}) &= \inf_{\mathbf{x}} \left\{ f_0(\mathbf{x}) + \boldsymbol{\lambda}^{\mathrm{T}}(\mathbf{A}\mathbf{x} - \mathbf{b}) + \boldsymbol{\nu}^{\mathrm{T}}(\mathbf{C}\mathbf{x} - \mathbf{d}) \right\} \\
&= -\mathbf{b}^{\mathrm{T}}\boldsymbol{\lambda} - \mathbf{d}^{\mathrm{T}}\boldsymbol{\nu} + \inf_{\mathbf{x}} \{f_0(\mathbf{x}) + (\mathbf{A}^{\mathrm{T}}\boldsymbol{\lambda} + \mathbf{C}^{\mathrm{T}}\boldsymbol{\nu})^{\mathrm{T}}\mathbf{x}\} \\
&= -\mathbf{b}^{\mathrm{T}}\boldsymbol{\lambda} - \mathbf{d}^{\mathrm{T}}\boldsymbol{\nu} - \sup_{\mathbf{x}} \{-(\mathbf{A}^{\mathrm{T}}\boldsymbol{\lambda} + \mathbf{C}^{\mathrm{T}}\boldsymbol{\nu})^{\mathrm{T}}\mathbf{x} - f_0(\mathbf{x})\} \\
&= -\mathbf{b}^{\mathrm{T}}\boldsymbol{\lambda} - \mathbf{d}^{\mathrm{T}}\boldsymbol{\nu} - f_0^*(-\mathbf{A}^{\mathrm{T}}\boldsymbol{\lambda} - \mathbf{C}^{\mathrm{T}}\boldsymbol{\nu})
\end{aligned} \tag{9.32}
$$

因为 f_0^* 是凸的，故该函数是一个凹函数。由共轭函数的定义及式 (9.5) 可知，g 的定义域为

$$
\mathbf{dom}\ g = \{(\boldsymbol{\lambda}, \boldsymbol{\nu}) \mid -(\mathbf{A}^{\mathrm{T}}\boldsymbol{\lambda} + \mathbf{C}^{\mathrm{T}}\boldsymbol{\nu}) \in \mathbf{dom}\ f_0^*\} \tag{9.33}
$$

下面的例子给出了式 (9.31) 形式的优化问题。

例 9.4（最大熵问题） 本例讨论的是如何通过共轭函数寻找最大熵问题的 Lagrange 对偶函数。最大熵问题定义如下：

$$
\begin{aligned}
&\max \quad \left\{ \sum_{i=1}^{n} x_i \log \frac{1}{x_i} \right\} & & \min \quad \left\{ f_0(\mathbf{x}) \triangleq \sum_{i=1}^{n} x_i \log x_i \right\} \\
&\text{s.t.} \quad \mathbf{x} \in \mathbb{R}_+^n,\ \mathbf{1}_n^{\mathrm{T}}\mathbf{x} = 1 & \equiv \quad & \text{s.t.} \quad \mathbf{x} \in \mathbb{R}_+^n,\ \mathbf{1}_n^{\mathrm{T}}\mathbf{x} = 1
\end{aligned} \tag{9.34}
$$

其中，$f_0(\mathbf{x})$ 是负熵函数的和，$x_i \log x_i$ 是仅仅关于一个标量变量 x_i 的函数，且变量 $x_1, \ldots, x_n$ 相互独立。负熵函数的共轭函数已经在 9.1.2 节中讨论过，由式 (9.27) 易得 f_0 的共轭函数为

$$
\begin{aligned}
f_0^*(\mathbf{y}) &= \sup_{\mathbf{x} \in \mathbb{R}_+^n} \{\mathbf{y}^{\mathrm{T}}\mathbf{x} - f_0(\mathbf{x})\} \\
&= \sum_{i=1}^{n} \sup_{x_i \in \mathbb{R}_+} \{y_i x_i - x_i \log x_i\} = \sum_{i=1}^{n} \mathrm{e}^{y_i - 1}
\end{aligned} \tag{9.35}
$$

其中，$\mathbf{dom}\ f_0^* = \mathbb{R}^n$。

令式 (9.32) 中 $\mathbf{A} = -\mathbf{I}_n$，$\mathbf{b} = \mathbf{0}$，$\mathbf{C} = \mathbf{1}_n^{\mathrm{T}}$，以及 $d = 1$，则式 (9.34) 的对偶函数为

$$
\begin{aligned}
g(\boldsymbol{\lambda}, \nu) &= -\nu - f_0^*(\boldsymbol{\lambda} - \mathbf{1}_n \nu) \\
&= -\nu - \sum_{i=1}^{n} \mathrm{e}^{\lambda_i - \nu - 1} = -\nu - \mathrm{e}^{-\nu - 1} \sum_{i=1}^{n} \mathrm{e}^{\lambda_i}
\end{aligned} \tag{9.36}
$$

因此，优化问题（不一定为凸）的 Lagrange 对偶函数可以很容易地通过目标函数的共轭函数得到。 □

9.2　Lagrange 对偶问题

原始问题式 (9.1) 的对偶问题定义为

$$\begin{aligned} \max_{(\boldsymbol{\lambda},\boldsymbol{\nu})\in\mathbf{dom}\ g} \quad & g(\boldsymbol{\lambda},\boldsymbol{\nu}) \\ \text{s.t.} \quad & \boldsymbol{\lambda}\succeq\mathbf{0} \end{aligned} \tag{9.37}$$

其中， $\mathbf{dom}\ g$ 的定义见式 (9.5)。需要强调的是，即使原问题非凸，其对偶问题也一定是凸问题。如果 $\boldsymbol{\lambda}\succeq\mathbf{0}$ 且 $(\boldsymbol{\lambda},\boldsymbol{\nu})\in\mathbf{dom}\ g$，即 $g(\boldsymbol{\lambda},\boldsymbol{\nu})>-\infty$，那么称 $(\boldsymbol{\lambda},\boldsymbol{\nu})$ 是对偶可行的，其中 $\boldsymbol{\lambda}\succeq\mathbf{0}$ 显然是一个不等式约束，但 $(\boldsymbol{\lambda},\boldsymbol{\nu})\in\mathbf{dom}\ g$ 可能包含等式约束，隐含在对偶问题式 (9.37) 中。通过本节后续的例子可以清楚地看到这一点。

对于 $\mathcal{L}(\mathbf{x},\boldsymbol{\lambda},\boldsymbol{\nu})$ 关于 $\mathbf{x}$ 可微的一般情况，通常需要判断 $(\boldsymbol{\lambda},\boldsymbol{\nu})$ 是否是对偶可行的。下面的论据给出了 $(\boldsymbol{\lambda},\boldsymbol{\nu})$ 对偶可行的充分条件。

论据 9.2　对于给定的对偶变量 $(\boldsymbol{\lambda},\boldsymbol{\nu})$，如果 $\mathcal{L}(\mathbf{x},\boldsymbol{\lambda},\boldsymbol{\nu})$ 是一个关于 $\mathbf{x}$ 的凸函数，且存在 $\bar{\mathbf{x}}\in\mathcal{D}$（问题式 (9.1) 的定义域）使得 $\nabla_{\mathbf{x}}\mathcal{L}(\bar{\mathbf{x}},\boldsymbol{\lambda},\boldsymbol{\nu})=\mathbf{0}$，即 $g(\boldsymbol{\lambda},\boldsymbol{\nu})=\mathcal{L}(\bar{\mathbf{x}},\boldsymbol{\lambda},\boldsymbol{\nu})>-\infty$，则 $(\boldsymbol{\lambda},\boldsymbol{\nu})\in\mathbf{dom}\ g$。进一步地，若 $\boldsymbol{\lambda}\succeq\mathbf{0}$，则 $(\boldsymbol{\lambda},\boldsymbol{\nu})$ 是对偶问题式 (9.37) 的一个可行点。

对偶问题式 (9.37) 的最优值为

$$d^\star=\sup\{g(\boldsymbol{\lambda},\boldsymbol{\nu})\mid\boldsymbol{\lambda}\succeq\mathbf{0},\boldsymbol{\nu}\in\mathbb{R}^p\} \tag{9.38}$$

根据论据 9.1 可知，$d^\star$ 是原始问题最优值 $p^\star$ 的一个下界。我们将

$$d^\star\leqslant p^\star \tag{9.39}$$

称作**弱对偶性**。如果有

$$d^\star=p^\star \tag{9.40}$$

则称**强对偶性**成立。

对于一对原始对偶可行解 $\mathbf{x}$ 和 $(\boldsymbol{\lambda},\boldsymbol{\nu})$，称

$$\eta(\mathbf{x},\boldsymbol{\lambda},\boldsymbol{\nu})=f_0(\mathbf{x})-g(\boldsymbol{\lambda},\boldsymbol{\nu}) \tag{9.41}$$

为**对偶间隙**。如果式 (9.6) 定义的集合 $\mathcal{S}(\boldsymbol{\lambda},\boldsymbol{\nu})$ 非空，那么对偶函数 $g(\boldsymbol{\lambda},\boldsymbol{\nu})$ 由该集合所确定。式 (9.41) 中的 $\mathbf{x}$ 是与 $(\boldsymbol{\lambda},\boldsymbol{\nu})$ 独立的变量。为方便表示，在不导致混淆的前提下，本章也用 η 代替 $\eta(\mathbf{x},\boldsymbol{\lambda},\boldsymbol{\nu})$。

显然从

$$g(\boldsymbol{\lambda},\boldsymbol{\nu})\leqslant d^\star\leqslant p^\star\leqslant f_0(\mathbf{x}) \tag{9.42}$$

中可以看出 $\eta \geqslant p^\star - d^\star$ 和 $\eta \geqslant f_0(\mathbf{x}) - p^\star$，且 $\mathbf{x}$ 是 η-次优的（若 $f_0(\mathbf{x}) \leqslant p^\star + \epsilon$，则可行点 $\mathbf{x}$ 是 ϵ-次优的）。如果对偶间隙 $\eta = 0$，即 $p^\star = d^\star$，那么 $\mathbf{x}$ 是原最优解，$(\boldsymbol{\lambda}, \boldsymbol{\nu})$ 是对偶最优解。换句话说，如果对于原–对偶问题可行对 $\mathbf{x}^\star$ 和 $(\boldsymbol{\lambda}^\star, \boldsymbol{\nu}^\star)$ 有 $\eta(\mathbf{x}^\star, \boldsymbol{\lambda}^\star, \boldsymbol{\nu}^\star) = 0$，那么一定有 $f(\mathbf{x}^\star) < \infty$，$g(\boldsymbol{\lambda}^\star, \boldsymbol{\nu}^\star) > -\infty$，且

$$
\begin{aligned}
f_0(\mathbf{x}^\star) &= g(\boldsymbol{\lambda}^\star, \boldsymbol{\nu}^\star) \quad （由于 \ \eta(\mathbf{x}^\star, \boldsymbol{\lambda}^\star, \boldsymbol{\nu}^\star) = 0） \\
&= \inf_{\mathbf{x} \in \mathcal{D}} \mathcal{L}(\mathbf{x}, \boldsymbol{\lambda}^\star, \boldsymbol{\nu}^\star) \\
&\leqslant \mathcal{L}(\mathbf{x}^\star, \boldsymbol{\lambda}^\star, \boldsymbol{\nu}^\star) \leqslant f_0(\mathbf{x}^\star) \quad （根据式 (9.16)） \\
&\Rightarrow \ g(\boldsymbol{\lambda}^\star, \boldsymbol{\nu}^\star) = \mathcal{L}(\mathbf{x}^\star, \boldsymbol{\lambda}^\star, \boldsymbol{\nu}^\star) = f_0(\mathbf{x}^\star)
\end{aligned} \tag{9.43}
$$

式 (9.43) 给出了强对偶问题的原最优解与对偶最优解之间的一个重要关系式。此关系式可进一步导出对偶问题的互补松弛性，具体将在 9.4.3 节中进行讨论。

为了进一步说明目标函数与其 Lagrange 函数、对偶函数、原最优解和对偶最优解之间的关系，我们考虑下述简单的凸 QCQP 问题

$$
\begin{aligned}
&\min_x \ \{f_0(x) \triangleq x^2\} \\
&\text{s.t.} \ (x-2)^2 \leqslant 1
\end{aligned} \tag{9.44}
$$

显然该问题的最优解为 $x^\star = 1$，最优值为 $p^\star = f_0(x^\star) = 1$。

式 (9.44) 的 Lagrange 函数为

$$
\mathcal{L}(x, \lambda) = x^2 + \lambda[(x-2)^2 - 1] = (1+\lambda)x^2 - 4\lambda x + 3\lambda
$$

当 $\lambda > -1$ 时，是关于 x 的凸函数，但当 $\lambda \leqslant -1$ 时，$\mathcal{L}(x, \lambda)$ 下方无解。

对偶函数 $g(\lambda) > -\infty$ 时，由式 (4.28) 可知

$$
\bar{x}(\lambda) = \arg\min_x \mathcal{L}(x, \lambda) = \frac{2\lambda}{1+\lambda}，\ 当 \ \lambda > -1
$$

则对偶函数 $g(\lambda)$ 为

$$
g(\lambda) = \mathcal{L}(\bar{x}(\lambda), \lambda) = \frac{4\lambda}{1+\lambda} - \lambda, \ \ \mathbf{dom}\, g = (-1, \infty)
$$

$g(\lambda)$ 是关于 λ 的可微凹函数。由式 (4.28) 可得

$$
\lambda^\star = \arg\max\{g(\lambda), \lambda \geqslant 0\} = 1
$$

以及最优值 $d^\star = g(\lambda^\star) = 1$。因此，对于原–对偶问题最优解 $(x^\star = \bar{x}(\lambda^\star), \lambda^\star) = (1, 1)$，强对偶性成立（由于 $p^\star = d^\star = 1$）。由于强对偶性成立，这个例子同时也说明了式 (9.43) 给出的重要结论成立。

图 9.2 给出了目标函数 $f_0(x)$、其 2 维 Lagrange 函数 $\mathcal{L}(x, \lambda)$、$\mathcal{L}(\bar{x}(\lambda), \lambda)$（这是在 $\mathcal{L}(x, \lambda)$ 表面上的一条曲线）及其对偶函数 $g(\lambda)$。其中，对偶函数 $g(\lambda) = \mathcal{L}(\bar{x}(\lambda) = 2\lambda/(1+\lambda), \lambda)$。另外，图中的 $(x^\star, \lambda^\star) = (1, 1)$ 是强对偶性凸问题 $\min\{f_0(x) \mid (x-2)^2 \leqslant 1\}$ 的原–对偶最优

解。通过这幅图，可以看出 $g(\lambda)=\mathcal{L}(\bar{x}(\lambda),\lambda)$ 是一条由 $\mathcal{S}(\lambda)=\{\bar{x}(\lambda)\}$ 确定的曲线，并且对于任意 $\lambda\geqslant 0$ 且 $(x-2)^2\leqslant 1$ 有 $g(\lambda)\leqslant f_0(x)$，以及

$$g(\lambda^\star)=\mathcal{L}(x^\star,\lambda^\star)=f_0(x^\star)=1$$

此外，原–对偶问题最优解 $(x^\star,\lambda^\star)=(1,1)$ 是 $\mathcal{L}(x,\lambda)$ 的一个鞍点。这个结论可以通过求 $\mathcal{L}(x,\lambda)$ 的梯度和 Hessian 矩阵在 $(x,\lambda)=(1,1)$ 处的值得以证明，即证明梯度为零向量，Hessian 矩阵为不定矩阵（参考注 9.3）。$\mathcal{L}(x,\lambda)$ 的鞍点与原–对偶最优解吻合事实上源于强对偶性的最大–最小特性，具体将在 9.4.1 节中进行说明。

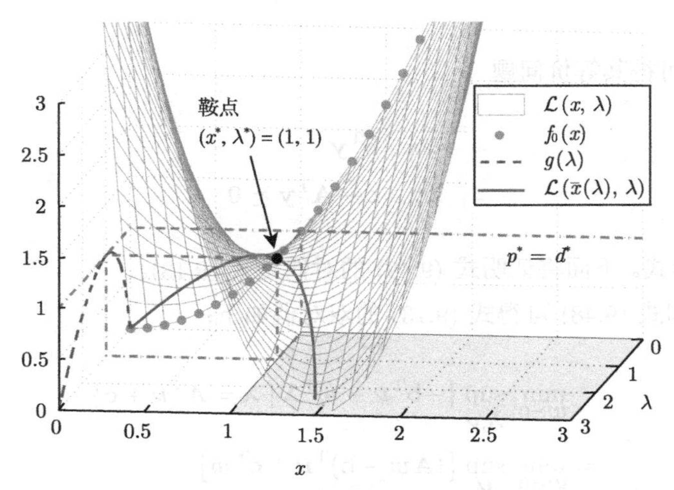

图 9.2 目标函数为 $f_0(x)=x^2$ 与 Lagrange 函数 $\mathcal{L}(x,\lambda)$、曲线 $\mathcal{L}(\bar{x}(\lambda),\lambda)$ 及其对偶函数 $g(\lambda)$ 的图示

注 9.3 考虑函数 $f:W\times Z\to\mathbb{R}$，其中 $W\subseteq\mathbb{R}^m$，$Z\subseteq\mathbb{R}^n$。如果

$$f(\widetilde{\boldsymbol{w}},\boldsymbol{z})\leqslant f(\widetilde{\boldsymbol{w}},\widetilde{\boldsymbol{z}})\leqslant f(\boldsymbol{w},\widetilde{\boldsymbol{z}}),\ \forall\boldsymbol{w}\in W,\ \forall\boldsymbol{z}\in Z \tag{9.45}$$

称 $(\widetilde{\boldsymbol{w}},\widetilde{\boldsymbol{z}})\in W\times Z$ 为 f 的一个鞍点。当 f 二次可微，且 $m=n=1$ 时，如果 $(\tilde{w},\tilde{z})$ 是一个稳定点（即 $\nabla f(\tilde{w},\tilde{z})=(0,0)$），且其 Hessian 矩阵 $\nabla^2 f(\tilde{w},\tilde{z})$ 是一个不定矩阵，则可以证明则 $(\tilde{w},\tilde{z})$ 是一个鞍点。 □

注 9.4（问题式 (9.1) 的双对偶） 式 (9.37) 定义的对偶问题等价表示为

$$\begin{aligned}-\min_{(\boldsymbol{\lambda},\boldsymbol{\nu})\in\textbf{dom}\ g}&\quad -g(\boldsymbol{\lambda},\boldsymbol{\nu})\\ \text{s.t.}&\quad \boldsymbol{\lambda}\succeq\mathbf{0}\end{aligned} \tag{9.46}$$

其对偶问题（即式 (9.37)）是原始问题式 (9.1) 的双对偶，即可以看作

$$\begin{aligned}&-\max_{\boldsymbol{w}\succeq\mathbf{0}}\ \inf\left\{-g(\boldsymbol{\lambda},\boldsymbol{\nu})-\boldsymbol{w}^{\mathrm{T}}\boldsymbol{\lambda}\mid(\boldsymbol{\lambda},\boldsymbol{\nu})\in\textbf{dom}\ g\right\}\quad\text{（根据式 (9.4)）}\\ &=\min_{\boldsymbol{w}\succeq\mathbf{0}}\ -\inf\left\{-g(\boldsymbol{\lambda},\boldsymbol{\nu})-\boldsymbol{w}^{\mathrm{T}}\boldsymbol{\lambda}\mid(\boldsymbol{\lambda},\boldsymbol{\nu})\in\textbf{dom}\ g\right\}\\ &=\min_{\boldsymbol{w}\succeq\mathbf{0}}\ \left\{h(\boldsymbol{w})\triangleq\sup\left\{g(\boldsymbol{\lambda},\boldsymbol{\nu})+\boldsymbol{w}^{\mathrm{T}}\boldsymbol{\lambda}\mid(\boldsymbol{\lambda},\boldsymbol{\nu})\in\textbf{dom}\ g\right\}\right\}\end{aligned} \tag{9.47}$$

其中，$\mathbf{dom}\ h=\{\boldsymbol{w}\mid h(\boldsymbol{w})<\infty\}$。接下来的例子将讨论问题式 (9.47) 与原问题式 (9.1) 在什么情况下是相同的。 □

例 9.5（标准型 LP 和不等式约束型 LP 的对偶） 根据式 (9.13) 给出的标准型 LP 及式 (9.14) 给出的对偶函数，得到对偶问题为

$$\begin{aligned} \max \quad & -\mathbf{b}^{\mathrm{T}}\boldsymbol{\nu} \\ \text{s.t.} \quad & \boldsymbol{\lambda}\succeq\mathbf{0} \\ & \mathbf{c}-\boldsymbol{\lambda}+\mathbf{A}^{\mathrm{T}}\boldsymbol{\nu}=\mathbf{0} \end{aligned} \tag{9.48}$$

令 $\mathbf{y}=-\boldsymbol{\nu}$，可得其等价问题

$$\begin{aligned} \max \quad & \mathbf{b}^{\mathrm{T}}\mathbf{y} \\ \text{s.t.} \quad & \mathbf{c}-\mathbf{A}^{\mathrm{T}}\mathbf{y}\succeq\mathbf{0} \end{aligned} \tag{9.49}$$

是 LP 的不等式形式。下面将证明式 (9.49) 的对偶是式 (9.13)。

由式 (9.47) 和式 (9.48) 可得式 (9.13) 的双对偶如下：

$$\begin{aligned} & \min_{\boldsymbol{w}\succeq\mathbf{0}}\ \sup_{\boldsymbol{\lambda},\boldsymbol{\nu}}\left\{-\mathbf{b}^{\mathrm{T}}\boldsymbol{\nu}+\boldsymbol{w}^{\mathrm{T}}\boldsymbol{\lambda}\mid\boldsymbol{\lambda}=\mathbf{A}^{\mathrm{T}}\boldsymbol{\nu}+\mathbf{c}\right\} \\ =& \min_{\boldsymbol{w}\succeq\mathbf{0}}\ \sup_{\boldsymbol{\nu}}\left\{(\mathbf{A}\boldsymbol{w}-\mathbf{b})^{\mathrm{T}}\boldsymbol{\nu}+\mathbf{c}^{\mathrm{T}}\boldsymbol{w}\right\} \\ =& \min_{\boldsymbol{w}\succeq\mathbf{0},\mathbf{A}\boldsymbol{w}=\mathbf{b}}\ \mathbf{c}^{\mathrm{T}}\boldsymbol{w} \end{aligned} \tag{9.50}$$

因此，LP 的双对偶正是由式 (9.13) 给出的原始 LP。 □

例 9.6（广义凸问题的对偶和双对偶） 再次考虑优化问题式 (9.31)。假设目标函数 $f_0(\mathbf{x})$ 是一个闭凸函数，定义域为 $\mathbf{dom}\ f_0=\mathbb{R}^n$，用 $f_0^*(\mathbf{x})$ 表示其共轭函数，则根据注 9.1，有 $f_0^{**}(\mathbf{x})=f_0(\mathbf{x})$。由于式 (9.31) 的对偶问题由式 (9.32) 给出，因此式 (9.31) 的对偶问题可以看作

$$\max_{\boldsymbol{\lambda}\succeq\mathbf{0},\boldsymbol{\nu}}\ \left\{-\mathbf{b}^{\mathrm{T}}\boldsymbol{\lambda}-\mathbf{d}^{\mathrm{T}}\boldsymbol{\nu}-f_0^*\big(-\mathbf{A}^{\mathrm{T}}\boldsymbol{\lambda}-\mathbf{C}^{\mathrm{T}}\boldsymbol{\nu}\big)\right\} \tag{9.51}$$

这显然是一个凸问题。下面寻找问题式 (9.51) 的对偶问题，即问题式 (9.31) 的双对偶问题。令

$$\begin{aligned} & \boldsymbol{y}\triangleq-[\mathbf{A}^{\mathrm{T}}\ \mathbf{C}^{\mathrm{T}}]\begin{bmatrix}\boldsymbol{\lambda}\\ \boldsymbol{\nu}\end{bmatrix}=-\mathbf{B}^{\mathrm{T}}\begin{bmatrix}\boldsymbol{\lambda}\\ \boldsymbol{\nu}\end{bmatrix} \\ \Rightarrow & \begin{bmatrix}\boldsymbol{\lambda}\\ \boldsymbol{\nu}\end{bmatrix}=-(\mathbf{B}^{\mathrm{T}})^{\dagger}\boldsymbol{y}+\boldsymbol{v},\ \boldsymbol{v}\in\mathcal{N}(\mathbf{B}^{\mathrm{T}}) \end{aligned}$$

其中，$\mathbf{B}^{\mathrm{T}}=[\mathbf{A}^{\mathrm{T}}\ \mathbf{C}^{\mathrm{T}}]$。由式 (9.47) 和式 (9.51) 可得式 (9.31) 的双对偶问题如下：

$$\begin{aligned}
&\min_{\boldsymbol{w}\succeq\mathbf{0}}\sup_{\boldsymbol{\lambda},\boldsymbol{\nu}}\left\{(\boldsymbol{w}-\mathbf{b})^{\mathrm{T}}\boldsymbol{\lambda}-\mathbf{d}^{\mathrm{T}}\boldsymbol{\nu}-f_0^*(\boldsymbol{y})\mid \boldsymbol{y}=-\mathbf{B}^{\mathrm{T}}\begin{bmatrix}\boldsymbol{\lambda}\\ \boldsymbol{\nu}\end{bmatrix}\in\mathbf{dom}\,f_0^*\right\}\\
&=\min_{\boldsymbol{w}\succeq\mathbf{0}}\sup_{\boldsymbol{y}\in\mathbf{dom}\,f_0^*,\boldsymbol{v}\in\mathcal{N}(\mathbf{B}^{\mathrm{T}})}\left\{\left[(\boldsymbol{w}-\mathbf{b})^{\mathrm{T}}\ \ -\mathbf{d}^{\mathrm{T}}\right]\left(-\left(\mathbf{B}^{\mathrm{T}}\right)^{\dagger}\boldsymbol{y}+\boldsymbol{v}\right)-f_0^*(\boldsymbol{y})\right\}\\
&=\min_{\boldsymbol{w}\succeq\mathbf{0}}f_0\left(-\mathbf{B}^{\dagger}\begin{bmatrix}\boldsymbol{w}-\mathbf{b}\\ -\mathbf{d}\end{bmatrix}\right)
\end{aligned}\tag{9.52}$$

其中，推导过程用到了 $\sup\{\cdot\}<\infty$，因此要求

$$\begin{bmatrix}\boldsymbol{w}-\mathbf{b}\\ -\mathbf{d}\end{bmatrix}\perp\mathcal{N}(\mathbf{B}^{\mathrm{T}})=\mathcal{R}(\mathbf{B})^{\perp}\Longrightarrow\begin{bmatrix}\boldsymbol{w}-\mathbf{b}\\ -\mathbf{d}\end{bmatrix}\in\mathcal{R}(\mathbf{B})\quad\text{（参考式 (1.68)）}$$

通过如下的变量变换

$$\begin{aligned}
\mathbf{x}=-\mathbf{B}^{\dagger}\begin{bmatrix}\boldsymbol{w}-\mathbf{b}\\ -\mathbf{d}\end{bmatrix}&\Rightarrow-\mathbf{B}\mathbf{x}=\begin{bmatrix}-\mathbf{A}\mathbf{x}\\ -\mathbf{C}\mathbf{x}\end{bmatrix}=\begin{bmatrix}\boldsymbol{w}-\mathbf{b}\\ -\mathbf{d}\end{bmatrix}\in\mathcal{R}(\mathbf{B})\\
&\Rightarrow\ \boldsymbol{w}=-\mathbf{A}\mathbf{x}+\mathbf{b}\succeq\mathbf{0},\ \mathbf{C}\mathbf{x}=\mathbf{d}
\end{aligned}$$

问题式 (9.52) 可等价为

$$\min_{\mathbf{A}\mathbf{x}\preceq\mathbf{b},\mathbf{C}\mathbf{x}=\mathbf{d}}f_0(\mathbf{x})\tag{9.53}$$

它正是原问题式 (9.31)。换句话说，式 (9.31) 的双对偶问题正是该问题本身，这一结论对于其对偶问题式 (9.51) 也是适用的。

考虑一个线性的凸优化问题，如保留式 (9.31) 中的目标函数 $f_0(x)$，且假设 $f_0(x)$ 是闭的凸函数，但将该问题中有限个不等式约束 $\mathbf{A}\mathbf{x}\preceq\mathbf{b}$ 替换为 $f_i(\mathbf{x})\leqslant 0, i=1,\ldots,m$。不失一般性，若 $\mathbf{int}\,C$ 非空，则设 $m=1$，且 $f_1(\mathbf{x})$ 是非光滑或可微的凸函数。由支撑超平面理论可知，与 $f_1(x)\leqslant 0$ 相关的闭凸集可以表示为

$$\begin{aligned}
C&\triangleq\{\mathbf{x}\mid f_1(\mathbf{x})\leqslant 0\}\\
&=\bigcap_{\mathbf{x}_0\in\mathbf{bd}\,C}\mathcal{A}(\mathbf{x}_0)\triangleq\left\{\mathbf{x}\mid\bar{\nabla}f_1(\mathbf{x}_0)^{\mathrm{T}}(\mathbf{x}-\mathbf{x}_0)\leqslant 0\right\}\quad\text{（参考式 (3.23) 和式 (3.24)）}
\end{aligned}$$

它实际上对应着一个线性不等式约束集（可能是无限多个不等式）。令 $\{A_i\}$ 表示集合的序列，且满足

$$\begin{aligned}
&|A_i|<\infty,\ A_i\subseteq A_{i+1}\subseteq\mathbf{bd}\,C,\ \forall i\in\mathbb{Z}_{++}\\
&\lim_{i\to\infty}\mathbf{conv}\,A_i=\ \mathbf{conv}\,\mathbf{bd}\,C\ =\ C
\end{aligned}$$

其中，$\lim_{i\to\infty}A_i$ 在 $\mathbf{bd}\,C$ 上是**可数且密集的** [Apo07]，则

$$C\subset\bigcap_{\mathbf{x}_0\in A_i}\mathcal{A}(\mathbf{x}_0)\ \ \forall i\in\mathbb{Z}_{++},\ \text{且}\ \lim_{i\to\infty}\bigcap_{\mathbf{x}_0\in A_i}\mathcal{A}(\mathbf{x}_0)=C$$

因此，受到有限个线性不等式和等式约束的凸问题的双对偶问题

$$\begin{aligned} \min \quad & f_0(\mathbf{x}) \\ \text{s.t.} \quad & \mathbf{x} \in \mathcal{A}(\mathbf{x}_0),\ \forall \mathbf{x}_0 \in A_i \\ & \mathbf{C}\mathbf{x} = \mathbf{d} \end{aligned} \tag{9.54}$$

与其自身相同。进一步地，当 $i \to \infty$ 时，式 (9.54) 即原始凸问题

$$\begin{aligned} \min \quad & f_0(\mathbf{x}) \\ \text{s.t.} \quad & f_1(\mathbf{x}) \leqslant 0,\ \mathbf{C}\mathbf{x} = \mathbf{d} \end{aligned} \tag{9.55}$$

这是因为前者的可行集收敛于后者的可行集，由此证明了如果凸优化问题中的目标函数是闭的，且所有的不等式约束函数是非光滑或可微的，则其双对偶问题就是原问题本身。

接下来考虑如下的最小化问题：

$$\min_{\mathbf{x} \in \mathcal{C}} f(\mathbf{x}) \tag{9.56}$$

其中，$f: \mathcal{C} \to \mathbb{R}$ 是非凸函数，但 $\mathcal{C}$ 是闭凸集。如 4.7 节所介绍的，在某些收敛条件下，可以通过 BSUM 方法获得该问题的稳定点。另一方面，当 f^* 存在时，可推知非凸问题式 (9.56) 的双对偶问题是凸的

$$\min_{\mathbf{x} \in \mathcal{C}} f^{**}(\mathbf{x}) \tag{9.57}$$

注意，在某些弱条件下（参考注 9.2），有 $f^{**}(\mathbf{x}) = g_f(\mathbf{x})$。如果 $f^{**}(\mathbf{x}) = g_f(\mathbf{x})$，且问题式 (9.56) 的所有全局最小解集为凸集，则式 (9.57) 的最优解也是式 (9.56) 的最优解。 □

例 9.7（BQP 的对偶和双对偶） 第 8 章中介绍的非凸 BQP 问题如下（见式 (8.22)）：

$$\begin{aligned} \min \quad & \mathbf{x}^{\mathrm{T}}\mathbf{C}\mathbf{x} \\ \text{s.t.} \quad & x_i^2 = 1,\ i = 1, \ldots, n \end{aligned} \tag{9.58}$$

其中，$\mathbf{C} \in \mathbb{S}^n$，对应的 Lagrange 函数是

$$\begin{aligned} \mathcal{L}(\mathbf{x}, \boldsymbol{\nu}) &= \mathbf{x}^{\mathrm{T}}\mathbf{C}\mathbf{x} + \sum_{i=1}^{n} \nu_i (x_i^2 - 1) \\ &= \mathbf{x}^{\mathrm{T}}\mathbf{C}\mathbf{x} + \mathbf{x}^{\mathrm{T}}\mathbf{Diag}(\boldsymbol{\nu})\mathbf{x} - \sum_{i=1}^{n} \nu_i \\ &= \mathbf{x}^{\mathrm{T}}\big(\mathbf{C} + \mathbf{Diag}(\boldsymbol{\nu})\big)\mathbf{x} - \boldsymbol{\nu}^{\mathrm{T}}\mathbf{1}_n \end{aligned} \tag{9.59}$$

则有

$$g(\boldsymbol{\nu}) = \inf_{\mathbf{x}} \mathcal{L}(\mathbf{x}, \boldsymbol{\nu}) = \begin{cases} -\boldsymbol{\nu}^{\mathrm{T}}\mathbf{1}_n, & \text{如果 } \mathbf{C} + \mathbf{Diag}(\boldsymbol{\nu}) \succeq \mathbf{0} \\ -\infty, & \text{其他} \end{cases} \tag{9.60}$$

其对偶问题为

$$\begin{array}{ll} \max & -\boldsymbol{\nu}^{\mathrm{T}}\mathbf{1}_n \\ \text{s.t.} & \mathbf{C} + \mathbf{Diag}(\boldsymbol{\nu}) \succeq \mathbf{0} \end{array} = \begin{array}{ll} -\min & \boldsymbol{\nu}^{\mathrm{T}}\mathbf{1}_n \\ \text{s.t.} & \mathbf{C} + \mathbf{Diag}(\boldsymbol{\nu}) \succeq \mathbf{0} \end{array} \tag{9.61}$$

这是一个 SDP 问题。

下面将设法获得式 (9.61) 等号右端最小化问题的对偶问题，其 Lagrange 函数为

$$\begin{aligned}\mathcal{L}(\boldsymbol{\nu},\mathbf{Z}) &= \boldsymbol{\nu}^{\mathrm{T}}\mathbf{1}_n - \mathrm{Tr}\big(\mathbf{Z}[\mathbf{C}+\mathbf{Diag}(\boldsymbol{\nu})]\big),\ \mathbf{Z}\in\mathbb{S}^n \quad （参考注 9.5）\\ &= \boldsymbol{\nu}^{\mathrm{T}}\mathbf{1}_n - \mathrm{Tr}(\mathbf{ZC}) - \boldsymbol{\nu}^{\mathrm{T}}\mathbf{vecdiag}(\mathbf{Z})\\ &= \boldsymbol{\nu}^{\mathrm{T}}(\mathbf{1}_n - \mathbf{vecdiag}(\mathbf{Z})) - \mathrm{Tr}(\mathbf{ZC})\end{aligned} \tag{9.62}$$

其中， Lagrange 乘子 $\mathbf{Z}$ 是对称矩阵，而非注 9.5 中讨论的列向量，其对偶函数为

$$g(\mathbf{Z}) = \inf_{\boldsymbol{\nu}} \mathcal{L}(\boldsymbol{\nu},\mathbf{Z}) = \begin{cases} -\mathrm{Tr}(\mathbf{ZC}), & \mathbf{1}_n - \mathbf{vecdiag}(\mathbf{Z}) = \mathbf{0}_n \\ -\infty, & 其他 \end{cases} \tag{9.63}$$

因此式 (9.61) 的对偶问题可以表示为

$$\begin{aligned} -\max\ & -\mathrm{Tr}(\mathbf{ZC}) & & \min\ \mathrm{Tr}(\mathbf{ZC}) \\ \text{s.t. } & \mathbf{Z}\succeq\mathbf{0}, & = \quad & \text{s.t. } \mathbf{Z}\succeq\mathbf{0} \\ & [\mathbf{Z}]_{ii}=1,\ i=1,\ldots,n & & [\mathbf{Z}]_{ii}=1,\ i=1,\ldots,n \end{aligned} \tag{9.64}$$

可见式 (9.64) 是对 BQP 进行 SDR 得到的 SDP 问题（见式 (8.33)）。

综上可得，原始 BQP 式 (9.58) 问题具有如式 (9.61) 左端所定义的对偶问题，而式 (9.61) 的对偶问题则由 SDP 式 (9.64) 的右端或原始 BQP 式 (9.58) 的双对偶问题给出。回顾 Fourier 变换对 $(x(t),X(f))$ 的相应性质：

$$X(f) = \mathcal{F}\{x(t)\} = \int_{-\infty}^{\infty} x(t)\mathrm{e}^{-\mathrm{j}2\pi ft}\mathrm{d}t$$

$$\mathcal{F}\{X(f)\} = \mathcal{F}\{\mathcal{F}\{x(t)\}\} = x(-t)$$

时域函数 $x(t)$ 与其 Fourier 变换 $X(f)$ 携带相同的信息，因此两者表现为“水平”方向上的等价关系，当 $x(t)$ 对称时，其双重 Fourier 变换就是它本身。在优化理论中，原始问题与其对偶问题也存在类似的情况。

与 Fourier 变换相比，因为 $d^\star \leqslant p^\star$，原始问题与其对偶问题之间更多地表现为“垂直”方向上等价关系，如下。

- **原始问题:**

  $p^\star = \min\{f_0(\mathbf{x}) \mid f_i(\mathbf{x}) \leqslant 0, h_j(\mathbf{x}) = 0, i=1,\ldots,m, j=1,\ldots,p, \mathbf{x}\in\mathcal{D}\} \geqslant d^\star$

  ($\mathcal{D}$ 是原始问题定义域)

$\Downarrow$ 对偶变换 $\Downarrow$

- **对偶问题:**

  $d^\star = \max\left\{g(\boldsymbol{\lambda},\boldsymbol{\nu}) = \inf\limits_{\mathbf{x}\in\mathcal{D}} \mathcal{L}(\mathbf{x},\boldsymbol{\lambda},\boldsymbol{\nu}) > -\infty \mid \boldsymbol{\lambda}\succeq\mathbf{0}, \boldsymbol{\lambda}\in\mathbb{R}^m, \boldsymbol{\nu}\in\mathbb{R}^p\right\} \leqslant p^\star$

  $\left(\mathcal{L}(\mathbf{x},\boldsymbol{\lambda},\boldsymbol{\nu}) = f_0(\mathbf{x}) + \sum\limits_{i=1}^{m}\lambda_i f_i(\mathbf{x}) + \sum\limits_{i=1}^{p}\nu_i h_i(\mathbf{x})\right)$

无论原问题是否为凸，其对偶问题一定为凸；并且当原问题为凸且 $f_0(\mathbf{x})$ 是闭的，所有的 $f_i(\mathbf{x})$ 都是非光滑或可微的，则该问题的双对偶问题就是它本身，如例 9.6 所述。 □

注 9.5 在矩阵不等式约束与标量不等式约束两种情形下，Lagrange 函数中的 Lagrange 乘子有着很大的不同。当且仅当如下的无限个标量不等式成立，半正定矩阵不等式约束 $\mathbf{X} \succeq \mathbf{0}$ 成立。

$$\mathbf{a}^{\mathrm{T}}\mathbf{X}\mathbf{a} \geqslant 0,\ \forall \mathbf{a} \in \mathbb{R}^n \Leftrightarrow -\mathrm{Tr}(\mathbf{a}^{\mathrm{T}}\mathbf{X}\mathbf{a}) \leqslant 0,\ \forall \mathbf{a} \in \mathbb{R}^n$$

令 $\lambda_{\mathbf{a}}$ 为 $\forall\ \mathbf{a} \in \mathbb{R}^n$ 时的 Lagrange 乘子，则 Lagrange 函数中 $\lambda_{\mathbf{a}}$ 相关的项为

$$-\sum_{\mathbf{a}\in\mathbb{R}^n} \lambda_{\mathbf{a}} \mathrm{Tr}(\mathbf{a}^{\mathrm{T}}\mathbf{X}\mathbf{a}) = -\mathrm{Tr}\left(\mathbf{X}\sum_{\mathbf{a}\in\mathbb{R}^n} \lambda_{\mathbf{a}}\mathbf{a}\mathbf{a}^{\mathrm{T}}\right) = -\mathrm{Tr}(\mathbf{X}\mathbf{Z})$$

其中

$$\mathbf{Z} = \sum_{\mathbf{a}\in\mathbb{R}^n} \lambda_{\mathbf{a}}\mathbf{a}\mathbf{a}^{\mathrm{T}} \in \mathbb{S}^n$$

若对于任意 $\mathbf{a} \in \mathbb{R}^n$ 有 $\lambda_{\mathbf{a}} \geqslant 0$，则 $\mathbf{Z} \succeq \mathbf{0}$。因此，在矩阵不等式 $\mathbf{X} \succeq \mathbf{0}$ 约束下的优化问题的 Lagrange 函数中存在 $-\mathrm{Tr}(\mathbf{X}\mathbf{Z}) = -\mathrm{Tr}(\mathbf{Z}\mathbf{X})$ 这样一项。例如，由于式 (9.61) 的不等式约束为 $[\mathbf{C} + \mathbf{Diag}(\boldsymbol{\nu})] \succeq \mathbf{0}$，因此式 (9.62) 中存在 $-\mathrm{Tr}(\mathbf{Z}[\mathbf{C} + \mathbf{Diag}(\boldsymbol{\nu})])$ 这样的项。此外，与之对应的对偶问题式 (9.64) 中，对偶变量 $\mathbf{Z}$ 满足不等式约束 $\mathbf{Z} \succeq \mathbf{0}$（对应于 $\lambda_{\mathbf{a}} \geqslant 0,\ \forall\ \mathbf{a} \in \mathbb{R}^n$）。□

9.3 强对偶性

9.3.1 Slater 条件

凸问题往往具有强对偶性。考虑由式 (4.11) 给出的标准凸优化问题：

$$\begin{aligned} \min \quad & f_0(\mathbf{x}) \\ \text{s.t.} \quad & \mathbf{A}\mathbf{x} = \mathbf{b},\ f_i(\mathbf{x}) \leqslant 0,\ i = 1, \ldots, m \end{aligned} \tag{9.65}$$

其中，$f_i(\mathbf{x}),\ i = 0, 1, \ldots, m$ 是凸函数，且

$$\mathbf{A} = [\mathbf{a}_1, \ldots, \mathbf{a}_p]^{\mathrm{T}} \in \mathbb{R}^{p\times n},\ \mathbf{b} = [b_1, \ldots, b_p]^{\mathrm{T}} \in \mathbb{R}^p$$

该凸问题具有强对偶性的一个充分条件如下：

Slater 条件（或者 **Slater 约束条件**）：如果存在 $\mathbf{x} \in \mathbf{relint}\ \mathcal{D}$ 满足 $f_i(\mathbf{x}) < 0,\quad i = 1, \ldots, m$，且

$$h_i(\mathbf{x}) = \mathbf{a}_i^{\mathrm{T}}\mathbf{x} - b_i = 0, \quad i = 1, \ldots, p \tag{9.66}$$

即至少存在一个严格可行点或 $\mathbf{relint}\ \mathcal{C} \neq \varnothing$，其中 $\mathcal{C}$ 是凸问题式 (9.65) 的可行集，那么凸问题式 (9.65) 具有强对偶性。

首先简单阐述在 Slater 条件下证明强对偶性的方法，以期后续证明过程更便于理解。问题式 (9.65) 的 Lagrange 函数为

$$
\begin{aligned}
\mathcal{L}(\mathbf{x},\boldsymbol{\lambda},\boldsymbol{\nu}) &= f_0(\mathbf{x})+\sum_{i=1}^{m}\lambda_i f_i(\mathbf{x})+\sum_{i=1}^{p}\nu_i h_i(\mathbf{x})\\
&= (\boldsymbol{\lambda},\boldsymbol{\nu},1)^{\mathrm{T}}(f_1(\mathbf{x}),\ldots,f_m(\mathbf{x}),h_1(\mathbf{x}),\ldots,h_p(\mathbf{x}),f_0(\mathbf{x}))\\
&\geqslant p^\star,\ \text{if } f_i(\mathbf{x})=0, i=1,\ldots,m, h_j(\mathbf{x})=0, j=1,\ldots,p
\end{aligned}
$$

这表明非凸集 $\mathbb{B}\subset\mathbb{R}^{m+p+1}$（定义见式 (9.69)）与凸集 $\mathcal{B}\subset\mathbb{R}^{m+p+1}$（定义见式 (9.70)）的交集为空，其中前者是由 $(f_1(\mathbf{x}),\ldots,f_m(\mathbf{x}),h_1(\mathbf{x}),\ldots,h_p(\mathbf{x}),f_0(\mathbf{x})),\forall\,\mathbf{x}\in\mathcal{D}$ 所组成的。因此，由延拓的非凸集 $\mathbb{B}$ 定义一个闭凸集 $\mathcal{A}\subset\mathbb{R}^{m+p+1}$ 使得 $\mathcal{A}\cap\mathcal{B}=\varnothing$，不包含 $\mathbb{B}\subset\mathcal{A}$，从而存在一个分离 $\mathcal{A}$ 和 $\mathcal{B}$ 的超平面。特别的，在 Slater 条件下，存在一个 $(\boldsymbol{\lambda}\succeq\mathbf{0},\boldsymbol{\nu},1)$ 使得

$$
\mathcal{L}(\mathbf{x},\boldsymbol{\lambda},\boldsymbol{\nu})=(\boldsymbol{\lambda},\boldsymbol{\nu},1)^{\mathrm{T}}(\boldsymbol{u},\boldsymbol{v},t)\geqslant p^\star,\ \forall(\boldsymbol{u},\boldsymbol{v},t)\in\mathbb{B}\subset\mathcal{A}
$$

从而，$d^\star\geqslant g(\boldsymbol{\lambda},\boldsymbol{\nu})=\inf_{\mathbf{x}\in\mathcal{D}}\mathcal{L}(\mathbf{x},\boldsymbol{\lambda},\boldsymbol{\nu})\geqslant p^\star$，则根据论据 9.1，上式表明 $d^\star=p^\star$ 一定为真。

证明 为了简化证明，做出如下假设。

- 问题定义域 $\mathcal{D}$（参考式 (9.2)）有着非空的内部，即 $\mathbf{relint}\,\mathcal{D}=\mathbf{int}\,\mathcal{D}\neq\varnothing$。
- $\mathrm{rank}(\mathbf{A})=p\leqslant n$（行满秩）。
- $|p^\star|<\infty$。

令 $\mathcal{A}$ 为闭集，定义为

$$
\begin{aligned}
\mathcal{A} &\triangleq \{(\mathbf{u},\mathbf{v},t)\in\mathbb{R}^m\times\mathbb{R}^p\times\mathbb{R}\mid(\mathbf{x},\mathbf{u},\mathbf{v},t)\in\mathbb{A}\}\\
&= \{(\mathbf{u},\mathbf{v},t)\in\mathbb{R}^m\times\mathbb{R}^p\times\mathbb{R}\mid\mathbf{u}\succeq\boldsymbol{u},\ \mathbf{v}=\boldsymbol{v},\ t\geqslant t_0,\ (\boldsymbol{u},\boldsymbol{v},t_0)\in\mathbb{B}\}
\end{aligned}
\tag{9.67}
$$

其中

$$
\begin{aligned}
\mathbb{A}=\{(\mathbf{x},\mathbf{u},\mathbf{v},t)\in\mathbb{R}^n\times\mathbb{R}^m\times\mathbb{R}^p\times\mathbb{R}\mid\ &\mathbf{x}\in\mathcal{D},\ f_i(\mathbf{x})\leqslant u_i,\ i=1,\ldots,m\\
&h_i(\mathbf{x})=v_i,\ i=1,\ldots,p,\ f_0(\mathbf{x})\leqslant t\}
\end{aligned}
\tag{9.68}
$$

$$
\begin{aligned}
\mathbb{B}=\{(\boldsymbol{u},\boldsymbol{v},t)\in\mathbb{R}^m\times\mathbb{R}^p\times\mathbb{R}\mid\ &\exists\mathbf{x}\in\mathcal{D},\ \boldsymbol{u}=(f_1(\mathbf{x}),\ldots,f_m(\mathbf{x}))\\
&\boldsymbol{v}=(h_1(\mathbf{x}),\ldots,h_p(\mathbf{x})),\ t=f_0(\mathbf{x})\}\subset\mathcal{A}
\end{aligned}
\tag{9.69}
$$

易证 $\mathbb{A}$ 是凸集，因此由式 (2.63) 可知式 (9.67) 定义的 $\mathcal{A}$ 也是凸集。此外，对于任意的 $t\geqslant p^\star$，有 $(\mathbf{0}_m,\mathbf{0}_p,t)\in\mathcal{A}$。为了说明集合 $\mathcal{A}$ 的含义，再次考虑由式 (9.44) 给出的 QCQP，其中 $n=m=1$，$p=0$，$f_0(x)=x^2$ 且 $f_1(x)=(x-2)^2-1$。图 9.3 给出了集合 $\mathcal{A}$、$\mathbb{B}$ 和分离 $\mathcal{A}$ 与 $\mathcal{B}$（一条射线，定义见式 (9.70)）的分离超平面。

定义

$$
\mathcal{B}\triangleq\left\{(\mathbf{0}_m,\mathbf{0}_p,s)=[\mathbf{0}_{m+p}^{\mathrm{T}},s]^{\mathrm{T}}\mid s<p^\star\right\}
\tag{9.70}
$$

易证 $\mathcal{B}$ 为非闭的凸集。注意尽管 $(\mathbf{0}_m,\mathbf{0}_p,p^\star)\in\mathcal{A}$，仍然有 $(\mathbf{0}_m,\mathbf{0}_p,p^\star)\in\mathbf{relbd}\,\mathcal{B}$。集合 $\mathcal{A}$ 和 $\mathcal{B}$ 无交集，即 $\mathcal{A}\cap\mathcal{B}=\varnothing$，这个结论的证明如下。

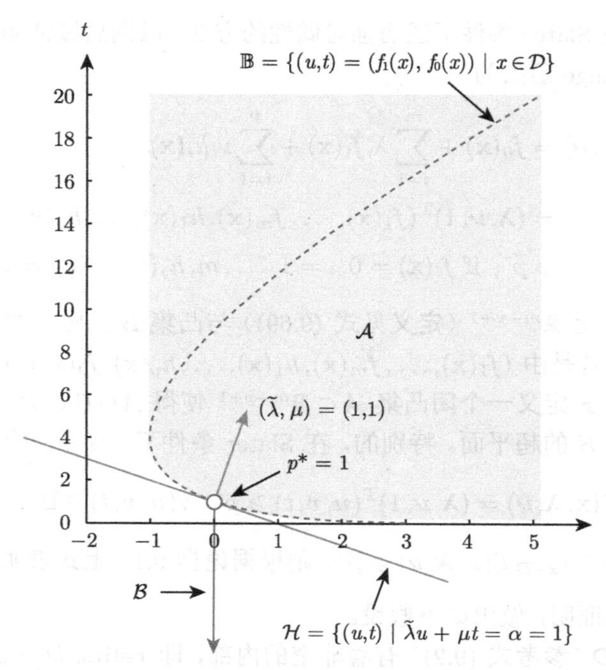

图 9.3　式 (9.67) 定义的集合 $\mathcal{A}$（阴影区域）和式 (9.70) 定义的集合 $\mathcal{B}$（一条射线），以及它们之间的分离超平面 $\mathcal{H}$ 的图示，其中 $f_0(x)=x^2$，$f_1(x)=(x-2)^2-1$，且 $\mathcal{D}=\mathbb{R}$

考虑一个点 $(\mathbf{u},\mathbf{v},t)\in\mathcal{B}$，这表明 $\mathbf{u}=\mathbf{0}_m$，$\mathbf{v}=\mathbf{0}_p$，$t<p^\star$。若该点 $(\mathbf{u},\mathbf{v},t)\in\mathcal{A}$，则一定存在一个 $\mathbf{x}$ 满足 $f_i(\mathbf{x})\leqslant 0,\ i=1,\ldots,m,\ \mathbf{A}\mathbf{x}-\mathbf{b}=\mathbf{0}_p$，且 $f_0(\mathbf{x})\leqslant t<p^\star$，但因为 $p^\star$ 是原始问题的最优值，使得满足这些条件中的 $\mathbf{x}$ 不存在，因此，集合 $\mathcal{A}$ 和 $\mathcal{B}$ 无交集。

根据超平面分离定理，存在 $(\tilde{\boldsymbol{\lambda}},\tilde{\boldsymbol{\nu}},\mu)\neq\mathbf{0}_{m+p+1}$ 和 α 使得

$$(\tilde{\boldsymbol{\lambda}},\tilde{\boldsymbol{\nu}},\mu)^{\mathrm{T}}(\mathbf{u},\mathbf{v},t)\geqslant\alpha,\ \forall(\mathbf{u},\mathbf{v},t)\in\mathcal{A} \tag{9.71}$$

$$(\tilde{\boldsymbol{\lambda}},\tilde{\boldsymbol{\nu}},\mu)^{\mathrm{T}}(\mathbf{u},\mathbf{v},t)\leqslant\alpha,\ \forall(\mathbf{u},\mathbf{v},t)\in\mathcal{B} \tag{9.72}$$

则式 (9.71) 可表示为

$$\begin{aligned}&\tilde{\boldsymbol{\lambda}}^{\mathrm{T}}\mathbf{u}+\tilde{\boldsymbol{\nu}}^{\mathrm{T}}\mathbf{v}+\mu t\geqslant\alpha,\ \forall(\mathbf{u},\mathbf{v},t)\in\mathcal{A}\\ \Rightarrow\ &\mu p^\star\geqslant\alpha\ \text{（因为 }(\mathbf{0}_m,\mathbf{0}_p,p^\star)\in\mathcal{A}\text{）}\end{aligned} \tag{9.73}$$

下面将证明 $\mu\geqslant 0$ 且 $\tilde{\boldsymbol{\lambda}}\succeq\mathbf{0}_m$（参考图 9.3）。

对于任意的 $t\geqslant p^\star$，考虑点 $(\mathbf{0}_m,\mathbf{0}_p,t)\in\mathcal{A}$，则根据式 (9.71) 有 $\mu t\geqslant\alpha,\ \forall t\geqslant p^\star$。然而，当正值 t 较大时，对于 $\mu<0$ 的情况，μt 无下界，因此 $\mu\geqslant 0$。类似地，在式 (9.71) 中，考虑 $(\mathbf{u},\mathbf{0}_p,p^\star)\in\mathcal{A},\ \forall\ \mathbf{u}\succeq\mathbf{0}$，可以证明 $\tilde{\boldsymbol{\lambda}}\succeq\mathbf{0}$。

此外，由式 (9.72) 可知 $\mu t\leqslant\alpha,\ \forall\ t<p^\star$，即 $\mu p^\star\leqslant\alpha$（由 $(\mathbf{0}_m,\mathbf{0}_p,p^\star)\in\textbf{relbd}\,\mathcal{B}$ 及 2.6.1 节中的注 2.23 可得），再由式 (9.73) 可得 $\mu p^\star=\alpha$。综上可得

$$\tilde{\boldsymbol{\lambda}}\succeq\mathbf{0}_m,\ \mu\geqslant 0,\text{且 }\alpha=\mu p^\star \tag{9.74}$$

由式 (9.71) 和式 (9.74) 可知

$$\mathcal{L}(\mathbf{x},\tilde{\boldsymbol{\lambda}},\tilde{\boldsymbol{\nu}})=(\tilde{\boldsymbol{\lambda}},\tilde{\boldsymbol{\nu}},\mu)^{\mathrm{T}}(\boldsymbol{u},\boldsymbol{v},t)\geqslant \mu p^{\star},\ \forall(\boldsymbol{u},\boldsymbol{v},t)\in\mathbb{B}\subset\mathcal{A} \tag{9.75}$$

由于 $\mu\geqslant 0$，因此下面分别讨论 $\mu>0$ 和 $\mu=0$ 这两种情况。

情况 1 ($\mu>0$)：令 $\boldsymbol{\lambda}=\tilde{\boldsymbol{\lambda}}/\mu\succeq\mathbf{0}$, $\boldsymbol{\nu}=\tilde{\boldsymbol{\nu}}/\mu$，则式 (9.75) 退化为

$$\begin{aligned}
&\mathcal{L}(\mathbf{x},\boldsymbol{\lambda},\boldsymbol{\nu})=(\boldsymbol{\lambda},\boldsymbol{\nu},1)^{\mathrm{T}}(\boldsymbol{u},\boldsymbol{v},t)\geqslant p^{\star},\ \forall(\boldsymbol{u},\boldsymbol{v},t)\in\mathbb{B}\\
&\Rightarrow\sum_{i=1}^{m}\lambda_i f_i(\mathbf{x})+\boldsymbol{\nu}^{\mathrm{T}}(\mathbf{A}\mathbf{x}-\mathbf{b})+f_0(\mathbf{x})\geqslant p^{\star},\quad\forall\mathbf{x}\in\mathcal{D} \qquad (9.76)\\
&\Rightarrow\mathcal{L}(\mathbf{x},\boldsymbol{\lambda},\boldsymbol{\nu})\geqslant p^{\star},\quad\forall\mathbf{x}\in\mathcal{D}\\
&\Rightarrow d^{\star}\geqslant g(\boldsymbol{\lambda},\boldsymbol{\nu})=\inf_{\mathbf{x}\in\mathcal{D}}\mathcal{L}(\mathbf{x},\boldsymbol{\lambda},\boldsymbol{\nu})\geqslant p^{\star}\quad\text{（根据论据 9.1）}\\
&\Rightarrow d^{\star}=p^{\star}\quad\text{（根据式 (9.39)）}
\end{aligned}$$

即当 $\mu>0$ 时，强对偶性成立。

情况 2 ($\mu=0$)：证明在 Slater 条件下，$\mu=0$ 是不可能的。假设 $\mu=0$，则式 (9.75) 等价于

$$\sum_{i=1}^{m}\tilde{\lambda}_i f_i(\mathbf{x})+\tilde{\boldsymbol{\nu}}^{\mathrm{T}}(\mathbf{A}\mathbf{x}-\mathbf{b})\geqslant 0,\forall\,\mathbf{x}\in\mathcal{D} \tag{9.77}$$

假设 $\tilde{\mathbf{x}}\in\mathcal{D}$ 是一个满足 Slater 条件的点，则由式 (9.77) 可得

$$\sum_{i=1}^{m}\tilde{\lambda}_i f_i(\tilde{\mathbf{x}})\geqslant 0\Longrightarrow\tilde{\lambda}_i=0,\forall i \tag{9.78}$$

由于对任意 i 均有 $f_i(\tilde{\mathbf{x}})<0$ 且 $\tilde{\lambda}_i\geqslant 0$，因此式 (9.77) 进一步退化成为 $\mathcal{D}$ 中的一个半空间，如下：

$$\tilde{\boldsymbol{\nu}}^{\mathrm{T}}(\mathbf{A}\mathbf{x}-\mathbf{b})=(\mathbf{A}^{\mathrm{T}}\tilde{\boldsymbol{\nu}})^{\mathrm{T}}\mathbf{x}-\tilde{\boldsymbol{\nu}}^{\mathrm{T}}\mathbf{b}\geqslant 0,\forall\,\mathbf{x}\in\mathcal{D} \tag{9.79}$$

因为 $\tilde{\mathbf{x}}\in\mathbf{int}\,\mathcal{D}$，故存在一个 $r>0$ 使得 $\tilde{\mathbf{x}}+r\mathbf{u}\in\mathcal{D}$, $\forall\|\mathbf{u}\|_2\leqslant 1$。则 $\tilde{\boldsymbol{\nu}}^{\mathrm{T}}(\mathbf{A}\tilde{\mathbf{x}}-\mathbf{b})=0$ 表明存在一个 $\mathbf{x}\in\mathcal{D}$ 满足 $\tilde{\boldsymbol{\nu}}^{\mathrm{T}}(\mathbf{A}\mathbf{x}-\mathbf{b})<0$，这与式 (9.79) 相矛盾，除非 $\mathbf{A}^{\mathrm{T}}\tilde{\boldsymbol{\nu}}=\mathbf{0}_n$。另一方面，由于式 (9.78) 中的 $\tilde{\boldsymbol{\lambda}}=\mathbf{0}_m$ 和情况 2 中的假设 $\mu=0$，有 $(\tilde{\boldsymbol{\lambda}},\tilde{\boldsymbol{\nu}},\mu)=(\mathbf{0}_m,\tilde{\boldsymbol{\nu}},0)\neq\mathbf{0}_{p+m+1}$ 可以推出 $\tilde{\boldsymbol{\nu}}\neq\mathbf{0}_p$（否则与 $(\tilde{\boldsymbol{\lambda}},\tilde{\boldsymbol{\nu}},\mu)\neq\mathbf{0}_{p+m+1}$ 相矛盾）。因此 $\mathbf{A}^{\mathrm{T}}\tilde{\boldsymbol{\nu}}=\mathbf{0}_n$ 和 $\tilde{\boldsymbol{\nu}}\neq\mathbf{0}_p$ 与 $\mathrm{rank}(\mathbf{A})=p$ 的假设矛盾。据此证明了 $\mu=0$ 的情形是不可能存在的，从而证明了 Slater 条件下凸问题式 (9.65) 的强对偶性。 □

注 9.6　Slater 条件的一个改良版本：如果 $f_1,\ldots,f_k$ 是仿射函数，那么凸问题式 (9.65) 的强对偶性成立的条件是存在一个 $\mathbf{x}\in\mathbf{relint}\,\mathcal{D}$ 使得

$$f_i(\mathbf{x})\leqslant 0,\ i=1,\ldots,k \tag{9.80a}$$

$$f_i(\mathbf{x})<0,\ \ i=k+1,\ldots,m \tag{9.80b}$$

$$\mathbf{A}\mathbf{x}=\mathbf{b} \tag{9.80c}$$

即 Slater 条件中的严格线性不等式约束条件可以放松。 □

对于非凸问题，强对偶性一般不成立，但对于某些特殊情形，强对偶性也可能成立，如下例。

例 9.8（最小特征值问题） 考虑如下问题：

$$\begin{aligned} \min \quad & \mathbf{x}^{\mathrm{T}}\mathbf{C}\mathbf{x} \\ \text{s.t.} \quad & \mathbf{x}^{\mathrm{T}}\mathbf{x}=1 \end{aligned} \quad \text{（参考式 (1.91)）} \tag{9.81}$$

其中，$\mathbf{C}\in\mathbb{S}^n$。该问题是非凸的，且其最优值为 $p^\star=\lambda_{\min}(\mathbf{C})$。上述问题的 Lagrange 函数为

$$\mathcal{L}(\mathbf{x},\nu)=\mathbf{x}^{\mathrm{T}}\mathbf{C}\mathbf{x}+\nu(\mathbf{x}^{\mathrm{T}}\mathbf{x}-1)=\mathbf{x}^{\mathrm{T}}(\mathbf{C}+\nu\mathbf{I}_n)\mathbf{x}-\nu \tag{9.82}$$

因此其 Lagrange 对偶函数为

$$g(\nu)=\begin{cases} -\nu, & \mathbf{C}+\nu\mathbf{I}_n\succeq\mathbf{0} \\ -\infty, & \text{其他} \end{cases} \tag{9.83}$$

其对偶问题为

$$\begin{aligned} \max \quad & -\nu \\ \text{s.t.} \quad & \mathbf{C}+\nu\mathbf{I}_n\succeq\mathbf{0} \end{aligned} \tag{9.84}$$

等价于

$$\begin{aligned} \max \quad & -\nu \\ \text{s.t.} \quad & \lambda_i(\mathbf{C})+\nu\geqslant 0,\ i=1,\ldots,n \end{aligned} \tag{9.85}$$

其中，$\lambda_i(\mathbf{C})$ 表示 $\mathbf{C}$ 的第 i 大的特征值。不难得出上述问题的最优值为

$$d^\star=-\nu^\star=\lambda_{\min}(\mathbf{C})=p^\star$$

即与原问题的最优值相同。因此强对偶性成立。

由于非凸问题式 (9.81) 的强对偶性成立，式 (9.84) 给出的其双对偶问题为（由式 (9.47) 可得）

$$\begin{aligned} \min \quad & \mathrm{Tr}(\mathbf{C}\mathbf{X}) \\ \text{s.t.} \quad & \mathbf{X}\succeq\mathbf{0},\ \mathrm{Tr}(\mathbf{X})=1 \end{aligned} \tag{9.86}$$

该问题是式 (9.81) 进行 SDR 所得到的凸 SDP 问题。下面，我们证明式 (9.86) 的最优值为 $\mathrm{Tr}(\mathbf{C}\mathbf{X}^\star)=\lambda_{\min}(\mathbf{C})$，且 $\mathbf{X}^\star=\mathbf{q}_{\min}\mathbf{q}_{\min}^{\mathrm{T}}$ 一定是最优解，其中 $\mathbf{q}_{\min}$ 是与 $\lambda_{\min}(\mathbf{C})$ 对应的标准正交（归一化）特征向量。

用于求解式 (9.86) 及其对偶问题式 (9.84) 的 KKT 条件（将在本章后续内容中进行介绍）如下：

$$\begin{cases} \mathbf{X}\succeq\mathbf{0}, & \mathrm{Tr}(\mathbf{X})=1 \\ \mathbf{C}+\nu\mathbf{I}_n\succeq\mathbf{0}, & (\mathbf{C}+\nu\mathbf{I}_n)\mathbf{X}=\mathbf{0} \end{cases} \tag{9.87}$$

用 ℓ 表示最小的特征值 $\lambda_{\min}(\mathbf{C})$ 的重数，$\boldsymbol{q}_{\min,1}, \boldsymbol{q}_{\min,2}, \cdots, \boldsymbol{q}_{\min,\ell}$ 表示对应的标准正交特征向量，这表明

$$\dim(V_{\min}) = \ell, \text{其中 } V_{\min} \triangleq \text{span}[\boldsymbol{q}_{\min,1}, \cdots, \boldsymbol{q}_{\min,\ell}]$$

由式 (9.87) 可知 $\text{rank}(\mathbf{C} + \nu\mathbf{I}_n) \leqslant n-1$ 一定成立，否则 $\mathbf{X} = \mathbf{0}$，与 $\text{Tr}(\mathbf{X}) = 1$ 相矛盾。此外，由 $\text{rank}(\mathbf{C} + \nu\mathbf{I}_n) \leqslant n-1$、$\mathbf{C} + \nu\mathbf{I}_n \succeq \mathbf{0}$ 及 $(\mathbf{C} + \nu\mathbf{I}_n)\mathbf{X} = \mathbf{0}$ 可得

$$\lambda_{\min}(\mathbf{C} + \nu\mathbf{I}_n) = \lambda_{\min}(\mathbf{C}) + \nu = 0 \;\Rightarrow\; \nu^\star = -\lambda_{\min}(\mathbf{C})$$

并且

$$\mathcal{R}(\mathbf{X}) \subseteq \mathcal{N}(\mathbf{C} + \nu^\star\mathbf{I}_n) = V_{\min} \quad \text{（见注 1.18 和式 (1.90)）}$$

因此，可以看出 $\mathbf{X}^\star = \boldsymbol{q}\boldsymbol{q}^{\mathrm{T}}$ 一定是一个秩-1 最优解，其中 $\boldsymbol{q} \in V_{\min}$，$\|\boldsymbol{q}\|_2 = 1$ 且 $\text{Tr}(\mathbf{C}\mathbf{X}^\star) = \lambda_{\min}(\mathbf{C})$。当 $\ell = 1$ 时，$\mathbf{X}^\star$ 是唯一的，此时问题式 (9.86) 退化为问题式 (9.81)；当 $\ell > 1$ 时，由于 $\dim(V_{\min}) = \ell > 1$，故 $\mathbf{X}^\star$ 不是唯一的（例如，对于任意 $0 < \theta < 1$，$\mathbf{X}^\star = \theta\boldsymbol{q}_{\min,1}\boldsymbol{q}_{\min,1}^{\mathrm{T}} + (1-\theta)\boldsymbol{q}_{\min,2}\boldsymbol{q}_{\min,2}^{\mathrm{T}}$ 是秩为 2 的解）。□

例 9.9（信赖域问题） 信赖域问题定义为

$$\begin{aligned} \min \quad & f(\mathbf{x}) \triangleq \mathbf{x}^{\mathrm{T}}\mathbf{A}\mathbf{x} + 2\mathbf{b}^{\mathrm{T}}\mathbf{x} \\ \text{s.t.} \quad & \mathbf{x}^{\mathrm{T}}\mathbf{x} \leqslant 1 \end{aligned} \tag{9.88}$$

其中，$\mathbf{A} \in \mathbb{S}^n$，$\mathbf{b} \in \mathbb{R}^n$。当 $\mathbf{A} \nsucceq \mathbf{0}$ 时，式 (9.88) 是非凸的，其 Lagrange 函数为

$$\mathcal{L}(\mathbf{x}, \lambda) = \mathbf{x}^{\mathrm{T}}(\mathbf{A} + \lambda\mathbf{I})\mathbf{x} + 2\mathbf{b}^{\mathrm{T}}\mathbf{x} - \lambda \tag{9.89}$$

由式 (4.28) 和式 (1.119) 可证明其对偶函数为

$$\begin{aligned} g(\lambda) &= \inf_{\mathbf{x}} \mathcal{L}(\mathbf{x}, \lambda) \\ &= \begin{cases} -\lambda - \mathbf{b}^{T}(\mathbf{A} + \lambda\mathbf{I})^{\dagger}\mathbf{b}, & \text{如果 } \mathbf{A} + \lambda\mathbf{I} \succeq \mathbf{0},\ \mathbf{b} \in \mathcal{R}(\mathbf{A} + \lambda\mathbf{I}) \\ -\infty, & \text{其他} \end{cases} \end{aligned} \tag{9.90}$$

则式 (9.88) 的对偶问题为

$$\begin{aligned} d^\star = \max \quad & -\lambda - \mathbf{b}^{\mathrm{T}}(\mathbf{A} + \lambda\mathbf{I})^{\dagger}\mathbf{b} \\ \text{s.t.} \quad & \mathbf{A} + \lambda\mathbf{I} \succeq \mathbf{0},\ \lambda \geqslant 0,\ \mathbf{b} \in \mathcal{R}(\mathbf{A} + \lambda\mathbf{I}) \end{aligned} \tag{9.91}$$

用上境图表示上述对偶问题的广义不等式约束，然后利用 Schur 补可得如下等价的 SDP 问题：

$$\begin{aligned} \max \quad & t \\ \text{s.t.} \quad & \begin{bmatrix} \mathbf{A} + \lambda\mathbf{I} & \mathbf{b} \\ \mathbf{b}^{\mathrm{T}} & -\lambda - t \end{bmatrix} \succeq \mathbf{0},\ \lambda \geqslant 0,\ \mathbf{b} \in \mathcal{R}(\mathbf{A} + \lambda\mathbf{I}) \end{aligned} \tag{9.92}$$

式 (9.92) 中的两个约束 $\lambda \geqslant 0$ 和 $\mathbf{b} \in \mathcal{R}(\mathbf{A} + \lambda\mathbf{I})$ 实际对应于存在 $a \geqslant 0$ 使得 $\lambda - a \geqslant 0$，因此式 (9.92) 一定是凸问题。由 Slater 条件可知，若 $\mathbf{A} \succeq \mathbf{0}$，那么问题式 (9.88) 和式 (9.92)

的强对偶性成立。不失一般性，假设 $a=0$，通过式 (9.47) 找到 SDP 式 (9.92) 的对偶问题，这是因为式 (9.92) 的对偶问题并不依赖于 a 的取值。

令

$$\begin{aligned}\tilde{h}(\lambda,t)&=t+y\lambda+\operatorname{Tr}\left(\begin{bmatrix}\mathbf{X}&\mathbf{x}\\\mathbf{x}^{\mathrm{T}}&x\end{bmatrix}\begin{bmatrix}\mathbf{A}+\lambda\mathbf{I}&\mathbf{b}\\\mathbf{b}^{\mathrm{T}}&-\lambda-t\end{bmatrix}\right)\\&=t+y\lambda+\operatorname{Tr}\left(\begin{bmatrix}\mathbf{X}(\mathbf{A}+\lambda\mathbf{I})+\mathbf{x}\mathbf{b}^{\mathrm{T}}&\mathbf{X}\mathbf{b}-(\lambda+t)\mathbf{x}\\\mathbf{x}^{\mathrm{T}}(\mathbf{A}+\lambda\mathbf{I})+x\mathbf{b}^{\mathrm{T}}&\mathbf{x}^{\mathrm{T}}\mathbf{b}-(\lambda+t)x\end{bmatrix}\right)\\&=(-x+1)t+\big(\operatorname{Tr}(\mathbf{X})-x+y\big)\lambda+\operatorname{Tr}(\mathbf{X}\mathbf{A})+2\mathbf{b}^{\mathrm{T}}\mathbf{x}\end{aligned}\tag{9.93}$$

则有

$$\sup_{\lambda,t}\tilde{h}(\lambda,t)=\begin{cases}\operatorname{Tr}(\mathbf{X}\mathbf{A})+2\mathbf{b}^{\mathrm{T}}\mathbf{x}, & -x+1=0,\operatorname{Tr}(\mathbf{X})-x+y=0\\\infty, & \text{其他}\end{cases}\tag{9.94}$$

再利用式 (9.47) 给出 SDP 式 (9.92) 的对偶问题如下：

$$\begin{array}{ll}\min & \sup_{\lambda,t}\tilde{h}(\lambda,t)\\\text{s.t.} & \begin{bmatrix}\mathbf{X}&\mathbf{x}\\\mathbf{x}^{\mathrm{T}}&x\end{bmatrix}\succeq\mathbf{0},\ y\geqslant 0\end{array}=\begin{array}{ll}\min & \operatorname{Tr}(\mathbf{A}\mathbf{X})+2\mathbf{b}^{\mathrm{T}}\mathbf{x}\\\text{s.t.} & \begin{bmatrix}\mathbf{X}&\mathbf{x}\\\mathbf{x}^{\mathrm{T}}&1\end{bmatrix}\succeq\mathbf{0},\ \operatorname{Tr}(\mathbf{X})-1\leqslant 0\end{array}\tag{9.95}$$

将 Schur 补用于上述问题中的广义不等式约束（参考式 (3.92) 和注 3.29），可得

$$\begin{aligned}p^\star=\min\quad&\operatorname{Tr}(\mathbf{A}\mathbf{X})+2\mathbf{b}^{\mathrm{T}}\mathbf{x}\\\text{s.t.}\quad&\operatorname{Tr}(\mathbf{X})-1\leqslant 0,\ \mathbf{X}\succeq\mathbf{x}\mathbf{x}^{\mathrm{T}}\end{aligned}\tag{9.96}$$

实际上，用 $\mathbf{X}=\mathbf{x}\mathbf{x}^{\mathrm{T}}$ 替代问题式 (9.88) 中关于 $\mathbf{x}$ 和 $\mathbf{x}^{\mathrm{T}}$ 的项，并放松该条件使之成为凸约束 $\mathbf{X}\succeq\mathbf{x}\mathbf{x}^{\mathrm{T}}$，这样问题式 (9.88) 就转化为问题式 (9.96)。当 $\mathbf{A}$ 的最小的特征值严格小于 0，即 $\lambda_{\min}(\mathbf{A})<0$ 时，问题式 (9.88) 具有强对偶性的证明如下。

令 $\lambda^\star$ 表示式 (9.91) 的最优解，$(\mathbf{X}^\star,\mathbf{x}^\star)$ 表示式 (9.96) 的最优解。由式 (9.96) 对应的 KKT 条件（参考式 (9.205)）及其对偶问题式 (9.91) 可得（参考例 9.17）

$$\begin{cases}\lambda^\star\geqslant-\lambda_{\min}(\mathbf{A})>0\\\mathbf{x}^\star=-(\mathbf{A}+\lambda^\star\mathbf{I})^\dagger\mathbf{b},\ \mathbf{b}\in\mathcal{R}(\mathbf{A}+\lambda^\star\mathbf{I})\\\mathbf{X}^\star=\mathbf{x}^\star(\mathbf{x}^\star)^{\mathrm{T}}+\mathbf{v}\mathbf{v}^{\mathrm{T}},\ \mathbf{v}\in\mathcal{N}(\mathbf{A}+\lambda^\star\mathbf{I})\\\operatorname{Tr}(\mathbf{X}^\star)=\|\mathbf{x}^\star\|_2^2+\|\mathbf{v}\|_2^2=1\\p^\star=d^\star=-\lambda^\star-\mathbf{b}^{\mathrm{T}}(\mathbf{A}+\lambda^\star\mathbf{I})^\dagger\mathbf{b}\end{cases}\tag{9.97}$$

其中，假设 $\dim\big(\mathcal{N}(\mathbf{A}+\lambda^\star\mathbf{I})\big)\geqslant 1$ 成立。注意到式 (9.97) 给出的解 $\mathbf{X}^\star$ 是非唯一且秩为 2 的；否则当 $\mathbf{A}+\lambda^\star\mathbf{I}\succ\mathbf{0}$ 时，$\mathbf{X}^\star=\mathbf{x}\mathbf{x}^\star$ 将是一个秩-1 解。

令 $\boldsymbol{x}^\star=\mathbf{x}^\star+\mathbf{v}$，由 $\|\boldsymbol{x}^\star\|_2^2=\|\mathbf{x}^\star\|_2^2+\|\mathbf{v}\|_2^2=1$，可知 $\boldsymbol{x}^\star$ 是式 (9.88) 的一个可行点。再

根据式 (9.97)，将 $\boldsymbol{x}^\star$ 代入问题式 (9.88) 的目标函数得到

$$
\begin{aligned}
f(\boldsymbol{x}^\star) &= (\boldsymbol{x}^\star)^{\mathrm{T}}\mathbf{A}\boldsymbol{x}^\star + 2\mathbf{b}^{\mathrm{T}}\boldsymbol{x}^\star \\
&= (\boldsymbol{x}^\star)^{\mathrm{T}}(\mathbf{A}+\lambda^\star\mathbf{I})\boldsymbol{x}^\star + 2\mathbf{b}^{\mathrm{T}}\boldsymbol{x}^\star - \lambda^\star(\boldsymbol{x}^\star)^{\mathrm{T}}\boldsymbol{x}^\star \\
&= (\mathbf{x}^\star+\mathbf{v})^{\mathrm{T}}(\mathbf{A}+\lambda^\star\mathbf{I})(\mathbf{x}^\star+\mathbf{v}) + 2\mathbf{b}^{\mathrm{T}}(\mathbf{x}^\star+\mathbf{v}) - \lambda^\star \\
&= -\lambda^\star - \mathbf{b}^{\mathrm{T}}(\mathbf{A}+\lambda^\star\mathbf{I})^{\dagger}\mathbf{b} = d^\star
\end{aligned}
$$

因此，即使 $\mathbf{A} \not\succeq \mathbf{0}$，只要 $\mathbf{b} \in \mathcal{R}(\mathbf{A}+\lambda^\star\mathbf{I})$ 且 Slater 条件成立，信赖域问题的强对偶性就成立。 □

注 9.7 正如所预料的，当 $\mathbf{A} \succeq \mathbf{0}$ 时，由于 $\mathrm{Tr}(\mathbf{AX}) \geqslant \mathrm{Tr}(\mathbf{A}\mathbf{x}\mathbf{x}^{\mathrm{T}}) = \mathbf{x}^{\mathrm{T}}\mathbf{A}\mathbf{x}$，故问题式 (9.96) 退化为式 (9.88)。当 $\mathbf{A} \not\succeq \mathbf{0}$ 时，可以证明，即使强对偶性成立，$f^\star$ 也不存在。虽然问题式 (9.88) 仅仅是问题式 (9.56) 的一个特例，但是由于 $f^\star$ 不存在，因此式 (9.57) 不能被用来寻找式 (9.88) 的双对偶问题。 □

9.3.2 S-引理（S-lemma）

强对偶性不仅在解决凸问题时扮演着重要的角色，还可以推导出许多有用的结果，如 S-引理，见式 (8.18)。如第 8 章所提到的，S-引理被广泛应用于鲁棒发射波束成形设计，以对抗无线通信系统中存在的 CSI 不确定性。又如 9.9 节中将介绍的包含等式和不等式约束的两种系统的择一性。S-引理可以通过强对偶性进行证明，过程如下。令

$$
\mathbf{A} = -\begin{bmatrix} \mathbf{F}_1 & \mathbf{g}_1 \\ \mathbf{g}_1^{\mathrm{T}} & h_1 \end{bmatrix}, \quad \mathbf{B} = -\begin{bmatrix} \mathbf{F}_2 & \mathbf{g}_2 \\ \mathbf{g}_2^{\mathrm{T}} & h_2 \end{bmatrix} \tag{9.98}
$$

其中，$\mathbf{F}_i$、$\mathbf{g}_i$ 和 h_i 是 S-引理中对应的参数。式 (8.18) 中两个不等式，即

$$
\mathbf{x}^{\mathrm{T}}\mathbf{F}_1\mathbf{x} + 2\mathbf{g}_1^{\mathrm{T}}\mathbf{x} + h_1 \leqslant 0 \Longrightarrow \mathbf{x}^{\mathrm{T}}\mathbf{F}_2\mathbf{x} + 2\mathbf{g}_2^{\mathrm{T}}\mathbf{x} + h_2 \leqslant 0 \tag{9.99}
$$

对应于式 (9.101) 中 $\mathbf{z} = (\mathbf{x}, 1)$ 的情况；$\widehat{\mathbf{x}}^{\mathrm{T}}\mathbf{F}_1\widehat{\mathbf{x}} + 2\mathbf{g}_1^{\mathrm{T}}\widehat{\mathbf{x}} + h_1 < 0$ 对应于 $\mathbf{y}^{\mathrm{T}}\mathbf{A}\mathbf{y} > 0$，其中 $\mathbf{y} = (\widehat{\mathbf{x}}, 1)$；由式 (8.19) 可得 LMI，即

$$
\begin{bmatrix} \mathbf{F}_2 & \mathbf{g}_2 \\ \mathbf{g}_2^{\mathrm{T}} & h_2 \end{bmatrix} \preceq \lambda \begin{bmatrix} \mathbf{F}_1 & \mathbf{g}_1 \\ \mathbf{g}_1^{\mathrm{T}} & h_1 \end{bmatrix}, \quad \exists\, \lambda \geqslant 0 \tag{9.100}
$$

对应于下面的式 (9.102)。在上述的对应关系中，S-引理可利用引理 9.1 进行证明，S-引理是强对偶性的一个应用实例。

S-引理: 令 $\mathbf{A}$, $\mathbf{B} \in \mathbb{S}^n$，假设存在向量 $\mathbf{y} \in \mathbb{R}^n$ 使得 $\mathbf{y}^{\mathrm{T}}\mathbf{A}\mathbf{y} > 0$，则以下关系

$$
\mathbf{z}^{\mathrm{T}}\mathbf{A}\mathbf{z} \geqslant 0 \Rightarrow \mathbf{z}^{\mathrm{T}}\mathbf{B}\mathbf{z} \geqslant 0 \tag{9.101}
$$

成立的条件是当且仅当

$$
\exists\, \lambda \geqslant 0 \text{ 使得 } \mathbf{B} \succeq \lambda\mathbf{A} \tag{9.102}
$$

证明 首先证明充分性，即式 (9.102) $\Rightarrow$ 式 (9.101)，由于存在 $\lambda \geqslant 0$ 使得 $\mathbf{B} - \lambda\mathbf{A} \succeq \mathbf{0}$，且 $\mathbf{z}^{\mathrm{T}}\mathbf{A}\mathbf{z} \geqslant 0$，则有

$$\mathbf{z}^{\mathrm{T}}(\mathbf{B} - \lambda\mathbf{A})\mathbf{z} \geqslant 0 \ \Rightarrow \ \mathbf{z}^{\mathrm{T}}\mathbf{B}\mathbf{z} \geqslant \lambda\mathbf{z}^{\mathrm{T}}\mathbf{A}\mathbf{z} \geqslant 0 \tag{9.103}$$

因此，充分性得到证明。

接着证明必要性，即式 (9.101) $\Rightarrow$ 式 (9.102)，考虑如下凸问题：

$$s^\star = \max_{s,\lambda \in \mathbb{R}} \ s \tag{9.104a}$$

$$\text{s.t.} \ \ \mathbf{B} - \lambda\mathbf{A} \succeq s\mathbf{I}_n \tag{9.104b}$$

$$\lambda \geqslant 0 \tag{9.104c}$$

若 $s^\star \geqslant 0$，则式 (9.102) 成立。因此，如果 $\mathbf{z}^{\mathrm{T}}\mathbf{A}\mathbf{z} \geqslant 0 \Rightarrow \mathbf{z}^{\mathrm{T}}\mathbf{B}\mathbf{z} \geqslant 0$ 为真，则可证明 $s^\star$ 是非负的。因为存在向量 $\mathbf{y} \in \mathbb{R}^n$ 使得 $\mathbf{y}^{\mathrm{T}}\mathbf{A}\mathbf{y} > 0$，因此矩阵 $\mathbf{A}$ 一定有一个正的特征值。换句话说，存在 $a > 0$ 和满足 $\|\mathbf{v}\|_2 = 1$ 的 $\mathbf{v} \in \mathbb{R}^n$，使得 $\mathbf{A}\mathbf{v} = a\mathbf{v}$。因此，$\mathbf{v}^{\mathrm{T}}(\mathbf{B} - \lambda\mathbf{A})\mathbf{v} = \mathbf{v}^{\mathrm{T}}\mathbf{B}\mathbf{v} - \lambda a \leqslant \mathbf{v}^{\mathrm{T}}\mathbf{B}\mathbf{v}$，并且，由式 (9.104b) 可知 $s \leqslant \mathbf{v}^{\mathrm{T}}\mathbf{B}\mathbf{v}$，这表明问题式 (9.104) 的最优值是有上界的，即最优值 $s^\star < \infty$。

因为问题式 (9.104) 为凸且满足 Slater 条件（表明 $s^\star > -\infty$），因此其强对偶性成立。问题式 (9.104) 的最优值 $s^\star$ 是有限的，并与其对偶问题式 (9.105) 的最优值相同。该对偶问题可行，且由式 (9.47) 可以表示为

$$s^\star = \min_{\mathbf{X} \in \mathbb{S}^n} \ \operatorname{Tr}(\mathbf{B}\mathbf{X}) \tag{9.105a}$$

$$\text{s.t.} \ \ \operatorname{Tr}(\mathbf{A}\mathbf{X}) \geqslant 0 \tag{9.105b}$$

$$\operatorname{Tr}(\mathbf{X}) = 1 \tag{9.105c}$$

$$\mathbf{X} \succeq \mathbf{0} \tag{9.105d}$$

令 $\mathbf{X}^\star = \mathbf{D}\mathbf{D}^{\mathrm{T}}$（由于 $\mathbf{X}^\star \succeq \mathbf{0}$）是问题式 (9.105) 的一个最优解，则与之相关的约束式 (9.105b) 和最优值可以分别表示为

$$0 \leqslant \operatorname{Tr}(\mathbf{A}\mathbf{X}^\star) = \operatorname{Tr}(\mathbf{D}^{\mathrm{T}}\mathbf{A}\mathbf{D}) \tag{9.106a}$$

$$s^\star = \operatorname{Tr}(\mathbf{B}\mathbf{X}^\star) = \operatorname{Tr}(\mathbf{D}^{\mathrm{T}}\mathbf{B}\mathbf{D}) \tag{9.106b}$$

下面，我们通过反证法证明 $s^\star \geqslant 0$。假设 $s^\star < 0$，并记

$$\mathbf{P} = \mathbf{D}^{\mathrm{T}}\mathbf{A}\mathbf{D} \text{ 及 } \mathbf{Q} = \mathbf{D}^{\mathrm{T}}\mathbf{B}\mathbf{D}$$

分别由式 (9.106a) 和式 (9.106b) 可得 $\operatorname{Tr}(\mathbf{P}) \geqslant 0$ 和 $\operatorname{Tr}(\mathbf{Q}) = s^\star < 0$，根据引理 9.1，存在一个向量 $\mathbf{x}$ 满足

$$\mathbf{x}^{\mathrm{T}}\mathbf{P}\mathbf{x} = (\mathbf{D}\mathbf{x})^{\mathrm{T}}\mathbf{A}(\mathbf{D}\mathbf{x}) \geqslant 0 \text{ 及 } \mathbf{x}^{\mathrm{T}}\mathbf{Q}\mathbf{x} = (\mathbf{D}\mathbf{x})^{\mathrm{T}}\mathbf{B}(\mathbf{D}\mathbf{x}) < 0$$

这与前提 $\mathbf{z}^{\mathrm{T}}\mathbf{A}\mathbf{z} \geqslant 0 \Rightarrow \mathbf{z}^{\mathrm{T}}\mathbf{B}\mathbf{z} \geqslant 0$（其中 $\mathbf{z} = \mathbf{D}\mathbf{x}$）相矛盾。因此，$s^\star \geqslant 0$。 □

引理 9.1 令 $\mathbf{P},\mathbf{Q}\in\mathbb{S}^n$ 分别满足 $\mathrm{Tr}(\mathbf{P})\geqslant 0$ 且 $\mathrm{Tr}(\mathbf{Q})<0$，则存在向量 $\mathbf{x}\in\mathbb{R}^n$ 使得 $\mathbf{x}^{\mathrm{T}}\mathbf{P}\mathbf{x}\geqslant 0$ 且 $\mathbf{x}^{\mathrm{T}}\mathbf{Q}\mathbf{x}<0$。

证明 令 $\mathbf{Q}=\boldsymbol{U}\boldsymbol{\Lambda}\boldsymbol{U}^{\mathrm{T}}$（即 $\mathbf{Q}$ 的 EVD），其中 $\boldsymbol{U}$ 是一个正交矩阵（即 $\boldsymbol{U}^{\mathrm{T}}\boldsymbol{U}=\boldsymbol{U}\boldsymbol{U}^{\mathrm{T}}=\mathbf{I}_n$），$\boldsymbol{\Lambda}=\mathbf{Diag}(\lambda_1,\ldots,\lambda_n)$ 是一个由 $\mathbf{Q}$ 的特征值构成的对角矩阵。令 $\mathbf{w}\in\mathbb{R}^n$ 是一个离散随机向量，其元素服从独立同分布且等概率取值为 1 或 -1，则有

$$(\boldsymbol{U}\mathbf{w})^{\mathrm{T}}\mathbf{Q}(\boldsymbol{U}\mathbf{w})=(\boldsymbol{U}\mathbf{w})^{\mathrm{T}}\boldsymbol{U}\boldsymbol{\Lambda}\boldsymbol{U}^{\mathrm{T}}(\boldsymbol{U}\mathbf{w})=\mathbf{w}^{\mathrm{T}}\boldsymbol{\Lambda}\mathbf{w}=\mathrm{Tr}(\mathbf{Q})<0 \tag{9.107}$$

$$(\boldsymbol{U}\mathbf{w})^{\mathrm{T}}\mathbf{P}(\boldsymbol{U}\mathbf{w})=\mathbf{w}^{\mathrm{T}}(\boldsymbol{U}^{\mathrm{T}}\mathbf{P}\boldsymbol{U})\mathbf{w} \tag{9.108}$$

对式 (9.108) 中关于 $\mathbf{w}$ 的二次函数求期望，得

$$\mathbb{E}\{(\boldsymbol{U}\mathbf{w})^{\mathrm{T}}\mathbf{P}(\boldsymbol{U}\mathbf{w})\}=\mathrm{Tr}(\boldsymbol{U}^{\mathrm{T}}\mathbf{P}\boldsymbol{U}\mathbb{E}\{\mathbf{w}\mathbf{w}^{\mathrm{T}}\})=\mathrm{Tr}(\mathbf{P})\geqslant 0 \tag{9.109}$$

式 (9.109) 的推导中用到了 $\mathbb{E}\{\mathbf{w}\mathbf{w}^{\mathrm{T}}\}=\mathbf{I}_n$ 这一事实。由式 (9.107) 和式 (9.109) 可知，至少存在一个向量 $\boldsymbol{w}\in\mathbb{R}^n$，使得 $(\boldsymbol{U}\boldsymbol{w})^{\mathrm{T}}\mathbf{Q}(\boldsymbol{U}\boldsymbol{w})<0$ 且 $(\boldsymbol{U}\boldsymbol{w})^{\mathrm{T}}\mathbf{P}(\boldsymbol{U}\boldsymbol{w})\geqslant 0$，即存在一个 $\mathbf{x}=\boldsymbol{U}\boldsymbol{w}$，使得 $\mathbf{x}^{\mathrm{T}}\mathbf{Q}\mathbf{x}<0$ 且 $\mathbf{x}^{\mathrm{T}}\mathbf{P}\mathbf{x}\geqslant 0$。 □

注 9.8 由式 (9.98) 中定义的矩阵 $\mathbf{A}\in\mathbb{S}^n$ 和 $\mathbf{B}\in\mathbb{S}^n$ 给出了上面的 S-引理，已经证明了 $\mathbf{A}$ 有一个正的特征值。注意到 S-引理 1（S-lemma）和 S-引理 2（S-procedure）① 有着相同的充分条件（参考式 (9.100) 和式 (9.102)）。然而，它们的前提假设和必要条件在下述的关系下具有相似的形式:

S-lemma VS S-procedure

前提：$\exists\mathbf{y},\mathbf{y}^{\mathrm{T}}\mathbf{A}\mathbf{y}>0 \implies \widehat{\mathbf{x}}^{\mathrm{T}}\mathbf{F}_1\widehat{\mathbf{x}}+2\mathbf{g}_1^{\mathrm{T}}\widehat{\mathbf{x}}+h_1<0$（例如 $\mathbf{y}=(\widehat{\mathbf{x}},1)$）

必要条件：式(9.101) $\implies$ 式(9.99)（例如 $\mathbf{z}=(\mathbf{x},1)$）

该关系反过来也是正确的，相应的证明可以归入 9.9.3 节中的注 9.22（即证明式 (9.258) 和式 (9.263) 可行性的等价性），其中 $\mathbf{A}_1$ 和 $\mathbf{A}_2$（参考式 (9.259) 和式 (9.260)）分别对应于前面 S-引理的 $-\mathbf{A}$ 和 $\mathbf{B}$。 □

9.4 强对偶性的含义

强对偶性为优化问题的求解提供一些分析的洞察力；为问题的求解提供了更多的方法，给出了最优解的必要条件及次优条件（如果式 (9.1) 给出的原问题及式 (9.37) 给出的对偶问题可被迭代求解）。这些由强对偶性推导出来的特性将在下面的内容中进行讨论。

9.4.1 强对偶性和弱对偶性的最大–最小特性

为了简单起见，假设优化问题中无等式约束，则

$$\begin{aligned}\sup_{\boldsymbol{\lambda}\succeq\mathbf{0}}\mathcal{L}(\mathbf{x},\boldsymbol{\lambda})&=\sup_{\boldsymbol{\lambda}\succeq\mathbf{0}}\left\{f_0(\mathbf{x})+\sum_{i=1}^{m}\lambda_i f_i(\mathbf{x})\right\}\\&=\begin{cases}f_0(\mathbf{x}), & \text{若 } f_i(\mathbf{x})\leqslant 0,\ i=1,\ldots,m\\ \infty, & \text{其他}\end{cases}\end{aligned} \tag{9.110}$$

① 根据英文原著，将本书中的 S-lemma 和 S-procedure 都翻译为 S-引理，特此说明。

最优解为

$$p^\star = \inf_{\mathbf{x}} \sup_{\boldsymbol{\lambda}\succeq\mathbf{0}} \mathcal{L}(\mathbf{x},\boldsymbol{\lambda}) \tag{9.111}$$

根据对偶问题的定义，可得

$$d^\star = \sup_{\boldsymbol{\lambda}\succeq\mathbf{0}} \inf_{\mathbf{x}} \mathcal{L}(\mathbf{x},\boldsymbol{\lambda}) \tag{9.112}$$

因此，弱对偶性可以用不等式表示为

$$d^\star = \sup_{\boldsymbol{\lambda}\succeq\mathbf{0}} \inf_{\mathbf{x}} \mathcal{L}(\mathbf{x},\boldsymbol{\lambda}) \leqslant \inf_{\mathbf{x}} \sup_{\boldsymbol{\lambda}\succeq\mathbf{0}} \mathcal{L}(\mathbf{x},\boldsymbol{\lambda}) = p^\star \tag{9.113}$$

当强对偶性成立时，

$$d^\star = \sup_{\boldsymbol{\lambda}\succeq\mathbf{0}} \inf_{\mathbf{x}} \mathcal{L}(\mathbf{x},\boldsymbol{\lambda}) = \mathcal{L}(\mathbf{x}^\star,\boldsymbol{\lambda}^\star) = \inf_{\mathbf{x}} \sup_{\boldsymbol{\lambda}\succeq\mathbf{0}} \mathcal{L}(\mathbf{x},\boldsymbol{\lambda}) = p^\star \tag{9.114}$$

这表示原–对偶最优解 $(\mathbf{x}^\star,\boldsymbol{\lambda}^\star)$ 是 Lagrange 函数的一个鞍点（见图 9.2），即

$$\mathcal{L}(\mathbf{x}^\star,\boldsymbol{\lambda}) \leqslant \sup_{\boldsymbol{\lambda}\succeq\mathbf{0}} \mathcal{L}(\mathbf{x}^\star,\boldsymbol{\lambda}) = \mathcal{L}(\mathbf{x}^\star,\boldsymbol{\lambda}^\star) = \inf_{\mathbf{x}} \mathcal{L}(\mathbf{x},\boldsymbol{\lambda}^\star) \leqslant \mathcal{L}(\mathbf{x},\boldsymbol{\lambda}^\star) \tag{9.115}$$

因此，假设具有强对偶性的凸问题存在一个原始最优解 $\mathbf{x}^\star$ 和对偶最优解 $\boldsymbol{\lambda}^\star$，则通过解决内层最小化（更新对偶变量 $\mathbf{x}$）和外层最大化（更新对偶变量 $\boldsymbol{\lambda}$）来求解原–对偶问题的最优解 $(\mathbf{x}^\star,\boldsymbol{\lambda}^\star)$ （$\mathcal{L}(\mathbf{x},\boldsymbol{\lambda})$ 的一个鞍点）是可行的。

当存在等式约束时，由强对偶性得到的鞍点即为原–对偶问题最优解 $(\mathbf{x}^\star,\boldsymbol{\lambda}^\star,\boldsymbol{\nu}^\star)$ 的结论也是成立的，即用 $\boldsymbol{\lambda},\boldsymbol{\nu}$ 代替 $\boldsymbol{\lambda}$，用 $\boldsymbol{\lambda}^\star,\boldsymbol{\nu}^\star$ 代替 $\boldsymbol{\lambda}^\star$ 时，式 (9.115) 仍然成立。

注 9.9（BSS06，定理 6.2.5） 当且仅当 $\mathbf{x}^\star$ 和 $(\boldsymbol{\lambda}^\star,\boldsymbol{\nu}^\star)$ 分别是原问题式 (9.1) 和对偶问题式 (9.37) 的最优解，并且二者之间对偶间隙为零（即 $p^\star = d^\star$）时，$(\mathbf{x}^\star,\boldsymbol{\lambda}^\star,\boldsymbol{\nu}^\star)$ 是 Lagrange 函数式 (9.3) 的鞍点。 □

注 9.10（最大–最小不等式） 对于任意的 $f:\mathbb{R}^n\times\mathbb{R}^m$，$W\subseteq\mathbb{R}^n$ 和 $Z\subseteq\mathbb{R}^m$，定义最大–最小不等式为

$$\sup_{\boldsymbol{z}\in Z} \inf_{\boldsymbol{w}\in W} f(\boldsymbol{w},\boldsymbol{z}) \leqslant \inf_{\boldsymbol{w}\in W} \sup_{\boldsymbol{z}\in Z} f(\boldsymbol{w},\boldsymbol{z}) \tag{9.116}$$

若 f 是某个具有零对偶间隙的优化问题的 Lagrange 函数，则上述最大–最小不等式等号成立。 □

9.4.2 次优条件

假设有一个算法可以得到原问题可行点序列 $\mathbf{x}^{(1)}$，$\mathbf{x}^{(2)},\ldots$ 和对偶问题可行点序列 $\left(\boldsymbol{\lambda}^{(1)},\boldsymbol{\nu}^{(1)}\right),\left(\boldsymbol{\lambda}^{(2)},\boldsymbol{\nu}^{(2)}\right),\ldots$，以联合解决原–对偶问题，则

$$\begin{aligned}
f_0\left(\mathbf{x}^{(k)}\right) - p^\star &= f_0\left(\mathbf{x}^{(k)}\right) - d^\star \qquad \text{（由强对偶性可得）}\\
&\leqslant f_0\left(\mathbf{x}^{(k)}\right) - g(\boldsymbol{\lambda},\boldsymbol{\nu}),\ \forall\boldsymbol{\lambda}\succeq\mathbf{0},\ \boldsymbol{\nu}\in\mathbb{R}^p\\
\Longrightarrow f_0(\mathbf{x}^{(k)}) - p^\star &\leqslant f_0\left(\mathbf{x}^{(k)}\right) - g\left(\boldsymbol{\lambda}^{(k)},\boldsymbol{\nu}^{(k)}\right) = \eta\left(\mathbf{x}^{(k)},\boldsymbol{\lambda}^{(k)},\boldsymbol{\nu}^{(k)}\right)
\end{aligned}$$

若对偶间隙 $\eta\left(\mathbf{x}^{(k)},\boldsymbol{\lambda}^{(k)},\boldsymbol{\nu}^{(k)}\right)\leqslant\epsilon$，则 $f_0\left(\mathbf{x}^{(k)}\right)-p^\star\leqslant\epsilon$（即 $\mathbf{x}^{(k)}$是 ϵ-次优的）。

9.4.3 互补松弛

令 $\mathbf{x}^\star$ 和 $(\boldsymbol{\lambda}^\star,\boldsymbol{\nu}^\star)$ 分别是原问题和其对偶问题的最优解，则 $f_i(\mathbf{x}^\star)\leqslant 0,\ i=1,\ldots,m$, $h_j(\mathbf{x}^\star)=0,\ j=1,\ldots,p$，且 $\boldsymbol{\lambda}^\star\succeq\mathbf{0}_m$。当强对偶性成立时，下面的条件一定满足：

$$\lambda_i^\star f_i(\mathbf{x}^\star)=0,\ i=1,\ldots,m \tag{9.117}$$

换句话说，

$$\mathbf{0}_m\preceq\boldsymbol{\lambda}^\star\perp\boldsymbol{f}(\mathbf{x}^\star)\preceq\mathbf{0}_m \tag{9.118}$$

其中，$\boldsymbol{f}(\mathbf{x}^\star)=[f_1(\mathbf{x}^\star),\ldots,f_m(\mathbf{x}^\star)]^{\mathrm{T}}$，即 $\mathcal{L}(\mathbf{x}^\star,\boldsymbol{\lambda}^\star,\boldsymbol{\nu}^\star)$ 中的第二项 $\sum_{i=1}^m\lambda_i^\star f_i(\mathbf{x}^\star)=0$。该条件表明

$$\lambda_i^\star>0\Rightarrow f_i(\mathbf{x}^\star)=0 \tag{9.119a}$$

$$f_i(\mathbf{x}^\star)<0\Rightarrow\lambda_i^\star=0 \tag{9.119b}$$

式(9.117)的证明 由强对偶性等式 (9.43) 得到

$$\begin{aligned}f_0(\mathbf{x}^\star)=g(\boldsymbol{\lambda}^\star,\boldsymbol{\nu}^\star)&=\inf_{\mathbf{x}\in\mathcal{D}}\mathcal{L}(\mathbf{x},\boldsymbol{\lambda}^\star,\boldsymbol{\nu}^\star)\\&=\inf_{\mathbf{x}\in\mathcal{D}}\left\{f_0(\mathbf{x})+\sum_{i=1}^m\lambda_i^\star f_i(\mathbf{x})+\sum_{i=1}^p\nu_i^\star h_i(\mathbf{x})\right\}\\&=f_0(\mathbf{x}^\star)+\sum_{i=1}^m\lambda_i^\star f_i(\mathbf{x}^\star)+\sum_{i=1}^p\nu_i^\star h_i(\mathbf{x}^\star)\end{aligned} \tag{9.120}$$

这表明仅当 $\lambda_i^\star f_i(\mathbf{x}^\star)=0,\ \forall\, i$ 时，$\sum_{i=1}^m\lambda_i^\star f_i(\mathbf{x}^\star)=0$ 成立。 □

根据式 (9.120) 得到的一个必要条件由下面的论据给出。

论据 9.3 如果优化问题具有强对偶性，且该优化问题的目标函数为 f_0，其所有的不等式约束函数 f_i 和等式约束函数 h_i 均可微（即该问题的 Lagrange 函数 $\mathcal{L}(\mathbf{x},\boldsymbol{\lambda}^\star,\boldsymbol{\nu}^\star)$ 关于未知变量 $\mathbf{x}$ 是可微的），则由式 (9.120) 可知 $\mathbf{x}=\mathbf{x}^\star$ 成立的必要条件为 $\nabla_{\mathbf{x}}\mathcal{L}(\mathbf{x},\boldsymbol{\lambda}^\star,\boldsymbol{\nu}^\star)=\mathbf{0}$。

注 9.11 通过对偶问题求解原始问题是可能的一种方法。假设强对偶性成立，且通过求解对偶问题得到最优解 $(\boldsymbol{\lambda}^\star,\boldsymbol{\nu}^\star)$，那么可以找到无约束优化问题 $\min_{\mathbf{x}}\mathcal{L}(\mathbf{x},\boldsymbol{\lambda}^\star,\boldsymbol{\nu}^\star)$ 的解集。进而，如果 $\mathbf{x}^\star$ 存在，则通过这个解集可以找到最优的 $\mathbf{x}^\star$，并且最小值 $f_0(\mathbf{x}^\star)=g(\boldsymbol{\lambda}^\star,\boldsymbol{\nu}^\star)$。因为 $\mathcal{L}(\mathbf{x},\boldsymbol{\lambda}^\star,\boldsymbol{\nu}^\star)$ 是可微的，即使原问题非凸，论据 9.3 对于寻找最优 $\mathbf{x}^\star$ 也是有帮助的。□

9.5 Karush–Kuhn–Tucker（KKT）最优性条件

假设 $f_0,f_1,\ldots,f_m,h_1,\ldots,h_p$ 可微，则问题式 (9.1)（不一定为凸）和式 (9.65)（凸的）

的原最优解 $\mathbf{x}^\star$ 和对偶最优解 $(\boldsymbol{\lambda}^\star,\boldsymbol{\nu}^\star)$ 所对应的的 KKT 条件如下：

$$\nabla f_0(\mathbf{x}^\star)+\sum_{i=1}^{m}\lambda_i^\star\nabla f_i(\mathbf{x}^\star)+\sum_{i=1}^{p}\nu_i^\star\nabla h_i(\mathbf{x}^\star)=\mathbf{0} \tag{9.121a}$$

$$f_i(\mathbf{x}^\star)\leqslant 0,\ i=1,\ldots,m \tag{9.121b}$$

$$h_i(\mathbf{x}^\star)=0,\ i=1,\ldots,p \tag{9.121c}$$

$$\lambda_i^\star\geqslant 0,\ i=1,\ldots,m \tag{9.121d}$$

$$\lambda_i^\star f_i(\mathbf{x}^\star)=0,\ i=1,\ldots,m \tag{9.121e}$$

一般来说，式 (9.121b) 和式 (9.121c) 所给出的 KKT 条件实际上是原问题的不等式和等式约束，而式 (9.121a)（关于 $(\boldsymbol{\lambda},\boldsymbol{\nu})$ 的等式约束）和式 (9.121d)（不等式约束）实际上是对偶问题的约束，式 (9.121e) 给出的互补松弛性结合了原问题和对偶问题的不等式约束函数。

下面证明 KKT 条件，然后讨论该条件在求解优化问题中的作用。

- 对于具有强对偶性的问题，KKT 条件式 (9.121) 是最优性的必要条件，在前面章节已经得以证明，即如果 $\mathbf{x}^\star$ 和 $(\boldsymbol{\lambda}^\star,\boldsymbol{\nu}^\star)$ 分别是原最优解和对偶最优解，则 KKT 条件一定成立。具体来说，$\mathbf{x}=\mathbf{x}^\star$ 时 $\nabla_{\mathbf{x}}\mathcal{L}(\mathbf{x},\boldsymbol{\lambda}^\star,\boldsymbol{\nu}^\star)=\mathbf{0}$，故式 (9.121a) 成立（由论据 9.3 可得）；$\mathbf{x}^\star$ 是原可行解，故式 (9.121b) 和式 (9.121c) 成立；$(\boldsymbol{\lambda}^\star,\boldsymbol{\nu}^\star)$ 是对偶可行解，故式 (9.121d) 成立；根据互补松弛性式 (9.117) 可知式 (9.121e) 成立。
- 如果优化问题不具有强对偶性，在适当的假设下，KKT 条件是局部最优的必要条件 [Ber99]：如果 $\mathbf{x}^\star$ 是局部最优且 $\mathbf{x}^\star$ 是正则点（见注 9.12），则存在一个 $(\boldsymbol{\lambda}^\star=(\lambda_1^\star,\ldots,\lambda_m^\star)\succeq\mathbf{0},\boldsymbol{\nu}^\star)$，且对于任意 $i\notin\mathcal{I}$ 有 $\lambda_i^\star=0$（参考式 (9.122)），使得 KKT 条件成立。注 9.15 将给出更多相关的讨论。

注 9.12 令 $\mathbf{x}^\star$ 满足 $f_i(\mathbf{x}^\star)\leqslant 0,\ i=1,\ldots,m$，$h_j(\mathbf{x}^\star)=0,\ j=1,\ldots,p$，且 $\mathcal{I}(\mathbf{x}^\star)$ 是不等式约束中有效约束的索引集，即

$$\mathcal{I}(\mathbf{x}^\star)\triangleq\{i\mid f_i(\mathbf{x}^\star)=0\} \tag{9.122}$$

如果向量 $\nabla f_i(\mathbf{x}^\star)$, $\nabla h_j(\mathbf{x}^\star)$ 对任意 $i\in\mathcal{I}(\mathbf{x}^\star)$, $1\leqslant j\leqslant p$ 是线性独立的，则称 $\mathbf{x}^\star$ 是一个**正则点** [Ber99]。 □

- 对于具有强对偶性的凸问题（例如当满足 Slater 条件时），KKT 条件是最优性的充要条件，即当且仅当 KKT 条件成立时，$\mathbf{x}^\star$ 和 $(\boldsymbol{\lambda}^\star,\boldsymbol{\nu}^\star)$ 分别为原最优解和对偶最优解。

充分性证明 对于凸问题式 (9.65)、式 (9.3) 给出的 $\mathcal{L}(\mathbf{x},\boldsymbol{\lambda}^\star,\boldsymbol{\nu}^\star)$ 是关于 $\mathbf{x}\in\mathcal{D}$ 的凸函数（因为由式 (9.121d) 可知 $\boldsymbol{\lambda}^\star\succeq\mathbf{0}$），则有

$$\begin{aligned} d^\star=g(\boldsymbol{\lambda}^\star,\boldsymbol{\nu}^\star)&=\inf_{\mathbf{x}\in\mathcal{D}}\mathcal{L}(\mathbf{x},\boldsymbol{\lambda}^\star,\boldsymbol{\nu}^\star)\\ &=\mathcal{L}(\mathbf{x}^\star,\boldsymbol{\lambda}^\star,\boldsymbol{\nu}^\star)>-\infty\quad\text{（根据式 (9.121a) 和式 (4.28)）}\end{aligned}$$

这也表明 $(\boldsymbol{\lambda}^\star,\boldsymbol{\nu}^\star)$ 是对偶可行解。此外，由式 (9.121b) 和式 (9.121c) 可知 $\mathbf{x}^\star$是原问题的可行解，再根据式 (9.121e) 和式 (9.121c)，上式可进一步简化为

$$d^\star=f_0(\mathbf{x}^\star)+\sum_{i=1}^{m}\lambda_i^\star f_i(\mathbf{x}^\star)+\sum_{i=1}^{p}\nu_i^\star h_i(\mathbf{x}^\star)=f_0(\mathbf{x}^\star)=p^\star$$

因此，强对偶性成立，且 $\mathbf{x}^\star$ 和 $(\boldsymbol{\lambda}^\star, \boldsymbol{\nu}^\star)$ 分别是原最优解和对偶最优解。 □

对于对偶间隙为零且所有的目标函数和约束函数均可微的原问题与其对偶问题，可以通过相应的 KKT 条件式 (9.121) 同时得以解决，该条件是这两个问题取得最优解的充要条件。原–对偶最优闭式解 $(\mathbf{x}^\star, \boldsymbol{\lambda}^\star, \boldsymbol{\nu}^\star)$ 是我们最希望得到的，这是由于闭式解一般具有很高的准确性和最低的计算复杂度，但在实际应用中，很难用解析的方式求解 KKT 条件获得 $(\mathbf{x}^\star, \boldsymbol{\lambda}^\star, \boldsymbol{\nu}^\star)$ 的闭式解。因此，我们可以通过凸优化工具 CVX 和 SeDuMi 来得到 $(\mathbf{x}^\star, \boldsymbol{\lambda}^\star, \boldsymbol{\nu}^\star)$ 的最优数值解。这些凸优化工具均基于内点法设计，具体的内点法第 10 章进行介绍。当然这些通用的凸优化工具是通常并不具备高效的计算性能，不过它们对研究阶段的问题进行性能评估十分有用。而在实现阶段则需要根据具体的需求开发自定义快速算法。

例 9.10（线性方程组的最小范数解） 式 (9.8) 已经给出了该问题的定义（9.1.1 节的例 9.1），由于该问题满足 Slater 条件，因此强对偶性成立。此时 KKT 条件可简单表示为 $\mathbf{A}\mathbf{x} = \mathbf{b}$ 的形式（由式 (9.121c)）且由式 (9.9) 和式 (9.121a) 可得

$$\nabla_{\mathbf{x}}\mathcal{L}(\mathbf{x}, \boldsymbol{\nu}) = 2\mathbf{x} + \mathbf{A}^{\mathrm{T}}\boldsymbol{\nu} = \mathbf{0} \quad \left(\text{或 } \mathbf{x} = -\frac{1}{2}\mathbf{A}^{\mathrm{T}}\boldsymbol{\nu}\right)$$

由这两个 KKT 条件易得最优解：

$$\mathbf{x}^\star = \mathbf{A}^{\mathrm{T}}(\mathbf{A}\mathbf{A}^{\mathrm{T}})^{-1}\mathbf{b} = \mathbf{A}^{\dagger}\mathbf{b} \tag{9.123}$$

参考式 (1.126)，它正是最小范数解。

或者，如 9.4.3 节中注 9.11 中提到的那样，我们可以通过求解原问题的对偶问题 $\max g(\boldsymbol{\nu})$ 得到对偶最优解 $\boldsymbol{\nu}^\star$，其中凹函数 $\max g(\boldsymbol{\nu})$ 由式 (9.12) 给出。利用最优性条件 $\nabla g(\boldsymbol{\nu}) = \mathbf{0}$ 易得最优解为

$$\boldsymbol{\nu}^\star = -2(\mathbf{A}\mathbf{A}^{\mathrm{T}})^{-1}\mathbf{b}$$

再求解 $\min_{\mathbf{x}} \mathcal{L}(\mathbf{x}, \boldsymbol{\nu}^\star)$ 得到最优解：

$$\mathbf{x}^\star = -\frac{1}{2}\mathbf{A}^{\mathrm{T}}\boldsymbol{\nu}^\star = \mathbf{A}^{\mathrm{T}}(\mathbf{A}\mathbf{A}^{\mathrm{T}})^{-1}\mathbf{b}$$

该解是原问题唯一的可行解，这是因为式 (9.9) 给出的 $\mathcal{L}(\mathbf{x}, \boldsymbol{\nu}^\star)$ 是关于 $\mathbf{x}$ 的凸函数，所以最优性条件 $\nabla_{\mathbf{x}}\mathcal{L}(\mathbf{x}, \boldsymbol{\nu}^\star) = 2\mathbf{x} + \mathbf{A}^{\mathrm{T}}\boldsymbol{\nu}^\star = \mathbf{0}$ 成立。 □

例 9.11（最小特征值问题） 式 (9.81) 给出了该非凸问题的定义，其强对偶性成立，且其 Lagrange 函数由式 (9.82) 给出（9.3 节的例 9.8 ）。这样，易得该问题的 KKT 条件如下：

$$\nabla_{\mathbf{x}}\mathcal{L}(\mathbf{x}, \nu) = 2\mathbf{C}\mathbf{x} + 2\nu\mathbf{x} = \mathbf{0} \Rightarrow \mathbf{C}\mathbf{x} = -\nu\mathbf{x} \quad \text{（根据式 (9.121a)）} \tag{9.124}$$

$$\|\mathbf{x}\|_2^2 = 1 \quad \text{（根据式 (9.121c)）} \tag{9.125}$$

注意，只有当 $\mathbf{C}$ 的标准正交的特征向量满足式 (9.124) 和式 (9.125) 时，即最优解 $\mathbf{x}^\star$ 一定是使得 $\mathbf{x}^{\mathrm{T}}\mathbf{C}\mathbf{x}$ 最小化的标准正交向量，并与 $\mathbf{C}$ 的最小特征值相同。而其他标准正交向量虽然也满足所有的 KKT 条件（必要条件），但它们并不是问题式 (9.81) 的最优解。尽管如此，由 KKT 条件得到的所有可能的最优解都在 $\mathbf{C}$ 的标准正交特征向量所构成的集合中，因此可以很容易地从该集合中找到最优解。 □

例 9.12（最大熵问题） 9.1.3 节例 9.4 的式 (9.34) 中已经给出了最大熵问题的定义，该问题等价为

$$\begin{aligned}\min_{\mathbf{x}\in\mathbb{R}_+^n} \quad & \sum_{i=1}^n x_i \log x_i \\ \text{s.t.} \quad & \sum_{i=1}^n x_i = 1\end{aligned} \tag{9.126}$$

由于满足 Slater 条件，故该问题具有强对偶性，其 Lagrange 函数为

$$\mathcal{L}(\mathbf{x},\boldsymbol{\lambda},\nu) = \sum_{i=1}^n x_i \log x_i - \boldsymbol{\lambda}^{\mathrm{T}}\mathbf{x} + \nu\left(\sum_{i=1}^n x_i - 1\right) \tag{9.127}$$

由 KKT 条件易得其最优解为

$$\begin{aligned}&\frac{\partial \mathcal{L}(\mathbf{x},\boldsymbol{\lambda},\nu)}{\partial x_i} = \log x_i + x_i\frac{1}{x_i} + \nu - \lambda_i = 0,\ i=1,\dots,n \quad \text{（根据式 (9.121a)）}\\ &\Rightarrow x_i = \mathrm{e}^{-1-\nu+\lambda_i} > 0 \Rightarrow \begin{cases}\lambda_i = 0,\ i=1,\dots,n \\ x_1 = \cdots = x_n = \mathrm{e}^{-1-\nu}\end{cases} \quad \text{（根据式 (9.121e)）}\end{aligned}$$

再结合 KKT 条件式 (9.121c) 可得最优解的闭式形式：

$$\sum_{i=1}^n x_i = 1 \Rightarrow nx_i = 1 \Rightarrow x_i^\star = \frac{1}{n},\ \forall i$$

或者利用如下方法求得对偶最优解 $(\boldsymbol{\lambda}^\star, \nu^\star)$：

$$\begin{aligned}(\boldsymbol{\lambda}^\star,\nu^\star) &= \arg\max_{\boldsymbol{\lambda}\succeq\mathbf{0},\nu} g(\boldsymbol{\lambda},\nu)\\ &= \arg\min_{\boldsymbol{\lambda}\succeq\mathbf{0},\nu} -g(\boldsymbol{\lambda},\nu)\\ &= \arg\min_{\boldsymbol{\lambda}\succeq\mathbf{0},\nu}\left\{\nu + \sum_{i=1}^n \mathrm{e}^{\lambda_i-\nu-1}\right\} \quad \text{（根据式 (9.36)）}\\ &= \left(\mathbf{0}_n, (\log n) - 1\right) \quad \text{（根据式 (4.57)）}\end{aligned}$$

再将 $(\boldsymbol{\lambda}^\star, \nu^\star)$ 代入 $x_i = \mathrm{e}^{-1-\nu+\lambda_i}$（根据式 (9.121a)）可得 $x_i^\star = 1/n$（参考注 9.11）。 □

例 9.13（信道容量最大化中的注水问题） 注水问题是 MIMO 无线通信领域中的一个常见问题。考虑如下的信道容量最大化问题：

$$\begin{aligned}\max \quad & \sum_{i=1}^n \log\left(1 + \frac{p_i}{\sigma_i^2}\right)\\ \text{s.t.} \quad & \mathbf{p}\succeq\mathbf{0},\ \sum_{i=1}^n p_i = P\end{aligned} \tag{9.128}$$

其中，目标函数表示包含 n 个并行子信道的系统信道容量（如 OFDM 系统），p_i 是子信道 i 中的信号功率，σ_i^2 是子信道 i 中的噪声功率，则式 (9.128) 等价于如下的凸优化问题：

$$\begin{aligned} &\min \quad -\sum_{i=1}^{n}\log\left(1+\frac{p_i}{\sigma_i^2}\right) \\ &\text{s.t.} \quad \mathbf{p}\succeq\mathbf{0},\ \sum_{i=1}^{n}p_i=P \end{aligned} \tag{9.129}$$

由于该问题满足 Slater 条件，故具有强对偶性，且其 Lagrange 函数为

$$\mathcal{L}(\mathbf{p},\boldsymbol{\lambda},\nu)=-\sum_{i=1}^{n}\log\left(1+\frac{p_i}{\sigma_i^2}\right)-\boldsymbol{\lambda}^{\mathrm{T}}\mathbf{p}+\nu\left(\sum_{i=1}^{n}p_i-P\right) \tag{9.130}$$

根据式 (9.121a) 给出的 KKT 条件

$$\frac{\partial\mathcal{L}(\mathbf{p},\boldsymbol{\lambda},\nu)}{\partial p_i}=\frac{-1}{1+\dfrac{p_i}{\sigma_i^2}}\,\frac{1}{\sigma_i^2}-\lambda_i+\nu=0 \tag{9.131}$$

可得

$$\lambda_i=\nu-\frac{1}{p_i+\sigma_i^2} \tag{9.132}$$

利用式 (9.121b)、式 (9.121d)、式 (9.121e) 和式 (9.132)，我们提出下面两种用于求解 p_i 的情况：

- 情况 1：$\lambda_i>0$ 且 $p_i=0\Rightarrow\lambda_i=\nu-\dfrac{1}{\sigma_i^2}>0\Rightarrow\dfrac{1}{\nu}<\sigma_i^2$。
- 情况 2：$\lambda_i=0$ 且 $p_i\geqslant 0\Rightarrow\nu=\dfrac{1}{p_i+\sigma_i^2}\Rightarrow p_i=\dfrac{1}{\nu}-\sigma_i^2\geqslant 0$。

由上述两种情况可以推出

$$p_i^\star=\max\left\{0,\frac{1}{\nu^\star}-\sigma_i^2\right\} \tag{9.133}$$

其中，最优解 $1/\nu^\star$ 可由式 (9.121c) 解出

$$\sum_{i=1}^{n}p_i^\star=\sum_{i=1}^{n}\max\left\{0,\frac{1}{\nu^\star}-\sigma_i^2\right\}=P \tag{9.134}$$

求解式 (9.134) 的方法：首先假设对任意 i 都有 $p_i>0$（即对任意 i 都有 $\dfrac{1}{\nu}-\sigma_i^2>0$），然后找到式 (9.134) 的解 $\dfrac{1}{\nu^\star}$。若不存在可行解，则可得 $p_\ell^\star=0$，其中 $\ell=\mathrm{argmax}_i\{\sigma_i^2\}$，再次求解式 (9.134) 得到 $\dfrac{1}{\nu^\star}$。重复上述步骤，使得每次循环的时候，在剩余子信道中至少有一个子信道（对应于噪声功率最大的子信道）的功率为零，直到获得最优的 $\dfrac{1}{\nu^\star}$ 与 $p_i^\star>0$ 为止。上述方法获得的解称作集中式解，记作 $\mathbf{p}^\star$。这个解也是 $\lambda_1=\cdots=\lambda_n$ 时，问题式 (4.133) 的

最优解；也是凸矢量优化问题式 (4.132) 的 Pareto 最优解，其在 Pareto 边界上的目标函数值为

$$\left(R_1^\star=\log\left(1+\frac{p_1^\star}{\sigma_1^2}\right),\dots,R_n^\star=\log\left(1+\frac{p_n^\star}{\sigma_n^2}\right)\right)\text{（参考图 4.7）}$$

式 (9.133) 的解如图 9.4 所示，其中 $n=8$，子信道 2 和子信道 7 的信号功率为 0（在这两个子信道中没有阴影部分），即 $p_2^\star=p_7^\star=0$，其余的 $p_i^\star>0$ 且 $1/\nu^\star$ 是最优水平面。□

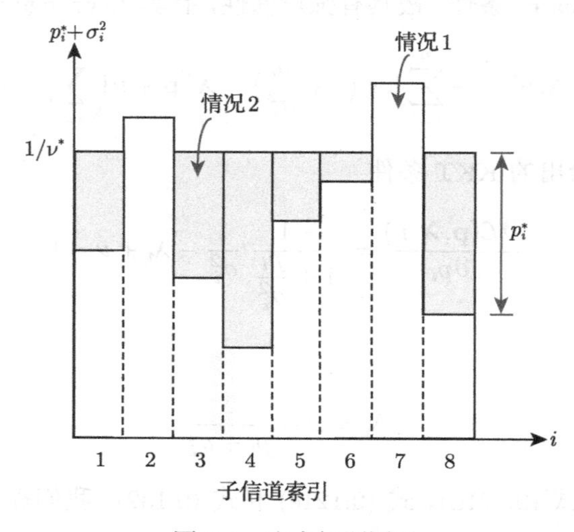

图 9.4 注水问题图示

注 9.13（复变量的 KKT 条件） 如果目标函数和式 (9.1) 的所有约束函数都是实值函数，而未知变量 $\mathbf{x}$ 是复数，那么 KKT 条件与式 (9.121) 还相同吗？若式 (9.1) 具有强对偶性，由式 (9.120) 可知尽管原变量 $\mathbf{x}\in\mathbb{C}^n$，但式 (9.3) 定义的 Lagrange 函数一定是实值函数，因此，我们要用一个关于 $\mathbf{x}\in\mathbb{C}^n$ 的实值形式来等价表示 $\mathcal{L}(\mathbf{x},\boldsymbol{\lambda},\boldsymbol{\nu})$，从而应用 $\nabla_{\mathbf{x}}\mathcal{L}=2\nabla_{\mathbf{x}^*}\mathcal{L}$（参考式 (1.43)）。因此，通过与上述证明实变量情形类似的方法可以证明由式 (9.121) 所给出的 KKT 条件成立。我们通过下面的例子进行说明。□

例 9.14（最小方差波束成形） 6.7.1 节和 7.5.1 节中都提到了该问题，在 6.7.1 节中，我们将其归为一个 QP 问题，而在 7.5.1 节中，将其归为一个 SOCP 问题，但均未讨论如何寻找其闭式解。即使该问题严格凸，利用一阶最优性条件式 (4.98) 也很难高效地找到其最优解。在本例中，我们通过 KKT 条件来获得最小方差波束成形问题的最优解。为了便于讨论，将该问题重写如下：

$$\begin{aligned}\min_{\mathbf{x}\in\mathbb{C}^P}\ & \mathbf{x}^{\mathrm{H}}\mathbf{R}\mathbf{x}\\ \text{s.t.}\ & \mathbf{a}^{\mathrm{H}}\mathbf{x}=1\end{aligned}\tag{9.135}$$

其中，$\mathbf{R}\in\mathbb{H}_{++}^P$，$\mathbf{a}\in\mathbb{C}^P$。这个问题是一个凸优化问题，并且根据 Slater 条件（参考式 (9.6)），其强对偶性成立。由于等式约束 $\mathbf{a}^{\mathrm{H}}\mathbf{x}=1$ 等价于

$$\begin{cases} \mathrm{Re}\{\mathbf{a}^{\mathrm{H}}\mathbf{x}\} = \dfrac{1}{2}\left(\mathbf{a}^{\mathrm{H}}\mathbf{x} + \mathbf{x}^{\mathrm{H}}\mathbf{a}\right) = 1 \\ \mathrm{Im}\{\mathbf{a}^{\mathrm{H}}\mathbf{x}\} = \dfrac{1}{2}\left(-\mathrm{j}\mathbf{a}^{\mathrm{H}}\mathbf{x} + \mathrm{j}\mathbf{x}^{\mathrm{H}}\mathbf{a}\right) = 0 \end{cases} \quad \text{（参考式 (4.101)）} \tag{9.136}$$

则问题式 (9.135) 的 Lagrange 函数为

$$\mathcal{L}(\mathbf{x}, \nu_1, \nu_2) = \mathbf{x}^{\mathrm{H}}\mathbf{R}\mathbf{x} + \frac{\nu_1}{2}\left(\mathbf{a}^{\mathrm{H}}\mathbf{x} + \mathbf{x}^{\mathrm{H}}\mathbf{a} - 2\right) + \frac{\nu_2}{2}\left(-\mathrm{j}\mathbf{a}^{\mathrm{H}}\mathbf{x} + \mathrm{j}\mathbf{x}^{\mathrm{H}}\mathbf{a}\right), \nu_1, \nu_2 \in \mathbb{R} \tag{9.137}$$

该表达式是关于 $\mathbf{x} \in \mathbb{C}^P$ 的实值函数，对其关于 $\mathbf{x}$ 求导得

$$\begin{aligned} \nabla_{\mathbf{x}}\mathcal{L}(\mathbf{x}, \nu_1, \nu_2) &= 2\nabla_{\mathbf{x}^*}\mathcal{L}(\mathbf{x}, \nu_1, \nu_2) \\ &= 2\mathbf{R}\mathbf{x} + (\nu_1 + \mathrm{j}\nu_2)\mathbf{a} = \mathbf{0} \quad \text{（根据式 (9.121a) 及式 (1.43)）} \\ &\Rightarrow \mathbf{x} = -\frac{\nu_1 + \mathrm{j}\nu_2}{2}\mathbf{R}^{-1}\mathbf{a} \end{aligned} \tag{9.138}$$

将 $\mathbf{x} = -\dfrac{\nu_1 + \mathrm{j}\nu_2}{2}\mathbf{R}^{-1}\mathbf{a}$ 代入约束 $\mathbf{a}^{\mathrm{H}}\mathbf{x} = 1$（根据式 (9.121c)）中，可得

$$-\frac{\nu_1 + \mathrm{j}\nu_2}{2}\mathbf{a}^{\mathrm{H}}\mathbf{R}^{-1}\mathbf{a} = 1 \Rightarrow -\frac{\nu_1 + \mathrm{j}\nu_2}{2} = \frac{1}{\mathbf{a}^{\mathrm{H}}\mathbf{R}^{-1}\mathbf{a}} \tag{9.139}$$

因此，最优解为

$$\mathbf{x}^\star = \frac{\mathbf{R}^{-1}\mathbf{a}}{\mathbf{a}^{\mathrm{H}}\mathbf{R}^{-1}\mathbf{a}} \quad \text{（根据式 (9.138) 及式 (9.139)）}$$

注意，最优值 $p^\star = 1/\mathbf{a}^{\mathrm{H}}\mathbf{R}^{-1}\mathbf{a}$ 对于任意可行点 $\mathbf{x}^\star e^{\mathrm{j}\phi}$ 都是相同的，其中 $\phi \in [0, 2\pi)$。换句话说，在约束条件 $|\mathbf{a}^{\mathrm{H}}\mathbf{x}| = 1$ 下，所有最优值都是相同的，因此可见 $\mathbf{a}^{\mathrm{H}}\mathbf{x} = 1$ 只是一种特殊情况。 □

注 9.14（KKT 条件和凸问题的一阶最优性条件的等价性） 正如式 (4.23) 所述，由式 (9.65) 给出凸问题，其定义域为 $\mathcal{D} \subseteq \mathbb{R}^n$，其最优解 $\mathbf{x}^\star$ 的一阶最优性条件已经在第 4 章中给出（KKT 条件），为

$$\nabla f_0(\mathbf{x}^\star)^{\mathrm{T}}(\mathbf{x} - \mathbf{x}^\star) \geqslant 0, \quad \forall \mathbf{x} \in \mathcal{C} \tag{9.140}$$

其中，$\mathcal{C}$ 表示问题的可行域，即

$$\mathcal{C} = \{\mathbf{x} \mid \mathbf{x} \in \mathcal{D}, f_i(\mathbf{x}) \leqslant 0,\ i = 1, \ldots, m,\ (h_1(\mathbf{x}), \ldots, h_p(\mathbf{x})) = \mathbf{A}\mathbf{x} - \mathbf{b} = \mathbf{0}\}$$

其中，每个 $f_i(\mathbf{x})$ 都是可微的凸函数，且 $h_j(\mathbf{x}) = \mathbf{a}_j^{\mathrm{T}}\mathbf{x} - b_j$（其中 $\mathbf{a}_j^{\mathrm{T}}$ 和 b_j 分别表示 $\mathbf{A} \in \mathbb{R}^{p \times n}$ 的第 j 行和 $\mathbf{b} \in \mathbb{R}^p$ 的第 j 个元素）。假设 Slater 条件成立（即 $\mathbf{relint}\ \mathcal{C} \neq \varnothing$），并且 $\mathbf{A}$ 是行满秩矩阵，那么条件式 (9.140) 和式 (9.121) 中的 KKT 条件是等价的。

证明 首先，通过 KKT 条件式 (9.121) 可证式 (9.140) 成立，具体如下：

$$\nabla f_0(\mathbf{x}^\star)^{\mathrm{T}}(\mathbf{x} - \mathbf{x}^\star) = -\left(\sum_{i=1}^{m} \lambda_i^\star \nabla f_i(\mathbf{x}^\star)^{\mathrm{T}} + (\boldsymbol{\nu}^\star)^{\mathrm{T}}\mathbf{A}\right)(\mathbf{x} - \mathbf{x}^\star) \quad \text{（根据式 (9.121a)）}$$

$$
\begin{aligned}
&= -\sum_{i=1}^{m} \lambda_i^\star \nabla f_i(\mathbf{x}^\star)^{\mathrm{T}}(\mathbf{x}-\mathbf{x}^\star) \quad (\text{根据式 (9.121c) 和 } \mathbf{x} \in \mathcal{C}) \\
&\geqslant -\sum_{i=1}^{m} \lambda_i^\star (f_i(\mathbf{x}) - f_i(\mathbf{x}^\star)) \quad (\text{因为 } f_i(\mathbf{x}) \text{ 为凸}) \\
&= -\sum_{i=1}^{m} \lambda_i^\star f_i(\mathbf{x}) \quad (\text{根据式 (9.121e)}) \\
&\geqslant 0 \quad (\text{根据式 (9.121d) 和 } \mathbf{x} \in \mathcal{C})
\end{aligned}
$$

接下来通过式 (9.140) 证明 KKT 条件式 (9.121) 是正确的。为了简化证明，定义如下的凸锥：

$$
\begin{aligned}
K_i^f &\triangleq \left\{\kappa_i^f \cdot (\mathbf{x}-\mathbf{x}^\star) \mid \kappa_i^f \geqslant 0,\ f_i(\mathbf{x}) \leqslant 0\right\},\ i=1,\ldots,m \\
K_i^h &\triangleq \left\{\kappa_i^h \cdot (\mathbf{x}-\mathbf{x}^\star) \mid \kappa_i^h \geqslant 0,\ h_i(\mathbf{x}) = 0\right\},\ i=1,\ldots,p \\
K &\triangleq \left\{\cap_i K_i^f\right\} \cap \left\{\cap_i K_i^h\right\} = \left\{\cap_{i\in\mathcal{I}} K_i^f\right\} \cap \left\{\cap_i K_i^h\right\}
\end{aligned} \tag{9.141}
$$

其中，$\mathcal{I}$ 是由式 (9.122) 定义的索引集（即对任意 $i \in \mathcal{I}$ 有 $f_i(\mathbf{x}^\star)=0$），推导过程用到了这样一个事实：由于对任意 $i \notin \mathcal{I}$ 都有 $\mathbf{x}^\star \in \mathbf{int}\,\{\mathbf{x} \in \mathbb{R}^n \mid f_i(\mathbf{x}) \leqslant 0\}$ 成立，故对任意 $i \notin \mathcal{I}$ 均有 $K_i^f = \mathbb{R}^n$ 成立。此外，由于可行集 $\mathcal{C}$ 是凸的，可以推出

$$
K = \mathbf{conic}\,(\mathcal{C} - \{\mathbf{x}^\star\}) \implies \nabla f_0(\mathbf{x}^\star) \in K^* \quad (\text{根据式 (9.140)}) \tag{9.142}
$$

因为每个 f_i 都是可微的凸函数，且 Slater 条件成立，故 $\{\mathbf{x} \in \mathbb{R}^n \mid f_i(\mathbf{x}) \leqslant 0\}$ 一定是一个内部非空的闭凸集。因此，对于任意 $i \in \mathcal{I}$，凸锥 K_i^f 均为一个原点在其边界上的闭的半空间，或者原点在其边界上的开的半空间与原点的并集（既非开集也非闭集），这表明对于任意 $i \in \mathcal{I}$，$\mathbf{cl}\,K_i^f$ 均为闭的半空间。此外，再次根据 Slater 条件有

$$
\cap_{i\in\mathcal{I}} \left(\mathbf{int}\,K_i^f\right) \neq \varnothing \tag{9.143}
$$

根据凸函数的一阶条件可得

$$
\begin{aligned}
&0 \geqslant f_i(\mathbf{x}) \geqslant f_i(\mathbf{x}^\star) + \nabla f_i(\mathbf{x}^\star)^{\mathrm{T}}(\mathbf{x}-\mathbf{x}^\star), \forall \mathbf{x} \in \{\boldsymbol{x} \mid f_i(\boldsymbol{x}) \leqslant 0\},\ i=1,\ldots,m \\
&\implies -\nabla f_i(\mathbf{x}^\star)^{\mathrm{T}}(\mathbf{x}-\mathbf{x}^\star) \geqslant 0,\ \forall \mathbf{x} \in \{\boldsymbol{x} \mid f_i(\boldsymbol{x}) \leqslant 0\},\ i \in \mathcal{I} \quad (\text{根据式 (9.122)})
\end{aligned}
$$

即对偶锥

$$
K_i^{f*} = \{-\alpha_i \nabla f_i(\mathbf{x}^\star) \mid \alpha_i \geqslant 0\}\ (\text{一条射线}),\ i \in \mathcal{I} \tag{9.144}
$$

另一方面，由式 (9.141) 可知，所有的 K_i^h 都是通过原点的超平面（也是 $(n-1)$ 维子空间），故它们的对偶锥为

$$
K_i^{h*} = \{\beta_i \nabla h_i(\mathbf{x}^\star) \mid \beta_i \in \mathbb{R}\}\ (\text{一条直线}),\ i=1,\ldots,p \tag{9.145}
$$

我们仅对 $\mathbf{x}^\star \in \mathbf{relbd}\,\mathcal{C}$ 为正则点的情形给出证明，即 $\mathcal{I} \neq \varnothing$（参考注 9.12），这么做是因为对于 $\mathbf{x}^\star \in \mathbf{relint}\,\mathcal{C}$ 的证明是上述情形的退化，因为当 $\mathbf{x}^\star \in \mathcal{C}$ 时，条件式 (9.121b) 和式 (9.121c) 成立，可以推出式 (9.121e) 和式 (9.121a) 等价于

$$\nabla f_0(\mathbf{x}^\star) + \sum_{i\in\mathcal{I}} \lambda_i^\star \nabla f_i(\mathbf{x}^\star) + \sum_{i=1}^{p} \nu_i^\star \nabla h_i(\mathbf{x}^\star) = \mathbf{0} \tag{9.146}$$

对于任意 $i \notin \mathcal{I}$，不论 $\nabla f_i(\mathbf{x}^\star)$ 是否为 0，式 (9.146) 第二项中已经消除了 $\lambda_i = 0,\ i \notin \mathcal{I}$ 的项。因此，要想证明式 (9.121a)、式 (9.121d)、式 (9.121e)，只需证明

$$\begin{aligned}\nabla f_0(\mathbf{x}^\star) \in \mathcal{K} &\triangleq \mathbf{conic}\left\{\big\{-\nabla f_i(\mathbf{x}^\star)\big\}_{i\in\mathcal{I}}, \big\{\pm\nabla h_i(\mathbf{x}^\star)\big\}_{i=1}^{p}\right\} \\ &= \mathbf{conic}\left\{\big\{\cup_{i\in\mathcal{I}}\ K_i^{f*}\big\} \cup \big\{\cup_{i=1}^{p}\ K_i^{h*}\big\}\right\}\end{aligned} \tag{9.147}$$

其中的推导过程用到了式 (9.144) 和式 (9.145)。此外，根据式 (9.142)，式 (9.147) 的证明可通过

$$K^* \subseteq \mathcal{K} = \mathcal{K}^{**} \tag{9.148}$$

的证明来实现，其中等号成立是因为 $\mathcal{K}$ 是闭凸集（根据 2.5.2 节中的 (d5)）。

为证明式 (9.148)，令

$$\begin{aligned}\bar{K} &\triangleq \left\{\cap_{i\in\mathcal{I}}(\mathbf{cl}\ K_i^f)\right\} \cap \left\{\cap_i(\mathbf{cl}\ K_i^h)\right\} \\ &= \left\{\cap_{i\in\mathcal{I}}(\mathbf{cl}\ K_i^f)\right\} \cap \left\{\cap_i K_i^h\right\} \quad (K_i^h \text{ 是一个超平面})\end{aligned} \tag{9.149}$$

接下来证明 $K^* = \bar{K}^*$。因为 $K \subseteq \bar{K}$（根据式 (9.141) 和式 (9.149)），所以有 $\bar{K}^* \subseteq K^*$（根据 2.5.2 节中的 d2），因此我们仅需证明 $K^* \subseteq \bar{K}^*$。假设存在一个向量 $\boldsymbol{y} \in K^*$ 且 $\boldsymbol{y} \notin \bar{K}^*$，则

$$\text{存在 } \bar{\boldsymbol{x}} \in \bar{K},\ \text{使得 } \boldsymbol{y}^{\mathrm{T}}\boldsymbol{x} \geqslant 0,\ \forall \boldsymbol{x} \in K,\ \text{且 } \boldsymbol{y}^{\mathrm{T}}\bar{\boldsymbol{x}} < 0 \tag{9.150}$$

由式 (9.141) 和式 (9.143) 可知，存在一个

$$\widehat{\boldsymbol{x}} \in \left\{\cap_{i\in\mathcal{I}}(\mathbf{int}\ K_i^f)\right\} \cap \left\{\cap_i K_i^h\right\} \subset K$$

和

$$\theta\widehat{\boldsymbol{x}} + (1-\theta)\bar{\boldsymbol{x}} \in \left\{\cap_{i\in\mathcal{I}}(\mathbf{int}\ K_i^f)\right\} \cap \left\{\cap_i K_i^h\right\} \subset K,\ \forall \theta \in (0,1]$$

令 $\theta \to 0$，则有 $\theta\widehat{\boldsymbol{x}} + (1-\theta)\bar{\boldsymbol{x}} \in K$，但 $\boldsymbol{y}^{\mathrm{T}}(\theta\widehat{\boldsymbol{x}} + (1-\theta)\bar{\boldsymbol{x}}) \to \boldsymbol{y}^{\mathrm{T}}\bar{\boldsymbol{x}} < 0$，这与式 (9.150) 相矛盾。因此，$K^* \subseteq \bar{K}^*$，即证明了 $K^* = \bar{K}^*$。

接下来为了证明式 (9.148)，我们转而证明 $\mathcal{K}^* \subseteq \bar{K}$，该式表明 $\bar{K}^* \subseteq \mathcal{K}^{**} = \mathcal{K}$（根据 2.5.2 节中的 d2）。给定任意一个 $\boldsymbol{x} \in \mathcal{K}^*$，由式 (9.147) 可知

$$\boldsymbol{x}^{\mathrm{T}}\boldsymbol{y}_i^f \geqslant 0,\ \boldsymbol{x}^{\mathrm{T}}\boldsymbol{y}_j^h \geqslant 0,\ \forall \boldsymbol{y}_i^f \in K_i^{f^*},\ \boldsymbol{y}_j^h \in K_j^{h^*},\ i \in \mathcal{I},\ j = 1,\ldots,p$$

成立，这表明

$$\boldsymbol{x} \in \left\{\cap_{i\in\mathcal{I}} K_i^{f**}\right\} \cap \left\{\cap_i K_i^{h**}\right\}$$

$$= \left\{\cap_{i\in\mathcal{I}}(\mathbf{cl}\ K_i^f)\right\} \cap \left\{\cap_i(\mathbf{cl}\ K_i^h)\right\} = \bar{K} \quad \text{（根据 2.5.2 节中的（d5））}$$

因此 $\mathcal{K}^* \subseteq \bar{K}$，从而推出 $\bar{K}^* \subseteq \mathcal{K}$。至此我们证明了 $K^* = \bar{K}^* \subseteq \mathcal{K}$，从而证明了式 (9.148)。□

注 9.15 注 9.14 中关于凸问题的 KKT 条件和一阶最优性条件的等价性的证明仅要求所有的约束函数为凸，而不要求目标函数 f_0 为凸。因此，即使 f_0 非凸，二者的等价性也是成立的，并且如果 Slater 条件成立且可行集 $\mathcal{C}$ 是闭凸集，那么 KKT 点同样也是这种情形下的稳定点。 □

9.6 Lagrange 对偶优化

毋庸置疑，前面章节所介绍的 KKT 条件是直接求解凸优化问题的主要方法；同时，在寻找解决凸问题的有效和高效的算法过程中，KKT 条件也扮演着十分重要的角色，尤其是当所考虑的凸问题的 KKT 条件过于复杂而不能给出解析解时，例如问题的规模很大时。但是，通过求解问题式 (9.151)，可以找到原问题和对偶问题的最优解。该方法交替更新原变量和对偶变量直到收敛。因为问题的规模变小或易于求解，所以更新原变量的内层最小化和更新对偶变量的外层最大化过程都变得易于处理。

对于凸问题式 (9.65)，其目标函数和所有的约束函数均可微并满足强对偶性。如果 $\mathbf{x}^\star$ 是原可行解，则

$$(\mathbf{x}^\star, \boldsymbol{\lambda}^\star, \boldsymbol{\nu}^\star) = \arg\left\{\max_{\boldsymbol{\lambda}\succeq\mathbf{0},\boldsymbol{\nu}}\ \min_{\mathbf{x}\in\mathcal{D}} \mathcal{L}(\mathbf{x}, \boldsymbol{\lambda}, \boldsymbol{\nu})\right\} \tag{9.151}$$

是一个原–对偶最优解。

式 (9.151) 的证明 证明由式 (9.151) 给出的 $(\mathbf{x}^\star, \boldsymbol{\lambda}^\star, \boldsymbol{\nu}^\star)$ 满足式 (9.121) 中的所有的 KKT 条件。由于

$$\begin{aligned}\mathcal{L}(\mathbf{x}^\star, \boldsymbol{\lambda}^\star, \boldsymbol{\nu}^\star) &= \max_{\boldsymbol{\lambda}\succeq\mathbf{0},\boldsymbol{\nu}}\ \min_{\mathbf{x}\in\mathcal{D}} \mathcal{L}(\mathbf{x}, \boldsymbol{\lambda}, \boldsymbol{\nu}) \\ &= \max_{\boldsymbol{\lambda}\succeq\mathbf{0},\boldsymbol{\nu}}\ g(\boldsymbol{\lambda}, \boldsymbol{\nu}) = g(\boldsymbol{\lambda}^\star, \boldsymbol{\nu}^\star) = d^\star\end{aligned} \tag{9.152}$$

$(\boldsymbol{\lambda}^\star, \boldsymbol{\nu}^\star)$ 一定是对偶可行的，所以式 (9.121d) 成立（由于 $\boldsymbol{\lambda}^\star \succeq \mathbf{0}$）；因为 $\mathbf{x}^\star$ 是原问题的可行解（假设条件），且 $\mathbf{x}^\star \in \mathcal{C}$，其中 $\mathcal{C}$ 是式 (9.65) 的约束集，所以式 (9.121b) 和式 (9.121c) 也成立。

根据强对偶性，有

$$p^\star = d^\star = \mathcal{L}(\mathbf{x}^\star, \boldsymbol{\lambda}^\star, \boldsymbol{\nu}^\star) = g(\boldsymbol{\lambda}^\star, \boldsymbol{\nu}^\star) = \min_{\mathbf{x}\in\mathcal{D}}\ \mathcal{L}(\mathbf{x}, \boldsymbol{\lambda}^\star, \boldsymbol{\nu}^\star) \quad \text{（参考式 (9.120)）} \tag{9.153}$$

因为 $\mathcal{L}(\mathbf{x}, \boldsymbol{\lambda}^\star, \boldsymbol{\nu}^\star)$ 是凸的且关于 $\mathbf{x}$ 可微，所以 $\nabla_{\mathbf{x}}\mathcal{L}(\mathbf{x}^\star, \boldsymbol{\lambda}^\star, \boldsymbol{\nu}^\star) = \mathbf{0}$，因此式 (9.121a) 成立。

进一步分析式 (9.153)：

$$p^\star = \min_{\mathbf{x}\in\mathcal{C}}\ \mathcal{L}(\mathbf{x}, \boldsymbol{\lambda}^\star, \boldsymbol{\nu}^\star) \quad \text{（因为 } \mathbf{x}^\star \in \mathcal{C} \subseteq \mathcal{D}\text{）}$$

$$
\begin{aligned}
&= \min_{\mathbf{x}\in\mathcal{C}} \left\{ f_0(\mathbf{x}) + \sum_{i=1}^{m} \lambda_i^\star f_i(\mathbf{x}) + \sum_{i=1}^{p} \nu_i^\star h_i(\mathbf{x}) \right\} \\
&\leqslant \left\{ \min_{\mathbf{x}\in\mathcal{C}} \ f_0(\mathbf{x}) \right\} = f_0(\mathbf{x}^\star) = p^\star \quad \text{（因为 } \boldsymbol{\lambda}^\star \succeq \mathbf{0}\text{）} \\
&\Rightarrow \sum_{i=1}^{m} \lambda_i^\star f_i(\mathbf{x}^\star) = 0 \\
&\Rightarrow \lambda_i^\star f_i(\mathbf{x}^\star) = 0, \quad \forall i
\end{aligned} \tag{9.154}
$$

这表明式 (9.121e) 成立。至此我们证明了 $(\mathbf{x}^\star, \boldsymbol{\lambda}^\star, \boldsymbol{\nu}^\star)$ 满足所有的 KKT 条件，因此它是问题式 (9.65) 的原–对偶最优解。 □

问题式 (9.151) 为关于求解问题式 (9.65) 的**对偶分解，或对偶优化方法**。对任意给定的 $(\boldsymbol{\lambda} \succeq \mathbf{0}, \boldsymbol{\nu})$（松弛所有的等式和不等式约束），式 (9.151) 中的内层最小化问题是关于 $\mathbf{x}$ 的凸问题，而对任意给定的 $\mathbf{x} \in \mathcal{D}$，外层最大化问题是关于 $(\boldsymbol{\lambda}, \boldsymbol{\nu})$ 的凹问题。但是，问题的规模可能变得非常庞大，这也是在寻找原–对偶最优解时需要着重考虑的一个问题。

通过重新定义问题的定义域 $\mathcal{D}$ 使之成为原始问题定义域和一个满足所有非耦合约束的集合的交集，则问题的非耦合约束可以被放松，这样得到的 Lagrange 函数将不包含与这些非耦合约束相关联的对偶变量。这样做一方面可以减少外层最大化问题中对偶变量的个数（即减小问题的规模）；另一方面，也可以将内层最小化问题变成一个受约束的最小化问题，且它的解呈分布式的形式。

由于问题式 (9.65) 包含复杂的等式和不等式约束，因此先利用一阶最优性条件求解内层约束最小化问题，再更新外层规模降低的最大化问题的对偶变量，只要这种交替迭代可以收敛，则这种方法就可以求解问题。目前这一方法已有效地应用于无线通信和网络的资源分配和干扰管理。同时，对偶分解具有分布式实现，这在合作或协同系统中应用广泛。下面举例说明如何利用对偶优化方法求解注水问题。

例 9.15（再看注水问题） 现在利用对偶分解求解注水问题。首先，将问题式 (9.129) 表述为

$$
\begin{aligned}
\min \quad & -\sum_{i=1}^{n} \log\left(1 + \frac{p_i}{\sigma_i^2}\right) \\
\text{s.t.} \quad & \sum_{i=1}^{n} p_i \leqslant P
\end{aligned} \tag{9.155}
$$

其定义域为 $\mathcal{D} = \mathbb{R}_+^n$，该定义域包含了所有的非耦合约束 $p_i \geqslant 0,\ i = 1, \ldots, n$。该问题的 Lagrange 函数为

$$
\mathcal{L}(\mathbf{p}, \nu) = -\sum_{i=1}^{n} \log\left(1 + \frac{p_i}{\sigma_i^2}\right) + \nu\left(\sum_{i=1}^{n} p_i - P\right) \tag{9.156}
$$

其中，对偶变量个数已经从 $n+1$ 减少到 1（参考式 (9.130)）。再通过对偶优化求解问题式 (9.155)，得到

$$
(\mathbf{p}^\star, \nu^\star) = \arg\left\{ \max_{\nu \geqslant 0} \ \min_{\mathbf{p} \succeq \mathbf{0}} \mathcal{L}(\mathbf{p}, \nu) \right\} \tag{9.157}
$$

根据式 (9.156)，式 (9.157) 中的内层最小化问题可以简化为

$$g(\nu) \triangleq \min_{\mathbf{p}\succeq\mathbf{0}} \mathcal{L}(\mathbf{p},\nu) = \sum_{i=1}^{n} \min_{p_i\geqslant 0} g_i(\nu,p_i) - \nu P \tag{9.158}$$

式 (9.158) 实际上是式 (9.155) 的对偶函数，其中

$$g_i(\nu,p_i) = \nu p_i - \log\left(1+\frac{p_i}{\sigma_i^2}\right) \tag{9.159}$$

注意，对任意给定的 ν，式 (9.158) 定义的内层最小化问题已经被分解为 n 个凸的一维子问题，可通过式 (4.23) 给出的一阶最优性条件进行求解，即

$$\frac{\partial g_i(\nu,p_i)}{\partial p_i} = \nu - \frac{1}{p_i+\sigma_i^2} \begin{cases} =0, & 若 p_i>0 \\ \geqslant 0, & 若\ p_i=0 \end{cases} \tag{9.160}$$

因此，最优解 $p_i^\star$ 为

$$p_i^\star(\nu) = \left[\frac{1}{\nu} - \sigma_i^2\right]^+, \quad i=1,2,...,n \tag{9.161}$$

其中，$[a]^+ = \max\{a,0\}$。注意，式 (9.161) 给出的 $p_i^\star$ 与式 (9.133) 给出的集中式算法的解具有相同的形式。

将式 (9.161) 代入式 (9.159)，再将结果代入式 (9.158) 可得

$$g(\nu) = \mathcal{L}(\mathbf{p}^\star(\nu),\nu) = \sum_{j\in\mathcal{J}(\nu)} (1-\sigma_j^2\nu) + \sum_{j\in\mathcal{J}(\nu)} \log(\sigma_j^2\nu) - \nu P \tag{9.162}$$

其中

$$\mathcal{J}(\nu) = \{j \mid p_j^\star(\nu)>0\} = \{j \mid 1-\sigma_j^2\nu>0\}$$

表明式 (9.162) 的每个求和项的个数取决于 ν。因此，虽然式 (9.162) 给出的连续凹函数 $g(\nu)$ 不可微，但是其分段可微。因此，外层最大化问题

$$\max_{\nu\geqslant 0} g(\nu) \tag{9.163}$$

不能通过一阶最优性条件式 (4.23) 求解，而需采用投影次梯度算法 [Ber99] 去迭代更新对偶变量 ν，直至获得收敛后的最优解（参考注 4.4）。

$g(\nu)$ 的次梯度为

$$\bar{\nabla} g(\nu) = -\sum_{j\in\mathcal{J}(\nu)} \sigma_j^2 + \frac{|\mathcal{J}(\nu)|}{\nu} - P \quad （证明过程参考下面的注\ 9.16） \tag{9.164}$$

给定 $\nu^{(k)}$，则 $\nu^{(k+1)}$ 更新公式为

$$\nu^{(k+1)} = \left[\nu^{(k)} + s^{(k)}\bar{\nabla} g(\nu^{(k)})\right]^+ \tag{9.165}$$

其中，$s^{(k)}$ 是大于零的步长。为了保证式 (9.163) 外层最大化问题的对偶最优解 $\nu^{(k)}$ 的收敛性，可选择不同的 $s^{(k)}$ 值。对于常数步长 $s^{(k)}=s$，假设步长足够小，则次梯度算法能够收敛，并产生一个对偶最优解。

下面给出式 (9.157) 的一个迭代算法，见算法 9.1。尽管这个算法是求解问题式 (9.128) 的另一种算法，但它是以分布式形式给出的，即在每次迭代中，$\mathrm{sgn}(p_i^\star(\nu^{(k)}))$ 的信息是每个本地节点的公共信息（例如在无线网络中的节点和无线通信中的基站）。尽管上述算法在理论上与直接基于 KKT 条件的集中式算法产生相同的结果，但节点间信息交互将带来额外的开销。 □

算法 9.1 求解式 (9.157) 的对偶优化算法

1: 对 ν 初始化。
2: **repeat**
3: 　每个本地节点 i 利用式 (9.161) 同步更新 $p_i^\star$ 并将 $\mathrm{sgn}(p_i^\star)$ 的信息传给所有其他本地节点；
4: 　每个本地节点 i 利用式 (9.165) 和式 (9.164) 更新 $\nu^\star$；
5: **until** 达到预先给定的收敛准则。

注 9.16 如果式 (9.162) 可微，那么式 (9.164) 给出的次梯度是式 (9.162) 中 $g(\nu)$ 的导数。说明如下：

凹函数 $f(\mathbf{x})$ 在 $\mathbf{x}=\tilde{\mathbf{x}}$ 处的次梯度 $\bar{\nabla}f(\tilde{\mathbf{x}})$ 是一个列向量，并满足一阶条件

$$f(\mathbf{x})\leqslant f(\tilde{\mathbf{x}})+\bar{\nabla}f(\tilde{\mathbf{x}})^{\mathrm{T}}(\mathbf{x}-\tilde{\mathbf{x}}) \quad \text{（参考式 (3.21)）} \tag{9.166}$$

当 f 在 $\mathbf{x}=\tilde{\mathbf{x}}$ 处可微时，有 $\bar{\nabla}f(\tilde{\mathbf{x}})=\nabla f(\tilde{\mathbf{x}})$；否则 $\bar{\nabla}f(\tilde{\mathbf{x}})$ 不唯一。式 (9.164) 给出的次梯度可以证明如下。

$$\begin{aligned}
g(\nu) &\triangleq \min_{\mathbf{p}\succeq\mathbf{0}}\mathcal{L}(\mathbf{p},\nu) \quad \text{（根据式 (9.158) 和式 (9.156)）}\\
&= -\sum_{i=1}^{n}\log\left(1+\frac{p_i^\star(\nu)}{\sigma_i^2}\right)+\nu\left(\sum_{i=1}^{n}p_i^\star(\nu)-P\right)\\
&\leqslant -\sum_{i=1}^{n}\log\left(1+\frac{p_i^\star(\tilde{\nu})}{\sigma_i^2}\right)+\nu\left(\sum_{i=1}^{n}p_i^\star(\tilde{\nu})-P\right)\\
&= \sum_{j\in\mathcal{J}(\tilde{\nu})}\log(\sigma_j^2\tilde{\nu})+\nu\left\{\sum_{j\in\mathcal{J}(\tilde{\nu})}\left(\frac{1}{\tilde{\nu}}-\sigma_j^2\right)-P\right\} \quad \text{（根据式 (9.161)）} &(9.167\text{a})\\
&= \sum_{j\in\mathcal{J}(\tilde{\nu})}(1-\sigma_j^2\tilde{\nu})+\sum_{j\in\mathcal{J}(\tilde{\nu})}\log(\sigma_j^2\tilde{\nu})-\tilde{\nu}P\\
&\qquad +\left\{\sum_{j\in\mathcal{J}(\tilde{\nu})}\left(\frac{1}{\tilde{\nu}}-\sigma_j^2\right)-P\right\}(\nu-\tilde{\nu}) &(9.167\text{b})\\
&= g(\tilde{\nu})+\left\{\sum_{j\in\mathcal{J}(\tilde{\nu})}\left(\frac{1}{\tilde{\nu}}-\sigma_j^2\right)-P\right\}(\nu-\tilde{\nu}) \quad \text{（根据式 (9.162)）} &(9.167\text{c})
\end{aligned}$$

其中，令式 (9.167a) 中 $\nu = \nu + \tilde{\nu} - \tilde{\nu}$ 即可得式 (9.167b)。比较式 (9.167c) 和式 (9.166) 的形式可知，式 (9.164) 给出的 $\bar{\nabla} g(\tilde{\nu})$ 是 $g(\nu)$ 在 $\nu = \tilde{\nu}$ 处的次梯度。 □

9.7 交替方向乘子法（ADMM）

如前所述，对偶优化是无线通信和网络中设计分布式和协作式算法的一种有效方法。例如，8.5.5 节中介绍的鲁棒 MCBF 问题式 (8.77) 给出了一种集中式算法，而在实际应用中，分布式算法往往更受欢迎。本节将介绍一种分布式的凸优化技术，即**交替方向乘子法** [BT89a][BPC+10]，该方法源于对偶优化，并应用于多小区分布式波束成形 [SCW+12]。

考虑如下凸优化问题 [BT89b]：

$$\begin{aligned} \min_{\mathbf{x}\in\mathbb{R}^n, \mathbf{z}\in\mathbb{R}^m} \quad & f_1(\mathbf{x}) + f_2(\mathbf{z}) \\ \text{s.t.} \quad & \mathbf{x} \in \mathcal{S}_1,\ \mathbf{z} \in \mathcal{S}_2 \\ & \mathbf{z} = \mathbf{A}\mathbf{x} \end{aligned} \tag{9.168}$$

其中，$f_1 : \mathbb{R}^n \mapsto \mathbb{R}$ 和 $f_2 : \mathbb{R}^m \mapsto \mathbb{R}$ 是凸函数，$\mathbf{A}$ 是一个 $m \times n$ 矩阵，$\mathcal{S}_1 \subset \mathbb{R}^n$ 和 $\mathcal{S}_2 \subset \mathbb{R}^m$ 是非空凸集。注意到 ADMM 可以拓展到目标函数是多个独立分块变量的凸函数的和的情形 [BPC+10]。假设问题式 (9.168) 可解，且具有强对偶性。

ADMM 考虑如下的惩罚增广问题

$$\begin{aligned} \min_{\mathbf{x}\in\mathbb{R}^n, \mathbf{z}\in\mathbb{R}^m} \quad & f_1(\mathbf{x}) + f_2(\mathbf{z}) + \frac{c}{2}\|\mathbf{A}\mathbf{x} - \mathbf{z}\|_2^2 \\ \text{s.t.} \quad & \mathbf{x} \in \mathcal{S}_1,\ \mathbf{z} \in \mathcal{S}_2 \\ & \mathbf{z} = \mathbf{A}\mathbf{x} \end{aligned} \tag{9.169}$$

其中，$c > 0$ 是惩罚参数。可以看出，式 (9.169) 本质上等价于式 (9.168)。$\frac{c}{2}\|\mathbf{A}\mathbf{x} - \mathbf{z}\|_2^2$ 的 Hessian 矩阵是关于 $(\mathbf{x}, \mathbf{z})$ 的 PSD 矩阵（参考式 (1.48)），式 (9.169) 保证了目标函数关于 $\mathbf{x}$ 和 $\mathbf{z}$ 的严格凸性，从而保证 ADMM 算法的收敛性。

ADMM 的第二个组成部分是关于两个包含在问题域中的非耦合约束 $\mathbf{x} \in \mathcal{S}_1$，$\mathbf{z} \in \mathcal{S}_2$ 的对偶分解，式 (9.169) 的对偶问题为

$$\max_{\boldsymbol{\nu}\in\mathbb{R}^m} g(\boldsymbol{\nu}) \tag{9.170}$$

其对偶函数 $g(\boldsymbol{\nu})$ 为

$$g(\boldsymbol{\nu}) = \min_{\mathbf{x}\in\mathcal{S}_1, \mathbf{z}\in\mathcal{S}_2} \left\{ f_1(\mathbf{x}) + f_2(\mathbf{z}) + \frac{c}{2}\|\mathbf{A}\mathbf{x} - \mathbf{z}\|_2^2 + \boldsymbol{\nu}^{\mathrm{T}}(\mathbf{A}\mathbf{x} - \mathbf{z}) \right\} \tag{9.171}$$

其中，$\boldsymbol{\nu}$ 是与式 (9.169) 中等式约束的对偶变量。当 $\boldsymbol{\nu}$ 固定时，式 (9.170) 的内层最小化问题（即问题式 (9.171)）是关于 $(\mathbf{x}, \mathbf{z})$ 的凸问题，可被高效地解决。由于对偶函数 $g(\boldsymbol{\nu})$ 非光滑，故可通过投影次梯度方法更新对偶变量 $\boldsymbol{\nu}$。在一个标准的对偶优化方法中，通常每次迭

代求解式 (9.171) 以更新 $(\mathbf{x},\mathbf{z})$ 之后再更新对偶变量 $\boldsymbol{\nu}$。然而对于 ADMM，在第 $(q+1)$ 次迭代时，求解以下两个凸的子问题，以更新 $(\mathbf{x},\mathbf{z})$：

$$\mathbf{z}(q+1)=\arg\min_{\mathbf{z}\in\mathcal{S}_2}\left\{f_2(\mathbf{z})-\boldsymbol{\nu}(q)^{\mathrm{T}}\mathbf{z}+\frac{c}{2}\|\mathbf{A}\mathbf{x}(q)-\mathbf{z}\|_2^2\right\} \tag{9.172a}$$

$$\mathbf{x}(q+1)=\arg\min_{\mathbf{x}\in\mathcal{S}_1}\left\{f_1(\mathbf{x})+\boldsymbol{\nu}(q)^{\mathrm{T}}\mathbf{A}\mathbf{x}+\frac{c}{2}\|\mathbf{A}\mathbf{x}-\mathbf{z}(q+1)\|_2^2\right\} \tag{9.172b}$$

ADMM 算法在每次迭代中，通过求解式 (9.172a) 和式 (9.172b) 交替更新原变量 $(\mathbf{x},\mathbf{z})$（内层最小化），再更新外层最大化问题式 (9.170) 中的对偶变量 $\boldsymbol{\nu}$（等价于利用投影次梯度法最大化 $\boldsymbol{\nu}^{\mathbf{T}}(\mathbf{A}\mathbf{x}(q+1)-\mathbf{z}(q+1))$），ADMM 总结见算法 9.2。已经证明，即使 $\mathbf{z}(q+1)$ 和 $\mathbf{x}(q+1)$ 是顺序更新（而非联合更新），ADMM 也一定收敛到问题式 (9.168) 的全局最优解，如下面的引理 [BT89b] 所述。

引理 9.2 假设 $\mathcal{S}_1$ 有界，或者 $\mathbf{A}^{\mathrm{T}}\mathbf{A}$ 可逆，那么由算法 9.2 得到的序列 $\{\mathbf{x}(q),\mathbf{z}(q),\boldsymbol{\nu}(q)\}$ 有界，且 $\{\mathbf{x}(q),\mathbf{z}(q)\}$ 的每一个极限点都是问题式 (9.168) 的最优解。

对于任意大于零的惩罚参数 c，ADMM 一定保证收敛到一个最优解，收敛速率与 c 有关，但目前并没有理论可指导 c 的选择，从而使得收敛速度加快。此外，算法 9.2 中 c 的值不需要在每次迭代过程中保持不变，例如它可以是迭代次数 q 的函数。然而，满足快速收敛的 $c(q)$ 仍然未知，值得进一步研究。

算法 9.2 ADMM

1: 设 $q=0$，选择 $c>0$。
2: 初始化 $\boldsymbol{\nu}(q)$ 和 $\mathbf{x}(q)$。
3: **repeat**
4: 求解式 (9.172a) 和式 (9.172b) 得到 $\mathbf{z}(q+1)$ 和 $\mathbf{x}(q+1)$；
5: $\boldsymbol{\nu}(q+1)=\boldsymbol{\nu}(q)+c\,(\mathbf{A}\mathbf{x}(q+1)-\mathbf{z}(q+1))$；
6: $q:=q+1$；
7: **until** 满足预先设定的停止准则。

再次考虑 8.5.5 节中的鲁棒 MCBF 问题式 (8.77)，波束成形向量的集合为

$$\{\mathbf{w}_{ik}\}\triangleq\{\mathbf{w}_{ik}\mid i\in I(N_c),k\in I(K)\}$$

其中，$I(M)=\{1,2,\ldots,M\}$，$\mathbf{w}_{ik}$ 是小区 i 中第 k 个用户的波束。$\mathbf{w}_{ik}$ 可通过求解式 (8.84) 中的大规模 SDR 问题得到，集中式求解依赖于一个强大的控制中心，它利用所有移动台的 CSI，即 $\{\bar{\mathbf{h}}_{ijk}\mid i,j\in I(N_c),k\in I(K)\}$ 来设计最优的波束向量，但这对系统而言是不切实际的，将给系统带来庞大的计算负担，而通过分布式的方法获取多小区波束向量 $\{\mathbf{w}_{ik}\}$ 的思想是切实可行的（即分布式实现）。换言之，在所有协作的 N_c 个基站中，第 i 个基站需要求解 $\{\mathbf{w}_{ik}\mid k\in I(K)\}$，该问题是一个仅需要局部 CSI 估计的小规模 SDR 子问题（即仅使用 $\{\bar{\mathbf{h}}_{ijk}\mid j\in I(N_c),k\in I(K)\}$），并且其他的基站也仅提供有限的信息，这样，协作策略收敛时也可获得最优的集中式解 $\{\mathbf{w}_{ik}\}$。[SCW+12] 提出了两种使用 ADMM 的分布式波束成形实现，从而不再需要控制中心。

9.8 广义不等式问题的对偶性

9.8.1 Lagrange 对偶和 KKT 条件

考虑一个基于广义不等式（如式 (4.106) 给出的）的原始优化问题

$$\begin{aligned} p^\star = \min \ & f_0(\mathbf{x}) \\ \text{s.t.} \ & \boldsymbol{f}_i(\mathbf{x}) \preceq_{K_i} \mathbf{0}, \ i=1,\ldots,m \\ & h_i(\mathbf{x}) = 0, \ i=1,\ldots,p \end{aligned} \tag{9.173}$$

其定义域为

$$\mathcal{D} = (\mathbf{dom}\ f_0) \cap \left(\bigcap_{i=1}^{m} \mathbf{dom}\ \boldsymbol{f}_i\right) \cap \left(\bigcap_{i=1}^{p} \mathbf{dom}\ h_i\right) \tag{9.174}$$

其中，$K_i \subset \mathbb{R}^{k_i}$ 是一个真锥，$i=1,\ldots,m$，$f_0(\mathbf{x})$ 是目标函数，$\boldsymbol{f}_i(\mathbf{x})$，$i=1,\ldots,m$ 是定义在 K_i 上的广义不等式约束函数，$h_i(\mathbf{x})$，$i=1,\ldots,p$ 是等式约束函数。前面几节讨论的所有关于一般不等式的优化问题的对偶性均可推广至广义不等式。下面讨论问题式 (9.173) 的对偶问题所对应的结论。

- Lagrange 函数。

$$\mathcal{L}(\mathbf{x},\boldsymbol{\lambda},\boldsymbol{\nu}) = f_0(\mathbf{x}) + \sum_{i=1}^{m} \boldsymbol{\lambda}_i^{\mathrm{T}} \boldsymbol{f}_i(\mathbf{x}) + \sum_{i=1}^{p} \nu_i h_i(\mathbf{x}) \tag{9.175}$$

其中，$\boldsymbol{\lambda}_i \in \mathbb{R}^{k_i}$，并且

$$\boldsymbol{\lambda} = [\boldsymbol{\lambda}_1^{\mathrm{T}},\ldots,\boldsymbol{\lambda}_m^{\mathrm{T}}]^{\mathrm{T}}, \quad \boldsymbol{\nu} = [\nu_1,\ldots,\nu_p]^{\mathrm{T}}$$

是 Lagrange 乘子。

- 对偶函数。

$$g(\boldsymbol{\lambda},\boldsymbol{\nu}) \triangleq \inf_{\mathbf{x}\in\mathcal{D}} \mathcal{L}(\mathbf{x},\boldsymbol{\lambda},\boldsymbol{\nu}) \tag{9.176}$$

其定义域为 $\mathbf{dom}\ g$（参考式 (9.5)）。对于任意原可行点 $\tilde{\mathbf{x}}$ 和 $\boldsymbol{\lambda}_i \succeq_{K_i^*} \mathbf{0}$（其中，$K_i^*$ 表示 K_i 的对偶锥），有

$$\begin{aligned} g(\boldsymbol{\lambda},\boldsymbol{\nu}) &= \inf_{\mathbf{x}\in\mathcal{D}} \left(f_0(\mathbf{x}) + \sum_{i=1}^{m} \boldsymbol{\lambda}_i^{\mathrm{T}} \boldsymbol{f}_i(\mathbf{x}) + \sum_{i=1}^{p} \nu_i h_i(\mathbf{x}) \right) \\ &\leqslant \mathcal{L}(\tilde{\mathbf{x}},\boldsymbol{\lambda},\boldsymbol{\nu}) \leqslant f_0(\tilde{\mathbf{x}}) \end{aligned} \tag{9.177}$$

推导过程中用到了 $\boldsymbol{\lambda}_i^{\mathrm{T}} \boldsymbol{f}_i(\tilde{\mathbf{x}}) \leqslant 0$ 和 $h_i(\tilde{\mathbf{x}}) = 0$ 对所有的 i 成立这一结论。

- 对偶问题。

$$\begin{aligned} d^\star = \max_{(\boldsymbol{\lambda},\boldsymbol{\nu})\in\mathbf{dom}\ g} \ & g(\boldsymbol{\lambda},\boldsymbol{\nu}) \\ \text{s.t.} \ & \boldsymbol{\lambda}_i \succeq_{K_i^*} \mathbf{0}, \ i=1,\ldots,m \end{aligned} \tag{9.178}$$

然后根据式 (9.177) 可得 $d^\star \leqslant p^\star$。

- Slater 条件和强对偶性 ($d^\star = p^\star$) 对于具有广义不等式的凸问题。

$$\min \quad f_0(\mathbf{x}) \tag{9.179a}$$
$$\text{s.t.} \quad \boldsymbol{f}_i(\mathbf{x}) \preceq_{K_i} \mathbf{0},\ i=1,\ldots,m \tag{9.179b}$$
$$\mathbf{A}\mathbf{x} = \mathbf{b} \tag{9.179c}$$

其中，f_0 是凸函数，且每个 $\boldsymbol{f}_i$ 均是 K_i - 凸的。Slater 条件是如果存在一个 $\mathbf{x} \in \mathbf{relint}\,\mathcal{D}$ 使得 $\mathbf{A}\mathbf{x}=\mathbf{b}$，$\boldsymbol{f}_i(\mathbf{x}) \prec_{K_i} \mathbf{0},\ i=1,\ldots,m$，那么强对偶性成立。

- 互补松弛性。
对于任意的 $\boldsymbol{\lambda}_i \in K_i^*$ 和 $-\boldsymbol{f}_i(\mathbf{x}) \in K_i$，则 $\boldsymbol{\lambda}_i^{\mathrm{T}}\boldsymbol{f}_i(\mathbf{x}) \leqslant 0$ 成立（根据式 (2.110)）。假设问题式 (9.173) 具有强对偶性，则

$$\boldsymbol{\lambda}_i^{\star\mathrm{T}}\boldsymbol{f}_i(\mathbf{x}^\star) = 0,\ i=1,\ldots,m \tag{9.180}$$

即 $\boldsymbol{\lambda}_i^\star \perp \boldsymbol{f}_i(\mathbf{x}^\star)$。故

$$\boldsymbol{\lambda}_i^\star \succ_{K_i^*} \mathbf{0} \Rightarrow \boldsymbol{f}_i(\mathbf{x}^\star) = \mathbf{0} \tag{9.181a}$$
$$\boldsymbol{f}_i(\mathbf{x}^\star) \prec_{K_i} \mathbf{0} \Rightarrow \boldsymbol{\lambda}_i^\star = \mathbf{0} \tag{9.181b}$$

可以由下面的注 9.17 进行证明。但是，与一般不等式约束的优化问题相比，当 $\boldsymbol{\lambda}_i^\star \neq \mathbf{0},\ \boldsymbol{f}_i(\mathbf{x}^\star) \neq \mathbf{0}$ 时，式 (9.180) 仍可能成立。

注 9.17　假设 K 是一个真锥，由 (P2)（参考式 (2.121b)）可知 K^* 的内部为

$$\mathbf{int}\ K^* = \left\{\mathbf{y} \mid \mathbf{y}^T\mathbf{x} > 0\ \forall \mathbf{x} \in K,\ \mathbf{x} \neq \mathbf{0}\right\}$$

因此，如果 $\mathbf{y} \succ_{K^*} \mathbf{0}$，即 $\mathbf{y} \in \mathbf{int}\ K^*$，则仅当 $\mathbf{x}=\mathbf{0}$ 时，$\mathbf{y}^T\mathbf{x}=0,\ \mathbf{x} \in K$ 成立。因此容易证明具有强对偶性和广义不等式的优化问题的互补松弛性（见式 (9.181a) 和式 (9.181b)）显然成立。 □

- KKT 最优性条件。
假设 $f_0, \boldsymbol{f}_1, \ldots, \boldsymbol{f}_m, h_1, \ldots, h_p$ 可微，则与式 (9.173) 相关的 KKT 条件如下：

$$\nabla f_0(\mathbf{x}^\star) + \sum_{i=1}^m \nabla\left(\boldsymbol{f}_i(\mathbf{x}^\star)^{\mathrm{T}}\boldsymbol{\lambda}_i^\star\right) + \sum_{i=1}^p \nu_i^\star \nabla h_i(\mathbf{x}^\star) = \mathbf{0} \tag{9.182a}$$
$$\boldsymbol{f}_i(\mathbf{x}^\star) \preceq_{K_i} \mathbf{0},\ i=1,\ldots,m \tag{9.182b}$$
$$h_i(\mathbf{x}^\star) = 0,\ i=1,\ldots,p \tag{9.182c}$$
$$\boldsymbol{\lambda}_i^\star \succeq_{K_i^*} \mathbf{0},\ i=1,\ldots,m \tag{9.182d}$$
$$(\boldsymbol{\lambda}_i^\star)^{\mathrm{T}}\boldsymbol{f}_i(\mathbf{x}^\star) = 0,\ i=1,\ldots,m \tag{9.182e}$$

由式 (9.182) 给出的 KKT 条件是强对偶性成立的必要条件，其证明与式 (9.121) 的证明类似。如果原问题是凸的，且满足 Slater 条件（即具有强对偶性），那么 KKT 条件是原最优解 $\mathbf{x}^\star$ 和对偶最优解 $(\boldsymbol{\lambda}^\star, \boldsymbol{\nu}^\star)$ 的充要条件，同时有

$$p^\star = d^\star = \mathcal{L}(\mathbf{x}^\star, \boldsymbol{\lambda}^\star, \boldsymbol{\nu}^\star) \tag{9.183}$$

注 9.18 当广义不等式为 $\boldsymbol{f}(\mathbf{x})=[f_1(\mathbf{x}),\ldots,f_m(\mathbf{x})]^{\mathrm{T}}\preceq_K \mathbf{0}$ 且 $K=\mathbb{R}_+^m$ 时，问题式 (9.1) 和式 (9.65) 分别是式 (9.173) 和式 (9.179) 的一个特例。 □

注 9.19（问题式 (9.173) 的双对偶） 问题式 (9.178) 可以表示为与式 (9.46) 相同的形式，其对偶（或者原问题式 (9.173) 的双对偶）为

$$
\begin{aligned}
&-\max_{\boldsymbol{w}_i\succeq_{K_i}\mathbf{0},i=1,\ldots,m}\ \inf\left\{-g(\boldsymbol{\lambda},\boldsymbol{\nu})-\sum_{i=1}^m \boldsymbol{w}_i^{\mathrm{T}}\boldsymbol{\lambda}_i \mid (\boldsymbol{\lambda},\boldsymbol{\nu})\in\mathbf{dom}\ g\right\}\\
&=\min_{\boldsymbol{w}_i\succeq_{K_i}\mathbf{0},i=1,\ldots,m}\ -\inf\left\{-g(\boldsymbol{\lambda},\boldsymbol{\nu})-\sum_{i=1}^m \boldsymbol{w}_i^{\mathrm{T}}\boldsymbol{\lambda}_i \mid (\boldsymbol{\lambda},\boldsymbol{\nu})\in\mathbf{dom}\ g\right\}\\
&=\min_{\boldsymbol{w}_i\succeq_{K_i}\mathbf{0},i=1,\ldots,m}\ \sup\left\{g(\boldsymbol{\lambda},\boldsymbol{\nu})+\sum_{i=1}^m \boldsymbol{w}_i^{\mathrm{T}}\boldsymbol{\lambda}_i \mid (\boldsymbol{\lambda},\boldsymbol{\nu})\in\mathbf{dom}\ g\right\}
\end{aligned}
\tag{9.184}
$$

假设 $f_0(\mathbf{x})$ 是闭函数，且对所有的 i 都有 $\boldsymbol{f}_i(\mathbf{x})$ 可微，可以证明凸问题式 (9.179) 的双对偶即为其本身。 □

如前所述，KKT 条件可用于推导解析解，但是对于包含广义不等式的优化问题，闭式解一般很难获得。当然，我们可以采用凸优化工具（如 SeDuMi 或 CVX），或设计一个内点算法来高效地得到最优数值解。

前面已经证明标准形式的 LP 是一个凸问题（包含一般不等式），其对偶通常是不等式形式的问题。根据注 9.19，这个结论对于包含广义不等式的凸问题也是适用的。在后续 9.8.2 节和 9.8.3 节中，我们给出了包含广义不等式的优化问题。对于这类问题，我们将讨论其对偶函数和 KKT 条件是如何获得的，尤其是对于 SDP 问题，其未知变量是一个 PSD 矩阵，而不是一个实向量。

9.8.2 锥规划的 Lagrange 对偶和 KKT 条件

式 (4.107) 定义的锥规划的标准形式为

$$
\begin{aligned}
\min\quad & \mathbf{c}^{\mathrm{T}}\mathbf{x}\\
\text{s.t.}\quad & \mathbf{A}\mathbf{x}=\mathbf{b}\\
& \mathbf{x}\succeq_K \mathbf{0}
\end{aligned}
\tag{9.185}
$$

其中，$\mathbf{A}\in\mathbb{R}^{m\times n}$, $\mathbf{b}\in\mathbb{R}^m$, $K\subseteq\mathbb{R}^n$ 是真锥，其 Lagrange 函数

$$
\mathcal{L}(\mathbf{x},\boldsymbol{\lambda},\boldsymbol{\nu})=\mathbf{c}^{\mathrm{T}}\mathbf{x}-\boldsymbol{\lambda}^{\mathrm{T}}\mathbf{x}+\boldsymbol{\nu}^{\mathrm{T}}(\mathbf{A}\mathbf{x}-\mathbf{b})
\tag{9.186}
$$

是可微的，且

$$
\nabla_{\mathbf{x}}\mathcal{L}(\mathbf{x},\boldsymbol{\lambda},\boldsymbol{\nu})=\mathbf{A}^{\mathrm{T}}\boldsymbol{\nu}-\boldsymbol{\lambda}+\mathbf{c}
$$

因此其对偶函数为

$$
g(\boldsymbol{\lambda},\boldsymbol{\nu})=\inf_{\mathbf{x}\in\mathbb{R}^n}\mathcal{L}(\mathbf{x},\boldsymbol{\lambda},\boldsymbol{\nu})
$$

$$= \begin{cases} -\mathbf{b}^{\mathrm{T}}\boldsymbol{\nu}, & \mathbf{A}^{\mathrm{T}}\boldsymbol{\nu}-\boldsymbol{\lambda}+\mathbf{c}=\mathbf{0} \\ -\infty, & \text{其他} \end{cases} \tag{9.187}$$

对偶问题也可以表示为

$$\begin{aligned} \max \quad & -\mathbf{b}^{\mathrm{T}}\boldsymbol{\nu} \\ \text{s.t.} \quad & \mathbf{A}^{\mathrm{T}}\boldsymbol{\nu}+\mathbf{c}=\boldsymbol{\lambda} \\ & \boldsymbol{\lambda} \succeq_{K^*} \mathbf{0} \end{aligned} \tag{9.188}$$

其中，K^* 是真锥 K 的对偶锥。消去 $\boldsymbol{\lambda}$ 并定义 $\mathbf{y}=-\boldsymbol{\nu}$，该问题可简化为

$$\begin{aligned} \max \quad & \mathbf{b}^{\mathrm{T}}\mathbf{y} \\ \text{s.t.} \quad & \mathbf{A}^{\mathrm{T}}\mathbf{y} \preceq_{K^*} \mathbf{c} \end{aligned} \tag{9.189}$$

这是不等式形式的锥规划（参考式 (4.108)），包含定义于对偶锥 K^* 上的广义不等式。如果 Slater 条件成立，那么强对偶性也成立，即存在 $\mathbf{x} \succ_K \mathbf{0}$ 满足 $\mathbf{Ax}=\mathbf{b}$。使用式 (9.184) 可以证明问题式 (9.189) 的对偶就是问题式 (9.185)，即锥规划的双对偶问题就是原始的锥规划。

锥规划式 (9.182) 的 KKT 条件由原问题式 (9.185) 的两个约束条件、对偶问题式 (9.188) 的两个约束条件，以及互补松弛性 $\boldsymbol{\lambda}^{\mathrm{T}}\mathbf{x}=0$ 组成，即

$$\mathbf{A}\mathbf{x}^\star=\mathbf{b} \tag{9.190a}$$

$$\mathbf{x}^\star \succeq_K \mathbf{0} \tag{9.190b}$$

$$\mathbf{A}^{\mathrm{T}}\boldsymbol{\nu}^\star+\mathbf{c}=\boldsymbol{\lambda}^\star \tag{9.190c}$$

$$\boldsymbol{\lambda}^\star \succeq_{K^*} \mathbf{0} \tag{9.190d}$$

$$\boldsymbol{\lambda}^{\star\mathrm{T}}\mathbf{x}^\star=0 \tag{9.190e}$$

例 9.16 考虑如下的 SOCP（参考式 (4.109) 和式 (7.1)）：

$$\begin{aligned} \min \quad & \mathbf{f}^{\mathrm{T}}\mathbf{x} \\ \text{s.t.} \quad & \left\|\mathbf{A}_i\mathbf{x}+\mathbf{b}_i\right\|_2 \leqslant \mathbf{c}_i^{\mathrm{T}}\mathbf{x}+d_i,\ i=1,\ldots,m \end{aligned} \tag{9.191}$$

其中，$\mathbf{x}\in\mathbb{R}^n$, $\mathbf{f}\in\mathbb{R}^n$, $\mathbf{A}_i\in\mathbb{R}^{n_i\times n}$, $\mathbf{b}_i\in\mathbb{R}^{n_i}$, $\mathbf{c}_i\in\mathbb{R}^n$ 和 $d_i\in\mathbb{R}$, $i=1,\ldots,m$。下面寻找 SOCP 的对偶问题和 KKT 条件。

首先用锥形式来表示 SOCP 式 (9.191)，即

$$\begin{aligned} \min \quad & \mathbf{f}^{\mathrm{T}}\mathbf{x} \\ \text{s.t.} \quad & -\left(\mathbf{A}_i\mathbf{x}+\mathbf{b}_i, \mathbf{c}_i^{\mathrm{T}}\mathbf{x}+d_i\right) \preceq_{K_i} \mathbf{0}_{n_i+1},\quad i=1,\ldots,m \end{aligned} \tag{9.192}$$

其中，$K_i \subset \mathbb{R}^{n_i+1}$ 是二阶锥，其 Lagrange 函数为

$$\mathcal{L}(\mathbf{x},(\boldsymbol{\lambda}_1,\nu_1),\ldots,(\boldsymbol{\lambda}_m,\nu_m))=\mathbf{f}^{\mathrm{T}}\mathbf{x}-\left\{\sum_{i=1}^m \boldsymbol{\lambda}_i^{\mathrm{T}}\left(\mathbf{A}_i\mathbf{x}+\mathbf{b}_i\right)+\nu_i\left(\mathbf{c}_i^{\mathrm{T}}\mathbf{x}+d_i\right)\right\}$$

则其对偶函数为

$$g(\boldsymbol{\lambda}, \boldsymbol{\nu}) = \begin{cases} -\sum_{i=1}^{m} \left(\boldsymbol{\lambda}_i^{\mathrm{T}} \mathbf{b}_i + \nu_i d_i\right), & \text{当} \sum_{i=1}^{m} \mathbf{A}_i^{\mathrm{T}} \boldsymbol{\lambda}_i + \nu_i \mathbf{c}_i = \mathbf{f} \\ -\infty, & \text{其他} \end{cases}$$

因此，原问题的对偶问题为

$$\begin{aligned} \max \quad & -\sum_{i=1}^{m} \left(\boldsymbol{\lambda}_i^{\mathrm{T}} \mathbf{b}_i + \nu_i d_i\right) \\ \text{s.t.} \quad & \sum_{i=1}^{m} \left(\mathbf{A}_i^{\mathrm{T}} \boldsymbol{\lambda}_i + \nu_i \mathbf{c}_i\right) = \mathbf{f} \\ & (\boldsymbol{\lambda}_i, \nu_i) \succeq_{K_i^*} \mathbf{0}_{n_i+1}, \ \ i = 1, \ldots, m \end{aligned} \tag{9.193}$$

注意，$K_i^* = K_i$，这是因为二阶锥是自对偶的，参考 2.5.2 节中的例 2.14。故对偶问题式 (9.193) 也是一个 SOCP。此外，式 (9.192) 中的 m 个不等式约束和式 (9.193) 中的 m 个不等式约束，以及式 (9.193) 中的等式约束和互补松弛性条件

$$\boldsymbol{\lambda}_i^{\mathrm{T}} \left(\mathbf{A}_i \mathbf{x} + \mathbf{b}_i\right) + \nu_i \left(\mathbf{c}_i^{\mathrm{T}} \mathbf{x} + d_i\right) = 0, \ \ i = 1, \ldots, m$$

共同组成了问题式 (9.192) 的 KKT 条件。当存在一个 $\mathbf{x}$ 满足 $\left(\mathbf{A}_i \mathbf{x} + \mathbf{b}_i, \mathbf{c}_i^{\mathrm{T}} \mathbf{x} + d_i\right) \in \mathbf{int}\, K_i$，$i = 1, \ldots, m$ 时，强对偶性成立。 □

9.8.3 SDP 的 Lagrange 对偶和 KKT 条件

为了方便，再次给出式 (4.110) 的 SDP 的标准形式：

$$\min \quad \mathrm{Tr}(\mathbf{CX}) \tag{9.194a}$$

$$\text{s.t.} \quad \mathrm{Tr}(\mathbf{A}_i \mathbf{X}) = b_i, \ i = 1, \ldots, m \tag{9.194b}$$

$$\mathbf{X} \succeq_K \mathbf{0} \tag{9.194c}$$

其中，$\mathbf{C} \in \mathbb{S}^n$, $\mathbf{A}_i \in \mathbb{S}^n$ 且 $K = \mathbb{S}_+^n$。其 Lagrange 函数为

$$\mathcal{L}(\mathbf{X}, \mathbf{Z}, \boldsymbol{\nu}) = \mathrm{Tr}(\mathbf{CX}) - \mathrm{Tr}(\mathbf{ZX}) + \sum_{i=1}^{m} \nu_i \left[\mathrm{Tr}(\mathbf{A}_i \mathbf{X}) - b_i\right] \tag{9.195a}$$

$$= \mathrm{Tr}\left[\left(\mathbf{C} - \mathbf{Z} + \sum_{i=1}^{m} \nu_i \mathbf{A}_i\right) \mathbf{X}\right] - \mathbf{b}^{\mathrm{T}} \boldsymbol{\nu}, \ \mathbf{Z} \in \mathbb{S}^n, \ \boldsymbol{\nu} \in \mathbb{R}^m \tag{9.195b}$$

$\mathcal{L}(\mathbf{X}, \mathbf{Z}, \boldsymbol{\nu})$ 是关于 $\mathbf{X}$ 的仿射函数，并且仅当

$$\nabla_{\mathbf{X}} \mathcal{L}(\mathbf{X}, \mathbf{Z}, \boldsymbol{\nu}) = \mathbf{C} - \mathbf{Z} + \sum_{i=1}^{m} \nu_i \mathbf{A}_i = \mathbf{0}$$

时有下界。因此，其对偶函数为

$$g(\mathbf{Z}, \boldsymbol{\nu}) = \inf_{\mathbf{X}} \mathcal{L}(\mathbf{X}, \mathbf{Z}, \boldsymbol{\nu}) = \begin{cases} -\mathbf{b}^{\mathrm{T}} \boldsymbol{\nu}, & \mathbf{C} - \mathbf{Z} + \sum_{i=1}^{m} \nu_i \mathbf{A}_i = \mathbf{0} \\ -\infty, & \text{其他} \end{cases} \tag{9.196}$$

则对应的对偶问题为

$$\max \quad -\mathbf{b}^{\mathrm{T}}\boldsymbol{\nu} \tag{9.197a}$$

$$\text{s.t.} \quad \mathbf{C}-\mathbf{Z}+\sum_{i=1}^{m}\nu_i\mathbf{A}_i=\mathbf{0} \tag{9.197b}$$

$$\mathbf{Z}\succeq_{K^*}\mathbf{0} \tag{9.197c}$$

其中，$K^*=K=\mathbb{S}_+^n$。消去 $\mathbf{Z}$ 可得

$$\begin{aligned}&\max \quad -\mathbf{b}^{\mathrm{T}}\boldsymbol{\nu}\\&\text{s.t.} \quad \mathbf{C}+\sum_{i=1}^{m}\nu_i\mathbf{A}_i\succeq_{K^*}\mathbf{0}\end{aligned} \tag{9.198}$$

这是 SDP（参考式 (8.1)）的不等式形式。当满足 Slater 条件时，强对偶性成立，即存在一个 $\mathbf{X}\succ_K\mathbf{0}$ 满足 $\mathrm{Tr}(\mathbf{A}_i\mathbf{X})=b_i,\ i=1,\ldots,m$。不难证明问题式 (9.198) 的对偶就是问题式 (9.194)，即 SDP 规划式 (9.194) 的双对偶就是原 SDP 本身。

由上述讨论可知式 (9.182) 给出的 KKT 条件是原问题式 (9.194) 的约束式 (9.194b) 和式 (9.194c)，也是对偶问题式 (9.197) 的约束式 (9.197b) 和式 (9.197c)，互补松弛如下：

$$\mathrm{Tr}(\mathbf{ZX})=0 \tag{9.199}$$

即 $\mathbf{Z}$ 与 $\mathbf{X}$ 相互正交。与式 (9.117) 给出的具有强对偶性和一般不等式的优化问题的互补松弛性证明类似，我们也可证明上述结论。注意，这个 SDP 问题的互补松弛就是将式 (9.195a) 的 Lagrange 函数的第二项置为零。同时，强对偶性也保证了

$$p^\star=\mathrm{Tr}(\mathbf{CX}^\star)=\mathcal{L}(\mathbf{X}^\star,\mathbf{Z}^\star,\boldsymbol{\nu}^\star)=d^\star \tag{9.200}$$

式 (9.199) 给出的 SDP 问题的互补松弛性可以进一步简化为

$$\mathbf{ZX}=\mathbf{0} \tag{9.201}$$

若 $\mathbf{Z}\succ\mathbf{0}$，则 $\mathbf{X}=\mathbf{0}$；若 $\mathbf{X}\succ\mathbf{0}$，则 $\mathbf{Z}=\mathbf{0}$；但 $\mathbf{Z}\neq\mathbf{0}$ 且 $\mathbf{X}\neq\mathbf{0}$ 时，$\mathbf{ZX}=\mathbf{0}$ 也可能成立。上述结论均基于条件：$\mathbf{Z}$ 和 $\mathbf{X}$ 均不是满秩的。

式 (9.201) 的证明 令

$$\mathbf{X}=\sum_{i=1}^{m}\lambda_i\mathbf{q}_i\mathbf{q}_i^{\mathrm{T}}\in K=\mathbb{S}_+^n$$

$$\mathbf{Z}=\sum_{j=1}^{\ell}\xi_i\mathbf{v}_j\mathbf{v}_j^{\mathrm{T}}\in\mathbb{S}_+^n$$

$\mathbf{X}$ 和 $\mathbf{Z}$ 的 EVD，其中 $\lambda_i>0$，$m\leqslant n$ ，$\xi_j>0$，$\ell\leqslant n$。$m=n$ 意味着 $\mathbf{X}\succ\mathbf{0}$；$m<n$ 意味着 $\mathbf{X}\succeq\mathbf{0}$ 但 $\mathbf{X}\nsucc\mathbf{0}$。将 $\mathbf{X}$ 的 EVD 代入式 (9.199)，有

$$\mathrm{Tr}(\mathbf{ZX})=\mathrm{Tr}\left(\sum_{i=1}^{m}\lambda_i\mathbf{Z}\mathbf{q}_i\mathbf{q}_i^{\mathrm{T}}\right)=\sum_{i=1}^{m}\lambda_i\mathbf{q}_i^{\mathrm{T}}\mathbf{Z}\mathbf{q}_i=0$$

因为 $\mathbf{Z}\succeq\mathbf{0}$ 且 $\lambda_i>0$，所以对所有的 $i=1,...,m$，均有 $\mathbf{q}_i^{\mathrm{T}}\mathbf{Z}\mathbf{q}_i=0$。进一步地，

$$\mathbf{q}_i^{\mathrm{T}}\mathbf{Z}\mathbf{q}_i=\sum_{j=1}^{\ell}\xi_j\left(\mathbf{q}_i^{\mathrm{T}}\mathbf{v}_j\right)^2=0,\quad i=1,\ldots,m$$

以及 $\xi_j>0,\ j=1,\ldots,\ell$ 表明对所有的 $j=1,...,\ell$ 均有 $\mathbf{q}_i^{\mathrm{T}}\mathbf{v}_j=0$，即对所有的 $i=1,...,m$ 有 $\mathbf{q}_i\in\mathrm{span}([\mathbf{v}_1,\ldots,\mathbf{v}_\ell])^{\perp}$。这实际上是由 $\mathbf{Z}$ 的所有零特征值对应的特征向量所张成的 $(n-\ell)$ 维子空间，因此，

$$\mathbf{Z}\mathbf{q}_i=\mathbf{0},\ \forall i=1,\ldots,m$$

至此，我们证明了 $\mathbf{ZX}=\sum_{i=1}^{m}\lambda_i(\mathbf{Z}\mathbf{q}_i)\mathbf{q}_i^{\mathrm{T}}=\mathbf{0}$。 □

SDP 式 (9.194) 的 KKT 条件为

$$\mathrm{Tr}(\mathbf{A}_i\mathbf{X}^{\star})=b_i,\ i=1,\ldots,m \tag{9.202a}$$

$$\mathbf{X}^{\star}\succeq_K\mathbf{0} \tag{9.202b}$$

$$\mathbf{C}-\mathbf{Z}^{\star}+\sum_{i=1}^{m}\nu_i^{\star}\mathbf{A}_i=\mathbf{0} \tag{9.202c}$$

$$\mathbf{Z}^{\star}\succeq_{K^*}\mathbf{0} \tag{9.202d}$$

$$\mathbf{Z}^{\star}\mathbf{X}^{\star}=\mathbf{0} \tag{9.202e}$$

其中，$K=K^*=\mathbb{S}_+^n$。

例 9.17（信赖域问题） 在例 9.9 中，我们已经证明了式 (9.88) 定义的信任域问题 QCQP 即使在 $\mathbf{A}$ 为不定阵的情况下，其强对偶性也是成立的。我们也推导了它的双对偶问题（SDP）。在本例中，我们给出式 (9.96) 的 KKT 条件，从这个条件出发可以推导出一些关于最优解的结论。

式 (9.96) 的 Lagrange 函数为

$$\begin{aligned}\mathcal{L}(\mathbf{X},\mathbf{x},\mathbf{Z},\lambda)&=\mathrm{Tr}(\mathbf{AX})+2\mathbf{b}^{\mathrm{T}}\mathbf{x}-\mathrm{Tr}\big(\mathbf{Z}(\mathbf{X}-\mathbf{x}\mathbf{x}^{\mathrm{T}})\big)+\lambda\big(\mathrm{Tr}(\mathbf{X})-1\big)\\&=\mathrm{Tr}\big((\mathbf{A}+\lambda\mathbf{I}-\mathbf{Z})\mathbf{X}\big)+\mathbf{x}^{\mathrm{T}}\mathbf{Z}\mathbf{x}+2\mathbf{b}^{\mathrm{T}}\mathbf{x}-\lambda\end{aligned} \tag{9.203}$$

其中，$\mathbf{Z}\in\mathbb{S}^n$ 和 λ 是 Lagrange 乘子，则对偶函数为

$$\begin{aligned}g(\mathbf{Z},\lambda)&=\inf_{\mathbf{X},\mathbf{x}}\mathcal{L}(\mathbf{X},\mathbf{x},\mathbf{Z},\lambda)\\&=\begin{cases}-\lambda-\mathbf{b}^{\mathrm{T}}\mathbf{Z}^{\dagger}\mathbf{b}, & \text{若 } \mathbf{Z}=\mathbf{A}+\lambda\mathbf{I}\succeq\mathbf{0},\ \mathbf{b}\in\mathcal{R}(\mathbf{Z})\\-\infty, & \text{其他}\end{cases}\end{aligned} \tag{9.204}$$

因此，式 (9.96) 的对偶由式 (9.91) 给出。又因为式 (9.96) 的 Slater 条件成立，故其对应的 KKT 条件如下：

$$\begin{cases}\mathrm{Tr}(\mathbf{X}^{\star})-1\leqslant 0\\\mathbf{X}^{\star}-\mathbf{x}^{\star}(\mathbf{x}^{\star})^{\mathrm{T}}\succeq\mathbf{0}\\\lambda^{\star}\geqslant 0,\ \lambda^{\star}(\mathrm{Tr}(\mathbf{X}^{\star})-1)=0\\\mathbf{Z}^{\star}=\mathbf{A}+\lambda^{\star}\mathbf{I}\succeq\mathbf{0},\ \mathbf{b}\in\mathcal{R}(\mathbf{Z}^{\star})\\\mathbf{Z}^{\star}\big(\mathbf{X}^{\star}-\mathbf{x}^{\star}(\mathbf{x}^{\star})^{\mathrm{T}}\big)=\mathbf{0}\end{cases} \tag{9.205}$$

式 (9.96) 的解可通过上述的 KKT 条件导出。当 $\lambda^\star > 0$ 且 $\mathbf{Z}^\star \succ \mathbf{0}$ 时，有 $\mathbf{X}^\star = \mathbf{x}^\star(\mathbf{x}^\star)^{\mathrm{T}}$ 且 $(\mathbf{x}^\star)^{\mathrm{T}}\mathbf{x}^\star = 1$，因此

$$\begin{aligned}
p^\star &= \mathrm{Tr}(\mathbf{A}\mathbf{X}^\star) + 2\mathbf{b}^{\mathrm{T}}\mathbf{x}^\star \\
&= (\mathbf{x}^\star)^{\mathrm{T}}\mathbf{A}\mathbf{x}^\star + 2\mathbf{b}^{\mathrm{T}}\mathbf{x}^\star \\
&= (\mathbf{x}^\star)^{\mathrm{T}}\mathbf{Z}^\star\mathbf{x}^\star + 2\mathbf{b}^{\mathrm{T}}\mathbf{x}^\star - \lambda^\star \\
&= d^\star = -\lambda^\star - \mathbf{b}^{\mathrm{T}}(\mathbf{Z}^\star)^\dagger\mathbf{b} \quad \text{（参考式 (9.91)）}
\end{aligned}$$

仅当 $\mathbf{x}^\star = -(\mathbf{Z}^\star)^\dagger\mathbf{b} \in \mathcal{R}(\mathbf{Z}^\star)$ 时，上式成立，因此 $(\mathbf{X}^\star = \mathbf{x}^\star(\mathbf{x}^\star)^{\mathrm{T}}, \mathbf{x}^\star)$ 也是式 (9.96) 的唯一解。但是当 $\lambda^\star > 0, \mathbf{Z}^\star \succeq \mathbf{0}$ 且 $\mathbf{Z}^\star \not\succ \mathbf{0}$ 时，$(\mathbf{X}^\star, \mathbf{x}^\star)$ 不唯一。 □

注 9.20 SDP 已经广泛应用于 MIMO 无线通信的物理层通信。例如，在发射波束成形设计中，未知变量 $\mathbf{X}$ 通常是一个 Hermitian PSD 矩阵，一个复杂的问题是：该问题的 KKT 条件是什么？再次考虑 SDP 问题式 (9.194)，其中 $\mathbf{X} = \mathbf{X}^{\mathrm{H}} \in \mathbb{C}^{n\times n}$, $\mathbf{C} = \mathbf{C}^{\mathrm{H}} \in \mathbb{C}^{n\times n}$, $\mathbf{A}_i = \mathbf{A}_i^{\mathrm{H}} \in \mathbb{C}^{n\times n}$, $b_i \in \mathbb{R}$，且真锥 $K = \mathbb{H}_+^n$。对于任意的 Hermitian 矩阵 $\mathbf{A}$ 和 $\mathbf{B}$ 有 $\mathrm{Tr}(\mathbf{AB}) \geqslant 0$，由此可得 $K^* = K = \mathbb{H}_+^n$。

注意，问题式 (9.194) 的目标函数 $\mathrm{Tr}(\mathbf{CX})$ 是关于 $\mathbf{X}$ 的一个实值函数，这是因为 $\mathbf{C}, \mathbf{X} \in \mathbb{H}^n$，因此其可以表示为

$$\mathrm{Tr}(\mathbf{CX}) = \frac{1}{2}\mathrm{Tr}(\mathbf{CX}) + \frac{1}{2}\mathrm{Tr}(\mathbf{C}^*\mathbf{X}^*) \tag{9.206}$$

对于 $\mathbf{X} \in \mathbb{C}^n$，式 (9.206) 是一个实值函数。此外，因为 $\mathbf{X} \in \mathbb{H}^n$，故约束条件 $\mathbf{X} \succeq \mathbf{0}$ 是一个复数矩阵不等式。那么在 Lagrange 函数中的对应项是什么呢？与注 9.5 中的过程类似，我们有

$$\begin{aligned}
\mathcal{L}(\mathbf{X}, \mathbf{Z}, \boldsymbol{\nu}) &= \mathrm{Tr}(\mathbf{CX}) - \mathrm{Tr}(\mathbf{ZX}) + \sum_{i=1}^{m} \nu_i\big[\mathrm{Tr}(\mathbf{A}_i\mathbf{X}) - b_i\big] \\
&= \mathrm{Tr}\left[\left(\mathbf{C} - \mathbf{Z} + \sum_{i=1}^{m}\nu_i\mathbf{A}_i\right)\mathbf{X}\right] - \mathbf{b}^{\mathrm{T}}\boldsymbol{\nu},\ \mathbf{Z} \in \mathbb{H}^n,\ \boldsymbol{\nu} \in \mathbb{R}^m \\
&= \frac{1}{2}\big[\mathrm{Tr}(\mathbf{VX}) + \mathrm{Tr}(\mathbf{V}^*\mathbf{X}^*)\big] - \mathbf{b}^{\mathrm{T}}\boldsymbol{\nu} \quad \text{（参考式 (9.206)）}
\end{aligned}$$

其中，$\mathbf{V} = \mathbf{C} - \mathbf{Z} + \sum_{i=1}^{m}\nu_i\mathbf{A}_i \in \mathbb{H}^n$，则 $\mathcal{L}(\mathbf{X}, \mathbf{Z}, \boldsymbol{\nu})$ 可以看作关于 $\mathbf{X} \in \mathbb{C}^{n\times n}$ 的一个实值函数。那么由 $\nabla_{\mathbf{X}}\mathcal{L}(\mathbf{X}, \mathbf{Z}, \boldsymbol{\nu}) = 2\nabla_{\mathbf{X}^*}\mathcal{L}(\mathbf{X}, \mathbf{Z}, \boldsymbol{\nu}) = \mathbf{0}$ 也能够得出与实变量相同的结果 $\mathbf{V} = \mathbf{C} - \mathbf{Z} + \sum_{i=1}^{m}\nu_i\mathbf{A}_i = \mathbf{0}$。因此，除了原变量 $\mathbf{X}$ 和对偶变量 $\mathbf{Z}$ 是 Hermitian PSD 矩阵这一区别外，式 (9.202) 给出的 KKT 条件同样适用于复变量情形。 □

♦ 利用 SDR 设计功率最小传输波束成形：通过 KKT 条件分析秩 -1 解

例 9.8 已证明式 (9.81) 定义的矩阵 $\mathbf{C} \in \mathbb{R}^n$ 的最小特征值问题的强对偶性。当最小特征值 $\mathbf{C}$ 的重数为 1 时，利用相关的 KKT 条件可证明其 SDR 式 (9.86) 的秩 -1 解是唯一的；否则将存在秩大于 1 的解。

在第 8 章中，我们已经讨论了 MIMO 无线通信中使用 SDP 和 SDR 进行发射波束成形设计的例子（复变量优化问题），虽然使用了秩 -1 分析，但是并没有给出证明。通过 SDR 求

解 SDP 能否得到秩-1 解取决于相应的 KKT 条件。再次考虑发射波束成形问题式 (7.40)：

$$\begin{aligned} \min \quad & \sum_{i=1}^{n} \|\mathbf{f}_i\|_2^2 \\ \text{s.t.} \quad & \frac{|\mathbf{h}_i^{\mathrm{H}}\mathbf{f}_i|^2}{\sum_{j=1,j\neq i}^{n} |\mathbf{h}_i^{\mathrm{H}}\mathbf{f}_j|^2 + \sigma_i^2} \geqslant \gamma_0,\ i=1,\ldots,n \end{aligned}$$

这个复变量问题可以通过 SDR 松弛为一个 SDP，即将 $\mathbf{f}_i\mathbf{f}_i^H$ 替换为一个 $m \times m$ 的 Hermitian PSD 矩阵 $\mathbf{F}_i$，则得到如下的 SDR 问题：

$$\min \quad \sum_{i=1}^{n} \mathrm{Tr}(\mathbf{F}_i) \tag{9.207a}$$

$$\text{s.t.} \quad \frac{1}{\gamma_0}\mathbf{h}_i^{\mathrm{H}}\mathbf{F}_i\mathbf{h}_i \geqslant \sum_{j=1,j\neq i}^{n} \mathbf{h}_i^{\mathrm{H}}\mathbf{F}_j\mathbf{h}_i + \sigma_i^2,\ i=1,\ldots,n \tag{9.207b}$$

$$\mathbf{F}_i \succeq \mathbf{0},\ i=1,\ldots,n \tag{9.207c}$$

下面证明问题式 (9.207) 的最优解 $\{\mathbf{F}_i^\star\}_{i=1}^n$ 的秩为 1，即 $\mathbf{F}_i^\star = \mathbf{f}_i^\star(\mathbf{f}_i^\star)^H$，从而 $\{\mathbf{f}_i^\star\}_{i=1}^n$ 一定是问题式 (7.40) 的一个最优解。

问题式 (9.207) 的 Lagrange 函数为

$$\begin{aligned} &\mathcal{L}(\{\mathbf{F}_i,\lambda_i,\mathbf{Z}_i\}_{i=1}^n) \\ &= \sum_{i=1}^{n} \mathrm{Tr}\left(\left[\mathbf{I}_m - \frac{\lambda_i}{\gamma_0}\mathbf{h}_i\mathbf{h}_i^{\mathrm{H}} - \mathbf{Z}_i\right]\mathbf{F}_i\right) + \sum_{i=1}^{n}\sum_{j=1,j\neq i}^{n} \mathrm{Tr}\big(\lambda_i\mathbf{h}_i\mathbf{h}_i^{\mathrm{H}}\mathbf{F}_j\big) + \sum_{i=1}^{n}\lambda_i\sigma_i^2 \\ &= \sum_{i=1}^{n} \mathrm{Tr}\left(\left[\mathbf{I}_m - \frac{\lambda_i}{\gamma_0}\mathbf{h}_i\mathbf{h}_i^{\mathrm{H}} - \mathbf{Z}_i\right]\mathbf{F}_i\right) + \sum_{j=1}^{n}\sum_{i=1,i\neq j}^{n} \mathrm{Tr}\big(\lambda_j\mathbf{h}_j\mathbf{h}_j^{\mathrm{H}}\mathbf{F}_i\big) + \sum_{i=1}^{n}\lambda_i\sigma_i^2 \\ &= \sum_{i=1}^{n} \mathrm{Tr}\left(\left[\mathbf{I}_m - \frac{\lambda_i}{\gamma_0}\mathbf{h}_i\mathbf{h}_i^{\mathrm{H}} + \sum_{j=1,j\neq i}^{n}\lambda_j\mathbf{h}_j\mathbf{h}_j^{\mathrm{H}} - \mathbf{Z}_i\right]\mathbf{F}_i\right) + \sum_{i=1}^{n}\lambda_i\sigma_i^2 \end{aligned} \tag{9.208}$$

其中，$\lambda_i \in \mathbb{R}$ 和 $\mathbf{Z}_i \in \mathbb{H}^m$ 分别是式 (9.207b) 和式 (9.207c) 对应的对偶变量。

令

$$\mathbf{A}_i = \mathbf{I}_m - \frac{\lambda_i}{\gamma_0}\mathbf{h}_i\mathbf{h}_i^{\mathrm{H}} + \sum_{j=1,j\neq i}^{n}\lambda_j\mathbf{h}_j\mathbf{h}_j^{\mathrm{H}} - \mathbf{Z}_i \in \mathbb{H}^m$$

那么式 (9.208) 给出的 Lagrange 函数可以重新表示为如下的实值函数：

$$\mathcal{L}(\{\mathbf{F}_i,\lambda_i,\mathbf{Z}_i\}_{i=1}^n) = \sum_{i=1}^{n}\frac{1}{2}\left[\mathrm{Tr}(\mathbf{A}_i\mathbf{F}_i) + \mathrm{Tr}(\mathbf{A}_i^*\mathbf{F}_i^*)\right] + \sum_{i=1}^{n}\lambda_i\sigma_i^2 \tag{9.209}$$

且式 (9.207) 的对偶函数为

$$g(\{\mathbf{Z}_i,\lambda_i\}_{i=1}^n) = \inf_{\mathbf{F}_i\in\mathbb{C}^m,\forall i} \mathcal{L}(\{\mathbf{F}_i,\lambda_i,\mathbf{Z}_i\}_{i=1}^n)$$

$$= \begin{cases} \sum_{i=1}^{n} \lambda_i \sigma_i^2, & \text{若 } \mathbf{A}_i = \mathbf{0},\ \forall i \\ -\infty, & \text{其他} \end{cases} \quad \text{（根据式 (4.99) 和式 (1.45)）} \tag{9.210}$$

因此式 (9.207) 的对偶问题为

$$\begin{aligned} &\max \sum_{i=1}^{n} \lambda_i \sigma_i^2 \\ &\text{s.t. } \mathbf{A}_i = \mathbf{0},\ \mathbf{Z}_i \succeq \mathbf{0},\ \lambda_i \geqslant 0,\ \forall i \end{aligned} \tag{9.211}$$

由于式 (9.207) 是凸问题，且 Slater 条件成立，因此 KKT 条件是最优解的充要条件，具体为

$$\frac{1}{\gamma_0}\mathbf{h}_i^{\mathrm{H}}\mathbf{F}_i^{\star}\mathbf{h}_i \geqslant \sum_{j=1, j\neq i}^{n} \mathbf{h}_i^{\mathrm{H}}\mathbf{F}_j^{\star}\mathbf{h}_i + \sigma_i^2,\ i = 1, \ldots, n \tag{9.212a}$$

$$\mathbf{Z}_i^{\star} = \mathbf{I}_m - \frac{\lambda_i^{\star}}{\gamma_0}\mathbf{h}_i\mathbf{h}_i^{\mathrm{H}} + \sum_{j=1, j\neq i}^{n} \lambda_j^{\star}\mathbf{h}_j\mathbf{h}_j^{\mathrm{H}},\ i = 1, \ldots, n \tag{9.212b}$$

$$\mathbf{Z}_i^{\star}\mathbf{F}_i^{\star} = \mathbf{0},\ i = 1, \ldots, n \tag{9.212c}$$

注意，$\lambda_i \geqslant 0$，$\mathbf{Z}_i^{\star} \succeq \mathbf{0}$ 和 $\mathbf{F}_i^{\star} \succeq \mathbf{0}$ 也是 KKT 条件。

由于 $\mathbf{F}_i^{\star} \neq \mathbf{0}$（根据式 (9.212a)），可知 $\mathbf{Z}_i^{\star}$ 的秩一定小于等于 $m-1$，即

$$\operatorname{rank}(\mathbf{Z}_i^{\star}) \leqslant m - 1 \tag{9.213}$$

定义

$$\mathbf{B} \triangleq \mathbf{I}_m + \sum_{j=1, j\neq i}^{n} \lambda_j^{\star}\mathbf{h}_j\mathbf{h}_j^{\mathrm{H}} = \left(\mathbf{B}^{1/2}\right)^2 \succ \mathbf{0}$$

其中，$\mathbf{B}^{1/2} = (\mathbf{B}^{1/2})^{H} \succ \mathbf{0}$，可以推出 $\mathbf{Z}_i^{\star}$ 的秩为

$$\begin{aligned} \operatorname{rank}(\mathbf{Z}_i^{\star}) &= \operatorname{rank}\left(\mathbf{B} - \frac{\lambda_i^{\star}}{\gamma_0}\mathbf{h}_i\mathbf{h}_i^{\mathrm{H}}\right) \quad \text{（根据式 (9.212b)）} \\ &= \operatorname{rank}\left(\mathbf{B}^{1/2}\left[\mathbf{I}_m - \frac{\lambda_i^{\star}}{\gamma_0}\mathbf{B}^{-1/2}\mathbf{h}_i\mathbf{h}_i^{\mathrm{H}}\mathbf{B}^{-1/2}\right]\mathbf{B}^{1/2}\right) \\ &= \operatorname{rank}\left(\mathbf{I}_m - \frac{\lambda_i^{\star}}{\gamma_0}\mathbf{B}^{-1/2}\mathbf{h}_i\mathbf{h}_i^{\mathrm{H}}\mathbf{B}^{-1/2}\right) \quad \text{（根据式 (1.64)）} \\ &\geqslant m - 1 \quad \text{（参考式 (1.99)）} \end{aligned} \tag{9.214}$$

由式 (9.213) 和式 (9.214) 可得 $\operatorname{rank}(\mathbf{Z}_i^{\star}) = m - 1$，再通过式 (9.212c) 和式 (1.71) 可得

$$\operatorname{rank}(\mathbf{F}_i^{\star}) \leqslant \dim(\mathcal{N}(\mathbf{Z}_i^{\star})) = m - \operatorname{rank}(\mathbf{Z}_i^{\star}) = 1$$

$$\Rightarrow \operatorname{rank}(\mathbf{F}_i^{\star}) = 1 \quad \text{（因为 } \mathbf{F}_i^{\star} \neq \mathbf{0}\text{）}$$

因此，由 SDP 式 (9.207) 的最优解 $\{\mathbf{F}_i^{\star}, i = 1, \ldots, n\}$ 通过秩-1 分解 $\mathbf{F}_i^{\star} = \mathbf{f}_i^{\star}(\mathbf{f}_i^{\star})^{\mathrm{H}}$，一定可以得到发射波束成形问题式 (7.40) 的最优解 $\{\mathbf{f}_i^{\star}, i = 1, \ldots, n\}$。

9.9 择一性定理

在本节中，针对两个等式及不等式构成的系统，将通过凸优化问题的弱对偶性或强对偶性，引入弱择一性和强择一性。其中若两系统是弱择一性的，指一个系统的可行性意味着另一个系统的不可行性（即弱择一性是充分非必要条件）；若两个系统是强择一性的，则一个系统是可行的当且仅当另一个系统是不可行的。根据择一性定理，我们将证明 Farkas 引理。最后，我们将利用择一性定理证明 S-引理。

9.9.1 弱择一性

对于等式和不等式构成的系统：考虑如下非严格不等式和等式构成的系统

$$f_i(\mathbf{x}) \leqslant 0,\ i=1,\ldots,m, \quad h_i(\mathbf{x})=0,\ i=1,\ldots,p \tag{9.215}$$

假设其定义域

$$D=\left(\bigcap_{i=1}^{m}\mathbf{dom}\ f_i\right)\cap\left(\bigcap_{i=1}^{p}\mathbf{dom}\ h_i\right)$$

非空，式 (9.215) 中的系统可以等价地写作式 (4.1) 中的可行性问题，且目标函数为 $f_0(\mathbf{x})=0$，即

$$\begin{aligned} p^\star = \min\ & 0 \\ \text{s.t.}\ & f_i(\mathbf{x})\leqslant 0,\ i=1,\ldots,m \\ & h_i(\mathbf{x})=0,\ i=1,\ldots,p \end{aligned} \tag{9.216}$$

上述优化问题的最优值为

$$p^\star=\begin{cases} 0, & \text{若式(9.215)是可行的} \\ \infty, & \text{若式(9.215)是不可行的} \end{cases} \tag{9.217}$$

考虑 (9.216) 的对偶函数

$$g(\boldsymbol{\lambda},\boldsymbol{\nu})=\inf_{\mathbf{x}\in D}\left\{\sum_{i=1}^{m}\lambda_i f_i(\mathbf{x})+\sum_{i=1}^{p}\nu_i h_i(\mathbf{x})\right\} \tag{9.218}$$

它关于 $(\boldsymbol{\lambda},\boldsymbol{\nu})$ 是正齐次函数，即对于任意的 $\alpha>0$，有

$$g(\alpha\boldsymbol{\lambda},\alpha\boldsymbol{\nu})=\alpha g(\boldsymbol{\lambda},\boldsymbol{\nu})$$

相应的对偶问题为最大化 $g(\boldsymbol{\lambda},\boldsymbol{\nu})$，约束条件为 $\boldsymbol{\lambda}\succeq\mathbf{0}$。因此，对偶最优值为

$$d^\star=\sup_{\boldsymbol{\lambda}\succeq\mathbf{0},\boldsymbol{\nu}} g(\boldsymbol{\lambda},\boldsymbol{\nu})=\begin{cases} \infty, & \text{若 } \boldsymbol{\lambda}\succeq\mathbf{0},\ g(\boldsymbol{\lambda},\boldsymbol{\nu})>0 \text{ 是可行的} \\ 0, & \text{若 } \boldsymbol{\lambda}\succeq\mathbf{0},\ g(\boldsymbol{\lambda},\boldsymbol{\nu})>0 \text{ 是不可行的} \end{cases} \tag{9.219}$$

弱对偶性（见式 (9.39)）表明原问题最优值 $(p^\star)$ 不小于对偶问题最优值 $(d^\star)$。结合弱对偶性的这个概念以及式 (9.217) 和式 (9.219) 可知，如果不等式系统：

$$\boldsymbol{\lambda}\succeq\mathbf{0}, \quad g(\boldsymbol{\lambda},\boldsymbol{\nu})>0 \tag{9.220}$$

是可行的，那么式 (9.215) 中的系统是不可行的，因为两种情况具有相同的最优值 $d^\star = \infty = p^\star$。反过来，如果式 (9.215) 是可行的，那么式 (9.220) 是不可行的，因为 $p^\star = 0 = d^\star$。因此，称系统式 (9.215) 和式 (9.220) 是**弱择一性**的。

不可行性的证明 为了证明式 (9.215) 是不可行的，只需证明式 (9.220) 存在一个可行点；类似地，为了证明式 (9.220) 不可行，只需证明式 (9.215) 存在一个可行点。换句话说式 (9.215) 和式 (9.220) 不可能同时成立，否则将导致矛盾。但是，我们并不能根据式 (9.215) 不可行判断式 (9.220) 是否可行，反之亦然。

另一方面，对于严格不等式约束的系统：

$$f_i(\mathbf{x}) < 0,\ i = 1, \ldots, m, \quad h_i(\mathbf{x}) = 0,\ i = 1, \ldots, p \tag{9.221}$$

其对应的不等式系统为

$$\boldsymbol{\lambda} \succeq \mathbf{0},\ \boldsymbol{\lambda} \neq \mathbf{0},\ g(\boldsymbol{\lambda}, \boldsymbol{\nu}) \geqslant 0 \tag{9.222}$$

这可以证明系统式 (9.221) 和式 (9.222) 是弱择一性的：假设式 (9.221) 是可行的，并令 $\tilde{\mathbf{x}}$ 表示可行点。则对于任意 $\boldsymbol{\lambda} \succeq \mathbf{0}$, $\boldsymbol{\lambda} \neq \mathbf{0}$ 和 $\boldsymbol{\nu}$ 有

$$\sum_{i=1}^{m} \lambda_i f_i(\tilde{\mathbf{x}}) + \sum_{i=1}^{p} \nu_i h_i(\tilde{\mathbf{x}}) < 0 \tag{9.223}$$

由于 $\sum_{i=1}^{m} \lambda_i f_i(\tilde{\mathbf{x}}) + \sum_{i=1}^{p} \nu_i h_i(\tilde{\mathbf{x}})$ 是 $g(\boldsymbol{\lambda}, \boldsymbol{\nu})$ 的一个上界，则有 $g(\boldsymbol{\lambda}, \boldsymbol{\nu}) < 0$，这与式 (9.222) 相矛盾。因此由式 (9.221) 的可行性可以推出式 (9.222) 是不可行的。类似地，可以由式 (9.222) 的可行性证明式 (9.221) 是不可行的。

对于等式和广义不等式构成的系统 弱择一性的概念可以扩展到具有等式和广义不等式构成的系统。考虑如下系统：

$$\boldsymbol{f}_i(\mathbf{x}) \preceq_{K_i} \mathbf{0},\ i = 1, \ldots, m, \quad h_i(\mathbf{x}) = 0,\ i = 1, \ldots, p \tag{9.224}$$

其定义域

$$\mathcal{D} = \left(\bigcap_{i=1}^{m} \mathbf{dom}\, \boldsymbol{f}_i \right) \cap \left(\bigcap_{i=1}^{p} \mathbf{dom}\, h_i \right)$$

非空，其中 $K_i \subseteq \mathbb{R}^{k_i}$ 是真锥。上述系统等价为如下的可行性问题：

$$\begin{aligned} p^\star = \min \quad & 0 \\ \text{s.t.} \quad & \boldsymbol{f}_i(\mathbf{x}) \preceq_{K_i} \mathbf{0},\ i = 1, \ldots, m \\ & h_i(\mathbf{x}) = 0,\ i = 1, \ldots, p \end{aligned} \tag{9.225}$$

该问题的最优值是

$$p^\star = \begin{cases} 0, & \text{若式(9.224) 是可行的} \\ \infty, & \text{若式(9.224) 是不可行的} \end{cases} \tag{9.226}$$

式 (9.225) 的对偶函数是

$$g(\boldsymbol{\lambda}, \boldsymbol{\nu}) = \inf_{\mathbf{x} \in \mathcal{D}} \left\{ \sum_{i=1}^{m} \boldsymbol{\lambda}_i^{\mathrm{T}} \boldsymbol{f}_i(\mathbf{x}) + \sum_{i=1}^{p} \nu_i h_i(\mathbf{x}) \right\} \tag{9.227}$$

其中，$\boldsymbol{\lambda}_i \in \mathbb{R}^{k_i}$，$\boldsymbol{\lambda} = [\boldsymbol{\lambda}_1^{\mathrm{T}}, \ldots, \boldsymbol{\lambda}_m^{\mathrm{T}}]^{\mathrm{T}}$ 是 Lagrange 乘子向量。由于对偶函数是关于 $(\boldsymbol{\lambda}, \boldsymbol{\nu})$ 的正齐次函数，因此，对偶最优值为

$$\begin{aligned} d^\star &= \sup_{\boldsymbol{\lambda} \succeq \mathbf{0}, \boldsymbol{\nu}} g(\boldsymbol{\lambda}, \boldsymbol{\nu}) \\ &= \begin{cases} \infty, & \text{若 } \boldsymbol{\lambda} \succeq_{K_i^*} \mathbf{0},\ g(\boldsymbol{\lambda}, \boldsymbol{\nu}) > 0 \text{ 是可行的} \\ 0, & \text{若 } \boldsymbol{\lambda} \succeq_{K_i^*} \mathbf{0},\ g(\boldsymbol{\lambda}, \boldsymbol{\nu}) > 0 \text{ 是不可行的} \end{cases} \end{aligned} \tag{9.228}$$

基于式 (9.39) 定义的弱对偶性可知，如果广义不等式系统

$$\boldsymbol{\lambda}_i \succeq_{K_i^*} \mathbf{0},\ i = 1, \ldots, m, \quad g(\boldsymbol{\lambda}, \boldsymbol{\nu}) > 0 \tag{9.229}$$

是可行的，那么式 (9.224) 是不可行的。类似地，如果式 (9.224) 是可行的，那么式 (9.229) 是不可行的。因此，系统式 (9.224) 和式 (9.229) 是弱择一性的。

另一方面，对于下面严格广义不等式和等式构成的系统

$$\boldsymbol{f}_i(\mathbf{x}) \prec_{K_i} \mathbf{0},\ i = 1, \ldots, m, \quad h_i(\mathbf{x}) = 0,\ i = 1, \ldots, p \tag{9.230}$$

其相应的弱择一性系统为

$$\boldsymbol{\lambda}_i \succeq_{K_i^*} \mathbf{0},\ i = 1, \ldots, m, \quad \boldsymbol{\lambda} \neq \mathbf{0}, \quad g(\boldsymbol{\lambda}, \boldsymbol{\nu}) \geqslant 0 \tag{9.231}$$

反之亦然。具体的证明与之前等式和严格一般不等式构成的系统的弱择一性相似，只是这里对偶函数 $g(\boldsymbol{\lambda}, \boldsymbol{\nu})$ 由式 (9.227) 定义。

9.9.2 强择一性

对于等式和不等式构成的系统 如果式 (9.215) 中的所有约束都是凸的（这表明 $h_i(\mathbf{x})$, $\forall i$ 均是仿射的），且存在一个 $\mathbf{x} \in \textbf{relint}\ D$，则称式 (9.215) 和式 (9.220) 中的不等式系统为**强择一性**的，这表明两者只能有一个成立。换句话说，当且仅当式 (9.220) 不可行时，式 (9.215) 是可行的，反之亦然。另一方面，如果存在 $\mathbf{x} \in \textbf{relint}\ D$，那么下面的不等式和等式构成的系统

$$f_i(\mathbf{x}) < 0,\ i = 1, \ldots, m,\ \mathbf{A}\mathbf{x} = \mathbf{b} \tag{9.232}$$

与系统

$$\boldsymbol{\lambda} \succeq \mathbf{0},\ \boldsymbol{\lambda} \neq \mathbf{0},\ g(\boldsymbol{\lambda}, \boldsymbol{\nu}) \geqslant 0 \tag{9.233}$$

也是强择一性的，其中 $g(\boldsymbol{\lambda}, \boldsymbol{\nu})$ 的定义见式 (9.218)。这里略去证明过程，因为与下面将要给出的等式和广义不等式式 (9.240) 和式 (9.241) 构成的系统的证明类似。

Farkas 引理 不等式系统

$$\mathbf{A}\mathbf{x} \preceq \mathbf{0},\ \mathbf{c}^{\mathrm{T}}\mathbf{x} < 0 \tag{9.234}$$

和如下等式和不等式构成的系统

$$\mathbf{A}^{\mathrm{T}}\boldsymbol{\lambda} + \mathbf{c} = \mathbf{0},\ \boldsymbol{\lambda} \succeq \mathbf{0} \tag{9.235}$$

是强择一性的。

证明 该引理可由 LP 对偶性加以证明。考虑如下的 LP 问题：

$$\begin{aligned} p^\star = \min \quad & \mathbf{c}^{\mathrm{T}}\mathbf{x} \\ \text{s.t.} \quad & \mathbf{A}\mathbf{x} \preceq \mathbf{0} \end{aligned} \tag{9.236}$$

原最优值为

$$p^\star = \begin{cases} -\infty, & \text{若式(9.234) 是可行的} \\ 0, & \text{若式(9.234) 是不可行的} \end{cases} \tag{9.237}$$

式 (9.236) 的对偶问题为

$$\begin{aligned} d^\star = \max \quad & 0 \\ \text{s.t.} \quad & \mathbf{A}^{\mathrm{T}}\boldsymbol{\lambda} + \mathbf{c} = \mathbf{0} \\ & \boldsymbol{\lambda} \succeq \mathbf{0} \end{aligned} \tag{9.238}$$

则其对偶最优值为

$$d^\star = \begin{cases} 0, & \text{若式(9.235) 是可行的} \\ -\infty, & \text{若式(9.235) 是不可行} \end{cases} \tag{9.239}$$

当式 (9.236) 中的 $\mathbf{x} = \mathbf{0}$ 可行时，式 (9.236) 和式 (9.238) 之间存在强对偶性，满足 Slater 条件（参考注 9.6），故有 $p^\star = d^\star$。进而由式 (9.237) 和式 (9.239) 可知式 (9.234) 和式 (9.235) 是强择一性的。 □

对于等式和广义不等式构成的系统 强择一性的概念也可以扩展至具有等式和广义不等式的系统。如果式 (9.224) 中的所有约束都是凸的，即对于任意 $i = 1, \ldots, m$，$\boldsymbol{f}_i(\mathbf{x})$ 均是 K_i- 凸的，且对于任意 $i = 1, \ldots, p$，$h_i(\mathbf{x})$ 均是仿射的，那么系统

$$\boldsymbol{f}_i(\mathbf{x}) \prec_{K_i} \mathbf{0},\ i = 1, \ldots, m, \quad \mathbf{A}\mathbf{x} = \mathbf{b} \tag{9.240}$$

与

$$\boldsymbol{\lambda}_i \succeq_{K_i^*} \mathbf{0},\ i = 1, \ldots, m, \quad \boldsymbol{\lambda} \neq \mathbf{0},\ g(\boldsymbol{\lambda}, \boldsymbol{\nu}) \geqslant 0 \tag{9.241}$$

是强择一性的，其中 $g(\boldsymbol{\lambda}, \boldsymbol{\nu})$ 由式 (9.227) 给出。为了证明这个结论，可以考虑如下的问题：

$$\begin{aligned} p^\star = \min \quad & s \\ \text{s.t.} \quad & \boldsymbol{f}_i(\mathbf{x}) \preceq_{K_i} s\mathbf{a}_i,\ i = 1, \ldots, m \\ & \mathbf{A}\mathbf{x} = \mathbf{b} \end{aligned} \tag{9.242}$$

其中，$\mathbf{a}_i \succ_{K_i} \mathbf{0}$，$\mathbf{x}$ 与 s 是优化变量。

式 (9.242) 的 Lagrange 函数为

$$\mathcal{L}(s, \mathbf{x}, \boldsymbol{\lambda}, \boldsymbol{\nu}) = s + \sum_{i=1}^{m} \boldsymbol{\lambda}_i^{\mathrm{T}}(\boldsymbol{f}_i(\mathbf{x}) - s\mathbf{a}_i) + \boldsymbol{\nu}^{\mathrm{T}}(\mathbf{A}\mathbf{x} - \mathbf{b})$$

$$=s\left(1-\sum_{i=1}^{m}\boldsymbol{\lambda}_i^{\mathrm{T}}\mathbf{a}_i\right)+\sum_{i=1}^{m}\boldsymbol{\lambda}_i^{\mathrm{T}}\boldsymbol{f}_i(\mathbf{x})+\boldsymbol{\nu}^{\mathrm{T}}(\mathbf{A}\mathbf{x}-\mathbf{b}) \tag{9.243}$$

相应的对偶函数是

$$\inf_{s,\mathbf{x}\in\mathcal{D}}\mathcal{L}(s,\mathbf{x},\boldsymbol{\lambda},\boldsymbol{\nu})=\begin{cases} g(\boldsymbol{\lambda},\boldsymbol{\nu}), & \text{若}\sum_{i=1}^{m}\boldsymbol{\lambda}_i^{\mathrm{T}}\mathbf{a}_i=1 \\ -\infty, & \text{其他}\end{cases} \tag{9.244}$$

其中，$g(\boldsymbol{\lambda},\boldsymbol{\nu})$ 由式 (9.227) 给出，并用 $\boldsymbol{\nu}^{\mathrm{T}}(\mathbf{A}\mathbf{x}-\mathbf{b})$ 代替了 $\sum_{i=1}^{p}\nu_i h_i(\mathbf{x})$。因此，对偶问题为

$$\begin{aligned} d^\star=\max\quad & g(\boldsymbol{\lambda},\boldsymbol{\nu}) \\ \text{s.t.}\quad & \boldsymbol{\lambda}_i\succeq_{K_i^*}\mathbf{0},\ i=1,\ldots,m \\ & \sum_{i=1}^{m}\boldsymbol{\lambda}_i^{\mathrm{T}}\mathbf{a}_i=1 \end{aligned} \tag{9.245}$$

在式 (9.242) 中，当 s 足够大时，Slater 条件成立，故强对偶性也成立（即 $p^\star=d^\star$）。因此得到如下的结论：

- 若式 (9.240) 不可行，则 $p^\star=s^\star\geqslant 0$，那么对于式 (9.245) 而言，存在一个 $(\boldsymbol{\lambda},\boldsymbol{\nu})$ 满足式 (9.241)。这是因为式 (9.245) 中一定存在 $\boldsymbol{\lambda}=[\boldsymbol{\lambda}_1^{\mathrm{T}},\ldots,\boldsymbol{\lambda}_m^{\mathrm{T}}]^{\mathrm{T}}\neq\mathbf{0}$ 使得 $\sum_{i=1}^{m}\boldsymbol{\lambda}_i^{\mathrm{T}}\mathbf{a}_i=1$ 成立。
- 另一方面，若式 (9.240) 可行，则 $p^\star=s^\star<0$，从而式 (9.241) 不可行，因为式 (9.245) 中的 $g(\boldsymbol{\lambda},\boldsymbol{\nu})$ 不可能非负。

类似地，由于对于任意 $i=1,\ldots,m$，$\boldsymbol{f}_i(\mathbf{x})$ 都是 K_i-凸的，系统

$$\boldsymbol{f}_i(\mathbf{x})\preceq_{K_i}\mathbf{0},\ i=1,\ldots,m,\qquad \mathbf{A}\mathbf{x}=\mathbf{b} \tag{9.246}$$

和

$$\boldsymbol{\lambda}_i\succeq_{K_i^*}\mathbf{0},\ i=1,\ldots,m,\ g(\boldsymbol{\lambda},\boldsymbol{\nu})>0 \tag{9.247}$$

可以被证明是强择一性的，其中 $g(\boldsymbol{\lambda},\boldsymbol{\nu})$ 由式 (9.227) 给出。

下面我们将介绍一个例子，其中涉及线性矩阵不等式的两个等式和广义不等式系统是强择一性的。

例 9.18 假设

$$\sum_{i=1}^{n}v_i\mathbf{F}_i\succeq\mathbf{0}\Rightarrow\sum_{i=1}^{n}v_i\mathbf{F}_i=\mathbf{0} \tag{9.248}$$

成立，则系统

$$\mathbb{F}(\mathbf{x})=x_1\mathbf{F}_1+\cdots+x_n\mathbf{F}_n+\mathbf{G}\preceq\mathbf{0} \tag{9.249}$$

其中，$\mathbf{F}_i\in\mathbb{S}^k$，$\mathbf{F}_i\neq\mathbf{0}$，$\forall\, i$，且 $\mathbf{G}\in\mathbb{S}^k$，与系统

$$\mathbf{Z}\succeq\mathbf{0},\ \mathrm{Tr}(\mathbf{G}\mathbf{Z})>0,\ \mathrm{Tr}(\mathbf{F}_i\mathbf{Z})=0,\ i=1,\ldots,n \tag{9.250}$$

是强择一性的。此外若式 (9.248) 成立，则 $\mathbb{F}(\mathbf{x})-\mathbf{G}=x_1\mathbf{F}_1+\cdots+x_n\mathbf{F}_n$ 必为不定矩阵或零矩阵。

证明式 (9.249) 和式 (9.250) 是强择一性的 基于式 (9.246) 和式 (9.247)，用 $\mathbb{F}(\mathbf{x})\preceq\mathbf{0}$ 替代 $\boldsymbol{f}_i(\mathbf{x})\preceq_{K_i}\mathbf{0}$，并用 $\mathbf{Z}\succeq\mathbf{0}$ 替代 $\boldsymbol{\lambda}_i\succeq_{K_i^*}\mathbf{0}$。由式 (9.246) 和式 (9.247) 的强择一性可以直接证明式 (9.249) 和式 (9.250) 是强择一性的。下面给出另一种证明方法。参考前面式 (9.240) 和式 (9.241) 之间强择一性的证明，考虑如下问题：

$$
\begin{aligned}
p^\star = \min\quad & s \\
\text{s.t.}\quad & \mathbb{F}(\mathbf{x})\preceq s\mathbf{I}_k
\end{aligned}
\tag{9.251}
$$

的 Lagrange 函数 $\mathcal{L}(s,\mathbf{x},\mathbf{Z})$ 和对偶函数 $g(\mathbf{Z})$ 分别如下：

$$
\begin{aligned}
\mathcal{L}(s,\mathbf{x},\mathbf{Z}) &= s+\operatorname{Tr}\big(\mathbf{Z}(\mathbb{F}(\mathbf{x})-s\mathbf{I}_k)\big)\\
&= s(1-\operatorname{Tr}(\mathbf{Z}))+\sum_{i=1}^{n}x_i\operatorname{Tr}(\mathbf{Z}\mathbf{F}_i)+\operatorname{Tr}(\mathbf{Z}\mathbf{G})\\
\Rightarrow\ g(\mathbf{Z}) = \inf_{s,\mathbf{x}}\mathcal{L}(s,\mathbf{x},\mathbf{Z}) &= \begin{cases}\operatorname{Tr}(\mathbf{Z}\mathbf{G}), & \operatorname{Tr}(\mathbf{Z})=1,\ \operatorname{Tr}(\mathbf{Z}\mathbf{F}_i)=0,\forall i\\ -\infty, & \text{其他}\end{cases}
\end{aligned}
$$

相应的对偶问题为

$$
\begin{aligned}
d^\star &= \max_{\mathbf{Z}\succeq\mathbf{0}}\ g(\mathbf{Z})\\
&= \max\big\{\operatorname{Tr}(\mathbf{Z}\mathbf{G})\mid \mathbf{Z}\succeq\mathbf{0},\operatorname{Tr}(\mathbf{Z})=1,\operatorname{Tr}(\mathbf{Z}\mathbf{F}_i)=0,\ \forall i\big\}
\end{aligned}
\tag{9.252}
$$

注意，问题式 (9.251) 是可行的且满足 Slater 条件，故 $p^\star<\infty$，且式 (9.251) 和式 (9.252) 之间的强对偶性成立。令 $(\mathbf{x}^\star,s^\star)$ 为最小化问题式 (9.251) 的最优解，$\boldsymbol{v}$ 是 $\mathbb{F}(\mathbf{x}^\star)-\mathbf{G}$ 的一个正交特征向量，其中 $\lambda_{\max}(\mathbb{F}(\mathbf{x}^\star)-\mathbf{G})\geqslant 0$（因为 $\mathbb{F}(\mathbf{x}^\star)-\mathbf{G}$ 是不定矩阵或零矩阵），则式 (9.251) 的最优解满足

$$
\begin{aligned}
s^\star &= \lambda_{\max}(\mathbb{F}(\mathbf{x}^\star))\quad\text{（参考式 (8.8)）}\\
&\geqslant \boldsymbol{v}^{\mathrm{T}}(\mathbb{F}(\mathbf{x}^\star)-\mathbf{G})\boldsymbol{v}+\boldsymbol{v}^{\mathrm{T}}\mathbf{G}\boldsymbol{v}\\
&= \lambda_{\max}(\mathbb{F}(\mathbf{x}^\star)-\mathbf{G})+\boldsymbol{v}^{\mathrm{T}}\mathbf{G}\boldsymbol{v}\\
&\geqslant \lambda_{\max}(\mathbb{F}(\mathbf{x}^\star)-\mathbf{G})+\lambda_{\min}(\mathbf{G})>-\infty
\end{aligned}
$$

因此得到 $p^\star=d^\star=s^\star=\lambda_{\max}(\mathbb{F}(\mathbf{x}^\star))<\infty$，且有如下结论：

- 若 $s^\star=\lambda_{\max}(\mathbb{F}(\mathbf{x}^\star))>0$，则 $\mathbb{F}(\mathbf{x})\preceq\mathbf{0}$ 不可行（因为对于可行集中的任意 $\mathbf{x}$ 都有 $\lambda_{\max}(\mathbb{F}(\mathbf{x}))\geqslant s^\star>0$）。同时，即使放松了约束 $\operatorname{Tr}(\mathbf{Z})=1$，$d^\star>0$，使得 $\operatorname{Tr}(\mathbf{Z}\mathbf{G})>0$，$\operatorname{Tr}(\mathbf{Z}\mathbf{F}_i)=0$，$\mathbf{Z}\succeq\mathbf{0}$ 仍然是可行的。
- 若 $s^\star=\lambda_{\max}(\mathbb{F}(\mathbf{x}^\star))\leqslant 0$，则 $\mathbb{F}(\mathbf{x})\preceq\mathbf{0}$ 可行。由 $d^\star\leqslant 0$，可知 $\operatorname{Tr}(\mathbf{Z}\mathbf{G})>0$，$\operatorname{Tr}(\mathbf{Z}\mathbf{F}_i)=0$，$\mathbf{Z}\succeq\mathbf{0}$ 是不可行的。

综上，我们证明了式 (9.249) 和式 (9.250) 是强择一性的。 □

注 9.21 如果没有假设式 (9.248)，那么 $\lambda_{\max}(\mathbb{F}(\mathbf{x}))$ 可能没有下界。因此，当 $p^\star=-\infty$ 时，前面例子中的问题式 (9.251) 是可行的（或者式 (9.249) 总是可行的），从而得出 $p^\star=d^\star=-\infty$（或者式 (9.250) 总是不可行的），这是式 (9.249) 和式 (9.250) 之间具有强择一性的一个常见情形。 □

9.9.3 S-引理（S-procedure）的证明

本节将利用例 9.18 中的结论证明 8.3 节介绍的 S-引理，即式 (8.18) 和式 (8.19)（实数情形）是强择一性的。

考虑如下的不等式系统

$$\lambda\geqslant 0,\quad \lambda\mathbf{A}_1+\mathbf{A}_2\succeq\mathbf{0} \tag{9.253}$$

其中，$\mathbf{A}_1,\mathbf{A}_2\in\mathbb{S}^n$。该系统可等价表示为

$$\mathbb{F}(\lambda)=\lambda\mathbf{F}+\mathbf{G}\preceq\mathbf{0} \tag{9.254}$$

其中

$$\mathbf{F}=\mathbf{DIAG}(-1,-\mathbf{A}_1)\in\mathbb{S}^{n+1},\quad \mathbf{G}=\mathbf{DIAG}(0,-\mathbf{A}_2)\in\mathbb{S}^{n+1} \tag{9.255}$$

根据式 (9.249) 和式 (9.250)，可以看到式 (9.254) 与系统

$$\mathbf{Z}\triangleq\begin{bmatrix} z & \mathbf{a}^{\mathrm{T}}\\ \mathbf{a} & \mathbf{X}\end{bmatrix}\succeq\mathbf{0},\ \mathrm{Tr}(\mathbf{GZ})>0,\ \mathrm{Tr}(\mathbf{FZ})=0 \tag{9.256}$$

是强择一性的。将式 (9.255) 代入式 (9.256) 得到

$$\mathbf{X}\succeq\mathbf{0},\ \mathrm{Tr}(\mathbf{XA}_2)<0,\ \mathrm{Tr}(\mathbf{XA}_1)\leqslant 0 \tag{9.257}$$

然后由式 (2.71) 可将式 (9.257) 等效地表示为

$$\boldsymbol{x}^{\mathrm{T}}\mathbf{A}_2\boldsymbol{x}<0,\quad \boldsymbol{x}^{\mathrm{T}}\mathbf{A}_1\boldsymbol{x}\leqslant 0,\ \boldsymbol{x}\in\mathbb{R}^n \tag{9.258}$$

因此，假设式 (9.255) 给出的 $\mathbf{F}$ 是不定矩阵，则式 (9.253) 和式 (9.258) 一定是强择一性的，准确地说，当假设

$$\mathbf{A}_1\ \text{一定有至少一个负特征值} \tag{9.259}$$

成立时，式 (9.253) 和式 (9.258) 是强择一性的。

将 $\mathbf{A}_1$ 和 $\mathbf{A}_2$ 表示为以下形式

$$\mathbf{A}_1=\begin{bmatrix}\mathbf{F}_1 & \mathbf{g}_1\\ \mathbf{g}_1^{\mathrm{T}} & h_1\end{bmatrix},\ \mathbf{A}_2=-\begin{bmatrix}\mathbf{F}_2 & \mathbf{g}_2\\ \mathbf{g}_2^{\mathrm{T}} & h_2\end{bmatrix} \tag{9.260}$$

将式 (9.260) 代入式 (9.253) 可得

$$\begin{bmatrix}\mathbf{F}_2 & \mathbf{g}_2\\ \mathbf{g}_2^{\mathrm{T}} & h_2\end{bmatrix}\preceq\lambda\begin{bmatrix}\mathbf{F}_1 & \mathbf{g}_1\\ \mathbf{g}_1^{\mathrm{T}} & h_1\end{bmatrix},\ \ \lambda\geqslant 0 \tag{9.261}$$

另一方面，假设式 (9.259) 成立，即存在一个 $\widehat{\mathbf{x}}$ 满足

$$\widehat{\mathbf{x}}^{\mathrm{T}}\mathbf{F}_1\widehat{\mathbf{x}}+2\mathbf{g}_1^{\mathrm{T}}\widehat{\mathbf{x}}+h_1<0 \tag{9.262}$$

则可以证明（参考下面的注 9.22）

$$\begin{cases}\mathbf{x}^{\mathrm{T}}\mathbf{F}_1\mathbf{x}+2\mathbf{g}_1^{\mathrm{T}}\mathbf{x}+h_1\leqslant 0,\\ \mathbf{x}^{\mathrm{T}}\mathbf{F}_2\mathbf{x}+2\mathbf{g}_2^{\mathrm{T}}\mathbf{x}+h_2>0,\end{cases}\quad 其中\ \mathbf{x}\in\mathbb{R}^{n-1} \tag{9.263}$$

与式 (9.258) 的可行性是等价的。因此，式 (9.263) 和式 (9.261) 在假设式 (9.262) 下是强择一性的。此外，式 (9.263) 的不可行性表明下面的关系

$$\mathbf{x}^{\mathrm{T}}\mathbf{F}_1\mathbf{x}+2\mathbf{g}_1^{\mathrm{T}}\mathbf{x}+h_1\leqslant 0\Longrightarrow\mathbf{x}^{\mathrm{T}}\mathbf{F}_2\mathbf{x}+2\mathbf{g}_2^{\mathrm{T}}\mathbf{x}+h_2\leqslant 0 \tag{9.264}$$

成立。亦即假设式 (9.262) 成立，则当且仅当存在一个 λ 满足式 (9.261) 时，式 (9.264) 成立。综上，我们证明了 8.3 节中介绍的 S-引理。

注 9.22（式 (9.258) 和式 (9.263) 的可行性等价的证明） 将式 (9.260) 和 $\boldsymbol{x}=(\mathbf{v},w)\in\mathbb{R}^n$ 代入式 (9.258) 可得

$$\begin{cases}q_1(\tilde{\mathbf{v}})\triangleq\tilde{\mathbf{v}}^{\mathrm{T}}\mathbf{F}_1\tilde{\mathbf{v}}+2\mathbf{g}_1^{\mathrm{T}}\tilde{\mathbf{v}}+h_1\leqslant 0\\ q_2(\tilde{\mathbf{v}})\triangleq\tilde{\mathbf{v}}^{\mathrm{T}}\mathbf{F}_2\tilde{\mathbf{v}}+2\mathbf{g}_2^{\mathrm{T}}\tilde{\mathbf{v}}+h_2>0,\end{cases}\quad 若\ w\neq 0\ 且\ \tilde{\mathbf{v}}=\mathbf{v}/w \tag{9.265a}$$

$$\begin{cases}\mathbf{v}^{\mathrm{T}}\mathbf{F}_1\mathbf{v}\leqslant 0,\\ \mathbf{v}^{\mathrm{T}}\mathbf{F}_2\mathbf{v}>0,\end{cases}\quad 若\ w=0 \tag{9.265b}$$

因此，当且仅当式 (9.265a)（其中 $\tilde{\mathbf{v}}\in\mathbb{R}^{n-1}$）或式 (9.265b)（其中 $\mathbf{v}\in\mathbb{R}^{n-1}$）可行时，式 (9.258) 是可行的。下面证明在式 (9.262) 成立（即 $q_1(\widehat{\mathbf{x}})<0$）的情况下，由式 (9.265b)（$w=0$）的可行性也可以推出式 (9.265a) 的可行性。

将式 (9.265a) 中的 $\tilde{\mathbf{v}}$ 用 $\mathbf{x}=\widehat{\mathbf{x}}+t\mathbf{v}\in\mathbb{R}^{n-1}$ 代替，得到

$$\begin{aligned}q_1(\mathbf{x})&=q_1(\widehat{\mathbf{x}})+t^2\mathbf{v}^{\mathrm{T}}\mathbf{F}_1\mathbf{v}+2t(\mathbf{F}_1\widehat{\mathbf{x}}+\mathbf{g}_1)^{\mathrm{T}}\mathbf{v}\\ &\leqslant q_1(\widehat{\mathbf{x}})+2t(\mathbf{F}_1\widehat{\mathbf{x}}+\mathbf{g}_1)^{\mathrm{T}}\mathbf{v}\quad（根据式\ (9.265b)）\end{aligned} \tag{9.266}$$

$$q_2(\mathbf{x})=q_2(\widehat{\mathbf{x}})+t^2\mathbf{v}^{\mathrm{T}}\mathbf{F}_2\mathbf{v}+2t(\mathbf{F}_2\widehat{\mathbf{x}}+\mathbf{g}_2)^{\mathrm{T}}\mathbf{v} \tag{9.267}$$

假设 $(\mathbf{F}_1\widehat{\mathbf{x}}+\mathbf{g}_1)^{\mathrm{T}}\mathbf{v}\neq 0$。令式 (9.266) 和式 (9.267) 中的 $t\to\pm\infty$（正负号的选择取决于 $(\mathbf{F}_1\widehat{\mathbf{x}}+\mathbf{g}_1)^{\mathrm{T}}\mathbf{v}$ 的符号），同时，将式 (9.265b) 代入式 (9.267)，因为式 (9.262) 成立，所以式 (9.265b) 是可行的，则可得到

$$\begin{cases}q_1(\mathbf{x})=\mathbf{x}^{\mathrm{T}}\mathbf{F}_1\mathbf{x}+2\mathbf{g}_1^{\mathrm{T}}\mathbf{x}+h_1\leqslant 0\\ q_2(\mathbf{x})=\mathbf{x}^{\mathrm{T}}\mathbf{F}_2\mathbf{x}+2\mathbf{g}_2^{\mathrm{T}}\mathbf{x}+h_2>0\end{cases} \tag{9.268}$$

（上式恰好是式 (9.265a) 和式 (9.263)）也一定是可行的。此外，当 $(\mathbf{F}_1\widehat{\mathbf{x}}+\mathbf{g}_1)^{\mathrm{T}}\mathbf{v}=0$ 时，式 (9.266) 退化为 $q_1(\mathbf{x})\leqslant q_1(\widehat{\mathbf{x}})<0$，此时，式 (9.265a) 也是可行的。综上，我们证明了当且仅当式 (9.258) 可行且式 (9.263) 可行，式 (9.262) 成立。 □

9.10 总结与讨论

本章针对等式和一般不等式约束下的优化问题（称作原始问题），介绍了对偶的概念和相关的 Slater 条件和 KKT 条件。通过适当的例子阐述了对偶的概念，并推导了凸优化问题和非凸优化问题的对偶和双对偶。类似于时域和频域中的 Fourier 变换对，对偶问题同样也为原始问题提供了另外一个视角，两者借由（强或弱）对偶这一重要关系而有机衔接。对偶的概念以及相关的 Slater 条件和 KKT 条件也扩展到了广义不等式约束下的优化问题。在强对偶下，KKT 条件是凸问题的最优原–对偶解的充要条件，因此，KKT 条件是寻找一个凸问题的解析解，以及开发高效算法（如第 10 章中提出的内点法）的基础。基于对偶性，本章还介绍了择一性定理，当两个等式或不等式构成的可行集具有强对偶性时，择一性定理给出了这两个可行集之间的关系。然后，根据择一性定理证明了 S-引理。此外，还给出了 S-引理的一个更简单的证明。

KKT 条件在分析优化问题的最优解中至关重要。例如，在 MIMO 无线通信的发射波束成形算法设计中，经常通过 SDR 对初始问题进行近似而得到一个 SDP 问题。尽管很多仿真结果表明 SDR 往往是紧的，但是我们面临一个基本的挑战，即如何从理论上解析地证明这个 SDP 问题的解 $\mathbf{X}^\star$ 的秩是否为 1。这个结论十分重要，因为秩 -1 矩阵 $\mathbf{X}^\star$ 可确保它同样是原始问题的解。但是想要证明 SDP 的解的秩是否为 1，或者明确在哪些情况下 $\mathbf{X}^\star$ 的秩为 1，通常十分复杂且充满挑战性。但无论如何，KKT 条件仍然是相关证明和分析的关键。

参考文献

[Apo07] T. M. Apostol, *Mathematical Analysis*, 2nd ed. Pearson Edu. Taiwan Ltd., 2007.

[Ber99] D. P. Bertsekas, *Nonlinear Programming*, 2nd ed. Belmont, MA: Athena Scientific, 1999.

[Ber03] D. P. Bertsekas, *Convex Analysis and Optimization*. Athena Scientific, 2003.

[BPC+10] S. Boyd, N. Parikh, E. Chu, B. Peleato, and J. Eckstein, "Distributed optimization and statistical learning via the alternating direction method of multipliers," *Foundations and Trends in Machine Learning*, vol. 3, no. 1, pp. 1–122, 2010.

[BSS06] M. S. Bazaraa, H. D. Sherali, and C. M. Shetty, *Nonlinear Programming: Theory and Algorithms*, 3rd ed. John Wiley & Sons, Inc., 2006.

[BT89a] D. P. Bertsekas and J. N. Tsitsiklis, *Parallel and Distributed Computation: Numerical Methods*. Upper Saddle River, NJ: Prentice-Hall, 1989.

[BT89b] D. P. Bertsekas and J. N. Tsitsiklis, *Parallel and Distributed Computation: Numerical Methods*. Upper Saddle River, NJ: Prentice-Hall, 1989.

[Fal69] J. Falk, "Lagrange multipliers and nonconvex programs," *SIAM J.Control*, vol. 7, no. 4, pp. 534–545, Nov. 1969.

[SCW+12] C. Shen, T.-H. Chang, K.-Y. Wang, Z. Qiu, and C.-Y. Chi, "Distributed robust multi-cell coordinated beamforming with imperfect CSI: An ADMM approach," *IEEE Trans. Signal Process.*, vol. 60, no. 6, pp. 2988–3003, June 2012.

第 10 章 CHAPTER 10 内 点 法

本章介绍求解方法内点法（Interior-Point Method，IPM），它已经被广泛应用于解决各类凸优化问题。首先，介绍一种被称为**障碍法** 的 IPM，障碍法将约束凸优化问题（包括等式和不等式约束），转化为一系列线性等式约束问题，以便使用 Newton 法得以有效解决。接下来基于障碍法介绍**原–对偶内点法**。这两种方法都充分利用了凸优化问题的强对偶性和 KKT 条件。目前有一些通用凸优化工具，如 SeDuMi（http://sedumi.ie.lehigh.edu/）和 CVX（http://www.stanford.edu/~boyd/cvxbook/），都使用了内点法来求解凸优化问题。然而，定制的内点算法运算速度通常会远远高于通用的凸优化求解工具，因此开发定制的内点法算法对于硬件/软件执行效率来说至关重要。为了简化符号，本章将梯度的符号 $\nabla_{\mathbf{x}} f(\mathbf{x})$ 简记为 $\nabla f(\mathbf{x})$。

10.1 不等式和等式约束下的凸问题

考虑如下的凸优化问题（一般的不等式约束）：

$$\begin{aligned} p^\star = \min \quad & f_0(\mathbf{x}) \\ \text{s.t.} \quad & f_i(\mathbf{x}) \leqslant 0,\ i = 1, \ldots, m \\ & \mathbf{A}\mathbf{x} = \mathbf{b} \end{aligned} \tag{10.1}$$

其中，$f_0, \ldots, f_m : \mathbb{R}^n \to \mathbb{R}$ 是二次连续可微的凸函数，$\mathbf{b} \in \mathbb{R}^p$，$\mathbf{A} \in \mathbb{R}^{p\times n}$ 且 $\operatorname{rank}(\mathbf{A}) = p < n$，该问题的 Lagrange 函数为

$$\mathcal{L}(\mathbf{x}, \boldsymbol{\lambda}, \boldsymbol{\nu}) = f_0(\mathbf{x}) + \sum_{i=1}^{m} \lambda_i f_i(\mathbf{x}) + \boldsymbol{\nu}^{\mathrm{T}}(\mathbf{A}\mathbf{x} - \mathbf{b}) \tag{10.2}$$

其中，$\boldsymbol{\lambda} = (\lambda_1, \ldots, \lambda_m) \in \mathbb{R}^m$，$\boldsymbol{\nu} = (\nu_1, \ldots, \nu_p) \in \mathbb{R}^p$。其 Lagrange 对偶函数为

$$g(\boldsymbol{\lambda}, \boldsymbol{\nu}) = \inf_{\mathbf{x}\in\mathcal{D}} \mathcal{L}(\mathbf{x}, \boldsymbol{\lambda}, \boldsymbol{\nu}) \tag{10.3}$$

其中，式 (10.1) 的定义域为

$$\mathcal{D} = \left(\bigcap_{i=0}^{m} \textbf{dom}\ f_i\right) \bigcap \textbf{dom}\ h$$

其中，$\boldsymbol{h}(\mathbf{x}) = \mathbf{A}\mathbf{x} - \mathbf{b}$。令 $\mathcal{C}$ 为问题式 (10.1) 的可行集，即

$$\mathcal{C} = \bigcap_{i=1}^{m} \{\mathbf{x} \mid f_i(\mathbf{x}) \leqslant 0\} \bigcap \{\mathbf{x} \mid \mathbf{A}\mathbf{x} = \mathbf{b}\}$$

假设问题式 (10.1) 有解，令 $\mathbf{x}^\star \in \mathcal{C}$ 和 $p^\star = f_0(\mathbf{x}^\star)$ 分别为最优解和最优值。进一步，假设 $\mathcal{D}$ 的相对内部存在一个严格可行点，这也即该问题满足 Slater 条件，使得强对偶性成立。因此

$$p^\star = f_0(\mathbf{x}^\star) = d^\star = \sup_{\boldsymbol{\lambda} \succeq \mathbf{0}, \boldsymbol{\nu} \in \mathbb{R}^p} g(\boldsymbol{\lambda}, \boldsymbol{\nu}) = g(\boldsymbol{\lambda}^\star, \boldsymbol{\nu}^\star) = \mathcal{L}(\mathbf{x}^\star, \boldsymbol{\lambda}^\star, \boldsymbol{\nu}^\star) \tag{10.4}$$

其中，对偶最优解 $\boldsymbol{\lambda}^\star \in \mathbb{R}^m$ 和 $\boldsymbol{\nu}^\star \in \mathbb{R}^p$ 存在，并和原最优解 $\mathbf{x}^\star$ 一起满足如下的 KKT 条件：

$$\mathbf{A}\mathbf{x}^\star = \mathbf{b} \tag{10.5a}$$

$$f_i(\mathbf{x}^\star) \leqslant 0,\ i = 1, \ldots, m \tag{10.5b}$$

$$\boldsymbol{\lambda}^\star \succeq \mathbf{0} \tag{10.5c}$$

$$\nabla_{\mathbf{x}} f_0(\mathbf{x}^\star) + \sum_{i=1}^{m} \lambda_i^\star \nabla_{\mathbf{x}} f_i(\mathbf{x}^\star) + \mathbf{A}^{\mathrm{T}} \boldsymbol{\nu}^\star = \mathbf{0} \tag{10.5d}$$

$$\lambda_i^\star f_i(\mathbf{x}^\star) = 0,\ i = 1, \ldots, m \tag{10.5e}$$

式 (10.5) 的 KKT 条件中，式 (10.5a) 和式 (10.5b) 两个条件保证了 $\mathbf{x}^\star$ 的可行性；式 (10.5c) 和式 (10.5d) 保证了 $(\boldsymbol{\lambda}^\star, \boldsymbol{\nu}^\star)$ 的可行性；最后一个条件式 (10.5e) 保证零对偶间隙。此外，式 (10.5d) 与如下所示的条件等价。

$$\nabla_{\mathbf{x}} \mathcal{L}(\mathbf{x}^\star, \boldsymbol{\lambda}^\star, \boldsymbol{\nu}^\star) = \mathbf{0} \quad \text{（根据式 (10.2)）}$$

内点法对一系列等式约束问题或者修正的 KKT 条件使用 Newton 法，从而解决问题式 (10.1) 或者相关的 KKT 条件式 (10.5)。

10.2 Newton 法和障碍函数

10.1 节介绍的障碍法是一种迭代算法，在每次迭代中使用 Newton 法解决下一个等式约束的凸优化问题。该问题对应于最开始的原始问题，去除不等式约束，并将等式约束函数转化为障碍函数，进而得到问题的解。下面分别讨论 Newton 法和障碍函数。

10.2.1 等式约束下的 Newton 法

考虑如下等式约束的凸优化问题：

$$\begin{aligned} \min \quad & f(\mathbf{x}) \\ \text{s.t.} \quad & \mathbf{A}\mathbf{x} = \mathbf{b} \end{aligned} \tag{10.6}$$

假设 $\bar{\mathbf{x}}$ 是前一次迭代中获得的该问题的可行点，下面讨论如何利用 Newton 法在当前迭代中更新 $\bar{\mathbf{x}}$。

记 $\hat{f}(\mathbf{x})$ 为 $f(\mathbf{x})$ 在可行点 $\mathbf{x}=\bar{\mathbf{x}}$ 的二阶 Taylor 级数近似，即

$$\hat{f}(\mathbf{x}) \triangleq f(\bar{\mathbf{x}}) + \nabla f(\bar{\mathbf{x}})^{\mathrm{T}}(\mathbf{x}-\bar{\mathbf{x}}) + \frac{1}{2}(\mathbf{x}-\bar{\mathbf{x}})^{\mathrm{T}}\nabla^2 f(\bar{\mathbf{x}})(\mathbf{x}-\bar{\mathbf{x}}) \tag{10.7}$$

定义如下 QP：

$$\begin{aligned} \min \quad & \hat{f}(\mathbf{x}) \\ \text{s.t.} \quad & \mathbf{A}\mathbf{x} = \mathbf{b} \end{aligned} \tag{10.8}$$

由于 $\nabla^2 f(\bar{\mathbf{x}}) \succeq \mathbf{0}$，故式 (10.8) 为凸优化问题，且满足 Slater 条件，所以该问题可以用以下 KKT 条件求解：

$$\nabla f(\bar{\mathbf{x}}) + \nabla^2 f(\bar{\mathbf{x}})(\mathbf{x}-\bar{\mathbf{x}}) + \mathbf{A}^{\mathrm{T}}\boldsymbol{\nu} = \mathbf{0} \tag{10.9a}$$

$$\mathbf{A}\mathbf{x} = \mathbf{b} \tag{10.9b}$$

其中，$\boldsymbol{\nu}$ 是式 (10.8) 中等式约束的对偶变量。式 (10.9) 中给出的 KKT 条件可以表示为如下的线性方程系统：

$$\begin{bmatrix} \nabla^2 f(\bar{\mathbf{x}}) & \mathbf{A}^{\mathrm{T}} \\ \mathbf{A} & \mathbf{0} \end{bmatrix} \begin{bmatrix} \mathbf{x} \\ \boldsymbol{\nu} \end{bmatrix} = \begin{bmatrix} \nabla^2 f(\bar{\mathbf{x}})\bar{\mathbf{x}} - \nabla f(\bar{\mathbf{x}}) \\ \mathbf{b} \end{bmatrix} \tag{10.10}$$

假设这个系统可解，那么式 (10.8) 的原–对偶最优解为

$$\begin{aligned} \begin{bmatrix} \mathbf{x}^\star \\ \boldsymbol{\nu}^\star \end{bmatrix} &= \begin{bmatrix} \nabla^2 f(\bar{\mathbf{x}}) & \mathbf{A}^{\mathrm{T}} \\ \mathbf{A} & \mathbf{0} \end{bmatrix}^{\dagger} \begin{bmatrix} \nabla^2 f(\bar{\mathbf{x}})\bar{\mathbf{x}} - \nabla f(\bar{\mathbf{x}}) \\ \mathbf{b} \end{bmatrix} + \mathbf{y} \\ \mathbf{y} &\in \mathcal{N}\left(\begin{bmatrix} \nabla^2 f(\bar{\mathbf{x}}) & \mathbf{A}^{\mathrm{T}} \\ \mathbf{A} & \mathbf{0} \end{bmatrix} \right) \end{aligned} \tag{10.11}$$

当问题式 (10.6) 中没有等式约束时，即 $\mathbf{A}=\mathbf{0}$ 且 $\mathbf{b}=\mathbf{0}$，则式 (10.8) 的原最优解退化为

$$\begin{aligned} \mathbf{x}^\star &= \left(\nabla^2 f(\bar{\mathbf{x}})\right)^{\dagger} \left(\nabla^2 f(\bar{\mathbf{x}})\bar{\mathbf{x}} - \nabla f(\bar{\mathbf{x}})\right) + \tilde{\mathbf{y}} \\ &= \bar{\mathbf{x}} - \left(\nabla^2 f(\bar{\mathbf{x}})\right)^{\dagger} \nabla f(\bar{\mathbf{x}}) + \tilde{\mathbf{y}},\ \tilde{\mathbf{y}} \in \mathcal{N}\left(\nabla^2 f(\bar{\mathbf{x}})\right) \end{aligned} \tag{10.12}$$

迭代 $\bar{\mathbf{x}}$ 会沿着指定方向进行更新，从而使得目标函数 f 随迭代递减，记更新方向为 $\mathbf{d}_{\bar{\mathbf{x}}}$，并假设 $\mathbf{d}_{\bar{\mathbf{x}}}$ 满足 $\nabla f(\bar{\mathbf{x}})^T\mathbf{d}_{\bar{\mathbf{x}}} < 0$，则 $\bar{\mathbf{x}}$ 的更新公式为

$$\bar{\mathbf{x}} := \bar{\mathbf{x}} + t \cdot \mathbf{d}_{\bar{\mathbf{x}}} \tag{10.13}$$

其中，t 是由回溯线搜索确定的步长参数。回溯线搜索通过两个预先设定好的参数 $\alpha \in (0, 0.5)$，$\beta \in (0,1)$ 得到 t 的值，具体见算法 10.1。参数 α 描述了函数 f 在线性近似下递减的程度，而参数 β 决定了回溯线搜索的精度，具体而言，β 越大意味着精度越高，但计算复杂度也随之增加。

算法 10.1 回溯线搜索

1: 在 $\bar{\mathbf{x}} \in \mathbf{dom}\, f$ 处给定 f 的一个下降方向 $\mathbf{d}_{\bar{\mathbf{x}}}$，令 $\alpha \in (0, 0.5)$，$\beta \in (0, 1)$，$t = 1$；
2: **if** $f(\bar{\mathbf{x}} + t\mathbf{d}_{\bar{\mathbf{x}}}) > f(\bar{\mathbf{x}}) + \alpha t \nabla f(\bar{\mathbf{x}})^{\mathrm{T}} \mathbf{d}_{\bar{\mathbf{x}}}$ **then**
3: **repeat**
4: $t := \beta t$;
5: **until** $f(\bar{\mathbf{x}} + t\mathbf{d}_{\bar{\mathbf{x}}}) \leqslant f(\bar{\mathbf{x}}) + \alpha t \nabla f(\bar{\mathbf{x}})^{\mathrm{T}} \mathbf{d}_{\bar{\mathbf{x}}}$
6: **end if**
7: 输出 t 作为 f 沿着 $\mathbf{d}_{\bar{\mathbf{x}}}$ 方向下降的步长。

为了说明算法 10.1 的运行机制，考虑一个无约束的一维凸优化问题，其目标函数和线性近似分别如下：

$$f(x) = \mathrm{e}^{-2x} + x - 0.5 \tag{10.14}$$

$$\text{线性近似}: f(\bar{x}) + \alpha f'(\bar{x})(x - \bar{x}) \tag{10.15}$$

如图 10.1 所示，$f(x)$ 标识的曲线代表实际目标函数 $f(x)$（由式 (10.14) 给出），两条虚线（分别对应的两个参数为 $\alpha = 0.25, \alpha = 1$）代表线性近似函数，由式 (10.15) 给出。当 $\bar{x} = 1$ 时，相关的二次凸函数 $\hat{f}$ 由式 (10.7) 给出。在这种情况下，$x^\star = -0.35$（$\hat{f}$ 的最优解）和 $d_{\bar{x}} = x^\star - \bar{x} = -1.35$；当 $t = 0.64$ 时，一个可接受点 $\bar{x} + td_{\bar{x}}$ 由箭头所指示。其中，图 10.1 中一条虚线（$\alpha = 0.25$）表示，通过 βt 迭代更新 t 可得到一个合适的点 $x = \bar{x} + td_{\bar{x}}$，使得在预先给定 $\alpha \in (0, 0.5)$ 下，$f(\bar{x} + td_{\bar{x}})$ 位于线性近似下方。另一条虚线表示 $\alpha = 1$ 时问题的线性近似（尽管在算法 10.1 中这是不被允许的），它实际上是 f 和 $\hat{f}$ 的一阶紧下界（参考式 (10.7)），同时也表明对于 $\alpha = 1$ 来说不存在步长 t 使得 $f(\bar{x} + td_{\bar{x}}) < f(\bar{x}) + \alpha f'(\bar{x}) td_{\bar{x}}$ 成立。

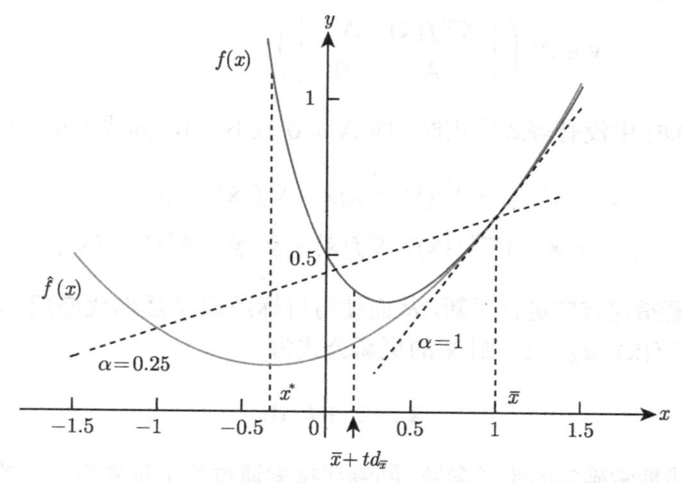

图 10.1 回溯线搜索算法 10.1 图示

使用 Newton 法解决等式约束的凸优化问题式 (10.6) 的算法参考算法 10.2。如果式 (10.11) 有解，且 $\mathbf{x}^\star \neq \bar{\mathbf{x}}$，则其搜索方向向量为

$$\mathbf{d}_{\bar{\mathbf{x}}} = \mathbf{x}^\star - \bar{\mathbf{x}} \tag{10.16}$$

式 (10.16) 被称为 Newton 步径。由凸 QP 式 (10.8) 的一阶最优性条件及 $\nabla^2 f(\bar{\mathbf{x}}) \succeq \mathbf{0}$ 可知，当 $\mathbf{d}_{\bar{\mathbf{x}}} = \mathbf{x}^\star - \bar{\mathbf{x}} \notin \mathcal{N}(\nabla^2 f(\bar{\mathbf{x}}))$（参考式 (1.90)）成立时，有

$$\begin{aligned}
&\nabla \hat{f}(\mathbf{x}^\star)^{\mathrm{T}}(\mathbf{x}^\star - \bar{\mathbf{x}}) = (\nabla f(\bar{\mathbf{x}}) + \nabla^2 f(\bar{\mathbf{x}})(\mathbf{x}^\star - \bar{\mathbf{x}}))^{\mathrm{T}}(\mathbf{x}^\star - \bar{\mathbf{x}}) \leqslant 0 \\
&\Rightarrow \nabla f(\bar{\mathbf{x}})^{\mathrm{T}}(\mathbf{x}^\star - \bar{\mathbf{x}}) \leqslant -(\mathbf{x}^\star - \bar{\mathbf{x}})^{\mathrm{T}}\nabla^2 f(\bar{\mathbf{x}})(\mathbf{x}^\star - \bar{\mathbf{x}}) \leqslant 0 \\
&\Rightarrow \nabla f(\bar{\mathbf{x}})^{\mathrm{T}}\mathbf{d}_{\bar{\mathbf{x}}} < 0
\end{aligned}$$

此外，由于 $\mathbf{A}\mathbf{d}_{\bar{\mathbf{x}}} = \mathbf{0}$（因为 $\mathbf{A}\mathbf{x}^\star = \mathbf{A}\bar{\mathbf{x}} = \mathbf{b}$），利用式 (10.13) 更新后的 $\bar{\mathbf{x}}$ 依旧是问题式 (10.6) 的可行解。因而，算法 10.2 在每次迭代中产生介于 $\bar{\mathbf{x}}$（对应于 $t=0$）和 $\mathbf{x}^\star$（对应于 $t=1$）之间的新迭代 $\bar{\mathbf{x}} + t\mathbf{d}_{\bar{\mathbf{x}}}$，直到算法收敛（参考图 10.1，其中 $f(x^\star) > f(\bar{x})$）。另一方面，当 $\mathbf{x}^\star = \bar{\mathbf{x}}$ 时，由问题式 (10.8) 的 KKT 条件式 (10.9) 易得 $\nabla f(\bar{\mathbf{x}})^{\mathrm{T}}(\mathbf{x} - \bar{\mathbf{x}}) = 0$，对任意的 $\mathbf{x} \in \{\boldsymbol{x} \mid \mathbf{A}\boldsymbol{x} - \mathbf{b} = \mathbf{0}\}$ 均成立，所以有 $\nabla f(\bar{\mathbf{x}}) = 0$；也就是说，$\bar{\mathbf{x}}$ 也是式 (10.6) 的最优解，此时算法 10.2 收敛。

算法 10.2 等式约束下凸优化问题的 Newton 法

1: 给定 问题式 (10.6) 的一个可行点 $\bar{\mathbf{x}}$。
2: **repeat**
3: 　通过式 (10.11) 或式 (10.12) 获得问题式 (10.8) 的最优解 $\mathbf{x}^\star$；
4: 　通过回溯线搜索（算法 10.1）沿 f 下降的方向 $\mathbf{d}_{\bar{\mathbf{x}}} = \mathbf{x}^\star - \bar{\mathbf{x}}$ 选择步长 t；
5: 　更新 $\bar{\mathbf{x}} := \bar{\mathbf{x}} + t\mathbf{d}_{\bar{\mathbf{x}}}$；
6: **until** 满足预先设定的停止准则。
7: 输出 $\bar{\mathbf{x}}$ 作为问题式 (10.6) 的解。

10.2.2 障碍函数

本节将讨论如何通过将原始问题式 (10.1) 近似表示为一个等式约束问题，从而利用 Newton 法进行求解。为此考虑删去式 (10.1) 中的不等式约束条件，但在目标函数中对此加以补偿，因而得到如下的等价问题：

$$\begin{aligned}
\min \quad & \left\{ \tilde{f}_0(\mathbf{x}) \triangleq f_0(\mathbf{x}) + \sum_{i=1}^{m} I_-(f_i(\mathbf{x})) \right\} \\
\text{s.t.} \quad & \mathbf{A}\mathbf{x} = \mathbf{b}
\end{aligned} \tag{10.17}$$

其中，指示函数 $I_- = I_{\mathcal{B}=-\mathbb{R}_+}$，其定义见式 (9.19)，即

$$I_-(u) = \begin{cases} 0, & u \leqslant 0 \\ \infty, & u > 0 \end{cases} \tag{10.18}$$

注意，问题式 (10.17) 是凸的，但是目标函数 $\tilde{f}_0(\mathbf{x})$ 不可微。如果该问题可解，那么其最优解应该和式 (10.1) 的最优解相同。但此处并不直接求解式 (10.17)，而是解决与之近似的问题。

虽然式 (10.17) 没有不等式约束，但是对于任意严格可行点 $\mathbf{x} \in \mathcal{C}$，目标函数 $\tilde{f}_0(\mathbf{x})$ 实际上和 $f_0(\mathbf{x})$ 相同，否则为 ∞，这使得补偿项产生二元决策，或 $\tilde{f}_0(\mathbf{x}) = \infty$，或 $\tilde{f}_0(\mathbf{x}) = f_0(\mathbf{x})$。如果定义障碍集为

$$\mathcal{B} \triangleq \bigcup_{i=1}^{m} \{\mathbf{x} \mid f_i(\mathbf{x}) = 0\} \tag{10.19}$$

那么 $\tilde{f}_0(\mathbf{x})$ 的定义中并不能刻画 $\mathbf{x}$ 与 $\mathcal{B}$ 的接近程度。这里 $\mathcal{B}$ 的几何意义是定义了一个很大的障碍因子，避免了在寻找问题式 (10.17) 最小值过程中，目标值增长至无穷的问题。这个障碍类似于通信系统接收端解调的硬判决，而实际上利用软判决（对应于光滑递增的似然函数）可以获得更可靠的译码性能，也因此被广泛地使用在通信系统中。类似地，利用所谓的**对数障碍法**来近似指示函数，形式如下：

$$\hat{I}_-(u) = \begin{cases} -\dfrac{1}{t}\log(-u), & u < 0 \\ \infty, & u \geqslant 0 \end{cases}$$

其中，参数 $t > 0$ 决定了上式近似 $I_-(u)$ 的精确程度。如图 10.2 所示，黑线表示指示函数 $I_-(u)$，其他曲线分别为 $\hat{I}_-(u) = -(1/t)\log(-u)$ 在 $t = 0.5, 1, 2$ 时的情况。当 $t = 2$ 时，曲线给出了 $I_-(u)$ 的最优近似。指示函数的近似 $\hat{I}_-(u)$ 为严格递增的凸函数，当 $u \geqslant 0$ 时指数函数近似为 ∞。此外，对于任意 $u < 0$，$\hat{I}_-(u)$ 是二次可微的闭函数（参考注 3.23）。

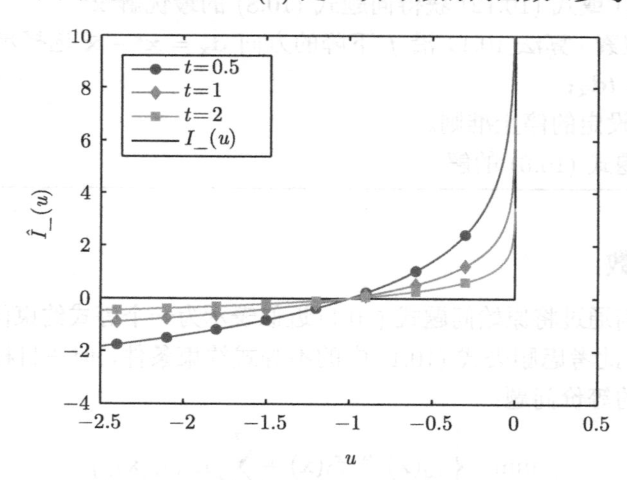

图 10.2 对数障碍法近似指示函数的图示

将 $\hat{I}_-(u)$ 代入式 (10.17)，替换其中的 $I_-(u)$ 可得

$$\begin{aligned} \min \quad & f_0(\mathbf{x}) + \frac{1}{t} \cdot \phi(\mathbf{x}) \\ \text{s.t.} \quad & \mathbf{A}\mathbf{x} = \mathbf{b} \end{aligned} \tag{10.20}$$

其中，函数

$$\phi(\mathbf{x}) \triangleq t\sum_{i=1}^{m} \hat{I}_-(f_i(\mathbf{x})) = -\sum_{i=1}^{m} \log(-f_i(\mathbf{x})) \tag{10.21}$$

其定义域为

$$\mathbf{dom}\ \phi = \{\mathbf{x} \in \mathbb{R}^n \mid f_i(\mathbf{x}) < 0,\ i = 1, \ldots, m\}$$

称式 (10.21) 为**对数障碍**。对于任意 $\mathbf{x} \in \{\mathbf{x} \mid \phi(\mathbf{x}) = 0\}$，不论 t 如何取值，问题式 (10.20) 的目标函数 $f_0(\mathbf{x}) + \phi(\mathbf{x})/t$ 都与 $f_0(\mathbf{x})$ 相同。

下面用一个简单的例子说明式 (10.20)，

$$\begin{aligned} &\min \quad \left\{ f_0(x) \triangleq \mathrm{e}^{-x} + \frac{x^3}{3} \right\} \\ &\text{s.t.} \quad |x| \leqslant 2 \end{aligned} \tag{10.22}$$

相应的对数障碍为

$$\phi(x) = -\log(-x+2) - \log(x+2),\ 且\ \{x \mid \phi(x) = 0\} = \{\pm\sqrt{3}\} \tag{10.23}$$

图 10.3 给出了不同 t 值下式 (10.22) 的目标函数和对应的解，其中 $f_0(x)$ 在式 (10.22) 中给出，对数障碍 $\phi(x)$ 在式 (10.23) 给出。相应的无约束凸问题式 (10.20) 的最优解为：$t = 0.25$ 时，$x = 0.310$；$t = 0.5$ 时，$x = 0.435$；$t = 1$ 时，$x = 0.539$；以及 $t = \infty$ 时，$x = 0.7035$，相应的最优值 $f_0(x) + \phi(x)/t$ 用圆点进行标注。注意，由于 $\phi(\pm\sqrt{3}) = 0$，故四条相关的曲线在 $x = \pm\sqrt{3}$ 处相交。由图 10.3 也可以看到式 (10.22) 的一些趋势，随着优化变量 x 逐渐接近障碍值，目标函数值也将随之增大，而且 t 越小，目标函数值的增速越大。直观上来看的话，在 $x = \sqrt{3}$ 处所有的目标函数 $f_0(x) + \phi(x)/t$（对于任意 $t > 0$）相交。而且这个点可以被认为是一个路标，过了 $x = \sqrt{3}$ 则会在 $x = 2$ 时遇到障碍（即 $f_0(x) + \phi(x)/t \to \infty$），同时目标值随着 x 接近障碍而迅速变大。在 $x = -\sqrt{3}$ 处类似。下面讨论这个问题的重要性。

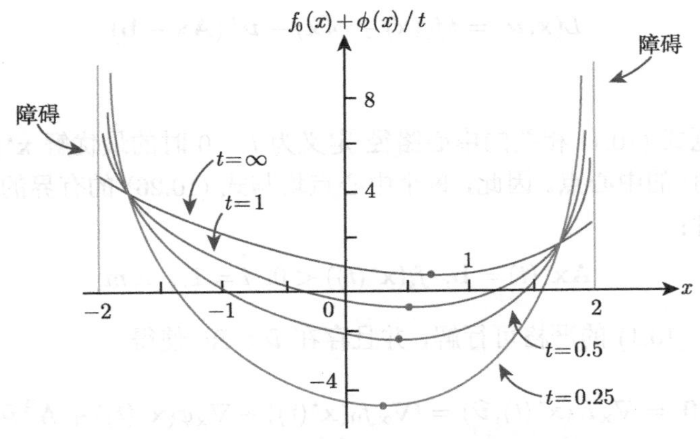

图 10.3　问题式 (10.20) 在 t 取不同值时的图示

显然，式 (10.20) 的解仅仅是式 (10.1) 的近似解，但式 (10.20) 中目标函数的第二项 $\phi(\mathbf{x})/t$ 起到了正则项 的作用（由被删去的原优化问题的不等式约束函数 f_i 决定）。此外，因为对于更靠近 $\mathcal{B}$ 的 $\mathbf{x}$ 来说，$\phi(\mathbf{x})$ 值更大。t 越小，问题式 (10.20) 的最小值越远离障碍 $\mathcal{B}$（参考式 (10.19)）；而随着 t 趋于无穷，对于任何严格可行点来说，正则项会趋于零。此外，如果问题式 (10.20) 的最优值有解，则其最优解记作 $\mathbf{x}^\star(t)$，原始优化问题式 (10.1) 的严格可行解

即 $\mathbf{x}^\star(t) \in \textbf{relint}\ \mathcal{C}$。因此给定 t 的初始值和一个可行的初始点 $\mathbf{x}(t)$，就可以迭代地解决问题式 (10.20)（t 的取值随迭代次数而增大）以获得原始优化问题式 (10.1) 的严格可行 ϵ- 最优解。当然，在理论上允许的最优解是一个非严格可行点。

由于 $\phi(\mathbf{x})$ 是凸函数（它由递增凸函数 $\hat{I}_-$ 和凸函数 f_i 组成，参考式 (3.76a)），故问题式 (10.20) 的目标函数为凸，且关于 $\mathbf{x}$ 二次可微。故式 (10.20) 可利用 Newton 法解决，其对数障碍函数 ϕ 的梯度和 Hessian 函数分别为

$$\nabla\phi(\mathbf{x}) = \sum_{i=1}^{m} \frac{1}{-f_i(\mathbf{x})}\nabla f_i(\mathbf{x}) \tag{10.24}$$

$$\nabla^2\phi(\mathbf{x}) = \sum_{i=1}^{m} \frac{1}{f_i^2(\mathbf{x})}\nabla f_i(\mathbf{x})\nabla f_i(\mathbf{x})^{\mathrm{T}} + \sum_{i=1}^{m} \frac{1}{-f_i(\mathbf{x})}\nabla^2 f_i(\mathbf{x}) \succeq \mathbf{0} \tag{10.25}$$

10.3 中心路径

考虑凸问题式 (10.20) 的等价形式（对式 (10.20) 的目标函数乘以 t 后获得）如下：

$$\begin{aligned} &\min\ tf_0(\mathbf{x}) + \phi(\mathbf{x}) \\ &\text{s.t. } \mathbf{A}\mathbf{x} = \mathbf{b} \end{aligned} \tag{10.26}$$

该问题的最优解与式 (10.20) 相同。假设凸问题式 (10.26) 可以利用 Newton 法解决，并且对于每一个 $t > 0$ 的值都有唯一解 $\mathbf{x}^\star(t)$ 与之对应。因此，相关的 Lagrange 函数仅仅包括 p 个等式约束函数，表示为

$$L(\mathbf{x}, \boldsymbol{\nu}) = tf_0(\mathbf{x}) + \phi(\mathbf{x}) + \boldsymbol{\nu}^{\mathrm{T}}(\mathbf{A}\mathbf{x} - \mathbf{b}) \tag{10.27}$$

其中，$\boldsymbol{\nu} \in \mathbb{R}^p$。

与原始凸问题式 (10.1) 相关的**中心路径** 定义为 $t > 0$ 时的最优解 $\mathbf{x}^\star(t) \in \mathcal{C}$ 的集合，也称为问题式 (10.26) 的中心点。因此，每个中心点均与式 (10.26) 的有界的最优值相关联，且一定满足如下条件：

$$\mathbf{A}\mathbf{x}^\star(t) = \mathbf{b},\ f_i(\mathbf{x}^\star(t)) < 0,\ i = 1, \ldots, m \tag{10.28}$$

即 $\mathbf{x}^\star(t)$ 是问题式 (10.1) 的严格可行解，并且存在 $\hat{\boldsymbol{\nu}} \in \mathbb{R}^p$ 使得

$$\begin{aligned} \mathbf{0} &= \nabla_{\mathbf{x}} L\left(\mathbf{x}^\star(t), \hat{\boldsymbol{\nu}}\right) = t\nabla_{\mathbf{x}} f_0(\mathbf{x}^\star(t)) + \nabla_{\mathbf{x}}\phi(\mathbf{x}^\star(t)) + \mathbf{A}^{\mathrm{T}}\hat{\boldsymbol{\nu}} \\ &= t\nabla_{\mathbf{x}} f_0(\mathbf{x}^\star(t)) + \sum_{i=1}^{m} \frac{1}{-f_i(\mathbf{x}^\star(t))}\nabla_{\mathbf{x}} f_i(\mathbf{x}^\star(t)) + \mathbf{A}^{\mathrm{T}}\hat{\boldsymbol{\nu}} \end{aligned} \tag{10.29}$$

经过适当的变量变换，式 (10.29) 实际上与式 (10.5d) 具有相同的形式。

对于给定的 t，因为式 (10.26) 为凸（对于任意给定 $t > 0$），并且原最优值和对偶最优值相同（由于强对偶性），所以 $\mathbf{x}^\star(t)$ 和 $\hat{\boldsymbol{\nu}}$ 是问题式 (10.26) 原–对偶最优解，问题式 (10.26) 的最优解 $\mathbf{x}^\star(t)$ 和 $\hat{\boldsymbol{\nu}}$ 同时也是式 (10.1) 的原–对偶可行点，其原因如下。

论据 10.1 问题式 (10.1) 的中心路径上的每个点 $\mathbf{x}^\star(t)$ 都是严格可行点，所以其对偶可行点 $(\boldsymbol{\lambda}^\star(t), \boldsymbol{\nu}^\star(t))$ 为

$$\lambda_i^\star(t) = -\frac{1}{tf_i(\mathbf{x}^\star(t))} \geqslant 0,\ i = 1, \ldots, m \tag{10.30a}$$

$$\boldsymbol{\nu}^\star(t) = \widehat{\boldsymbol{\nu}}/t \tag{10.30b}$$

这是由于

$$\nabla_{\mathbf{x}} L\left(\mathbf{x}^\star(t), \widehat{\boldsymbol{\nu}}\right)/t = \nabla_{\mathbf{x}} \mathcal{L}\left(\mathbf{x}^\star(t), \boldsymbol{\lambda}^\star(t), \boldsymbol{\nu}^\star(t)\right) = \mathbf{0} \quad \text{（根据式 (10.29) ）} \tag{10.31}$$

此外，$\mathbf{x}^\star(t)$ 与对偶可行点 $(\boldsymbol{\lambda}^\star(t), \boldsymbol{\nu}^\star(t))$ 之间的对偶间隙为

$$\begin{aligned}\eta(t) &= f_0(\mathbf{x}^\star(t)) - g(\boldsymbol{\lambda}^\star(t), \boldsymbol{\nu}^\star(t)) \\ &= f_0(\mathbf{x}^\star(t)) - \mathcal{L}(\mathbf{x}^\star(t), \boldsymbol{\lambda}^\star(t), \boldsymbol{\nu}^\star(t)) = m/t\end{aligned} \tag{10.32}$$

其中，m 是不等式约束的总数。因此 $\mathbf{x}^\star(t)$ 是 m/t-次优的。

式 (10.32) 的证明 给定的满足式 (10.28) 和式 (10.29) 的 $\mathbf{x}^\star(t)$，那么它也满足式 (10.5a) 和式 (10.5b)，且根据式 (10.31) 知 $(\boldsymbol{\lambda}^\star(t)\boldsymbol{\nu}^\star(t))$（定义见式 (10.30a) 和式 (10.30b)）满足式 (10.5c) 和式 (10.5d)，因此 $(\boldsymbol{\lambda}^\star(t), \boldsymbol{\nu}^\star(t))$ 是式 (10.1) 的对偶可行解。此外，式 (10.1) 的对偶函数为

$$\begin{aligned}g(\boldsymbol{\lambda}^\star(t), \boldsymbol{\nu}^\star(t)) &= \inf_{\mathbf{x}\in\mathcal{D}} \mathcal{L}(\mathbf{x}, \boldsymbol{\lambda}^\star(t), \boldsymbol{\nu}^\star(t)) = \mathcal{L}(\mathbf{x}^\star(t), \boldsymbol{\lambda}^\star(t), \boldsymbol{\nu}^\star(t)) \\ &= f_0(\mathbf{x}^\star(t)) + \sum_{i=1}^m \lambda_i^\star(t) f_i(\mathbf{x}^\star(t)) + \boldsymbol{\nu}^\star(t)^{\mathrm{T}}(\mathbf{A}\mathbf{x}^\star(t) - \mathbf{b}) \\ &= f_0(\mathbf{x}^\star(t)) - m/t \quad \text{（根据式 (10.30) ）}\end{aligned} \tag{10.33}$$

因此，$\mathbf{x}^\star(t)$ 是原可行点，且 $(\boldsymbol{\lambda}^\star(t), \boldsymbol{\nu}^\star(t))$ 是式 (10.1) 的对偶可行点，对偶间隙是 $\eta(t) = m/t$。 □

下面从 KKT 最优性条件式 (10.5) 的连续变形形式这一角度来理解式 (10.28) 和式 (10.29) 给出的中心路径条件。由论据 10.1 和式 (10.28) 可知，点 $\mathbf{x}$ 是中心点 $\mathbf{x}^\star(t)$，当且仅当存在一对 $(\boldsymbol{\lambda}, \boldsymbol{\nu})$ 和该 $\mathbf{x}$ 点满足

$$\mathbf{A}\mathbf{x} = \mathbf{b} \tag{10.34a}$$

$$f_i(\mathbf{x}) \leqslant 0,\ i = 1, \ldots, m \tag{10.34b}$$

$$\boldsymbol{\lambda} \succeq \mathbf{0} \tag{10.34c}$$

$$\nabla f_0(\mathbf{x}) + \sum_{i=1}^m \lambda_i \nabla f_i(\mathbf{x}) + \mathbf{A}^{\mathrm{T}}\boldsymbol{\nu} = \mathbf{0} \tag{10.34d}$$

$$-\lambda_i f_i(\mathbf{x}) = 1/t,\ i = 1, \ldots, m \tag{10.34e}$$

上述中心条件和原始 KKT 条件式 (10.5) 的唯一区别是，互补松弛条件 $\lambda_i f_i(\mathbf{x}) = 0$ 被 $-\lambda_i f_i(\mathbf{x}) = 1/t$ 所取代。这表明当 t 很大时，$\mathbf{x}^\star(t)$ 和对偶可行点 $(\boldsymbol{\lambda}^\star(t), \boldsymbol{\nu}^\star(t))$“几乎”满足问题式 (10.1) KKT 最优性条件。

10.4 障碍法

如前所述，$\mathbf{x}^\star(t)$ 是 m/t-次优的（参考论据 10.1），并且对偶可行解 $(\boldsymbol{\lambda}^\star(t), \boldsymbol{\nu}^\star(t))$ 保证了该解的精确度，这表明问题式 (10.1) 可以在保证一定精确度 $\epsilon = m/t$ 下得以解决。设 $t = m/\epsilon$，利用 Newton 法解决如下的等式约束问题：

$$\begin{aligned} \min \quad & \frac{m}{\epsilon} f_0(\mathbf{x}) + \phi(\mathbf{x}) \\ \text{s.t.} \quad & \mathbf{A}\mathbf{x} = \mathbf{b} \end{aligned} \tag{10.35}$$

当优化问题的规模较小时，可用一个较好的初始点得到一个中等精度的最优解，但并不适用于其他情况。原因是 ϵ 较小的情况下，式 (10.35) 是一个"病态（ill-conditioned）"问题，进而导致 Newton 法很难收敛到全局最优点。因此我们对上述过程进行简单的扩展，并称其为"**障碍法**"。

障碍法也称为**连续无约束最小化技术**（Sequential Unconstrained Minimization Technique，SUMT）或者**路径跟随法**。在该方法中，使用之前找到的最优点作为下一个无约束最小化问题的初始点，从而使得一系列无约束（或者线性约束）最小化问题得以解决（线性约束可通过第 4 章中所述的等价表示进行处理），换句话说，$\mathbf{x}^\star(t)$ 可由一系列逐渐增加的 t 计算得到，直到 $t > m/\epsilon$，从而一定可以获得原始问题的 ϵ- 次优解。算法的步骤总结如下。

算法 10.3 使用障碍法解决问题式 (10.1)

1: 给定严格可行点 $\boldsymbol{x}$, $t^{(0)} > 0$，$\mu > 1$ 以及精度 $\epsilon > 0$。
2: 设 $t := t^{(0)}/\mu$。
3: **repeat**
4: 　令 $t := \mu t$。
5: 　中心步骤：从起始点 $\boldsymbol{x}$ 处求解最小化问题 $\min \; t f_0 + \phi$, s.t. $\mathbf{A}\mathbf{x} = \mathbf{b}$，得到 $\mathbf{x}^\star(t)$。
6: 　更新：$\boldsymbol{x} := \mathbf{x}^\star(t)$。
7: **until** 对偶间隙 $m/t < \epsilon$。

对于障碍法有以下注释：

- 在每次迭代中（除了第一次）更新中心点 $\mathbf{x}^\star(t)$（从之前计算得到的中心点开始），参数 t 以因子 $\mu > 1$ 倍增。
- 该算法可由式 (10.30) 和式 (10.29) 得到对偶可行点，由第 5 步得到 m/t-次优点 $\mathbf{x}^\star(t)$。
- 每次执行第 5 步（对于不同的 t 来说）均产生一个新的中心点，故称第 5 步为**中心步骤**或者**外层迭代**。
- 在第 5 步中，可以使用算法 10.2（Newton 法）（当然也可以使用任意别的线性约束最小化问题的求解方法）。称中心步骤中所执行的 Newtown 迭代或者其他求解方法为**内层迭代**。

- 算法 10.3 初始化时的严格可行解 $\boldsymbol{x}$ 可以通过求解如下问题得到。

$$\min_{s,\boldsymbol{x}} \quad s \tag{10.36a}$$

$$\text{s.t.} \quad f_i(\boldsymbol{x}) \leqslant s,\ i=1,\ldots,m \tag{10.36b}$$

$$\mathbf{A}\boldsymbol{x} = \mathbf{b} \tag{10.36c}$$

对于式 (10.36) 而言，只要将 s 设得足够大，总是很容易得到它的严格可行点 $(\boldsymbol{x}, s)$。这样的话式 (10.36) 的最优解也可以通过算法 10.3 获得。需要注意的是，由于我们的目标仅仅是获得问题式 (10.1) 的一个严格可行点 $\boldsymbol{x}$，式 (10.36) 的任意可行点 $(\boldsymbol{x}, s<0)$ 就可达到目的，所以为了减小计算复杂度，停止准则可设定为 $s<0$。

对于参数设置的更多讨论，请参照 [BV04] 的 10.3.1 节。下面利用一个例子来阐述障碍法的具体实现。

例 10.1 考虑如下的凸优化问题：

$$\begin{aligned} \min_{\mathbf{x}\in\mathbb{R}^n} \quad & \left\{ f_0(\mathbf{x}) \triangleq \mathrm{e}^{\mathbf{a}^{\mathrm{T}}\mathbf{x}} + \mathrm{e}^{\mathbf{b}^{\mathrm{T}}\mathbf{x}} \right\} \\ \text{s.t.} \quad & \mathbf{c}^{\mathrm{T}}\mathbf{x} \geqslant 1,\ \mathbf{x} \succeq \mathbf{0} \end{aligned} \tag{10.37}$$

其中，$\mathbf{a}\in\mathbb{R}^n$，$\mathbf{b}\in\mathbb{R}^n$，$\mathbf{c}\in\mathbb{R}_+^n$。

在中心步骤中需要使用 Newton 法解决如下的无约束问题（参考式 (10.26)）：

$$\begin{aligned} \min_{\mathbf{x}\in\mathbb{R}^n} \Bigg\{ g_t(\mathbf{x}) &\triangleq t f_0(\mathbf{x}) + \phi(\mathbf{x}) \\ &= t\left(\mathrm{e}^{\mathbf{a}^{\mathrm{T}}\mathbf{x}} + \mathrm{e}^{\mathbf{b}^{\mathrm{T}}\mathbf{x}}\right) - \log\left(\mathbf{c}^{\mathrm{T}}\mathbf{x} - 1\right) - \sum_{i=1}^{n} \log x_i \Bigg\} \end{aligned} \tag{10.38}$$

$g_t(\mathbf{x})$ 的梯度和 Hessian 函数分别为

$$\nabla g_t(\mathbf{x}) = t\left(\mathrm{e}^{\mathbf{a}^{\mathrm{T}}\mathbf{x}}\cdot\mathbf{a} + \mathrm{e}^{\mathbf{b}^{\mathrm{T}}\mathbf{x}}\cdot\mathbf{b}\right) - \frac{\mathbf{c}}{\mathbf{c}^{\mathrm{T}}\mathbf{x}-1} - \left[x_1^{-1}, x_2^{-1}, \ldots, x_n^{-1}\right]^{\mathrm{T}}$$

$$\nabla^2 g_t(\mathbf{x}) = t\left(\mathrm{e}^{\mathbf{a}^{\mathrm{T}}\mathbf{x}}\cdot\mathbf{a}\mathbf{a}^{\mathrm{T}} + \mathrm{e}^{\mathbf{b}^{\mathrm{T}}\mathbf{x}}\cdot\mathbf{b}\mathbf{b}^{\mathrm{T}}\right) + \frac{\mathbf{c}\mathbf{c}^{\mathrm{T}}}{\left(\mathbf{c}^{\mathrm{T}}\mathbf{x}-1\right)^2} + \mathbf{Diag}\left(x_1^{-2}, \ldots, x_n^{-2}\right)$$

因此，在中心步骤的每次内层迭代，我们需计算出

$$\boldsymbol{x}^\star = \bar{\mathbf{x}} - s\cdot\left(\nabla^2 g_t(\bar{\mathbf{x}})\right)^\dagger \nabla g_t(\bar{\mathbf{x}}) \quad \text{（根据式 (10.12) ）}$$

其中， $s>0$ 是由回溯线搜索确定的步长（算法 10.1），更新 $\bar{\mathbf{x}} := \boldsymbol{x}^\star$ 直到收敛（参考算法 10.2）。此时对于当前的外层迭代，中心步骤返回 $\mathbf{x}^\star(t) = \boldsymbol{x}^\star$（即问题式 (10.38) 的解）。例 10.1 的中心路径 $\mathbf{x}^\star(t)$ 如图 10.4 所示，其中 $n=2$，$\mathbf{a}=(1.006,-0.006)$，$\mathbf{b}=(0.329,0.671)$，$\mathbf{c}=(0.527,0.473)$，当 $t^{(0)}=0.1$ 时，初始点为 $\mathbf{x}^\star(t^{(0)})$，且回溯线搜索参数是 $\alpha=0.1$，$\beta=0.5$。□

最后讨论障碍法的复杂度，相关分析详见 [BV04] 中的 11.5 节。在这里仅简要总结有关复杂度的结果。假设凸问题式 (10.1) 满足如下条件：

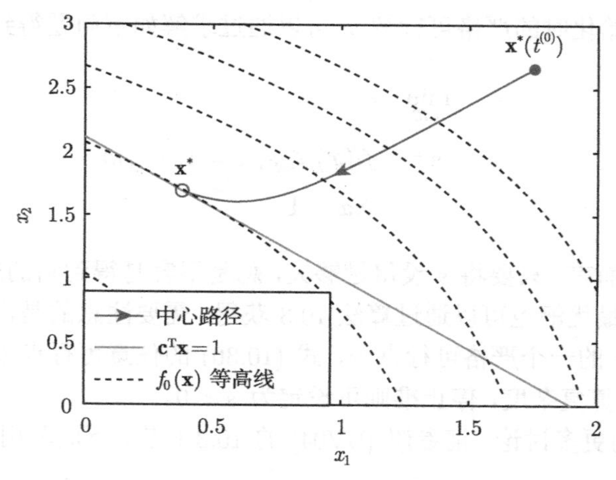

图 10.4　问题式 (10.37) 的中心路径

(C1) 函数 $tf_0(\mathbf{x})+\phi(\mathbf{x})$ 是闭的（即 $\mathbf{epi}\ tf_0+\phi$ 是一个闭集），对于任意 $t\geqslant t^{(0)}$，定义自和谐如下：

- 凸函数 $f:\mathbb{R}^n\rightarrow\mathbb{R}$ 是自和谐的，如果对于任意 $\mathbf{x}\in\mathbf{dom}\ f$ 和 $\mathbf{v}\in\mathbb{R}^n$，函数

$$\tilde{f}(t)\triangleq f(\mathbf{x}+t\mathbf{v}),\quad \mathbf{dom}\ \tilde{f}=\{t\mid \mathbf{x}+t\mathbf{v}\in\mathbf{dom}\ f\}$$

均满足

$$\left|\tilde{f}'''(t)\right|\leqslant 2\tilde{f}''(t)^{3/2},\ \forall t\in\mathbf{dom}\ \tilde{f}$$

(C2) 式 (10.1) 中所有不等式约束构成的约束集是有界的，即存在 $R>0$ 使得 $\{\mathbf{x}\in\mathbb{R}^n\mid f_i(\mathbf{x})\leqslant 0,\ i=1,\ldots,m\}\subseteq B(\mathbf{0},R)$（一个 ℓ_2-范数球）。

参考 [BV04] 的式 (11.36) 和式 (11.37)，使用障碍法解决问题式 (10.1) 总共需要的 Newton 迭代次数的上界为 N_1+N_2，其中

$$N_1=\left\lceil\sqrt{m+2}\log_2\left(\frac{(m+1)(m+2)GR}{|s^\star|}\right)\right\rceil\left(\frac{1}{2\gamma}+c\right)\tag{10.39}$$

$$N_2=\left\lceil\sqrt{m+1}\log_2\left(\frac{(m+1)(\bar{p}-p^\star)}{\epsilon}\right)\right\rceil\left(\frac{1}{2\gamma}+c\right)\tag{10.40}$$

N_1 表示初始化障碍法所需的 Newton 迭代次数，即获得初始点 $\boldsymbol{x}$ 和 t 所需的迭代次数（参考算法 10.3），其中

$$G\triangleq\max_{i=1,\ldots,m}\|\nabla f_i(\mathbf{0})\|_2$$

$$s^\star\triangleq\inf_{\mathbf{Ax}=\mathbf{b}}\ \max_{i=1,\ldots,m}f_i(\mathbf{x})\quad\text{（问题式 (10.36) 的最优值）}$$

γ,c 取决回溯参数 α,β（参考算法 10.1）和 Newton 法求解的精度。另一方面，N_2 是执行步骤 4 到步骤 6 直到算法 10.3 收敛所需的 Newton 迭代次数，其中 $\bar{p}$ 是问题式 (10.1) 最优值的上界，如 $f_0(\mathbf{x}^\star(t^{(0)}))$。

将实数标量的加法和乘法视作基本操作，则在一次 Newton 迭代中（即计算式 (10.11)）所需的基本操作总次数是关于问题维数（即优化变量数 n，不等式约束个数 m 和等式约束

个数 p）的一个多项式函数。因此，在 G、R 及 $s^\star$ 都没有 n、m 和 p 的多项式函数的指数增长得快的合理假设下，用障碍法求解凸问题式 (10.1)（满足 (C1) 和 (C2) 条件）的运算复杂度是关于问题维数的一个多项式函数，因此凸问题式 (10.1) 是一个多项式时间内可解的问题。

10.5 原–对偶内点法

尽管原–对偶内点法和之前提到的障碍法的目标都是找到凸优化问题式 (10.1) 的 ϵ– 最优解，但是两者在概念及具体操作上存在区别，下面给出说明。

- 障碍法先消去原 KKT 条件中的对偶变量 $\boldsymbol{\lambda}$，再利用 Newton 法求解修正的 KKT 条件式 (10.34)，而原–对偶内点法直接利用 Newton 法求解修正的 KKT 条件。
- 不同于障碍法，在原–对偶内点法里没有内外层迭代的区分（即只有一层循环），在每次迭代中，同时更新原始和对偶变量。
- 障碍法在每次迭代时通过解决凸优化问题式 (10.26) 得到的 $\mathbf{x}^\star(t)$ 是原始凸优化问题式 (10.1) 的一个中心点，与障碍法相反，在原–对偶内点法中，$\mathbf{x}^\star(t)$ 不再是一个中心点，因此后者的对偶间隙不再是 $\eta(t) = m/t$。

10.5.1 原–对偶搜索方向

我们从修正的 KKT 条件式 (10.34) 开始分析，将其表示为 $\mathbf{r}_t(\mathbf{x}, \boldsymbol{\lambda}, \boldsymbol{\nu}) = \mathbf{0}_{n+m+p}$（仅仅涉及等式约束）。定义

$$\mathbf{r}_t(\mathbf{x}, \boldsymbol{\lambda}, \boldsymbol{\nu}) = \begin{bmatrix} \mathbf{r}_{\text{dual}} \\ \mathbf{r}_{\text{cent}} \\ \mathbf{r}_{\text{pri}} \end{bmatrix} = \begin{bmatrix} \nabla f_0(\mathbf{x}) + \big(D\boldsymbol{f}(\mathbf{x})\big)^{\mathrm{T}}\boldsymbol{\lambda} + \mathbf{A}^{\mathrm{T}}\boldsymbol{\nu} \\ -\mathbf{Diag}(\boldsymbol{\lambda})\boldsymbol{f}(\mathbf{x}) - (1/t)\mathbf{1}_m \\ \mathbf{A}\mathbf{x} - \mathbf{b} \end{bmatrix} \tag{10.41}$$

且 $t > 0$。在式 (10.41) 中，$\boldsymbol{f}: \mathbb{R}^n \to \mathbb{R}^m$ 以及其导数矩阵 $D\boldsymbol{f}$ 分别为

$$\boldsymbol{f}(\mathbf{x}) \triangleq \begin{bmatrix} f_1(\mathbf{x}) \\ \vdots \\ f_m(\mathbf{x}) \end{bmatrix}, \quad D\boldsymbol{f}(\mathbf{x}) = \begin{bmatrix} Df_1(\mathbf{x}) \\ \vdots \\ Df_m(\mathbf{x}) \end{bmatrix} = \begin{bmatrix} \nabla f_1(\mathbf{x})^{\mathrm{T}} \\ \vdots \\ \nabla f_m(\mathbf{x})^{\mathrm{T}} \end{bmatrix}$$

如果 $\mathbf{x}^\star(t), \boldsymbol{\lambda}^\star(t), \boldsymbol{\nu}^\star(t)$ 满足 $\mathbf{r}_t(\mathbf{x}, \boldsymbol{\lambda}, \boldsymbol{\nu}) = \mathbf{0}_{n+m+p}$ 且 $f_i(\mathbf{x}^\star(t)) < 0, \forall i$（表明 $\lambda_i^\star(t) > 0, \forall i$），那么 $\mathbf{x}^\star(t)$ 一定既是中心点又是原始可行点，且 $(\boldsymbol{\lambda}^\star(t), \boldsymbol{\nu}^\star(t))$ 一定是式 (10.1) 的一个对偶可行点，对偶间隙为 $\eta(t) = m/t$。

称 $\mathbf{r}_t$ 中的第一个块分量

$$\mathbf{r}_{\text{dual}} = \nabla f_0(\mathbf{x}) + \big(D\boldsymbol{f}(\mathbf{x})\big)^{\mathrm{T}}\boldsymbol{\lambda} + \mathbf{A}^{\mathrm{T}}\boldsymbol{\nu}$$

为对偶残差，称最后一个块分量

$$\mathbf{r}_{\text{pri}} = \mathbf{A}\mathbf{x} - \mathbf{b}$$

为**原始残差**，称中间块分量

$$\mathbf{r}_{\text{cent}} = -\mathbf{Diag}(\boldsymbol{\lambda})\boldsymbol{f}(\mathbf{x}) - (1/t)\mathbf{1}_m$$

为**中心性残差**（Centrality Residual），即修正的互补松弛条件的残差。

现在考虑 Newton 法求解非线性方程 $\mathbf{r}_t(\mathbf{x}, \boldsymbol{\lambda}, \boldsymbol{\nu}) = \mathbf{0}$，其中 t 为给定的值，且不消除 $\boldsymbol{\lambda}$，同时解应满足 $\boldsymbol{f}(\mathbf{x}) \prec \mathbf{0}$ 和 $\boldsymbol{\lambda} \succ \mathbf{0}$。记当前点 $\mathbf{y}$ 和 Newton 步径 $\Delta\mathbf{y}$ 分别表示为

$$\mathbf{y} = (\mathbf{x}, \boldsymbol{\lambda}, \boldsymbol{\nu}), \quad \Delta\mathbf{y} = (\Delta\mathbf{x}, \Delta\boldsymbol{\lambda}, \Delta\boldsymbol{\nu})$$

Newton 步径由 $\mathbf{r}_t$ 的 Taylor 级数展开的一阶近似线性等式刻画，如下。

$$\mathbf{r}_t(\mathbf{y} + \Delta\mathbf{y}) \approx \mathbf{r}_t(\mathbf{y}) + D\mathbf{r}_t(\mathbf{y})\Delta\mathbf{y} = \mathbf{0}$$

以 $\mathbf{x}$、$\boldsymbol{\lambda}$ 和 $\boldsymbol{\nu}$ 表示

$$\begin{bmatrix} \nabla^2 f_0(\mathbf{x}) + \sum_{i=1}^{m} \lambda_i \nabla^2 f_i(\mathbf{x}) & (D\boldsymbol{f}(\mathbf{x}))^{\mathrm{T}} & \mathbf{A}^{\mathrm{T}} \\ -\mathbf{Diag}(\boldsymbol{\lambda})D\boldsymbol{f}(\mathbf{x}) & -\mathbf{Diag}(\boldsymbol{f}(\mathbf{x})) & \mathbf{0}_{m\times p} \\ \mathbf{A} & \mathbf{0}_{p\times m} & \mathbf{0}_{p\times p} \end{bmatrix} \begin{bmatrix} \Delta\mathbf{x} \\ \Delta\boldsymbol{\lambda} \\ \Delta\boldsymbol{\nu} \end{bmatrix} = -\mathbf{r}_t(\mathbf{y}) \tag{10.42}$$

原–对偶搜索方向 $\Delta\mathbf{y}_{pd} = (\Delta\mathbf{x}, \Delta\boldsymbol{\lambda}, \Delta\boldsymbol{\nu})$ 定义为式 (10.42) 的解。注意，原始和对偶的搜索方向都是通过系数矩阵式 (10.42) 和残差 $\mathbf{r}_{\text{dual}}$、$\mathbf{r}_{\text{cent}}$ 和 $\mathbf{r}_{\text{pri}}$ 而互相耦合的。

10.5.2 代理对偶间隙

在原–对偶内点法中，如果算法还未收敛，则 $\mathbf{x}^{(k)}$、$\boldsymbol{\lambda}^{(k)}$ 和 $\boldsymbol{\nu}^{(k)}$ 不一定可行，此时算法的对偶间隙 $\eta^{(k)}$ 并不能像障碍法中外层迭代那样获得。对于这种情况，我们定义了代理对偶间隙。对任意满足 $\boldsymbol{f}(\mathbf{x}) \prec \mathbf{0}$ 的 $\mathbf{x}$ 和 $\boldsymbol{\lambda} \succeq \mathbf{0}$，根据修正的 KKT 条件，定义代理对偶间隙为

$$\hat{\eta}(\mathbf{x}, \boldsymbol{\lambda}) = -\boldsymbol{f}(\mathbf{x})^{\mathrm{T}}\boldsymbol{\lambda} = -\sum_{i=1}^{m} \lambda_i f_i(\mathbf{x}) \tag{10.43}$$

如果 $\mathbf{x}$ 是原始可行点，且 $\boldsymbol{\lambda}$ 和 $\boldsymbol{\nu}$ 是对偶可行点，即 $\mathbf{r}_{\text{pri}} = \mathbf{0}$ 且 $\mathbf{r}_{\text{dual}} = \mathbf{0}$，则代理对偶间隙 $\hat{\eta}$ 就是对偶间隙。代理对偶间隙 $\hat{\eta}$ 是对应的参数 $t = m/\hat{\eta}$（参考式 (10.32)）。

10.5.3 原–对偶内点法

算法 10.4 给出了原–对偶内点法。在步骤 3 中，参数 t 在 $m/\hat{\eta}$ 的基础上乘以了系数 μ，其中 $m/\hat{\eta}$ 是与当前代理对偶间隙 $\hat{\eta}$ 相关的 t。如果 $\mathbf{x}$、$\boldsymbol{\lambda}$ 和 $\boldsymbol{\nu}$ 是中心点（因此对偶间隙为 m/t），那么在步骤 3 中将 t 增加 μ 倍，这种更新与障碍法中的更新是完全相同的。当 $\mathbf{x}$ 为原始可行点，$(\boldsymbol{\lambda}, \boldsymbol{\nu})$ 为对偶可行点且代理对偶间隙 $\hat{\eta}$ 的值小于精度指标 ϵ 时，原–对偶内点算法迭代终止。

由于原–对偶内点法的收敛速度比线性收敛要快，因此通常选取很小的 ϵ。在迭代数值方法中，线性收敛意味着误差在 k 很大时满足

$$\rho_k \triangleq f(\mathbf{x}_k) - f(\mathbf{x}^\star), \quad \propto r^k$$

算法 10.4 解决问题式 (10.1) 的原–对偶内点法

1: 给定 $\mathbf{x}$ 满足条件：$f_1(\mathbf{x})<0,\ldots,f_m(\mathbf{x})<0$, $\boldsymbol{\lambda}\succ\mathbf{0}$, $\mu>1$, $\epsilon>0$。
2: **repeat**
3: 确定 t：令 $t:=\mu m/\hat{\eta}$。
4: 计算原–对偶搜索方向 $\Delta\mathbf{y}_{pd}$，其中 $\Delta\mathbf{y}_{pd}$ 是式 (10.42) 的解。
5: 线搜索和更新：确定步长 $s>0$ 并更新

$$\mathbf{y}:=\mathbf{y}+s\Delta\mathbf{y}_{pd}$$

然后根据式 (10.43) 计算代理对偶间隙 $\hat{\eta}$。
6: **until** $\hat{\eta}\leqslant\epsilon$。

在表示 ρ_k 与 k 的关系的对数-线性图中，该误差位于一条直线的下方，其中 f 是最小化的目标函数，$\mathbf{x}^\star$ 表示最优解，$\mathbf{x}_k$ 表示第 k 次迭代得到的结果，$0<r<1$ 是一个常数。

♦ 步骤 5 中的线搜索

上述算法中的线搜索方式是回溯线搜索（参考算法 10.1），它是基于残差的并进行了适当的修正以确保 $\boldsymbol{\lambda}\succ\mathbf{0}$ 且 $\boldsymbol{f}(\mathbf{x})\prec\mathbf{0}$。令当前迭代表示为 $\mathbf{x}$、$\boldsymbol{\lambda}$、$\boldsymbol{\nu}$，以及下一次迭代表示为 $\mathbf{x}^+$、$\boldsymbol{\lambda}^+$、$\boldsymbol{\nu}^+$，那么

$$\mathbf{x}^+=\mathbf{x}+s\Delta\mathbf{x},\ \boldsymbol{\lambda}^+=\boldsymbol{\lambda}+s\Delta\boldsymbol{\lambda},\ \boldsymbol{\nu}^+=\boldsymbol{\nu}+s\Delta\boldsymbol{\nu} \tag{10.44}$$

第一步是计算不超过 1 的最大正步长使得 $\boldsymbol{\lambda}^+\succeq\mathbf{0}$，即

$$\begin{aligned} s_{\max}&=\sup\{s\in[0,1]\mid\boldsymbol{\lambda}+s\Delta\boldsymbol{\lambda}\succeq\mathbf{0}\}\\ &=\min\{1,\min\{-\lambda_i/\Delta\lambda_i\mid\Delta\lambda_i<0\}\}\end{aligned} \tag{10.45}$$

令 $s=0.99s_{\max}$，用 $\beta\in(0,1)$ 乘以 s 直到 $\boldsymbol{f}(\mathbf{x}^+)\prec\mathbf{0}$。然后继续用 β 乘以 s，直到

$$\|\mathbf{r}_t(\mathbf{x}^+,\boldsymbol{\lambda}^+,\boldsymbol{\nu}^+)\|_2\leqslant(1-\alpha s)\|\mathbf{r}_t(\mathbf{x},\boldsymbol{\lambda},\boldsymbol{\nu})\|_2 \tag{10.46}$$

常见的回溯参数 α 和 β 的选择和 Newton 法中是一样的：α 通常从 0.01~0.1 中选择，β 通常从 0.3~0.8 中选择。上述原–对偶内点法的有效性和效率需要根据具体的凸优化问题进行适当修正，因此高效可靠的算法实现（就复杂性和运行速度而言）也依赖于实际算法的设计经验。算法 10.4 的复杂性分析如下。

注 10.1 一般的 IPM，即算法 10.4 的复杂性包含两部分：

- **迭代复杂度**：给定 $\epsilon>0$，得到凸优化问题式 (10.1) 的一个 $\epsilon-$ 最优解所需要的迭代次数约为 $\sqrt{\beta}\cdot\log(1/\epsilon)$，其中 β 取决于问题的规模参数（例如 n、m 和 p）。
- **每次迭代计算开销**：每次迭代，通过求解式 (10.42) 中的线性方程获得其中变量数为 $k=n+m+p$。计算开销主要由如下两部分组成：(i) 计算线性系统的 $k\times k$ 系数矩阵所需的计算开销 C_{form}，(ii) 求解式 (10.42) 所需的计算开销 C_{sol}。因此，每次迭代总计算开销约为 $C_{\text{form}}+C_{\text{sol}}$。

由以上两个部分可知，解决问题式 (10.1) 的算法 10.4 的复杂度约为 $\sqrt{\beta}\cdot(C_{\text{form}}+C_{\text{sol}})\cdot\log(1/\epsilon)$。IPM 算法复杂度关于问题规模的量级取决于具体的问题，如（LP、QP、SOCP、SDP）。感兴趣的读者可进一步阅读 [BTN01] 中 IPM 解决凸优化问题时最坏情况下的复杂度分析。 □

例 10.2（原–对偶内点法解决线性规划问题 [CSA+11]） 考虑如下 LP 问题：

$$
\begin{aligned}
\min_{\boldsymbol{\beta}\in\mathbb{R}^N}\quad & -\mathbf{b}^{\mathrm{T}}\boldsymbol{\beta}\\
\text{s.t.}\quad & -\mathbf{C}\boldsymbol{\beta}-\mathbf{d}\preceq\mathbf{0}
\end{aligned}
\tag{10.47}
$$

其中，$\boldsymbol{\beta}\in\mathbb{R}^N$ 是优化向量，且已知 $\mathbf{b}\in\mathbb{R}^N$，$\mathbf{C}\in\mathbb{R}^{M\times N}$ 和 $\mathbf{d}\in\mathbb{R}^M$。原–对偶内点法通过 $(\boldsymbol{\beta}+s\Delta\boldsymbol{\beta},\boldsymbol{\lambda}+s\Delta\boldsymbol{\lambda})$ 迭代来更新原–对偶变量 $(\boldsymbol{\beta},\boldsymbol{\lambda})$，其中 $(\Delta\boldsymbol{\beta},\Delta\boldsymbol{\lambda})$ 和 s 分别表示搜索方向和步长。通过利用式 (10.42) 的一阶近似来求解修正的 KKT 条件，搜索方向 $\Delta\boldsymbol{\beta}$ 和 $\Delta\boldsymbol{\lambda}$ 可表示为

$$
\Delta\boldsymbol{\beta}=\left(\mathbf{C}^{\mathrm{T}}\mathbf{D}\mathbf{C}\right)^{-1}\left(\mathbf{C}^{\mathrm{T}}\mathbf{D}\mathbf{r}_2-\mathbf{r}_1\right)\tag{10.48a}
$$

$$
\Delta\boldsymbol{\lambda}=\mathbf{D}\left(\mathbf{r}_2-\mathbf{C}\Delta\boldsymbol{\beta}\right)\tag{10.48b}
$$

其中

$$
\mathbf{D}=\mathbf{Diag}(\boldsymbol{\lambda})\left(\mathbf{Diag}(\mathbf{C}\boldsymbol{\beta}+\mathbf{d})\right)^{-1}\tag{10.49}
$$

$$
\mathbf{r}_1=-\mathbf{b}-\mathbf{C}^{\mathrm{T}}\boldsymbol{\lambda}\tag{10.50}
$$

$$
\mathbf{r}_2=-(\mathbf{C}\boldsymbol{\beta}+\mathbf{d})+\frac{1}{t}[1/\lambda_1,\ldots,1/\lambda_M]^{\mathrm{T}},\quad t>0\tag{10.51}
$$

在 $s\in(0,1]$ 中选取步长使得 $\boldsymbol{\lambda}+s\Delta\boldsymbol{\lambda}\succ\mathbf{0}$ 和 $\mathbf{C}(\boldsymbol{\beta}+s\Delta\boldsymbol{\beta})+\mathbf{d}\succ\mathbf{0}$ 同时满足。与前面按照顺序寻找步长 s 的方法不同，这里先按下面的方法获得最大步长 $s_{\max}$。

$$
\begin{aligned}
s_{\max}&=\sup\left\{s\in(0,1]\mid\boldsymbol{\lambda}+s\Delta\boldsymbol{\lambda}\succeq\mathbf{0},\mathbf{C}(\boldsymbol{\beta}+s\Delta\boldsymbol{\beta})+\mathbf{d}\succeq\mathbf{0}\right\}\\
&=\min\left\{1,\min\left\{-\frac{[\boldsymbol{\lambda}]_i}{[\Delta\boldsymbol{\lambda}]_i}\;\middle|\;[\Delta\boldsymbol{\lambda}]_i<0\right\}\right.\\
&\qquad\left.\min\left\{-\frac{[\mathbf{C}\boldsymbol{\beta}+\mathbf{d}]_i}{[\mathbf{C}\Delta\boldsymbol{\beta}]_i}\;\middle|\;[\mathbf{C}\Delta\boldsymbol{\beta}]_i<0\right\}\right\}
\end{aligned}
\tag{10.52}
$$

然后，步长可通过 $s=0.99s_{\max}$，以及 $\boldsymbol{\lambda}+s\Delta\boldsymbol{\lambda}\succ\mathbf{0}$ 和 $\mathbf{C}(\boldsymbol{\beta}+s\Delta\boldsymbol{\beta})+\mathbf{d}\succ\mathbf{0}$ 来找到步长 s。再结合式 (10.43) 给出的代理对偶间隙，算法 10.5 中给出了求解式 (10.47) 的原–对偶内点法的算法步骤。 □

10.5.4 原–对偶内点法解决半正定规划问题

考虑标准形式的 SDP 问题（见式 (9.194)）：

$$
\begin{aligned}
&\min\ \mathrm{Tr}(\mathbf{C}\mathbf{X})\\
&\text{s.t.}\ \mathbf{X}\succeq\mathbf{0},\ \mathrm{Tr}(\mathbf{A}_i\mathbf{X})=b_i,\ i=1,\ldots,p
\end{aligned}
\tag{10.53}
$$

算法 10.5 求解式 (10.47) 的原–对偶内点法

1: 给出一个原–对偶严格可行的初始点 $(\boldsymbol{\beta}, \boldsymbol{\lambda})$，$\mu = 10$ 以及解的精度 $\epsilon > 0$。
2: **repeat**
3: 　计算代理对偶间隙 $\hat{\eta}(\boldsymbol{\beta}, \boldsymbol{\lambda}) = (\mathbf{C}\boldsymbol{\beta} + \mathbf{d})^T\boldsymbol{\lambda}$ 并确定 $t := \mu M / \hat{\eta}(\boldsymbol{\beta}, \boldsymbol{\lambda})$。
4: 　根据式 (10.48) 计算 $(\Delta\boldsymbol{\beta}, \Delta\boldsymbol{\lambda})$。
5: 　根据式 (10.52) 计算 $s_{\max}$ 和步长 $s = 0.99 s_{\max}$。
6: 　更新 $\boldsymbol{\beta} := \boldsymbol{\beta} + s\Delta\boldsymbol{\beta}$ 和 $\boldsymbol{\lambda} := \boldsymbol{\lambda} + s\Delta\boldsymbol{\lambda}$。
7: **until** $\hat{\eta}(\boldsymbol{\beta}, \boldsymbol{\lambda}) \leqslant \epsilon$。

其中，$\mathbf{C} \in \mathbb{S}^m$，$\mathbf{A}_i \in \mathbb{S}^m$, $b_i \in \mathbb{R}$。该问题的定义域是 $\mathcal{D} = \mathbb{S}^m$，其中的广义不等式定义在半正定锥（真锥）上。问题式 (10.53) 的 Lagrange 函数为

$$\mathcal{L}(\mathbf{X}, \mathbf{Z}, \boldsymbol{\nu}) = \mathrm{Tr}(\mathbf{C}\mathbf{X}) - \mathrm{Tr}(\mathbf{Z}\mathbf{X}) + \sum_{i=1}^{p} \nu_i(\mathrm{Tr}(\mathbf{A}_i\mathbf{X}) - b_i) \quad \text{（根据 (9.195)）} \tag{10.54}$$

相应的对偶问题（参考式 (9.197)）为

$$\begin{aligned} &\max \ -\mathbf{b}^{\mathrm{T}}\boldsymbol{\nu} \\ &\text{s.t. } \mathbf{Z} \succeq \mathbf{0},\ \mathbf{C} - \mathbf{Z} + \sum_{i=1}^{p} \nu_i \mathbf{A}_i = \mathbf{0} \end{aligned} \tag{10.55}$$

另外，SDP 问题式 (10.53) 的 KKT 条件为

$$\mathrm{Tr}(\mathbf{A}_i\mathbf{X}) - b_i = 0,\ i = 1, \ldots, p \tag{10.56a}$$

$$\mathbf{X} \succeq \mathbf{0} \tag{10.56b}$$

$$\mathbf{Z} \succeq \mathbf{0} \tag{10.56c}$$

$$\nabla_{\mathbf{X}} \mathcal{L}(\mathbf{X}, \mathbf{Z}, \boldsymbol{\nu}) = \mathbf{C} - \mathbf{Z} + \sum_{i=1}^{p} \nu_i \mathbf{A}_i = \mathbf{0} \tag{10.56d}$$

$$\mathbf{Z}\mathbf{X} = \mathbf{0} \quad \text{（互补松弛）} \tag{10.56e}$$

与式 (10.56) 的方法不同，原–对偶内点法利用 Newton 法求解修正或变形之后的 KKT 条件。

类似于前面的问题式 (10.26)，使用如下的对数障碍函数：

$$\phi(\mathbf{X}) = -\log\det(\mathbf{X}) \tag{10.57}$$

其中，$\mathbf{X} \succ \mathbf{0}$，则半正定规划问题式 (10.53) 可以近似为给定 $t > 0$ 时的线性等式约束的凸优化问题（参考式 (10.26)）：

$$\begin{aligned} &\min\ t \cdot \mathrm{Tr}(\mathbf{C}\mathbf{X}) + \big(-\log\det(\mathbf{X})\big) \\ &\text{s.t. } \mathrm{Tr}(\mathbf{A}_i\mathbf{X}) = b_i,\ i = 1, \ldots, p \end{aligned} \tag{10.58}$$

问题式 (10.58) 的 Lagrange 函数表示为

$$L(\mathbf{X},\boldsymbol{\nu}) = t\cdot \mathrm{Tr}(\mathbf{CX}) - \log\det(\mathbf{X}) + \sum_{i=1}^{p}\nu_i(\mathrm{Tr}(\mathbf{A}_i\mathbf{X}) - b_i) \tag{10.59}$$

还要注意

$$\nabla_{\mathbf{X}} L(\mathbf{X},\boldsymbol{\nu}) = t\mathbf{C} - \mathbf{X}^{-1} + \sum_{i=1}^{p}\nu_i\mathbf{A}_i \tag{10.60}$$

推导中用到了结果 $\nabla_{\mathbf{X}}\mathrm{Tr}(\mathbf{CX}) = \mathbf{C}$（根据式 (3.40)）和 $\nabla_{\mathbf{X}}\log\det(\mathbf{X}) = \mathbf{X}^{-1}$（根据式 (3.46))。

令 $\mathbf{X}^\star(t)$ 为问题式 (10.58) 的一个最优解，或者问题式 (10.53) 的一个中心点，那么它一定是原始可行的，即 $\mathrm{Tr}(\mathbf{A}_i\mathbf{X}^\star(t)) = b_i,\ i=1,\ldots,p$ 且 $\mathbf{X}^\star(t)\succ\mathbf{0}$。此外，$\mathbf{X}^\star(t)$ 一定满足 KKT 条件 $\nabla_{\mathbf{X}}L(\mathbf{X}^\star(t),\boldsymbol{\nu}) = \mathbf{0}$，也就是说存在 $\widehat{\boldsymbol{\nu}}\in\mathbb{R}^p$ 使得

$$\begin{aligned}
&\nabla_{\mathbf{X}}L(\mathbf{X}^\star(t),\widehat{\boldsymbol{\nu}}) = t\mathbf{C} - \mathbf{X}^\star(t)^{-1} + \sum_{i=1}^{p}\widehat{\nu}_i\mathbf{A}_i = \mathbf{0} \qquad \text{（根据式 (10.60) ）}\\
&\Rightarrow \mathbf{C} - \frac{\mathbf{X}^\star(t)^{-1}}{t} + \sum_{i=1}^{p}\frac{\widehat{\nu}_i}{t}\mathbf{A}_i = \mathbf{0}
\end{aligned} \tag{10.61}$$

类似于式 (10.30) 的定义

$$\mathbf{Z}^\star(t) = \frac{1}{t}\mathbf{X}^\star(t)^{-1}\succ\mathbf{0} \tag{10.62}$$

$$\nu_i^\star(t) = \widehat{\nu}_i/t \tag{10.63}$$

则式 (10.61) 可表示为

$$\nabla_{\mathbf{X}}\mathcal{L}(\mathbf{X}^\star(t),\mathbf{Z}^\star(t),\boldsymbol{\nu}^\star(t)) = \mathbf{C} - \mathbf{Z}^\star(t) + \sum_{i=1}^{p}\nu_i^\star(t)\mathbf{A}_i = \mathbf{0} \tag{10.64}$$

换句话说，因为 $\mathbf{X}^\star(t)$ 和 $(\mathbf{Z}^\star(t),\boldsymbol{\nu}^\star(t))$ 满足式 (10.56) 中除了互补松弛性以外的其他所有 KKT 条件，故对于问题式 (10.53)，$\mathbf{X}^\star(t)$ 是原始可行解，且 $(\mathbf{Z}^\star(t),\boldsymbol{\nu}^\star(t))$ 是对偶可行解，可以很容易地推出对偶间隙 $\eta(t)$ 为

$$\begin{aligned}
\eta(t) &= \mathrm{Tr}(\mathbf{CX}^\star(t)) + \mathbf{b}^{\mathrm{T}}\boldsymbol{\nu}^\star(t) \quad \text{（根据式 (10.53) 和式 (10.55) ）}\\
&= \mathrm{Tr}(\mathbf{CX}^\star(t)) - \mathcal{L}(\mathbf{X}^\star(t),\mathbf{Z}^\star(t),\boldsymbol{\nu}^\star(t)) \quad \text{（根据式 (10.54) 和式 (10.64) ）}\\
&= \mathrm{Tr}(\mathbf{Z}^\star(t)\mathbf{X}^\star(t)) = \mathrm{Tr}(\mathbf{I}_m/t) = m/t \quad \text{（根据式 (10.62) ）}
\end{aligned} \tag{10.65}$$

所以，我们得出下述变形的 KKT 条件，当且仅当存在一对 $(\mathbf{Z},\boldsymbol{\nu})$ 和 $\mathbf{X}$ 满足以下条件时，$\mathbf{X}$ 可作为半正定规划问题式 (10.53) 的一个中心点

$$\mathrm{Tr}(\mathbf{A}_i\mathbf{X}) - b_i = 0,\ i = 1, \ldots, p \tag{10.66a}$$

$$\mathbf{X} \succeq \mathbf{0} \tag{10.66b}$$

$$\mathbf{Z} \succeq \mathbf{0} \tag{10.66c}$$

$$\mathbf{C} - \mathbf{Z} + \sum_{i=1}^{p} \nu_i \mathbf{A}_i = \mathbf{0} \tag{10.66d}$$

$$\mathbf{ZX} = \frac{1}{t}\mathbf{I}_m \tag{10.66e}$$

注意，变形的 KKT 条件式 (10.66)（类似于非半正定规划问题的式 (10.34)）不同于仅在互补松弛条件下的原始 KKT 条件式 (10.56)。

代理对偶间隙 $\hat{\eta}$ 定义为

$$\hat{\eta} = \mathrm{Tr}(\mathbf{ZX}) \tag{10.67}$$

那么如果 $\mathbf{X}$ 是原可行的（即满足式 (10.66a) 和式 (10.66b)）且 $\mathbf{Z}$ 和 $\boldsymbol{\nu}$ 是对偶可行的（即满足式 (10.66c) 和式 (10.66d)），那么代理对偶间隙就是 m/t。对应的参数 $t = m/\hat{\eta}$。

前面已经定义了 SDP 问题的障碍函数、变形后的 SDP 问题式 (10.58) 和变形的 KKT 条件式 (10.66)，现在考虑用原–对偶内点法来解决 SDP 问题式 (10.53)，也就是迭代求解线性方程式 (10.66a)、式 (10.66d) 和式 (10.66e)，同时满足不等式 (10.66b) 和式 (10.66c)。这种方法与解决问题式 (10.1) 的方法非常相似（参考算法 10.4），总结于算法 10.6。

算法 10.6 解决 SDP 问题式 (10.53) 的原–对偶内点法

1: 给定严格的可行初始点 $(\mathbf{X}, \mathbf{Z}, \boldsymbol{\nu}) = \left(\mathbf{X}^{(0)}, \mathbf{Z}^{(0)}, \boldsymbol{\nu}^{(0)}\right)$，$\epsilon > 0,\ \mu > 1$。

2: **repeat**

3: 计算当前的 $t := \mu m/\hat{\eta} = \mu m/\mathrm{Tr}(\mathbf{ZX})$。

4: 计算原–对偶搜索方向（参考 10.5.1 节），即通过求解如下变形的 KKT 条件（根据式 (10.66) ）计算 $(\Delta\mathbf{X}, \Delta\mathbf{Z}, \Delta\boldsymbol{\nu})$：

$$(\mathbf{Z} + \Delta\mathbf{Z})(\mathbf{X} + \Delta\mathbf{X}) - \mathbf{I}_m/t = \mathbf{0} \tag{10.68a}$$

$$\mathbf{C} - (\mathbf{Z} + \Delta\mathbf{Z}) + \sum_{i=1}^{p} (\nu_i + \Delta\nu_i)\mathbf{A}_i = \mathbf{0} \tag{10.68b}$$

$$\mathrm{Tr}(\mathbf{A}_i(\mathbf{X} + \Delta\mathbf{X})) - b_i = 0,\ i = 1, \ldots, p \tag{10.68c}$$

（只涉及等式约束）通过一阶 Taylor 级数近似（下面将要讨论）。

5: 线搜索：找到步长 s 使得

$$\mathbf{X} + s\Delta\mathbf{X} \succ \mathbf{0} \text{ 且 } \mathbf{Z} + s\Delta\mathbf{Z} \succ \mathbf{0}$$

6: 更新 $\mathbf{X} := \mathbf{X} + s\Delta\mathbf{X},\ \mathbf{Z} := \mathbf{Z} + s\Delta\mathbf{Z},\ \boldsymbol{\nu} := \boldsymbol{\nu} + s\Delta\boldsymbol{\nu}$。

7: **until** 代理对偶间隙 $\hat{\eta} = \mathrm{Tr}(\mathbf{XZ}) < \epsilon$。

在步骤 4 中，需要求解 $\Delta\mathbf{X}$、$\Delta\mathbf{Z}$ 和 $\Delta\boldsymbol{\nu}$。由于步骤 4 中的等式 (10.68b) 和式 (10.68c) 均为线性，因此很容易处理。该算法的难点在于式 (10.68a)，用一阶 Taylor 级数近似式 (10.68a) 如下：

$$
\begin{aligned}
&(\mathbf{Z}+\Delta\mathbf{Z})(\mathbf{X}+\Delta\mathbf{X})-\mathbf{I}_m/t=\mathbf{0}\\
\Rightarrow\ &\mathbf{ZX}+\mathbf{Z}\Delta\mathbf{X}+\Delta\mathbf{Z}\mathbf{X}+\Delta\mathbf{Z}\Delta\mathbf{X}-\mathbf{I}_m/t=\mathbf{0}\\
\Rightarrow\ &\mathbf{ZX}+\mathbf{Z}\Delta\mathbf{X}+\Delta\mathbf{Z}\mathbf{X}-\mathbf{I}_m/t=\mathbf{0}\quad\text{（一阶近似）}
\end{aligned}
\tag{10.69}
$$

现在，式 (10.68b)、式 (10.68c) 和式 (10.69) 都是关于 $(\Delta\mathbf{X},\Delta\mathbf{Z},\Delta\boldsymbol{\nu})$ 的线性方程，能够直接求解。再利用线搜索找到步长 s（步骤 5 中），进而更新 $(\mathbf{X},\mathbf{Z},\boldsymbol{\nu})$（步骤 6 中）。重复以上过程，直到（步骤 7 中）满足停止准则。

上述为解决 SDP 问题式 (10.53) 而设计的内点法只是一个示例。在实际应用中，一个凸优化问题可能涉及各种常见的不等式约束、广义不等式约束以及等式约束，但设计内点法的时候完全可以遵循这种设计理念。下面给出一个实际案例。8.4.5 节给出的 LFSDR 方法是一种高阶 QAM OSTBC [CHMC10] 的非相干最大似然检测算法，该方法可以转化为一个 SDP（即问题式 (8.49)），将该问题重写如下：

$$
\begin{aligned}
\max_{\mathbf{Z}\in\mathbb{R}^{n\times n}}\ &\mathrm{Tr}(\mathbf{GZ})\\
\text{s.t. }&\mathrm{Tr}(\mathbf{DZ})=1\\
&[\mathbf{Z}]_{n,n}\leqslant[\mathbf{Z}]_{k,k}\leqslant(2^q-1)^2[\mathbf{Z}]_{n,n},\ k=1,\ldots,n-1\\
&\mathbf{Z}\succeq\mathbf{0}
\end{aligned}
\tag{10.70}
$$

根据 Slater 条件可知强对偶成立。式 (10.70) 中的矩阵 $\mathbf{G}$ 和 $\mathbf{D}$ 的定义见式 (8.44)。利用 CVX 或者 SeDuMi 可以得到最优解。

下面考虑通过其对偶问题求解式 (10.70)。其对偶问题如下（参考式 (9.47)）：

$$
\begin{aligned}
\min\ &\nu\\
\text{s.t. }&\nu\in\mathbb{R},\ \mathbf{t}\in\mathbb{R}^{2(n-1)},\ \mathbf{Y}\in\mathbb{R}^{n\times n}\\
&\mathbf{Y}\succeq\mathbf{0},\ \mathbf{t}\succeq\mathbf{0}\\
&\mathbf{Y}=\mathbf{Diag}\left(\begin{bmatrix}\nu\mathbf{1}_{n-1}-\mathbf{t}_1+\mathbf{t}_2\\ s_1^2\nu+\mathbf{1}_{n-1}^{\mathrm{T}}(\mathbf{t}_1-(2^q-1)^2\mathbf{t}_2)\end{bmatrix}\right)-\mathbf{G}
\end{aligned}
\tag{10.71}
$$

其中，$(\mathbf{Y},\mathbf{t},\nu)$ 是式 (10.70) 的对偶变量，且 $\mathbf{t}_1,\mathbf{t}_2\in\mathbb{R}^{n-1}$ 分别表示 $\mathbf{t}$ 的上半部分和下半部分，即 $\mathbf{t}=[\mathbf{t}_1^T\ \mathbf{t}_2^T]^T$。该方法的核心思想是利用式 (10.71) 的对数障碍近似处理约束 $\mathbf{Y}\succeq\mathbf{0}$ 和 $\mathbf{t}\succeq\mathbf{0}$：

$$
\min\quad \nu-\mu\left(\log\det(\mathbf{Y})+\sum_{i=1}^{2(n-1)}\log t_i\right)
$$

$$\text{s.t. } \nu \in \mathbb{R}, \quad \mathbf{t} \in \mathbb{R}^{2(n-1)}, \quad \mathbf{Y} \in \mathbb{R}^{n\times n}$$

$$\mathbf{Y} = \mathbf{Diag}\left(\begin{bmatrix} \nu \mathbf{1}_{n-1} - \mathbf{t}_1 + \mathbf{t}_2 \\ s_1^2\nu + \mathbf{1}_{n-1}^{\mathrm{T}}(\mathbf{t}_1 - (2^q-1)^2\mathbf{t}_2) \end{bmatrix}\right) - \mathbf{G} \tag{10.72}$$

其中，参数 $\mu > 0$ 对应于障碍法中的 $1/t$。当 $\mu \to 0$ 时，式 (10.72) 近似于式 (10.71)。根据前面的设计程序，可以设计一个专门的内点法，使之能够同时求解式 (10.70) 和式 (10.71)。[CHMC10] 中给出了一个这样的算法，仿真结果显示，该算法的速度比 SeDuMi 大约快 10 倍，这一点充分说明了这种方法在实际应用中的优势。

10.6 总结与讨论

本章介绍了障碍法和原–对偶内点法及相关理论。这些方法基本上是从凸优化问题的 KKT 条件推导而来的。相比于直接使用通用的求解程序（如 CVX 和 SeDuMi ），利用内点法开发定制的算法以解决凸优化问题可显著提高求解速度，因此在具有严格的硬件或者软件实现要求时，内点法对于设计专用算法非常有用，尽管 CVX 和 SeDuMi 都能得到相同的性能结果。本章最后介绍了求解 SDP 问题的原–对偶内点法。

参 考 文 献

[BTN01] A. Ben-Tal and A. Nemirovsk, *Lectures on Modern Convex Optimization: Analysis, Algorithms, and Engineering Applications.* Philadelphia, PA: MPSSIAM Series on Optimization, 2001.

[BV04] S. Boyd and L. Vandenberghe, *Convex Optimization.* Cambridge, UK: Cambridge University Press, 2004.

[CHMC10] T.-H. Chang, C.-W. Hsin, W.-K. Ma, and C.-Y. Chi, "A linear fractional semidefinite relaxation approach to maximum-likelihood detection of higher order QAM OSTBC in unknown channels," *IEEE Trans. Signal Process.*, vol. 58, no. 4, pp. 2315–2326, Apr. 2010.

[CSA+11] T.-H. Chan, C.-J. Song, A. Ambikapathi, C.-Y. Chi, and W.-K. Ma, "Fast alternating volume maximization algorithm for blind separation of non-negative sources," in *Proc. 2011 IEEE International Workshop on Machine Learning for Signal Processing (MLSP)*, Beijing, China, Sept. 18–21, 2011.

附录A
APPENDIX A
凸优化求解工具

在附录 A 中，将简要介绍两个用于解决凸优化问题 MATLAB 工具包，即 SeDuMi 和 CVX。SeDuMi 是基于内点法（参见第 10 章）设计的，CVX 使用 SeDuMi 求解器或 SDPT3 求解器。因此这两个工具包都是基于内点法，只是使用方式有所不同而已。下面以一个有限脉冲响应滤波器的设计为例，解释这两个工具包的使用方法。

A.1 SeDuMi

SeDuMi 表示**自对偶最小化**，用来解决 LP、SOCP、SDP 以及它们的组合所构造的凸优化问题。SeDuMi 在 MATLAB 环境下运行并且简单易学，读者可于http://sedumi.ie.lehigh.edu/网页上自由下载。为了调用 SeDuMi，必须要将问题表示成锥规划的原始标准型（见式 (9.185)）：

$$\begin{aligned} \min \quad & \mathbf{c}^{\mathrm{T}}\mathbf{x} \\ \text{s.t.} \quad & \mathbf{A}\mathbf{x} = \mathbf{b} \\ & \mathbf{x} \in K \end{aligned} \tag{A.1}$$

或者对偶标准型（见式 (9.189)）：

$$\begin{aligned} \max \quad & \mathbf{b}^{\mathrm{T}}\mathbf{y} \\ \text{s.t.} \quad & \mathbf{c} - \mathbf{A}^{\mathrm{T}}\mathbf{y} \in K^* \end{aligned} \tag{A.2}$$

其中，K 是由使用者定义的真锥，K^* 则是对应的自对偶锥。解决原 - 对偶解需调用命令行

$$[\mathbf{x}, \mathbf{y}] = \text{sedumi}(\mathbf{A}, \mathbf{b}, \mathbf{c}, K)$$

若无特别说明，则默认 $K = \mathbb{R}^n_+$，即 LP。SeDuMi 的一个强大的特征是它允许自定义 K，因此 K 可以是非负象限、SOC 和 PSD 锥的级联，编程细节参考 SeDuMi 用户指南。下面介绍两个例子来解释这种特征。

例 A.1 考虑问题

$$
\begin{aligned}
\min \quad & \mathbf{c}^{\mathrm{T}}\mathbf{x} \\
\text{s.t.} \quad & \mathbf{A}\mathbf{x} = \mathbf{b},\ \mathbf{x} = [\mathbf{x}_1^{\mathrm{T}}, \mathbf{x}_2^{\mathrm{T}}]^{\mathrm{T}},\ \mathbf{x}_1 \in \mathbb{R}^{n_1},\ \mathbf{x}_2 \in \mathbb{R}^{n_2} \\
& \mathbf{x}_1 \succeq \mathbf{0},\ \mathbf{x}_2 \in K_2
\end{aligned} \tag{A.3}
$$

其中，$K_2 = \{(z_1, \mathbf{z}_2) \in \mathbb{R} \times \mathbb{R}^{n_2-1} \mid z_1 \geqslant \|\mathbf{z}_2\|_2\}$ 是一个 SOC，令 $K.l = n_1$ 和 $K.q = n_2$ 即可通过 SeDuMi 解决该问题，其中 $K.l$ 表示非负象限锥的维度，$K.q$ 表示 SOC 的维度。执行命令 $[\mathbf{x}, \mathbf{y}] = \mathrm{sedumi}(\mathbf{A}, \mathbf{b}, \mathbf{c}, K)$ 即可得该问题的原–对偶解。 □

例 A.2 考虑问题

$$
\begin{aligned}
& \min \ \mathbf{c}^{\mathrm{T}}\mathbf{x} \\
& \text{s.t.}\ \mathbf{A}\mathbf{x} = \mathbf{b},\ \mathbf{x} = [\mathbf{x}_1^{\mathrm{T}}, \mathbf{x}_2^{\mathrm{T}}]^{\mathrm{T}},\ \mathbf{x}_1 \in \mathbb{R}^{n_1},\ \mathbf{x}_2 \in \mathbb{R}^{n_2} \\
& \quad\ \ \mathbf{x}_1 \in K_1,\ \mathbf{x}_2 \in K_2
\end{aligned} \tag{A.4}
$$

其中，K_1、K_2 都是 SOC。令 $K.q = [n_1, n_2]$ 即可使用 SeDuMi 解决该问题，这表明存在两个 SOC，且维度分别为 n_1 和 n_2。执行命令 $[\mathbf{x}, \mathbf{y}] = \mathrm{sedumi}(\mathbf{A}, \mathbf{b}, \mathbf{c}, K)$ 即可得该问题的原 - 对偶解。 □

在上面的两个例子中，SeDuMi 均用于解决实值凸问题，当凸问题的未知变量为复数时，通过额外的复数变量声明仍然可直接使用 SeDuMi 解决该问题。例如，在例 A.1 中，若 $\mathbf{x_2}$ 是复数，则声明 $K.xcomplex = [n_1 + 1 : n_1 + n_2]$；在例 A.2 中，若 $\mathbf{x_1}$ 和 $\mathbf{x_2}$ 均为复数，则声明 $K.xcomplex = [1 : n_1 + n_2]$。

A.2 CVX

相对于 SeDuMi，CVX 为问题的构造提供了一个更直接的输入接口，并且支持范围更广的凸锥问题。同 SeDuMi 一样，CVX 也在 MATLAB 平台运行，下载链接为 http://www.stanford.edu/ boyd/cvx/。CVX 采用一种被称为严格凸规划（Disciplined Convex Programing）的方法，能够自动地将凸问题快速转化为便于实现的可解形式。CVX 内嵌的核心求解器包括 SeDuMi 和 SDP3（默认）。除了可以通过嵌入的求解器来解决标准的锥问题（例如 LP、SOCP、SDP）以外，CVX 也支持一些特殊的凸函数，如 log-sum-exp、熵函数等（通过强大的连续近似法求解）。

CVX 求解器相对于 SeDuMi 对用户更加友好，因为后者需要将输入（变量和约束条件）表示为一个确定的（实数或复数）问题形式，而前者可直接利用变量、目标函数和约束条件描述问题，只要保证问题（实数或复数）为凸。然而，CVX 的运行时间比 SeDuMi 要长，主要是因为要将 CVX 问题表示成 SeDuMi 可识别的凸问题形式，从而增加了额外的操作。

例 A.3 第 4 章介绍了针对一个 SDP 问题式 (4.127) 的多种解决方案，为了方便，再次给出 SDP 问题

$$
\begin{aligned}
& \min \ \mathrm{Tr}(\mathbf{W}\mathbf{X}) \\
& \text{s.t.}\ \mathbf{X} \succeq \mathbf{A}_i,\ i = 1, \ldots, m
\end{aligned}
$$

其中，$\mathbf{W} \in \mathbb{R}^{n\times n}$ 且 $\mathbf{A}_i \in \mathbb{S}^n$，$i = 1,\ldots,m$。这个 SDP 问题可以用下面的 CVX 代码在 MATLAB 平台上轻易实现：

```
cvx_begin
    variable X(n, n) symmetric;
    minimize( trace(W * X) );
    subject to
        for i = 1 : m
        X - A_i == semidefinite(n);
        end
cvx_end
```

当 $n = 2$ 和 $m = 3$ 时，仿真结果如图 4.6 所示。可见，变量、目标函数和约束条件均可以被直接简单地描述成 CVX 代码，而不需要像 SeDuMi 一样，必须使用可识别的具有特定形式的凸问题形式。 □

A.3 有限脉冲响应（FIR）滤波器的设计

本节将介绍一个 I 型线性相位、非因果 FIR 滤波器设计问题，并分别利用 SeDuMi 和 CVX 来解决这个问题。

考虑一个 I 型线性相位、非因果 FIR 滤波器，其输入输出关系为

$$y_k = \sum_{i=-n}^{n} h_i x_{k-i} \tag{A.5}$$

其中，x_k 是输入序列，y_k 是输出序列，$\{h_i\}_{i=-n}^{n}$ 是滤波器系数，则滤波器的频率响应为

$$H(\omega) = \sum_{i=-n}^{n} h_i \mathrm{e}^{-\mathrm{j}\omega i},\ \omega \in [0, \pi] \tag{A.6}$$

一个线性相位滤波器关于它的中点对称，即

$$h_i = h_{-i}\ \forall i = 1,\ldots,n \tag{A.7}$$

这表明 $H(\omega)$ 是实数，表示为

$$H(\omega) = h_0 + 2\sum_{i=1}^{n} h_i \cos(\omega i) \tag{A.8}$$

A.3.1 问题构造

令 $\mathbf{h} = [h_0, h_1, \ldots, h_n]^T \in \mathbb{R}^{n+1}$，考虑 Chebyshev（极大、极小）滤波器设计问题：给定一个期望的滤波器响应 $H_{\mathrm{des}}(\omega)$，需要解决如下的优化问题：

$$\min_{\mathbf{h}} \max_{\omega\in[0,\pi]} |H(\omega) - H_{\mathrm{des}}(\omega)| \tag{A.9}$$

其中，$H_{\rm des}(\omega)$ 是给定的期望的频率响应，这个滤波器设计问题可通过离散化近似。

$$\min_{\mathbf{h}} \max_{p=1,\ldots,P} |H(\omega_p) - H_{\rm des}(\omega_p)| \tag{A.10}$$

其中，$\omega_1,\ldots,\omega_P \in [0,\pi]$ 是频率采样点（通常均匀分布），且采样点总数 $P \gg n$。近似滤波器设计问题式 (A.9) 可以被重新写为上镜图形式：

$$\begin{aligned} \min_{\mathbf{h},t} \quad & t \\ \text{s.t.} \quad & \left|H(\omega_p) - H_{\rm des}(\omega_p)\right| \leqslant t,\ p=1,\ldots,P \end{aligned} \tag{A.11}$$

进而转化为 LP

$$\begin{aligned} \min_{\mathbf{h},t} \quad & t \\ \text{s.t.} \quad & H(\omega_p) - H_{\rm des}(\omega_p) \leqslant t,\ p=1,\ldots,P \\ & -H(\omega_p) + H_{\rm des}(\omega_p) \leqslant t,\ p=1,\ldots,P \end{aligned} \tag{A.12}$$

将式 (A.8) 给出的频率响应 $H(\omega_p)$ 代入 LP 问题式 (A.12) 的不等式约束中，可得式 (A.12) 的等价形式：

$$\begin{aligned} \max \quad & -t \\ \text{s.t.} \quad & H_{\rm des}(\omega_p) - \left(h_0 + 2\sum_{i=1}^{n} h_i\cos(\omega_p i)\right) + t \geqslant 0,\ p=1,\ldots,P \\ & -H_{\rm des}(\omega_p) + \left(h_0 + 2\sum_{i=1}^{n} h_i\cos(\omega_p i)\right) + t \geqslant 0,\ p=1,\ldots,P \end{aligned} \tag{A.13}$$

下面，分别介绍如何利用 SeDuMi 和 CVX 来解决这个问题。

A.3.2 利用 SeDuMi 解决问题

为了使用 SeDuMi 实现上述滤波器设计，可以将问题转化成原始标准型或者对偶标准型。在本例中，因为这个问题与其对偶形式已经很相似，所以将会利用对偶形式实现（即式 (A.2)）。令

$$\mathbf{y} = [\mathbf{h}^{\rm T}, t]^{\rm T} \in \mathbb{R}^{n+2} \tag{A.14}$$

$$\mathbf{b} = [\mathbf{0}_{n+1}^{\rm T}, -1]^{\rm T} \in \mathbb{R}^{n+2} \tag{A.15}$$

对于任意 $p=1,\ldots,P$，定义

$$\mathbf{a}_p = \begin{bmatrix} 1 \\ 2\cos(\omega_p) \\ \vdots \\ 2\cos(\omega_p n) \\ -1 \end{bmatrix},\ \mathbf{a}_{p+P} = \begin{bmatrix} -1 \\ -2\cos(\omega_p) \\ \vdots \\ -2\cos(\omega_p n) \\ -1 \end{bmatrix} \tag{A.16}$$

$$c_p = H_{\rm des}(\omega_p),\ c_{p+P} = -H_{\rm des}(\omega_p) \tag{A.17}$$

该问题的对偶标准型为

$$\begin{aligned}&\max \mathbf{b}^{\mathrm{T}}\mathbf{y}\\&\text{s.t. } \mathbf{c}-\mathbf{A}^{\mathrm{T}}\mathbf{y}\in K^*\end{aligned} \tag{A.18}$$

且 $K^*=K=\mathbb{R}_+^{2P}$，其中

$$\mathbf{A}=[\mathbf{a}_1,\mathbf{a}_2,...,\mathbf{a}_P,\mathbf{a}_{P+1},...,\mathbf{a}_{2P}] \tag{A.19}$$

且

$$\mathbf{c}=[c_1,c_2,...,c_P,c_{P+1},...,c_{2P}]^{\mathrm{T}} \tag{A.20}$$

在 MATLAB 中执行命令

$$[\mathbf{x},\mathbf{y}]=\text{sedumi}(\mathbf{A},\mathbf{b},\mathbf{c},K)$$

就可以最优地解决这个 FIR 滤波器设计问题。

A.3.3 利用 CVX 解决问题

CVX 的使用相对简单。先给出用 CVX 解决式 (A.11) 问题的 MATLAB 代码：

```
cvx_begin
    variables h(n + 1) t;
    minimize(t);
    subject to
        for p = 1 : P
            abs(H_des(p) - h(1) - 2 sum_{i=2}^{n+1} h(i)cos(ω_p(i - 1))) ⩽ t;
        end
cvx_end
```

注意在上述 CVX 实现中，约束集合的修正是因为 MATLAB 不支持零索引。设计的滤波器的频率响应如图 A.1 所示。通过进一步增大 n 和 P，可使得设计的滤波器频率响应与期望滤波器频率响应更好得匹配（即更小的极小极大误差）。我们用如下注释来总结本节。

注 A.1 当需要解决的问题是复数形式时，只需添加指令声明这些复数变量，而程序的其他部分与实数问题几乎一致。例如，在上述 MATLAB 程序中，如果变量 h(n + 1) 是复数，就用 “variables h(n + 1) complex;” 和 “variable t; ” 来代替 “variables h(n + 1) t;”，而其余程序保持不变。 □

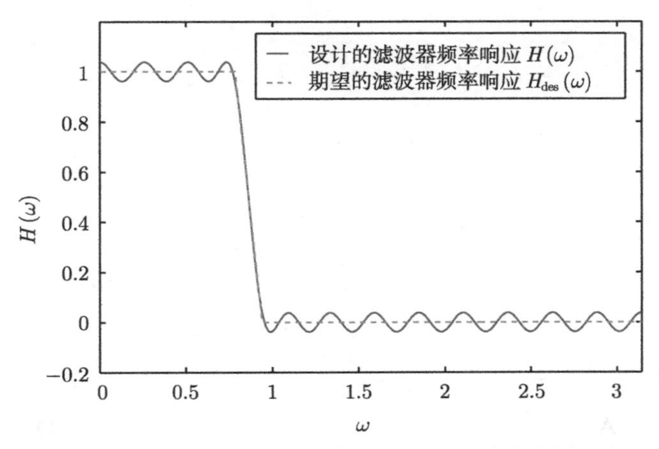

图 A.1　当 $n = 10$，$P = 100$ 时设计的滤波器的频率响应

A.4 结　　论

附录 A 简单介绍了两种凸优化求解器，即 SeDuMi 和 CVX。虽然 CVX 比 SeDuMi 对用户更加友好，但是使用计算机求解时 CVX 所花费的运行时间要长于 SeDuMi，这是因为 CVX 本身是基于 SeDuMi 和 SDP3 求解程序的。然而，我们必须时刻清楚自定义的内点法能够更快速地解决凸优化问题。对于这些工具包的进一步介绍，感兴趣的读者可以参考工具包中自带的教程 [GBY08][Stu99]。

参考文献

[GBY08] M. Grant, S. Boyd, and Y. Ye, "CVX: MATLAB software for disciplined convex programming," 2008. [Online]. Available: http://cvxr.com/cvx.

[Stu99] J. F. Sturm, "Using SeDuMi 1.02, a MATLAB toolbox for optimization over symmetric cones," *Optimization Methods and Software*, vol. 11, no. 4, pp. 625–653, 1999.

索引 INDEX

F

G

H

J

K

L

M

N

O

P

Q

R

S

T

W

X

Y

Z

其他